U0183401

一氧化氮——健康新动力

赵保路 张 标 编著

上海科学普及出版社

图书在版编目(CIP)数据

一氧化氮:健康新动力/赵保路,张标编著.--上海:上海科学普及出版社,2022.11

ISBN 978 - 7 - 5427 - 6867 - 4

Ⅰ.①一… Ⅱ.①赵… ②张… Ⅲ.①氮化合物—游离基 Ⅳ.①Q501

中国版本图书馆 CIP 数据核字(2022)第 175443 号

责任编辑 强 彬

一氧化氮——健康新动力

赵保路 张 标 **编著**

上海科学普及出版社出版发行

(上海中山北路 832 号 邮政编码 200070)

http://www.pspsh.com

各地新华书店经销 广东虎彩云印刷有限公司印刷

开本 787×1092 1/16 印张 28 字数 547 000

2022 年 10 月第 1 版 2022 年 10 月第 1 次印刷

ISBN 978 - 7 - 5427 - 6867 - 4 定价:128.00 元

本书如有缺页、错装或坏损等严重质量问题

请向出版社联系调换

内容简介

　　最近几年的国内外学术杂志上发表了许多关于一氧化氮与健康的研究文章,据初步统计就超过 10 万篇之多。也有很多一氧化氮与健康的产品上市。研究文章的内容一般读者不易接受和理解,而且也都是针对一氧化氮与健康的一些具体实验。虽然也有些综述文章发表,但限于篇幅不可能清楚全面地介绍。而广告式的介绍内容常缺乏客观性,甚至真真假假和夸大其词,读者难以相信。至今还没有一本科学、全面、客观介绍一氧化氮与健康研究结果又通俗易懂的书。2005 年研究一氧化氮的诺贝尔获奖者伊格纳罗(Ignarro L J)曾撰写了一本科普著作 *No more heart disease—How nitric oxide can prevent-even reverse heart disease and stronkes*。2007 年吴寿岭和杨刚虹将其翻译出版,书名为《一氧化氮让你远离心脑血管病》;2011 年,另外一个研究一氧化氮的诺贝尔奖获得者穆拉德(Murad Ferid)教授撰写出版了一本《神奇的一氧化氮教你多活 30 年》。但至今已经过去十几年了,这期间又有大量科学文献发表,揭示出很多一氧化氮与健康的新内容。

　　作者从事一氧化氮研究几十年,发表过与一氧化氮有关的研究论文几十篇,出版了两本专著,但都是学术性很强,一般读者难以理解。本书试图在总结这些研究结果的基础上,科学的较全面和客观地介绍一氧化氮与健康的研究成果,同时为方便广大读者易于理解。对这些研究结果进行介绍的同时,用科普性的语言加以解释。因此,这是一本带有科普性的关于一氧化氮与健康研究成果的书。本书着重介绍了一氧化氮的性质和结构特点,系统地阐述一氧化氮自由基的生物功能,全书共 24 章,分门别类介绍了一氧化氮的生物功能,其中包括一氧化氮和细胞免疫反应、一氧化氮和高血脂、一氧化氮和肥胖症、一氧化氮和糖尿病、一氧化氮与高血压、一氧化氮和痛风、一氧化氮和癌症、一氧化氮和心脏病、一氧化氮和脑卒中、一氧化氮和阿尔茨海默病、一氧化氮和帕金森病、一氧化氮和衰老、一氧化氮和记忆力、一氧化氮和改善视力、一氧化氮和肝功能、一氧化氮和肺功能、一氧化氮和胃功能、一氧化氮和性功能、一氧化氮和高原反应、一氧化氮和气血通畅、一氧化氮和睡眠及其他。特别介绍了一氧化氮和抗氧化剂的协调作用、抗癌作用、增强机体免疫力、预防心血管疾病、抗炎作用、降血脂、降血糖作用、抗动脉硬化作用、心肌保护作用、对老年退行性疾病,特别是阿尔茨海默病、帕金森病及β蛋白诱导的瘫痪行为的作用、延缓衰老、改善记忆、保护肝脏、胃、肺、视力系统的作用及一氧化氮防晒和保护皮肤作用等。为了比较好的理解一氧化氮的这些性质和特点,在前面预先介绍了与一氧化氮有关的自由基和抗氧化剂的一些基本理论和概念的预备性知识。另外还介绍了一氧化氮的来源及补充方法和注意事项。但是,由于篇幅所限,本书也只能就目前大家关注的内容,简要的进行介绍和讨论。

本书可供自由基、生物、化学和医学专业的广大科研工作者及有关专业的大专院校师生阅读和参考,也可以为研究和从事自由基和抗氧化剂开发的技术人员参考。同时,本书具有科普性,因此,本书的出版将为广大人民群众的健康提供一个良师益友。

本书的内容大部分来自发表的研究论文,作者对这些研究论文进行了整理和综述,全书收集了几百篇文献文章,并把大部分研究文章作为参考文献放在有关章节之后,以供广大读者参考。

感谢 1988 年诺贝尔化学奖得主、中科院外籍院士米歇尔(Hartmut Michei)教授为本书作序,感谢1998 年研究一氧化氮获得诺贝尔生理学或医学奖科学家、中科院外籍院士穆拉德(Ferid Murad)教授为本书写的序言,感谢穆拉德(Ferid Murad)教授提供的亲自设计的精氨酸联合抗氧化剂复合配方。感谢中科院老专家技术中心常务副主任魏立新和中国医学科学院阜外医院惠汝太教授长期以来的支持。感谢中国科学院大学陆忠兵教授、河北师范大学常彦忠教授和哈尔滨工业大学赵燕教授团队为本书提供了关于一氧化氮与抗氧化剂协调作用非常有用的实验结果的详细资料。感谢张春爱副教授为本书提出了很多宝贵的修改建议。

赵保路　张　标

序言一

　　1998年，瑞典卡洛琳卡医学院把当年的诺贝尔生理学或医学奖颁发给了我与罗伯特·佛契哥特、路易斯·伊格纳罗两位美国药理学家，也让全世界认识了神奇小分子——一氧化氮。我与两位博士经过数十年的研究才终于发现，这个原本被认为产生于汽车尾气的有毒气体竟然存在于每个人的体内，并且担任着舒张内皮、神经传导和免疫调节三大重要的生理功能，是不可或缺的生命信使。这不仅解释了硝酸甘油缓解心绞痛的百年之谜，也揭示了一氧化氮增强人体免疫力的重要作用，为探索健康提供了全新的方向。

　　诺奖成果从理论到真正造福人类生活往往都要经历一个漫长的社会化应用的过程。这其中，不仅需要更多科学家参与深入研究，需要更多技术开发团队不断尝试和推广，也需要更广泛的人群应用效果的验证。1998年以来，一氧化氮健康机理已被开发成"伟哥"等多种药物应用于疾病治疗，但促进人体产生一氧化氮的营养保健品仍然亟待开发。

　　我自己本身是一位医师，在发现了一氧化氮对人体健康的作用机理之后，我就致力于把一氧化氮理论成果应用在新型药品和健康产品的开发上，造福全人类的健康。之后，我创立了穆拉德一氧化氮养生法以及一氧化氮营养保健食品，并在工作之余亲自向全世界推荐。有缘的是，中国有一位健康产业的企业家张标，他非常认同我的诺奖一氧化氮养生理念，也非常乐意引进我的一氧化氮健康产品，而中国人民恰恰又是那么的需要健康、渴望健康。于是，我们达成了非常愉快且有意义的合作。随后数年，我又在中国人民实践反馈的基础上，对产品的配方不断优化，穆拉德一氧化氮在中国的故事也有了更多人的参与。比如这本《一氧化氮——健康新动力》，就是由我的老朋友、拥有30余年一氧化氮研究经历的中国科学家赵保路教授和张标博士亲自撰写的科普专著。书中系统阐述了一氧化氮的性质及结构特点、生物功能,特别是讲述了一氧化氮和抗氧化剂联合使用对于预防和改善多种常见慢性病的促进作用,这部分也正好对我的新配方是一种很好的验证。而一氧化氮在应对新冠病毒方面的探讨,更是意义深远,为进一步提高一氧化氮健康应用提供了非常详实、可靠的参考,是为人类共同的未来寻找答案。

最后,希望每一位追求健康的中国读者,都能阅读此书,相信一定会对你们的健康大有帮助。

斐里德·穆拉德

1998年诺贝尔生理学或医学奖得主

1996年拉斯科基础医学奖得主

中国科学院外籍院士

一氧化氮之父

知名药物"伟哥"理论发明人

The preface

In 1998, The Swedish Karolinka Medical Institute awarded the Nobel Prize in Physiology or Medicine to me, Robert Forchgotte and Louis Ignaro, two American pharmacologists, and also made the world knew the magic small molecule — nitric oxide. After decades of research, my two doctors and I finally found that this poisonous gas, which was originally thought to be produced from automobile exhausts, actually exists in everyone's body and plays three important physiological functions of diastolic endothelium, nerve conduction and immune regulation, and is an indispensable messenger of life. This not only explains the century-old mystery of nitroglycerin relieving angina, but also reveals the important role of nitric oxide in enhancing human immunity, providing a new direction for exploring health.

The achievements of the Nobel Prize have to go through a long process of social applicationfor theory to benefit human life. In this process, not only more scientists need to participate in in-depth research, more technology development teams need to continue to try and promote, but also need a wider range of people to verify the application effect. Since 1998, the health mechanism of nitric oxide has been developed into a variety of drugs, such as Viagra, which have been applied to the treatment of diseases. However, the nutritional health products that can promote the production of nitric oxide in human body are still in urgent need of development.

As a physician myself, after discovering the mechanism of nitric oxide for human health, I devoted myself to applying the theoretical results of nitric oxide to the development of new drugs and health products, so as to benefit the health of all mankind. Later, I established the Murad Nitric oxide regimen and nitric oxide nutritional health food, which I personally recommended to the world in my spare time. Fortunately, there is zhang Biao, an entrepreneur in the health industry in China, who agrees with my nos concept very much and is very willing to introduce my NOS health products. However, Chinese people just need and yearn for health. As a result, we had a very pleasant and meaningful cooperation. In the following years, I continued to optimize the formula for the product based on the feedback from the Chinese people, and more people participated in the story of Murad NITRIC oxide in China. For example, this book nitric oxide — A New power for Health is a popular science monograph written by my old friends, Professor Zhao Baolu, a Chinese scientist with more than 30 years of nitric oxide research experience, and Dr. Zhangbiao. The book systematically describes the nature, structural characteristics and biological functions of nitric oxide, especially the promotion effect of the combined use of nitric oxide and antioxidants on the prevention and improvement of various common chronic diseases, which is also a good verification of my new formula. The study of nitric oxide in response to novel Coronavirus is of far-reaching significance, providing a very detailed and reliable reference for further improving the health application of nitric oxide, and seeking answers to the common future of mankind.

Finally, I hope every Chinese who pursue health can read this book. I believe it will be of great help to your health.

Ferid Murad

Fried Murad

The 1998 Nobel Prize Winner in Physiology or Medicine

The 1996 Lasker Prize Winner in Basic Medicine

Foreign academician, Chinese Academy of Sciences

The father of nitric oxide

Famous theoretical inventor of viagra

序言二

　　21 世纪是生命科学的时代。健康与疾病,是人类自诞生以来就存在的一对矛盾体。在追求健康的道路上,我们不断探索、尝试,创造了解构生命、对抗疾病的庞大科学系统。从生理医学到生命科学,从细胞通讯到基因序列,从理论发现到社会应用,一切都是为了让生命更健康。然而,来自疾病和衰老的威胁却始终伴随着生命的始终。

　　进入新的社会发展阶段,人们对于健康的需求日益旺盛。以前,医学的任务是防病治病,但从现在开始,医学的任务将主要是维护和增强人们的健康,提高人们的生活质量。过去,医学所面临的是患者,现在医学将面对的是整个人群。在欧洲、北美,有半数的医生已经离开了医院,他们在社区和老百姓生活在一起,指导老百姓的保健、医疗,更重要的是在指导人们如何正确地生活。

　　随着社会发展的进步,而百姓的健康意识在逐年提高,中国对于走向社会、走入人群的健康指导需求极度扩大。医学、科研、科普,关乎健康的一切因素必然要做出结构性调整。特别是健康科普对于促进人们健康素养的提高和生活方式的转变,具有非常重大的意义。

　　《一氧化氮——健康新动力》,是由长期从事一氧化氮研究的中国科学院赵保路教授和张标博士亲自编撰的一本关于一氧化氮与健康关系的科普性书籍。据我所知,本书的所有成果均来自赵教授 30 多年的一氧化氮科研成果以及中国科学院大学、河北师范大学和哈尔滨工业大学(威海)三所院校科研团队历经一年多时间对于"一氧化氮和抗氧化剂联合使用"的实验成果,再加上国际、国内科学界对于一氧化氮的研究成果之汇总。而三大院校的实验,则是深度验证了我的朋友、1998 年诺贝尔生理学或医学奖得主斐里德·

穆拉德博士的一氧化氮＋复合抗氧化剂优化配方在促进人体产生一氧化氮，对抗肿瘤、心脑血管疾病、肺部损伤、视力损伤、健康体重、认知障碍等多方面的积极作用，更是有针对性地为现阶段中国百姓关心的健康问题提供科学的答案。

书中，赵教授用通俗的语言向广大读者讲述严谨的科学成果，让更多人能够了解一氧化氮、认识到一氧化氮对健康的重要价值，从而学会应用、帮助到自身健康。最后，我向大家真诚地推荐这本书，也祝愿每一位朋友都能够在科技的陪伴下实现健康梦想。

哈特穆特·米歇尔

1988 年诺贝尔化学奖得主

中国科学院外籍院士

The preface

The 21st century is the era of life science. Health and disease are a pair of contradictions that have existed since the birth of mankind. On the road of pursuing health, we constantly explore and try to create a huge scientific system to deconstruct life and fight against disease. From physiological medicine to life science, from cell communication to gene sequence, from theoretical discovery to social application, everything is aimed at making life healthier. However, the threat from disease and aging is always with life.

Entering a new stage of social development, people's demand for health is increasingly strong. In the past, the task of medicine was to prevent and treat diseases, but from now on, the task of medicine will mainly be to maintain and enhance people's health and improve their qualities of life. In the past, medicine was about the patient. Now it will be about the whole population. In Europe and North America, half of the doctors are out of the hospital, living with the people in the community, coaching them in health care, medicine, and more importantly, how to live their lives properly.

With the progress of social development, the aging degree of Chinese society is deepening day by day, and the health consciousness of Chinese people is improving year by year, and China's demand for health guidance of entering the society and entering the crowd is extremely expanding. Medical science, scientific research, science popularization, all factors related to health are bound to make structural adjustments. In particular, health science popularization is of great significance of the improvement on people's health literacy and the transformation of life style.

"Nitric oxide — a new power for health" is a scientific book on the relationship between nitric oxide and health compiled by professor Zhao Baolu of Chinese Academy of Sciences, who has been engaged in nitric oxide researches for a long time, and Dr. Zhangbiao. As far as I know, all the achievements in this book are derived from the nitric oxide research achievements of Professor Zhao over 30 years and the experimental results of "combined use of nitric oxide and antioxidants" conducted by scientific research teams of University of Chinese Academy of Sciences, Hebei Normal University and Harbin Institute of Technology (Weihai) over a period of more than one year. In addition to the international and domestic scientific community for nitric oxide research results summary. And experiment of three colleges, it is verified by depth, my friend, the winner of the Nobel Prize in physiology or medicine in 1998 Philip reed Dr Murad nitric oxide composite antioxidants $+$ optimization formula in promoting the production of nitric oxide, against tumor, cardiovascular disease, lung injury, vision loss, the positive role of healthy weight, cognitive impairment, It is targeted to provide scientific answers to the current health problems of the Chinese people care about.

In the book, Professor Zhao tells readers rigorous scientific results of popular language, so that more people can understand nitric oxide, realize the important value of nitric oxide for health, and learn to use it to help their own health. Finally, I sincerely recommend this book to you, and wish every friend can realize their health dreams with the company of science and technology.

Hartmut Michel

1988 Nobel Prize in Chemistry

Foreign academician, Chinese Academy of Sciences

序言三

把一氧化氮诺奖成果转化成促进人类健康的武器

张标博士与诺贝尔奖得主直接对接,率领他的团队十几年如一日,奋发图强、辛勤耕耘,积极开发诺奖成果:一氧化氮(NO)促进人类健康的作用;开发NO释放体系,致力于将诺奖科技成果转化为促进人民健康的工具。对张标博士及其团队的不懈努力表示祝贺。在赵保路教授与张标博士的新书面世之际,借机抛砖引玉,希望对理解赵保路教授与张标博士的新书有所帮助。

三位美国药理学家 Robert Francis Furchgott(1916—2009),Louis J Ignarro(1941年出生),与 Ferid Murad(1936年出生)因发现NO作为心血管系统的信号分子而获得1998年度诺贝尔生理学或医学奖。

三位药理学家的巨大贡献:最初 Furchgott 发现,乙酰胆碱对血管的作用与血管内皮细胞是否完整有关,乙酰胆碱仅仅能够引起内皮细胞完整的血管扩张。由此推断,内皮细胞在乙酰胆碱的作用下,产生了一种新的信使分子,作用于血管平滑肌细胞,使之舒张,从而血管扩张。这一分子起初被命名为内皮细胞松弛因子(EDRF),传递信号到血管壁平滑肌细胞,调控血管松弛,血管扩张。

后来,Furchgott 的工作与 Murad 的研究工作联系起来。Murad 1977年研究发现,硝酸甘油与其他几个相关的心脏用药诱发形成 NO(nitric oxide),无色无味的气体分子,增加血管直径。Ignarro 证明所谓的血管松弛因子就是NO。在1986年的科学会议上,Furchgott 与 Ignarro 首先宣布这一发现,激发了国际上研究NO的热潮。这是世界上首次发现气体分子可以担当有机体内的信号分子。

科学家发现,身体内很多不同的细胞能够产生 NO,NO 调控很多细胞功能。Murad,Furchgott,与 Ignarro 三位药理学家关于 NO 的研究工作,推动了抗阳痿药–伟哥(Viagra)的开发,伟哥增加阴茎血管 NO 的效应,扩张阴茎血管帮助促进勃起。全世界的科学家在对 NO 与心血管系统,进行了广泛与深入的研究,结果提示,NO 可能是改善心脏病、脑中风、休克与癌症的关键因素之一。

三位科学家的发现掀起了许多相关新药的研发。正如诺贝尔委员会在颁奖词中所述,三位药理学家的这项研究结论"带动了全球各地众多不同实验室热火朝天的探索活动"。打开了 NO 用途的大门。NO 可作为对抗污染的武器,也可以在机体转导信息,使信息从人体某一部分转导至另外的部分,调节血压与血液的流通等众多功能。诺贝尔奖评审团表示:"这是全世界首次发现一种气体可在人体中成为信号分子",具有开发治疗心脏疾病、休克、肺病、癌症,以及对抗性功能低下的新药,展现了不可估量的前景。

血管内皮细胞特异的 NO 合成酶在疾病易感与疾病严重程度方面发挥作用。NO 生物利用度降低成为内皮功能失常的标志性改变。内皮功能失常是动脉硬化过程的最早表现,因此,发现与纠正血管内皮功能失常,可以阻止动脉硬化的发生与发展,避免心脑血管事件。

动脉硬化:内皮型一氧化氮合成酶是预防与治疗动脉硬化的重要靶点,继调脂药、抗血小板药、血管扩张药等传统药物之外,一氧化氮合成酶相关药物可能是另外一类强有力的有效治疗动脉硬化的药物,值得进一步研究探索。

NO 对缺血性脑中风具有有益的作用,扩张血管,血管修复,抑制氧化应激,抑制炎症,保护内皮。

内皮功能失常与高血压:内皮 NO 合酶活性降低,NO 生物利用度减少(正常由血管内皮生长因子刺激),血管不能很好的扩张;加之氧化应激增强;这些综合作用,刺激全身高血压。

强证据提示,血管氧化应激诱发血管收缩,血管重塑,导致高血压产生。NO 可以全方位对抗以上导致动脉硬化与高血压的不利因素。

NO 具有扩张血管,降血压作用。一直是新的候选降压药之一。NO 是鸟苷酸环化酶刺激剂：NO激活可溶性鸟苷酸环化酶,后者催化GTP(三磷酸鸟苷)转化为第二信使-环单磷酸鸟苷(cGMP);引起一系列生物学效应。可溶性鸟苷酸环化酶是心血管系统NO的主要靶点,NO通过cGMP信使,引出一系列生物作用(通过NO/sGC/cGMP通路),调节血管扩张,降压作用。已开发出4个新的降压药,正在临床试验之中;如维利西呱,利奥西呱,奥林西呱,普拉西呱。

NO水平改变与肥胖,胰岛素抵抗(IR),糖尿病,心血管疾病相关。

内皮NO水平降低,可能加重肾小球疾病,导致蛋白尿。

老龄化降低NO的生物利用度：血管收缩,血管易于凝血,易于炎症;内皮依赖的生物分子利用度降低。60岁以后老年人NO生物利用度仅仅是年轻人的20%;需要上调NO产量。

临床转化遇到的挑战：NO是一种极不稳定的生物自由基,分子小,结构简单,常温下为气体,微溶于水,具有脂溶性,可快速透过生物膜扩散,生物半衰期极短,只有1～3秒。其生成依赖于一氧化氮合成酶,并在心、脑血管调节、神经、免疫调节等方面,发挥十分重要的生物学效用。应用NO气体治疗,需要解决气体治疗的内在短板,如储存时间短,释放时间极短,释放模式不可控制性。为了临床应用,人们努力制作不同的NO供体,固化气体性质的NO;然后与不同的生物载体共轭包装,产生NO释放体系,供临床使用。

一方面,需要解决NO半衰期短,极其容易与其他物质其反应,转变其分子结构。另一方面,是否这些来自动物试验或人体小规模试验的令人振奋的结果,能够有效地转化为促进百姓健康的措施? 需要进行以下工作：1) 开展大规模、长时间的临床试验;实验结果要包括硬临床终点,如NO对心血管病发病率与死亡率的影响。2) 挖掘便于长期从饮食中摄入含有硝酸盐的食物与饮料,以及含有NO成分的制剂的可行性与可接受程度。3) 发掘已经存在的队列研究,挖掘硝酸盐的食物与饮料以及含有NO成分的制剂,摄入与健康后果的相关关系。需要大样本比较长的随访时间。4) 找出影响对硝酸盐的食物与饮料以及含有NO制剂反应的个体差异的因素,如性别、遗传、饮食习惯、遗传组成;有助于靶向/个体化营养干预。5) 检查长期高硝酸盐的食物与饮料以及含有NO制剂的可能有害的不良反应。

治疗作用：吸入NO缓解肺动脉高压。NO广泛用于血管相关性疾病的治疗。正常情况下 NO 由血管内皮细胞产生,是维持血管低阻力的主要原因。新生儿缺氧使 NO 产生减少,持续 NO 吸入可使肺血管阻力降低,改善肺泡的通气,使用呼吸机联合吸入 NO,是治疗新生儿严重呼吸衰竭伴肺动脉高压疾病的诊疗措施,可以取得很好的疗效。

鉴于时间匆忙,以介绍 NO 的发现、生物学功能及对健康的促进以及对疾病防治的潜力代而为"序",实意在启发读者及各方有识之士,像赵保路教授与张标博士那样积极参与转化更多科学成果,造福于民。

加拿大临床科学博士
中国医学科学院阜外医院内科主任医师
国家心血管病中心研究员
国家心血管病重点实验室研究员
北京协和医学院博士生导师
2022 年 6 月 20 日于北京

序言四

　　对每个人来讲健康是根本，也是我们实现自我价值、社会价值的基石，拥有健康，就拥有了希望和未来，失去健康就失去了一切。所以，健康是人类第一要素、第一需求，关系到千家万户的幸福，人人都应该关心自己和家人的健康，把健康和建设我们伟大的国家联系起来。

　　新中国成立以来，国家进行了多次医疗卫生改革，始终把健康作为一个关乎人民幸福的重要目标。《"健康中国2030"规划纲要》将"以基层为重点，以改革为动力，预防为主，中西医并重，将健康融入所有政策，人民共建共享"确立为新时期我国卫生与健康工作方针。

　　我在中国保健协会工作很多年，对科技成果的转化比较关注，很早就注意到一种新兴的健康因子，它就是揭开硝酸甘油缓解心绞痛作用机理并获得1998年诺贝尔生理学或医学奖的生命信使——一氧化氮（NO）。据赵保路教授、张标博士和有关专家的统计，迄今为止，全世界超13万篇研究论文证实，一氧化氮不仅对于心脑血管系统具有显著的保护作用，而且参与人体几乎99.99％的器官和组织活动，是人体不可或缺的细胞信号传递因子。据此，1998年的诺奖得主之一斐里德·穆拉德博士创立了穆拉德一氧化氮养生法，希望造福全人类健康。

　　诺奖一氧化氮健康成果在2010年前后被引进中国，其转化和社会化应用的背后不仅有诺奖科学家、国内科学家以及权威机构的科研支持，更有一支崇尚科学、追求实效、为生命负责的中国推广团队在努力。为了规范市场，引导消费，惠及大众健康，我积极鼓励企业家张标博士将健康成果注册保健食品，我参与了相关产品保健食品批准文号的申报，也由此认识到一氧化氮之于人民健康的价值。

如今，由一氧化氮科研领域的资深研究员赵保路教授和张标博士联合出版的《一氧化氮——健康新动力》终于问世。这是一本紧密围绕中国人民健康需求的科普性书籍，以通俗易懂的语言介绍了一氧化氮健康作用及其与其他营养物质联合应用的健康成果以及注意事项，通过本书的科普可以为人们更好地追求健康提供全面系统的科学依据，对人们主动健康具有可行的指导意义。

最后，希望广大读者朋友们都能够因为掌握科学成果而更加健康幸福。

原中国保健协会理事长

2022 年 3 月

目录
CONTENTS

第一章

一氧化氮的性质

在介绍一氧化氮自由基与健康之前,大家先看看最近写的一首关于一氧化氮的诗,其中概括了一氧化氮的基本性质。

神奇一氧化氮

一氧化氮自由基,小小分子真神奇。

舒张血管降血压,保护心脑属第一。

转播信号传信息,参与学习和记忆。

杀伤入侵微生物,促进健康增免疫。

延缓衰老防痴呆,保护脏器性激起。

它有正反两面性,太多太猛有脾气。

抗氧化剂来协助,相辅相成更有益。

驱动气血运全身,健康身体不能离。

一、一氧化氮自由基是个神奇的小分子

NO 是最小的几个分子之一,只有 N 和 O 两原子组成(图 1-1)。在 NO 分子中,一个氮原子(N),原子外层有 5 个电子,一个氧原子(O),原子外层有 6 个电子,形成一个共价键的分子,分子量为 30.01。N 原子和 O 原子单轨道 2S 上和三重轨道 2P 上的各 3 个电子形成 8 个分子轨道,其中 4 个键合轨道[$\sigma 2s$,$\pi 2p(2)$,$\sigma 2p$]和 4 个反键轨道

[$\sigma 2s*,\pi 2p*(2),\sigma 2p*$]，在这 8 个分子轨道上的电子组态如图 1－2 所示。在分子反键轨道$\sigma 2p*$上含有一个未成对电子，因此它是一个典型的自由基。但由于 NO 的自旋和轨道角动量耦合非常紧密，用电子顺磁共振（ESR）检测不到 NO 自由基的信号。

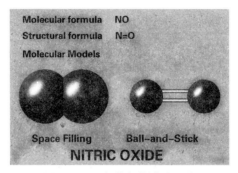

图 1－1　一氧化氮化学分子式

一氧化氮常温下为是一种无色无味气体，微溶于水，具有脂溶性，可快速透过生物膜扩散，在生物体内半衰期只有 3～5 s。一氧化氮较不活泼，但在空气中易被氧化成二氧化氮，而后者有强烈腐蚀性和毒性。人吸收一氧化氮中毒症状和二氧化氮相同，见图 1－2。

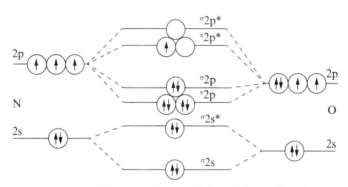

图 1－2　一氧化氮分子的电子结构和轨道电子组态示意图

一氧化氮与其他氮氧化物一直以来都被视为对环境有危害的物质。为什么说是神奇呢？因为一氧化氮是细胞间重要信号分子，在人体内发挥积极不可缺少的各项作用，掌握细胞生死大权，被誉为明星分子。一氧化氮可以舒张血管降血压、保护心脑功能、传递信息、参与学习和记忆、杀伤入侵微生物、促进健康增免疫、延缓衰老、预防痴呆、促进性功能等。而且因为研究一氧化氮，穆拉德（Ferid Murad）等三名科学家获得了 1998 年科学最高奖项诺贝尔生理学或医学奖。但是一氧化氮是自由基，有正反两面性，是一把双刃剑，如果产生的太多太猛的话，一氧化氮是有"脾气"的，就像一匹好马，如果驾驭不好也会造成伤害。你说一氧化氮神奇不神奇！

二、一氧化氮自由基与诺贝尔和诺贝尔奖

是谁让一直以来都被视为对环境有危害的物质,变得如此神奇呢?这需要我们看看一氧化氮自由基与诺贝尔和诺贝尔奖的关系。

早在20世纪70年代,穆拉德Murad教授及其合作者就系统地研究了硝酸甘油及其他具有扩张血管活性的有机硝基化合物的药理作用,发现这些化合物都能使组织内环鸟苷酸、环腺苷酸等第二信使的浓度升高。这类化合物有一个共同性质,可以在体内代谢生成NO。穆拉德Murad教授等发现硝酸甘油等必须代谢为NO才能发挥扩张血管的作用,由此他认为NO可能是一种信使分子,但当时这一推测还缺乏实验证据。纽约州立大学的佛契哥特Furchgott教授在研究乙酰胆碱等物质对血管的影响时发现在相近的条件下,同一种物质有时使血管扩张,有时对血管没有作用,有时甚至使血管收缩。他们经过深入研究,在1980年发现乙酰胆碱只能使完整的内皮细胞血管扩张。由此他们推测内皮细胞在乙酰胆碱作用下产生了信号分子,这种信号分子作用于平滑肌细胞并使其舒张,从而扩张血管。佛契哥特教授称之为内皮细胞松弛因子(EDRF)[1]。长期从事硝基化合物药理治疗和EDRF研究的Ignarro教授与Furchgott教授合作,针对EDRF的药理作用和化学本质进行了一系列研究,发现EDRF与NO及许多亚硝基化合物一样能够激活可溶性鸟苷酸环化酶,增加组织中的cGMP水平。在此基础上,他们于1986年大胆推测EDRF是NO或与NO密切相关的某种化合物[2]。Ignarro也报道了同样结果[3]。此后,大量研究都证明了这一结论。1998年穆拉德Murad等3位美国科学家因为研究NO而获得诺贝尔生理学和医学奖,见图1-3。

| 诺贝尔 | 穆拉德
Ferid Murad | 佛契哥特
Robert Furchgott | 伊格纳罗
Louis Ignarro |

图1-3 诺贝尔和3位研究NO自由基的诺贝尔生理学或医学奖获得者

早在1864年,诺贝尔发现极易挥发、爆炸性极强的硝酸甘油经硅藻土吸附后稳定性大大增加,并根据这一发现研制成功了安全炸药,给诺贝尔带来了巨大的荣誉和财富,使他得以创立世界科学界的最高奖项——诺贝尔奖。诺贝尔晚年患有严重心脏病,

医生建议他服用硝酸甘油，但被诺贝尔拒绝了，他知道吸入过量硝酸甘油蒸汽会引起剧烈血管性头痛。不幸的是他没有听医生的建议，于1896年，诺贝尔因心脏病发作逝世。如果他当时听从医生的话，及时服用硝酸甘油，他也许可以活更长时间，为人类创造更多财富。硝酸甘油可以有效降低血压，缓解心绞痛，它见效快，通过口腔黏膜吸收后在几分钟内扩张冠状动脉，改善心脏供血。因此在百年后的今天，硝酸甘油仍然是心脏病患者常备药物。直到近年才由于3位获得诺贝尔生理学和医学奖的工作得以解释。那是因为硝酸甘油可以释放NO而松弛血管，增加心脏血液供应[4]。

诺贝尔生理学和医学奖获得者穆拉德（Ferid Murad）教授在中国上海中医药大学成立了上海高校NO及炎症医学E-研究院穆拉德（Ferid Murad）中药现代研究中心，作者赵保路教授有幸成为其中的一员。2006年11月10日我们与穆拉德（Ferid Murad）教授在上海中医药大学进行了学术交流，并在一起合影留念。2007年为赵保路教授的《一氧化氮自由基》专著出版发行作序。2008年10月在北京由赵保路教授负责组织召开了第14届国际自由基大会，穆拉德（Ferid Murad）教授应邀参加并作大会报告。2012年10月在上海老年科技协会召开的健康报告会上赵保路教授与穆拉德（Ferid Murad）教授一同被邀请作科普报告。同时感谢穆拉德Murad教授为本书再次写了序言，感谢穆拉德（Ferid Murad）为本书中实验提供L-精氨酸-抗氧化剂配方，感谢穆拉德（Ferid Murad）博士为本书出版提供很多建议。感谢穆拉德（Ferid Murad）近10年来每年来中国参加张标博士举办的诺奖健康科技节，为推广一氧化氮养生法和提高国人健康素养，科学素养作出的杰出贡献；感谢穆拉德（Ferid Murad）为唤醒大众对诺奖科技的热爱，提高中国科技水平作出的杰出贡献。

三、一氧化氮自由基的性质

前几年研究发现一氧化氮有以下几方面的性质：NO是内皮细胞松弛因子，能够松弛血管平滑肌，防止血小板凝聚，是神经传导的逆信使，在学习和记忆过程中发挥着重要作用；巨噬细胞等在吞噬和刺激时活化释放NO自由基作为杀伤外来入侵微生物和肿瘤细胞的毒性分子；NO作为自由基可以损伤正常细胞，在心肌和脑组织缺血再灌注损伤过程中起着重要作用。随着研究的深入，发现远不止这些，本章介绍NO自由基的性质[5]。

1. 一氧化氮的物理化学性质

NO是无色无味的气体，与N_2、O_2、CO相比，它在水中溶解度比较低，在25℃和一个大气压水中的溶解度大约为1.7×10^{-3} mol·L^{-1}。在细胞环境中，NO的浓度在$0.45\sim10\ \mu M$，半衰期为$1\sim500$ s。但在有氧的条件下大大降低，估计在活组织中为5～

15 s。NO还可以与超氧阴离子自由基以极快的速率反应生成过氧亚硝基,质子化后生成NO_2和类羟基自由基。

既然NO是无色无味的气体,我们如何能够体验其存在呢? 我们可以用仪器检测,如电子自旋共振(ESR)等技术可以清楚地看到其是什么样子(图1-4)。

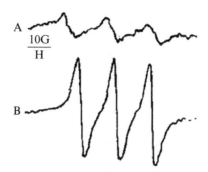

图1-4 用铁盐络合物MGD-Fe捕捉巨噬细胞产生的NO自由基的ESR波谱
A. 体系中不加入L-精氨酸;B. 体系中加入0.1 mmol/L L-精氨酸

超微弱发光技术可以检测生物体和活细胞发出的极微弱的光,可以达到一个量子的数量级,因此是研究生物发光机制的灵敏方法。这一方法可以检测出巨噬细胞产生NO自由基的不同峰值,图1-5是PMA刺激巨噬细胞产生的超微弱发光。当细胞浓度为10^7个细胞/ml,PMA浓度为100 ng/ml时,只给出一个峰。

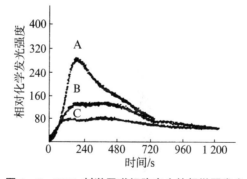

图1-5 PMA刺激巨噬细胞产生的超微弱发光
A. 100 ng/ml PMA刺激$1×10^7$个细胞/ml;B. $3×10^6$个细胞/ml;C. $1×10^6$个细胞/ml

2. 一氧化氮生物学性质

NO在生物体中发挥重要的功能。在正常生理条件下,NO产生浓度比较低(低于μM)。NO在正常信号传导中的作用浓度大约是10 nM,当NO的浓度达到或高于1 μM时,就会损伤正常组织,引起细胞死亡,导致毒害作用。NO通过与可溶性鸟苷酸环化酶(sGC)血红素基团上的Fe^{2+}结合,激活sGC,升高细胞内环鸟苷酸(cGMP)水平,可直接影响离子通道,活化蛋白激酶,磷酸二酯酶,ADP 核苷环化酶[6]。这是 NO 参与多种生物效应(如神经传递、视觉、听觉发育、激素分泌等)的主要信号传导机制。最近发现,NO 通过传导途径,与一些受细胞外信号调节的激酶及磷酸肌醇相级连[7]。

多形核白细胞在吞噬过程同时释放 NO 和超氧阴离子自由基,在心肌缺血再灌注损伤时也是同时释放 NO 和超氧阴离子自由基,这样,在很多生理和病理过程就在体内产生大量过氧亚硝基。NO 还参与多种病理过程,如脑、心脏、肾脏缺血再灌注损伤、败血症性休克、神经退行性疾病等等。NO 的毒害作用主要通过氧化损伤、抑制线粒体的功能、损伤 DNA 等几个途径实现的。

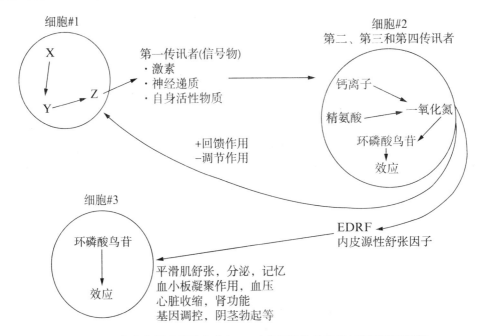

图 1-6　一氧化氮及环磷酸鸟苷(cGMP)的细胞信号路径(细胞相互应答)

3. 产生一氧化氮的酶

NO 在体内是通过一氧化氮合酶(NOS)催化生成的。一氧化氮合酶以 L-精氨酸(L-Arg)和分子氧为底物,催化 L-Arg,生成 L-胍氨酸,从而释放 NO,见图 1-7[8]。

NO 合酶主要有 3 种酶:存在于内皮细胞中的内皮细胞型 NO 合酶(eNOS);存在于神经细胞中的神经型 NO 合酶(nNOS);以及存在于巨噬细胞、肝细胞、神经胶质细胞中的可诱导型 NO 合酶(iNOS)。eNOS 和 nNOS 均为构成型酶,统称为构成型 NO 合酶(cNOS)。另外,还有存在于线粒体中的线粒体 NO 合酶(MtNOS)。

内皮细胞型 NO 合酶(eNOS)是第一种被发现的 NOS,主要分布于大动脉内皮细胞中,在小动脉和毛细血管中也有分布[9]。eNOS 结合于内皮细胞的细胞膜上,是一种

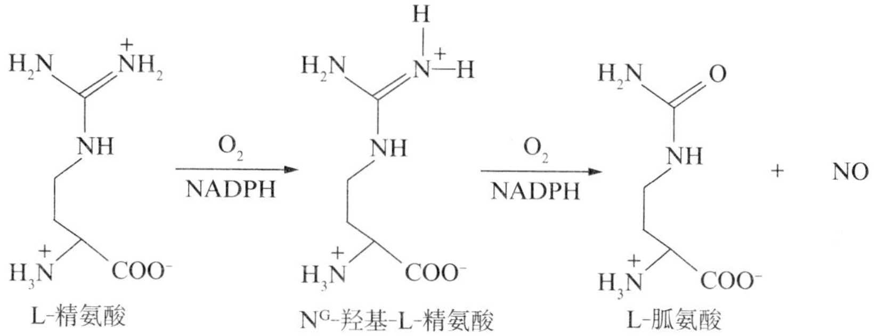

$$\text{L-精氨酸} \xrightarrow[\text{NADPH}]{O_2} \text{N}^G\text{-羟基-L-精氨酸} \xrightarrow[\text{NADPH}]{O_2} \text{L-胍氨酸} + \text{NO}$$

图 1－7　一氮化氮合酶合成 NO 自由基的反应历程

膜结合酶或称为颗粒酶,eNOS 的活性受细胞内钙离子浓度调控。内皮细胞产生的 NO 渗透到血管壁内皮细胞下层的平滑肌细胞,与细胞中的鸟苷酸环化酶的血红蛋白结合并激活环化酶活性,提高内皮细胞中环鸟苷酸(cGMP)水平,松弛血管,降低血压,提高血液流量。内皮细胞通过与血管壁和血管腔中细胞的多种和复杂相互作用维持血管稳态,不仅产生最重要的血管舒张的 NO,而且还有前列腺素、内皮细胞-衍生的超极化因子和血管收缩因子。内皮细胞产生的 NO 还参与内皮细胞的系统生理功能,如血压控制、白细胞迁徙和血液凝固。同时,内皮细胞通过产生调节血小板活性、血液凝固过程和血纤维蛋白溶解体系控制血液流动和凝固。最后,内皮细胞还可以产生细胞因子和黏附分子,调节炎症和再生过程,包括白细胞运输。

　　神经型 NO 合酶(nNOS)是一种胞浆酶,分布于大脑皮质,海马和纹状体中小的中间神经元。同时,小脑中粒细胞,篮状细胞也都含有 nNOS。nNOS 的活性受到细胞内钙离子浓度的调节,nNOS 与突触后密度蛋白-95 结合在神经细胞的细胞膜上,胞外谷氨酸或 NMDA(N－methyl－D－aspartate)与 NMDA 受体结合,激活 NMDA 受体引起钙离子内流,导致细胞内钙离子浓度升高。钙离子与钙调蛋白结合,nNOS 从细胞膜上脱离进入胞浆,去磷酸化激活,产生 NO。NO 与鸟苷酸环化酶中的血红蛋白基团结合并激活鸟苷酸环化酶,升高 cGMP,调节各种 cGMP 相关信号通路[10,11]。

　　诱导型 NO 合酶(iNOS)是一种胞浆酶,首先是在巨噬细胞等免疫细胞中发现的,因此也称为免疫型 NO 合酶。iNOS 也有钙调蛋白 CaM 结合位点,但是 CaM 是作为配基与酶始终结合,酶活性不受钙离子浓度的调节[12]。iNOS 产生 NO 的效率比其他几种 NOS 高几个数量级,一旦产生就会持续大量的产生 NO,除了发挥免疫作用外,会对机体造成伤害,因此 iNOS 在多种病理条件下起作用。

　　线粒体 NO 合酶(mtNOS)是在 20 世纪 90 年代末才发现的,它结合在线粒体内膜上[13]。mtNOS 存在于体内多种组织的线粒体中,如在肝脏、脑、心脏、肌肉、肾脏、肺组织、睾丸、胰脏中都有分布。mtNOS 可能与 iNOS 相似。mtNOS 产生的 NO 能够调控线粒体的 pH 值,线粒体膜电位,调节线粒体的呼吸链和能量的产生。同时,mtNOS 产生的 NO 能够诱导线粒体细胞色素 C 的释放,诱导细胞凋亡,而 NO 合酶的抑制剂可以抑制细胞色素 C 的释放[14]。

4．一氧化氮自由基是内皮细胞松弛因子（EDRF）

一氧化氮自由基具有重要的生物功能,它是内皮细胞松弛因子（EDRF）[1,2]。一氧化氮能够控制血压、白细胞迁徙和血液凝固。调节血管的结构和生理机械性能并影响血管健康。血管内皮合成或释放 NO 的减少与高血压发病有着密切关系。研究表明,NO 在脑缺血再灌注损伤过程中起重要的作用。NO 是强血管扩张因子、血小板凝集和白细胞黏附的抑制剂,通过抑制白细胞和血小板对毛细血管阻塞,可以提高缺血再灌心脏和脑组织的血液供应,发挥保护作用。

5．一氧化氮自由基和细胞免疫反应

在免疫反应中,白细胞发挥着关键作用。过去研究表明白细胞在免疫杀伤过程中释放大量活性氧自由基,作为杀伤外来入侵微生物的武器。最近研究发现,白细胞,特别是巨噬细胞,在这一过程不仅释放活性氧自由基,而且还释放大量 NO 自由基。这两种自由基可以很快反应生成过氧亚硝基阴离子($k = 3.7 \times 10^{-9} [mol \cdot L^{-1} \cdot s^{-1}]$)。在碱性条件下,过氧亚硝基比较稳定,但在稍低于中性 pH 时,立即分解生成氧化性更强的类羟基物质和 NO_2。

$$O_2^- + NO \longrightarrow ONOO^- + H^+ \longrightarrow ONOOH \longrightarrow \cdot OH + NO_2$$

从自由基分子毒理学的角度来看这一反应机制是非常有意义的,O_2^- 和 NO 都是自由基,但两者的氧化性都不很强,它们在体内都有一定的生物功能。两者结合生成过氧亚硝基阴离子,在高于生理 pH 条件下,过氧亚硝基相当稳定,允许它由生成位置扩散到较远的距离,一旦周围 pH 稍低于生理条件,立即分解生成羟基和 NO_2 自由基,这 2 种自由基具有很强的氧化性和细胞毒性,这对杀伤入侵微生物和肿瘤细胞具有非常重要的意义。巨噬细胞是参与免疫反应的主要细胞之一,巨噬细胞参与免疫反应的主要武器就是产生活性氧和 NO。

NO 与 T 细胞在免疫中的作用,特别是讨论 NO 对 T 细胞免疫的调节作用,NO 是在抗原接近 T 细胞时由带抗原的细胞产生的。在小鼠模型中,T 细胞产生的 INF-γ 与其他可溶性物质结合起来活化带抗原细胞的 iNOS。这样产生的 NO 抑制 T 细胞增生而不抑制 T 细胞产生细胞因子,NO 能阻断 T 细胞在 G/S 期的增生。在自免疫小鼠模型中 NO 调节髓磷脂诱导的实验免疫脑脊髓炎。敲除 iNOS 加重这种疾病,表明 NO 在体内抑制 T 细胞调节的免疫,也说明 NO 在 T 细胞调节免疫的诱导期发挥着重要作用[15,16]。

6．一氧化氮自由基参与衰老

NO 抗衰老的研究有整体动物和人群试验,也有模式动物和分子水平的研究,这些研究

结果明确表明,NO在抗衰老过程发挥着重要作用。2013年在细胞(*Cell*)杂志发表一篇文章,他们研究发现NO能对抗氧化应激和热应激引起的线虫寿命缩短[17]。在实验室,线虫一般是以大肠杆菌作为食物喂养的。线虫和大肠杆菌都缺乏NOS,因此不能利用L-精氨酸产生NO。在自然界,线虫以杂菌作为食物,在这些杂菌中含有NOS,如枯草杆菌含有NOS,在天然环境下线虫以枯草杆菌为食物,能利用L-精氨酸产生的NO,为线虫提供发挥生物功能的NO。他们在实验室利用NO供体可以使缺乏NOS大肠杆菌喂食的线虫寿命延长。将NOS的基因转入缺乏NOS的大肠杆菌喂食线虫,其体内产生的NO增加了近10倍,也可以使缺乏NOS的大肠杆菌喂食的线虫寿命大约延长14.74%。

nNOS、iNOS和eNOS产生NO的量和速度及持续时间也各不相同,因而其对衰老的作用也是不同的。因为NO是中枢神经系统的重要神经递质,nNOS也负责调节神经系统组织中神经元突触传递。诱导型一氧化氮合酶iNOS在炎症和退行型疾病过程表达和活性明显增加,以极高的速率产生高浓度NO,并且常常伴随着活性氧的产生,已经明确证明其是导致衰老的因素[18]。eNOS生成的NO增加线粒体生物发生和通过第二信使环磷酸鸟苷(cGMP)作用增强呼吸和ATP含量。热量限制处理小鼠比随意饲喂小鼠eNOS表达较高,并伴随着较高浓度的cGMP,在白色脂肪和其他几个组织中硝酸盐和亚硝酸盐及血浆cGMP也增高[19]。线粒体mtNOS诱导线粒体细胞色素c的释放和增强脂质过氧化,反过来,可能介导Ca^{2+}诱导细胞凋亡,与诱导衰老关系也比较密切。

7. 一氧化氮自由基传递信号

一氧化氮自由基作为一种重要的信使分子,特别是在神经系统中发挥重要作用。一氧化氮是由神经细胞和内皮细胞的一氧化氮合酶产生的。神经递质作用于神经元膜表面的受体后,其活性立即迅速增加,反应极快,且受钙离子和钙调蛋白系统的调控和激活。NO在学习和记忆过程发挥着重要作用。首先在突触后体生成,逆行扩散到突触体前区,在那里激活环鸟苷酸(cGMP)合成酶,合成大量cGMP。对海马突触的长时程增强效应(LTP)起维持作用。NO与学习和记忆突触体调变关系的研究,将为脑信息加工原理展示新的前景。

一氧化氮自由基参与神经细胞增殖的作用及脑神经系统发育的可塑性,在脑组织发现NO合成不久,就提出NO可能作为逆信使影响突触体在前突触细胞中的传输和促进突触体的可塑性。对多个物种的NOS在脑中的发育相关表达的时间及空间模式的研究表明,在多数情况下,NOS的高表达出现的时间与突触发生的起始时期相一致或在突触发生前[20],推测NO在调节神经细胞的增殖中起作用。研究表明一氧化氮自由基还参与神经元迁移,对神经细胞死亡及存活影响极大。特别是对脑图谱的形成的影响,通过突触输入的精细化可以形成特定的脑图谱并将其稳定下来。

8. 一氧化氮自由基在学习和记忆中的作用

研究发现,海马中的NO在控制长时程增强和长时程抑制方面发挥重要作用,而长时程增强和长时程抑制又和学习和记忆密切相关,因此 NO 就可能在学习和记忆过程也发挥着重要作用[21]。长时程增强和长时程抑制依赖对突触传递效率修饰的形式。还可以通过在后突触体而不是前突触体注射 NOS 抑制剂抑制长时程增强效应。在脑中用吸收 NO 的血红蛋白和氧合血红蛋白也能损伤长时程增强效应。相反,在前突触体注射 NO 供体能提高海马 CA1 区场兴奋性突触后电位,主要增加前突触体神经元的 cGMP 和提高长时程增强效应。这些结果清楚表明,重复刺激的结果使得 NO 在后突触体合成,经过细胞外空间转运到前突触体诱导 cGMP 合成,这样调节了导致长时程增强效应的细胞功能。

研究发现,一氧化氮自由基参与被动学习与主动学习。如果 NO 在学习和记忆过程确实发挥着重要作用,那么注射 NO 供体应当有助动物的学习和记忆。研究发现,同时不同剂量的 L-精氨酸对脑静脉注射 $18\mu g$ 确实可以剂量依赖地改善大鼠的记忆。研究结果还表明,NO 供体可以防止 NOS 抑制剂硝基精氨酸(L-NA)引起的学习和记忆损伤。用海马切片实验证明,L-NA 对长时程增强效应的抑制作用是 N-硝基-L-精氨酸甲酯(L-NAME)的 100 倍,这与动物实验是很吻合的。

衰老的一个特征就是记忆力衰退。用大鼠研究发现,与年轻大鼠(4 月龄)相比,衰老大鼠(24 月龄)的学习、辨别能力明显下降。研究发现,在衰老大鼠海马和颞皮层中总 NOS 和精氨酸酶活性增加,而 eNOS 明显降低,说明 NO 在衰老记忆损伤作用中可能发挥着重要作用[22]。

在 3 个月大的雄性 nNOS 敲除小鼠(nNOS-KO)中研究,测试水迷宫(MWM)的认知功能。进行了观察组、旋转杆、高架+迷宫(EPM)、开放场和社会互动测试。在 MWM 的记忆和再学习任务中,大多数 nNOS 敲除小鼠失败,而在 MTM 中表现更好。nNOS 敲除小鼠显示,进入开阔场地中的中心的频率显著增加。因此得出结论,nNOS 敲除小鼠在 MWM 中表现出空间表现受损,从而证实了 nNOS 在认知功能中的作用,如记忆的加工、维持和回忆[23]。

已经知道铅中毒损伤发育动物的辨认能力。研究铅中毒对脑不同部位 nNOS 的影响发现,在海马和大脑中 nNOS 被明显抑制,而前脑、皮质和脑干则不明显,虽然铅在这些部位也有明显积累。这些结果说明,铅毒性可以损伤成年动物的记忆,而且是与各部位特异 nNOS 活性相关的[24]。

通过被动回避范式和物体识别测试 2 种不同的行为任务中评估 NO 供体莫西多明对老年大鼠认知的影响:训练后注射莫西多明(4 mg/kg)可显著抵消老年大鼠在 2 种行为模式下表现出的表现缺陷。这是首次发现 NO 供体对抗年龄相关的记忆损伤,表明 NO 系统的完整性在大脑老化过程中可能很重要[25]。

9. 预防痴呆

老年痴呆症(AD)患者记忆力严重受损。对 AD 死后尸检脑皮层切片的 eNOS,

iNOS 和蛋白质硝基化终产物硝基酪氨酸进行分析,发现大小多极和锥形细胞对 eNOS 有免疫反应。iNOS 和硝基酪氨酸对类锥形皮质和胶质细胞也有免疫反应。说明 NO 对神经细胞死亡和退行性改变有作用。有很多关于老年痴呆症患者认知功能损害研究报告,这些损害是由于毒性蛋白 β 淀粉样蛋白的沉积和 L-精氨酸产生 NO 在预防老年痴呆中的作用引起的[26]。

内皮细胞不仅是第一个被确认的控制血管的舒张功能和血流的主要舒张因子,而且与脑血管功能和认知发有密切联系。以前的研究表明,内皮细胞能够影响突出体可塑性、线粒体生成和神经祖细胞功能,说明内皮细胞控制神经细胞功能的作用是复杂的,是连接神经血管和神经功能的关键分子。L-精氨酸是 NO 合成的前体。NO 具有舒张血管和调节血压的作用,并在神经细胞生存和分化中发挥着重要作用,激活内皮型一氧化氮合酶(eNOS)活性可以预防链脲佐菌素(STZ)损害诱发的阿尔茨海默病[27]。

10. 促进性功能

勃起功能障碍是一种常见的多因素疾病,与衰老和一系列的器质性和心理因素有关,包括高血压、高胆固醇血症、糖尿病、心血管疾病和抑郁症。阴茎勃起是一个复杂的过程,涉及心理和激素的输入,神经血管非肾上腺素能、非胆碱能机制。一氧化氮(NO)被认为是阴茎勃起的主要血管活性非肾上腺素能、非胆碱能神经递质和化学介质。NO 由阴茎海绵体的神经细胞和内皮细胞释放,激活可溶性鸟苷酸环化酶,增加 $3',5'$-环鸟苷酸(cGMP)水平。作为第二信使分子,cGMP 调节钙通道的活性以及影响海绵体平滑肌松弛的细胞内收缩蛋白。NO 生物活性受损是勃起功能障碍的主要发病机制。勃起功能障碍的治疗通常需要心理治疗和药物治疗相结合,其中许多治疗在过去只取得了适度的成功[29]。

11. 一氧化氮自由基具有两面性

除了 NO 在正常生理条件下的功能外,NO 还参与多种病理过程,如脑、心脏、肾脏缺血再灌注损伤,败血症性休克,神经退行性疾病等。NO 在生物体中发挥重要的功能。在正常生理条件下,NO 产生浓度比较低(低于 $1\ \mu mol/L$),NO 在正常信号转导中的作用浓度大约是 $10\ nmol/L$,当 NO 的浓度达到或高于 $1\ \mu mol/L$ 时,就会损伤正常组织,引起细胞死亡,导致毒害作用,见图 1-8。NO 的毒害作用主要通过氧化损伤、抑制线粒体的功能、损伤 DNA 等几个途径实现的。NO 既可以促进凋亡,在某些情况下又能够抑制细胞凋亡,具有两面性,是典型的"双刃剑"[30]。一氧化氮可以与超氧阴离子自由基反应生成过氧亚硝基阴离子,再分解生成氧化性更强的类羟基和 NO_2 等物质,见图 1-9,进一步引起细胞损伤,这是必须引起高度重视的。在本书的各个章节都会看到一氧化氮这种性质,因此,在我们使用一氧化氮的时候,要牢记这一点。

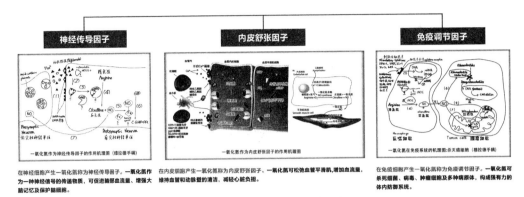

| 神经传导因子 | 内皮舒张因子 | 免疫调节因子 |

在神经细胞产生一氧化氮称为神经传导因子。一氧化氮作为一种神经信号的传递物质，可促进脑部血流量、增强大脑记忆及保护脑细胞。

在内皮细胞产生一氧化氮称为内皮舒张因子。一氧化氮可松弛血管平滑肌，增加血流量，维持血管和动脉壁的清洁，减轻心脏负担。

在免疫细胞产生一氧化氮称为免疫调节因子。一氧化氮可杀死细菌、病毒、肿瘤细胞及多种病原体，构成有力的体内防御系统。

图 1-8 一氧化氮作用于细胞的三大机理

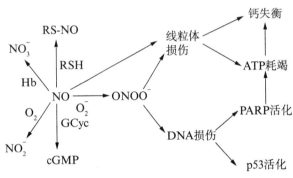

图 1-9 NO 的损伤反应

12. 天然抗氧化剂对 NO 自由基的保护和调节作用

一氧化氮自由基具有两面性，是典型的"双刃剑"，有什么办法可以避免其不利的一面而保护其有利的一面呢？大量研究表明，天然抗氧化剂对 NO 自由基的保护和调节作用，避免和减少 NO 的损伤作用，天然抗氧化剂与 NO 自由基协同对健康起来发挥更大的作用具有重要的生物学和医学意义及广泛的应用前景[31,32]。在本书的不同章节都会看到天然抗氧化剂与 NO 自由基协同对健康发挥的巨大的作用。

含有硝酸盐—亚硝酸蔬菜或者精氨酸天然抗氧化剂复合配方服用后产生一氧化氮作用（见图 1-10）。

一氧化氮形象比喻有五个功能：一是调度员——维持血管舒张，改善血流，调节血压；二是清道夫——预防血栓形成和和白细胞黏附，保证血管畅通，预防动脉硬化，具备清道夫功能；三是守门员——通过一氧化氮及环磷酸鸟苷（cGMP）的细胞信号路径（细胞相互应答）可以看出，一氧化氮作为信号分子确保人体细胞与器官组织健康正常运转；四是消防员——一氧化氮能够有效清除进入人体病菌病毒。五是开路工——一氧化氮具备调节细胞增生作用，疏通血管改善血液循环，促使免疫细胞免疫因子发挥作用，促进人体代谢废物排出，因此在增强免疫抗疲劳，心脑血管疾病的康复上有积极作用[34]。

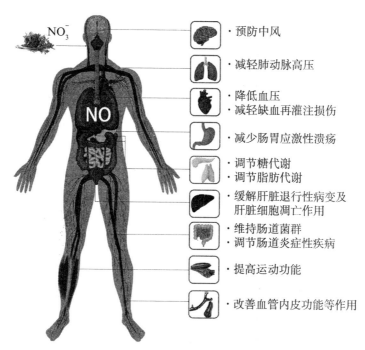

图 1-10 一氧化氮(NO)生物学效应

参 考 文 献

[1] Furchgott, R. F., Zawadzki, J. V. The obligatory role of the endothelium in the relaxation of arterial smooth muscle by acetylcholine. Nature, 1980, 288: 373—376.

[2] Ignarro LJ, Byrns RE, Wood KS. Pharmacological and biological properties of endothelim-derived relaxing factor(EDRF): Evidence that EDRF is closely related to nitric oxide radical. Circulation, 1986, 74: II-287.

[3] Palmer RMJ, Ferrige AG, Moncada S. Nitric oxide release accourrnts for the biological activity of endothelum-derived relaxing factor. Nature, 1987, 327: 524—526.

[4] Ignarro LJ, Byrns RE, Wood KS. Endothelum-derived relaxing factor produced and release from artery and wein is nitric oxide. Proc Natl Acad Sci USA, 1987, 84: 9265—9269.

[5] 赵保路, 陈惟昌. NO自由基的性质及其生理功能. 生物化学与生物物理进展, 1993, 20: 409—411.

[6] Garthwaite J., Boulton C. L. Nitric oxide signaling in the central nervous system. Annu. Rev. Physiol., 1995, 57: 683—706.

[7] Yun H.-Y., Gonzalez-Zulueta M., Dawson V. L, et al. Nitric oxide mediates *N*-

methyl-D-aspartate receptor-induced activation of p21ras. Proc. Natl. Acad. Sci. USA,1998,95：5773—5778.

[8] Beckman, J. S. and Koppenol, W. H., Nitric oxide, superoxide and peroxynitrite: The good, the bad, and the ugly. *American Journal of Physiology-Cell Physiology*, 1996,271：C1424—C1437.

[9] Bredt, D. S., Hwang, P. M., Snyder, et al. Localization of nitric oxide synthase indicating a neural role for nitric oxide. Nature, 1990,347(6295)：768—770.

[10] Rees, D. D., Palmer, R. M., Schulz, R., et al. Characterization of three inhibitors of endothelial nitric oxide synthase in vitro and in vivo. *Br J Pharmacol*, 1990,101 (3)：746—752.

[11] Cho, H. J., Xie, Q. W., Calaycay, J., et al. Calmodulin is a subunit of nitric oxide synthase from macrophages. J Exp Med, 1992,176(2)：599—604.

[12] Tatoyan, A., Giulivi, C., Purification and characterization of a nitric-oxide synthase from rat liver mitochondria. The Journal of Biological Chemistry, 1998,273(18)：11044—11048.

[13] Riobo, N. A., Melani, M., Sanjuan, N., et al. The modulation of mitochondrial nitric-oxide synthase activity in rat brain development. The Journal of Biological Chemistry, 2002,277(45)：42447—42455.

[14] Dennis, J., Bennett, J. P., Interactions among nitric oxide and bcl-family proteins after mpp+ exposure of SH-SY5Y neural cells i: Mpp+ increases mitochondrial no and bax protein. Journal of Neuroscience Research, 2003,72(1)：76—88.

[15] Kroncke, K. D., Fehsel, K., and Kolb-Bachofen, V., Nitric oxide: Cytotoxicity versus cytoprotection—how, why, when, and where? Nitric Oxide, 1997,1(2)：107—120.

[16] 赵保路,王建潮,侯京武,等. 多形核白细胞产生的 NO 和超氧阴离子自由基主要形成 ONOO⁻. 中国科学,1996,26：406—413.

[17] Gusarov I, Gautier L, Smolentseva O, et al. Bacterial nitric oxide extendsthe lifespan of C. elegans. Cell, 2013,152：818—830.

[18] Drew B, Leuwenburgh C. Aging and the role of reactive nitrogen species. Ann N Y Acad Sci, 2002,959：66—81.

[19] Harman D. Aging: a theory based on free radical and radiation chemistrey. J Geron, 1956,11：298—300.

[20] Trounce I, Byrne E, Marzuki S. Decline in skeletal muscle mitochondrial respiratory chain function: possible factor in ageing. Lancet, 1989,1：637—639.

［21］ Contestabile A. Role of NMDA receptor activity and nitric oxide production in brain development. Brain Res Rev,2000,32：476—509.

［22］ Chen C，Tonegawa S. Molecular genetic analysis of synaptic plasticity，activity-dependent neural development，learning and memory in the mammalian brain. Annu Rev Neurosci,1997,20：157—184.

［23］ Weitzdoerfer R，Hoeger H，Engidawork E，et al. Lubec B. Neuronal nitric oxide synthase knock-out mice show impaired cognitive performance. Nitric Oxide，2004，10：130—140.

［24］ García-Arenas G，Ramírez-Amaya V，Balderas I，et al. Cognitive deficits in adult rats by lead intoxication are related with regional specific inhibition of Cnos. Behav Brain Res，2004,149：49—59.

［25］ Pitsikas N，Rigamonti AE，Cella SG，et al. The nitric oxide donor molsidomine antagonizes age-related memory deficits in the rat. Neurobiology of Aging，2005,26（2）：259—264.

［26］ Paul V，Ekambaram P. Involvement of nitric oxide in learning & memory processes. Indian J Med Res，2011 May,133(5)：471—478.

［27］ Kumar M，Bansal N. Ellagic acid prevents dementia through modulation of PI3-kinase-endothelial nitric oxide synthase signalling in streptozotocin-treated rats. Naunyn Schmiedebergs Arch Pharmacol，2018 Sep,391(9)：987—1001.

［28］ Rajfer J，Aronson WJ，Bush PA，et al. Nitric oxide as mediator of relaxation of the corpus cavernosum in response to nonadrenergic，noncholinergic neurotransmission. New England Journal Medicine，1992,362：90—94.

［29］ Burnett AL. The role of nitric oxide in erectile dysfunction：implications for medical therapy. J Clin Hypertens (Greenwich). 2006 Dec;8(12 Suppl 4)：53—62.

［30］ ZHAO Bao-lu. "Double Edge" Effects of Nitric Oxide Free Radical in Cardio-Brain-Vascular Diseases and Health Studied by ESR. Chinese J Magnetic Resonance，2015，32：195—207.

［31］ 赵保路. 自由基和天然抗氧化剂和健康［M］. 香港：中国科学文化出版社,2007.

［32］ 赵保路. 一氧化氮自由基生物学和医学［M］. 北京：科学出版社,2016.

第二章

一氧化氮的来源

一氧化氮来源于体内生成和体外补充两种途径。NO 体内生成是由专门的 NO 合酶(NOS)催化 L-精氨酸合成途径,另外是通过补充硝酸盐和亚硝酸盐途径。NOS 催化 L-精氨酸合成途径中有 3 种同功酶,都可以利用 L-精氨酸合成一氧化氮。在 L-精氨酸/NOS 途径功能失调情况下,硝酸盐(NO_3^-)-亚硝酸盐(NO_2^-)到 NO 的转化随着酸中毒和缺氧的增加而增加[1]。即当传统的 NO 生成受到损害时,这种 NO 生成的替代途径可以作为一种补充、后备系统。本章将分别讨论在这两种情况下一氧化氮的来源和产生过程及获取一氧化氮的途径。

一、NO 合酶催化 L-精氨酸产生一氧化氮途径

NO 合酶催化 L-精氨酸合成途径中有 4 种同功酶:存在于内皮细胞中的内皮细胞型 NO 合酶(eNOS),存在于神经细胞中的神经型 NO 合酶(nNOS),存在于巨噬细胞、肝细胞、神经胶质细胞中的可诱导型 NO 合酶(iNOS)和存在于线粒体中的线粒体 NO 合酶(mtNOS)。NO 在体内主要是通过 NO 合酶催化合成进行的。NO 合酶(NOS)以 L-精氨酸(L-Arg)和分子氧为底物,见图 2-1,催化 L-Arg 的 2 个等价胍基氮之一,生成 L-胍氨酸,从而释放 NO[2]。

NO 生成依赖于一氧化氮合成酶(NOS)的活性,并在心脑血管调节、神经和免疫调节等方面有着十分重要的生物学作用。L-精氨酸是成人类非必需氨基酸,但体内生成速度较慢,对婴幼儿为必需氨基酸,有一定的解毒作用。NO 的生成是以 L-精氨酸作

为原料，由 NOS 催化产生[3]。

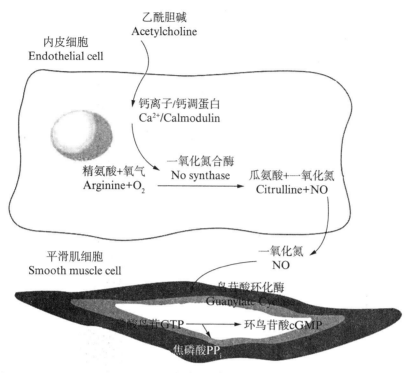

图 2-1 一氧化氮生成图

1. 内皮细胞型 NO 合酶（eNOS）催化产生一氧化氮

人体有很多器官，有脑、心脏、肝脏、胃、肺、膀胱，女性有子宫，等。但人体有一个不被注意到的器官——内皮组织。内皮组织可以被认为是人体中最大的器官，其平展面积可达 $1.5 \sim 2\ m^2$，内皮组织上含有内皮细胞功能酶，就是 NO 内皮合成酶（eNOS），主要表达在大动脉的内皮细胞内，在小动脉表达较少，在毛细血管的内皮细胞就几乎不表达。eNOS 在所有血液细胞也表达，包括红细胞、白细胞、血小板、循环再生细胞和循环微颗粒[4]。与比较稳定的硝酸盐、亚硝酸亚及亚硝基化合物相比，因为在内皮细胞合成的 NO 自由基本身是气体，半衰期很短，所以不仅能在血管壁的内皮细胞和其他细胞附近发挥作用，但可以进入循环的 NO 池中。这些硝酸盐、亚硝酸亚及亚硝基化合物化合物也能在心血管系统发挥类似 NO 的生物活性，包括调节血压[5]。eNOS 最关键的是其可以敏感感受血流的变化和立即通过产生血管作用物质（主要是 NO）发挥促进血液流动的作用[6-8]。

2. 神经型 NO 合酶（nNOS）催化产生一氧化氮

nNOS 是一种胞质酶，分布于皮层、海马和纹状体中小的中间神经元，在这些部位

nNOS阳性神经元占神经元总数$1\% \sim 2\%$。同时,小脑中粒细胞,篮状细胞也都含有nNOS。nNOS的活性受到细胞内钙离子浓度的调节,nNOS与突触后密度蛋白-95(PSD-95)结合在神经细胞的细胞膜上,胞外谷氨酸或NMDA($N-methyl-D-aspartate$)与NMDA受体结合,激活NMDA受体引起钙离子内流,导致细胞内钙离子浓度升高。钙离子与钙调蛋白结合,然后钙/钙调蛋白与BH_4结合到细胞膜上的nNOS,nNOS从细胞膜上脱离进入胞质,去磷酸化激活,产生NO。NO与鸟苷酸环化酶中的血红素基团结合并激活鸟苷酸环化酶,升高cGMP,调节各种cGMP相关信号通路[9]。L-精氨酸的类似物如L-NMMA可以抑制nNOS的活性。

3. 可诱导型NO合酶(iNOS)催化产生一氧化氮

可诱导型一氧化氮合酶iNOS也是一种胞质酶,存在于巨噬细胞、肝细胞、神经胶质细胞中,由于是在巨噬细胞等免疫细胞中发现的,因此也称为免疫型一氮化氮合酶。iNOS也有钙调蛋白(CaM)结合位点,但是CaM是作为配基始终与酶结合,酶活性不受钙离子浓度的调节[10]。iNOS在转录水平调控,在肝细胞中被细胞因子诱导后,iNOS的mRNA大约16 h后达到高峰,然后慢慢下降[11],而产生的NO水平则在24 h后达到高峰,然后逐渐下降。iNOS受产生的NO负反馈调控,NO的清除剂血红蛋白能够增加酶活性,而NO的供体S-亚硝基乙酰青霉胺降低一氮化氮合酶的活性。iNOS产生NO的效率在每毫克蛋白每分钟释放$nmol(10^{-9})$水平,比其他几种NOS高几个数量级,一旦产生就会持续大量的产生NO,除了对机体免疫功能发挥作用外,对机体也会造成伤害,因此iNOS在多种病理条件下起作用。

4. 线粒体NO合酶(mtNOS)催化产生一氧化氮

与其他几个NOS相比,mtNOS发现比较晚,是在20世纪90年代末才发现的,它结合在线粒体内膜上。mtNOS存在于体内多种组织的线粒体中,如在肝脏、脑、心脏、肌肉、肾脏、肺组织、睾丸、胰脏中都有分布。mtNOS的分子质量有不同的报道(脑组织mtNOS为144 kDa)。mtNOS的动力学性质,辅助因子、分子质量及对不同种类NOS的抗体作用,得出结论为mtNOS可能与iNOS相似,而蛋白质电泳免疫杂交试验发现,mtNOS又与eNOS相似。mtNOS的活性受到钙离子的调控,当线粒体内钙离子浓度升高时,mtNOS的活性升高,mtNOS产生NO的水平也在皮摩尔(pmol)水平,L-精氨酸的类似物可以抑制mtNOS的活性。mtNOS产生的NO能够调控线粒体的pH、线粒体膜电位,调节线粒体的呼吸链和能量的产生。同时mtNOS产生的NO能够诱导线粒体细胞色素C的释放,诱导细胞凋亡,而一氮化氮合酶的抑制剂可以抑制细胞色素c的释放[11]。

二、通过 NOS 提高产生一氧化氮的方法

通过以上讨论,我们知道,无论是哪种 NOS,NO 在体内的生成是以 L-精氨酸作为原料,由 NOS 催化产生,而且这个反应是可逆的。通过这一途径增加一氧化氮产生有两种办法,一种是增加原料 L-精氨酸或者增加 L-胍氨酸也可以,因为,在图 1-5 中我们看到,在合成途径中由 L-精氨酸可以到 L-胍氨酸,反之也是可以的。另外就是增加 NOS 的量或者活性。

1. 通过增加原料 L-精氨酸或者 L-胍氨酸产生一氧化氮

哪些物质富含原料 L-精氨酸或者 L-胍氨酸呢?我们知道大部分蛋白质都含有这两种氨基酸,如瘦肉、猪脊髓、牛羊肉、鸡鸭、蛋类、鱼虾、豆制品等。但含量比较高的主要有肉类、鱼类、坚果类、巧克力、芝麻、核桃及一些种子、乳制品等都富含精氨酸和瓜氨酸,西瓜含有大量瓜氨酸。此外,花生每 100 克含大约 3.13 克,杏仁 2.47 克,核桃 2.28 克,榛子 2.21 克精氨酸。西瓜果肉所含丰富的瓜氨酸,另外,苦瓜、洋葱、大蒜、坚果等也含有较多瓜氨酸。因此补充这些食物即可增加 L-精氨酸和 L-胍氨酸。

2. 通过增加硝酸盐和亚硝酸盐补充一氧化氮

在 L-精氨酸/eNOS 途径功能失调情况下,亚硝酸盐(NO_2^-)还原酶在生理条件下发挥功能,催化硝酸盐(NO_3^-)和亚硝酸盐(NO_2^-)生成 NO 增加,即当传统的 NO 生成受到损害时,这种 NO 生成的替代途径可以作为一种补充、后备系统,在酸中毒和缺氧情况下发挥重要作用[12]。当从食物中摄取含硝酸盐(NO_3^-)和亚硝酸盐(NO_2^-)的食物后,硝酸盐和亚硝酸盐向 NO 的循环过程(硝酸盐-亚硝酸盐-NO 途径),称为硝酸盐的肠唾液循环,依赖于口腔共生硝酸盐还原菌中的硝酸还原酶和亚硝酸还原酶催化才能生成 NO,见图 2-2。我们研究了高等植物产生一氧化氮(NO)的主要来源,表明 NO 主要是在植物中硝酸还原酶和亚硝酸盐还原酶产生的 NO 的[13]。

多年来,人们一直关注摄入硝酸盐(NO_3^-)和亚硝酸盐后形成可能致癌的 N-亚硝胺,尤其是在上消化道。60 多年前,人们首次认识到 N-亚硝基胺具有致癌性。二甲基亚硝胺(50 ppm)在喂养 6 个月后被发现在大鼠体内产生大的坏死性肝细胞癌,其他相关的 N-亚硝胺被证明在大鼠体内长期口服会导致肝、肾、胃和食管的恶性肿瘤。进一步的研究表明,N-亚硝基胺对超过 38 种动物物种都是直接致癌的。人体在体外通过培养胃液、NO_2^- 和二级胺形成 N-亚硝基胺,并在饮食摄入含 NO_2^- 的食物后在体内形成 N-亚硝基胺[14]。请注意,这里明确说的是 N-亚硝基胺是直接致癌的,而不是硝酸盐和亚硝酸盐致癌。

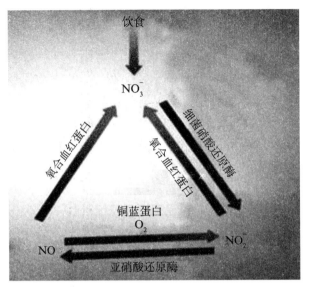

图2-2 硝酸盐(NO_3^-)和亚硝酸盐(NO_2^-)生成NO的途径

美国国家毒理学项目关于对啮齿动物进行2年饮用水喂养研究的技术报告[16～65 mM(750～3 000 mg/L)],得出结论认为,没有证据表明补充 NO_2^- 的肿瘤效应。相反,国际癌症研究机构(IARC)评估了 NO_2^- 和 NO_3^- 对人类致癌的影响,并报告说"人类和实验动物没有充分证据证明食物和饮用水中硝酸盐的致癌性。只有在导致内源性亚硝化的条件下摄入硝酸盐或亚硝酸盐可能对人类致癌。令人欣慰和重要的是,在连续多年的大量人群中(10万名以上受试者)中,食用富含水果和蔬菜的饮食,其中含有的 NO_2^- 和 NO_3^- 是建议每日 NO_3^- 摄入量超过数倍,却与癌症发生率或死亡率的增加无关[15]。

不仅如此,研究还发现,通过口服内源性生成的 NO_3^- 还原产生的 NO_2^- 在血压调节中起生理作用。NO_3^- 或 NO_2^- 衍生的NO也可能直接改变血小板反应性,抑制血小板与完整血管内皮的黏附,也抑制血小板本身的聚集。在缺血再灌注损伤发生前2小时,用膳食[5.5～22.5 mmol,如甜菜根汁(含 341～1 395 mg NO_3^-)]和无机盐(24 mmol,含1 484 mg NO_3^-),能够预防健康志愿者缺血再灌注诱导的内皮功能障碍。在高血压人群中观察到的补充 NO_3^- 的效果不仅仅是动脉张力升高的反映,而且可能确实反映了 NO_3^- 衍生NO对动脉壁弹性具有扩张性的调节作用。通过饮食可达到的无机 NO_3^- 剂量可提高健康受试者运动期间的代谢和机械效率[16]。因此,这表明通过补充硝酸盐(NO_3^-)和亚硝酸盐(NO_2^-)生成NO是一种潜在的改善心血管健康和疾病简便和廉价的方法。

无机阴离子硝酸盐(NO_3^-)和亚硝酸盐(NO_2^-)来源于饮食和内源性来源,在一个看似共生的口腔细菌和血液和组织中的宿主酶的过程中不产生生物活性。从实验和临床研究中所得到的结果发现,膳食硝酸盐的心脏代谢作用包括降低血压、改善内皮功能、提高运动能力、逆转代谢综合征以及抗糖尿病作用。硝酸盐有益代谢作用的机制正在被揭示,包括与线粒体呼吸的相互作用、关键代谢调节途径的激活和氧化应激的减少。近年来硝酸盐-亚硝酸盐- NO 途径的研究进展表明,其在健康和疾病中发挥着重要代谢作用[17]。

　　水果和蔬菜中的硝酸盐和亚硝酸盐在体内可以转化为一氧化氮,而且我们平常吃的新鲜蔬菜和水果都含有大量天然抗氧化剂,如茶叶和巧克力中的多酚类,葡萄里的白藜芦醇和原花青素,胡萝卜里的胡萝卜素,番茄里的番茄红素,核桃油和胡麻油中 w - 3 等[18]。

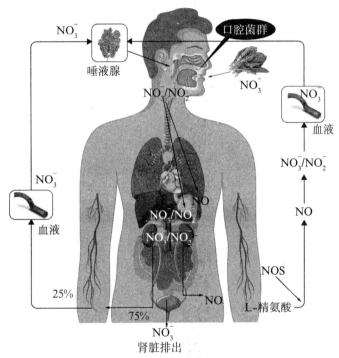

图 2 - 3 　一氧化氮(NO)代谢循环途径和一氧化氮补充方式

3. 通过运动增加产生一氧化氮合成酶活性补充一氧化氮

　　一氧化氮来源于体内生成是由专门的 NO 合酶催化 L - 精氨酸合成途径,另外是通过补充硝酸盐和亚硝酸盐途径,这 2 个途径都需要一氧化氮合成酶的催化。如果体内一氧化氮合成酶的量不足或者活性不高,即使有原料也无法产生足够的一氧化氮。因此,增加一氧化氮合成酶的量和酶的活性就显得非常重要。那么应该如何做才能达到这一目的呢?

　　(1)非常重要的是保证身体健康,通过免疫力,身体就可以有足够一氧化氮合成酶的量和酶的活性。保证身体健康就是我们大家平常说的心态好、营养合理、戒烟限酒、适当锻炼等。2021年国家提出《三减三健·健康新动力》对大家护齿、护骨、护血管有重要意义，应该学习践行。适当运动锻炼有利身体健康是肯定的。运动是血管年轻，血净管通不可缺少方式。因为运动可以释放更多一氧化氮。现在研究发现，其中有一种运动方式可以明显增加一氧化氮合成酶的量和酶的活性。这是什么样的一种运动方式呢？这种运动方式叫作"全身周期性加速运动"，即沿着脊柱轴方向的周期性加速度重复运动。典型的全身周期性加速运动是跳绳，这样反复全身上下周期性加速运动可上调内皮型一氧化氮合酶，增加一氧化氮生成，改善肱动脉内皮功能。全身周期性加速运动也可以是一种被动运动技术，通过在脊柱轴方向反复运动来增加切应力，从而改善血管内皮功能。单次和7天重复周期性加速运动均能显著改善外周动脉疾病患者下肢的血流。因此得出结论，周期性加速运动可通过激活缺血骨骼肌eNOS信号和上调促血管生成生长因子来增加缺血下肢的血供。周期性加速运动是一种潜在且合适的无创性介入治疗血管生成。所有这些信号都与重要的血管稳态相联接，如完整性、可渗透性、放大调节和系统结构，通过循环搏动施加机械力、血流压力、剪切力和伸展力。由于下游阻力血管膨胀，急性增加支动脉血流，如肱动脉和股动脉在前臂或下肢活化充血，增加内皮细胞合成NO。还有一种运动，骑自行车运动导致股动脉舒张与血流调节舒张有关。增加剪切压力之后的机械传导信号的机制还需要进一步完全研究清楚，可能牵涉由于血流使内脏牵拉导致的内皮细胞的变形[19-20]。太极拳在中国和世界广泛流传，多项研究发现太极拳和气功延年益寿的重要作用与一氧化氮有关。太极拳运动可以通过提高原发性高血压患者血液中一氧化氮改善症状[21]。太极拳是一项缓慢的运动，很适合老年人锻炼身体。

（2）更有意思是现在开发了一种装置，人在上面被动的进行全身周期性加速运动。全身周期性加速运动是一种新型的有氧运动装置，可增强小鼠和人体缺血后肢的血液供应沿脊柱轴方向的周期性加速度增加血管内皮细胞的剪切应力。研究评估了在久坐的成年志愿者中，使用一种新装置进行全身周期性加速是否能增强内皮功能。26例（44±3岁）静坐者随机分为静坐或运动训练4周，然后进行交叉训练。以2～3 Hz和约±2.2 m/s^{2}的水平运动平台施加周期性加速度，持续45分钟。所有受试者均未出现不良反应。在研究期间，静息心率或动脉压、体重或血脂水平没有明显变化，改善了久坐成人的血管内皮功能。对于那些身体状况限制体力活动的患者来说，这种装置可能是主动锻炼的替代品[22]。

一项研究发现单次全身周期性加速运动使血管舒张功能显著升高（从6.4±3.4增加到10.7±4.3%，$P<0.01$），血管舒张峰值时间显著降低，血管舒张曲线下面积显著升高。这些数据表明全身周期性加速运动可导致人类改善肱动脉内皮功能（表2-1）[23]。

表 2-1 全身周期性加速运动(WBPA)对肱动脉血流介导的血管扩张,以及 WBPA 或卧床休息的影响

	对照时期($n=20$)		WBPA 运动期($n=20$)	
	处理前	处理后	处理前	处理后
收缩压 BP(mmHg)	112±11	110±11	112±11	111±10
舒张压 BP(mmHg)	69±9	65±7	68±9	66±8
心率(次/min)	66±10	63±9	66±10	61±8*
肱动脉基线直径(mm)	3.80±0.45	3.81±0.44	3.83±0.46	3.71±0.48
血管扩张 FMD(%)	6.60±3.46	7.52±2.98	6.43±3.44	10.67±4.34*
到峰值膨胀时间(s)	66±23	60±25	67±22	49±21*
AU-FMD(s.%)	5.2±4.1	7.1±6.9	4.5±4.2	10.2±11.6*

* $P<0.05$ vs. pre procedure. WBPA:全身周期加速度;BP:血压,FMD:血流介导的血管舒张,PD:血管舒张峰值,FMD,血管扩张面积。

三、抗氧化剂与 L-精氨酸共同产生的一氧化氮实验结果

利用 NO 荧光探针检测抗氧化剂配方[L-谷氨酰胺、牛磺酸、维生素 C(L-抗坏血酸)、维生素 E、柠檬酸锌、硒化卡拉胶]与 L-精氨酸协同在脑微血管内皮细胞中产生一氧化氮自由基。

一氧化氮可以广泛分布于生物体内各组织中,特别是神经组织,它是一种新型生物信使分子。NO 是一种极不稳定的生物自由基,分子小,结构简单,常温下为气体,微溶于水,具有脂溶性,可快速透过生物膜扩散。NO 生成依赖于一氧化氮合成酶(NOS),并在心脑血管调节、神经和免疫调节等方面有着十分重要的生物学作用。L-精氨酸体内生成速度较慢,有一定的解毒作用。NO 的生成是以 L-精氨酸为底物,由 NOS 催化产生[24]。然而,来源于饮食中的精氨酸,只有一少部分可被吸收利用,进入细胞内转化成一氧化氮。抗氧化剂 L-精氨酸配方既含 L-精氨酸又含抗氧化剂,可以促进 NO 的生成。为了检测配方产生一氧化氮的能力,我们以脑微血管内皮细胞系为细胞模型,通过不同浓度 L-精氨酸-抗氧化剂配方,孵育脑微血管内皮细胞不同时间后,测定细胞内和细胞外产生 NO 的能力,从细胞水平检测 L-精氨酸-抗氧化剂配方对细胞体系产生一氧化氮能力的影响。结果发现,L-精氨酸-抗氧化剂配方中含有多种天然抗氧化剂,可以促进和保护一氧化氮自由基,使细胞产生的一氧化氮自由基保持时间更长,发挥更大作用。

1. 实验材料及设备

L-精氨酸、L-谷氨酰胺、牛磺酸、维生素 C(L-抗坏血酸)、维生素 E(dL-α-生育

酚醋酸酯、辛烯基琥珀酸淀粉钠、二氧化硅)、柠檬酸锌、硒化卡拉胶为主要原料。每100 g 含：L-精氨酸 28 g、L-谷氨酰胺 14.58 g、牛磺酸 26 g、维生素 C 6.88 g、维生素 E 1.66 g、锌 0.35 g、硒 1.69 mg。用 DMEM 完全培养基配置为不同浓度的溶液。

2. 实验方法

(1)细胞培养：脑微血管内皮细胞系 bEnd3.1 在添加了 10%胎牛血清的 DMEM 高糖培养基中，于 5% CO_2、37℃培养箱内进行常规培养。待细胞生长状态良好，汇合度长至 80%以上时，将细胞传代至六孔板中。细胞种植密度为 2×10^5 个细胞/孔,用于不同浓度原料处理不同时间实验,处理完成后进行 NO 含量测定。

(2)细胞内一氧化氮含量测定：根据 DAF FM DA(NO 荧光探针)说明书进行检测。将 DAF-FM DA 按照 1:800 比例用稀释液稀释,孵育 bEnd 3.1 细胞,用酶标仪检测吸光值,激发波长 495 nm,发射波长 515 nm。

(3)细胞外一氧化氮含量测定：根据总一氧化氮检测试剂盒说明书进行检测。用无酚红 DMEM+10%FBS 稀释标准品,540 nm 测定吸光值。

(4)数据整理与分析：利用测定的吸光值计算出 NO 含量,利用 GraphPad Prism 6.0 统计学软件,对实验数据用平均值±标准偏差表示,并对数据采用单因素方差分析进行检测,以 $P < 0.05$ 视为统计学差异显著。

3. 实验结果

(1)L-精氨酸-抗氧化剂配方孵育细胞不同时间对细胞内产生一氧化氮的影响：以人体用量为参考,换算成细胞用量[25],选用 100 μg/ml 浓度的原料配方孵育细胞 3 h、6 h、12 h 和 24 h。如图 2-4 结果所示,L-精氨酸-抗氧化剂配方可使细胞内 NO 含量显著增加;尤其是作用时间为 24 h 时,细胞内一氧化氮的含量显著高于对照组,具有极显著差异性。这表明 L-精氨酸-抗氧化剂配方孵育 24 h 是细胞产生一氧化氮的最佳时间。

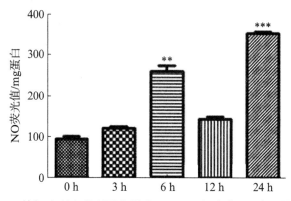

图 2-4 L-精氨酸-抗氧化剂配方影响 bEnd3.1 细胞内 NO 含量的时间曲线

: 与 0 h 对照组相比,$P < 0.01$; *: 与 0 h 对照组相比,$P < 0.001$

（2）不同浓度 L-精氨酸-抗氧化剂配方对细胞内产生一氧化氮的影响：用 25 μg/ml、50 μg/ml、100 μg/ml 和 200 μg/ml 原料配方孵育脑微血管内皮细胞 24 h,测定细胞内 NO 的量。如图 2-5 结果可知,当 L-精氨酸-抗氧化剂配方浓度为 25 μg/ml 时,每毫克蛋白的细胞内,测得的一氧化氮荧光均值为 226,比对照组 NO 产生量显著增高。当 L-精氨酸-抗氧化剂配方浓度为 50 μg/ml 时,每毫克蛋白的细胞中一氧化氮测得的荧光均值为 176,与对照组相比有差异。高浓度 100 μg/ml 和 200 μg/ml L-精氨酸-抗氧化剂配方孵育细胞,其荧光值与对照组相比,没有明显变化。表明 L-精氨酸-抗氧化剂配方浓度在 25 μg/ml 时,细胞内产生的一氧化氮含量最高,效果最好。

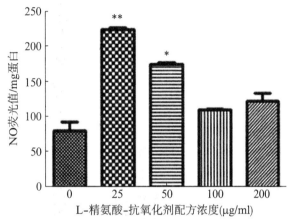

图 2-5　L-精氨酸-抗氧化剂配方对 bEnd3.1 细胞内产生一氧化氮影响的量效曲线

* : 与 0 μg/mL 对照组相比,$P<0.05$;** : 与 0 μg/ml 对照组相比,$P<0.001$

（3）L-精氨酸-抗氧化剂配方孵育细胞不同时间对细胞外产生一氧化氮的影响：由于酚红对使用试剂盒测定一氧化氮结果有明显的影响,因此,测定细胞外一氧化氮的含量必须用无酚红的培养基进行细胞培养。用无酚红培养基培养 bEnd3.1 细胞,然后用 25 μg/ml L-精氨酸-抗氧化剂配方孵育细胞 6 h、12 h、24 h 和 48 h,取细胞培养液,进行总一氧化氮测定。由图 2-6 数据可知,当处方孵育时间为 24 h 时,细胞外产生的一氧化氮含量最高,但与对照组相比,还不具有统计学差异。

4. 讨论与结论

本实验首先采用 100 μg/ml 的 L-精氨酸-抗氧化剂配方处理脑微血管内皮细胞,分别处理相应时间后,通过 NO 荧光探针 DAF-FM DA 检测了细胞内产生一氧化氮的能力。结果发现,L-精氨酸-抗氧化剂配方孵育细胞 24 h,细胞内产生一氧化氮的含量最高。因此接下来又用不同浓度的 L-精氨酸-抗氧化剂配方处理细胞,观察 L-精氨酸-抗氧化剂配方的用量对细胞 NO 产生的影响。培养 24 h 后,检测细胞内的一氧化氮,发现在 L-精氨酸-抗氧化剂配方浓度为 25 μg/ml 时,细胞内产生一氧化氮的含量

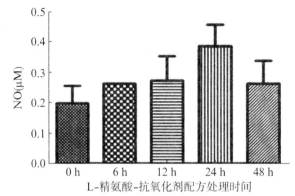

图 2-6　原料配方影响 bEnd3.1 细胞外 NO 含量的时间曲线

* 代表 $P<0.05$，*** 代表 $P<0.001$

最高,效果最为显著。之后继续用 25 μg/ml 的 L-精氨酸-抗氧化剂配方处理无酚红培养基培养的细胞,检测不同时间对细胞外一氧化氮水平的影响,发现 25 μg/ml L-精氨酸-抗氧化剂配方处理细胞 24 h,细胞培养液中一氧化氮含量最高,尽管没有统计学差异,但表明 L-精氨酸-抗氧化剂配方处理脑微血管内皮细胞系 bEnd3.1,不仅能够增加细胞内一氧化氮的含量,还可以提高细胞外一氧化氮的水平。

四、抗氧化剂对氧自由基的清除作用和对一氧化氮的保护作用

自由基作为一种细胞新陈代谢过程中的自然产物,能调节许多生命过程,但由于外界刺激会诱发异常自由基反应,破坏自由基反应动态平衡,从而引发疾病。其中以羟基自由基(OH·)和超氧阴离子自由基(O_2^-·)为代表的氧自由基会引起细胞衰老和凋亡,对生物膜、蛋白质、核酸等组织结构均能造成损伤。自由基作用也是某些疾病发病机制中的重要因素。一氧化氮一个重要方面就是非常容易与活性氧反应,生成过氧亚硝基。这样也就缩短了一氧化氮的寿命,或者说消耗掉各种途径生产的一氧化氮,同时这也是为什么一氧化氮自由基具有两面性,是典型的“双刃剑”,会对细胞或者机体具有损伤作用。

有什么办法保护一氧化氮,防止其减少呢? 大量研究表明,天然抗氧化剂对 NO 自由基的保护和调节作用,避免和减少 NO 的损伤作用。我们研究发现银杏黄酮和知母宁不仅不清除在体缺血再灌注心肌产生的 NO 自由基,而且可以增加检测的一氧化氮自由基,SOD 和过氧化氢酶也有类似效应。说明银杏黄酮对在体缺血再灌注损伤主要是通过清除缺血再灌注产生的氧自由基保护了 NO 自由基[26,27]。

机体的自由基主要通过内源和外源两个途径产生,同时又具备有效的自由基清除系统,以维持体内自由基的正常水平[28]。但随着年龄的增长,自由基代谢平衡失调,机

体对自由基的防御能力下降,导致自由基产生蓄积。我们利用 L-精氨酸-抗氧化剂配方对血糖的影响。L-精氨酸-抗氧化剂配方是以 L-精氨酸、L-谷氨酰胺、牛磺酸、维生素 C(L-抗坏血酸)、维生素 E(dL-α-生育酚醋酸酯、辛烯基琥珀酸淀粉钠、二氧化硅)、柠檬酸锌、硒化卡拉胶为主要原料做成配方。利用这个 L-精氨酸和天然抗氧化剂搭配组合,采用邻二氮菲-Fe^{2+} 氧化法和邻苯三酚自氧化法,通过加入不同浓度的 L-精氨酸和天然抗氧化剂配方分别对羟自由基和超氧阴离子进行清除,观察 L-精氨酸和天然抗氧化剂配方对自由基的清除效率。

1. 实验材料及设备

(1) L-精氨酸和天然抗氧化剂配方与上面的相同。

(2) 仪器:多功能酶标仪和低温离心机等。

(3) 试剂:0.75 mmol/L 邻二氮菲,0.2 mol/L PBS,0.75 mmol/L $FeSO_4$,0.05 mol/L Tris-HCl,60 mmol/L 邻苯三酚。

2. 实验方法

(1) 邻二氮菲-Fe^{2+} 氧化法

1) 操作流程:邻二氮菲溶液 1 ml,pH7.4,0.2 mol/LPBS 缓冲液 2 ml 和蒸馏水 1 ml,充分混匀后,加 0.75 mmol/L $FeSO_4$ 1 ml 混匀,加 0.01% 的 H_2O_2 1 ml,于 37℃水浴温育 60 min。在 536 nm 处测其吸光度值,所得数据为 Ap;用 1 ml 蒸馏水代替 H_2O_2,测得 Ab;用 1 ml 试样代替 1 ml 蒸馏水,测得 As。同一实验重复三次。

2) 计算公式:OH 清除率/% = (As-Ap)/(Ab-Ap) * 100。公式中,As 为样品组吸光度值;Ab:以蒸馏水代替 H_2O_2 的对照组吸光度值;Ap:以蒸馏水代替样品的空白的吸光度值。

(2) 邻苯三酚自氧化法

1) 样品制备 0.05 mol/L Tris-HCl、60 mmol/L 邻苯三酚

2) 操作流程

a. 邻苯三酚溶液 2.95 ml 0.05 mol/L Tris-HCl+50 μl 60 mmol/L 邻苯三酚溶液,每隔 30 s 读一次数值 A(325 nm)至 300 s 止。此时 $\Delta A_0 = A_{300 s} - A_{30 s}$

b. 样品溶液:取 1 ml 的样品溶液,加入 1.95 ml 的 Tris-HCl,最后加入 50 μl 邻苯三酚溶液。每隔 30 s 读一次数值 A(325 nm)至 300s 止。$\Delta A_{样} = A_{300 s} - A_{30 s}$

c. 计算公式:清除率 = ($\Delta A_0 - \Delta A_{样}$)/$\Delta A_0$ * 100

3. 实验结果

(1) 邻二氮菲-Fe^{2+} 氧化法测定羟自由基清除率:检测不同剂量浓度的 L-精氨酸和天然抗氧化剂配方对 OH·自由基的清除率。由图 2-7 结果可知,随着 L-精氨酸和

天然抗氧化剂配方浓度的增加,羟自由基清除率不断上升,在 128 mg/ml 浓度时清除率达到最大,之后清除率逐渐下降。

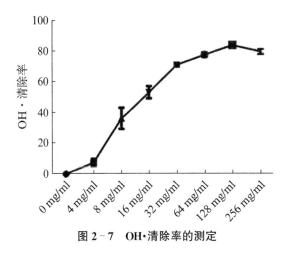

图 2 - 7 OH·清除率的测定

（2）邻苯三酚自氧化法测定超氧阴离子清除率：检测不同剂量浓度的 L-精氨酸和天然抗氧化剂配方对 O_2^-·自由基的清除率。由图 2 - 8 可知,加入 L-精氨酸和天然抗氧化剂配方浓度为 16 mg/ml 时,超氧阴离子自由基清除率最高,之后逐渐下降。

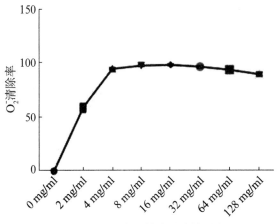

图 2 - 8 O_2^- 自由基清除率的测定

4. 讨论与结论

随着年龄的增长,自由基代谢平衡失调,机体对自由基的防御能力下降,导致自由基产生蓄积。自由基作为一种细胞新陈代谢过程中的自然产物,能调节许多生命过程,但由于外界刺激会诱发异常自由基反应,破坏自由基反应动态平衡,从而引发疾病。其中以羟基自由基（OH·）和超氧阴离子自由基（O_2^-·）为代表的氧自由基会引起细胞衰老和凋亡,对生物膜、蛋白质、核酸等组织结构均能造成损伤。本实验通过用不同浓度的

L-精氨酸和天然抗氧化剂配方对自由基的清除进行测定,发现 L-精氨酸和天然抗氧化剂配方在浓度为 128 mg/ml 时,对 OH·清除率达到最高,可为 84%。L-精氨酸和天然抗氧化剂配方在浓度为 16 mg/ml 时,对 O_2^-·自由基清除率达到最高,可为 98%。因此提示我们,L-精氨酸和天然抗氧化剂配方具有清除自由基的功效。

另外,我们用 ESR 自旋捕集法检测了脑卒中缺血再灌注过程中产生的 NO。结果发现山楂黄酮预处理 15 天显著升高了缺血再灌注后脑中 NO 的产量,低剂量和高剂量山楂黄酮组一氧化氮的产量与缺血再灌注组相比分别升高了大约 44.6% 和 77.5%。NO 在这两组中的产量甚至高于阴性对照组中 NO 的产量。山楂黄酮预处理能剂量依赖性地降低硝酸盐/亚硝酸盐水平。低剂量组和高剂量组中硝酸盐/亚硝酸盐含量与缺血再灌注组相比分别降低了 20.1% 和 34.6%。山楂黄酮预处理 15 天,低剂量组和高剂量组中,ROS 分别显著降低了 17.3% 和 31.1%。高剂量组中 ROS 的产量甚至低于阴性对照组,同时剂量依赖性降低了 TBARS 水平[29]。这说明山楂黄酮通过清除活性氧保护了一氧化氮。

在另外一项研究中利用不同的方法证明,抗氧化剂 L-茶氨酸可以在各种浓度(0.01~10 μmol/L)诱导内皮细胞提高 NO 自由基产生。使用荧光技术和流式细胞技术测定发现,L-茶氨酸可以浓度依赖地(0.001~10 μmol/L)诱导内皮细胞显著提高 NO 自由基产生,在 NOS 抑制剂 L-NAME 存在时可以部分抑制内皮细胞产生 NO 自由基的提高。使用电化学技术实时测定同样证明,L-茶氨酸可以诱导内皮细胞显著提高 NO 自由基产生,在另一种 NOS 抑制剂 L-NIO 存在时 L-茶氨酸也可以部分抑制内皮细胞产生 NO 自由基的提高[30]。

也有研究报道,维生素 C 和维生素 E 可以增加 NO 的生物利用度,而且对人体的研究效果还比较一致。一项临床研究对 2 型糖尿病患者动脉注射超生理剂量维生素 C,可以改善前臂依赖内皮舒张压[31]。另外一项临床研究让冠状动脉患者一次性口服维生素 C,结果可以改善臂动脉舒张。对冠状动脉患者慢性补充维生素 C 效果也很好[32]。

为了探讨另外一组一氧化氮和天然抗氧化剂搭配组合(L-精氨酸,知母宁,山楂黄酮和虾青素等)减少高脂饲料引起动物体重的增加、血脂、血糖和血压升高的机理,我们测试了一氧化氮和天然抗氧化剂组合对羟基和超氧阴离子自由基的清除作用。试验结果表明,一氧化氮和天然抗氧化剂合理的搭配组合对 Fenton 反应产生羟基自由基的清除作用是很强的,清除率达 50% 的浓度为 $V_{50}=0.55$ μg/ml;对黄嘌呤/黄嘌呤氧化酶系产生超氧阴离子自由基也很强,清除率达 50% 的浓度为 $V_{50}=7.15$ μg/ml。另外,我们以前的研究表明,这个组合可以明显提高一氧化氮的产生能力[33]。

合理膳食(增加新鲜蔬菜比例)、平和的心态和快乐的心情都有助于机体安全产生一氧化氮。

参 考 文 献

［1］ V Kapil，E Weitzberg，J O Lundberg，et al. Clinical evidence demonstrating the utility of inorganic nitrate in cardiovascular health. Nitric Oxide，2014，30（38）：45—57.

［2］ Wang Y，Marsden PA. Nitric oxide synthase：gene structure and regulation. Adv Pharmacol，1995，34：71—90.

［3］ Furchgott RF，Zawadzk JV. The obligatory role of the endothelium in the relaxation of arterial smooth muscle by acetylcholine. Nature，1980，288：373—376.

［4］ Ignarro LJ，Byrns RE，Wood KS. Endothelum-derived relaxing factor produced and release from artery and wein is nitric oxide. Proc Natl Acad Sci USA，1987，84：9265—9269.

［5］ Moncada S，Nistico G，Higgs EA. Nitric Oxide：Brain and Immune System. London and Chapel Hill：Portland Press，1992.

［6］ Contestabile A. Role of NMDA receptor activity and nitric oxide production in brain development. Brain Res Rev，2000，32：476—509.

［7］ Dawson TM，Dawson VL. Nitric oxide：actions and pathological roles. Neuroscientist，1995，1：7—18.

［8］ Feron O，Belhassen L，Kobzik L，et al. Endothelial nitric oxide synthase targeting to caveolae：specific interactions with caveolin isoforms in cardiac myocytes and endothelial cells. J Biol Chem，1996，271：22810—22814.

［9］ Lacza Z，Snipes JA，Zhang J，et al. Mitochondrial nitric oxide synthase is not eNOS，nNOS or iNOS Free Radical Biology and Medicine，2003，35：1217—1228.

［10］ Cho HJ，Xie QW，Calaycay J，et al. Calmodulin is a subunit of nitric oxide synthase from macrophages. J Exp Med，1992，176（2）：599—604.

［11］ Tatoyan A，Giulivi C. Purification and characterization of a nitric-oxide synthase from rat liver mitochondria. The Journal of Biological Chemistry，1998，273（18）：11044—11048.

［12］ Xu Y-C，Zhao B-L：The main origin of endogenous NO in higher non-leguminous plant. Plant Physiol Biochem 41，833—838，2003.

［13］ Geller DA，Nussler AK，di Silvio M，et al. Cytokines, endotoxin, and glucocorticoids regulate the expression of inducible nitric oxide synthase in hepatocytes. Proc Natl Acad Sci USA，1993，90（2）：522—526.

［14］ H. Ishiwata et al.，Studies on in vivo formation of nitroso compounds（Ⅱ），J. Food

Hyg. Soc. Jpn，1975，16：19—24.

[15] K. Iijima et al.，Novel mechanism of nitrosative stress from dietary nitrate with relevance to gastro-oesophageal junction cancers，Carcinogenesis，2003，24：1951—1960.

[16] International Agency for Research on Cancer，Ingested Nitrate and Nitrite，and Cyanobacterial Peptide Toxins，International Agency for Research on Cancer，Lyon，2010.

[17] Lundberg JO，Carlström M，Weitzberg E. Metabolic Effects of Dietary Nitrate in Health and Disease. Cell Metab，2018，28(1)：9—22.

[18] P. Boffetta et al.，Fruit and vegetable intake and overall cancer risk in the European Prospective Investigation into Cancer and Nutrition (EPIC)，J. Natl. Cancer Inst，2010，102：529—537.

[19] Taku Rokutanda，Yasuhiro Izumiya，Mitsutoshi Miura. Passive Exercise Using Whole-Body Periodic Acceleration Enhances Blood Supply to Ischemic Hindlimb. Arterioscler Thromb Vasc Biol，2011，31：2872—2880.

[20] Matsumoto，Tetsuya，Fujita，et al. Whole-Body Periodic Acceleration Enhances Brachial Endothelial Function. Circ J 2008，72：139—143.

[21] Pan X，Zhang Y，Tao S. Effects of Tai Chi exercise on blood pressure and plasma levels of nitric oxide，carbon monoxide and hydrogen sulfide in real-world patients with essential hypertension. Clin Exp Hypertens，2015，37(1)：8—14.

[22] Matsumoto，Tetsuya，Fujita，et al. whole body periodic acceleration，novel passive excercise devices，enhances blood supply to ischemic hindlimb in mice and human circulation，2011，124：A9481.

[23] Bonpei Takase，Hidemi Hattori，Yoshihiro Tanaka，et al. Acute Effect of Whole-Body Periodic Acceleration on Brachial Flow-Mediated Vasodilatation Assessed by a Novel Semi-Automatic Vessel Chasing UNEXEF18G System. J Cardiovasc Ultrasound，2013，21(3)：130—136.

[24] 问慧娟,李亚芹,崔玉英,等. 冠心病介入术患者血管内皮依赖性舒张功能与血小板L-精氨酸/一氧化氮通路的关系[J]. 重庆医学,2014,43(20)：2545—2547.

[25] 毛立民,于世凤,孙开华,等. 涎腺腺样囊性癌细胞对抗癌药物敏感性的研究[J]. 现代口腔医学杂志,2000(01)：19—21.

[26] Zhao BL，Jiang W，Zhao Y，et al. Scavenging effects of salvia miltiorrhza on free radicals and its protection from myocardial mitochendrial membranrene from ischemia-reperfusion injury. Biochem Mol Biol Intern，1996(6)：1171—1182.

［27］ Shen J-G，Wang J，Zhao B-L，et al. Effects of EGb－761 on nitric oxide，oxygen free radicals，myocardial damage and arrhythmias in ischemia-reperfusion injury in vivo. Biochim Biophys Acta，1998，1406：228—236.

［28］ 王彩霞.枸杞多糖对 D－半乳糖诱导衰老小鼠皮肤的影响［J］.中国老年学杂志，2015，35（22）：6360—6362.

［29］ Zhang DL，Zhao BL. Oral administration of Crataegus extraction protects against ischemia/reperfusion brain damage in the Mongolian gerbils. J Neur Chem，2004，90：211—219.

［30］ Siamwala JH，Dias PM，Majumder S，et al. L-theanine promotes nitric oxide production in endothelial cells through eNOS phosphorylation. J Nutr Biochem，2013，24（3）：595—605.

［31］ Ting HH，Timimi FK，Boles KS，et al. Vitamin C improves endothelium-dependent vasodilation in patients with non-insulin-dependent diabetes mellitus. J Clin Invest，1996，97：22—28.

［32］ Levine GN，Frei B，Koulouris SN，et al. Ascorbic acid reverses endothelial vasomotor dysfunction in patients with coronary artery disease. Circulation，1996，96：1107—1113.

［33］ Gao J，Zhang J，Zhao B. Protective Effect of Nitric Oxide and Natural Antioxidants on Stability of Blood Vessel. Journal of Food and Nutrition Science，2016，5（1）：1—11.

第三章

一氧化氮与炎症和免疫

免疫是人体的一种重要生理功能,人体依靠这种功能识别"自己"和"非己"成分,从而破坏和排斥进入人体的抗原物质(如病菌等),或人体本身所产生的损伤细胞和肿瘤细胞等,以维持人体的健康。人体免疫器官包括扁桃体、淋巴结、淋巴管、胸腺、骨髓和肝脾等脏器及免疫细胞(图 3-1,3-2)。一氧化氮(NO)和活性氧(ROS)对炎症有多种调节作用,在免疫应答的调节中起着关键作用。它们几乎影响炎症发展的每一步,即由组成型和神经元型一氧化氮合酶产生的低浓度一氧化氮抑制黏附分子表达、细胞因子和趋化因子合成以及白细胞黏附和迁移。主要由 iNOS 产生的大量 NO 具有毒性和促炎症作用。然而,一氧化氮的作用并不主要取决于酶源,而是取决于细胞环境、NO 浓度(取决于与 NO 源的距离)和免疫细胞的初始启动。同样地,NAD(P)H 氧化酶产生的超氧阴离子存在于参与炎症的所有细胞类型(白细胞、内皮细胞和其他血管细胞等)中,当在氧化爆发期间高水平产生时,可能导致毒性作用。一氧化氮和超氧化物在免疫调节中的作用是通过多种机制发挥的。研究的进展显示 NO 和氧自由基在介导炎症和免疫反应中的作用越来越大。总之,一氧化氮和活性氧参与调节动物和人类的炎症反应和免疫机制[1]。

一、巨噬细胞产生一氧化氮自由基在免疫反应中的作用

在免疫反应中,巨噬细胞发挥着关键作用。研究表明巨噬细胞在免疫杀伤过程中释放大量活性氧自由基,作为杀伤外来入侵微生物的武器。但巨噬细胞在这一过程不

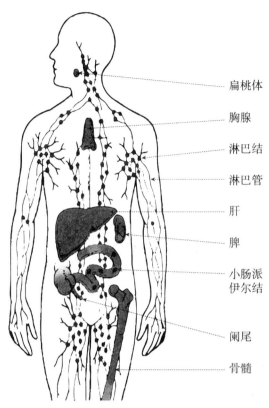

扁桃体

胸腺

淋巴结

淋巴管

肝

脾

小肠派
伊尔结

阑尾

骨髓

图 3-1　人体免疫器官

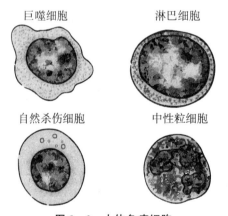

巨噬细胞　　　　淋巴细胞

自然杀伤细胞　　中性粒细胞

图 3-2　人体免疫细胞

仅释放活性氧自由基,而且还释放大量 NO 自由基。这两种自由基可以很快反应生成过氧亚硝基阴离子$[k=3.7\times10^{-9}(\mathrm{mol}\cdot\mathrm{L}^{-1}\cdot\mathrm{s}^{-1})]$。在碱性条件下,过氧亚硝基比较稳定,但在稍低于中性 pH 时,立即分解生成氧化性更强的类羟基物质和 NO_2。

$$O_2^- + NO \longrightarrow ONOO^- + H^+ \longrightarrow ONOOH \longrightarrow \cdot OH + NO_2$$

从自由基分子毒理学的角度来看这一反应机制是非常有意义的。O_2^- 和 NO 都是自由基,但二者的氧化性都不很强,它们在体内都有一定的生物功能。两者结合生成过氧亚硝基阴离子,在高于生理 pH 条件下,过氧亚硝基相当稳定,允许它由生成位置扩散到较远的距离,一旦周围 pH 稍低于生理条件,立即分解生成羟基和 NO_2 自由基,这2 种自由基具有很强的氧化性和细胞毒性,这对杀伤入侵微生物和肿瘤细胞具有非常重要的意义(图 3-3)。巨噬细胞是参与免疫反应的主要细胞之一,巨噬细胞参与免疫反应的主要武器就是产生活性氧和 NO。我们用几种方法检查了巨噬细胞在免疫过程中产生的 NO 及其规律,证明了巨噬细胞在免疫反应和发炎时,确实产生 NO。

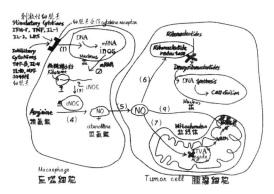

图 3-3 巨噬细胞一氧化氮作用图

1. 巨噬细胞(PMN)和 T 细胞产生的一氧化氮自由基

我们利用电子自旋共振技术检测佛波醇(PMA)刺激巨噬细胞(PMN)及淋巴细胞产生的 NO 和 O_2^- · 的方法。还利用化学发光测量到了 NO 和 O_2^- · 反应生成的 $ONOO^-$。另外,超微弱发光技术可以检测生物体和活细胞发出的极微弱的光,可以达到一个光量子的数量级,因此是研究生物发光机制灵敏的方法。利用这一方法可以检测出 PMA 刺激 PMN 产生氧自由基和 NO 的不同峰值,并可以研究它们产生的动力学[2]。

NO 是在抗原接近 T 细胞时由带抗原的细胞产生的,这样产生的 NO 抑制 T-细胞增生而不抑制 T 细胞产生细胞因子。NO 能阻断 T 细胞在 G/S 期的增生,NO 在体内抑制 T 细胞调节的免疫,说明 NO 在 T 细胞调节免疫的诱导期发挥着重要作用。NO 可能是 T 细胞调节免疫的保护因素。另外,NO 是 T 细胞增生的抑制剂,NO 还可以诱导 T 细胞凋亡,但只是在比需要抑制增生浓度高时才出现,这说明 NO 对 T 细胞抑制增生是很特异的。另外,有证据表明 NO 可以直接影响细胞周期进展及旁路细胞信号传递[3]。

虽然巨噬细胞刺激 T 细胞抗原特异响应产生 NO 的研究并不多,但最近研究发现,

T 细胞诱导抗原使细胞 APC(antigen-presenting cell)产生 NO。iNOS 只在巨噬细胞表达,产生的 NO 在低浓度刺激细胞分化,在高浓度抑制细胞分化。T 细胞诱导巨噬细胞产生 NO 大约在 24 h 开始,接着是一个稳定产生过程,而且可以持续 2 天。因为 T 细胞增生(即 DNA 合成)在 T 细胞活化大约 40 h 开始,巨噬细胞产生大量 NO[4]。巨噬细胞产生 NO 可以扩散到细胞外,在没有 $O_2^- \cdot$ 时可以扩散到 T 细胞抑制其增生。如果巨噬细胞的 NADPH 氧化酶同时产生 $O_2^- \cdot$,它们就会反应生成过氧亚硝基,防止 NO 进入 T 细胞,促进细胞增生[5]。

2. 细菌感染贫血和一氧化氮自由基

细菌感染伴随严重贫血并会由此引起死亡。NO 在宿主抵抗病原方面发挥着重要作用,这可能是由于巨噬细胞产生的 NO 损伤红细胞造成的。用两种对细菌感染和 NO 响应不同的小鼠进行研究,同时用氨基胍(AG)处理阻断内源产生 NO,以及用不能诱导巨噬细胞产生 NO 的基因敲除小鼠(C57BL/6 iNOS$^{-/-}$),再用细菌感染抗性动物(C57BL/6)和易感型小鼠进行研究发现,寄生虫贫血症在同一时间(9 天)达到高峰,但是易感型小鼠寄生虫贫血症却高 3 倍($P<0.05$),易感型小鼠在感染后 23 天全部死亡,而抗性动物在研究期间没有一个死亡。用 NO 抑制剂处理和用不能诱导巨噬细胞产生 NO 的小鼠(C57BL/6 iNOS$^{-/-}$)进行研究,结果表明细菌感染引起的贫血不是 NO 引起的。用特-丁基过氧化氢(t-BHT)诱导的氧化应激研究显示,用氨基胍(AG)处理可以完全防止由 NO 调节的血红素氧化。这一研究表明,NO 参与了细菌感染引起的红细胞的氧化应激,而且 NO 不是引起贫血的直接原因。但是 NO 可能参与其他血象改变,如增加循环中的网状红细胞、白细胞和中性粒细胞[6]。

3. 炎症中的一氧化氮自由基

炎症过程产生大量 NO,因为在免疫过程产生 NO 主要是诱导型 iNOS 产生的。NO 在炎症过程的不同阶段,对不同细胞是毒性、调节、诱导凋亡和抗凋亡的复杂结合。NO 在接触过敏诱导皮肤炎症中的作用也是复杂的,低浓度通过松弛和吸附中性粒细胞是促炎症的;在高浓度下调节黏合因子,抑制活化诱导炎症细胞凋亡[7]。有些研究表明,NO 能抑制肥大细胞活化和依赖肥大细胞的炎症过程。NOS 抑制剂可以提高细胞分解和通透性,诱导血管周围肥大细胞分解和白细胞对内皮细胞的黏合。而且 NO 供体能使体内肥大细胞分解,粒细胞对血管的黏合和白蛋白从微血管漏出。大量动物实验表明,NO 能抑制肥大细胞活化,因此,至少在依赖肥大细胞响应期,NO 是抗炎的。这也许有生理意义,因为在哮喘患者肺中是由诱导型 iNOS 产生大量 NO 的[8]。NO 对哮喘患者有一定好处,因为它能够松弛平滑肌通道,反映诱导型 iNOS 的功能,还可以抑制肥大细胞活化。另外,NO 引起血管松弛和通透性增加,这可能导致水肿。因此,NO

对人哮喘患者是抗炎还是促炎,尚无定论[9]。

二、一氧化氮自由基在免疫反应中的作用及其机制

NO 在免疫中发挥着重要作用,其机制也是比较复杂的,下面进行详细讨论。

1. NO 在免疫中的作用

NO 在免疫中发挥着重要作用,作为毒性物质可以杀伤外来微生物,诱导或抑制细胞凋亡,或者是免疫调节剂。这是基于诱导型 iNOS 负责免疫响应推测的。因为免疫体系被感染而活化,任何与 NO 相应的响应都将平行发展,在生物体系免疫响应是几小时或几天,而不是几秒。NO 要作为有效免疫调节剂,它必须在一段时间内保持在一定高的浓度。因此只有诱导型 iNOS 而不是结构型的 eNOS 可以满足这一要求。很多实验证实了这一点。很多细胞表达诱导型 iNOS,如成纤维细胞、内皮和外皮细胞、角质和软骨细胞、单核和多核细胞、存在抗原的天然杀伤细胞[10]。

NO 在体内有抑制免疫作用,因为敲除诱导型 iNOS 小鼠能提高细菌感染的免疫响应和加剧脑炎。有趣的是,巨噬细胞产生的 $O_2^- \cdot$ 能克服 NO 的抗增生作用,因为 NO 与 $O_2^- \cdot$ 反应生成 $ONOO^-$。NO 对免疫细胞有多种作用,例如,NO 是 NK(natural killer)细胞杀伤靶细胞的调节剂,可以调节 NK 细胞的功能,能提高或抑制肥大细胞和中性粒细胞的活化,这些都取决于 NO 产生的浓度[11]。

2. 一氧化氮自由基与 iNOS 和细胞因子

NO 是先天免疫体系的有效因子,先天免疫体系是一组对病原体的快速宿主响应。先天免疫细胞包括巨噬细胞、中性粒细胞和天然杀伤细胞,通过受体去辨认病原的分子。活化的巨噬细胞通过释放包括 NO 在内的各种效应分子和病原的复制,细胞外信号可以启动先天免疫。静止的免疫细胞缺乏 iNOS,然而各种外源刺激可以活化一定信号通路,诱导 iNOS 表达。病菌和真菌的细胞壁成分可以启动先天免疫信号通路导致 iNOS 表达,例如,革兰阴性细菌细胞壁成分脂多糖(LPS 都能够)活化 iNOS 转录。

3. L-精氨酸产生一氧化氮的影响

L-精氨酸是产生一氧化氮的前体物质,可以提高免疫力,但能否抑制和治疗炎症呢? 使用葡聚糖硫酸钠建立类似人的鼠结肠损伤和修复模型,采用葡聚糖硫酸钠诱导增加阳离子氨基酸转运蛋白 2 在结肠的表达和 L-精氨酸的摄取,评估了 L-精氨酸对结肠炎的作用。结果发现,补充 L-精氨酸能够改善动物的存活率和结肠质量等临床参数,并减少结肠渗透性和在葡聚糖硫酸钠诱导结肠炎髓过氧化物酶阳性中性粒细胞的

数量。经过多因素分析表明,经 L-精氨酸治疗能够使促炎细胞因子和趋化因子表达显著降低。通过基因组分析显示,葡聚糖硫酸钠处理后再补充 L-精氨酸的小鼠与未经葡聚糖硫酸钠处理小鼠接近,并发现补充 L-精氨酸能够使葡聚糖硫酸钠处理上调或下调的多个基因趋于正常化。此外,L-精氨酸治疗小鼠葡聚糖硫酸钠处理结肠炎导致结肠上皮细胞体外迁移,提示伤口修复能力增加。由于阳离子氨基酸转运蛋白 2 在结肠的表达感应是在 L-精氨酸治疗和诱导型 iNOS 产生 NO 自由基,测试 L-精氨酸对 iNOS 敲除小鼠的作用,发现 L-精氨酸在葡聚糖硫酸钠处理结肠炎的作用就没有表现出来。这些临床前研究表明,补充 L-精氨酸可能是这类炎症疾病潜在的治疗方法,其机制可能是 L-精氨酸增强了 iNOS 的活性功能[12]。

4. 一氧化氮自由基和 NOS 与非巨噬细胞分泌的细胞因子

除了巨噬细胞外,还有很多其他细胞也能在细胞因子及脂多糖诱导下产生 NO。人单核细胞也可以与粒细胞、巨噬细胞一样受刺激产生 NO。有人报道肝硬化患者的单核细胞受脂多糖诱导产生 NO 自由基,这说明人单核细胞可能在某些病理条件下产生 NO。人的巨噬细胞不像动物细胞那样受脂多糖刺激细胞因子产生 NO 的,相反,人的肝细胞与大鼠肝细胞一样受脂多糖刺激产生 NO,这些刺激剂缺一不可,说明人的肝细胞需要苛刻的刺激条件[13]。

三、天然抗氧化剂对炎症及其产生一氧化氮的影响

我们研究发现银杏提取物(GBE)黄酮和知母宁对心肌缺血再灌注损伤产生 NO 的影响,另外 L-茶氨酸在内皮细胞中也可以产生 NO,这两类化合物都是可以增加 NO 产生的[13-15]。与此相反,这一节将讨论这两类化合物对炎症产生的 NO 都是可以降低的。为什么同样的抗氧化剂对同样的 NO 会有完全不同的作用呢?下面我们根据实验结果进行讨论,找出其原因和机制。同时介绍小球藻提取物对炎症细胞产生的 NO 的作用。

1. 银杏黄酮对炎症及其产生一氧化氮的影响

银杏提取物含有多种不同黄酮类化合物,以前的研究表明银杏提取物具有很多生物活性,包括抗氧化和对心肌细胞和神经细胞的保护作用。利用内毒素诱导是在鼠爪肉掌注射葡聚糖诱导大鼠眼色素层炎症,然后立即分别静脉注射 1 mg、10 mg 或 100 mg 银杏提取物。24 h 以后,从双眼收集水状液体(眼房水)和测量浸润细胞数量、蛋白质浓度和 NO 水平。用不同浓度银杏提取物处理 RAW 264·7 细胞 24 h 以后,再用葡聚糖培养 24 h。测定 NO 发现,银杏提取物处理能够显著减少大鼠眼房水中炎症细胞数量、蛋白质浓度和 NO 水平,1 mg 银杏提取物的抗炎效果比氢强的松的作用还强。而且还

显著降低了葡聚糖诱导 RAW 264.7 细胞介质中产生 NO 浓度,也明显降低了 iNOS 蛋白质表达。因此,可以得出结论,银杏提取物的抗炎是通过阻断了 iNOS 蛋白质表达和 NO 释放实现的[13-15]。

2. 小球藻对炎症及其产生一氧化氮的影响

小球藻提取物具有抗氧化和抗炎效果。研究了小球藻二氯酸甲烷提取物对葡聚糖诱导 RAW 264.7 鼠巨噬细胞炎症和氧化应激的影响。结果发现,小球藻二氯酸甲烷提取物(CDE)处理能够剂量依赖地且明显减少葡聚糖处理巨噬细胞产生的 NO($P<0.05$, IC50＝30.5 mg/ml),减少葡聚糖处理巨噬细胞脂质过氧化物的积累,活化抗氧化酶、SOD、过氧化氢酶、谷胱甘肽过氧化氢酶(GSH-px)和谷胱甘肽还原酶。50 mg/ml 小球藻二氯酸甲烷提取物处理能够把葡聚糖诱导巨噬细胞产生的一氧化氮减少到 6%,同时能够减少 iNOS 蛋白和 mRNA 表达。小球藻二氯酸甲烷提取物处理也能够剂量依赖地把核因子(NFkB)特异 DNA 结合活性显著降低($P<0.05$, IC50＝62.7 mg/ml)[16]。

四、一氧化氮和其他抗氧化剂协同提高免疫功能

提高人体免疫能力的方法很多,例如日常饮食调理、适当运动、经常喝茶、适量饮用红葡萄酒等。研究发现,天然抗氧化剂可以增强免疫力并提高机体预防和抵抗一些疾病的能力。一氧化氮前体 L-精氨酸(L-Arg)、山楂提取物、知母提取物和虾青素按一定比例混合组成的配方证据显示,一氧化氮和天然抗氧化剂协同作用对血管稳定性的调节和保护作用,可以明显降低血压、血脂和血糖,并对心血管及神经退行性疾病具有抑制作用。对心肌梗死和脑卒中有明显的防治作用,对阿尔茨海默病和帕金森病也有明显延缓作用[17-22]。那么,L-精氨酸和天然抗氧化剂是否可以协同增强机体的免疫力呢？我们研究结果的结论是肯定的。

(一) 材料与方法

1. 材料

L-精氨酸(L-Arg)、山楂提取物、知母提取物和虾青素为原料,按 2∶2∶1∶1 比例混合后经搅拌制成配方。

2. 动物喂养和处理

SPF 级雄性 ICR 小鼠,体重 18.11～21.99 g 饲养于屏障级动物房。共设 1 个毒理组和 4 个免疫实验组,每个免疫实验组小鼠 40 只,分溶剂对照组和样品低、中、高 3 个剂量组,每组 10 只小鼠。免疫一组用于迟发变态反应(delayed type hypersensitivity,

DTH)实验、血清溶血素测定、抗体生成细胞数测定;免疫二组用于小鼠腹腔巨噬细胞吞噬鸡红细胞实验;免疫三组用于碳廓清实验、脏器/体重比值的测定;免疫四组用于小鼠淋巴细胞转化实验和自然杀伤细胞(natural killer,NK)细胞活性测定实验。

L-精氨酸和天然抗氧化剂配方对人体推荐量为l.6 g/60 kg·BW。动物受试物毒理实验剂量按人体推荐的 25 倍、50 倍和 100 倍三个剂量,免疫功能实验剂量按人体推荐的 5 倍、10 倍和 30 倍 3 个剂量。称取样品,用 5%羧甲基纤维素钠(CMC-Na)溶液配制,每次灌胃 20 ml,对照组给予同等体积的 0.5%CMC-Na 溶液。连续灌胃 30 天后处死动物,取肝、脾、肾、睾丸、卵巢等脏器和胸腺称重,计算脏/体比值;将肝、脾、肾、睾丸、卵巢等脏器固定保存好,并进行病理检查。取血进行血液指标测定包括血红蛋白浓度、红细胞数(RBC)、白细胞数(WBC)、中性粒细胞百分率(NEU)、淋巴细胞百分率(LYM)、单核细胞百分率(MONO)、酸性粒细胞百分率(EOS)和嗜碱性粒细胞百分率(BASO);以血清生化指标测定包括谷丙转氨酶(ALT)、谷草转氨酶(AST)、总蛋白(TP)、白蛋白(ALB)、血糖(GLU)、肌酐(CERA)、尿素(UREA)、总胆固醇(TCHO)和甘油三酯(TG)。

3. Ames 试验

采用平板掺入法,将冷冻保存的实验菌株 TA97、TA98、TA100、TA102 分别接种于营养肉汤培养基,37℃振荡培养 10 小时。每个剂量均做三个平行板,同时设空白对照组(自发回变组)、溶媒对照组和阳性对照组。在加 S9 和未加 S9 条件下,如果样品回变菌落数增加一倍以上(即回变菌落数等于或大于 2 乘以回变菌落数),并且有剂量反应关系或至少某一测试点有可重复的并且有统计学意义的阳性反应,即认为样品诱变实验阳性。

4. 小鼠骨髓嗜多染细胞微核实验

采用 ICR 小鼠 50 只,雌雄各半,雄性体重 25.68～28.91 g,雌性体重 26.24～29.12 g。实验设置对照组和阳性对照组。样品组设低、中、高 3 个剂量,经口灌胃,采用 30 小时两次给予法,两次间隔 24 h,第二次给予后 6 h 取材。颈椎脱臼法处死小鼠,取胸骨,用止血钳挤出骨髓液与胎牛血清混匀,常规涂片。在光学显微镜下,观察 200 个嗜多染红细胞(PCE),同时计数正染红细胞(NCE),计算观察 PCE/NCE 比值,观察含有微核的嗜多染红细胞数,微核率以千分率表示。

5. 免疫功能实验

参照《保健食品检验与评价技术规范》(2003 年版)增强免疫力功能检验方法进行[12]。迟发型变态反应(DTH)采用绵羊红细胞(SRBC)诱导小鼠 DTH(足跖增厚法);ConA 诱导的小鼠脾淋巴细胞转化试验采用 MTT 法;抗体生成细胞检测采用 Jeme 改良玻片法;血清溶血素测定采用血凝法;小鼠腹腔巨噬细胞吞噬鸡红细胞试验采用半体内法;NK 细胞活性测定采用乳酸脱氢酶(LDH)测定法。

6. 统计分析

应用 SPSS190.0 统计软件以 x^2 检验进行数据处理,经验标准 α＝0.05。

7. 评价标准

根据《保健食品检验与评价技术规范》(2003 年版)[12],在细胞免疫功能、体液免疫功能、单核巨噬细胞功能、NK 细胞活性四个方面任两个方面结果阳性,可判定该受试样品具有增强免疫力功能作用。每个剂量组与溶剂对照组分别进行比较,畸变率为溶媒对照组的两倍及以上或者有统计学差异,并有剂量反应关系,可判断为实验结果阳性。

(二) 结果

1. L-精氨酸和天然抗氧化剂配方对小鼠安全性毒理实验结果

L-精氨酸和天然抗氧化剂配方按人体推荐量的 25 倍、50 倍、100 倍掺入饲料,灌胃给予小鼠 30 天。实验期间观察动物情况,称取动物体重、摄食量并计算食物利用率,均未发现与对照有显著改变。30 天后处死动物,取肝、脾、肾、睾丸、卵巢等脏器和胸腺称重。

(1) L-精氨酸和天然抗氧化剂配方对小鼠体重的影响:如表 3－1 和 3－2 所示,3个剂量组动物的体重以及脏器/体重比值与对照组动物相比均无显著性差异。对肝、脾、肾、睾丸和卵巢等脏器进行病理检查也未发现显著的病理变化。

表 3－1 L-精氨酸和天然抗氧化剂配方对小鼠体重的影响($n＝10,x±s$)

性别	剂量 (g/kgBW)	第 0 周 (g)	第 1 周 (g)	第 2 周 (g)	第 3 周 (g)	末期 (g)
雄性	0	75.04±4.78	135.50±8.73	200.20±16.37	253.56±23.00	301.32±31.93
	0.67	76.05±4.27	140.16±13.76	202.82±13.54	255.44±18.03	303.80±23.98
	1.33	76.34±4.55	141.88±6.64	207.20±7.90	261.26±12.67	307.92±22.73
	2.67	76.38±4.01	140.98±6.25	199.46±9.89	248.75±11.93	293.74±15.07
雌性	0	71.51±5.30	124.54±3.74	164.35±10.14	185.35±9.36	212.57±11.98
	0.67	76.41±5.41	131.24±8.43	164.55±10.69	188.97±1 110	213.37±10.74
	1.33	76.03±5.36	128.69±6.81	162.11±11.28	184.12±18.14	211.14±14.47
	2.67	76.02±5.77	130.13±6.60	169.98±11.14	187.15±12.98	213.73±12.08

表 3-2   L-精氨酸天然抗氧化剂配方对小鼠脏器,体重比值的影响($n=10, x \pm s$)

性别	剂量 （g/kgBW）	肝/体比值 （%）	肾/体比值 （%）	脾/体比值 （%）	睾/体比值 （%）
	0	3.25±0.22	0.89±0.06	0.25±0.03	0.99±0.12
雄性	0.67	3.20±0.34	0.84±0.07	0.24±0.04	0.99±0.10
	1.33	3.42±0.36	0.91±0.10	0.28±0.04	1.02±0.11
	2.67	3.03±0.32	0.84±0.07	0.46±0.06	0.96±0.10
	0	3.31±0.19	0.90±0.08	0.25±0.04	—
雌性	0.67	3.04±0.51	0.83±0.13	0.27±0.07	—
	1.33	3.29±0.28	0.89±0.12	0.27±0.03	—
	2.67	3.10±0.52	0.81±0.14	0.25±0.04	—

(2) L-精氨酸天然抗氧化剂配方对小鼠急性毒性实验结果:在急性毒性试验中,小鼠(雌雄各半)禁食不禁水 16 h 后,经灌胃给予配方,一日内给予 2 次,两次间隔时间 4 h,记录动物中毒表现及死亡情况。结果显示,全部小鼠未见异常反应,连续观察 14 天,未见中毒症状,动物无死亡,见表 3-3。14 天后处死动物进行大体解剖,结果未见异常。该配方对 2 种性别小鼠的最大耐受剂量均大于 20.0 g/kg。这些结果表明,L-精氨酸和天然抗氧化剂配方属无毒级。

表 3-3   L-精氨酸天然抗氧化剂配方小鼠急性毒性实验结果

性别	剂量 （g/kgBW）	动物数 （只）	体重(g($x \pm s$))		动物死亡数 （只）	MTD （g/kgBW）
			初始	末期		
雄性	20.0	10	19.24±0.61	32.86±092	0	＞20.0
雌性	20.0	10	19.62±0.64	29.75±0.95	0	＞20.0

(3) L-精氨酸天然抗氧化剂配方的遗传毒性:Ames 试验结果如表 3-4 所示,两次试验中配方各剂量在加和不加 S9 条件下各菌株回变菌落数均未超过自发回变菌落数的 2 倍,各剂量组间亦无剂量反应关系。因此,在加和不加 S9 的条件下,配方对鼠伤寒沙门氏菌 TA97、TA98、TA100、TA102 四株菌株均未呈现遗传毒性;即在本试验条件下,无论加或不加代谢活化系统,配方对鼠伤寒沙门氏菌为致突变阴性。

(4) L-精氨酸和天然抗氧化剂配方对小鼠骨髓细胞微核率的影响:如表 3-5 所示,配方各剂量 PCE/NCE 比值未少于溶剂组的 20%,表明配方对小鼠骨髓细胞未见明显毒性。环磷酰胺阳性对照组与溶剂对照组相比,微核率有较显著性差异($P<0.01$),

表 3-4　L-精氨酸天然抗氧化剂配方 Ames 试验结果($x\pm s$)

组别	剂量	TA97		TA98		TA100		TA102	
	(μg/皿)	$+S_9$	$-S_9$	$+S_9$	$-S_9$	$+S_9$	$-S_9$	$+S_9$	$-S_9$
样品	5 000	131±13	105±12	31±6	29±2	139±6	139±8	276±8	296±10
	1 000	136±13	123±12	34±5	34±4	145±14	147±10	279±15	276±12
	200	142±11	129±11	35±6	31±2	150±5	142±8	289±14	283±11
	40	139±9	125±13	34±4	32±2	142±14	147±7	283±14	288±16
	8	135±10	131±9	36±4	33±2	148±6	144±8	295±14	284±11
溶媒对照	/	128±6	118±7	35±2	32±3	142±10	140±11	281±4	283±7
空白对照	/	132±6	121±7	37±3	31±5	141±6	139±9	279±6	274±8
阳性对照	2-氨基芴 10 μg/皿	2 016±99	/	2 403±62	/	1 045±112	/		/
	1,8-二羟基蒽醌 敌可松 50 μg/皿	/	2 192±254	/	2 445±85	/	996±45	/	/
	MMC 0.5 μg/皿	/	/	/	/	/	/	/	1 847±11

而配方各剂量组微核率与溶剂对照组相比无显著性差异($P>0.05$)。因此,在该实验条件下,配方无致小鼠骨髓噬多染细胞微核的作用。

表 3-5　L-精氨酸和天然抗氧化剂配方对小鼠骨髓细胞微核率的影响($n=10,x\pm s$)

性别	剂量 (mg/kgBW)	动物数 (只)	检查细胞数 (个)	微核数 (个)	微核率(‰)	PCE/NCE
雄性	0	5	5 000	17	3.40±1.34	1.28±0.05
	40(环磷酰胺)	5	5 000	87	17.46±5.22**	1.04±0.09
	2 500	5	5 000	14	2.80±1.30	1.33±0.08
	5 000	5	5 000	12	2.40±0.55	1.29±0.09
	10 000	5	5 000	12	2.40±0.89	1.33±0.10
雌性	0	5	5 000	13	2.60±1.52	1.29±0.11
	40(环磷酰胺)	5	5 000	85	17.00±5.96**	1.08±0.07
	2 500	5	5 000	14	2.80±1.30	1.34±0.09
	5 000	5	5 000	13	2.60±1.82	1.34±0.09
	10 000	5	5 000	12	2.40±1.14	1.28±0.06

** 与溶剂对照组比较 $P<0.001$(双侧 t 检验)。

（5）L-精氨酸和天然抗氧化剂配方对小鼠血液学和生化学指标的影响：L-精氨酸和天然抗氧化剂配方对小鼠血液学检查结果和血清生化指标检查结果未见明显毒性，配方各剂量组与溶剂对照组相比均在正常范围，见表3-6,3-7,3-8。

表3-6　L-精氨酸和天然抗氧化剂配方对小鼠血液学检查结果（$n=10, x \pm s$）

性别	剂量 (g/kgBW)	RBC (×10¹²/L)	HGB (g/L)	WBC (×10⁹/L)	NEU (%)	LYM (%)	MONO (%)	EOS (%)	BASO (%)
雄性	0	7.25± 0.37	146.40± 5.60	6.99± 150	8.40± 2.30	88.67± 2.90	1.20± 0.52	0.84± 0.67	0.23± 0.07
	0.67	7.21± 0.34	146.40± 6.02	6.81± 1.14	8.72± 2.41	88.32± 2.41	1.50± 0.46	0.58± 0.20	0.23± 0.08
	1.33	6.94± 0.51	141.00± 8.45	6.02± 2.18	11.04± 3.45	84.93± 4.59	1.85± 0.82	1.25± 1.50	0.25± 0.11
	2.67	7.14± 0.48	140.60± 5.60	5.81± 2.65	9.29± 2.35	87.44± 2.48	1.63± 0.62	0.84± 0.31	0.22± 0.11
雌性	0	7.15± 0.33	140.10± 5.60	3.87± 0.51	10.41± 3.70	84.96± 3.44	1.46± 6.66	1.32± 0.54	0.12± 0.06
	0.67	7.21± 0.34	138.80± 4.55	4.96± 1.47	11.68± 2.51	84.77± 2.67	1.55± 0.36	1.12± 0.33	0.12± 0.07
	1.33	6.94± 0.51	142.10± 4.95	3.93± 0.78	11.69± 3.89	84.78± 4.00	1.34± 0.30	1.63± 0.60	0.07± 0.07
	2.67	7.14± 0.48	140.00± 5.35	4.11± 1.26	10.28± 2.49	86.40± 2.72	1.21± 0.55	1.27± 0.25	0.15± 0.07

表3-7　L-精氨酸天然抗氧化剂配方对小鼠血清生化指标检查结果（$n=10, x \pm s$）

性别	剂量 (g/kgBW)	ALT (U/L)	AST (U/L)	TP (g/L)	ALB (g/L)	GLU (mmol/L)
雄性	0	33.60±5.50	142.80±31.37	58.47±2.96	33.79±1.32	6.85±0.83
	0.67	31.90±4.23	145.10±30.41	55.22±2.49	31.53±0.98**	6.22±0.60
	1.33	32.20±4.42	142.10±39.50	57.33±2.95	32.91±1.41	6.08±0.98
	2.67	33.60±5.87	133.40±24.87	57.04±1.73	32.71±0.68*	6.49±0.68
雌性	0	25.00±3.30	126.30±29.64	57.95±1.47	34.96±0.82	6.85±0.83
	0.67	24.90±4.15	128.40±19.97	55.72±3.47	33.19±1.92**	6.22±0.60
	1.33	26.60±5.70	119.20±15.60	57.93±3.09	34.24±1.62	6.08±0.98
	2.67	24.40±3.34	114.20±17.43	55.78±1.95	33.30±1.12*	6.36±0.64

表3-8 L-精氨酸天然抗氧化剂配方对小鼠血清生化指标检查结果(续)($n=10,x\pm s$)

性别	剂量 (g/kgBW)	CREA (μmol/L)	UREA (mmol/L)	TCHO (mmol/L)	TG (mmol/L)
雄性	0	19.80±2.30	6.13±1.39	1.77±0.24	0.69±0.23
	0.67	10.30±2.00**	6.37±0.76	1.72±0.32	0.69±0.18
	1.33	10.50±2.17**	5.76±1.09	1.70±0.34	0.68±0.26
	2.67	13.00±2.31**	6.33±0.82	1.74±0.33	0.59±0.15
雌性	0	14.40±1.90	5.87±1.02	1.94±0.29	0.39±0.13
	0.67	15.10±1.85	6.16±0.93	1.84±0.30	0.40±0.08
	1.33	13.50±2.70	6.01±0.60	1.96±0.37	0.52±0.16
	2.67	14.80±2.53	6.10±1.17	1.91±0.29	0.45±0.13

以上毒性实验实验结果表明,① L-精氨酸和天然抗氧化剂配方对两种性别小鼠的最大耐受剂量均大于20.0 g/kg·BW。根据急性毒性分级标准,配方属无毒级;② 遗传毒性试验,鼠伤寒沙门氏菌微粒体酶试验(Ames试验)、骨髓细胞微核试验、小鼠精子畸变试验结果为阴性,表明一氧化氮和天然抗氧化剂配方硬胶囊无遗传毒性;③ 人体推荐量的25倍、50倍、100倍掺入饲料,即为0.67 g/kg、1.33 g/kg、267 g/kg 3个剂量,饲喂小鼠30天,实验期间动物情况良好,体重、体重增加、摄食量、食物利用率、血液学、生化学、脏器重量、脏器系数等均在正常值范围内;各脏器组织病理学检测未发现与样品相关的组织(肝、脾、肾、胃、肠、睾丸、卵巢)病理改变。提示30天喂养对大鼠未见明显毒性作用。

2. L-精氨酸和天然抗氧化剂配方对小鼠免疫力的影响

L-精氨酸和天然抗氧化剂配方硬胶囊对小鼠免疫力的影响参照《保健食品检验与评价技术规范》(2003年版)增强免疫力功能检验方法进行[12]。试验结束称体重后处死动物,取脾脏和胸腺上称重,计算脏/体比值;迟发型变态反应(DTH)采用SRBC诱导小鼠DTH(足跖增厚法);ConA诱导的小 鼠脾淋巴细胞转化试验采用M1rI'法;抗体生成细胞 检测采用Jeme改良玻片法;血清溶血素测定采用血凝法;小鼠碳廓清试验;小鼠腹腔巨噬细胞吞噬鸡红细胞试验采用半体内法;NK细胞活性测定采用乳酸脱氢酶(LDH)测定法。

(1) L-精氨酸和天然抗氧化剂配方对免疫实验小鼠脾脏和胸腺及体重的影响:天然抗氧化剂配方硬胶囊试验一组、试验二组、试验三组及试验四组小鼠的初始体重与阴性对照组比较无统计学意义,表明各组动物的初始体重是均衡的。试验一、二、三、四组各剂量组小鼠试验中期体重、末期 体重以及试验期间的体重增长及脏器和体重比与阴性对照组比较均无显著性差异（$P>0.05$），见表 3-9。

表 3-9　L-精氨酸和天然抗氧化剂配方对小鼠脾脏和胸腺/体重比值的影响（$n=10, x\pm s$）

剂量 （g/kgBW）	动物数 （只）	脾脏/体比值 （g/100 g）	P 值	胸腺/体比值 （g/100 g）	P 值
0	10	0.28±0.07		0.19±0.04	
0.133	10	0.31±0.10	0.447	0.19±0.03	0.728
0.267	10	0.29±0.05	0.849	0.18±0.03	0.332
0.800	10	0.29±0.05	0.899	0.18±0.02	0.578

（2）L-精氨酸和天然抗氧化剂配方对小鼠迟发型变态反应（DTH）的影响：三个剂量组动物的足趾肿胀度与阴性对照组比较均没有显著性差异（$P>0.05$），见表 3-10。

表 3-10　L-精氨酸和天然抗氧化剂配方对小鼠迟发型变态反应（DTH）的影响（$n=10, x\pm s$）

剂量（g/kgBW）	动物数（只）	足趾肿胀（DTH）	P 值
0	10	0.50±0.30	
0.133	10	0.64±0.31	0.358
0.267	10	0.64±0.25	0.379
0.800	10	0.79±0.46	0.064

（3）L-精氨酸和天然抗氧化剂配方对 ConA 诱导的小鼠淋巴细胞转化试验的影响：低剂量组动物的淋巴细胞增殖能力与阴性对照组比较均无显著性差异（$P>0.05$），中、高剂量组动物的淋巴细胞增殖能力与阴性对照组比较均有显著性差异（$P<0.001$），见表 3-11。

表 3-11　L-精氨酸和天然抗氧化剂配方对 ConA 诱导的小鼠淋巴细胞转化试验的影响（$n=10, x\pm s$）

剂量（g/kgBW）	动物数（只）	淋巴细胞增殖能力（OD 差值）	P 值
0	10	0.160±0.169	
0.133	10	0.243±0.118	0.344
0.267	10	0.594±0.273**	0.000
0.800	10	0.564±0.176**	0.000

以上实验结果表明，L-精氨酸和天然抗氧化剂配方对小鼠细胞免疫功能试验结果阳性。

（4）L-精氨酸和天然抗氧化剂配方对抗体生成细胞的影响：三个剂量组动物的溶血空斑数与阴性对照组比较，中、高剂量组无显著性差异（$P>0.05$），见表 3-12。

表 3-12 L-精氨酸和天然抗氧化剂配方对小鼠抗体生成细胞的影响($n=10,x+s$)

剂量(g/kgBW)	动物数(只)	溶血空斑数(10^3/全脾)	P 值
0	10	20.30±5.45	
0.133	10	19.36±5.94	0.721
0.267	10	20.67±6.20	0.889
0.800	10	19.49±5.85	0.757

（5）L-精氨酸和天然抗氧化剂配方对小鼠血清溶素的影响：三个剂量组动物的抗体积数与阴性对照组比较均无显著性差异（$P>0.05$），见表 3-13。

表 3-13 L-精氨酸和天然抗氧化剂配方对小鼠血清溶血素的影响($n=10,x\pm s$)

剂量(g/kgBW)	动物数(只)	半数溶血值(HC$_{50}$)	P 值
0	10	141.46±11.29	
1.333	10	145.53±9.13	0.498
0.267	10	139.33±19.41	0.718
0.800	10	140.92±9.52	0.927

（6）L-精氨酸和天然抗氧化剂配方对小鼠单核巨噬细胞吞噬功能的影响：三个剂量组动物的碳廓清能力与阴性对照组比较均无显著性差异（$P>0.05$），见表 3-14。三个剂量组动物的吞噬率和吞噬指数与阴性对照组比较均无显著性差异（$P>0.05$）。三个剂量的 L-精氨酸和天然抗氧化剂配方对小鼠单核巨噬细胞吞噬功能试验结果都有显著提高（$P<0.005$），呈阴性，见表 3-15。

表 3-14 L-精氨酸和天然抗氧化剂配方对小鼠单核巨噬细胞碳廓清功能的影响($n=10,x\pm s$)

剂量(g/kgBW)	动物数(只)	吞噬指数(a)	P 值
0	10	6.15±0.60	
0.133	10	6.13±1.19	0.995
0.267	10	6.11±0.83	0.929
0.800	10	6.30±1.17	0.734

表 3-15 L-精氨酸和天然抗氧化剂配方对小鼠巨噬细胞吞噬鸡红细胞能力的影响 ($n=10,x\pm s$)

剂量(g/kgBW)	动物数(只)	吞噬百分率(%)	吞噬率平方根反正弦转化值	P 值	吞噬数	P 值
0	10	18.80±6.48	0.44±0.10		0.30±0.14	
0.133	10	37.10±7.67	0.65±0.08**	0.000	0.69±0.21**	0.000

剂量 （g/kgBW）	动物数 （只）	吞噬百分率 （%）	吞噬率平方根 反正弦转化值	P 值	吞噬数	P 值
0.267	10	35.00±6.06	0.63±0.06**	0.000	0.61±0.18**	0.002
0.800	10	38.50±8.61	0.67±0.09**	0.000	0.74±0.25**	0.000

（7）L-精氨酸和天然抗氧化剂配方对小鼠 NK 细胞活性的影响：L-精氨酸和天然抗氧化剂配方低剂量组与阴性对照组动物相比，NK 细胞活性无显著性差异；但中和高剂量组与对照组小鼠相比，NK 细胞活性显著提高（$P < 0.001$），见表 3-16。

表 3-16　L 精氨酸和天然抗氧化剂配方对小鼠 NK 细胞活性的影响（$n = 10$, $x \pm s$）

剂量 （g/kgBW）	动物数 （只）	NK 细胞活性	NK 细胞活性平方根 反正弦转换值	P 值
0	10	0.25±0.04	0.522±0.045	
0.133	10	0.28±0.02	0.559±0.029	0.235
0.267	10	0.39±0.05	0.671±0.060**	0.000
0.800	10	0.41±0.02	0.692±0.029**	0.000

以上结果表明，经口灌胃给予不同剂量 L-精氨酸和天然抗氧化剂配方 30 天，对小鼠脾脏/体重比、胸腺/体重比无显著性影响。同时，配方中和高剂量显著提高淋巴细胞增殖能力；低、中和高剂量均能显著提高小鼠巨噬细胞吞噬鸡红细胞百分率及吞噬指数（$P < 0.001$）；中和高剂量组能显著提高 NK 细胞活性（$P < 0.001$）。样品对小鼠抗体生成细胞数、半数溶血素值、足趾肿胀度、单核巨噬细胞碳廓清能力等无显著性影响。根据《保健食品检验与评价技术规范》（2003 年版）判定标准，在本试验条件下，L-精氨酸和天然抗氧化剂配方具有增强免疫功能的作用。

3. 讨论

一氧化氮在生物体内承担着重要的生物功能。从 20 世纪 80 年代中期开始，一氧化氮的生物功能开始被逐渐认识。研究发现，作为内皮细胞松弛因子，一氧化氮能够舒张血管调节血压，预防动脉硬化，同时一氧化氮也是免疫调节因子，神经传导因子，相关研究获得了 1998 年诺贝尔生物或医学奖。

山楂的果实、叶子、花都可入药，包含多种化学成分，如黄酮类物质、原花青素类（即 OPC）、有机酸类、三萜酸类和甾酮类等。山楂提取物可以治疗治疗早期充血性心衰、心绞痛、心律不齐、高血压和高脂血症等。现在药理试验表明，山楂提取物可能通过抑制磷酸二酯酶的活性，增加冠状动脉血液流量和心脏的血液输出，减少心脏的耗氧量[24]，保护心脏免受缺血再灌注损伤。

虾青素（3,3′-二羟基-beta,beta-胡萝卜素-4,4′-二酮）属类胡萝卜素，是存在于鱼、虾和藻类中的一种强抗氧化剂，其抗氧化活性大于β-胡萝卜素的 10 倍、维生素 E 的 100 倍。近年对虾青素功能的研究使我们对其生物活性的有了更多的认识。体外实验显示，在神经细胞模型中，虾青素可以降低 6-羟基多巴胺诱导的氧化应激、线粒体损伤和细胞凋亡。在大脑缺血动物模型中，虾青素通过抑制氧化应激、减少谷氨酸释放和细胞凋亡，降低大脑的自由基损伤、神经退化和脑梗死[25]。

知母的有效成分为知母宁（2 C-β-D-吡喃葡糖-1,3,6,7-四氢羟基-9H-黄素-9-酮），是含有四个酚羟基的多酚类物质。知母宁具有清热泻火，滋阴润燥，退热消炎，抑菌杀菌，降血糖等作用，最近人们建议把它用于治疗心脏病。知母宁对氧自由基有很强的清除作用，可以降低大鼠心肌缺血再灌注损伤过程产生的 NO 自由基和氧自由基，从而对心肌缺血再灌注损伤具有保护效应[26]。

我们将 L-精氨酸和天然抗氧化剂山楂提取物、知母宁山楂提取物和虾青素合理的搭配以后，发现 L-精氨酸和天然抗氧化剂有一定的协同作用，在细胞和组织体系中，既可以产生一定量的 NO，又可以清除氧自由基[17]。另外，NO 和天然抗氧化剂对 T 细胞免疫具有调节作用。NO 和天然抗氧化剂还可能参与其他血象改变，如增加循环中的网状红细胞、白细胞和中性粒细胞。NO 是 NK 细胞杀伤靶细胞的调节剂，可以调节 NK 细胞的功能，能提高或抑制肥大细胞和中性粒细胞的活化[27]。我们的研究还发现，这个 L-精氨酸和天然抗氧化剂的搭配组合既可以降低高脂食物喂养引起大鼠的血脂和血压的升高，又可以降低转基因小鼠血糖的升高，对心肌梗死和脑卒中有明显的防治作用[18-19]；同时对老年痴呆症和帕金森病有明显的延缓作用[10,11]。这也为研制和开发保护血管，防治高血压、高血脂和高血糖的健康食品和药物提供了有价值的参考。

同时我们用另外一组 L-精氨酸-抗氧化剂配方是以 L-精氨酸、L-谷氨酰胺，牛磺酸、维生素 C（L-抗坏血酸）、维生素 E（dL-α-生育酚醋酸酯、辛烯基琥珀酸淀粉钠、二氧化硅）、柠檬酸锌、硒化卡拉胶为主要原料。每 100 g 含：L-精氨酸 28 g、L-谷氨酰胺 14.58 g、牛磺酸 26 g、维生素 C 6.88 g、维生素 E 1.66 g、锌 0.35 g、硒 1.69 mg，做增强免疫力和缓解体力疲劳实验也取得非常好的效果。因为一氧化氮具有调节免疫，舒张血管，改善血液循环抗疲劳功能。氨基酸类免疫营养素以精氨酸和谷氨酰胺为主，精氨酸能增加 T 细胞数量，促进免疫应答，目前精氨酸推荐量为每天 0.2~0.3/kg，谷氨酰胺为巨噬细胞，淋巴细胞提供能源，改善肠道免疫，起免疫调节剂作用，每天 0.2~0.4/kg。牛磺酸是人体非常重要的氨基酸，具有抗氧化作用，促进大脑发育，保护心脑血管和肝脏，对中枢神经有营养作用，还能保护视网膜神经，延缓衰老、改善记忆和老年认知能力，对糖尿病及其并发症有治疗作用。另外锌、硒、维生素 C、维生素 E 这些抗氧化剂都是免疫和抗疲劳营养素[28]。

这些研究结果显示，L-精氨酸和天然抗氧化剂配方对动物不仅没有毒性，而且能够提高小鼠迟发型变态反应，促进小鼠抗体生成细胞增殖，提高小鼠血清溶血素水平，即具有显著提高小鼠细胞免疫功能和体液免疫功能的作用。因此，这个结果表明，L-精氨酸和天然抗氧化剂配方具有增强免疫功能作用。

一氧化氮对人的幸福也有积极影响，人类获得幸福，应对变化和取得成功所需要的内心能量，是基于大脑构建起来的，大脑是人体的主要调节器。当大脑子亮绿灯顺应模式中，人会处于平静、自信、满足、积极、乐观状态，因为类鸦片内啡肽和大脑亮绿灯时释放一氧化氮都能够消灭细菌、缓解疼痛、减轻炎症，这与致使健康恶化的致病性过程不同，有益健康的反应模式能够增进人体健康[29]。

参 考 文 献

[1] Guzik TJ, Korbut R, Adamek-Guzik T. JNitric oxide and superoxide in inflammation and immune regulation. Physiol Pharmacol, 2003 Dec,54(4): 469—87.

[2] Li HT, Zhao BL, Xin WJ. Two peak kinetic curve of chemiluninescence in phorbol stimulated macrophage. Biochem Biophys Res Commn, 1996,223: 311—314.

[3] Ishida A, Sasaguri T, Kosaka C, et al. Induction of the cyclin-dependent kinase inhibitor p21(Sdil/cip1/waf1) by nitric oxide-generating vasodilator in vascular smooth cells. J Biol Chem, 1997,272: 10050—10057.

[4] Niedbala W, Wei XQ, Piedrafita D, et al. Effects of nitric oxide on the induction and differentiation of Th1 cells. Eur J Immunol, 1999,29: 2498—2505.

[5] van der Veen RC, Dietlin TA, Hofman FM, et al. Superoxide prevents nitric oxide-mediated suppression of helper T lymphocytes: decreased autoimmune encephalomyelitis in nicotinamide adenine dinucleotide phosphateoxidase knockout mice. J Immunol, 2000,164: 5177—5183.

[6] Malvezi AD, Cecchini R, Souza F, et al. Involvement of nitric oxide(NO)and TNF-a in the oxidativestress associated with anemia in experimental *Trypanosoma cruzi* infection. FEMS Immun Med Microbiol, 2004,41: 69—77.

[7] Kharitonov SA, Yates D, Robbins RA, et al. Increased nitric oxide in exhaled air of asthmatics. Lancet, 1994,343: 133—135.

[8] Salvemini D, Masini E, Pistelli A, et al. Nitric oxide—a regulatory mediator of mast cell reactivity. J Cardiovasc Pharmacol, 1991,17: S258—S264.

[9] Forsythe P, Gilchrist M, Kulka M, et al. Mast cells and nitric oxide: control of production, mechanisms of response. Int Immunopharmacol, 2001,1: 1525—1541.

[10] van der Veen RC. Nitric oxide and T helper cell immunity. Intern Immunopharm，2001,1：1491—1500.

[11] Bidri M，Feger F，Varadaradjalou S，et al. Mast cells as a source and target for nitric oxide. Int Immunopharmacol，2001,1：1543—1558.

[12] Coburn LA，Gong X，Singh K，et al. L-arginine supplementation improves responses to injury and inflammation in dextran sulfate sodium colitis. PLoS One，2012,7(3)：e33546. doi：10. 1371/journal. pone. 0033546.

[13] Shen JG，Wang J，Zhao BL，et al. Effects of EGb－761 on nitric oxide，oxygen free radicals，myocardial damage and arrhythmias in ischemia-reperfusion injury *in vivo*. Biochim Biophys Acta，1998,1406：228—236.

[14] Zhao BL，Shen JG，Li M，et al. Scavenging effect of chinonin on NO and oxygen free radicals and its protective effect on the myocardium from the injury of ischemia-reperfusion. Biochem Biophys Acta，1996,1315：131—137.

[15] Shen JG，Guo XS，Jiang B，et al. Chinonin, a novel drug against cardiomyocyte apoptosis induced by hypoxia and reoxygenation. Biochim Biophyscs Acta，2000，1500：217—226.

[16] Miranda MS，Sato S，Mancini-Filho J. Antioxidant activity of the microalga Chlorella vulgaris cultured on special conditions. Boll Chim Farm，2001,140：165—168.

[17] 高明景,张俊静,赵保路. 一氧化氮和天然抗氧化剂对血管稳定性的调节和保护作用. 食品与营养科学, 2016, 5(1)：1—11.

[18] 赵亚硕,李砚超,杜立波,等. L-精氨酸和天然抗氧化剂对缺血性脑卒中防治作用的细胞和动物模型研究. 心脑血管病防治[J]. 2016,16(4)：259—263.

[19] 冯润,王红云,赵保路,等,基于一氧化氮和天然抗氧化剂的新配方的心肌保护作用. 中国科学院大学学报,2016,33：625—631.

[20] Y. Zhao and B. Zhao. Natural antioxidants in prevention and management of Alzheimer's disease (2012) Front. Biosci. Frontiers in Bioscience E4，794—808.

[21] 陈梦媛,张娟,李超,等. 一氧化氮和天然抗氧化剂对阿尔茨海默症的潜在防治作用. 食品与营养科学,2016, 5(3)：105—113.

[22] 参看[21].

[23] Shanthi，S. ，Parasakthy，K. ，Deepalakshmi，P. D. ，et al. Hypolipidemic activity of tincture of crataegus in rats. Indian Journal of Biochemistry & Biophysics，1994. 31(2)：143—146.

[24] I. Higuera-Ciapara，L. Felix-Valenzuela，F. Goycoolea. Astaxanthin：a review of its chemistry and applications. Crit. Rev. Food Sci Nutr，2006,46：185—196.

［25］ Shen J-G，Guo X-S，Jiang B，et al. Chinonin，a novel drug against cardiomyocyte apoptosis induced by hypoxia and reoxygenation. Biochim Biophyscs Acta，2000，1500：217—226.

［26］ Coleman JW. Nitric oxide in immunity and inflammation. Intern Immunopharm，2001,1：1397—1406.

［27］ Niedbala W，Wei XQ, Piedrafita D，et al. Effects of nitric oxide on the induction and differentiation of Th1 cells. Eur J Immunol,1999,29：2498—2505.

［28］ 王贵强,王立祥,张文宏 主编. 王陇德,钟南山,李兰娟 主审. 免疫力就是好医生,北京：人民卫生出版社,2020.

［29］ (美国)里克. 汉森. 大脑幸福密码. Hardwiring Happiness. 脑科学新知带给我们的平静、自信、满足. 机械工业出版社出版,39.

第四章

一氧化氮与高血脂

　　随着我国经济的发展,人民生活方式发生着改变,而少运动、高摄入、久坐等不良生活方式导致血脂升高和肥胖。2010年全国慢病调查的数据显示,我国成人超重率上升至27.9％,肥胖率为5.1％。国家心血管病中心统计显示,我国血脂异常人数已经超过4亿人。77％的冠心病的增加要归罪于坏胆固醇(低密度脂蛋白)升高,心脑血管疾病是威胁人类健康的主要疾病之一。高脂血症和动脉粥样硬化症是导致心脑血管疾病发生的主要因素。心脑血管疾病是一个相互依赖的系统疾病,如果血管出现问题,必然会影响心脏和脑。心脏出现问题,也必然影响血流和脑,脑出现问题也必然影响心脏和血流。在这一系统中,血管是向心脏和脑乃至全身提供血液的连接器官,如果血管出现问题,就会影响向心脏和脑乃至全身血液供应,即营养和氧气供应出现问题,进而产生一系列问题。而由"三高"(高血脂、高血压和高血糖)引起的冠状动脉粥样硬化是造成血管损伤的关键因素,产生冠状动脉粥样硬化的一个极为重要的因素是自由基氧化高血脂中的低密度脂蛋白。

　　研究证实,血清总胆固醇水平与血压之间都存在着正向关系,80％以上的高血压患者存在其他危险因素,其中最常见的是血脂异常(＞50％),而血糖升高会引起一系列代谢紊乱及血管壁增厚,导致血管病变(如表4-1)。一旦患者饮食不注意,就容易造成高血脂,增加心血管疾病风险。此外,长期吸烟、酗酒也会改变血脂构成,使高密度脂蛋白减少、低密度脂蛋白增加、血清抗氧化作用减少,促进了动脉粥样硬化、心梗和脑梗的发生和发展。研究显示动脉粥样化、心梗、脑梗与高血脂症关系密切,而一氧化氮可以预防和治疗高血脂症。这一章我们就重点讨论这一问题。

表 4 - 1　血脂的正常范围

血脂	合理范围(mmol/L)	达标值(mmol/L)
总胆固醇(TC)	<5.17	<3.64~4.00
甘油三酯(TG)	<1.70	<1.70
低密度脂蛋白(LDL)	<3.12	<1.90
高密度脂蛋白(HDL)	>1.04	>1.16

　　美国科学家布朗(Michael S. Brown)和戈尔斯坦(Joseph. L. Goldstein)因发现低密度脂蛋白受体途径介导的胆固醇代谢调理机制荣获了 1985 年的诺贝尔生理或医学奖,胆固醇可以由身体合成,也可以从食物中吸收获取。血管壁中的胆固醇堆积会限制血流,造成心脏病发作和中风。一种名为低密度脂蛋白受体的分子可以控制胆固醇量。布朗和戈尔斯坦证明低胆固醇的饮食可以增加低密度脂蛋白受体的数量,降低血液里胆固醇含量。这一发现对治疗遗传型冠心病的治疗很重要。他们的发现为一氧化氮、抗氧化剂、Q10,尤其他汀包括红曲等降血脂保护心脑血管疾病提供了依据[1]。

一、高血脂症及其危害

　　高脂血症是指血脂水平过高。但关于高脂血症的诊断标准,目前国际和国内尚无统一标准。目前一般认为血浆总胆固醇(TC)浓度>5.17 mmol/L(200 mg/dl)可定为高胆固醇血症,血浆甘油三酯(TG)浓度>2.3 mmol/L(200 mg/dl)为高甘油三酯血症。低密度脂蛋白(LDL - C)浓度>130 mg/dl 时开始药物治疗,以 LDL - C 浓度<100 mg/dl 为治疗目标,如果高密度脂蛋白(HDL - C)浓度<40 mg/dl 为冠心病的一项危险因素。

　　高血脂可直接引起一些严重危害人体健康的疾病,如动脉粥样硬化、冠心病、胰腺炎等。高脂血症可分为原发性和继发性两类。原发性与先天性和遗传有关,是由于单基因缺陷或多基因缺陷,使参与脂蛋白转运和代谢的受体、酶或载脂蛋白异常所致,或由于环境因素(饮食、营养、药物)等机制而致。继发性多发生于代谢紊乱性疾病(糖尿病、高血压、黏液性水肿、甲状腺功能低下、肥胖、肝肾疾病、肾上腺皮质功能亢进),或与其他因素,如年龄、性别、季节、饮酒、吸烟、饮食、体力活动、精神紧张、情绪活动等有关。

　　而血脂是血浆中的中性脂肪(甘油三酯)和类脂(磷脂、糖脂、固醇、类固醇)的总称,广泛存在于人体中,它们是生命细胞的基础代谢必需物质。一般来说,血脂中的主要成分是甘油三酯和胆固醇,其中甘油三酯参与人体内能量代谢,而胆固醇则主要用于合成细胞浆膜、类固醇激素和胆汁酸。

许多流行病学资料显示,肥胖人群的平均血浆胆固醇和甘油三酯水平显著高于同龄的非肥胖者。除了体重指数与血脂水平呈明显正相关外,身体脂肪的分布也与血浆脂蛋白水平关系密切。一般来说,中心型肥胖者更容易发生高脂血症。肥胖者的体重减轻后,血脂紊乱亦可恢复正常。体育运动可减轻体重、降低血浆甘油三酯和胆固醇水平,升高 HDL 胆固醇水平。为了达到安全有效的目的,进行适当的运动锻炼是非常必要的。另外,吸烟可升高血浆胆固醇和甘油三酯水平,降低 HDL-胆固醇水平,因此戒烟可以预防和治疗高血脂症。当然血浆脂质主要来源于食物,通过控制饮食,可使血浆胆固醇水平降低 $5\%\sim10\%$。多数高脂蛋白血症患者通过饮食治疗,同时纠正其他共存的代谢紊乱,常可使血脂水平降至正常。饮食结构可直接影响血脂水平的高低。血浆胆固醇水平易受饮食中胆固醇摄入量的影响,进食大量的饱和脂肪酸也可增加胆固醇的合成。通常,肉食、蛋及乳制品等食物(特别是蛋黄和动物内脏)中的胆固醇和饱和脂肪酸含量较多,应限量进食。食用油应以植物油为主,每人每天用量以 $25\sim30$ g 为宜。严重的高血脂症患者就需要药物治疗,如他汀类可以降低血清总胆固醇和 LDL 胆固醇,贝特类和烟酸类可以降低血清甘油三酯,降血脂用药务必请到正规医院听医嘱。

血液循环中脂肪和脂蛋白过多时,就会在动脉血管壁处堆积,滞留于血管内皮下间隙,发生脂质过氧化,形成氧化修饰的低密度脂蛋白(ox-LDL)。它是一种致动脉粥样硬化性的物质,可被巨噬细胞膜上的清道夫受体识别并被大量吞噬。吞噬了太多氧化脂质的巨噬细胞就会坏死成为包含脂质的泡沫细胞,并沉积在血管壁上,慢慢堆积、钙化,发展成硬化斑,冠状动脉硬化,形成血栓,产生局部缺血,最后导致一系列疾病甚至心肌坏死(如图 4-1)。

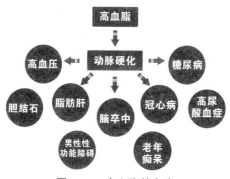

图 4-1 高血脂的危害

研究显示一氧化氮和抗氧化剂可以预防甚至治疗高血脂症,下面详细讨论这方面的问题。

二、一氧化氮与高血脂

研究显示,一氧化氮与高血脂症关系密切,内皮型一氧化氮合酶(eNOS)产生的一氧化氮(NO)是预防高血脂和动脉粥样硬化的可能机制。由于活性氧导致 NO 的失活和 NO 合成的减少,NO 在高血脂症和动脉粥样硬化中的生物利用度降低。研究发现,NO 供体 L-精氨酸可以上调 eNOS 并同时维持 eNOS 活性,他汀类药物也可以通过多种机制增强 NO 生物活性并减少高血脂症和动脉粥样硬化的研究取得了进展。高血脂和动脉粥样硬化与内皮依赖性舒张功能受损有关,表明 eNOS 产生的 NO 的生物利用度降低。在高血脂和动脉粥样硬化内皮细胞受损的各种机制中,功能失调的 eNOS 将产生的超氧化物而不是 NO。体外实验研究表明,eNOS 产生的 NO 是一种抗动脉粥样硬化分子。在 eNOS 基因敲除小鼠中,eNOS 缺乏可加速高血脂动脉粥样硬化病变的形成。相反,高胆固醇血症 eNOS 的过度表达可能通过增加功能失调的 eNOS 产生超氧化物,促进动脉粥样硬化的形成。

1. 一氧化氮与高血脂和动脉粥样硬化

内皮功能障碍已在包括高血脂动脉粥样硬化和相关疾病在内的多种血管疾病中得到证实。研究发现一氧化氮(NO)介导的高血脂和动脉粥样硬化之间的复杂关系,NO 在高血脂和动脉粥样硬化中许多部位出现异常:① 与能产生 NO 的激动剂或生理刺激物相互作用的动脉壁膜受体受损;② L-精氨酸浓度降低或利用受损;③ 诱导型和内皮型一氧化氮合酶浓度或活性降低;④ 高血脂动脉粥样硬化损伤内皮细胞 NO 释放受损;⑤ 内皮细胞向血管平滑肌细胞的 NO 扩散受损,因而血管舒张作用的敏感性降低;⑥ 增加了自由基的产生和/或氧化敏感机制局部使 NO 产生减少。因此,预防和治疗高血脂和动脉粥样硬化的一个靶点应该是使动脉中 NO 介导的信号通路得到保存或恢复。这种新的治疗策略可能包括给予 L-精氨酸/抗氧化剂和基因转移方法[2]。

2. L-精氨酸和他汀类通过一氧化氮途径预防高血脂和动脉粥样硬化

L-精氨酸是组成人体蛋白质的 20 种氨基酸之一,同时也是内皮一氧化氮合成的前体,其与血管内皮功能关系密切,具有极其重要的生理功能。精氨酸是一种半必需氨基酸,具有重要的营养和代谢作用。尤其重要的是,L-精氨酸是 NO 的前体,NO 参与内皮功能。一些因素,如高胆固醇血症、糖尿病、衰老和高血压是动脉粥样硬化的危险因素,特别是降低 NO 的可用性。因此,eNOS 在抗动脉粥样硬化中起着关键作用。适量的辅助因子和足够的精氨酸摄入可以调节一氧化氮诱导的血管舒张:补充精氨酸的饮食可有效增加 NO 的生成。研究发现了几种机制解释这种现象:精氨酸转运体与

eNOS 的共定位、瓜氨酸的细胞内精氨酸再生、内皮型精氨酸酶和一氧化氮合酶之间的平衡。他汀类药物可抑制甲羟戊酸的合成，从而抑制胆固醇的合成。此外，他汀类药物可增加内皮型一氧化氮合酶 mRNA 的稳定性。胆固醇的合成和小窝蛋白-1 的上调，以及 eNOS 的激活之间的合作是非常紧密的，他汀类药物可以改善 NO 的生成和血管舒张。《Circulation 2001》指出高胆固醇血症导致内皮 NO 依赖性血管扩张缺陷，他汀降低胆固醇，促进 NO 产量。高胆固醇血症通过导致机械性内皮损伤和功能障碍而与心血管风险增加相关。有证据表明，长期暴露于升高的血浆胆固醇水平也可能损害脂蛋白介导的内皮损伤的修复，可能是通过降低循环内皮祖细胞的可用性和功能[3]。在最近一项关于兔高胆固醇血症的研究中已经证明，与单一疗法相比，精氨酸与他汀类的联合应用显著阻碍高血脂动脉粥样硬化斑块的扩散。这种营养素的结合开辟了治疗策略的新领域[4,5]。

3. 红曲通过一氧化氮途径预防高血脂

最近一项实验检测患者血 NO、血浆内皮素（ET-1）和降钙素基因相关肽（CGRP）等血管内皮功能指标，经过治疗后患者血 NO、ET-1 和 CGRP 水平均有所改善（$P <$ 0.05）[6]。红曲是大米接种红曲霉属（monascus）菌种繁殖而成的一种紫红色米曲。红曲是一千多年的药食同源智慧结晶，是古代中国人民的伟大发明，是中华民族的科学文化遗产。1981 年德国发表红曲提取物的研究文章，发现能够降低甘油三酯。1992 年中国中医研究院，采用浙江的红曲做临床实验，证实红曲具有降脂，降糖和降压的功效。红曲中洛伐他汀成分不需经过体内肝脂酶代谢，能竞争性地与 HMG-CoA 还原酶结合从而降低该酶活性，发挥抑制内源性胆固醇的合成作用，又较他汀类西药安全，被誉为"中药他汀"或"天然他汀"之称[7]。中药红曲煎剂具有活血化瘀、健脾消食之效，使外周血液中一氧化氮、ET 及 CGRP 表达水平改善，降低 TC、TG 等血脂指标水平，甚或恢复至正常状态，红曲有显降低血脂作用，临床疗效显著，且具有保护血管内皮等作用，故值得临床推广应用。

4. 通过一氧化氮减轻老年高血脂动脉粥样硬化

虽然研究显示抗衰老药可以改善血管舒缩功能，但长期抗衰老治疗对高血脂和动脉硬化的作用尚不清楚。为了确定长期的抗衰老治疗是否能改善老年或高胆固醇血症小鼠的血管运动功能，血管僵硬，以及内膜斑块的大小和组成，利用小鼠进行了实验。结果发现，经口灌胃给予达沙替尼＋槲皮素间断抗衰老治疗可以导致衰老和高胆固醇血症小鼠主动脉中层的衰老细胞标记物显著减少。虽然两组小鼠的抗衰老治疗显著改善了血管舒缩功能，但这是由于老年小鼠的 NO 生物利用度增加以及高胆固醇血症小鼠对 NO 供体的敏感性增加所致。在老年小鼠中，抗衰老药物倾向于减少主动脉钙化和成骨信号(qRT-PCR),而在高胆固醇血症小鼠中,两者均显著减少,但慢性抗衰老治疗对内膜斑块纤维化无明显改变。这是首次证明慢性清除衰老细胞可改善与衰老和慢性高胆固醇血症相关的血管表型的研究,可能是降低心血管疾病发病率和死亡率的一种可行的治疗干预措施[8]。

5. 一氧化氮对高脂血症大鼠血脂及血清 ox-LDL、NO 水平的影响

为了观察艾灸对高脂血症大鼠血脂及血清氧化低密度脂蛋白、一氧化氮(NO)水平的影响及调节血脂与抗氧化应激及保护血管内皮的关系。将 60 只 SD 大鼠随机分为正常组、模型组、38℃艾灸组和 45℃艾灸组,每组 15 只。正常组不给予治疗;其余 3 组均给予高脂饲料喂养 8 周,制备高脂血症大鼠模型。造模成功后,模型组不给予治疗;艾灸 38℃组和艾灸 45℃组分别用"神阙"和"足三里"灸,温度分别控制在(38±1)℃和(45±1)℃。每穴艾灸 10 min,每 2 天 1 次,共治疗 4 周。治疗后测定总胆固醇(TC)、甘油三酯(TG)、高密度脂蛋白胆固醇和低密度脂蛋白胆固醇水平;测定血清氧化低密度脂蛋白和 NO 水平。结果发现,① 与正常组比较,模型组总胆固醇、甘油三酯、和低密度脂蛋白胆固醇水平明显升高(均 $P<0.01$);与模型组和 38℃艾灸组比较,45℃艾灸组总胆固醇、甘油三酯、和低密度脂蛋白胆固醇水平明显降低($P<0.01$,$P<0.05$);② 与正常组比较,模型组氧化低密度脂蛋白水平升高,NO 水平降低(均 $P<0.01$);与模型组和 38℃艾灸组比较,45℃艾灸组氧化低密度脂蛋白水平降低,NO 水平升高($P<0.01$,$P<0.05$);与模型组比较,38℃艾灸组氧化低密度脂蛋白水平降低,NO 水平升高(均 $P<0.05$)。因此得出结论:45℃艾灸对高脂血症大鼠具有调脂作用,可通过抗氧化应激、降低 NO 水平、保护血管内皮等多种途径调节血脂[9]。

在另外一项人群研究艾灸温度对高脂血症患者血脂、内皮素-1 和一氧化氮的影响中,也得到了类似的结论。观察艾灸对高脂血症患者血脂、内皮素-1(ET-1)、NO 及 ET-1/NO 的影响。将 42 例原发性高脂血症患者随机分为两组,每组 21 例,采用不同温度灸法治疗。治疗组用距皮肤 2.5～3.0 cm 的艾条卷灸,对照组用距皮肤 4 cm 的艾条卷灸,每穴 10 min,隔日 1 次。艾灸时用体温计精确测量皮肤温度。治疗 12 周后,记录了 7 次血脂、ET-1 和 NO 的测定。结果发现,治疗组总胆固醇、甘油三酯均低于对照组($P<0.05$)。治疗组血清 ET-1,ET-1/NO 明显降低($P<0.001$)。艾灸对 NO 及 ET-1/NO 的调节作用治疗组明显优于对照组。因此得出结论:艾灸具有调节血脂、疏通血管的作用。45℃灸对调节血脂、保护血管内皮功能的作用优于 38℃灸,说明适宜的温度影响灸法的疗效[10]。

6. 血小板一氧化氮生成和胰岛素抵抗与肥胖和高甘油三酯血症的关系

内皮型一氧化氮合酶在血管内皮和血小板中表达,参与血管张力调节和血小板聚

集。胰岛素抵抗与动脉高血压相关,但其机制尚不清楚。内皮型一氧化氮合酶(eNOS)在骨骼肌和血管内皮中表达,在骨骼肌中,eNOS 可能控制代谢过程。为了研究 eNOS 在胰岛素代谢调控中的作用,一项研究评估了清醒小鼠对 eNOS 编码基因的破坏的胰岛素敏感性。eNOS 敲除[eNOS(-/-)]小鼠患高血压、空腹时的高胰岛素血症、高脂血症,胰岛素刺激的葡萄糖摄取比对照组小鼠低 40%。eNOS(-/-)小鼠的胰岛素抵抗与 NO 合成受损有关,因为在同样高血压的小鼠(肾血管性高血压模型)中,胰岛素刺激的葡萄糖摄取是正常的。因此得出结论:eNOS 不仅对血压的控制有重要作用,而且对糖脂稳态也有重要作用。一个单一的基因缺陷,eNOS 缺乏症,可能代表了代谢和心血管疾病之间的联系[11]。

在另外一项研究检测了 eNOS 基因多态性与非糖尿病患者和 2 型糖尿病患者血小板 NO 生成和胰岛素抵抗程度的相关性。纳入 71 例非糖尿病患者和 37 例 2 型糖尿病患者。受试者被分为 3 组作为胰岛素抵抗状态定义的分界点:胰岛素抵抗非糖尿病受试者、胰岛素敏感受试者和受 2 型糖尿病影响的胰岛素抵抗患者。测定结果发现,所有受试者的血浆糖代谢参数、血小板 NO 生成量、eNOS 基因多态性、各组间 BMI、空腹血糖、果糖胺和 HbA(1c)、甘油三酯和 HDL 胆固醇水平存在显著差异。对所有受试者进行评估,血小板 NO 生成与 BMI、腰围和甘油三酯浓度显著相关,提示血小板 NO 生成增加、肥胖和高甘油三酯血症之间存在关联,与胰岛素抵抗程度无关。因此得出结论:修饰的血小板 NO 合成似乎不是由于 eNOS 多态性引起的,可能是由 iNOS 诱导引起的,存在于肥胖、高甘油三酯血症和 2 型糖尿病中[12]。

三、抗氧化剂降血脂

很多研究证明适当补充抗氧化剂可以达到减肥降脂作用,如类胡萝卜素、茶多酚、虾青素、硫辛酸等都可以有很好的降脂效果。

1. 微藻类胡萝卜素摄入量对胆固醇水平、脂质过氧化和抗氧化酶的影响

一项研究探讨了微藻摄取类胡萝卜素对体内脂质过氧化、内源性抗氧化防御系统及血脂的影响。雄性小鼠分为对照组,分别补充不同剂量的微藻类胡萝卜素:0.25 和 2.5 mg/kg 体重。在血清样本中测定脂质谱(总胆固醇、甘油三酯、低密度脂蛋白和高密度脂蛋白)和肝毒性标记物。测定了心脏、肝脏、肾脏和脾脏中的抗氧化酶和硫代巴比妥酸反应物质。结果显示,用于治疗动物的两种剂量均未显示肝毒性标志物的不良反应。0.25 mg/kg 体重对血脂水平无明显影响。相反,它显著降低了脾脏的脂质过氧化(46%)以及增加心脏的谷胱甘肽还原酶(40%)和肾脏的谷胱甘肽过氧化物酶(79%)

活性。2.5 mg/kg 体重治疗还增加了心脏的谷胱甘肽还原酶(49％)和心脏和肾脏的谷胱甘肽还原酶(243％)活性(58％),然而,显著增加了肝脏(160％)和血清甘油三酯(60％)的脂质过氧化水平。根据研究结果,提出了 0.25 mg/kg 体重剂量的类胡萝卜素对动物安全,可作为提高抗氧化酶活性和减少脂质过氧化的替代品[13]。

2. 茶多酚降血脂作用

我们利用茶多酚喂食大鼠,可以显著降低喂食高脂饲料大鼠引起的高血脂症。喂食高脂饲料大鼠的体重比喂食基础饲料大鼠的体重明显升高,而灌胃茶多酚可以明显减少由高脂饲料引起的大鼠体重的增加。茶多酚处理 30 天能明显降低基础组(6.3％)和高脂组(9.4％)的体重,而茶多酚处理更长时间(45 天)能更明显降低大鼠的体重(基础组 8.2％,高脂组 11.8％)。茶多酚也可以明显抑制由高脂饲料引起的大鼠肝脏的增生和肝脏及血浆中甘油三酯的含量;茶多酚还可以明显降低大鼠肝脏的脂质过氧化[14]。

3. 虾青素降血脂作用

有证据表明,天然虾青素在动物研究和临床试验中其显著降血脂作用。天然虾青素可以通过降低低密度脂蛋白(LDL,坏胆固醇)和甘油三酯以及增加高密度脂蛋白(HDL,好胆固醇)来帮助改善血脂状况。一项对大鼠的研究表明,虾青素提高了一种好的胆固醇高密度脂蛋白。后来的一项研究在高胆固醇的兔子身上测试了虾青素和维生素 E 降血脂效果。这项研究发现,这两种补充剂,特别是虾青素,可以改善动脉斑块的稳定性。与摄入维生素 E 的兔子和对照组相比,所有摄入虾青素的兔子被归类为"早期斑块"。第三次动物实验研究表明,虾青素增加了高密度脂蛋白,同时降低了血液中的甘油三酯和非酯化脂肪酸[15]。

在日本进行的一项人体临床试验发现,在人体志愿者中,虾青素对低密度脂蛋白有很好的降低效果。剂量低至每天 1.8 mg,高达每天 21.6 mg,持续 14 天。研究发现,每天服用 1.8 mg 的低密度脂蛋白氧化滞后时间延长了 5％;服用 3.6 mg 的低密度脂蛋白氧化滞后时间延长了 26％;14.4 mg 的剂量增加了 42％;在最高剂量 21.6 mg 时,上升趋势停止,滞后时间只延长了 31％。这表明降血脂的最佳剂量明显低于每天 21.6 mg。研究人员得出结论,食用虾青素能够抑制低密度脂蛋白氧化,因此可能有助于预防动脉粥样硬化。一项人类临床试验是在东欧对高胆固醇男性进行的。受试者补充 4 mg 虾青素 30 天。研究结束时,服用虾青素的受试者总胆固醇和低密度脂蛋白平均降低17％,甘油三酯平均降低 24％。有一项人类研究与抗高血压动物研究以及血脂研究有关,这项研究的中心是人类志愿者每天补充 6 mg 虾青素,持续 10 天。在 10 天的疗程结束时,治疗组的血流量显著改善[16]。

4. α-硫辛酸对胰岛素抵抗大鼠血液脂质过氧化及抗氧化防御系统的影响

一项研究探讨了 α-硫辛酸对高果糖饮食大鼠氧化-抗氧化平衡的影响。采用雄性 Wistar 大鼠 150～170 g,随机分为 7 组。对照组给予含淀粉的对照饲料。果糖组给予高果糖饮食(>总热量的 60%)。第三组和第四组给予果糖饮食,并以橄榄油为载体,以低剂量(35 mg/kg 体重)和高剂量(70 mg/kg 体重)给予两种不同剂量的 α-硫辛酸。第五组接受果糖饮食和橄榄油。第六组接受对照饮食并给予 α-硫辛酸(70 mg/kg 体重)。第七组接受对照饮食和橄榄油。测定红细胞脂质过氧化产物和抗氧化物超氧化物歧化酶、过氧化氢酶、谷胱甘肽过氧化物酶、谷胱甘肽硫转移酶和谷胱甘肽还原酶活性;测定血浆中非酶抗氧化剂 α-生育酚、抗坏血酸和还原型谷胱甘肽的水平。结果显示,果糖喂养的大鼠体内脂质过氧化物、二烯结合物和硫代巴比妥酸反应物质的水平显著升高。在高果糖喂养的大鼠中观察到抗氧化系统不足。果糖治疗大鼠减轻了两个剂量的过氧化和抗氧化防御系统之间的不平衡。在果糖喂养的大鼠中观察到葡萄糖、甘油三酯、游离脂肪酸、胰岛素和胰岛素抵抗的增加。α-硫辛酸的应用阻止了这些改变并提高了胰岛素敏感性,胰岛素抵抗与脂质过氧化指标呈显著正相关。因此得出结论:高果糖喂养大鼠脂质过氧化增加,抗氧化系统缺乏。补充 α-硫辛酸增加抗氧化系统和降低脂质过氧化。这些发现提示脂质过氧化与胰岛素抵抗之间存在着相互关系[17]。

5. 维生素 C 和维生素 E 的降血脂作用

文献也有报道一些维生素 C 和维生素 E 的降血脂作用。维生素 C 作为一种高活性物质,它参与许多新陈代谢过程[18]。维生素 E 能阻止人体内不饱和脂肪酸的氧化,使细胞免受损害;它对预防动脉硬化、脑出血,以及抗人体衰老具有显著的作用[19]。能量代谢是一个普遍的过程,人体通过该过程获取并利用能量来维持正常功能。牛磺酸在能量代谢中起着至关重要的作用,牛磺酸缺乏会导致能量代谢功能障碍,但牛磺酸的生物合成能力有限,若在饮食中补充牛磺酸可增强肌肉功能,心脏功能,肝脏活动和脂肪组织中的能量代谢[20]。

6. 纳豆

纳豆是以大豆为原料,接种纳豆芽孢杆菌后经过发酵制作而成,纳豆具有很高的营养价值,其中含有蛋白质、氨基酸、纤维素、维生素等,纳豆中还含有纳豆激酶、纳豆异黄酮、超氧化歧化酶(SOD)、大豆磷脂、皂苷、卵磷脂、亚油酸、亚麻酸、果糖、生育酚等多种生理活性物质,能增强体质,提升机体免疫力。纳豆中的皂青素可以降低血脂,降低胆固醇、软化血管、预防高血压和动脉硬化。纳豆成为一种具有食品、生物等多种功能的微生态健康品,纳豆的保健功能主要与其中的纳豆激酶、皂青素、维生素 K2 等多种功能因子有关。纳豆流行于日本,每年 7 月 10 日是日本纳豆节。纳豆也是日本人长寿因素之一[21]。

纳豆红曲复合物可降低高脂饮食诱导大鼠的血脂水平,并可减轻肝脏细胞脂肪变性,且作用效果与洛伐他汀相当。药代动力学实验结果表明,红曲纳豆复合物的有效成分洛伐他汀在比格犬体内可被正常吸收、代谢,并在 12 h 之内代谢完全。纳豆红曲复合物可显著延长凝血、止血时间,并对血栓生成产生抑制作用。红曲纳豆复合物对大鼠酒精性肝损伤具有一定的改善作用,其机制可能与纳豆红曲降低血清内毒素,下调肝组织 CD14 和 TLR4 蛋白表达,抑制下游 TNF - α 释放,减轻肝脏损伤有关[22]。

四、第一组 L-精氨酸-抗氧化剂配方辅助降血脂功能评价

L-精氨酸-抗氧化剂配方以 L-精氨酸、L-谷氨酰胺、维生素 C、维生素 E、锌、硒等作为主要原料,测定 L-精氨酸-抗氧化剂配方对人体健康的调节具有保护作用。本实验拟采用 8 周龄的 Balb/C 雄鼠,通过饲喂高脂饲料,构建高脂血症动物模型,并经口给予不同剂量的 L-精氨酸-抗氧化剂配方,探究其是否具有辅助降低胆固醇的功能。

1. 实验材料

总胆固醇试剂盒,甘油三酯试剂盒,低密度脂蛋白胆固醇试剂盒,高密度脂蛋白胆固醇试剂盒。购买高脂血症模型饲料及高脂血症模型对照饲料(D12102C)。

2. 实验方法

(1)实验动物及分组:自河北医科大学实验动物中心购买 SPF 级 8 周龄、雄性 Balb/C 小鼠 55 只。具体分组,见表 4 - 2:

表 4 - 2　实验动物分组及配方使用量

动物分组	空白对照组	模型组		
		模型对照组	低剂量组	中剂量组	高剂量组
只数	11	11	11	11	11
配方用量			0.1 mg/(g·d)	0.5 mg/(g·d)	2.5mg/(g·d)

分组后,低剂量组以 0.1 mg/(g·d) 灌胃 L-精氨酸-抗氧化剂配方,中剂量组以 0.5 mg/(g·d) 灌胃 L-精氨酸-抗氧化剂配方,高剂量组以 2.5 mg/(g·d) 灌胃 L-精氨酸-抗氧化剂配方,空白对照组和模型对照组同时给予同体积的相应溶剂。空白对照组继续给予高脂对照饲料,模型对照组及三个剂量组继续给予高脂模型饲料,连续灌胃 45 天。于实验结束时不禁食采血(眼球取血),分离血清,测定血清 TC、TG、LDL - C 、HDL - C 水平。

（2）血清甘油三酯（TG）的测定（表 4-3）

表 4-3

96 孔板操作，酶标仪比色		
	空白孔	标准孔	样本孔
蒸馏水（μl）	2.5		
校准品（μl）		2.5	
样本（μl）			2.5
工作液（μl）	250	250	250

混匀，37℃孵育 10 min，波长 510 nm，酶标仪测定各孔吸光度值。

分离血清后按上表操作，测定各样品吸光度值。并依据公式计算甘油三酯含量：

$$\frac{甘油三酯含量}{(mmol/L)}=\frac{样本\,OD\,值-空白\,OD\,值}{校准\,OD\,值-空白\,OD\,值}\times\frac{校准品浓度}{(mmol/L)}$$

（3）血清总胆固醇（TC）的测定（表 4-4）

表 4-4

96 孔板操作，酶标仪比色		
	空白孔	标准孔	样本孔
蒸馏水（μl）	2.5		
校准品（μl）		2.5	
样本（μl）			2.5
工作液（μl）	250	250	250

混匀，37℃孵育 10 min，波长 510 nm，酶标仪测定各孔吸光度值。

分离血清后按上表操作，测定各样品吸光度值。并依据公式计算总胆固醇含量：

$$\frac{胆固醇含量}{(mmol/L)}=\frac{样本\,OD\,值-空白\,OD\,值}{校准\,OD\,值-空白\,OD\,值}\times\frac{校准品浓度}{(mmol/L)}$$

（4）高密度脂蛋白胆固醇（HDL-C）的测定（表 4-5）

表 4-5

96 孔板操作，酶标仪比色		
	空白孔	标准孔	样本孔
蒸馏水（μl）	2.5		
校准品（μl）		2.5	

(续表)

样本(μl)			2.5
R1(μl)	180	180	180
混匀,37℃孵育 5 min,波长 546 nm,酶标仪测定各孔吸光度值 A1			
R2(μl)	60	60	60
混匀,37℃孵育 5 min,波长 546 nm,酶标仪测定各孔吸光度值 A2			

分离血清后按上表操作,测定各样品吸光度值。并依据公式计算高密度脂蛋白胆固醇含量:

$$\frac{HDL-C\ 含量}{(mmol/L)}=\frac{(样本\ A_2-样本\ A_1)-(空白\ A_2-空白\ A_1)}{(标准\ A_2-标准\ A_1)-(空白\ A_2-空白\ A_1)}\times \frac{校准品浓度}{(mmol/L)}$$

(5) 低密度脂蛋白胆固醇(LDL-C)的测定(表 4-6)

表 4-6

96 孔板操作,酶标仪比色			
	空白孔	标准孔	样本孔
蒸馏水(μl)	2.5		
校准品(μl)		2.5	
样本(μl)			2.5
R1(μl)	180	180	180
混匀,37℃孵育 5 min,波长 546 nm,酶标仪测定各孔吸光度值 A1			
R2(μl)	60	60	60
混匀,37℃孵育 5 min,波长 546 nm,酶标仪测定各孔吸光度值 A2			

分离血清后按上表操作,测定各样品吸光度值。并依据公式计算低密度脂蛋白胆固醇含量:

$$\frac{LDL-C\ 含量}{(mmol/L)}=\frac{(样本\ A_2-样本\ A_1)-(空白\ A_2-空白\ A_1)}{(标准\ A_2-标准\ A_1)-(空白\ A_2-空白\ A_1)}\times \frac{校准品浓度}{(mmol/L)}$$

(6) 数据整理与分析:根据试剂盒说明,利用测定的吸光值计算出 TC、TG、HDL-C、LDL-C 的含量。选用 GraphPad Prism 6.0 统计学软件,对实验数据用平均值±标准误进行显示,并绘制图像,以 $P<0.05$ 视为统计学差异显著。

3. 实验结果

(1) 高脂血症动物模型构建:实验发现,高脂血症可直接引起严重危害人体健康的

疾病,如动脉粥样硬化、冠心病、胰腺炎等。为探究高脂血症的缓解方法,采用 8 周龄的
Balb/C 雄鼠通过饲喂高脂血症模型饲料构建高脂血症动物模型。如图 4-2 所示,高脂
模型饲料及高脂模型对照饲料饲喂 8 周后,空白对照组和模型对照组血清甘油三酯、总
胆固醇及低密度脂蛋白胆固醇变化。与空白对照组相比,模型对照组甘油三酯无明显
变化;而与空白对照组相比,模型对照组总胆固醇及低密度脂蛋白胆固醇升高,差异具
有显著性。因此,依据辅助降低胆固醇功能试验原则判定高脂血症动物模型构建成功。

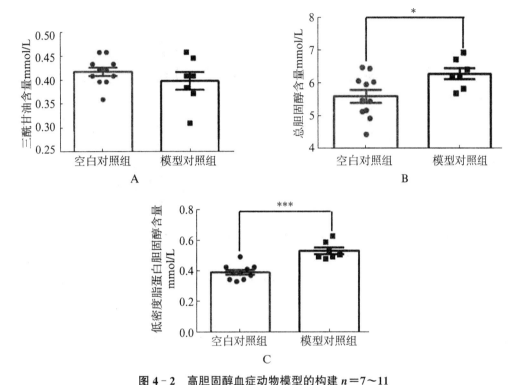

图 4-2　高胆固醇血症动物模型的构建 $n = 7 \sim 11$

* $P < 0.05$　模型对照组与空白对照组相比
*** $P < 0.001$　模型对照组与空白对照组相比

　　(2) 不同浓度 L-精氨酸-抗氧化剂配方对血清甘油三酯的影响:甘油三酯是长链
脂肪酸和甘油形成的脂肪分子,甘油三酯作为血液中的一种脂肪类物质,大部分是从饮
食中获得的,少部分是人体自身合成。血清甘油三酯也是血脂检测的常规项目之一。
在图 4-3 中,展示了 L-精氨酸-抗氧化剂配方灌胃 45 天后,经眼球取血,分离血清后,
检测模型对照组及各剂量组血清甘油三酯含量。结果显示,低剂量组、中剂量组与模型
对照组相比,血清甘油三酯升高,差异具有显著性;高剂量组与模型对照组相比,血清甘
油三酯无明显变化。

　　(3) 不同浓度 L-精氨酸-抗氧化剂配方对血清总胆固醇的影响:胆固醇广泛分布

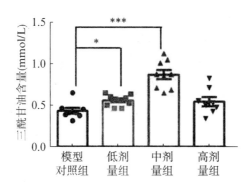

图 4 - 3　不同浓度 L-精氨酸-抗氧化剂配方对血清甘油三酯的影响 *n*=8~10

* *P*＜0.05　低剂量组与模型对照组相比

*** *P*＜0.001　中剂量组与模型对照组相比

于各组织中,是构成神经元细胞膜和突触的主要成分及维持细胞膜结构和功能必不可少的物质[23]。但随着高脂肪、高热量物质的过量摄入,使得血清总胆固醇水平增高,导致机体动脉粥样硬化形成[24]。因此,寻求有效控制血清总胆固醇水平的方法,是预防心脑血管疾病发生的有效手段。图 4 - 4 显示了不同浓度 L-精氨酸-抗氧化剂配方对血清总胆固醇的影响。L-精氨酸-抗氧化剂配方灌胃 45 天后,经眼球取血,分离血清后,检测模型对照组及各剂量组血清总胆固醇含量。结果表明,与模型对照组相比,中剂量组、高剂量组血清总胆固醇升高,差异具有显著性;但低剂量组与模型对照组相比,血清总胆固醇无明显变化。与任一剂量组血清总胆固醇显著低于模型对照组这一预期结果相反。

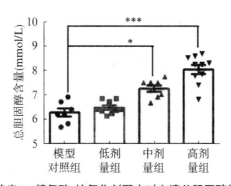

图 4 - 4　不同浓度 L-精氨酸-抗氧化剂配方对血清总胆固醇的影响 *n*=7~10

* *P*＜0.05　低剂量组与模型对照组相比

*** *P*＜0.001　中剂量组与模型对照组相比

(4)不同浓度 L-精氨酸-抗氧化剂配方对血清低密度脂蛋白胆固醇的影响:低密度脂蛋白胆固醇易沉积于心脑等部位血管的动脉壁内,逐渐形成动脉粥样硬化性斑块,阻塞相应的血管,最后引起冠心病、脑卒中和外周动脉病等致死致残的严重性疾病,因此将其称为"坏"胆固醇。L-精氨酸-抗氧化剂配方灌胃 45 天后,经眼球取血,分离血清后,检测模型对照组及各剂量组血清低密度脂蛋白胆固醇含量。图 4-5 结果显示,与模型对照组相比,中剂量组、高剂量组血清低密度脂蛋白胆固醇升高,差异具有显著性;低剂量组与模型对照组相比,血清低密度脂蛋白胆固醇无明显变化。与任一剂量组血清低密度脂蛋白胆固醇显著低于模型对照组这一预期结果相反。

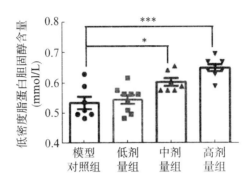

图 4-5　不同浓度 L-精氨酸-抗氧化剂配方对血清低密度脂蛋白胆固醇的影响 $n=7\sim9$

$^{*}P<0.05$　　低剂量组与模型对照组相比
$^{***}P<0.001$　　中剂量组与模型对照组相比

（5）不同浓度 L-精氨酸-抗氧化剂配方对血清高密度脂蛋白胆固醇的影响:高密度脂蛋白胆固醇主要是由肝脏合成的,它是由载脂蛋白、磷脂、胆固醇和少量脂肪酸组成。轻微升高有利于促进外周组织移除胆固醇,从而防止动脉粥样硬化的发生,因此高密度脂蛋白胆固醇通常被认为是一种好的血脂。而 L-精氨酸-抗氧化剂配方是否会影响血清高密度脂蛋白胆固醇含量尚未研究。对此,我们利用 8 周龄的 Balb/C 雄鼠进行实验,探究 L-精氨酸-抗氧化剂配方是否会影响血清高密度脂蛋白胆固醇含量。如图 4-6 所示,各剂量组与模型对照组相比,血清高密度脂蛋白胆固醇无明显变化,表明不同剂量的这个 L-精氨酸-抗氧化剂配方不会影响血清高密度脂蛋白胆固醇含量,与预期相符。

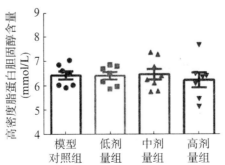

图 4-6　不同浓度 L-精氨酸-抗氧化剂配方对血清高密度脂蛋白胆固醇的影响 $n=7\sim8$

$^{*}P<0.05$　　低剂量组与模型对照组相比
$^{***}P<0.001$　　中剂量组与模型对照组相比

五、第二组 L-精氨酸-抗氧化剂配方辅助降血脂功能评价

我们做了第二组 L-精氨酸-抗氧化剂配方的降血脂作用,这一组配方与第一组的区别除了 L-精氨酸外,抗氧化剂用的是山楂提取物、知母提取物和虾青素。采用喂食高脂饲料导致易肥胖 kkay 小鼠作为模型,配方为每天灌胃,连续一个月。称取体重和肝脏质量计算脏体比和测试血脂 4 项(表 4-7)。由表可以看出,喂食高脂饲料导致易肥胖 kkay 小鼠体重显著增加,而灌胃配方后可以显著减少由高脂饲料引起的 kkay 小鼠体重的增加(配方低剂量减少大约 9%,高剂量减少大约 12.5%),降低高脂引起的肝脏增生(配方低剂量减少大约 17.8%,高剂量减少大约 20.2%)。配方能降低总胆固醇(配方低剂量减少大约 11.0%,高剂量减少大约 15.6%),能显著降低甘油三酯(配方低剂量减少大约 29.8%,高剂量减少大约 35.5%),还能显著降低低密度脂蛋白(配方低剂量减少大约 24.6%,高剂量减少大约 25.4%),与此相反,配方却能升高高密度脂蛋白(配方低剂量升高大约 4.8%,高剂量升高大约 18.9%)。

表 4-7 配方对大鼠体重、脏体比(肝脏系数)、血脂 4 项的影响

	对照组	肥胖(糖尿病组)	配方低剂量	配方高剂量
体重/g	20.38±0.5	45.56±2.35	41.48±2.1	39.88±3.5
肝脏系数/%	5.2±0.2	11.24±1.57	9.24±0.43	8.97±0.74
总胆固醇/mmol/L	1.97±0.2	6.28±0.8	5.58±0.52	5.3±0.86
甘油三酯/mmol/L	0.53±0.12	1.21±0.21	0.85±0.19	0.78±0.19
高密度脂蛋白/mmol/L	1.62±0.17	4.4±0.68	4.61±0.39	5.23±0.6
低密度脂蛋白/mmol/L	0.44±0.17	1.26±0.32	0.95±0.12	0.94±0.17

六、讨论

心脑血管疾病是威胁人类健康的主要疾病之一,高脂血症和动脉粥样硬化症是导致心脑血管疾病发生的主要因素,寻求有效的预防、治疗高脂血症的方法至关重要。对此,我们采用 8 周龄的 Balb/C 雄鼠,探究了第一组 L-精氨酸-抗氧化剂配方是否具有辅助降低胆固醇的功能。在高脂模型饲料及高脂模型对照饲料饲喂 2 周后,经口给予不同剂量的 L-精氨酸-抗氧化剂配方,45 天后,利用南京建成的 TC、TG、LDL-C、HDL-C 试剂盒检测血清甘油三酯、总胆固醇、低密度脂蛋白胆固醇、高密度脂蛋白胆固醇的变化。结果显示,与空白对照组相比,模型对照组甘油三酯无显著性差异;总胆

固醇及低密度脂蛋白胆固醇升高,差异具有显著性,模型构建成功。但各剂量组与模型对照组相比,血清总胆固醇、低密度脂蛋白胆固醇升高,差异具有显著性,与预期相反。说明L-精氨酸-抗氧化剂配方辅助降低胆固醇功能动物实验结果为阴性,L-精氨酸-抗氧化剂配方可能不具有辅助降低胆固醇的功能。造成这项实验结果异常的原因是多方面的,如与动物的选取不典型等有关,这就是实验结果。

但在第二项使用虾青素与其他抗氧化剂及一氧化氮协同降血脂作用研究中,我们对kkay肥胖小鼠进行了血脂四项的测试却得到了非常明显的降血脂作用。与第一组的区别是其中的抗氧化剂使用了山楂提取物、知母提取物和L-精氨酸,就可以显著减少由高脂饲料引起肥胖kkay小鼠体重的增加,明显降低高脂引起的肝脏增生,明显降低肥胖kkay小鼠总胆固醇含量,显著降低肥胖kkay小鼠甘油三酯含量,还能显著降低低密度脂蛋白,但却升高高密度脂蛋白。这些结果表明,这组搭配组合可以降低高脂食物喂养引起肥胖kkay小鼠血脂4项的升高。第一组配方对基础饲料喂养C57BL/6J小鼠的血脂四项没有明显影响。

以上2个实验说明,补充抗氧化剂必须考虑物种、时间、地点、水平和目标的背景下考虑氧化还原状态。生物大分子的功能及其细胞信号作用与氧化还原状态密切相关,对氧化还原状态的准确评估和具体的干预措施是氧化还原治疗成功的关键。精确的氧化还原是抗氧化药理学的关键。抗氧化剂作为营养补充剂的精确应用,也是民众普遍健康的关键。一项研究提出,补充抗氧化剂需要开发更精确的方法来检测氧化还原状态和准确评估不同生理和病理过程的氧化还原状态。抗氧化药理学应该考虑"5R"原则,即"正确的种类、正确的地点、正确的时间、正确的水平和正确的目标。"而不是应用非特异性抗氧化治疗。

事实上,人类的进化使得人类对有害自由基产生了一套比较完善的抗自由基体系,来防止体内发生氧化损伤。抗氧化酶包括超氧化物歧化酶、过氧化氢酶、谷胱甘肽氧化酶和还原酶等,而体内的抗氧化剂有谷胱甘肽、硫辛酸、尿酸等。这些抗氧化酶和抗氧化剂在体内组成了一道道防线,防止有害自由基对机体的伤害,维持体内自由基产生和清除的平衡,保证机体的健康。可见,我们应当尽量保持体内这一平衡,不破坏这一平衡。而一旦出现不平衡而体内又无法调节时,就需要从体外补充抗氧化剂,来帮助体内自由基平衡,就可以预防疾病和衰老发生。

参 考 文 献

[1] Brown MS, Goldstein JL, Michael S. Brown, et al. 1985 Nobel laureates in medicine. J Investig Med, 1996 Feb,44(2):14—23.

[2] Napoli C, Ignarro LJ. Nitric oxide and atherosclerosis. Nitric Oxide, 2001,5(2):

88—97.

[3] Pirro M，Bagaglia F，Paoletti L，et al. Hypercholesterolemia-associated endothelial progenitor cell dysfunction. Ther Adv Cardiovasc Dis，2008 Oct,2(5)：329—339.

[4] Pirro M，Bagaglia F，Paoletti L，et al. Hypercholesterolemia-associated endothelial progenitor cell dysfunction. Ther Adv Cardiovasc Dis，2008 Oct,2(5)：329—339.

[5] Rasmusen C，Cynober L，Couderc R. Arginine and statins：relationship between the nitric oxide pathway and the atherosclerosis development. Ann Biol Clin（Paris），2005,63(5)：443—455.

[6] 王彤,李京.中药红曲煎剂治疗高血脂症及其对血管内皮保护作用影响.辽宁中医药大学学报,2018‐8‐8(20).

[7] 齐明明,张文萌,印书霞,等,纳豆红曲复合物的降脂作用及药代动力学分析.现代食品科技.2021，Vol. 37，No. 12，

[8] Roos CM，Zhang B，Palmer AK，et al. Chronic senolytic treatment alleviates established vasomotor dysfunction in aged or atherosclerotic mice. Aging Cell，2016，15(5)：973—977.

[9] Su FF，Gao JY，Wang GY，et al. Effects of moxibustion at 45 on blood lipoids and serum level of ox‐LDL and NO in rats with hyperlipidemia. Zhongguo Zhen Jiu，2019,12,39(2)：180—184.

[10] Ye X，Zhang H. Influence of moxibustion temperatures on blood lipids，endothelin‐1，and nitric oxide in hyperlipidemia patients. J Tradit Chin Med，2013,33(5)：592—596.

[11] Duplain H，Burcelin R，Sartori C，et al. Insulin resistance，hyperlipidemia，and hypertension in mice lacking endothelial nitric oxide synthase. Circulation，2001,17；104(3)：342—345.

[12] Galle J，Wanner C. Impact of nitric oxide on renal hemodynamics and glomerular function：modulation by atherogenic lipoproteins？ Kidney Blood Press Res，1996；19(1)：2—15.

[13] Tatiele Casagrande do Nascimento，Cazarin CBB，Maróstica MR Jr，Mercadante AZ，Jacob-Lopes E，Zepka LQ. Microalgae carotenoids intake：Influence on cholesterol levels，lipid peroxidation and antioxidant enzymes. Food Res Int，2020 Feb，128：108770.

[14] 颜景奇,赵燕,赵保路.茶多酚通过调节过氧化酶体增殖物激活受体防治肥胖症.中国科学：生命科学 2013,43(10)：533—540.

[15] Hussein，G.，Sankawa，U.，et al. a carotenoid with potential in human health and nutrition. J. Nat. Prod，2006,69：443—449.

［16］ Miyawaki，H. "Effects of astaxanthin on human blood rheology." Journal of Clinical Therapeutics & Medicines，2005，21(4)：421—429.

［17］ Thirunavukkarasu V，Anuradha CV. Influence of alpha-lipoic acid on lipid peroxidation and antioxidant defence system in blood of insulin-resistant rats. Diabetes Obes Metab，2004 May；6(3)：200—207.

［18］ 邓怡萌.浅谈维生素 C 的生理功能和膳食保障［J］.科技展望,2015,25(30)：122.

［19］ 杜晓.维生素 E 对人体健康及运动的影响［J］.河南农业,2009(10)：54＋56.

［20］ 谭斌,胡明山,刘思好,等.牛磺酸治疗高血压病的疗效及对血管内皮细胞功能的影响［J］.临床和实验医学杂志,2007,5：14—15.

［21］ 齐明明,张文萌,印书霞,等,纳豆红曲复合物的降脂作用及药代动力学分析.现代食品科技.2021,Vol. 37,No. 12.

［22］ 齐明明,印书霞,孙建博.纳豆红曲复合物对抗凝和抑制血栓生成的作用［N］.营养学报,2021 年第 43 卷第 2 期.

［23］ Chakraborty S，Doktorova M，Molugu TR，et al. How cholesterol stiffens unsaturated lipid membranes，Proceedings of the National Academy of Sciences，2020，117(36)：21896—21905.

［24］ Jingqi Yan，Yan Zhao，Baolu Zhao. Green tea catechins prevent obesity through modulation of peroxisome proliferator-activated receptors. Sci China，Life Sciences，2013，56，804—810.

第五章

一氧化氮与肥胖症

肥胖是一种多因素的慢性病，即增加体内脂肪的积累。肥胖症正在全球范围无情地流行、继续和进展，目前超过 4 亿成年人肥胖。世界卫生组织明确表示，影响健康的五大危险因素为癌症、冠心病、脑卒中、内分泌紊乱和肥胖症。超重者高血压心血管疾病比非超重者高 3 倍。明显肥胖者高血压发生率比正常体重高 10 倍。据最新报告，中国人将近 50％体重超重，如果不加以重视，继续下去就可能发展成为肥胖症，必须引起全国人民的高度重视。预防和治疗肥胖症的方法最主要的是通过改善不良的生活习惯，并配合药物治疗。注意养成低盐低脂的饮食习惯，避免和少吃脂肪含量比较高的食物，尤其是动物脂肪含量比较高的食物。坚持有氧运动是治疗和预防肥胖的最有效的方法之一，即选择合理的运动项目、安排适宜的运动时间、掌握适当的运动强度。另外，研究表明一氧化氮和抗氧化剂可以在一定程度上预防和甚至治疗肥胖症，本章就讨论这方面的问题。

一、肥胖的特征

肥胖症是脂肪组织代谢紊乱及由于机体能量摄入长期超过消耗量，从而导致体内脂肪积聚过多而造成的一种疾病。目前认为，当一个人的体重超过标准体重的 20％以上，或身体质量指数，简称体重指数 BMI，如果 BMI＞25（国外以男性＞27，女性＞25 为指标）时，就称为肥胖症。

引起肥胖症发生的原因虽说有许多种，但最基本的一条就是体内能量代谢平衡失调的结果,即摄入的太多,而消耗的太少。许多因素都可以导致患者体内能量代谢发生障碍和失调,如营养过剩、体力活动减少、内分泌代谢失调、下丘脑损伤、遗传因素或情绪紊乱等都可以导致肥胖症的发生。根据脂肪积累的部位不同,肥胖可以分为中心型肥胖和周围型肥胖。中心型肥胖与代谢综合征密切相关,危害远大于周围型肥胖[1]。身体的脂肪组织主要分为内脏脂肪和外周脂肪;内脏脂肪主要分布在腹部系膜,内脏周围等部位。中心型肥胖主要由内脏脂肪的过度积累导致,主要特征是腰围增加。流行病学调查也证实,相比于周围型肥胖,中心型肥胖更多与代谢综合征相关[2]。

中心型肥胖导致代谢综合征有两个方面的原因。首先是内脏脂肪组织本身脂肪积累过多,导致脂肪细胞储存能力下降,不能储存更多的多余脂类,糖类等,导致血脂和其他器官的脂肪含量升高,危害健康。肠系膜和内脏附着的脂肪量增多,也会影响内脏器官的功能。其次,由于脂肪组织作为一种分泌器官的存在,尤其是内脏脂肪组织,一旦本身脂肪积累过多,会分泌大量抑制脂肪和肌肉组织功能的细胞因子,这些细胞因子主要包括自由脂肪酸(FFA),炎症因子(如 TNF-α 等),抵抗素(resistin),以及活性氧(ROS)等[1,3]。细胞因子可以以自分泌和旁分泌的形式直接作用于脂肪细胞,使其产生胰岛素抗性,糖脂代谢紊乱;还可以进入血液作用于肌肉细胞产生胰岛素抗性,降低其能量储存和消耗的能力,或作用于胰脏等器官,损害其功能[1,4]。肥胖症患者比正常人分泌更多的游离脂肪酸,是由脂肪细胞分解甘油三酯的产物,所以身体脂肪含量和游离脂肪酸的分泌量成正比。而一旦脂肪储存过量,内脏脂肪组织比外周脂肪组织分泌更多的游离脂肪酸[4,5]是中心型肥胖危害远大于周围型肥胖的重要原因。虽然 FFA 是饥饿状态下的脂肪细胞对其他组织的基本能量供应形式,但肥胖症患者脂肪细胞分泌过量游离脂肪酸是非常危险的。游离脂肪酸会导致肌肉组织的糖类氧化抑制。游离脂肪酸可以抑制胰岛素受体的磷酸化,从而抑制胰岛素信号通路,导致胰岛素抗性,诱发 2 型糖尿病。游离脂肪酸还可以直接作用于胰岛 β-细胞,损害其功能,导致 1 型糖尿病[4]。游离脂肪酸可以升高肝中甘油三酯的含量,导致脂肪肝,并且减少高密度脂蛋白合成,增加低密度脂蛋白合成。此外,游离脂肪酸还可导致高血压。脂肪组织分泌大量的TNF-α,IL-6 等炎症因子,炎症因子的分泌在肥胖患者体内也大幅升高。TNF-α 等可以诱导肌肉胰岛素抗性,损害血管内皮细胞导致动脉粥样硬化[5]。更重要的是炎症因子可以以自分泌和旁分泌的形式直接作用于脂肪细胞,抑制胰岛素信号通路,抑制过氧化物酶体增殖物激活受体(PPARγ)等调控脂肪细胞功能的转录因子的表达,减少葡萄糖转运蛋白(GLUT-4)在质膜定位[6],导致胰岛素抗性。炎症因子还可以提高脂肪细胞 ROS 水平,导致氧化应激,减少有益于糖代谢的因子如脂联素的分泌,提高抵抗素的分泌。积累过量脂肪的脂肪细胞,其 NADPH 氧化酶活力增大,合成大量的 ROS。脂肪细胞的氧化应激不仅导致自身的 P-JNK 水平增加,抑制 AKT 的磷酸化,抑制胰岛素信号通路,诱发 2 型糖尿病。而且脂肪细胞还能把 ROS 分泌到血液中,导致全身氧化应激,损害胰岛 β-细胞,导致 1 型糖尿病。血液中的 ROS 还可以损害血管内皮细胞导致动脉粥样硬化。此外,脂肪细胞分泌的抵抗素也可以直接作用于脂肪细胞,抑制胰岛素活力,导致 2 型糖尿病。所以脂类过度积累导致的肥胖症,一方面会由于脂肪细胞自身糖脂储存能力不足,使过量的糖类和脂类留在身体其他部位导致高血糖、高血脂;另一方面脂肪细胞分泌大量的有害因子,导致高血糖、高血脂、脂肪肝、高血压以及动脉粥样硬化等,从而导致了代谢综合征的发生[7]。

二、肥胖的危害

肥胖是一种多因素的慢性代谢性疾病。肥胖不仅影响形体美,更会造成人体病理改变,产生多种危害人类健康的疾病,给健康生活带来困扰。肥胖是指一定程度的明显超重与脂肪层过厚,是体内脂肪,尤其是甘油三酯积聚过多而导致的一种状态;由于食物摄入过多或机体代谢的改变而导致体内脂肪积聚过多,从而造成体重过度增长并引起人体病理生理改变。肥胖能增加心血管疾病的风险,并与多种其他疾病,比如高血压、高胆固醇、睡眠呼吸暂停、2 型糖尿病等密切相关[8]。近期研究报道指出,肥胖削弱了心肺功能和免疫功能,并且肥胖加剧了细胞因子风暴(cytokine storm),成为肺炎严重程度的重要风险因素[9]。肥胖是一种慢性代谢性疾病,究其发病因素有很多种,不仅与遗传因素相关,而且与机体自身物质代谢与内分泌功能的改变、脂肪细胞数目的增多与肥大、神经精神因素、生活及饮食习惯、药物性肥胖以及运动不足等因素也脱不开关系[10]。因为肥胖的发病机制复杂,因而给预防肥胖以及如何减肥带来了巨大的挑战,这也可能是目前单一疗法无法起到很好的减肥效果的主要原因。因此,开发具有多种成分的减肥保健品和药物是基础与临床研究的当务之急。

三、一氧化氮自由基与肥胖症

很难想象肥胖与一氧化氮(NO)有什么关系,但是,出乎人们的意料,很多研究发现肥胖确确实实与一氧化氮有着密切关系。

1. 一氧化氮与儿童青少年肥胖及心理特质之关系

有关肥胖儿童和青少年一氧化氮(NO)的研究很少。一项研究探讨 NO 与中国台湾儿童青少年肥胖及心理特质(自我概念、焦虑、抑郁、愤怒及破坏性行为)的关系。2010 年对 564 名一、四、七年级学生(314 名超重/肥胖儿童和 250 名正常体重儿童)进行了院内健康检查。所有学生都接受了体检,采集了血样并填写了问卷。进行多元线性回归分析结果发现,在四年级和七年级学生中,超重/肥胖学生的 NO 水平显著高于正常体重学生($P=0.003$ 和 0.001);在男性和女性中没有观察到差异。在多元线性回归模型中,高焦虑水平与低 NO 水平独立相关($\beta=-1.33$,95% 可信区间 -2.24 至 -0.41)。在正常体重的学生中,NO 水平与心理特征之间没有明显的联系。因此得出结论:NO 可能与肥胖和精神病理学有关,在儿童心理健康和肥胖的病理生理学中值得关注[11]。

2. L-精氨酸调节肥胖和糖尿病患者的糖脂代谢

2 型糖尿病已经成为一个全球性的公共卫生问题,影响着全世界约 3.8 亿人。它能引起许多并发症并导致更高的死亡率。目前尚无有效预防糖尿病的药物。L-精氨酸是一种功能性氨基酸,是一氧化氮的前体,在动物生命的维持、繁殖、生长、抗衰老和免疫等方面起着至关重要的作用。越来越多的临床证据表明,饮食中补充 L-精氨酸可以减轻肥胖,降低动脉血压,抗氧化,使内皮功能正常化,从而缓解 2 型糖尿病。其潜在的分子机制可能在调节葡萄糖稳态、促进脂解、维持激素水平、改善胰岛素抵抗和早期胎儿发育等方面发挥作用。L-精氨酸有益作用的可能信号途径涉及激活细胞信号蛋白的 L-精氨酸-一氧化氮途径。越来越多的研究表明,L-精氨酸可能通过恢复体内胰岛素敏感性来预防和/或缓解 2 型糖尿病,促进脂解[12]。

3. 瓜氨酸增加一氧化氮,改善肥胖哮喘患者的症状

在培养的气道上皮细胞研究表明,L-瓜氨酸(L-精氨酸循环和 NO 形成的前体)已被证明可阻止不对称二甲基精氨酸介导(ADMA 介导)的 NO 合成酶(NOS2)解偶联、恢复 NO 和减少氧化应激损伤。肥胖哮喘患者的气道有 NO 分泌缺陷,会导致气道功能障碍和对吸入糖皮质激素的反应降低。一个开放性试验研究治疗前后对参与者进行分析,让患者每天服用 15 g L-瓜氨酸持续 2 周,将增加呼出一氧化氮分数,改善哮喘控制,以及改善肺功能。为此,在科罗拉多大学医学中心和杜克大学卫生系统招募了肥胖(BMI>30)哮喘患者进行对照治疗,基线呼出一氧化氮分数为≤30 ppb,最后共有 41 名受试者完成研究。与基线相比,L-瓜氨酸增加,而不对称二甲基精氨酸和精氨酸酶浓度,血浆 L-瓜氨酸,血浆 L-精氨酸,血浆 L-精氨酸/不对称二甲基精氨酸没有增加。呼出一氧化氮分数增加 4.2 ppb(1.7~6.7 ppb);哮喘控制问卷评分标准 ACQ 下降 -0.46(-0.67~0.27 分);用力肺活量和 1 秒用力呼气量分别变化了 86 ml 和 52 ml。因此得出结论:短期 L-瓜氨酸治疗可改善 NO 的呼出分数水平低或正常的肥胖哮喘患者的哮喘控制和呼出 NO 水平[13]。

4. 一氧化氮与炎症、氧化应激和肥胖

脂肪组织不仅是甘油三酯的储存器官,而且研究表明,白色脂肪组织作为一种生物

活性物质的产生者,称为脂肪因子。在脂肪因子中,发现了一些炎症功能,如白细胞介素-6(IL-6);其他脂肪因子具有调节食物摄入的功能,因此对体重控制起直接作用。瘦素的情况就是这样,瘦素通过刺激多巴胺的摄取作用于边缘系统,从而产生饱腹感。然而,这些脂肪因子诱导活性氧(ROS)的产生,产生氧化应激的过程。由于脂肪组织是分泌脂肪因子的器官,而脂肪组织反过来生成 ROS,因此脂肪组织被认为是系统 ROS 产生的独立因素。肥胖产生 ROS 的机制有多种,其中第一种是脂肪酸的线粒体和过氧化物酶体氧化,在氧化反应中可产生 ROS;另一种机制是氧的过度消耗,氧的过度消耗在线粒体呼吸链中产生自由基,这种自由基与线粒体氧化磷酸化相结合。富含脂肪的饮食也能产生 ROS,因为它们可以改变氧代谢。随着脂肪组织的增加,超氧化物歧化酶(SOD)、过氧化氢酶(CAT)、谷胱甘肽过氧化物酶(GPx)等抗氧化酶活性明显降低。最后,ROS 的高生成和抗氧化能力的降低导致各种异常。研究发现内皮功能不全,其特征是血管舒张剂,特别是一氧化氮(NO)的生物利用度降低,内皮源性收缩因子增加,可能导致肥胖和动脉粥样硬化疾病[14]。

5. 肥胖、久坐的生活方式和早期青少年呼出的一氧化氮

呼出一氧化氮是气道炎症的标志物,特别是在过敏性疾病状态下是一个很好的特征。不仅如此,呼出一氧化氮也参与非过敏性炎症和肺血管机制或对环境刺激的反应。一项研究试图确定肥胖或久坐的生活方式在多大程度上与非过敏性疾病青少年的呼出一氧化氮的关系。在项目中测量了 929 名青少年(中位年龄 12.9 岁)的体重指数(BMI)、皮褶厚度、腰围、体脂、看电视时间、体育活动时间和运动后心率和两次呼出一氧化氮,并将其作为连续的对数转换结果取平均值。进行了线性回归模型,调整了儿童年龄、性别、身高、种族/民族、母亲教育程度和孕期吸烟、家庭收入和吸烟以及邻里特征。在二次分析中,还调整了哮喘。看电视时间超过 2 h 与降低 10% 呼出一氧化氮有关(95% 可信区间)。较高的体脂百分比也与较低的呼出一氧化氮有关。在对哮喘进行额外调整后,体重不足(BMI<5%,3%)的青少年呼出一氧化氮降低 22%(95% 可信区间),体重超重(BMI≥85)的青少年呼出一氧化氮降低 13% 的(95% 可信区间)。这些生活方式和体重与减少呼出一氧化氮的相关性在哮喘校正后更大。总之,在这个青少年群体中,久坐的生活方式、高 BMI 和低 BMI 都与低呼出一氧化氮有关[15]。

6. 瘦素与一氧化氮在代谢中的作用关系

瘦素最初被描述为一种饱腹感因子,在控制体重方面起着至关重要的作用。尽管如此,瘦素受体在外周组织中的广泛分布支持瘦素发挥多效性生物效应,包括许多过程的调节,如产热、生殖、血管生成、造血、成骨、神经内分泌和免疫功能以及动脉压控制。一氧化氮是 L-精氨酸在一氧化氮合酶(NOS)作用下合成的自由基。目前已鉴定出 3

种 NOS 亚型：神经元型 NOS(nNOS)和内皮型 NOS(eNOS)组成型，以及诱导型 NOS
(iNOS)。NO 介导多种生理系统的生物效应，也包括能量平衡、血压、生殖、免疫反应或
生殖的调节。瘦素和 NO 本身参与多种共同的生理过程，两者之间的功能关系已经被
确定有明显的相关性，瘦素通过改变神经肽 Y 降低 nNOS 活性产生的一氧化氮[16]，见
图 5‐1。

图 5‐1　瘦素对食物摄入的影响需要 nNOS 活性

四、抗氧化剂对肥胖症的影响

肥胖患者饮食的特点是能量摄入过多，经常食用加工食品或"快餐"食品，而减少食
用水果、蔬菜和全谷类食品。结果是摄入大量的饱和脂肪、精制碳水化合物和钠，以及
减少摄入低纤维、维生素和其他植物化学物质。这种低质量的饮食与慢性炎症疾病(包
括哮喘)的风险增加有关。特别值得注意的是，高摄入饱和脂肪通过激活模式识别受
体、内质网应激和脂肪酸结合蛋白活性刺激促炎途径。相反地，随着可溶性纤维摄入量
的减少，有益的抗炎机制，如自由脂肪酸受体的激活和组蛋白脱乙酰酶的抑制，被抑制。
同样地，随着抗氧化剂(如维生素 C、维生素 E 和类胡萝卜素)的摄入减少，活化 B 细胞
的核因子 κ 轻链增强剂活性增强，从而形成促炎症环境。来自人类和实验性哮喘模型
的证据表明，这些机制有助于气道炎症的发展、哮喘控制的丧失和(或)肺功能的恶化。
肥胖者哮喘发病率增加，生活质量下降，因此迫切需要更好地管理这些患者的策略。有
证据表明，除了减少进食量外，干预措施还应针对进食的质量，以改善哮喘管理和这些
患者的整体健康。

近年来，人们发现食品中的天然生物活性植物化学物质对预防癌症、心血管疾病、
炎症和代谢性疾病(包括肥胖症)等慢性疾病具有潜在的保健作用。多酚是一类天然存
在的植物化学物质，其中一些如儿茶素、花青素、白藜芦醇和姜黄素等天然抗氧化剂已
被证明可以调节参与能量代谢、肥胖和肥胖的生理和分子途径。通过在细胞培养、肥胖
动物模型以及一些人类临床和流行病学研究中对这些化合物进行研究，发现了这些多
酚作为能量消耗上调的补充剂在减肥中具有有益作用[17]。

1. 茶多酚降血脂作用

茶及其成分是降低脂肪和肥胖策略的重要组成部分之一,以保持健康和降低各种恶性肿瘤的风险。除了水,茶是世界上最常饮用的饮料。所有三种最受欢迎的茶,绿茶(未发酵)、红茶(完全发酵)和乌龙茶(半发酵),都是用茶树的叶子制成的。茶叶具有显著的抗氧化、抗炎、抗菌、抗癌、降压、神经保护、降胆固醇和产热等特性。一些研究调查、流行病学研究和荟萃分析表明,茶及其生物活性多酚成分对健康有许多有益的影响,包括预防许多疾病,如癌症、糖尿病、关节炎、心血管疾病、脑卒中、生殖器疣和肥胖症。关于茶叶的益处和风险的争论仍然存在,但茶叶的无限健康促进作用远远超过了其很少报道的毒性作用。

近年来,越来越多的临床试验证实绿茶对肥胖患者有好处。然而,最佳剂量尚未确定,因为类似设计的研究结果有很大差异,这可能是由于肥胖程度、饮食摄入、体力活动强度、受试者对试验指导的依从性、人群遗传背景等方面的差异造成的。因此,需要进行更大规模、更长观察期和更严格控制的进一步研究,以确定具有不同程度代谢危险因素的受试者的最佳剂量,并确定不同人群之间有益效果的差异。此外,来自实验室研究的数据表明,绿茶通过减少食物摄入、中断脂质乳化和吸收、抑制脂肪生成和脂质合成以及通过产热、脂肪氧化和粪便脂质排泄增加能量消耗,在脂肪代谢中发挥重要作用。

我们利用高脂饲料诱导的肥胖大鼠模型,研究了茶多酚通过调节过氧化物酶体增殖物激活受体防治肥胖症的机制。结果表明,茶多酚能够明显降低肥胖大鼠的体重、肝重及血清和肝脏甘油三酯的含量;同时,茶多酚在皮下和内脏白色脂肪组织中分别增高和降低过氧化物酶体增殖物激活受体 γ 的表达水平。另外,茶多酚可以上调皮下白色脂肪组织、内脏白色脂肪组织及褐色脂肪组织中过氧化物酶体增殖物激活受体δ的表达,并增加褐色脂肪组织中脂肪 β-氧化相关酶的表达。这些结果表明,茶多酚防治肥胖症的机制与其调节过氧化物酶体增殖物,激活受体的相关通路有关[18]。

2. 维生素 C 在肥胖治疗和/或预防中的作用

肥胖已成为世界范围内主要的健康威胁之一。此外,过量的脂肪积累可能导致一些相关的临床表现,如心血管事件,2 型糖尿病,炎症以及某些类型的癌症。这些共同病态的出现常常与氧化应激失衡有关。因此,基于抗氧化剂的治疗可能被认为是一种有趣的方法,以对抗肥胖脂肪积累并发症。在这方面,有人观察到维生素 C 摄入(抗坏血酸)与高血压、胆囊疾病、脑卒中、癌症和动脉粥样硬化等多种疾病的发生呈负相关,而且还与人类和动物肥胖的发病呈负相关。抗坏血酸对肥胖相关机制的可能有有益作用,提示维生素 C 可能调节脂肪细胞的脂肪分解,肾上腺糖皮质激素释放,抑制离体脂肪细胞葡萄糖代谢和瘦素分泌。维生素 C 摄入在糖尿病模型中还能改善糖尿病模型的血糖水平,降低糖基化水平,减少炎症反应。这些特征可能都与维生素 C 的抗氧化特性有关。因此,维生素 C 在肥胖及其共同发病中的体外和体内作用有很多新证据[19]。

3. 槲皮素、姜黄素和白藜芦醇对肥胖的有益作用

在过去的 20 年里,肥胖已经成为大多数国家的主要公共卫生问题之一。在寻找可用于治疗肥胖症的新分子过程中,多酚(一类天然生物活性植物化学物质)被开辟了良好的前景。实验和有限的临床试验证据支持一些多酚如槲皮素、姜黄素和白藜芦醇在肥胖症治疗中具有潜在的益处。多酚对脂肪组织的主要作用可能是通过减轻细胞内氧化应激,减轻慢性低度炎症,抑制脂肪生成,抑制前脂肪细胞向成熟脂肪细胞的分化,对肥胖状态下的脂肪组织起到有益的作用[20]。

4. 虾青素减肥作用

许多研究报道了食物中天然化合物的减肥作用,与化学疗法相比有一些优势。类胡萝卜素,如从海藻中提取的虾青素,由于其显著的生物活性而引起研究者的关注,这些生物活性主要与它们的抗氧化特性有关。它们参与氧化应激调节、主要转录因子和酶的调节以及它们对各种肥胖参数的拮抗作用已在体外和体内研究中得到证实。近 10 年来有关海藻虾青素类胡萝卜素抗氧化特性的研究成果表明,天然虾青素在动物研究和临床试验中其显著降血脂和减肥作用。

一项研究探了虾青素对二乙基亚硝胺(DEN)诱导的 C57BL/KsJ-db/db(db/db)肥胖小鼠肝肿瘤发生的影响。雄性 db/db 小鼠在 2 周龄时单次腹腔注射对二乙基亚硝胺(25 mg/kg 体重),4 周龄开始饲喂含 200 p. p. m 虾青素的饲料。结果显示,与基础饲料喂食组相比,给予虾青素 20 周可显著抑制 db/db 小鼠肝细胞肿瘤(肝细胞腺瘤和肝细胞癌)的发生和肝细胞周期蛋白的表达。在对二乙基亚硝胺处理的实验小鼠中给予虾青素可显著降低活性氧代谢物衍生物/生物抗氧化潜能比值,该比值是氧化应激的血清标志物,同时增加肝脏和白色脂肪组织中抗氧化酶超氧化物歧化酶 2 和谷胱甘肽过氧化物酶 1 的 mRNA 表达。虾青素投喂后,这些小鼠的血清脂联素水平升高。因此得出结论:虾青素通过改善氧化应激和改善血清脂联素水平,预防肥胖小鼠肝癌的发生[21]。

5. 苹果醋减轻高脂喂养雄性 Wistar 大鼠的氧化应激并降低肥胖风险

代谢综合征是肥胖的严重后果,其特征是心血管危险因素增加,如高血压、血脂异常和葡萄糖不耐受。虽然富含天然抗氧化剂的饮食对氧化应激、血压和血脂成分显示出有益的影响,但添加合成抗氧化剂的饮食却显示出相反的结果。苹果汁经发酵而成的醋,含丰富的食物纤维和抗氧化物质。在一项研究中,测试了每日食用苹果醋(ACV)是否会影响高脂饮食(HFD)诱导的高脂血症 Wistar 大鼠肥胖相关的心血管危险因素。肥胖大鼠喂食高脂饮食 6 周和 9 周后,血清总胆固醇、甘油三酯、低密度脂蛋白胆固醇

(LDL-C)、极低密度脂蛋白(VLDL)和动脉粥样硬化指数均升高。结果显示苹果醋显著改善了所有这些参数。高脂饮食6周后已经出现氧化应激,每天服用苹果醋可显著降低氧化应激。口服苹果醋使各种生化和代谢变化正常化,显示丙二醛水平显著降低($P < 0.001$),而巯基浓度和抗氧化状态改善(超氧化物歧化酶[SOD]、谷胱甘肽过氧化物酶[GPx]、过氧化氢酶[CAT]活性提高和维生素E浓度增加)。此外,与高脂饮食组相比,观察到微量元素水平也得到调节。这些发现表明高脂饮食改变了氧化-抗氧化平衡,表现为抗氧化酶活性和维生素E水平的降低,并增强了脂质过氧化。苹果醋可通过调节机体抗氧化防御系统抑制高脂饮食大鼠肥胖诱导的氧化应激,并通过预防动脉粥样硬化的发生,降低肥胖相关疾病的发生[22]。

五、抗氧化剂配方与L-精氨酸对肥胖症的共同作用实验结果

由于致病因素十分复杂,单一的减肥方法很难起到令人满意的效果,因此,开发具有多种成分L-精氨酸-抗氧化剂配方具有重要的理论研究意义和临床应用价值。本实验通过给小鼠饲喂高脂饲料,构建肥胖动物模型,并经口给予低、中、高3种不同剂量的L-精氨酸-抗氧化剂配方,探究其是否具有辅助减肥的功能。实验结果表明,与对照组肥胖小鼠相比,低剂量与中剂量L-精氨酸-抗氧化剂配方可以显著降低肥胖小鼠肝脏的重量,中剂量与高剂量L-精氨酸-抗氧化剂配方可以降低肥胖小鼠体重和体内脂肪含量,高剂量L-精氨酸-抗氧化剂配方组体脂比发生显著性降低。我们的研究结果证明,L-精氨酸-抗氧化剂配方在动物实验上具有辅助减肥功能。

L-精氨酸-抗氧化剂配方是以L-精氨酸、L-谷氨酰胺、牛磺酸、维生素C(L-抗坏血酸)、维生素E(dL-α-生育酚醋酸酯、辛烯基琥珀酸淀粉钠、二氧化硅)、柠檬酸锌、硒化卡拉胶为主要原料。在成人体内,L-精氨酸作为非必需氨基酸,不仅具有一定的解毒作用,还可通过促进胃肠道CaSR、厌食因子POMC基因表达和胆囊收缩素(CCK)分泌。此外,降低大鼠采食量,进而降低大鼠体重。谷氨酰胺(Gln)是一种哺乳动物非必需氨基酸。有研究发现Gln可改善脂质代谢,增强抗炎症、抗氧化能力等,L-谷氨酰胺对大鼠肝脏细胞有保护作用,促进肝脏脂肪代谢,进而降低大鼠脂肪含量[23]。维生素作为机体维持正常的生理功能而必须从食物中获得的微量有机物质,在人体生长、代谢、发育过程中发挥着重要的作用。维生素E又称生育酚,是一种很强的抗氧化剂,在体内保护细胞免受自由基伤害,对维生素A和维生素C具有保护作用,促进维生素A在肝内的储藏,保护肝脏免受损伤[24]。作为主要原料之一的牛磺酸具有广泛生理药理作用,可调节机体糖、脂代谢,保护胰岛细胞,并且牛磺酸可通过改善氧化应激水平而间接降低胰岛素抵抗,改善糖脂代谢[25]。综合以上研究显示,纳欧胶囊以L-精氨酸、L-谷氨

酰胺、牛磺酸、维生素 C(L-抗坏血酸)、维生素 E(dL-α-生育酚醋酸酯、辛烯基琥珀酸淀粉钠、二氧化硅)、柠檬酸锌、硒化卡拉胶等作为主要原料,因此我们推 L-精氨酸-抗氧化剂配方对人体健康的调节具有保护作用。本实验拟采用 6 周(w)龄的 Balb/c 雄鼠,通过饲喂高脂饲料,构建肥胖动物模型,并经口给予不同剂量的 L-精氨酸-抗氧化剂配方,探究其是否具有辅助减肥的功能。

1. 实验材料及设备

(1)试剂配制和喂食:L-精氨酸、L-谷氨酰胺,牛磺酸、维生素 C(L-抗坏血酸)、维生素 E(dL-α-生育酚醋酸酯、辛烯基琥珀酸淀粉钠、二氧化硅)、柠檬酸锌、硒化卡拉胶为主要原料。每 100 g 含:L-精氨酸 28 g、L-谷氨酰胺 14.58 g、牛磺酸 26 g、维生素 C 6.88 g、维生素 E 1.66 g、锌 0.35 g、硒 1.69 mg,用无菌水配制成混悬液,饲喂时,低剂量组为 0.1 mg/(g·d),中等剂量组为 0.5 mg/(g·d),高剂量组为 2.5 mg/(g·d),对照组灌胃等体积的无菌水。

(2)实验仪器:医用低温保存箱,分析天平等。

2. 实验方法

(1)实验动物及分组:自河北医科大学实验动物中心购买清洁级 6 w 龄、雄性 Balb/c 小鼠 50 只。喂食基础饲料 7 d,使小鼠适应环境。适应期结束后,按体重随机分成空白组和试验组,空白组给予肥胖模型对照饲料,试验组给予肥胖模型饲料共 5 组(见下表),每组 10 只。喂养 5 w 后,试验组按照体重随机分成四组,分别为模型组和低、中、高 3 个剂量组。具体见表 5-1:

表 5-1 实验动物分组及配方用量

动物分组	空白对照组	模型组			
		模型对照组	低剂量组	中剂量组	高剂量组
样本数	10	10	10	10	10
配方用量			0.1 mg/(g·d)	0.5 mg/(g·d)	2.5 mg/(g·d)

(2)实验方法:小鼠分组后,低剂量组以 0.1 mg/(g·d)灌胃 L-精氨酸-抗氧化剂配方,中剂量组以 0.5 mg/(g·d)灌胃纳 L-精氨酸-抗氧化剂配方,高剂量组以 2.5 mg/(g·d)灌胃 L-精氨酸-抗氧化剂配方,空白对照组和模型对照组同时给予同体积的相应溶剂,连续灌胃 4 w。每周称量体重 1 次,于实验结束时小鼠称取体重、计算每只小鼠体重增重量、体内脂肪重量(睾丸及肾周围脂肪垫)、脂肪/体重。

(3)数据整理与分析:选用 GraphPad Prism 6.0 统计学软件,对实验数据用平均值±标准误进行显示,并绘制图像,以 $P < 0.05$ 视为统计学差异显著。

3. 实验结果

（1）肥胖动物模型构建：肥胖不仅在生活中是一种体态,在临床上更是一种由多因素引起的慢性代谢性疾病。研究发现,肥胖往往会带来不同的并发症,如心脑血管疾病、高血压、高血脂等,严重危害人体生命健康。寻求有效的预防肥胖或控制体重的方法至关重要,对此,我们采用 6 周龄的 Balb/C 雄鼠通过饲喂肥胖模型饲料构建肥胖动物模型。如图 5-2 所示,肥胖模型饲料及肥胖模型对照饲料喂食 5 w 后,喂食肥胖模型饲料的试验组与喂食肥胖模型对照饲料的空白组相比,肥胖试验组比空白对照组小鼠体重增加 20%。因此,依据辅助减肥功能试验原则判定肥胖动物模型构建成功。

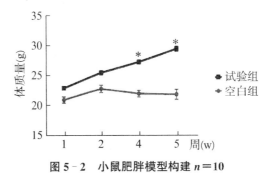

图 5-2　小鼠肥胖模型构建 $n = 10$

* 试验组与空白对照组相比体重增加 20% 及其以上

（2）不同浓度 L-精氨酸-抗氧化剂配方对小鼠体重的影响：如图 5-3 所示,A 图表示在 L-精氨酸-抗氧化剂配方灌胃初始,模型组和各剂量组与空白组相比体重均增加 20% 及以上,已达到肥胖模型判定标准;B、C、D、E 图分别表示 L-精氨酸-抗氧化剂配方灌胃 1 w、2 w、3 w、4 w 后的体重变化。其中 B 图和 C 图表示的 L-精氨酸-抗氧化剂配方灌胃前 2 w,小鼠体重发生了小幅度变化,这可能受到灌胃本身的影响,而不是由保健品本身引起的;D 图表示在灌胃第 3 w,L-精氨酸-抗氧化剂配方中剂量和高剂量组与模型组相比,体重显著性降低;E 图表示纳欧胶囊灌胃 4 w 后,L-精氨酸-抗氧化剂配方中剂量和高剂量组与模型组相比,体重降低,达到了极显著差异。

（3）不同浓度 L-精氨酸-抗氧化剂配方对小鼠体重变化量的影响：为了进一步监测不同浓度 L-精氨酸-抗氧化剂配方的减肥功能,我们对体重变化量也进行了统计,如图 5-4 所示,A、B、C、D 图分别表示 L-精氨酸-抗氧化剂配方灌胃 1 w、2 w、3 w、4 w 的体重变化量。其中空白组自身发生小幅度变化,模型组体重几乎没有发生变化;低剂量组与模型组相比只在 L-精氨酸-抗氧化剂配方第 3 w 发现体重变化量发生显著性降低,第 1 w、第 2 w 和第 4 w 无显著性变化;中剂量组与模型组相比,在 L-精氨酸-抗氧化剂配方灌胃的四周里,体重变化量没有发生显著性变化;高剂量组与模型组相比,L-

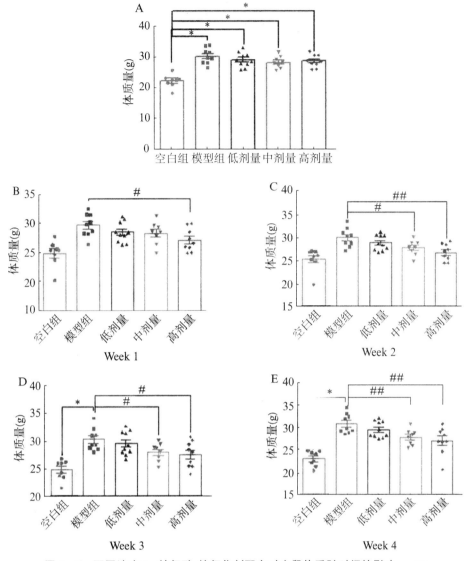

图 5-3 不同浓度 L-精氨酸-抗氧化剂配方对小鼠体重随时间的影响 $n=10$

* 试验组与对照组相比体重增加 20% 及其以上
# $P<0.05$ 各剂量组与模型组相比
$P<0.01$ 各剂量组与模型组相比

精氨酸-抗氧化剂配方灌胃第 1 w 体重变化量有及显著性降低,第 2 w 与第 3 w 体重变化量有显著性降低,第 4 w 又发现体重变化量发生极显著性降低。

(4) 不同浓度 L-精氨酸-抗氧化剂配方对小鼠肝脏重量的影响:如图 5-5 所示,在 L-精氨酸-抗氧化剂配方灌胃 4 w 后取各组小鼠肝脏称重。结果显示,模型组与空白组相比肝脏重量有极显著的增加;低剂量和中剂量组与模型组相比,肝脏重量明显降低,差异具有显著性;高剂量组与模型组相比没有发生显著性变化。

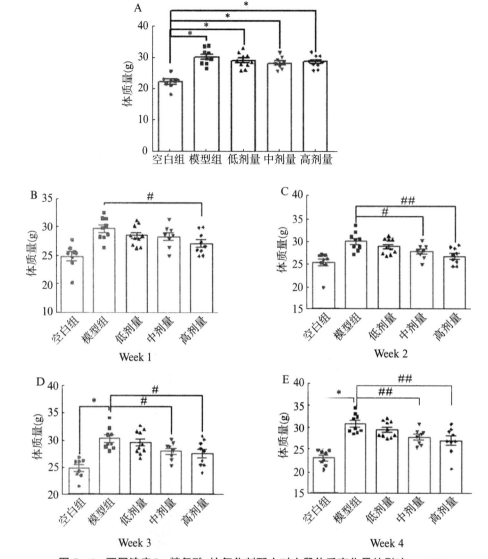

图 5-4　不同浓度 L-精氨酸-抗氧化剂配方对小鼠体重变化量的影响 $n=10$

* $P<0.05$　各剂量组与模型对照组相比

** $P<0.01$　各剂量组与模型对照组相比

*** $P<0.001$　各剂量组与模型对照组相比

（5）不同浓度 L-精氨酸-抗氧化剂配方对小鼠体内脂肪重量的影响：如图 5-6 所示，在 L-精氨酸-抗氧化剂配方灌胃四周后取各组小鼠睾丸及肾脏周围脂肪垫称重。结果显示，模型组与空白组相比体内脂肪重量有极显著的增加；低剂量组与模型组相比体内脂肪重量没有显著性变化；中剂量组与模型组相比，体内脂肪重量发生显著性降低；高剂量组与模型组相比体内脂肪重量发生极显著性降低。

（6）不同浓度 L-精氨酸-抗氧化剂配方对小鼠体脂比的影响：如图 5-7 所示，在

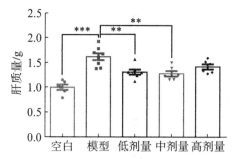

图 5-5　不同浓度 L-精氨酸-抗氧化剂配方对小鼠肝脏重量的影响 $n=8$

** $P<0.01$　中剂量和高剂量组与模型对照组相比

*** $P<0.001$　模型组与空白对照组相比

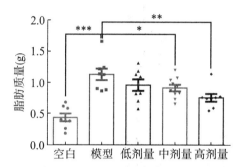

图 5-6　不同浓度 L-精氨酸-抗氧化剂配方对小鼠体内脂肪重量的影响 $n=7\sim10$

* $P<0.05$　中剂量组与模型对照组相比

** $P<0.01$　高剂量组与模型对照组相比

*** $P<0.001$　模型组与空白对照组相比

L-精氨酸-抗氧化剂配方灌胃四周后取各组小鼠睾丸及肾脏周围脂肪垫称重,并计算体脂比(体脂比=脂肪重量/体重)。结果显示,模型组与空白组相比,体脂比升高,差异具有显著性;低剂量和中剂量组与模型组相比没有发生显著性变化;高剂量组与模型组相比体脂比发生显著性降低。

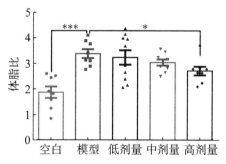

图 5-7 不同浓度 L-精氨酸-抗氧化剂配方对小鼠体脂比的影响 $n=7\sim10$

* $P<0.05$　高剂量组与模型对照组相比

*** $P<0.001$　模型组与空白对照组相比

4. 结论与讨论

肥胖是机体长期处于能量代谢正平衡状态,多余能量以脂肪的形式储存,超出了正常的代谢范围而形成。1999 年世界卫生组织(WHO)正式宣布肥胖为一种多因素引起的慢性代谢性疾病。而肥胖并不是一个独立的疾病,常常伴随着 2 型糖尿病、心脑血管疾病以及高血压等疾病的发生,因此寻求简单有效的减肥方法至关重要。对此,我们采用 6 w 的 Balb/c 雄鼠,探究 L-精氨酸-抗氧化剂配方是否具有辅助减肥的功能。综合以上结果显示,肥胖模型造模成功,模型组与空白组相比,体重、肝脏重量、脂肪重量以及体脂比都达到了显著性增高。L-精氨酸-抗氧化剂配方各剂量组与模型组相比,中剂量与高剂量组在体重上发生了显著性降低,但只有高剂量组的体重变化量发生了显著性降低。对于肝脏重量,低剂量与中剂量组发生显著性降低,而高剂量组的肝脏重量没有发生显著性变化。对于体内脂肪重量,中剂量与高剂量组发生显著性降低,低剂量没有显著性变化,并且只有高剂量组的体脂比发生显著性降低。以上结果表明,L-精氨酸-抗氧化剂配方在动物实验上具有辅助减肥功能。

参 考 文 献

［1］ Arner P. Regional differences in protein production by human adipose tissue. Biochem Soc Trans, 2001, 29: 72—75.

［2］ Clinical Guidelines on the Identification, Evaluation, and Treatment of Overweight and Obesity in Adults—the Evidence Report. National Institutes of Health. Obes Res, 1998, 6(Suppl 2): 51S—209S.

［3］ Rondinone CM. Adipocyte-derived hormones, cytokines, and mediators. Endocrine, 2006, 29: 81—90.

［4］ Paoletti R, Bolego C, Poli A, et al. Metabolic syndrome, inflammation and atherosclerosis. Vasc Health Risk Manag, 2006, 2: 145—152.

［5］ Porter MH, Cutchins A, Fine JB, et al. Effects of TNF - alpha on glucose metabolism and lipolysis in adipose tissue and isolated fat-cell preparations. J Lab Clin Med, 2002, 139: 140—146.

［6］ Furukawa S, Fujita T, Shimabukuro M, et al. Increased oxidative stress in obesity and its impact on metabolic syndrome. J Clin Invest, 2004, 114: 1752—1761.

［7］ Gonzalez F, Rote NS, Minium J, et al. Reactive oxygen species-induced oxidative stress in the development of insulin resistance and hyperandrogenism in polycystic ovary syndrome. J Clin Endocrinol Metab, 2006, 91: 336—340.

［8］ Caballero B. Humans against Obesity: Who Will Win? Adv Nutr, 2019, 10(suppl_1):

S4—S9.

［9］ Yu W，Rohli KE，Yang S，et al. Impact of obesity on COVID‐19 patients. J Diabetes Complications，2020,26：107817.

［10］ Carbone S，Lavie CJ，Elagizi A，et al. The Impact of Obesity in Heart Failure. Heart Fail Clin，2020,16（1）：71—80.

［11］ Chung KH，Chiou HY，Chang JS，et al. Associations of nitric oxide with obesity and psychological traits among children and adolescents in Taiwan. Pediatr Obes，2020,15（3）：e12593

［12］ Hu S，Han M，Rezaei A，et al. L-Arginine Modulates Glucose and Lipid Metabolism in Obesity and Diabetes. Curr Protein Pept Sci，2017,18（6）：599—608.

［13］ Holguin F，Grasemann H，Sharma S，et al. L-Citrulline increases nitric oxide and improves control in obese asthmatics. JCI Insight，2019,4（24）：e131733.

［14］ Fernández-Sánchez A，Madrigal-Santillán E，Bautista M，et al. Inflammation, oxidative stress，and obesity. Int J Mol Sci，2011,12（5）：3117—3132.

［15］ Flashner BM，Rifas-Shiman SL，Oken E，et al. Obesity，sedentary lifestyle，and exhaled nitric oxide in an early adolescent cohort. Pediatr Pulmonol，2020,55（2）：503—509.

［16］ Becerril S，Rodríguez A，Catalán V，et al. Functional Relationship between Leptin and Nitric Oxide in Metabolism. Nutrients，2019,6；11（9）：2129.

［17］ Wood LG. Diet，Obesity，and Asthma. Ann Am Thorac Soc，2017,14（Supplement_5）：S332—S338.

［18］ 颜景奇，赵燕，赵保路.茶多酚通过调节过氧化酶体增殖物激活受体防治肥胖症.中国科学：生命科学,2013,43（10）：533—540.

［19］ Garcia-Diaz DF，Lopez-Legarrea P，Quintero P，et al. Vitamin C in the treatment and/or prevention of obesity. J Nutr Sci Vitaminol（Tokyo），2014,60（6）：367—379.

［20］ Zhao Y；Chen B，Shen J，et al. The Beneficial Effects of Quercetin, Curcumin, and Resveratrol in Obesity. Oxid Med Cell Longev，2017：1459497.

［21］ Ohno T，Shimizu M，Shirakami Y，et al. Preventive effects of astaxanthin on diethylnitrosamine-induced liver tumorigenesis in C57/BL/KsJ-db/db obese mice. Hepatol Res，2016,46（3）：E201—209.

［22］ Halima BH，Sonia G，Sarra K，et al. Apple Cider Vinegar Attenuates Oxidative Stress and Reduces the Risk of Obesity in High-Fat-Fed Male Wistar Rats. J Med Food，2018,21（1）：70—80.

［23］ 张黎，武俊紫，牛世伟，等.L-谷氨酰胺调节脂质代谢与大鼠非酒精性脂肪肝病的相关性.中国老年学杂志［J］,2019,39（6）：1421—1424.

［24］ 杜晓.维生素E对人体健康及运动的影响.河南农业［J］.2009（10）：54—56.

［25］ 王丽娟，王勇.牛磺酸药理作用的研究进展.天津药学,2004,10,16（5）.

第六章

一氧化氮与糖尿病

糖尿病是最常见的代谢性疾病,随着其在全球范围内的流行,已成为一个重要的健康问题。目前,全世界有 4.63 亿人(占 20～79 岁成年人的 9.3%)患有糖尿病。还有 110 万 20 岁以下的儿童和青少年患有 1 型糖尿病。预计到 2030 年,这一数字将增至 5.78 亿。美国疾病控制中心(CDC)估计有 2 900 万美国人患有糖尿病,70% 的糖尿病患者发展为糖尿病周围神经病变。糖尿病的经济负担也令人震惊,美国糖尿病协会 2012 年糖尿病的直接医疗费用为 1 760 亿美元,糖尿病相关医疗保健的总成本估计约为 7 600 亿美元,预计在未来 10 年内将达到 8 250 亿美元。糖尿病是一种由胰岛素分泌受损、胰岛素作用不当或两者兼而有之的慢性病。胰岛素缺乏会导致高水平的血糖,如果不严格控制,会致残和发生危及生命健康的并发症,包括心血管疾病、视网膜病变、神经病变、肾病和伤口愈合延长/不完全。此外,糖尿病还导致骨脆弱性和骨愈合受损。糖尿病和肥胖症是如此紧密地交织在一起,以至于科学家现在把它们称为一个整体(图 6-1)。糖尿病是代谢综合征的主要组成部分,研究显示糖尿病与一氧化氮有密切关系。

一、糖尿病的类型

糖尿病的主要类型有 1 型糖尿病、2 型糖尿病和妊娠期糖尿病。在这三种类型中,2 型糖尿病是最常见的类型,约占全世界所有糖尿病的 90%。糖尿病是身体不能产生胰岛素或不能产生足够胰岛素或不能充分地利用胰岛素。1 型糖尿病是一种自体免疫糖尿病,是多基因的疾病,成因非常复杂。环境因素在 1 型糖尿病的发展中也起了重要的作用,如毒素、感染、饮食习惯、地域差别。一般研究者认为 1 型糖尿病是自体免疫失调,免疫细胞如 T-细胞分泌的细胞因子选择性攻击分泌胰岛素的 β 细胞,导致 β 细胞凋亡。也有一些研究者认为 1 型糖尿病是免疫耐性丧失造成的。2 型糖尿病是一种代谢综合征,与肥胖症密切相关,它影响多个器官,代谢和激素混乱逐渐导致了糖尿病。2 型糖尿病是非常严重的国际性的健康问题。据估计,在全世界,2 型糖尿病将从 1995 年的 1.35 亿升至 2025 年的 3 亿,而这将主要发生在发展中国家。基因和环境因素对 2 型糖尿病的形成与发展都起了很重要的作用。一般研究者认为脂肪细胞营养过剩以及糖脂毒性是导致 2 型糖尿病的根本原因。脂肪细胞营养过剩不仅自身储存糖类能力下降,还会分泌大量细胞因子,抑制脂肪和肌肉的功能,导致 2 型糖尿病。而过量的糖和脂类都能产生氧化应激损害胰岛素信号通道并损害 β 细胞的功能。高糖和高脂导致氧化应激,氧化应激激活丝氨酸/苏氨酸激酶信号通道,如 IKK - β 等。这些激酶一旦激活,它就能磷酸化胰岛素受体和胰岛素受体底物 (IRS - 1 和 IRS - 2)[1-3]。

最近研究表明氧化应激和过量的脂肪酸能减少葡萄糖刺激的胰岛素分泌,抑制胰岛素基因的表达,导致 β 细胞死亡,使 2 型糖尿病向 1 型糖尿病转化。脂肪组织不仅是储存脂肪和储能,它还能分泌许多生物活性蛋白,如瘦素及许多炎症因子如 TNF - α, IL - 6, IL - 8, IL - 10, MCP - 1,脂肪组织还能分泌一些蛋白。炎症因子可以直接作用于脂肪组织,肌肉组织,使其产生胰岛素抗性,或诱发脂肪与肌肉细胞产生氧化应激,进而产生胰岛素抗性。而营养过剩的脂肪细胞自身会处于氧化应激状态,产生胰岛素抗性,并且分泌大量 ROS 进入血液。炎症因子与 ROS 可以直接作用于 β 细胞,导致其细胞凋亡,使 2 型糖尿病向 1 型糖尿病转化。所以,1 型糖尿病和 2 型糖尿病,特别是 2 型糖尿病,都与营养过剩和肥胖紧密相关的,可以由肥胖引发[4-6]。

糖尿病及其并发症的发生与氧化应激(ROS)和低度慢性炎症有关。ROS 是细胞氧化剂和抗氧化系统之间的一种不平衡,是自由基和相关活性氧产生过量的结果。高糖上调慢性炎症的标志物,促进 ROS 的生成,最终导致糖尿病并发症,包括血管功能障碍。此外,ROS 水平的增加会减少胰岛素分泌,损害胰岛素敏感性和胰岛素反应组织的信号传导。因此,适当治疗高糖和抑制 ROS 的过度产生,对于延缓糖尿病的发生、发展以及预防其后续并发症至关重要。另外,最近研究发现,1 和 2 型糖尿病都与一氧化氮代谢异常有关[7-9]。

二、一氧化氮与糖尿病

研究发现,一氧化氮与糖尿病关系非常密切。一氧化氮生物利用度降低与糖尿病大血管和微血管疾病有关;糖尿病与血管内皮功能障碍产生一氧化氮减少有关。

糖尿病慢性并发症

患病率高　致残率高
死亡率高　医药费高

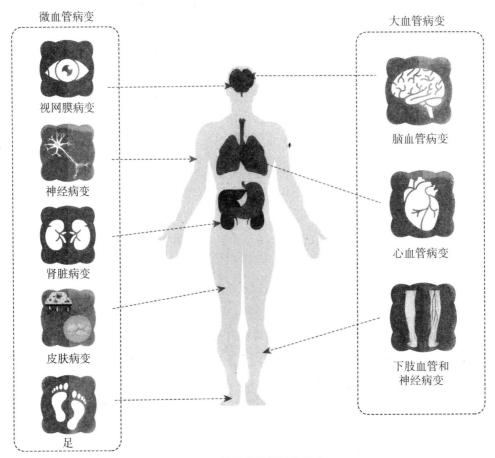

图 6-1　糖尿病的慢性并发症

1.1型糖尿病一氧化氮代谢异常分析

为了研究内皮源性一氧化氮生物利用度降低与糖尿病大血管和微血管疾病是否有关。在糖尿病患者中,假设蛋白质糖基化可以改变血红蛋白和血浆蛋白的一氧化氮结合亲和力,从而降低一氧化氮的可用性,并导致一氧化氮代谢的改变。采用体外糖化水平研究一氧化氮与血红蛋白的结合情况。临床对 23 例非糖尿病患者和 17 例非糖尿病对照组静脉血中硝酸盐、亚硝酸盐、亚硝酸盐血红蛋白和血浆硝基硫醇进行了测定。对食用添加一氧化氮和添加一氧化氮后对样品进行分析。结果发现,添加一氧化氮的一氧化氮与血红蛋白结合率高于 8.5%,而对照组仅增加 5.9%($P<0.01$)。糖尿病患者基础亚硝基血红蛋白含量高于对照组(0.59±0.12 μmol/对 0.24±0.12 μmol/l,$P<$

0.05）。糖尿病患者血浆硝硫醇、亚硝酸盐和硝酸盐（NO$_x$）浓度与对照组相似（7.64±0.79 μmol/l 对 5.93±0.75 μmol/l，13.98±−2.44 μmol/l 对 12.44±2.15 μmol/l）。在糖尿病患者的血液中，添加的一氧化氮的优先代谢为亚硝基血红蛋白和血浆亚硝基硫醇，在所有添加一氧化氮中观察到亚硝基血红蛋白都增加两倍（$P<0.05$）。这些优先增加与一氧化氮与血红蛋白的结合呈正相关，说明 1 型糖尿病患者亚硝基血红蛋白都升高。一氧化氮增加后，对硝基血红蛋白和硝基硫醇的优先代谢发生。这些结果显示一氧化氮与糖基化蛋白，特别是脱氧的血红蛋白之间有着明显的联系。一氧化氮代谢的改变还可能影响微血管调节和组织灌注[10]。

2. 2 型糖尿病与血管内皮功能障碍产生一氧化氮减少有关

血管内皮功能对维持机体的稳态具有重要意义，尤其是血管内皮细胞中产生的一氧化氮（NO）调节血管张力，具有抗动脉粥样硬化作用。2 型糖尿病是一种典型的代谢疾病，它会导致血管内皮功能受损，导致各种血管并发症和器官损伤。2 型糖尿病合并心血管疾病是一种以内皮功能障碍为首发的慢性炎症性疾病，血管内皮功能障碍作为动脉硬化病变的初始改变是重要的。2 型糖尿病血管内皮细胞内皮功能障碍的发生可能是由于高血糖、胰岛素抵抗相关的高胰岛素血症和低血糖引起的，其中氧化应激升高伴随餐后高血糖和血糖波动。血管性内皮功能障碍也是由餐后代谢异常引起的，因此纠正餐后代谢异常非常重要。胰高血糖素样肽-1（GLP-1）受体激动剂、噻唑啉、双胍和二肽肽酶-4（DPP-4）抑制剂对血糖控制以外的血管内皮功能具有保护作用。为了促进糖尿病患者健康的生活方式，不仅要降低糖化血红蛋白水平，而且要避免餐后高血糖、血糖波动和低血糖。同样重要的是进行治疗，以抑制血管并发症，例如选择抗动脉硬化药物，增加血管内皮细胞中产生的一氧化氮[11]。

3. 糖尿病大鼠肺组织一氧化氮与瘦素的关系

用光镜观察糖尿病大鼠治疗前后肺组织结构变化及内皮细胞（eNOS）和诱导型一氧化氮合酶（iNOS）的免疫反应。在 Wistar 白化雄性大鼠腹腔内注射 65 mg/kg 链脲佐菌素（STZ）诱导糖尿病。糖尿病大鼠从注射 STZ 后 4 周开始，每天腹腔注射地塞米松（2 mg/kg）、瘦素（0.5 mg/kg）和肌肉注射胰岛素（20 U/kg）或这些药物的组合，为期 1 周。治疗后测定血糖、瘦素、胰岛素、硝酸盐/亚硝酸盐（NO$_3^-$/NO$_2^-$）水平。结果发现糖尿病大鼠肺泡和肺泡管扩张，部分肺泡壁增厚，eNOS 和 iNOS 增多，也存在升高血糖和硝酸盐/亚硝酸盐水平以及胰岛素和瘦素水平的降低。使用胰岛素、地塞米松和这些药物的联合治疗导致结构和免疫组化异常改善。最有效的治疗方法是胰岛素治疗。瘦素给药导致细胞外物质相对数量增加，从而导致糖尿病大鼠显著的呼吸效率增加。除瘦素外，所有治疗均能降低血糖水平。胰岛素和地塞米松合使用可提高血液瘦素和胰岛素水平,其余糖尿病大鼠血液瘦素和胰岛素水平较低。这些结果表明,除了瘦素治疗外,胰岛素加地塞米松治疗一氧化氮增加对糖尿病是有益的[12]。

4. 膳食硝酸盐对健康和糖尿病代谢的影响

一氧化氮(NO)是一种参与心血管和代谢调节的多效性信号分子,由L-精氨酸和NO合成酶产生。最近,另一种形成自由基的途径被探索,即无机阴离子硝酸盐(NO_3^-)和亚硝酸盐(NO_2^-)来源于饮食和内源性来源,在血液和组织中表面共生的口腔细菌和宿主酶的过程产生NO生物活性。从实验和临床研究中所得到的结果表明,膳食硝酸盐的心脏代谢作用包括降低血压、改善内皮功能、提高运动能力、逆转代谢综合征以及抗糖尿病作用。硝酸盐有益代谢作用的机制正在被揭示,包括与线粒体呼吸的相互作用、关键代谢调节途径的激活和氧化应激的减少。从综述近年来硝酸盐-亚硝酸盐-N途径的研究进展结果可以看出,膳食硝酸盐对健康和疾病,如糖尿病在内的患者是有益的[13]。

5. 维生素C通过一氧化氮途径治疗2型糖尿病和高血压

研究提示补充维生素C可促进前列腺素和内皮型(eNOS)的形成一氧化氮,使必需脂肪酸(EFA)代谢恢复正常,促进脂蛋白A4(LXA4)的形成,从而降低高血压患者的高血糖和血压,是一种有效的消炎、血管扩张的抗氧化剂。这些作用是维生素C除了作为抗氧化剂以外的能力。体内外研究表明,PGE1、PGI2和NO具有细胞保护和基因保护作用,对胰腺β细胞具有保护作用以及对血管内皮细胞来源于内源性和外源性毒素对细胞毒有祛毒作用。脂蛋白A4和脂蛋白A4的前体具有很强的抗糖尿病作用,在糖尿病和高血压患者中其血浆组织浓度降低。因此,维生素C通过促进前列腺素E1、前列腺素I2、eNOS、脂蛋白A4和一氧化氮的形成,使脂蛋白A4的前体含量恢复正常,可能起到保护细胞、抗突变、血管扩张和血小板抗凝血的作用,也解释了维生素C对2型糖尿病和高血压的有益作用[14]。

6. 一氧化氮治疗糖尿病创面

一氧化氮(NO)具有调节炎症和消除细菌感染的作用,是一种潜在的伤口治疗剂。利用NO促进伤口愈合有两大策略:内源性释放NO,外源性补充NO。最近研究进展报告探讨了各种基于NO的方法改善伤口结局的有效性,特别是对与糖尿病相关的慢性伤口治疗作用非常显著[15]。另外,壳聚糖与一氧化氮结合,释放敷料对MRSA生物膜感染创面的抗生物膜对伤口有愈合作用。伤口上的细菌生物膜损害愈合过程,常常导致慢性伤口。壳聚糖是一种具有抗菌和抗生物膜作用的生物聚合物。S-亚硝基谷胱甘肽(GSNO)被认为是一种很有前途的一氧化氮(NO)供体,可用于抵抗病原生物膜和促进伤口愈合。在一项研究中,制备了释放NO壳聚糖膜,并评价了其对糖尿病小鼠耐甲氧西林金黄色葡萄球菌生物膜感染创面的抗生物膜活性和在体愈合效果。体外实验表明,在模拟伤口液中的释放 NO 持续 3 天以上。释放 NO 壳聚糖膜显著提高了糖尿病小鼠耐甲氧西林金黄色葡萄球菌的抗菌活性,细菌活力降低了 3 倍以上。释放 NO 壳聚糖膜的抗生物膜活性比对照膜和壳聚糖膜高 3 倍。在体内糖尿病小鼠耐甲氧西林金黄色葡萄球菌生物膜感染创面治疗中,释放 NO 壳聚糖膜处理组比未处理组和壳聚糖膜处理组表现出更快的生物膜扩散、创面缩小、上皮化率和胶原沉积减少。因此,该研究所研发的释放 NO 壳聚糖膜可能是治疗糖尿病小鼠耐甲氧西林金黄色葡萄球菌生物膜感染创面的一种有前途的方法[16]。

7. 一氧化氮治疗糖尿病周围神经病变

美国疾病控制中心估计 70% 的糖尿病患者发展为糖尿病周围神经病变。糖尿病周围神经病变患者常伴有远端肢体的辐射痛性和烧灼痛以及严重的感觉丧失。严重的糖尿病足溃疡、感染和截肢可能随之而来。目前可用的治疗方法:三环类抗抑郁药、抗惊厥药如加巴喷丁和普瑞巴林、5-羟色胺和去甲肾上腺素再摄取抑制剂、度洛西汀、外用 5% 利多卡因(应用于最疼痛区域)可控制疼痛症状,但不能解决糖尿病周围神经病变和糖尿病伤口溃疡的潜在病理学。当个别药物失效时,还需要联合使用止痛药物才可以缓解疼痛。阿片类药物如曲马多和羟考酮可与这些药物一起服用以减轻疼痛。由于糖尿病、糖尿病周围神经病变和糖尿病足溃疡的扩散,并且由于缺乏有效的治疗方法来直接解决导致这些疾病的病理改变,正在寻求新的治疗方法。一般认为糖尿病患者一氧化氮合酶缺乏导致周围神经血管化不足,从而导致糖尿病周围神经病变,这可以用血管扩张剂如一氧化氮来治疗。经过对糖尿病周围神经病变的作用机制进行分析,说明一氧化氮经皮肤给药,通过增加血管舒张作用治疗糖尿病周围神经病变和糖尿病伤口溃疡具有一定潜力[17]。

8. 一氧化氮,糖尿病微血管病的治疗靶点

糖尿病加速动脉粥样硬化和微血管并发症是导致冠心病、终末期肾功能衰竭、后天性失明和各种神经病变的主要原因,也可能是糖尿病患者致残和高死亡率的重要原因。随着糖尿病在世界范围内的流行,糖尿病血管并发症已成为最具挑战性的健康问题之一。一氧化氮是一种多效性分子,对人体许多生理和病理过程至关重要。NO 不仅能抑制血管壁细胞的炎性增殖反应,而且具有抗血栓形成和保护内皮细胞的作用,这些都有可能成为治疗糖尿病血管并发症的一种治疗方法。然而,诱导型一氧化氮合酶(iNOS)和(或)过氧亚硝酸盐(ONOO$^-$)产生的大量 NO 参与了炎症反应和组织损伤。这意味着 NO 是一种双面性分子,在糖尿病血管并发症中起着双刃剑的作用。此外,NO 通过 NO 合成酶(NOS)的作用从 L-精氨酸合成,而 NOS 可以被一种在血浆和各种组织中

发现的内源性的天然氨基酸L-精氨酸类似物,如不对称二甲基精氨酸阻断。这些发现表明,局部产生的NO的数量、氧化应激条件和不对称二甲基精氨酸水平可以决定NO对糖尿病血管并发症的有利和不利影响。因此一氧化氮对糖尿病微血管病的治疗是朋友还是敌人,需要具体情况具体分析[18]。

三、抗氧化剂对糖尿病的预防、治疗作用

糖尿病是一种慢性代谢紊乱,在世界范围内仍然是一个主要的健康问题。以胰岛素分泌和(或)胰岛素作用的绝对或相对缺乏为特征,并与慢性高血糖和碳水化合物、脂质和蛋白质代谢紊乱有关。许多研究表明,氧化应激在这种多方面代谢紊乱的发病机制中起着中心作用。这促使了抗氧化剂作为一种辅助治疗方法的研究。糖尿病并发症有关的氧化机制,在过去10年中抗氧化剂作为标准糖尿病治疗辅助物的动物和人体临床试验结果中,茶多酚、维生素E、维生素C、辅酶Q10、α-硫辛酸、左旋肉碱、虾青素对糖尿病的预防和治疗作用没有得出一致的结果,有的效果好,有的没有效果,甚至相反的结果(如硒在一定剂量会增加糖尿病风险)。因此,下面讨论一下这方面的研究结果。

1. 茶多酚对大鼠糖尿病的预防、治疗作用

我们用地塞米松(DEX)或肿瘤坏死因子(TNF-α)诱导成熟分化的3T3-L1脂肪细胞的炎症反应导致氧化应激,观察茶多酚EGCG对其氧化应激状态和细胞功能的保护作用,以及EGCG对胰岛素信号的恢复。实验还研究了茶多酚对高脂饲料诱导的脂肪过度积累的大鼠脂肪组织的ROS水平和血糖水平的影响。研究结果表明,EGCG处理部分恢复了由地塞米松或TNF-α诱导的对脂肪细胞胰岛素刺激后葡萄糖吸收的抑制。胰岛素刺激后的葡萄糖吸收是反映脂肪细胞功能以及脂肪细胞对胰岛素反应能力的重要指标。用地塞米松(20 nM)或TNF-α长时间处理(6天)诱导成熟分化的脂肪细胞的氧化应激,并用不同浓度的EGCG与地塞米松或TNF-α共同处理,观察EGCG的保护作用。同时,设立一组对照,用NADPH氧化酶的抑制剂皂苷(20 μM)与地塞米松或TNF-α共同处理细胞,以证明地塞米松或TNF-α是通过激活NADPH氧化酶产生ROS导致氧化应激。地塞米松和TNF-α都能显著的降低脂肪细胞胰岛素刺激后对2-脱氧-D-[³H]-葡萄糖的吸收,不同浓度的EGCG处理和皂苷都能部分的恢复脂肪细胞的葡萄糖吸收功能,并具有浓度依赖的效应。EGCG处理减少了由地塞米松导致的脂肪细胞活性氧水平的升高。地塞米松能显著增加脂肪细胞的ROS产生,而EGCG能减少ROS产生。在地塞米松或TNF-α与EGCG共同处理细胞6天后,直接测量当时细胞内的ROS水平,地塞米松和TNF-α都能显著的增加脂肪细胞的ROS

水平,而 EGCG 能减少 ROS 水平。EGCG 抑制地塞米松或 TNF－α 导致的应激通路,JNK 的活化地塞米松和 TNF－α 都能通过增加 JNK 的磷酸化而激活 JNK 通路,而 EGCG 能抑制 JNK 的磷酸化,并且具有浓度依赖的效应。EGCG 改善地塞米松处理后细胞因子的释放地塞米松处理能使脂肪细胞有益因子脂联素的释放减少,而增加促使胰岛素抗性产生的因子抵抗素的释放,而 EGCG 能浓度依赖的部分恢复脂联素的释放,而减少抵抗素的释放。我们长时间(30＋45 天)用高脂饲料饲养能显著的升高大鼠的血糖(39.4%),茶多酚显著的降低大鼠血糖。而灌胃茶多酚能显著的降低大鼠血糖(基础组降低了 18.8%,高脂组降低了 31.7%)。长时间的高脂饲料饲养能显著的升高大鼠脂肪组织的 ROS 水平(52.3%),茶多酚还显著的降低大鼠脂肪组织的 ROS 水平。灌胃茶多酚(45 天)能显著的降低大鼠脂肪组织的 ROS 水平(基础组降低了 28.4%,高脂组降低了 26.2%)[19]。

2. 虾青素对大鼠糖尿病的预防、治疗作用

实验室研究表明,当肥胖和(或)糖尿病动物补充虾青素时,其血糖水平降低,胰岛素敏感性提高,虾青素保持了胰腺分泌胰岛素的能力。虾青素在糖尿病作用中,能够抑制导致的氧化应激、高水平慢性炎症和蛋白质和脂质糖化引起的广泛组织损伤。近年来虾青素的生物学特性研究表明,这些化合物不仅可能预防糖尿病,而且可能改善糖尿病及其并发症。具有多种生物活性,包括通过自由基猝灭调节 ROS 和炎症,以及通过调节基因表达来激活内源性抗氧化系统。由于其独特的结构,虾青素被整合到细胞膜的脂质双层中,不会对其造成损害,并可防止脂质氧化。

db/db 小鼠是著名的 2 型糖尿病肥胖模型,饲喂虾青素可显著降低 db/db 小鼠的空腹血糖。长期服用虾青素(35 mg/kg,持续 12 周)表明,具有降糖效果与降低丙二醛(MDA)含量和增强血清中 SOD 活性。在同一动物模型中,在虾青素(1 mg/天,持续 18 周)的作用下,胰腺 β 细胞保持了分泌胰岛素的能力,不受葡萄糖毒性的影响,非空腹血糖水平也显著降低[20]。

虾青素还可以通过保护胰岛 β 细胞免受内质网应激介导的凋亡而预防胰岛 β 细胞功能障碍。在经棕榈酸酯处理的胰腺 β 细胞-小鼠胰岛素瘤(MIN6)中,虾青素一方面通过 cJun N－末端激酶(JNK)和 PI3K/Akt 途径减少促炎性 M1 标记物(MCP－1)和血管内皮生长因子的分泌,另一方面通过减少内质网应激能诱导葡糖调节蛋白的表达来减轻内质网应激。此外,有报道虾青素通过增加肝脏中的糖原储备来改善葡萄糖代谢。虾青素能够调节代谢酶的活性,如己糖激酶、丙酮酸激酶、葡萄糖-6 磷酸酶、果糖-1,6-二磷酸酶和糖原磷酸化酶。还通过降低胰岛素受体底物蛋白的丝氨酸磷酸化来促进胰岛素信号的胰岛素受体底物 PI3K－Akt 通路。在著名的 1 型糖尿病大鼠模型中,虾青素(50 mg/kg 体重/天；18 天)可显著降低糖尿病大鼠肝脏的 ROS 和脂质过氧化水平[21]。

临床医生使用的主要是 2 种软胶囊膳食补充剂,其中含有从雨生血球藻中提取的 12 mg 虾青素。补充虾青素显著改善了对现有药物不满意或因严重而不能接受任何药物治疗的患者症状。虾青素对良性前列腺肥大/下尿路症状的治疗作用是一项开放性的初步研究。总共 30 名接受胸腺肽受体阻滞剂治疗 12 周以上的患者服用虾青素 8 周。主观症状和客观排尿参数改善,包括生活质量。其他的研究和试验正在进行中,如非酒精性脂肪性肝炎、糖尿病和心血管疾病以及不孕症、特应性皮炎和雄激素性脱发[22]。

糖尿病患者 70% 会在 5 年内发展为肾病损害,虾青素是迄今为止发现可以最有效阻止糖尿病肾病损伤的物质之一。虾青素主要是通过直接保护肾小球基底膜、阻止因高血糖产生的自由基来破坏基底膜;此外,还可以对抗肾小管上皮细胞的自由基,保护葡萄糖及磷在肾小管细胞的正常转运,从而保存 ATP 及钠-钾 ATP 酶这些重要物质,确保肾脏血流不受影响,减少蛋白尿的产生。糖尿病患者为了避免尿泡泡事件的发生,一定要预先使用天然虾青素。研究证实：8 mg 虾青素,8 周时间可显著减少尿蛋白 70%[23-24]。

氧化应激(ROS)在糖尿病的发生、发展和慢性并发症中起着关键作用。高血糖诱导的活性氧(ROS)可减少胰岛 β 细胞的胰岛素分泌,降低胰岛素敏感组织的胰岛素敏感性和信号传导,改变 1 型和 2 型糖尿病的内皮细胞功能。虾青素是一种无不良反应的抗氧化剂,是一种叶黄素类胡萝卜素,有助于糖尿病相关疾病的预防和治疗。虾青素通过调节不同的 ROS 途径减少炎症、ROS 和细胞凋亡,尽管确切的机制尚不清楚。基于对 1 型和 2 型糖尿病动物模型的研究,口服或肠外给予虾青素可改善胰岛素抵抗和胰岛素分泌;降低高血糖;对视网膜病变、肾病和神经病变有保护作用。然而,需要更多的实验支持来确定其使用条件。此外,其对糖尿病患者的疗效尚不清楚。一项研究确定了虾青素对 ROS 诱导的糖尿病相关代谢紊乱和随后并发症的最新生物学效应和潜在机制。有必要开展深入研究,以更好地了解所涉及的生物学机制,并确定最有效的虾青素剂量和给药途径[25]。

3. 木犀草素通过抑制 NF－κB 介导的炎症和激活 Nrf2 介导的抗氧化反应缓解糖尿病症状

糖尿病是众所周知的心力衰竭的危险因素。炎症和氧化应激在糖尿病性心肌病的发生发展中起着关键的作用,这种联系是对抗该病的一个有吸引力的靶点。天然存在的类黄酮木犀草素在各种系统中表现出抗炎和抗氧化活性。一项研究探讨了木犀草素对培养心肌细胞和 1 型糖尿病小鼠的潜在心脏保护作用。采用 C57BL/6 小鼠腹腔注射链脲佐菌素(STZ)诱导糖尿病性心肌病。用高糖体外诱导 H9C2 细胞损伤。在体外和体内研究了心肌纤维化、肥大、炎症和氧化应激。结果发现：木犀草素显著降低 H9C2 心肌细胞高糖诱导的炎症表型和氧化应激。发现其机制包括抑制核因子-κB(NF-κB)通路和激活抗氧化核因子-红细胞 2 相关因子 2(Nrf2)信号通路。这些途径的调节导致基质蛋白表达减少和细胞肥大。木犀草素还可以预防 STZ 诱导的糖尿病小鼠的心肌纤维化、肥大和功能障碍。这些结果也与炎症细胞因子和氧化应激生物标志物水平降低有关。因此得出结论：木犀草素通过调节 Nrf2 介导的氧化应激和 NF-κB 介导的炎症反应,保护 STZ 诱导的糖尿病小鼠心脏组织。这些发现提示木犀草素可能是一种潜在的治疗糖尿病扩张型心肌病的药物[26]。

4. 膳食抗氧化剂对 2 型糖尿病、糖尿病前期和胰岛素抵抗风险的预防作用

每个人抗氧化剂的摄入与降低 2 型糖尿病的风险有关。然而,总体饮食可能含有许多抗氧化剂与添加剂或协同作用。因此,一项研究旨在确定总膳食抗氧化能力与 2 型糖尿病、糖尿病前期和胰岛素抵抗风险之间的关系。该研究使用血浆铁还原能力(FRAP)评分评估了 5 796 名人员,研究参与者的饮食抗氧化能力。在这些参与者中,4 957 人有正常血糖,839 人有糖尿病前期。使用协变量调整比例风险模型来估计血浆铁还原能力与 2 型糖尿病风险、糖尿病前期参与者中 2 型糖尿病风险和糖尿病前期风险之间的关联。使用线性回归模型来确定血浆铁还原能力评分与胰岛素抵抗(HOMA-IR)之间的关系。在长达 15 年的随访中,观察了 532 例偶发 2 型糖尿病患者和其中 259 例为糖尿病前期患者,794 例偶发糖尿病前期患者。结果发现血浆铁还原能力评分越高,总人群中 2 型糖尿病风险越低,与糖尿病前期风险无关。膳食血浆铁还原能力与胰岛素抵抗呈负相关(β-0.04,95%CI-0.06；-0.03),性别间的效果基本相似。这项基于人群的研究结果证明了富含抗氧化剂的饮食对胰岛素抵抗和 2 型糖尿病风险的有益影响[27]。

5. 补充硒增加 2 型糖尿病风险： 系统回顾和统计分析

硒有抗氧化,保护心脑血管和心肌健康,增强免疫力,有毒重金属解毒,促进生长,抗肿瘤,改善视神经多种功能[22]。2007 年,在一项试验中意外地发现,补充微量元素硒与 2 型糖尿病的高风险有关。考虑到这些发现引起的关注以及最近关于这一主题的大量研究,一项研究回顾了有关这一可能关联的现有文献,评估了硒与 2 型糖尿病发病率相关的实验性和非实验性流行病学研究结果。通过系统的文献检索,检索了 50 项潜在合格的非实验研究和 5 项随机对照试验(截至 2018 年 6 月 11 日)。为了阐明可能的剂量—反应关系,选择了包括多重硒浓度水平和血清或血浆水平的研究进一步分析。在这些研究中,根据补充硒剂量计算了糖尿病的汇总风险比(RR)。在试验中,还与安慰

剂进行了对比,每天补充 200 μg 硒后糖尿病发病率的糖尿病的汇总风险比。在非实验性研究中,发现硒暴露与糖尿病风险之间存在直接关系,在血浆或血清硒水平较高的受试者中具有明确且大致线性的趋势,与<45 μg/L 的参考类别相比,硒治疗的总风险比为 140 μg/L,等于 3.6[95%置信区间(CI)1.4～9.4]。以直接评估膳食硒摄入量为重点的剂量反应统计分析也显示出类似的趋势。在实验研究中,与安慰剂组相比,补充硒使糖尿病风险增加 11%,女性的汇总风险比高于男性。总的来说,非实验性和实验性研究的结果都表明,硒可能在很大范围内增加患 2 型糖尿病的风险。风险的相对增加很小,但由于糖尿病的高发病率和补充硒的普遍性,可能具有公共卫生重要性[28]。

大量研究表明,微量元素与糖尿病之间具有高度的相关性,其中硒与糖尿病的发生发展以及并发症都密切相关,对糖尿病的预防和治疗起着非常重要的作用。但硒也是一个有毒性的物质,大量的硒化物进入人体可产生急性毒性,因此不主张单纯补充硒,而应当与其他抗氧化剂结合起来使用。硒对保护胰岛正常功能有重要作用,硒的生物学功能是抗氧化,消除自由基,适当补充硒胰岛素自由基防疫系统和内分泌细胞的代谢功能,缓解糖尿病病情,预防糖尿病并发症,改善糖尿病预后,产生的"生理胰岛素样"效应,可以在基因水平影响糖尿病发生[29]。硒的拟胰岛素样作用能刺激脂肪细胞膜上葡萄糖载体的转运,在脂肪、肌肉等组织中促进细胞对糖的吸收和利用;在肝脏抑制肝糖原的异生和分解,增加肝糖原的合成。同时,硒通过抗氧化作用,保护胰岛细胞,提高葡萄糖耐量,从而表现出降血糖作用[30]。综合上述不提倡单纯补充硒产品降糖,采用硒化卡拉胶等有机复合硒再与其他营养素综合作用对降糖更好。

四、一氧化氮和其他抗氧化剂协同降血糖作用

糖尿病与心血管疾病的风险增加有关。高血糖是心血管损伤的重要因素,与高血糖引起的线粒体功能障碍和内质网应激有关,促进了活性氧(ROS)的积累,进而促进了细胞损伤,并促进了糖尿病并发症的发生和发展。ROS 可以直接破坏脂质、蛋白质或 DNA,并调节细胞内信号传导途径,导致蛋白质表达发生变化,从而导致不可逆的氧化修饰。高血糖症引起的氧化应激会诱发内皮功能障碍,在微血管和大血管疾病的发病机理中起着核心作用。它还可能增加促炎和促凝血因子的表达,诱导细胞凋亡并损害一氧化氮(NO)的释放。在大脑中,NO 充当神经递质。在免疫系统中,它充当宿主防御的介体;在心血管系统中,它作为血管扩张剂和内源性抗动脉粥样硬化分子,介导完整内皮的保护作用。L-精氨酸是一氧化氮(NO)合成的前体。L-精氨酸对成人为非必需氨基酸,但体内生成速度较慢,对婴幼儿为必需氨基酸,有一定解毒作用。其为各种蛋白质的基本组成,存在十分广泛。在一些对照的临床试验中,长期服用 L-精氨酸已

显示可改善心血管疾病的症状。L-精氨酸是 NO 合成的唯一底物，因此对于至少一部分内皮依赖性血管舒张至关重要。在年轻健康的成年人中，L-精氨酸是内源性产生的，但是各种病理状况因素可能导致其缺乏。

1. 实验一

我们实验采用了 L-精氨酸-抗氧化剂配方，是以 L-精氨酸、L-谷氨酰胺、牛磺酸、维生素 C(L-抗坏血酸)、维生素 E(dL-α-生育酚醋酸酯、辛烯基琥珀酸淀粉钠、二氧化硅)、柠檬酸锌、硒化卡拉胶为主要原料的配方。

实验原料：每 100 g 含：L-精氨酸 28 g、L-谷氨酰胺 14.58 g、牛磺酸 26 g、维生素 C 6.88 g、维生素 E 1.66 g、锌 0.35 g、硒 1.69 mg。

L-谷氨酰胺可参与消化道黏膜黏蛋白构成成分氨基葡萄糖的生物合成，从而促进黏膜上皮组织的修复，有助于溃疡病灶的消除。同时，它能通过血脑屏障促进脑代谢，提高脑机能，与谷氨酸一样是脑代谢的重要营养剂。是肌肉中最丰富的游离氨基酸，约占人体游离氨基酸总量的 60%。谷氨酰胺不是必需氨基酸，它在人体内可由谷氨酸、颉氨酸、异亮氨酸合成。在疾病、营养状态不佳或高强度运动等应激状态下，机体对谷氨酰胺的需求量增加，以致自身合成不能满足需要。L-谷氨酰胺能够为机体提供必需的氮源，促使肌细胞内蛋白质合成；通过细胞增容作用，促进肌细胞的生长和分化；刺激生长激素、胰岛素和睾酮的分泌，使机体处于合成状态。L-谷氨酰胺还可调控自由基的稳态，因此也是内源性的主要抗氧化剂。

牛磺酸是一种人体必需的非蛋白质氨基酸，是哺乳动物体内主要的营养物质。作为名贵中药"牛黄"的有效成分，其具有多种药理作用和较高的药用价值，常应用于医药、食品添加剂及作为生化试剂和其他有机合成中间体。牛磺酸具有清除氧自由基过氧化损伤的能力从而能起到保护细胞的作用。牛磺酸是视网膜中最丰富的氨基酸。在糖尿病性视网膜病变中，牛磺酸含量缺乏。

维生素 C(L-抗坏血酸)是有效的抗氧化物质，一些研究表明维生素 C 在血管功能中起重要作用。抗坏血酸通过多种方式增加 NO 的合成或生物利用度来调节血管舒张[7]。此外，维生素 C 可以通过其氧化形式间接抑制脂质过氧化。维生素 C 缺乏症主要是由不良饮食引起的，但已经确定了一些其他风险因素，包括剧烈运动以及与代谢综合征相关的临床状况，例如高血压、糖尿病和肥胖症。

维生素 E 是一种脂溶性维生素，其水解产物为生育酚，是最主要的抗氧化剂之一。膳食中维生素 E 的补充与体重指数(BMI)的降低有关[9]。这些发现表明维生素 E 可能对于代谢疾病的治疗很重要。维生素 E 和 C 已被证明可以改善胰岛素性能并降低 2 型糖尿病的发生率。在健康使用者中观察到维生素 E 补充与胰岛素敏感性之间的关系[11]，血浆中维生素 E 的低浓度与 2 型糖尿病的风险增加有关。

柠檬酸锌为有机锌补剂，对胃刺激小，含锌量高，并且在人体内参与三羧酸循环，增强人体消化吸收功能。柠檬酸锌是存在人体母乳中的唯一的一种锌配合物，比牛奶中的锌更易于吸收，而且性能稳定，可用于糖尿病患者补锌。

硒是人体必需微量元素，主要与机体的抗氧化作用等有关。硒化卡拉胶是将海洋红藻中提取的天然植物胶质硫酸酯多糖结构中的硫部分被硒取代，形成的新型有机硒化物，具有良好的生物补硒作用。与无机硒化物相比，硒化卡拉胶生物活性高、利用率高、易代谢、不良反应极小。

L-精氨酸-抗氧化剂配方的主要成分为生成 NO 的底物及抗氧化物质，并且许多成分在缓解高血糖及糖尿病并发症中起一定作用，所以该胶囊有可能对机体血糖稳态的调节有功效。为了证明假设的正确性，我们设计了以下实验。本实验主要是以小鼠空腹血糖、糖耐量、血清胰岛素、胰岛素抵抗水平为指标，考察纳欧胶囊的降血糖能力。

（1）实验动物及分组：6～8 周(w)龄成年清洁级 BALB/c 雄性小鼠 72 只，购于河北医科大学动物中心。共分为 6 组，分组情况如下。

表 6-1 实验动物分组及剂量

组别	空白对照组	模型对照组	模型+低剂量组	模型+中剂量组	模型+高剂量组	空白+高剂量组
处理	无	造高血糖模型	造高血糖模型+灌胃低剂量纳欧胶囊	造高血糖模型+灌胃中剂量纳欧胶囊	造高血糖模型+灌胃高剂量纳欧胶囊	灌胃高剂量纳欧胶囊

设置不同剂量的 L-精氨酸-抗氧化剂配方，低剂量配方：0.1 mg/$(g \cdot d)$、中剂量配方：0.5 mg/$(g \cdot d)$、高剂量配方：2.5 mg/$(g \cdot d)$。分别用无菌水配制成溶液，对照组小鼠每日灌胃 0.1 mL/$(10g \cdot d)$。

（2）实验设计及模型构建

1）正常动物降糖实验：选择 6～8 w 成年 BALB/c 雄性小鼠 24 只，禁食 4 h 后测试空腹血糖，将相同空腹血糖水平的小鼠随机分为 2 组，即 1 个对照组和 1 个剂量组，每组 12 只。同时维持饲料喂养，对照组给予灭菌水，剂量组给予用无菌水配制的高剂量 2.5 mg/$(g \cdot d)$L-精氨酸-抗氧化剂配方，连续灌胃 30 d。禁食 4 h 后测空腹血糖值，比较两组小鼠的空腹血糖值。

2）高血糖模型降糖实验

四氧嘧啶诱导胰岛素抵抗糖/脂代谢紊乱模型

选择 60 只 6～8 w 成年 BALB/c 雄性小鼠，普通维持料适应饲养 3～5 d，禁食 4 h

后取尾血。测定给葡萄糖前(即 0 h)血糖值,给 2.5 g/kg 葡萄糖后 0.5、2 h 血糖值,作为该批次动物基础值。以 0、0.5 h 血糖水平分 5 个组,即 1 个空白对照组、1 个模型对照组和 3 个剂量组,每组 12 只。空白对照组不做处理,3 个剂量组灌胃给予不同浓度无菌水配制的 L-精氨酸-抗氧化剂配方:低剂量配方组 0.1 mg/(g·d)、中剂量配方组 0.5 mg/(g·d)、高剂量配方组 2.5 mg/(g·d),模型对照组给予同体积无菌水,连续 33 d。各组给予维持料饲养,1 周后模型对照组和 3 个剂量组更换高热能饲料。喂饲 3 w 后,模型对照组和 3 个剂量禁食 24 h(不禁水),给予 120 mg/kgBW 腹腔注射,注射量 1 ml/100 g 体重。注射后继续给予高热能饲料喂饲 3~5 d。实验结束,各组动物禁食 4 h,检测空腹血糖、糖耐量、血清胰岛素水平等。若模型对照组空腹血糖、0.5 h 血糖值≥10 mmol/L,或模型对照组 0.5 h、2 h 任一时间点血糖升高或血糖曲线下面积升高,与空白对照组比较,差异有显著性,判定模型糖代谢紊乱成立。

各组小鼠禁食 4 h,取尾血。测定空腹血糖即给葡萄糖前(0 h)血糖值,剂量组给予不同浓度 L-精氨酸-抗氧化剂配方,模型对照组给予同体积溶剂,空白对照组不做处理。15~20 min 后各组经口给予葡萄糖 2.5 g/kg,测定给葡萄糖后各组 0.5、2 h 的血糖值,观察模型对照组与各 L-精氨酸-抗氧化剂配方剂量组空腹血糖、给葡萄糖后(0.5、2 h)血糖及 0、0.5、2 h 血糖曲线下面积的变化。

各组小鼠禁食 4 h,检测血清胰岛素。按照测试盒说明书,从室温平衡 20 min 后的铝箔袋中取出所需板条,剩余板条用自封袋密封放回 4℃。设置标准品孔和样本孔,标准品孔各加不同浓度的标准品 50 μl。样本孔中加入待测样本 50 μl,空白孔不加。除空白孔外,标准品孔和样本孔中每孔加入辣根过氧化物酶(HRP)标记的检测抗体 100 μl,用封板膜封住反应孔,37℃水浴锅或恒温箱温育 60 min。弃去液体,吸水纸上拍干,每孔加满洗涤液(350 μl),静置 1 min,甩去洗涤液,吸水纸上拍干,如此重复洗板 4~5 次。每孔加入底物 A、B 各 50 μl,37℃避光孵育 15 min。每孔加入终止液 50 μl,15 min 内,在 450 nm 波长处测定各孔的 OD 值。以所测标准品的 OD 值为横坐标,标准品的浓度值为纵坐标,绘制标准曲线,并得到直线回归方程,将样品的 OD 值代入方程,计算出样品的浓度。

本次实验所得数据均使用 graphpad prism6 进行统计分析并做图,数据表达均为平均值±标准差(SD),两组之间差异采用 T-test,双尾检验,$P<0.05$ 为显著差异,$P<0.01$ 为极显著差异。

(3) 实验结果

1) L-精氨酸-抗氧化剂配方对正常小鼠空腹血糖无影响:由图 6-2 可知,正常动物高剂量组与空白对照组小鼠相比,空腹血糖值无显著性差异。表明高剂量的 L-精氨酸-抗氧化剂配方对正常小鼠的空腹血糖值无明显影响。

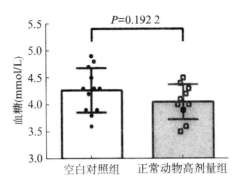

图6-2　高剂量L-精氨酸-抗氧化剂配方对正常小鼠空腹血糖的影响

$n=10\sim12, P=0.192\ 2$

2）高血糖模型降糖试验

a. L-精氨酸-抗氧化剂配方可显著降低糖代谢紊乱小鼠的餐后血糖：如图6-3表示，与空白对照组相比，模型组空腹血糖、灌糖后0.5 h、灌糖后2 h的血糖值显著升高，模型组糖代谢紊乱成立。在此基础上，与模型组相比，不同剂量的L-精氨酸-抗氧化剂配方对于空腹血糖并没有显著降低的效果。L-精氨酸-抗氧化剂配方中剂量组小鼠的空腹血糖与模型组相比有降低的趋势，但差异并无显著性。另外，关于糖耐量指标，与模型组相比，不同剂量的L-精氨酸-抗氧化剂配方对糖代谢紊乱小鼠的餐后0.5 h血糖值都有一定的降低效果，其中，高剂量的L-精氨酸-抗氧化剂配方对糖代谢紊乱小鼠的餐后0.5 h的血糖降低效果最明显，差异具有极显著性。而对于餐后2 h的血糖值来说，不同剂量的L-精氨酸-抗氧化剂配方对糖代谢紊乱小鼠并无明显效果。

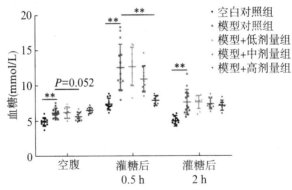

图6-3　不同剂量L-精氨酸-抗氧化剂配方降空腹血糖和改善糖耐量的作用

$n=8\sim12, {}^{*}P<0.05; {}^{**}P<0.01$

b. L-精氨酸-抗氧化剂配方可使糖代谢紊乱小鼠的血糖曲线下面积减少：由图6-4可知，和空白对照组相比，模型对照组的血糖曲线下面积显著增加，表示模型组小鼠出现糖代谢紊乱现象,模型成立。在此基础上,与模型对照组相比,服用中剂量 L-精氨酸-抗氧化剂配方和高剂量 L-精氨酸-抗氧化剂配方的糖代谢紊乱小鼠血糖曲线下面积明显减少,说明中剂量和高剂量的 L-精氨酸-抗氧化剂配方对糖代谢紊乱小鼠具有明显的降血糖作用。

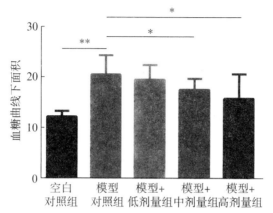

图 6-4　不同剂量 L-精氨酸-抗氧化剂配方对糖代谢紊乱小鼠血糖曲线下面积的影响

$n = 8 \sim 12$; $^* P < 0.05$; $^{**} P < 0.01$

c. L-精氨酸-抗氧化剂配方对小鼠的血清胰岛素及胰岛素抵抗指数无影响:由图 6-5 和图 6-6 可见,糖脂代谢紊乱模型小鼠的胰岛素含量并无改变,不同剂量的 L-精氨酸-抗氧化剂配方对模型小鼠的胰岛素含量也无影响。模型对照组的胰岛素抵抗指数相对于空白对照组明显上升,表明模型对照组小鼠出现了胰岛素抵抗,但不同剂量的 L-精氨酸-抗氧化剂配方对胰岛素抵抗/糖代谢紊乱小鼠的胰岛素含量及胰岛素抵抗指数无明显影响。

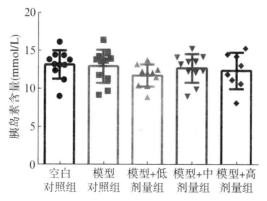

图 6-5　不同剂量 L-精氨酸-抗氧化剂配方对糖代谢紊乱小鼠空腹血清胰岛素的影响

$n = 8 \sim 12$

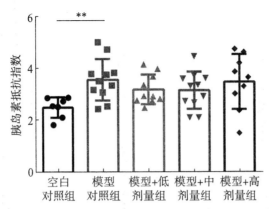

图6-6 不同剂量L-精氨酸-抗氧化剂配方对糖代谢紊乱小鼠胰岛素抵抗指数的影响

** $P < 0.01$；$n = 8 \sim 12$

本实验采用四氧嘧啶诱导的胰岛素抵抗糖/脂代谢紊乱小鼠模型，该模型小鼠空腹血糖、餐后血糖、血清总胆固醇水平均有明显上升，提示糖/脂代谢紊乱模型制备成功。同时给予小鼠不同剂量的L-精氨酸-抗氧化剂配方每日灌胃，观察该保健品对于糖、脂代谢的影响。结果显示，L-精氨酸-抗氧化剂配方对于降低高血糖小鼠的血糖具有明显作用。对于不同指标的影响，不同剂量表现有所不同，对于空腹血糖的影响，中剂量的L-精氨酸-抗氧化剂配方显示出有效地趋势，但差异并无显著性；对于糖耐量指标，在灌糖后0.5 h，高剂量显示出显著的降血糖效果。对于血糖曲线下面积的影响，中剂量和高剂量都有明显的降低高血糖小鼠血糖曲线下面积的作用。对于胰岛素含量来说，模型组小鼠和施用不同剂量的模型小鼠显示出相同的胰岛素水平。模型组小鼠出现了胰岛素抵抗，但不同剂量的L-精氨酸-抗氧化剂配方对胰岛素抵抗指数无明显影响。总之，L-精氨酸-抗氧化剂配方对于高血糖症具有一定的辅助降血糖作用。

2. 实验二

我们测定了一个L-精氨酸-抗氧化剂配方对血糖的影响。这个L-精氨酸-抗氧化剂配方是以L-精氨酸、知母宁、山楂黄酮和虾青素等为主要原料组成。利用kkay小鼠建立高血糖模型，随机分为2组，一组喂食基础生长饲料，一组喂食高脂饲料。30 d后称重，把喂食高脂饲料与喂食基础生长饲料体重有显著差异，作为判断肥胖模型的建立。将确认的18只kkay小鼠肥胖随机分为：高脂饲料＋双蒸水组；高脂饲料＋一氧化氮和天然抗氧化剂搭配组合低剂量组（2 mg/10 g/day），高脂饲料＋高剂量一氧化氮和天然抗氧化剂组）（8 mg/10 g/day）；同时将基础饲料喂养同龄C57BL/6J小鼠6只（基础饲料＋双蒸水组）作为正常对照（对照组），每日测量动物饮食重量和体重。给药一个月，用乌拉坦麻醉动物，取血，用于血脂和血糖测试。

利用这个 L-精氨酸和天然抗氧化剂搭配组合对高脂饲料喂养诱导易患 2 型糖尿病 kkay 小鼠血糖的测试结果表明,高脂饲料喂养诱导了易患 2 型糖尿病 kkay 小鼠血糖的显著大幅度升高,灌胃一氧化氮和天然抗氧化剂搭配组合后,可以显著降低 kkay 小鼠的空腹血糖(低剂量和高剂量分别降低了 36.2% 和 44.1%)、随机血糖(低剂量和高剂量分别降低了 47.6% 和 56.7%)和餐后 2 h 血糖(低剂量和高剂量分别降低了 33.1% 和 44.1%)。糖耐量受损是 2 型糖尿病的前期必然阶段,测量结果还显示高脂诱导的 kkay 小鼠糖耐量受损,调节血糖的能力降低,指示胰岛素抵抗,而给予一氧化氮和天然抗氧化剂搭配组合后的 kkay 小鼠糖耐量受损明显减轻。一氧化氮和天然抗氧化剂的合理搭配对基础饲料喂养 C57BL/6J 小鼠的血糖没有明显影响[31](图 6-7)。

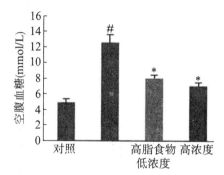

图 6-7 L-精氨酸和天然抗氧化剂搭配组合对高脂食物诱导 kkay 小鼠空腹血糖水平的调节作用

$^{\#}P<0.05$ 与对照组比较,$^{*}P<0.05$ 与糖尿病组比较

参 考 文 献

[1] Charles N. Rotimi, Guanjie Chen, et. al. A Genome-Wide Search for Type 2 Diabetes Susceptibility Genes in West Africans. Diabetes,2004,53:838—841.

[2] Marshall A. Permutt, Jonathon C. W., et. al. A Genome Scan for Type 2 Diabetes Susceptibility Loci in a Genetically Isolated Population Diabetes,2001,50:681—685.

[3] Camp HS, Ren D, Leff T. Adipogenesis and fat-cell function in obesity and diabetes. Trends Mol Med,2002,8:442—427.

[4] Zhou YP, Grill VE: Long-term exposure of rat pancreatic islets to fatty acids inhibits glucose-induced insulin secretion and biosynthesis through a glucose fatty acid cycle. J Clin Invest,1994,93:870—876.

[5] Zhou YP, Grill V: Long term exposure to fatty acids and ketones inhibits B-cell functions in human pancreatic islets of Langerhans. J Clin Endocrinol Metab,1995,80:1584—1590.

［6］ Mason TM，Goh T，Tchipashvili V，et al. Giacca A：Prolonged elevation of plasma free fatty acids desensitizes the insulin secretory response to glucose in vivo in rats. Diabetes, 1999,48：524—530.

［7］ Jacqueminet S，Briaud I，Rouault C，et al. Poitout V：Inhibition of insulin gene expression by long-term exposure of pancreatic β-cells to palmitate isdependent on the presence of a stimulatory glucose concentration. Metabolism，2000,49：532—536.

［8］ Briaud I，Harmon JS，Kelpe CL，et al. Poitout V：Lipotoxity of the pancreatic β-cell is associated with glucose-dependent esterification of fatty acids into neutral lipids. Diabetes，2001,50：315—321.

［9］ Houstis N，Rosen ED，Lander ES. Reactive oxygen species have a causal role in multiple forms of insulin resistance. Nature, 2006,440：944—948.

［10］ Milsom AB，Jones CJ，Goodfellow J，et al. Abnormal metabolic fate of nitric oxide in Type I diabetes mellitus. Diabetologia，2002,45(11)：1515—1522.

［11］ Torimoto K，Okada Y，Tanaka Y. Type 2 Diabetes and Vascular Endothelial Dysfunction. J UOEH, 2018,40(1)：65—75.

［12］ Oztay F，Kandil A，Gurel E，et al. The relationship between nitric oxide and leptin in the lung of rat with streptozotocin-induced diabetes. Cell Biochem Funct，2008,26 (2)：162—71.

［13］ Lundberg JO，Carlström M，Weitzberg E. Metabolic Effects of Dietary Nitrate in Health and Disease. Cell Metab, 2018,28(1)：9—22.

［14］ Das UN. Vitamin C for Type 2 Diabetes Mellitus and Hypertension. Arch Med Res，2019,50(2)：11—14.

［15］ Malone-Povolny MJ，Maloney SE，Schoenfisch MH. Nitric Oxide Therapy for Diabetic Wound Healing. Adv Healthc Mater，2019,8(12)：e1801210.

［16］ Moonjeong Choi，Nurhasni Hasan，Jiafu Cao. Chitosan-based nitric oxide-releasing dressing for anti-biofilm and in vivo healing activities in MRSA biofilm-infected wounds. Int J Biol Macromol，2020,142：680—692.

［17］ Walton DM，Minton SD，Cook AD. The potential of transdermal nitric oxide treatment for diabetic peripheral neuropathy and diabetic foot ulcers. Diabetes Metab Syndr，2019,13(5)：3053—3056.

［18］ Yamagishi S，Matsui T. Nitric oxide，a janus-faced therapeutic target for diabetic microangiopathy-Friend or foe? Pharmacol Res，2011,64(3)：187—194.

［19］ Jingqi Yan，Yan Zhao，Siqingaowa Suo，et al. Green tea catechins ameliorate adipose insulin resistance by improving oxidative stress. Free Radical Biology &. Medicine 52

(2012)：1648—1657.

[20] Naito，Y.，Uchiyama，K.，Aoi，W.，et al. Prevention of diabetic nephropathy by treatment with astaxanthin in diabetic db/db mice. BioFactors，2004,20,49—59.

[21] Kitahara，A.，Takahashi，K.，Morita，N.，et al. The Novel Mechanisms Concerning the Inhibitions of Palmitate-Induced Proinflammatory Factor Releases and Endogenous Cellular Stress with Astaxanthin on MIN6 β-Cells. Mar Drugs, 2017,15,185.

[22] Bhuvaneswari，S.；Yogalakshmi，B.；Sreeja，S.；et al. Astaxanthin reduces hepatic endoplasmic reticulum stress and nuclear factor － κB － mediated inflammation in high fructose and high fat diet-fed mice. Cell Stress Chaperones，2014,19,183—191.

[23] Eiji Yamashita. Astaxanthin as a Medical Food. Functional Foods in Health and Disease，2013,3(7)：254—258.

[24] Gao J，Zhang J，Zhao B. Protective Effect of Nitric Oxide and Natural Antioxidants on Stability of Blood Vessel. Journal of Food and Nutrition Science，2016,5(1)：1—11.

[25] Landon R，Gueguen V，Petite H，et al. Impact of Astaxanthin on Diabetes Pathogenesis and Chronic Complications. Mar Drugs，2020,18(7)：357.

[26] Li L，Luo W，Qian Y，et al. Luteolin protects against diabetic cardiomyopathy by inhibiting NF-kappaB-mediated inflammation and activating the Nrf2-mediated antioxidant responses. Phytomedicine，2019,59：152774.

[27] van der Schaft N，Schoufour JD，Nano J，et al. Dietary antioxidant capacity and risk of type 2 diabetes mellitus，prediabetes and insulin resistance：the Rotterdam Study. Eur J Epidemiol，2019,34(9)：853—861.

[28] Vinceti M，Filippini T，Rothman K J. Selenium exposure and the risk of type 2 diabetes：a systematic review and meta-analysis. Eur J Epidemiol，2018,33(9)：789—810.

[29] 孙昌颖. 营养与食品卫生学[M]. 第八版. 人民卫生出版社,2017(250).

[30] 王红林,吴劲,王治伦. 微量元素硒与糖尿病. 国外医学地理分册.2004,25(4)：156.

[31] 高明景,张俊静,赵保路. 一氧化氮和天然抗氧化剂对血管稳定性的调节和保护作用[J]. 食品与营养科学,2016,5(1)：1—11.

第七章

一氧化氮与高血压

高血压是指以体循环动脉血压(收缩压和/或舒张压)增高为主要特征(收缩压≥140 mmHg,舒张压≥90 mmHg),可伴有心、脑、肾等器官的功能或器质性损害的临床综合征。高血压是最常见的慢性病,也是心脑血管病最主要的危险因素。正常人的血压随内外环境变化在一定范围内波动。在整体人群,血压水平随年龄逐渐升高,以收缩压更为明显,但50岁后舒张压呈现下降趋势,脉压差也随之加大。近年来,人们对心血管病多重危险因素的作用以及心、脑、肾靶器官保护的认识不断深入,高血压的诊断标准也在不断调整。目前认为同一血压水平的患者发生心血管病的危险不同,因此有了血压分层的概念,即发生心血管病危险度不同的患者,适宜血压水平应有不同。随着生活水平的提高、人类寿命的延长和老龄化社会的到来,高血压患病人群的比例越来越高。高血压是最常见的慢性病,严重危害了人类健康。高血压虽然是慢性病,但确实是健康的"隐形杀手"!高血压是常见的心脑血管疾病的元凶,它可引起脑卒中、脑梗死、短暂性脑缺血发作等。有数据表明,70%的脑卒中与高血压有关,而脑卒中则是导致血管性痴呆的重要原因。而且长期高血压会对心脏、肾脏和眼睛等器官造成严重的损伤,严重危害了人类健康[1]。研究发现,高血压与一氧化氮关系密切。

一、导致高血压的因素

导致高血压的因素有很多,比如遗传、年龄、疾病和环境因素[2]。尤其是,随着生活水平的提高,膳食结构不合理,人类高糖高脂饮食,摄入过多的饱和脂肪酸会使血压升高。现代社会生活节奏加快、工作压力大,长期的精神紧张、激动、焦虑,受噪声或不良视觉刺激等因素也引起高血压的发生。研究发现高血压开始出现年轻化的趋势。积极服用药物或保健食品可以降低血压、最大限度的降低损伤和死亡率、维持人类生命健康[3]。

导致高血压的遗传因素与家族史有关,大约60%的高血压患者有家族史。30%～50%的高血压患者有遗传背景,研究认为是多基因遗传所致。有一大部分高血压患者是精神和环境因素导致的,如长期的精神紧张、激动、焦虑刺激等因素也会引起高血压的发生。高血压与年龄因素关系非常明确,发病率有随着年龄增长而增高的趋势。当然,生活习惯因素是不可忽视的,膳食结构不合理,特别是过多的钠盐、低钾饮食、大量饮酒、摄入过多的饱和脂肪酸均可使血压升高。吸烟可加速动脉粥样硬化的过程,为高血压的危险因素。疾病对高血压的影响常见的有肥胖、糖尿病、睡眠呼吸暂停低通气综合征、甲状腺疾病、肾动脉狭窄、肾脏实质损害、肾上腺占位性病变、嗜铬细胞瘤、其他神经内分泌肿瘤等。还有个别高血压患者受使用药物的影响,如避孕药、激素、消炎止痛药等均可影响血压[4]。

图 7-1 高血压对健康的影响

二、高血压的危害

高血压的危害是显而易见也是非常严重的,常见的是头晕、头痛、颈项板紧、疲劳、心悸等。随着病程延长,血压明显的持续升高,逐渐会出现各种症状,有头痛、头晕、注意力不集中、记忆力减退、肢体麻木、夜尿增多、心悸、胸闷、乏力等。随着高血压的发展可能导致心脑血管事件多发生,高血压会引起冠状动脉粥样硬化,造成血管损伤,产生冠状动脉粥样硬化的一个极为重要因素是自由基氧化高血脂中的低密度脂蛋白造成的。当血压突然升高到一定程度时甚至会出现剧烈头痛、呕吐、心悸、眩晕等症状,严重时会发生神志不清、抽搐，这就属于急进型高血压和高血压危重症，多会在短期内发生严重的心、脑、肾等器官的损害和病变，如脑卒中、心肌梗死、肾衰甚至死亡等。

三、一氧化氮与高血压

NO 自由基减少与高血压的关系是一对互为因果的关系。NO 自由基的合成减少为高血压的病理形成和发展奠定了基础。在高血压病理状态下，由于血流切应力搏动过强刺激血管内皮细胞，造成其功能失调而进一步使血管舒张因子 NO 自由基的合成受损，收缩因子 ET‐1 合成增加，这些功能的改变引起内皮依赖性舒张反应减弱，血管痉挛性收缩，从而促成或加速高血压的发展。增加内皮舒张因子 NO 自由基的产生，不仅可以对收缩因子 ET‐1 的生物效应形成多方面的抑制，也可以协助抗氧化损伤，而且能有效地减轻高血压引起的血管变化[5]。

大量研究表明，血管内皮功能障碍与高血压关系密切。内皮功能障碍对高血压的影响是多方面的，由于 NO 自由基分泌减少，使功能性血管处于收缩状态，是高血压产生的主要病理基础；NO 自由基分泌异常导致血管内环境破坏，促成高血压靶器官的损伤；使 NO 自由基的抗血小板聚集、抗氧自由基损伤、抗血管平滑肌增生迁移、抗炎性细胞浸润等作用受到了削弱，为血管炎症反应提供了基础；血管炎症反应促使血管腔内容易形成血栓，血管动脉粥样硬化，并使血管的重构加快；使高血压患者对扩血管药物的反应性降低，高血压患者心血管事件发生率明显增加。与正常人相比，高血压患者注射乙酰胆碱或缓激肽后血管扩张不明显，提示血管内皮在受到正性刺激后 NO 自由基分泌增加不明显。高血压病患者血管内皮功能减退的机制可能与这一因素有关。氧自由基产生增加，使 NO 自由基产生和生物利用率下降；内源性的 NO 自由基合酶竞争性抑制剂生成增加，使 NO 自由基生成减少；血管收缩物质合成增加，如血浆肾素浓度较高；血管内皮功能减退直接使 NO 自由基受到破坏[6]，见图 7‐2。

环鸟苷酸(cGMP)是调节多种生理进程的一种关键的第二信使，细胞内环鸟苷酸的水平由产生环鸟苷酸的鸟苷酸环化酶的活性和降解环鸟苷酸的磷酸二酯酶的活性来共同维持。环鸟苷酸可以调节众多的生理作用，其最早被认识的功能就是调节血管平滑肌的扩张。通过 NO 自由基对血管平滑肌内可溶性鸟苷酸环化酶的活化而导致细胞内钙离子浓度的降低，钙离子介导的磷酸化抑制，进而收缩器敏感性降低，导致血管平滑肌舒张，血压降低。因此，血管平滑肌中环鸟苷酸水平的调节是调控血压有效的方法[7]。

人体有四个重要生理过程：血管紧张度调节、凝血过程、炎症反应和氧化反应。每一过程在人体内发挥着积极或消极作用，一氧化氮有助于提高其积极作用。(1)一氧化

血管平滑肌松弛，血管扩张

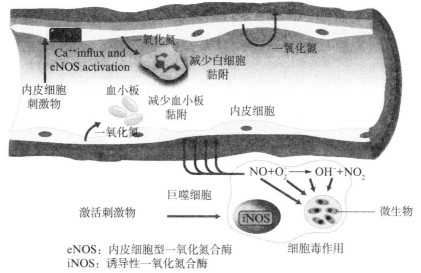

eNOS：内皮细胞型一氧化氮合酶
iNOS：诱导性一氧化氮合酶

图7-2　一氧化氮作为内皮舒张因子使血管平滑肌松弛、血管舒张及一氧化氮四大平衡

氮参与调节血管扩张和收缩平衡，有助于降低血压。(2)一氧化氮参与调节凝血和抗凝血的平衡，防止过度凝血，预防卒中。(3)一氧化氮参与调节抗炎平衡，防止动脉粥样硬化症形成。(4)一氧化氮参与调节氧化和抗氧化的平衡，防止氧化应激[33]。

1. 口服一氧化氮对高血压患者功能及血压的影响

随着 NO 对心血管疾病和高血压的影响研究数量继续增加，越来越发现一氧化氮（NO）在心血管系统的调节中的重要性。临床分期的"高血压前期"是导致高血压的一段时间。饮食和生活方式的改变是高血压前期唯一的治疗方案。一项研究探讨了口服NO对临床高血压患者血压的影响。研究评估了口服崩解含片在口腔中产生 NO 对血压、功能能力和生活质量的影响。在门诊环境中，30 天内，招募 30 名临床高血压患者，包括 NO 治疗组和安慰剂组。补充一氧化氮可显著降低静息血压（基线时收缩压为 138±12 mmHg，舒张压为 84±5 mmHg，补充一氧化氮随访时收缩压为 126±12 mmHg，舒张压为 78±4 mmHg，$P<0.001$）。而且 NO 治疗显著增加了 6 分钟步行试验达到的步行距离（基线为 596±214 m，NO 治疗为 650 m±197 m，$P<0.05$）。采用标准化问卷对生活质量进行评定，NO 补充的患者在身体成分总结评分和心理成分汇总评分方面均有改善。

2. 一氧化氮供体作为预防和治疗血管生成抑制剂诱导高血压的治疗潜力

血管生成是肿瘤生长和转移的关键。这一过程受到促血管生成因子和抗血管生成因子及其受体的严格调控。其中一些因子对内皮细胞具有高度特异性，如血管内皮生长因子一氧化氮。以内皮生长因子及其受体为靶点的多种药物已被开发出来,用于治疗不同类型的肿瘤,预计在未来几年内会引入一些新的药物。临床经验表明,抑制内皮生长因子可引起多种不良反应,包括高血压、肾毒性和心脏毒性。血管生成抑制剂诱导的高血压是关键,因为它往往使抗高血压治疗药物产生耐药性。有 2 个最重要的病理机制在高血压的发展诱导血管生成抑制剂。第一种是直接抑制 NO 的生成,导致血管舒张功能的降低;第二种是 NO 缺乏介导的血管中层细胞增殖增加,进一步导致高血压。根据实验和临床研究的结果以及临床经验,NO 供体不仅可以成功地用于治疗血管生成抑制剂诱导的高血压,而且可以起到预防高血压的作用。有 3 个临床资料案例,这些患者在接受 NO 供体治疗后血压降到了目标水平,临床状况良好,说明 NO 供体可以治疗血管生成抑制剂诱导的高血压[9]。

3. 一氧化氮治疗高血压患者冠状动脉并发症

动脉高血压是最常见的慢性心血管疾病,它覆盖了世界 30%～45% 的人口,并且有进一步增长的趋势。一氧化氮(NO)参与冠状动脉血管功能相关的一些机制,这些机制可能受到高血压的影响,因此 NO 在预防、诊断和治疗高血压冠状动脉并发症方面具有重要的临床意义。高血压患者冠状动脉血管阻力升高的部分原因是冠状动脉内皮依赖性功能受损。许多证据表明,除 NO 外的其他 NO 合酶亚型和扩张剂可以补偿内皮 NO 合酶(eNOS)的损伤以保护冠状动脉功能,并且冠状动脉血管对 NO 的依赖功能取决于其在血管中的位置。冠状动脉循环中 NOS 亚型对高血压的适应性需要进一步研究,了解这些适应的潜在功能后果很重要,因为它们会影响控制高血压和冠心病的治疗效果。eNOS 基因的多态性与高血压的发病率有显著的相关性,尽管这种多态性与冠状动脉血管舒缩反应的改变和对高血压的适应之间的机制细节尚需要进一步确定。为了更好地预测那些高血压冠状动脉并发症风险最高的个体,应该深入研究和认识。在女性冠状动脉中观察到的更大的内皮依赖性舒张可能与内皮细胞 Ca^{2+} 控制以及 eNOS 的表达和活性有关,冠状动脉血管系统需要研究 NO 对性别差异依赖的机制。研究发现雌激素对 eNOS 的基因组和非基因组影响以及雌激素的直接和间接抗氧化活性可能是冠状动脉循环中的潜在机制,性别和雌激素状态依赖性可能对高血压和冠状动脉功能障碍的治疗产生影响。研究结果表明,NO 功能调节因素在冠状动脉高血压中的临床治疗方面有潜在作用[10]。

4. 恢复不对称二甲基精氨酸与一氧化氮的平衡预防高血压的发生

尽管在高血压患者中广泛使用了抗高血压药物治疗,但很少注意其对有高血压风险的个体进行早期识别和干预。一氧化氮与活性氧(ROS)之间的失衡导致氧化应激与高血压的病理生理有关。NO 的缺乏先于高血压的发展。不对称二甲基精氨酸

（ADMA）能抑制一氧化氮合酶（NOS），调节局部 NO/ROS 平衡。新的证据支持不对称二甲基精氨酸诱导的 NO - ROS 失衡与高血压的发生和发展有关。因此，通过恢复 ADMA - NO 平衡可以预防高血压发生的方法值得注意。由于不对称二甲基精氨酸与一氧化氮不平衡出现在高血压早期，ADMA - NO 通路在程序性高血压中发挥重要作用。更好地理解高血压前 ADMA - NO 通路有利于产生需要的 NO，这将为开发更有效的药物治疗高血压前期和阶段性高血压铺平道路，并且会有更多临床治疗的益处[11]。

5. 一氧化氮可以作为选择性肺血管扩张剂治疗肺动脉高压

肺血管扩张剂在肺动脉高压的治疗中具有重要意义。虽然全身血管扩张剂可有效降低肺动脉压，但利用一氧化氮扩张全身血管受到剂量的限制。一项研究探讨了一氧化氮只对肺血管扩张剂治疗急慢性肺动脉高压的最新研究发现，一氧化氮作为选择性肺血管扩张剂，是治疗肺动脉高压的有效方法。动物实验表明，一氧化氮可能在预防体外循环术后肺动脉高压中起重要作用。磷酸二酯酶抑制剂作为单一疗法或联合疗法的一部分的经验表明，这些药物可以改善心肺血流动力学，可以被视为一氧化氮的替代品和（或）辅助物。前列环素是一类多功能的肺血管扩张剂，它们已被证明可以静脉注射或通过吸入改善肺血流动力学。内皮素受体拮抗剂已被证明可以有效的长期治疗肺动脉高压。因此选择性肺血管扩张可以通过血管扩张剂直接输送到肺部或靶向的特定过程来实现。这些药物可以促进心肺血流动力学的优化[12]。

6. 一氧化氮在小儿肺动脉高压中的作用

越来越多的研究表明氧化应激与内皮功能障碍的发展和心血管疾病的发病机制有关。此外，这种氧化应激与内皮素-1（ET-1）和一氧化氮（NO）信号通路的改变有关，使得生物可利用 NO 降低，ET-1 信号通路增强。然而，最新研究数据表明，氧化应激、ET-1 和 NO 以一种复杂的方式共同调节小儿肺动脉高压，这似乎取决于每个物种的细胞水平。因此，当 ROS 水平瞬时升高时，NO 信号通过转录、转录后和翻译后机制增强。在儿童肺动脉高压疾病中，当内皮素-1 介导的平滑肌细胞内皮素（A）亚型受体激活使活性氧（ROS）增加时，NOS 基因表达和 NO 信号转导减少。此外，氧化应激的增加可以刺激内皮素-1 基因的表达和内皮素-1 肽的分泌。因此，有关 NO、内皮素-1 和 ROS 在小儿肺动脉高压内皮功能障碍中相互作用可能是小儿肺动脉高压基础和临床研究的途径，这对于开发新的肺动脉高压治疗和预防策略将是非常重要的[13]。

7. 一氧化氮可预防输血相关肺动脉高压

长期储存的红细胞输血与肺动脉压和血管阻力增加有关。长期储存会降低红细胞的变形能力，输血后较老的红细胞会迅速从循环中清除。一项研究探讨了在输血前用 NO 处理储存的绵羊红细胞是否能防止肺血管收缩，增强红细胞变形能力，延长输血后红细胞存活时间。将祛除绵羊白细胞后的红细胞在输血前用 NO 气体或短期 NO 供体处理。给绵羊输注储存于 4℃ 2 天的新鲜血液或 40 天储存血液自体红细胞。在输血前、输血中和输血后监测肺和全身血流动力学参数。输注的红细胞用生物素标记测量其循环寿命。使用微流控装置评估治疗前后红细胞变形能力。研究结果表明：NO 处理的红细胞在输注后 1 h 和 24 h 内，其变形能力得到改善，循环中红细胞的数量增加。NO 治疗可预防输血相关肺动脉高压，对照组和 NO 处理的平均肺动脉压分别为（21±1）mmHg 和（15±11）mmHg（$P<0.000\ 1$）。输血前清洗储存的红细胞不能预防肺动脉高压。因此得出结论，输血前 NO 处理储存的红细胞，可将游离氧合血红蛋白氧化为高铁血红蛋白，阻止随后肺血管中 NO 的清除，降低肺动脉高压。输血后 NO 治疗可增加红细胞变形能力和红细胞存活率。NO 治疗可能为预防肺动脉高压和延长红细胞存活率提供一种有希望的治疗方法[14]。

8. 通过体育锻炼提高一氧化氮预防和治疗高血压

高血压是整个世界的主要健康问题，也是心血管疾病的主要原因。一项研究比较了太极拳和步行在控制运动强度对中枢和外周心脏机制的反应。高血压患者 15 例（男 2 例，女 13 例；年龄＝20.7±3.77 岁；体脂＝24.26±10.27％），参加太极拳和步行 30 分钟。运动 60 分钟，在运动前和运动后每隔 10 分钟测量中心收缩压和舒张压、增强指数（Alx）、脉压（PP）、心率（HR）、肱动脉收缩压和舒张压。两种运动类型的舒张压和中心收缩压均在运动后 10 分钟下降（太极拳＝6.63±3.258 mmHg；步行＝7±4.144 mmHg（$P<0.05$），运动后 40 分钟（太极拳＝6.07±3.33 mmHg；步行＝8.2±3.15 mmHg，$P<0.05$）。休息 10 分钟后，两种运动形式的肱动脉收缩压均下降（太极拳＝6.99±3.776 mmHg；步行＝8.8±3.20 mmHg，$P=0.05$）和 40 分钟（太极拳＝8.46±3.07 mmHg；步行＝8.87±3.87 mmHg，$P<0.05$）。中心主动脉压表现出与外周血压相似的运动后降低效应。太极拳和步行对高血压患者收缩压的影响相似，两种锻炼方式之间没有显著差异[15]。

氧化应激与高血压的发病有关，一氧化氮（NO）生物利用度降低是其发病机制之一。体育锻炼对机体氧化应激和血管内皮功能的改善可能是治疗高血压的一种潜在的非药物策略。另外一项研究探讨了氧化应激与高血压和体育锻炼的关系，包括 NO 在高血压发病机制中的作用。在氧化应激与高血压的相关性中，内皮功能障碍和 NO 水平降低具有不利影响。以往的研究大多发现有氧运动能显著降低高血压患者的血压和氧化应激，但剧烈的有氧运动也能损伤内皮细胞。作为一种替代运动，太极拳能显著降低血压正常的老年人的血压和氧化应激，但对高血压患者的影响尚未研究。体育锻炼，尤其是有氧训练，可以作为一种有效的干预措施，通过减少氧化应激来预防和治疗高血压和心血管疾病[16]。

运动训练是绝经后女性高血压非药物治疗的基石,有氧运动是改善生活方式的主要手段。大多数绝经后高血压患者每周大部分时间都能耐受中等强度有氧运动,不会降低运动依从性。也就是说,适度有氧运动对高血压绝经后妇女的心血管益处可能更为有利,而对抗性运动可能会带来更理想的益处。对绝经后高血压妇女进行运动训练的有益结果,包括血压、自主语调、压力反射敏感性、氧化应激、一氧化氮(NO)、生物利用度、脂质谱,以及心血管功能和心肺健康。这部分解释了锻炼训练对高血压绝经后妇女心血管疾病有积极的影响。女性绝经后运动训练的研究结果表明,运动干预对 1～2 期高血压绝经后妇女的防治是有益的[17]。

9. eNOS 在维持内皮细胞内稳态中的中心作用

内皮型一氧化氮合酶(eNOS)在血管系统中具有多种功能。对于剪切应力或乙酰胆碱等刺激,eNOS 催化 L-精氨酸产生一氧化氮。NO 通过内皮细胞扩散到邻近的平滑肌中,引起血管舒张。NO 还可局部抑制血小板和白细胞聚集,抑制血管平滑肌细胞增殖。研究表明,缺乏 eNOS 的小鼠血压降低,心率减慢,血浆肾素活性升高。与血压正常者相比,原发性高血压患者的 NO 生成减少。在一些肾脏疾病的动物模型中,给予 L-精氨酸,可增加 NO 合成,降低肾小球硬化的程度,改善了肾小管间质室的变化,也减少了巨噬细胞对肾脏的浸润,降低高血压。总之,L-精氨酸-NO 通路在高血压、炎症和动脉粥样硬化中起着重要作用[18]。

10. 增加摄入富含硝酸盐和抗氧化剂的蔬菜,增加一氧化氮活性降低高血压和心血管疾病风险

在全世界,高盐摄入量是高血压和心血管疾病的主要饮食决定因素之一。尽管饮食中的盐限制可能对盐敏感的个体有临床益处,但许多个体可能不希望或不能减少盐的摄入量。因此,确定有助于预防盐诱导高血压的机制异常的功能性食品是一个具有重大医学和科学意义的问题。根据盐源性高血压的"血管功能障碍"理论,引起盐源性血压升高的血液动力学异常通常包括盐摄入量增加引起的血管舒张功能低下和血管阻力异常增加。由于一氧化氮活性的紊乱可导致对盐摄入量的增加产生低于正常的血管舒张反应,而盐摄入量的增加通常会介导血压对盐的敏感性,因此增加对支持一氧化氮活性的功能性食物的摄入可能有助于降低盐性高血压的风险。越来越多的证据表明,增加食用传统日本蔬菜和其他硝酸盐含量高的蔬菜,如甜菜和甘蓝,可以通过一种内皮非依赖性途径促进一氧化氮的形成,这种途径涉及将膳食中的硝酸盐还原为亚硝酸盐和一氧化氮。此外,最近对动物模型的研究表明,适度增加硝酸盐摄入量可以预防盐性高血压的发生。因此得出结论,增加蔬菜和其他富含硝酸盐的蔬菜的摄入量,以及从这些蔬菜中提取的功能性食品的摄入量,可能有助于保持健康的血压[19]。

四、抗氧化剂与高血压

地中海饮食为健康饮食，其实就是因其富含黄酮类化合物，这种食物对心血管健康是有好处的。研究表明这种饮食可以改善内皮功能和免疫再建血管的完整性。一项随机、交叉饮食干预研究富含水果蔬菜的饮食（富含黄酮类化合物）表明，其可以改善缺血反应性充血，减少健康成年人循环内皮微颗粒和增加循环再生细胞水平[20]。另一项利用可可黄酮对主动脉疾病干预1个月的研究也得到类似的结果。通过测量流动舒张压力发现，增加了血浆 NO 浓度，降低了血压，能够明显改善内皮功能[21]。这与循环再生细胞流动性和内皮微颗粒减少有关[22]，说明可可黄酮能够通过再确立内皮的稳态改善血管功能，导致肺血管收缩、肺血管重塑和右心衰发展的病理生物学机制，包括活性氧和氮的产生以及肺血管和心脏细胞对这些分子的反应。氧化应激和抗氧化剂在缺氧性肺动脉高压中的作用及其在严重肺动脉高压动物模型中发挥着重要作用。最新研究发现，在特发性肺动脉高压患者的肺组织中，超氧化物歧化酶活性降低，氧化应激标记物硝基酪氨酸和8-OH-鸟苷升高。在慢性缺氧模型中，肺组织中硝基酪氨酸和血红蛋白氧合酶1的表达显著增加，而衰竭右心室中血红素氧合酶1的表达降低。在人类严重肺动脉高压中，患者的存活取决于右心室的功能，因此有必要研究氧化应激和亚硝化应激及其对右心衰的潜在作用。抗氧化剂治疗策略可能有利于人类严重肺动脉高压的稳定。

多酚类化合物在植物性食品和饮料中都有，特别是苹果、浆果、柑橘类水果、李子、西兰花、可可、茶和咖啡等。大量流行病学证据表明，富含多酚的水果、蔬菜、可可和饮料的饮食可以预防心血管疾病和2型糖尿病的发生。这些化合物的吸收和代谢已经被很好地研究，对于许多人来说，肠道微生物群在吸收中起着关键作用；考虑到母体化合物和结肠细菌分解代谢产物，80%以上的多酚类物质可以被吸收并最终在尿液中排泄。饮食中常见的多酚有黄烷醇（可可、茶、苹果、蚕豆）、黄烷酮（柑橘水果中的橙皮苷）、羟基肉桂酸（咖啡、许多水果）、黄酮醇（洋葱、苹果和茶中的槲皮素）和花青素（浆果、葡萄）。许多干预研究、体外机制研究和流行病学研究支持多酚对慢性病的预防起到一定的作用。例如，黄烷醇可降低内皮功能紊乱、降低血压和胆固醇，并调节能量代谢。咖啡和茶都通过其组成多酚的作用降低了患2型糖尿病的风险。尽管研究广泛，但多酚在人体内作用的确切机制尚未得到明确的证实，但有力证据表明，一氧化氮代谢、碳水化合物消化和氧化酶等一些靶点对健康有益是这些多酚类物质发挥的重要作用。食用多酚作为健康膳食成分与建议每天吃5份或以上的水果和蔬菜是一致的，但目前很难推荐应该摄入什么"剂量"的特定多酚，以获得最大的效益。

1. 虾青素可降低血压

一些研究表明在高血压大鼠中,虾青素可降低血压。一组研究人员在患有高血压的老鼠身上分别做了 3 个实验。在第一项研究中,研究人员发现补充虾青素 14 天可以显著降低高血压大鼠的血压,而血压正常的大鼠则没有下降。他们还显示,给脑卒中易感的大鼠喂食虾青素 5 周后,脑卒中的发生率也有延迟,降低动物的血压。在另一个研究中发现,脑血流不良的大鼠在喂食虾青素后,记忆力得到改善;实验证明,喂食虾青素后,受治疗大鼠更聪明。研究结论是,"这些结果表明虾青素可以在预防高血压和脑卒中以及改善血管性痴呆患者的记忆力方面发挥有益的作用[23]。

口服虾青素可显著降低血浆 NO_2^-/NO_3^- 水平($P<0.05$)。然而,虾青素和橄榄油处理组的脂质过氧化水平均降低。通过观察主动脉、冠状动脉和小动脉的变化,分析了虾青素治疗后对血管组织的影响。发现饲喂虾青素能显著降低大鼠主动脉弹性蛋白条带($P<0.05$),还可调节高血压患者的氧化应激状态,改善血管弹性蛋白和动脉壁厚度[24]。这方面研究的范围非常广泛,非常具有开创性。当然还需要开展一些研究检验了虾青素对高血压影响,找到虾青素对高血压的作用机制。

2. 喝茶可以降低血压

动物和观察性研究的证据支持绿茶对降低血压(BP)的有益作用,一项随机对照试验的统计分析中,评估补充绿茶对血压控制措施的影响。通过电子方式搜索 PubMed、Embase 和 Cochrane 图书馆数据库中的所有相关研究。结果采用具有随机效应加权的通用逆方差法进行汇总分析,结果发现:共有 24 个试验,1 697 名受试者被纳入 meta 分析。综合结果显示,绿茶能显著降低收缩压(SBP;MD:-1.17 mmHg;95% 置信区间:$-2.18\sim-0.16$ mm Hg;$P=.02$)和舒张压(DBP;MD:-1.24 mmHg;95% 置信区间:$-2.07\sim-0.40$ mm Hg;$P=0.004$)。因此得出结论:总体而言,在短期试验期间,绿茶显著降低收缩压和舒张压。为了进一步研究补充绿茶对血压控制和临床高血压的影响,还需要进行更大规模和更长期的试验[25]。

一项随机研究分析了红茶降低高血压患者空腹和餐后状态下的血压和波动反射。高血压和动脉硬化是心血管死亡率的独立预测因子。黄酮类化合物可能具有一定的血管保护作用。研究了红茶对高血压患者饮食前后血压(BP)和波动反射的影响。根据一项随机、双盲、对照、交叉设计,19 名患者被分配每天两次饮用红茶(129 毫克黄酮)或安慰剂,为期 8 天(13 天洗漱期)。测定饮用红茶前后 1、2、3、4 h 的血压,与安慰剂相比,饮用红茶后,收缩压和舒张压分别降低(-3.2 mmHg,$P<0.005$ 和 -2.6 mmHg,$P<0.000\ 1$);并能预防饮食后血压升高($P<0.000\ 1$)。饮用红茶还会降低空腹状态下的血压。这些研究结果提示,经常饮用红茶可能与保护心血管健康有关[26]。

血压变化的测量与心血管疾病和相关结果相关。经常饮用红茶可以降低血压,但其对血压变化的影响需要深入研究。一项研究探讨了饮用红茶对动态血压变化率的影响。在一项随机、对照、双盲、6 个月平行设计的试验中,招募筛选时收缩压在 115～150 mmHg 之间的男性和女性($n=111$),主要评估对血压变化的影响。参与者每天饮用 3 杯红茶固体粉末或无黄酮咖啡因匹配饮料(对照组)。在基线、第 1 天、第 3 个月和第 6 个月评估 24 小时动态血压水平和测量血压变化率。结果显示:在 3 个时间点,红茶与对照组相比,在夜间(22:00—06:00),收缩压($P=0.004\ 5$)和舒张压($P=0.016$)变化率降低了约 10%。这些效应在第 1 天立即出现,持续超过 6 个月,与血压和心率水平无关。血压变化率在白天(08:00—20:00)没有明显改变。因此得出结论:这些发现表明,除了咖啡因之外,红茶固体中的一种成分会影响了夜间血压的变化率。因此,微小的饮食变化有可能显著影响血压变化率[27]。

一项研究发现木槿花茶能降低高血压前期和轻度高血压成人的血压。在许多凉茶混合物和其他饮料中发现木槿花的一种成分具有抗氧化特性,在动物模型中,其花萼提取物已证明具有降低胆固醇和抗高血压的特性。这项研究观察了食用木槿花茶对人高血压的影响。一项随机、双盲、安慰剂对照的临床试验在 65 名 30～70 岁的高血压前期和轻度高血压成年人中进行,他们不服用降压药物,每天饮用 3 次 240 ml 的木槿花或安慰剂饮料,为期 6 周。采用标准化方法测量基线和每周的血压。6 周时,与安慰剂相比,木槿花茶可降低收缩压(-7.2 mm Hg;$P=0.030$),舒张压也较低,尽管这一变化与安慰剂无差异(-3.1 mm Hg;$P=0.160$)。与安慰剂相比,平均动脉压的变化具有临界意义($-4.5+/-7.7$ vs. $-0.8+/-7.4$ mmHg;$P=0.054$)。收缩压较高的受试者对木槿花治疗有更大的降低作用($P=0.010$)。不论什么年龄和性别,膳食木槿花的使用未观察到任何负面影响。这些结果表明,每天食用一定量的木槿茶,可以降低高血压前期和轻度高血压患者的血压,并可能证明是这些饮食中的有效组成部分是抗氧化剂[28]。

3. 千里光提取物对一氧化氮缺乏大鼠高血压、氧化应激和血脂异常的预防作用

高血压是一种无明显体征和症状的沉默杀手,因此,防止其发展至关重要。氧化应激和高脂血症是高血压的相关危险因素。菊科千里光属多年生攀援草本植物,其性寒,味苦,具有清热解毒、明目、止痒等功效。用于菌痢、肠炎、结膜炎、上呼吸道感染。千里光植物中含丰富黄酮类化合物,具有抗氧化性质。一项研究旨在探讨了千里光粗提物对一氧化氮缺乏大鼠高血压、氧化应激和高脂血症的预防作用。用 N-硝基 L-精氨酸甲酯(L-NAME)(40 mg/kg)和千里光提取物处理雌性 Wistar 大鼠持续 4 周。研究期间每周采集 20 小时尿样。研究结束时,采集血清、心脏和肾脏进行生化和组织病理学分析。结果表明高剂量(300 mg/kg)提取物对收缩压($P<0.001$)和舒张压($P<0.05$)

的升高有明显的抑制作用。治疗结束时，与 L-NAME 对照组大鼠相比，千里光提取物治疗组大鼠的肌酐浓度显著升高（91.24%）±6 mg/分升；6.36±0.4 mg/24 h；$P<$0.001），蛋白尿显著降低（55.75±8 毫克/分升；18.92 mg/分升±2 mg/24 h，$P<$0.001）。L-NAME 对照组的肌酐清除率和肾小球滤过率均低于所有治疗组。千里光提取物可抑制 L-NAME 引起的血清血管紧张素 II 浓度下降，显著降低血清丙二醛浓度（$P<0.05$）和肾脏丙二醛浓度（$P<0.001$），显著降低低密度脂蛋白浓度，升高高密度脂蛋白胆固醇浓度（$P<0.001$），对心脏和肾脏有保护作用，并能显著（$P<0.01$）阻止这些靶器官的胶原沉积。因此得出结论，研究证实了千里光提取物黄酮对大鼠高血压、高脂血症和氧化应激的保护作用[29]。

4. 褪黑素和昼夜节律疗法在高血压治疗新趋势中的潜在作用

全世界控制良好的高血压患者的数量低得令人无法接受。考虑到血压的昼夜变化，非传统抗高血压药物和高血压早期治疗是改善高血压治疗的潜在途径。首先，昼夜节律的显著变化是血压的特征。动态血压监测和心血管事件研究对 3 000 名成人高血压患者进行了调查，探讨了昼夜节律疗法是否影响了心血管预后而不仅仅是降压本身。褪黑素、他汀类药物和阿利吉仑是治疗高血压的有希望的药物。褪黑素，通过其清除自由基和抗氧化作用，保护 NO 的可用性，交感神经松解作用或特异性褪黑素受体激活可发挥抗高血压和抗重塑作用，尤其适用于夜间血压模式不下降或夜间高血压患者以及左心室肥厚（LVH）的高血压患者。由于其多功能的生理作用，这种吲哚胺可能提供远远超出其血流动力学益处的心血管保护。他汀类药物通过抑制三磷酸鸟苷结合蛋白发挥多种多效性作用。值得注意的是，他汀类药物可降低高血压患者的血压，更重要的是，他汀类药物可降低左心室肥厚。他汀类药物应考虑用于高危高血压患者、伴左心室肥厚的高血压患者以及可能用于高危高血压前期患者。直接肾素抑制剂阿利吉仑抑制循环和肾脏中肾素分子的催化活性，从而降低血管紧张素 II 水平。此外，预防高血压试验通过改变肾素原的构象可以阻止肾素原的激活。目前，预防高血压试验应考虑在高血压患者没有充分控制或不能耐受其他肾素-血管紧张素系统抑制剂[30]进行。

5. 预防和治疗高血压的营养品、维生素、抗氧化剂和矿物质

血管生物学在高血压和靶器官损伤后遗症的发生和持续中起着关键作用。内皮细胞活化、氧化应激和血管平滑肌功能障碍是引发高血压的初始事件。营养基因的相互作用决定了一系列的表型结果，如血管问题和高血压。最佳营养、营养药物、维生素、抗氧化剂、矿物质、减肥、运动、戒烟、适度限制酒精和咖啡因以及其他生活方式的改变可以预防、延缓发病、减轻严重程度、治疗和控制许多患者的高血压。将这些生活方式建议与正确的药物治疗相结合的综合方法将最好地实现新的目标血压水平，减少心血管

危险因素,改善血管生物学和血管健康,减少靶器官损害,包括冠心病、脑卒中、充血性心力衰竭以及肾脏疾病。欧洲高血压学会、欧洲心脏病学会,国际高血压学会,加拿大高血压学会等都在进行讨论、检测和评价营养补充剂的扩大科学作用对预防和治疗原发性高血压作用机制及与药物治疗临床结合。

普通人群中非常常见营养素和微量营养素缺乏,由于遗传或环境原因以及药物的使用,高血压和心血管疾病患者中就更为常见。这些缺陷将对当前和未来的心血管健康和结果(如高血压、心肌梗死、脑卒中和肾病)以及总体健康产生巨大影响。诊断和治疗这些营养不足可以降低血压;改善血管健康、内皮功能障碍和血管生物学;减少心血管疾病的发生。血管在高血压和靶器官损伤的发生和发展中起着关键作用。内皮细胞活化、氧化应激、炎症、自身免疫性血管功能障碍和血管平滑肌功能障碍是高血压的初始事件。营养与基因的相互作用又决定了一系列的疾病,如血管问题和高血压的发生。除了改变其他生活方式外,最佳营养可以预防和控制许多患者的高血压。将这些健康的生活方式与正确的药物治疗相结合的综合方法将最好地实现血压水平的目标,可以减少心血管危险因素,改善血管生物学和血管健康,减少心血管靶器官损伤,并减少医疗支出。

回顾 1990—2015 年间发表的关于对人类血压有影响的膳食补充剂或营养药物的研究。使用 PubMed,使用网状词高血压、血压、膳食补充剂和营养品单独或联合搜索了随机临床试验上的统计分析。结果发现:除了众所周知的降压饮食方法和地中海饮食对血压的影响外,大量研究调查了不同膳食补充剂和营养药物可能的降压作用,其中大多数是具有高耐受性和安全性的抗氧化剂。尤其是大量的证据支持使用钾、镁、L - 精氨酸、维生素 C、可可黄酮、甜菜根汁、辅酶 Q10、控释褪黑素和陈年大蒜提取物。所有这些营养药物的降压效果似乎都与剂量有关,总体耐受性良好。因此得出结论:这些营养药物可能对人体血压有积极影响。但还需要进一步的临床研究,从现有的活性营养品中找出那些具有最佳效益和最低风险的产品,以便在普通人群中广泛和长期使用,以利与预防和治疗与高血压相关的心血管疾病[31]。

五、一氧化氮与抗氧化剂协调作用与高血压

本研究主要是以高脂饲料饲喂小鼠来制备高血压模型,灌胃低、中、高剂量的 L - 精氨酸-抗氧化剂配方,然后检测高血压小鼠血压、心率等的变化。实验结果表明,不同剂量 L - 精氨酸-抗氧化剂配方能显著降低高血压小鼠的收缩压,而且低、中剂量的 L - 精氨酸-抗氧化剂配方还能显著降低舒张压,但是对高血压小鼠心率和体重没有显著影响。综合考虑血压和心率的变化,实验结果证明,L - 精氨酸-抗氧化剂配方具有一定的

降低血压的作用。

L-精氨酸-抗氧化剂配方是以 L-精氨酸、L-谷氨酰胺、牛磺酸、维生素 C（L-抗坏血酸）、维生素 E（dL-α-生育酚醋酸酯、辛烯基琥珀酸淀粉钠、二氧化硅）、柠檬酸锌、硒化卡拉胶为主要原料。

L-精氨酸对成人为非必需氨基酸，但体内生成速度较慢，对婴幼儿为必需氨基酸，有一定解毒作用。其大量存在于鱼精蛋白等中，亦为各种蛋白质的基本组成，故存在十分广泛。L-精氨酸可有效提高免疫力、促进免疫系统分泌自然杀伤细胞、吞噬细胞、白血球内烯素等内生性物质，有利于对抗癌细胞及预防病毒感染。另外，精氨酸是鸟氨酸及脯氨酸的前趋物，脯氨酸是构成胶原蛋白的重要元素，补充精氨酸对于严重外伤、烧伤等需要大量组织修复的康复，具有明显的帮助，同时具有降低感染及发炎的效果。

谷氨酰胺参与消化道黏膜黏蛋白构成成分氨基葡萄糖的生物合成，从而促进黏膜上皮组织的修复，有助于溃疡病灶的消除。同时，它能通过血脑屏障促进脑代谢，提高脑机能，与谷氨酸一样是脑代谢的重要营养剂。及时适量地补充谷氨酰胺能有效地防止肌肉蛋白的分解，并可通过细胞的水合作用，增加细胞的体积，促进肌肉增长。谷氨酰胺还是少数几种能促进生长激素释放的氨基酸之一。研究表明，口服 2 g 谷氨酰胺就能使生长激素的水平提高 4 倍，使胰岛素和睾酮分泌增加，从而增强肌肉的合成作用。研究显示，及时适量地补充谷氨酸胺能有效地防止肌肉蛋白的分解。另有研究认为，谷氨酰胺有使肌肉糖元聚集的作用。牛磺酸是一种由含硫氨基酸转化而来的氨基酸，广泛分布于体内各个组织和器官，且主要以游离状态存在于组织间液和细胞内液中，最先于公牛胆汁中发现而得名，但长期以来一直被认为是含硫氨基酸的无功能代谢产物。牛磺酸是人体的条件必需氨基酸，对胎儿、婴儿神经系统的发育有重要作用。维生素 C 可预防缺铁性贫血，还具有较强的抗氧化作用，抑制自由基对人体氧化的损害，从而预防肿瘤和癌症的侵袭。维生素 C 除了可以预防坏血病，缺铁性贫血外，还会参与人体胶原蛋白的合成，使我们的肌肤有光泽，延缓衰老；使我们的血管壁富有弹性，从而有效预防动脉粥样硬化等心血管疾病；使我们的骨骼关节润滑韧带富有弹性，有利于伤口快速愈合。牛磺酸有抗炎、解热、镇痛、镇静、降血压、降血糖、抗心律失常、抗菌、抗血小板聚集、增强免疫功能、利胆、强肝、解毒、调节血管张力等作用，临床上有多种用途。可用于治疗急慢性肝炎、脂肪肝、胆囊炎、支气管炎、扁桃体炎、急性结膜炎、疱疹性及病毒性结膜炎；还用于治疗感冒、发热、癫痫、小儿痉挛症、心力衰竭、心律失常、高血压、子宫出血、动脉硬化和痤疮等。

维生素 E 是一种脂溶性维生素，其水解产物为生育酚，是最主要的抗氧化剂之一。生育酚能促进性激素分泌，使男子精子活力和数量增加；使女子雌激素浓度增高，提高生育能力，预防流产；还可用于防治男性不育症、烧伤、冻伤、毛细血管出血、更年期综合症、美容等方面。维生素 E 预防溶血性贫血、保护红血球使之不容易破裂；预防和治疗甲状腺疾病；改善血液循环、保护组织、降低胆固醇、预防高血压。维生素 E 是一种很重要的血管扩张剂和抗凝血剂；预防与治疗静脉曲张；防止血液的凝固，减少斑纹组织的产生；另有改善脂质代谢的作用。

有研究表明，L-精氨酸可以改善胰岛素抵抗及血脂代谢紊乱，并防止大鼠出现血压升高。另有研究表明，维生素 C 和维生素 E 合用对预防妊娠高血压综合征有显著效果。由此为了检验 L-精氨酸-抗氧化剂配方是否具有降血压的作用，我们设计了以下实验。本实验主要是以高脂饲料饲喂小鼠来制备高血压模型，检测 L-精氨酸-抗氧化剂配方对小鼠体重、血压、心率的影响。

1. 实验材料及设备

（1）实验材料：L-精氨酸-抗氧化剂配方、L-精氨酸、L-谷氨酰胺，牛磺酸、维生素 C（L-抗坏血酸）、维生素 E（dL-α-生育酚醋酸酯、辛烯基琥珀酸淀粉钠、二氧化硅）、柠檬酸锌、硒化卡拉胶为主要原料。每 100 g 含：L-精氨酸 28 g、L-谷氨酰胺 14.58 g、牛磺酸 26 g、维生素 C 6.88 g、维生素 E 1.66 g、锌 0.35 g、硒 1.69 mg。

（2）高脂饲料，常州鼠、高脂对照饲料。

（3）仪器：尾动脉血压心拍数记录装置。

2. 实验方法

（1）饲喂及分组：实验选用 7～8 周（w）龄的雄性 BALB/c 小鼠，该小鼠购自河北医科大学。实验设空白对照组、模型对照组和低、中、高剂量 L-精氨酸-抗氧化剂配方模型组。低剂量组：0.1 mg/(g·d)，中剂量组：0.5 mg/(g·d)，高剂量组：2.5 mg/(g·d)；同时设空白对照、模型对照和给予受试品高剂量的对照动物组。受试样品给予时间 30 d，必要时可延长至 45 d。每组 12 只小鼠。

（2）测定方法：在喂食基础生长饲料适应环境 7 d 后，高脂饲料喂养 60 d 测尾动脉收缩压，整个过程测定 15 个循环，取其平均值，判断高血压模型的建立（BP＞120 mmHg）。血压、心率的测定采用间接测压法，仪器的测压原理一般为尾脉搏法。

（3）统计学方法：通过 GraphPad Prism 6.01 对所测数据进行统计，采用样本均数的标准误。$P<0.01$ 表示 ** 的显著性，$P<0.05$ 表示 * 的显著性。

3. 实验结果

（1）L-精氨酸-抗氧化剂配方对高血压模型小鼠体重的影响：由图 7-3 可知，各组小鼠之间体重无明显变化趋势，模型对照组体重有升高趋势。

（2）L-精氨酸-抗氧化剂配方对高血压模型小鼠收缩压的影响：由图 7-4 可知，模型对照组同空白对照组相比具有统计学意义，且具有显著性，说明我们的模型建立成

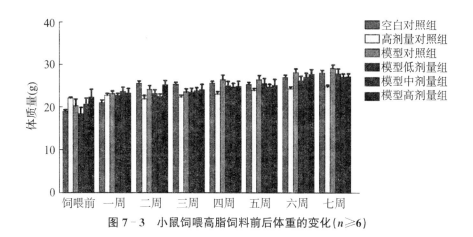

图 7-3　小鼠饲喂高脂饲料前后体重的变化（$n \geqslant 6$）

功。高剂量对照组与空白对照组相比收缩压有所降低,模型对照组小鼠收缩压平均值在 120 mmHg,说明建立高血压模型成功。低、中、高 3 个剂量组的收缩压相比模型对照组而言,都具有显著的降压作用。

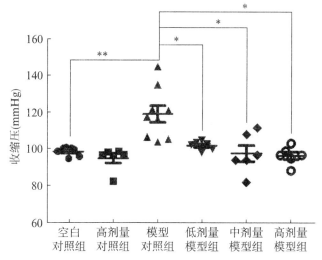

图 7-4　小鼠喂养高脂饲料 60 d,喂 L-精氨酸-抗氧化剂配方 45 d 的收缩压变化情况（$n \geqslant 6$）

** 表示 $P < 0.01$,* 表示 $P < 0.05$

（3）L-精氨酸-抗氧化剂配方对高血压模型小鼠舒张压的影响:由图 7-5 可知,高剂量对照组与空白对照组相比舒张压有所降低,低、中两个剂量组的舒张压相比模型对照组而言,具有显著的降低,而高剂量组同模型对照组相比具有一定程度的降低,但没有统计学差异。且低剂量和高剂量组的舒张压同空白对照组相比,持接近水平,说明低剂量和高剂量的 L-精氨酸-抗氧化剂配方给对降血压的作用较好。

（4）L-精氨酸-抗氧化剂配方对高血压模型小鼠心率的影响:由图 7-6 可知,高剂

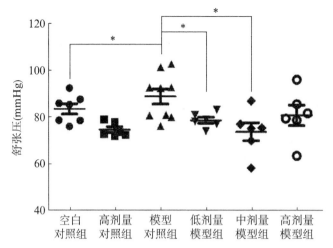

图7-5　小鼠喂养高脂饲料60 d,喂L-精氨酸-抗氧化剂配方45 d的舒张压变化情况($n \geqslant 6$)
* 表示 $P < 0.05$

量对照组、模型对照组与空白对照组相比心率有显著性降低,低、中、高三个剂量组的心率相比模型对照组而言,都具有一定程度的降低,但不具有统计学意义。说明L-精氨酸-抗氧化剂配方维持正常心率具有一定的作用。

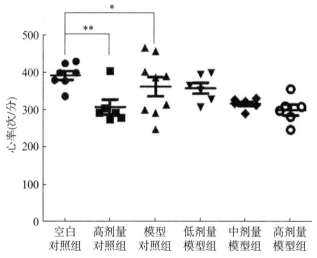

图7-6　小鼠喂养高脂饲料60 d,喂L-精氨酸-抗氧化剂配方45 d的心率变化情况($n \geqslant 6$)
** 表示 $P < 0.01$,* 表示 $P < 0.05$

4. 讨论与结论

本实验首先用高脂饲料制备小鼠模型,模型小鼠虽在体重上无显著变化,但在收缩压、舒张压2个指标上有明显变化,收缩压、舒张压显著上升,提示高血压模型制备成功,同时给予不同剂量的L-精氨酸-抗氧化剂配方,在一定程度上可以缓解这些指标的变化,表明 L-精氨酸-抗氧化剂配方具有一定的降低血压的作用。对于收缩压、舒张压和心率不同指标的影响,不同剂量 L-精氨酸-抗氧化剂配方的作用有所不同:对于收缩压的影响,低剂量、中剂量和高剂量 L-精氨酸-抗氧化剂配方都有显著降低的作用;对于舒张压的影响,低、高剂量 L-精氨酸-抗氧化剂配方效果较好;对于心率的影响,3 个剂量 L-精氨酸-抗氧化剂配方都无显著影响,说明 L-精氨酸-抗氧化剂配方对心率没有显著性影响,且低剂量的影响最小,与空白对照组水平接近。综合这些检测指标可以看出,低剂量和高剂量的 L-精氨酸-抗氧化剂配方对于降血压有较好的作用。如果考虑对心率的影响较小的话,低剂量会是最佳的选择。

另外一项研究还表明,喂食一氧化氮与虾青素等抗氧化剂搭配组合对血压作用的测试结果表明,喂食高脂饲料,诱导了易患 2 型糖尿病肥胖 kkay 小鼠血压的显著大幅度升高(95%左右),灌胃虾青素与其他抗氧化剂及一氧化氮搭配合后,可以显著降低肥胖 kkay 小鼠的血压(15%左右)[32]。

参 考 文 献

[1] Fuchs FD, Whelton PK. High Blood Pressure and Cardiovascular Disease. Hypertension, 2020,75(2):285—292.

[2] Xiong P, Liu Z, Xiong M, et al. Prevalence of high blood pressure under 2017 ACC/AHA guidelines: a systematic review and meta-analysis. J Hum Hypertens, 2021,35(3):193—206.

[3] Hinton TC, Adams ZH, Baker RP, et al. Investigation and Treatment of High Blood Pressure in Young People: Too Much Medicine or Appropriate Risk Reduction? Hypertension, 2020,75(1):16—22.

[4] Marin C, Ramirez R, Delgado-Lista J, et al. Mediterranean diet reduces endothelial damage and improves the regenerative capacity of endothelium. Am J Clin Nutr, 2011,93:267—274.

[5] Horn P, Amabile N, Angeli FS, et al. Dietary flavanol intervention lowers the levels of endothelial microparticles in coronary artery disease patients. Br J Nutr, 2014,117:1245—1252.

[6] Heiss C, Rodriguez-Mateos A, Kelm M. Central Role of eNOS in the Maintenance of Endothelial Homeostasis Antioxid Redox Signal, 2015,10;22(14):1230—1242.

[7] Thethi T, Bratcher C, Fonseca V. Metabolic syndrome and heart-failureHeart. Fail Clin, 2006,2:1—11.

[8] Biswas OS, Gonzalez VR, Schwarz ER. Effects of an oral nitric oxide supplement on

functional capacity and blood pressure in adults with prehypertension. J Cardiovasc Pharmacol Ther, 2015,20(1): 52—58.

[9] Kruzliak P, Kovacova G, Pechanoval O. Therapeutic potential of nitric oxide donors in the prevention and treatment of angiogenesis-inhibitor-induced hypertension. Angiogenesis, 2013,16(2): 289—295.

[10] Levy AS, Chung JC, Kroetsch JT, et al. Nitric oxide and coronary vascular endothelium adaptations in hypertension. Vasc Health Risk Manag, 2009,5: 1075—1087.

[11] Tain YL, Huang LT. Restoration of asymmetric dimethylarginine-nitric oxide balance to prevent the development of hypertension. Int J Mol Sci, 2014,15(7): 11773—11782.

[12] Haj RM, Cinco JE, Mazer CD. Treatment of pulmonary hypertension with selective pulmonary vasodilators. Curr Opin Anaesthesiol, 2006,19(1): 88—95.

[13] Black SM, Kumar S, Wiseman D, et al. Pediatric pulmonary hypertension: Roles of endothelin-1 and nitric oxide. Clin Hemorheol Microcirc, 2007,37(1—2): 111—120.

[14] Muenster S, Beloiartsev A, Yu B, et al. Exposure of Stored Packed Erythrocytes to Nitric Oxide Prevents Transfusion-associated Pulmonary Hypertension. Anesthesiology, 2016, 125(5): 952—963.

[15] Maris SA, Winter CR, Paolone VJ, et al. Comparing the Changes in Blood Pressure After Acute Exposure to Tai Chi and Walking. Int J Exerc Sci, 2019,12(3): 77—87.

[16] Korsager Larsen M, Matchkov VV. Hypertension and physical exercise: The role of oxidative stress. Medicina (Kaunas), 2016,52(1): 19—27.

[17] Lin YY, Lee SD. Cardiovascular Benefits of Exercise Training in Postmenopausal Hypertension. Int J Mol Sci, 2018,25,19(9): 2523.

[18] Heiss C, Rodriguez-Mateos A, Kelm M. Central Role of eNOS in the Maintenance of Endothelial Homeostasis. Antioxid Redox Signal, 2015,22(14): 1230—1242.

[19] Kurtz TW, DiCarlo SE, Pravenec M, et al. Functional foods for augmenting nitric oxide activity and reducing the risk for salt-induced hypertension and cardiovascular disease in Japan. J Cardiol, 2018,72(1): 42—49.

[20] Marin C, Ramirez R, Delgado-Lista J, et al. Mediterranean diet reduces endothelial damage and improves the regenerative capacity of endothelium. Am J Clin Nutr, 2011,93: 267—274.

[21] Heiss C, Jahn S, Taylor M, et al. Improvement of endothelial function with dietary flavanols is associated with mobilization of circulating angiogenic cells in patients with coronary artery disease. J Am Coll Cardiol, 2010,56: 218—224.

[22] Horn P，Amabile N，Angeli FS，et al. Dietary flavanol intervention lowers the levels of endothelial microparticles in coronary artery disease patients. Br J Nutr，2014，117：1245—1252.

[23] Hussein G et al.，Antihypertensive and neuroprotective effects of astaxanthin in experimental animals. Biol Pharm Bull，2005，28(1)：47—52.

[24] Hussein G，Goto，H.，Oda，S. et al.，Antihypertensive potential and mechanism of action of astaxanthin Ⅱ. Vascular reactivity and hemorheology in spontaneously hypertensive rats. Biol Pharm Bull，2005，28(6)：967—971.

[25] Bogdanski P，Suliburska J，Szulinska M，et al. Green tea extract reduces blood pressure，inflammatory biomarkers，and oxidative stress and improves parameters associated with insulin resistance in obese，hypertensive patients. Nutr Res，2012，32(6)：421—427.

[26] Grassi D，Draijer R，Desideri G，et al. Black tea lowers blood pressure and wave reflections in fasted and postprandial conditions in hypertensive patients：a randomised study. Nutrients，2015，7(2)：1037—1051.

[27] Hodgson JM，Croft KD，Woodman RJ，et al. Black tea lowers the rate of blood pressure variation：a randomized controlled trial. Am J Clin Nutr，2013，97(5)：943—950.

[28] Hopkins AL，Lamm MG，Funk JL，et al. Hibiscus sabdariffa L. in the treatment of hypertension and hyperlipidemia：a comprehensive review of animal and human studies. Fitoterapia，2013，85：84—94.

[29] Tata C M，Sewani-Rusike C R，Oyedeji O O，et al. Senecio serratuloides extract prevents the development of hypertension，oxidative stress and dyslipidemia in nitric oxide-deficient rats. J Complement Integr Med，2020，17(2)：/j/jcim. 2020. 17. issue-2/jcim-2018-0073/jcim-2018-0073. xml.

[30] Simko F，Pechanova O. Potential roles of melatonin and chronotherapy among the new trends in hypertension treatment. J Pineal Res，2009，47(2)：127—133.

[31] Houston MC. Nutraceuticals，vitamins，antioxidants，and minerals in the prevention and treatment of hypertension. Prog Cardiovasc Dis，2005，47(6)：396—449.

[32] 高明景，张俊静，赵保路. 一氧化氮和天然抗氧化剂对血管稳定性的调节和保护作用[J]. 食品与营养科学，2016，5(1)：1—11.

[33] (美)伊格纳罗(Ignarro，LJ.)著，吴寿岭，杨刚虹译，一氧化氮让你远离心脑血疾病：北京：北京大学医学出版社，2007.

第八章

一氧化氮与痛风和高尿酸

痛风是尿酸钠结晶体沉积导致关节炎症,这种疾病的特点是关节炎和疼痛。痛风是一种常见且复杂的与嘌呤代谢紊乱及(或)尿酸排泄减少所致的高尿酸血症直接相关的关节炎症。各个年龄段均可能患痛风,男性发病率高于女性。痛风患者经常会在夜晚出现突然性的关节痛,发病急,关节部位出现严重的疼痛、水肿、红肿和炎症等。痛风可并发肾脏病变,严重者可出现关节破坏、肾功能损害,常伴发高脂血症、高血压病、糖尿病、动脉硬化及冠心病等。目前我国痛风的患病率在 1%～3%,并呈逐年上升趋势。我国痛风患者平均年龄为 48.28 岁(男性 47.95 岁,女性 53.14 岁),逐步趋年轻化。超过 50% 的痛风患者为超重或肥胖。痛风发作时,脚跟和脚趾疼痛难忍,患者常常睡觉、走路都困难,严重危害人体健康。痛风最主要因素是高尿酸,如何降低高尿酸,预防痛风发作是关键。研究发现,一氧化氮与痛风有关系,本章就讨论一氧化氮与痛风和高尿酸。

一、高尿酸与痛风

高尿酸血症是痛风发生的基础。两次空腹血尿酸水平:男性血尿酸＞420 μmol/L,女性血尿酸＞360 μmol/L 就可以诊断为高尿酸血症或痛风。痛风患者常出现痛风石,在患者耳廓、关节周围、肌腱、软组织等周围皮下可以摸到。在身体的各个部位尤其是四肢形成的痛风石,不仅严重影响肢体外形,甚至会导致关节畸形、功能障碍、神经压迫、皮肤破溃、经久不愈,须接受手术治疗。男女痛风发病诱因有很大差异,男性患者最主要为饮酒诱发,其次为高嘌呤饮食和剧烈运动;女性患者最主要为高嘌呤饮食诱发,其次为突然受冷和剧烈运动。

自古以来,痛风与过度饮食有关。然而,直到最近10年,人们才对与高尿酸血症和痛风相关的饮食因素有了更广泛的了解。肥胖、过量摄入红肉和酒精饮料古代早就被认为是致病因素。肥胖是痛风的危险因素,肥胖不仅增加痛风发生的风险,而且肥胖患者痛风发病年龄较早。随着BMI的增加,痛风的发生率明显升高,而且内脏脂肪与痛风的发生尤为密切相关。高甘油三酯和肥胖均是痛风的危险因素。肥胖可导致胰岛素抵抗,通过多种途径最终导致肾脏尿酸排泄减少。肥胖会引起游离脂肪酸增加,通过影响黄嘌呤氧化酶等的活性增加尿酸的合成。生活方式和饮食在痛风和血清尿酸水平中起着重要作用。流行病学和研究研究支持了这一证据。世界各地的许多建议和指南都提到了饮食对痛风的影响[1]。

自古以来,人们就怀疑饮酒与痛风风险之间的关系,不同酒精饮料引起痛风风险的存在差异。据报道730例确诊的痛风病例与不饮酒的男性相比,痛风的相对危险度(RR)为:饮酒$10.0 \sim 14.9$ g/d为1.32,饮酒$15.0 \sim 29.9$ g/d为1.49,饮酒$30.0 \sim 49.9$ g/d为1.96,饮酒>50 g/d为2.53(趋势$<0.000\ 1$)。啤酒消费与痛风风险的独立相关性最强(相对危险度为12盎司/d为1.49)。饮用烈酒也与痛风显著相关(相对危险度为每天饮用或注射1.15);然而,每天每4盎司的葡萄酒消费量没有相对危险度(多变量RR 1.04)。研究还发现适量饮酒不会增加风险,过量的酒精摄入是痛风发作的独立危险因素。啤酒中含有大量嘌呤成分,因此诱发痛风的风险最大。乙醇刺激人体合成乳酸,乳酸竞争性抑制肾小管尿酸排泄。乙醇可通过增加ATP降解为单磷酸腺苷,从而促进尿酸生成。饮酒的同时常伴随高嘌呤食物的摄入,更增加高尿酸和痛风的发生风险。长期大量饮酒导致的慢性酒精相关性肝脏疾病与胰岛素水平升高有关,可抑制胰岛素信号通路,增加胰岛素抵抗风险,使尿酸重吸收增加,血尿酸水平升高[2]。

高血压是痛风最常见的共病之一。在高血压患者中,高尿酸是心血管事件(包括致命心脏事件)风险增加和总体死亡率的独立因素,高血压也是痛风发作的独立危险因素。高血压导致微血管病变后造成组织缺氧,之后血乳酸水平升高,抑制了尿酸盐在肾小管分泌,最终引起尿酸潴留导致高尿酸;另外,不少高血压患者长期应用利尿剂,可促进血尿酸水平增加[3]。

高血糖也是高尿酸的危险因素。糖尿病患者嘌呤分解代谢增强、尿酸生成增加,血尿酸水平升高,而高尿酸可加重肾脏损伤,使肾脏尿酸排泄减少,进一步加重高尿酸的发生。但血糖与血尿酸水平的变化并非线性相关。富含嘌呤的食物(如肉类、海鲜)可增加高尿酸/痛风发生风险。果糖是可升高血尿酸水平的碳水化合物,可促进尿酸合成,抑制尿酸排泄,故含果糖饮料等的大量摄入可使血尿酸水平升高。

近期研究还发现：男性代谢综合征患者高尿酸血症患病率增高,高尿酸血症患者代谢综合征患病率与正常人相比也存在较大差异。即使在那些正常血尿酸的患者中,高血尿酸水平也与代谢综合征有关。血清尿酸是糖尿病发病的独立危险因素,有证据表明痛风和 2 型糖尿病患者在发病率较高时表现出相互依赖的作用。此外,肥胖患者常表现为胰岛素抵抗和脂肪组织巨噬细胞轻度炎症,这可能是主要原因。虽然饮酒被认为是高尿酸血症的危险因素,但适量饮酒可降低患 2 型糖尿病和胰岛素抵抗的风险。高胰岛素血症减少了尿酸在肾脏近端肾小管的排泄,导致高尿酸血症,对内皮功能和一氧化氮生物利用度产生有害影响,从而导致高胰岛素血症。证据表明胰岛素抵抗在代谢综合征、2 型糖尿病和高尿酸血症之间的因果关系中起着潜在的关键作用。此外,高尿酸血症和胰岛素抵抗可能具有双向因果关系[4]。

高尿酸血症被认为是痛风和肾结石的一个原因,最近研究认为与高血压、冠心病、心力衰竭、房颤、胰岛素抵抗和非酒精性脂肪肝有关。一些临床和实验研究支持尿酸与传统的危险因素一起作为预测疾病发展的独立危险因素。尿酸引起心脏代谢疾病的机制至今尚未完全阐明。然而,可以解释为几个假说,如氧化应激、一氧化氮生物利用度降低、炎症、内皮功能障碍等。尽管降尿酸治疗对心脏代谢性疾病的预防和治疗作用的证据仍然不足,但通过额外的、精心设计的、大规模的临床研究,它有望成为此类疾病的一种新的治疗策略[5]。

痛风对临床医生来说不是一种新疾病。然而,在尿酸代谢和尿酸钠结晶体诱导炎症方面,仍有许多秘密有待发现,例如特发性高尿酸血症、继发性高尿酸血症和痛风的发病机制。急性痛风的病理生理学也有重要进展,特别是作为一个自限性过程(从单核细胞到巨噬细胞、过氧化物酶体增殖物激活受体 γ 和一氧化氮的转换)。对慢性痛风关节病的研究也有进展。痛风分为 4 个阶段,首先是血尿酸水平无症状升高。急性痛风发作是一种潜在炎症过程的表现,随着时间的推移,这种炎症过程是自我限制的。未经治疗,尿酸钠结晶体残留在滑液和滑膜中,引发更严重的急性发作。在疾病过程中,尿酸钠结晶体形成沉积物,导致严重的关节畸形和功能丧失。在 20％的病例中,痛风导致肾脏受累。尿酸分泌过多可引起肾结石。这些结石可以由尿酸或磷酸钙组成。痛风引起的另一种肾脏疾病是尿酸肾病。这是一种非细菌性慢性炎症反应,髓质内有尿酸钠结晶体沉积。急性梗阻性肾病相对少见,其特征是由于发生快速细胞溶解(例如化疗)而导致的尿酸沉淀在肾小管中导致肾功能衰竭。高尿酸血症和高血压之间存在因果关系。尿酸激活肾素-血管紧张素-醛固酮系统,抑制一氧化氮产生,可能导致全身血管阻力增加或小动脉血管病变;然而,尿酸也是动脉粥样硬化的独立危险因素。与年轻患者相比,老年人急性痛风发作的诊断对医生来说是一个挑战。多关节表现和不明症状使其难以与类风湿性关节炎和焦磷酸钙沉积病鉴别。用补偿偏振光显微镜观察尿酸盐晶体是诊断急性痛风的金标准。此外,分析滑液可以通过革兰氏染色和细菌培养区分化脓性关节炎。软组织超声检查有助于检测受影响的滑膜组织和滑液中的尿酸钠结晶体。骨受累发生的相对较晚,因此 X 射线图像在早期阶段没有用处,但可能有助于鉴别诊断。计算机断层扫描和磁共振成像可用于某些适应证[6]。

预防性痛风治疗,一是预防尿酸的过量产生,二是促进肾脏排泄尿酸,达到预防痛风的目的。痛风会因为尿酸在各个脏器的沉积,导致脏器微循环障碍,要积极防止心、脑血管及肾脏并发症。对于痛风主要有药物治疗法和饮食治疗法两种。治疗痛风的药物主要有非甾类抗炎药、糖皮质激素,但目前药物治疗方法使用较少;饮食疗法主要包括以下几个方面:减少食用高嘌呤食物、高脂类食物,如肉类、野味、海鲜。常见高嘌呤水平食物包括:动物内脏、猪肉、牛肉、羊肉、贝类、凤尾鱼、沙丁鱼、金枪鱼等,含酵母食物和饮料等;尽可能食用嘌呤含量较低的食物,如大米、小麦、淀粉、高粱、鸡蛋、猪血、鸭血等。此外,痛风患者应当多吃蔬果类食物,因为大部分的蔬果都属于低嘌呤食物。限制饮酒,因为酒精在发酵过程中会消耗人体大量水分并产生大量嘌呤,人体内嘌呤含量越多,代谢产生的尿酸就越多,同时酒精刺激肝脏也会产生尿酸,而这会增加痛风的发病率和痛风对人体的危害。多饮水。人体饮用大量的水后,可将尿酸通过尿液排出体外。多运动,加强锻炼来减轻痛风发作时疼痛和炎性反应。

对于肥胖的痛风患者,在关注血尿酸的同时,注意引导患者规律运动,监测血压、血糖、血脂、肝脏氨基转移酶等指标,给予综合治疗,维持血尿酸达标,尽可能减少受累关节数。低嘌呤饮食,保持合理体重,戒酒,多饮水。

秋水仙碱早期用于痛风发作时,缓解症状的速度快。大部分痛风患者通过药物即可控制病情发展,而少数患者经内科治疗后,疗效不佳甚至无效,尿酸盐结晶沉积于关节、肌腱,逐渐形成痛风石。

二、一氧化氮与高尿酸痛风

很多研究发现,一氧化氮与痛风关系密切,因为高尿酸痛风是尿酸钠结石引起的炎症。另外高尿酸痛风与心血管疾病也存在密切关系。前面讨论过一氧化氮与炎症和心血管疾病的关系密切,这些与高尿酸痛风引起的疾病也存在密切关系,自然一氧化氮就与高尿酸痛风也就关系密切了,下面有几个方面可以证明这一点。

1. 一氧化氮可减轻小鼠痛风性关节炎

尿酸钠结晶体诱导痛风,这种疾病的特点是关节炎和疼痛,其机制涉及转录因子NFκB和炎症小体的激活,从而产生细胞因子和氧化应激。尽管有证据表明尿酸钠结晶体诱导 iNOS 表达,但没有证据表明一氧化氮(NO)供体在痛风中的作用。因此,一项研究评估了钌络合物 NO 供体在痛风性关节炎中的作用。结果发现钌络合物 NO 供体以剂量依赖性方式抑制尿酸钠结晶体诱导对机械刺激、水肿和白细胞募集的超敏反应。这些效应通过组织学炎症评分得到证实。在机制上,钌络合物 NO 供体通过触发 cGMP/PKG/ATP 敏感的 K(+)通道信号通路抑制尿酸钠结晶体诱导的机械性超敏反应和关节水肿。钌络合物 NO 供体抑制尿酸钠结晶体诱导的膝关节氧化应激和促炎细胞因子的产生。钌络合物 NO 供体还能够抑制尿酸钠结晶体诱导的 NFκB 活化、IL‐1β 的表达和产生的观察结果支持了这些数据。钌络合物 NO 供体也抑制尿酸钠结晶体诱导的前 IL‐1β 活化。因此得出结论,使用 NO 钌复合物能够抑制尿酸钠结晶体引起的关节炎症和疼痛。此外,钌络合物 NO 供体靶是抑制痛风性关节炎的主要病理生理机制。因此,预计钌络合物 NO 供体和其他 NO 供体具有治疗痛风的潜力,值得进一步研究[7]。

2. 抑制诱导型一氧化氮合酶减轻尿酸钠诱导的小鼠炎症反应

一项研究阐明了选择性诱导型一氧化氮合酶(iNOS)抑制剂(L‐NIL)对尿酸钠晶体诱导的小鼠足炎症和水肿的影响。小鼠后肢脚底注射尿酸钠(4 mg)前 4 h 腹腔注射一氧化氮合酶(iNOS)抑制剂(每日 5 或 10 mg/kg)。注射尿酸钠 24 h 后,足厚增加 160%,一氧化氮合酶(iNOS)抑制剂预处理以剂量依赖性方式减少了足垫的肿胀。预处理每日 10 mg/kg 一氧化氮合酶(iNOS)抑制剂显著抑制尿酸钠引起的足垫肿胀。尿酸钠可提高足部一氧化氮(NO)代谢物的血浆水平和 iNOS 的基因表达及蛋白水平,而一氧化氮合酶(iNOS)抑制剂可抑制其表达。硝基酪氨酸水平也有类似的变化。尿酸钠增加肿瘤坏死因子(TNF)‐α 和白细胞介素(IL)‐1β 的基因表达,一氧化氮合酶(iNOS)抑制剂预处理抑制尿酸钠诱导的细胞因子表达。尿酸钠和 iNOS 抑制剂预处理可提高超氧化物歧化酶和谷胱甘肽过氧化物酶 1 的 mRNA 水平,使基因表达正常化。细胞外信号调节激酶 1/2 和 p38 的磷酸化被尿酸钠增加,而 iNOS 抑制剂预处理抑制了这种磷酸化。尿酸钠可使体外培养的人皮肤成纤维细胞、C2C12 成肌细胞和人胎儿成骨细胞中 iNOS,TNF‐α 和 IL‐1β 的 mRNA 水平升高,iNOS 抑制剂则呈剂量依赖性减弱。因此这项研究表明,诱导型一氧化氮合酶抑制剂抑制尿酸钠诱导的小鼠足部炎症和水肿,表明 iNOS 可能参与尿酸钠诱导的炎症[8]。

另一项研究在测试两种合成的黄嘌呤氧化酶抑制剂分子(A 和 B)的抗炎和黄嘌呤氧化酶抑制活性药物,并将其与常规处方的非甾体抗炎药(NSAIDs),如双氯芬酸和血清尿酸降低药别嘌呤醇进行比较。在角叉菜胶(CAR)诱导的小鼠足肿胀模型中,评价所设计化合物(A 和 B)的抗炎作用。测定皮肤一氧化氮和髓过氧化物酶活性,前列腺素 E2(PGE2)、C 反应蛋白(CRP)、环氧合酶 2(Cox‐2)、肿瘤坏死因子 α(TNFα)、白细胞介素 1β(IL‐1β)、白细胞介素 2(IL‐2)、白细胞介素 10(IL‐10)和单核细胞趋化蛋白 1(MCP1),实时定量证实炎症相关基因的表达。免疫组化检测诱导型一氧化氮合酶(iNOS)和核因子 κB(NF‐κB)的表达,黄嘌呤氧化酶的抑制活性。结果显示化合物 A 和 B 降低了炎症反应,所有被测标记物的升高都降低了。此外,在小鼠足跖水肿模型中,受试化合物显著降低足跖肿胀、炎症细胞动员、iNOS‐和 NF‐κB 免疫反应细胞。有趣的是,这两种化合物都是强效的黄嘌呤氧化酶抑制剂以及具有更高活性的 Cox 抑制剂,有利于化合物 B 提供潜在的抗高尿酸血症和抗炎治疗剂的双作用系列[9]。

3. 软骨细胞中尿酸钠结晶体诱导一氧化氮生成

焦磷酸钙和尿酸钠的微晶沉积在滑膜和关节软骨中,在很大程度上通过结合和直接激活驻留的细胞引起关节炎症和软骨降解。与炎症小体能够识别病原相关分子(TLRs)触发宿主对感染性病原体的固有防御反应。滑膜成纤维细胞表达某些识别病原相关分子揭示了关节间质来源驻留的细胞触发固有免疫反应的可能性。在一项研究中,检验了软骨细胞也表达识别病原相关分子的假设,以及一个或多个识别病原相关分子在体外集中介导软骨细胞对焦磷酸钙和尿酸钠结晶体的反应。在正常关节软骨细胞中检测到识别病原相关分子的表达,并在原位骨关节炎软骨细胞中检测到识别病原相关分子的上调。瞬时转染识别病原相关分子阻断抗体治疗可抑制焦磷酸钙和尿酸钠结晶体诱导的软骨细胞释放 NO,这是一种促进软骨退变的炎症介质。相反,通过转染获得正常软骨细胞中识别病原相关分子的功能与增加焦磷酸钙和尿酸钠结晶体诱导的 NO 释放有关。典型的识别病原相关分子信号传导途径,包括 IL‐1R 相关激酶 1、TNF 受体相关因子 6、PI3K 和 Akt,这些信号途径介导焦磷酸钙和尿酸钠结晶体刺激的软骨细胞 NO 释放。因此得出结论,焦磷酸钙和尿酸钠结晶体在软骨细胞中主要利用识别病原相关分子介导的信号来触发 NO 生成。因此这个结果表明,关节软骨细胞水平的先天免疫可能直接导致痛风和假性痛风相关的炎症和退行性组织反应[10]。

4. 尿酸钠结晶体诱导软骨细胞一氧化氮生成

尿酸钠结晶体在关节内的沉积可能促进软骨和骨的侵蚀。因此,一项研究探讨了尿酸钠结晶体如何刺激软骨细胞与一氧化氮(NO)释放的关系。观察尿酸钠对培养软骨细胞一氧化氮释放及诱导型一氧化氮合酶(iNOS)和基质金属蛋白酶 3(MMP‐3)表达的影响。尿酸钠诱导的功能性信号转导的具体蛋白激酶和黏着斑激酶[FAK]家族成员富含脯氨酸的酪氨酸激酶 2[Pyk‐2]也进行了检查,使用选择性药物抑制剂和转染激酶突变体进行研究。结果发现:尿酸钠诱导软骨细胞基质金属蛋白酶 3 和 iNOS 的表达及 NO 的释放,酪氨酸磷酸化,进一步诱导 NO 生成和基质金属蛋白酶 3 表达中起主要作用。因此得出结论：在软骨细胞中，尿酸钠结晶体激活了一个信号激酶级联过程，在这个级联过程中，诱导 NO 产生和基质金属蛋白酶 3 表达。这可能是治疗慢性痛风软骨退化的新位点[11]。

5. 痛风影响阴茎勃起功能与一氧化氮的关系

痛风与阴茎勃起功能障碍（ED）之间存在显著相关性。为了并评估可能解释这种关系的潜在途径，检索 2010 年 1 月 1 日至 2020 年 1 月 1 日的英文医学文献，进行随机或准随机对照试验、病例队列研究或统计分析，评价痛风与勃起功能障碍的关系。结果发现：所有 9 项痛风研究均发现痛风与阴茎勃起功能障碍之间存在显著相关性。痛风的阴茎勃起功能障碍病理生理包括高尿酸血症、活性氧增加、一氧化氮合成减少和轻度炎症。因此得出结论：降低尿酸治疗对痛风患者阴茎勃起功能障碍发生与一氧化氮产生减少的影响值得进一步研究[12]。

6. 尿酸是一种一氧化氮产生减少导致慢性肾病和心血管疾病的危险因素

血清尿酸被内皮细胞吸收，通过抑制一氧化氮（NO）的产生和加速其降解而降低其水平。胞浆和血浆黄嘌呤氧化酶产生超氧物并降低 NO 水平。因此，高尿酸血症与内皮功能受损有关。高尿酸血症常与慢性肾病和心血管疾病等血管疾病有关。高尿酸血症是否与这些疾病的发生有因果关系一直有争论。在一项针对日本高尿酸血症伴心血管疾病患者的自由研究中，黄嘌呤氧化酶抑制剂可以减少活性氧生产，促进一氧化氮产生，改善了脑、心、肾血管事件，为使用降低尿酸药物提供了理论依据[13]。

三、抗氧化剂与痛风高尿酸

痛风性关节炎是男性最常见的关节炎。由于持续高尿酸血症，尿酸晶体沉积在关节内和关节周围，激活先天免疫系统。高尿酸血症是痛风的一个潜在危险因素，并与许多慢性疾病的发展密切相关，如恶性肿瘤、心血管疾病和肾功能衰竭。现代创新的药物和治疗干预措施是近年来对抗高尿酸血症的基础。研究表明，膳食抗氧化剂如多酚（如花青素、酚酸、类黄酮等）对高尿酸血症有显著预防和治疗作用。与抗高尿酸血症药物不同，膳食植物抗氧化剂如多酚在治疗高尿酸血症方面没有任何不良反应。大量文献报道，膳食多酚是治疗高尿酸血症的天然药物。除了一些食用植物成分外，许多研究人员还发现了药用植物源性化学物质对高尿酸的巨大治疗作用[14]。

1. 侧柏多酚的性质及抗痛风生物活性研究

采用 10 种不同的大孔吸附树脂对侧柏叶多酚进行了纯化，发现两种成分 A 和 B，其对羟自由基和超氧阴离子自由基的清除活性与维生素 C 和没食子酸相当。成分 A 对羟自由基清除活性和超氧阴离子自由基清除活性的 IC50 值分别为 0.50 和 0.56 mg/ml,而成分 B 对羟自由基清除活性和超氧阴离子自由基清除活性的 IC50 值分别为 0.61 和 0.64 mg/ml。成分 A 和 B 可减少炎性细胞因子(TNF - α、前 IL - 1β,脂多糖诱导 THP - 1 细胞产生 IL - 6 及其蛋白表达。在 1.0～4.0 μg/ml 的剂量范围内,B 比 A 具有更好的抗炎作用。通过 HPLC - MS/MS 对成分 A 和 B 进行结构鉴定,发现 10 种多酚化合物,包括槲皮素、芹菜素、杨梅素等。分子对接研究表明,芹菜素、杨梅素、木犀草素、山奈酚和槲皮素通过与氨基酸残基形成氢键并结合到酶的活性部位,有效抑制黄嘌呤氧化酶。这项研究表明,侧柏叶多酚在预防和治疗痛风和炎症、高尿酸血症和痛风方面具有潜在的应用前景[15]。

另外一项研究探讨了槲皮素、木犀草素、芹菜素及其相关多酚对培养肝细胞尿酸生成和芦丁抑制嘌呤小体诱导的小鼠高尿酸血症的作用。肝脏是高尿酸生产的主要工厂。在研究中,采用别嘌醇作为阳性对照药物,研究了 3 种黄酮醇和黄酮,即槲皮素、木犀草素、芹菜素及其糖苷和相关化合物对培养肝细胞中高尿酸产生的影响。槲皮素、木犀草素、甲基木犀草素和芹菜素(10、30 和 100 μM)以及别嘌醇(0.1、0.3 和 1 μM)与 0 μM(对照组)相比,剂量依赖性地显著降低肝细胞中尿酸的生成。100 μM 的芦丁和槲皮素均能显著降低肝细胞中尿酸的生成。木犀草素糖苷,如木犀草素-8-C-葡萄糖苷和木犀草素-6-C-葡萄糖苷,即使在 100 μM 时也不会对其产生影响。同样,芹菜素苷如芹菜素-8-C-葡萄糖苷和芹菜素-6-C-葡萄糖苷对其无抑制作用,而芹菜素(芹菜素-7-O-葡萄糖苷)在 100 μM 时能显著降低尿酸。在嘌呤诱发高尿酸血症的模型小鼠中,别嘌醇在 10 mg/kg 体重的剂量下完全抑制高尿酸血症。芦丁在剂量为 300 mg/kg 体重时显著抑制高尿酸血症。因此,芦丁在培养的肝细胞和嘌呤诱发高尿酸血症的模型小鼠中都被证明能够降低高尿酸血症[16]。

2. 膳食芥子酸的抗高尿酸血症作用

芥子酸是常见多酚类化合物,具有清除自由基、抑制脂质过氧化、抗菌、抗癌和消炎等作用。在植物界中有广泛分布,存在于香料、水果、蔬菜、谷物和油料作物中,其中菜籽粕中芥子酸含量最高。一项研究旨在评估芥子酸的抗高尿酸作用。结果表明,芥子酸通过进入酶活性位点和阻断底物的进入,以剂量依赖的方式抑制黄嘌呤氧化酶(XOD)。量子化学描述符分析和 1H NMR 滴定分析进一步证实了这些结果。体内实验结果表明,芥子酸不仅具有抑制血清和肝脏 XOD 的潜力($P < 0.05$),而且在 50 和 100 mg/kg 体重时,还可显著降低血清和尿液尿酸水平。此外,芥子酸能够将血清肌酐和血尿素氮水平调节至正常水平,并降低肾小管炎症。该研究提示芥子酸等植物源性生物活性化合物具有多种健康益处,对尿酸相关并发症有很强的保护作用,可用于功能

性食品的配制。因此,芥子酸作为一种抗高尿酸血症药物的应用对于开发可能治疗高尿酸血症的功能性食品具有相当大的潜力[17]。

3. 绿原酸抗痛风改善高尿酸血症和痛风炎症

痛风是一种与高尿酸血症相关的代谢紊乱,导致尿酸钠结晶体在关节和组织中沉积。降低血清尿酸水平和抗炎是治疗痛风的关键。绿原酸是中药中含量非常丰富的多酚类物质之一,是一种有效的酚型抗氧化剂,其抗氧化能力要强于咖啡酸、对羟苯酸、阿魏酸、丁香酸、丁基羟基茴香醚和生育酚。绿原酸之所以有抗氧化作用,是因为它含有一定量的 R—OH 基,能形成具有抗氧化作用的氢自由基,以消除羟基自由基和超氧阴离子等自由基的活性,从而保护组织免受氧化作用的损害。一项研究在建立了草酸钾诱导的小鼠高尿酸血症和尿酸钠结晶体诱导的大鼠炎症模型中研究了绿原酸的作用,阐明了其对高尿酸血症和痛风性关节炎的潜在有益作用及其机制。结果表明,绿原酸通过抑制黄嘌呤氧化酶(XOD)活性而不增加尿液尿酸水平,显著降低血清尿酸水平。此外,绿原酸还具有抑制足肿胀的作用。进一步研究还表明,绿原酸通过抑制促炎细胞因子包括白细胞介素-1β(IL-1β)、白细胞介素-6(IL-6)和肿瘤坏死因子-α(TNF-α)的产生,改善了尿酸钠结晶体诱导的炎症症状。这项研究表明,绿原酸作为一种临床应用的抗痛风性关节炎药物可能具有相当大的发展潜力[18]。

4. 绿茶多酚降低高尿酸血症小鼠尿酸水平

绿茶的主要解渴功能与中药"止渴"有关。绿茶多酚(GTP)是公认的绿茶中具有多种药理作用的主要活性成分。然而,绿茶多酚对高尿酸血症的作用目前尚不清楚。一项研究旨在研究绿茶多酚对草酸钾(PO)诱导的高尿酸血症小鼠血清尿酸水平的影响,并从尿酸的产生和排泄两个方面探讨了其潜在机制。连续 7 天给小鼠灌胃给予草酸钾和绿茶多酚。检测血清尿酸水平、血清和肝脏黄嘌呤氧化酶(XOD)活性。同时检测黄嘌呤氧化酶蛋白在肝脏中的表达。结果发现:300 mg/kg 和 600 mg/kg 绿茶多酚能显著降低高尿酸血症小鼠血清尿酸水平,且呈剂量依赖性($P<0.05$ 或 $P<0.01$)。此外,300 和 600 mg/kg 茶多酚能够显著降低高尿酸血症小鼠血清和肝脏中黄嘌呤氧化酶活性(均 $P<0.01$)。此外,300 和 600 mg/kg 绿茶多酚可明显降低高尿酸血症小鼠肝脏中黄嘌呤氧化酶的表达。因此得出结论:绿茶多酚通过减少尿酸的产生和增加尿酸的排泄来降低尿酸。绿茶多酚作为一种新型的降低尿酸血症药物有希望成为进一步研究的候选药物[19]。

5. 白藜芦醇及其类似物抗高尿酸血症和肾保护作用

白藜芦醇是食品和植物中具有代表性的化合物,具有抗衰老、抗氧化、抗炎、化学预防和心脏保护等多种生物活性。一项研究旨评估白藜芦醇及其类似物的抗高尿酸血症和肾保护作用,并探讨了其可能的机制。用 8 种植物化合物给氧酸钾诱导的高尿酸血症的小鼠灌胃。测定血清和尿液中的尿酸、肌酐和血尿素氮(BUN)水平、尿液和肾脏中的尿调节蛋白水平,以评估肾对尿酸处理和功能。检测肾脏有机离子转运蛋白水平,以阐明可能的机制。结果发现白藜芦醇、反式-4-羟基二苯乙烯、紫檀烯、虎杖苷和桑椹苷 A 具有抗高尿酸血症活性。这些化合物与反式-2-羟基二苯乙烯一起提供肾脏保护。因此得出结论:白藜芦醇及其类似物可以通过调节降低尿酸对高尿酸血症小鼠肾脏保护作用,支持其预防高尿酸血症的有益作用[20]。

痛风的治疗,特别是慢性痛风性关节炎的复发性急性发作,仍然是一个有待解决的问题。一项研究旨在探讨白藜芦醇对痛风性关节炎的预防和治疗作用。尿酸钠在 C57BL/6 小鼠脚垫中诱导痛风性关节炎。用酵母多糖和草酸钾诱导昆明小鼠高尿酸血症。治疗组小鼠腹腔注射白藜芦醇。研究脚垫炎症和血清尿酸水平,以评估白藜芦醇对痛风性关节炎的疗效。在酵母多糖和草酸钾处理的小鼠中检测到了高尿酸血症,尿酸钠成功诱导小鼠痛风性关节炎。白藜芦醇不仅抑制痛风小鼠的脚垫肿胀,还能降低高尿酸血症小鼠的血清尿酸水平。因此该研究提示,白藜芦醇具有抑制关节炎症和降低血尿酸的作用,可用于预防痛风性关节炎的复发性急性发作[21]。

6. 花青素对抗高血糖和高尿酸血症的靶点和机制

花青素,又称花色素,是自然界一类广泛存在于植物中的水溶性天然色素,是花色苷水解而得的有颜色的苷元。水果、蔬菜、花卉中的主要呈色物质大部分与之有关,如葡萄等。研究证明,花青素是当今人类发现最有效的抗氧化剂之一,也是最强效的自由基清除剂之一。花青素在临床试验中治疗糖尿病性视网膜病、减轻水肿和抑制静脉曲张等,已经用于临床治疗中使用几十年了。高血糖和高尿酸血症都是与血液中过多代谢物相关的代谢紊乱,被认为是许多慢性疾病发生的高危因素。酶、细胞、组织和器官与葡萄糖和尿酸的代谢和排泄有关,通常被认为是治疗高血糖和高尿酸血症的靶点。有几种药物已被广泛应用于通过不同靶点对抗高血糖和高尿酸血症,但其不良反应不可忽视。花青素由于其生物活性和不良反应小,已成为治疗高血糖和高尿酸血症的有希望的替代品。浆果、樱桃和紫甘薯中花色苷的结构不同,导致其功能活性和性质不同。浆果、樱桃和紫甘薯花色苷在高血糖和高尿酸血症管理中的具体作用靶点,与其结构—活性关系以及与细胞内信号通路相关的潜在机制及抗氧化应激和抗炎有关。此外,花青素对高血糖和高尿酸血症可能有调节作用[22]。

7. 黄芩苷及其苷元黄芩素对高尿酸炎症性疾病的治疗作用

黄芩苷(5,6-二羟基-2-苯基-4H-1-苯并吡喃-4-酮-7-O-d-β-葡萄糖醛酸)1 及其苷元黄芩素 2 大量存在于食用药用植物黄芩和木耳中。这些黄酮类化合物的抗氧化和抗炎作用已在各种疾病模型中得到证实,包括糖尿病、心血管疾病、炎症性肠病、痛风和类风湿性关节炎、哮喘、神经退行性疾病、肝肾疾病、脑脊髓炎和癌变。这些黄酮类化合物对人正常的上皮细胞、外周细胞和骨髓细胞几乎没有毒性。它们的抗氧化和抗炎活性很大程度上是由于它们清除活性氧(ROS)的能力,通过降低 NF-κB 的活性和抑制包括单核细胞趋化蛋白-1(MCP-1)在内的多种炎性细胞因子和趋化因子的表达来改善抗氧化状态,一氧化氮合酶、环氧化酶、脂肪氧化酶、细胞黏附分子、肿瘤坏死因子和白细胞介素。黄芩苷和黄芩素的抗氧化和抗炎作用是预防和治疗高尿酸炎症相关疾病的分子机制[23]。

8. 芹菜籽提取物的抗痛风性关节炎和抗高尿酸血症特性

芹菜是一种伞形科植物,在啮齿动物体内表现出抗炎活性。一项研究探讨了芹菜籽水提取物和芹菜籽油提取物治疗痛风的效果和潜在的初步机制。对芹菜籽水提取物和芹菜籽油提取物的成分进行了系统分析。在由草酸钾和酵母提取物诱导的高尿酸血症小鼠中,芹菜籽水提取物和芹菜籽油提取物治疗降低了尿酸和黄嘌呤氧化酶的血清水平。此外,芹菜籽水提取物和芹菜籽油提取物还降低了小鼠血清中活性氧水平,提高了血清超氧化物歧化酶和谷胱甘肽过氧化物酶水平。在关节内注射尿酸钠结晶体诱发的急性痛风性关节炎大鼠中,芹菜籽水提取物和芹菜籽油提取物治疗减轻了踝关节肿胀,减少了踝关节周围的炎性细胞浸润。此外,芹菜籽水提取物和芹菜籽油提取物降低了白细胞介素(IL)-1β 和肿瘤坏死因子 α 的水平,并增加了 IL-10 的水平。研究结果表明芹菜籽提取物可能具有抗痛风的特性,部分是通过抗炎和抗氧化作用实现的[24]。

9. 口服氧化锌纳米颗粒对痛风小鼠的抗氧化和抗痛风作用

锌是一种必需的微量元素,通过调节炎症细胞因子参与控制氧化应激、生长和免疫系统。一项研究采用了口服不同浓度(5 ppm、10 ppm 和 20 ppm)的氧化锌纳米颗粒,并研究其对 Balb/C 小鼠的抗氧化和抗痛风作用。研究了各种参数,如活性氧、超氧化物、过氧化物、过氧化氢酶、TBARS、RFTs、LFTs、血脂谱和血细胞计数。结果发现:浓度为 10 和 20 ppm 的 ZnO 纳米粒能够降低血清尿酸浓度从而治疗痛风性关节炎方面具有显著性($P<0.001$)。氧化锌纳米颗粒处理显著降低了活性氧物种和硫代巴比妥酸活性物质。此外,氧化锌在降低高尿酸血症状方面也是有效的。而且组织病理学分析显示肝脏、肾脏和肌肉组织无明显变化。因此得出结论:氧化锌纳米颗粒可有效降低氧化应激,治疗痛风性关节炎[25]。

10. 土茯苓提取物对小鼠高尿酸血症和痛风的保护作用

土茯苓中药中具有去痒、祛湿、缓解关节活动等作用。土茯苓的化学成分已得到系统研究证实,土茯苓主要含生物碱、挥发油、己糖、鞣质、植物甾醇及亚油酸、油酸及鼠李糖组成、异黄杞苷、琥珀酸、胡萝卜苷等。其某些化合物已被证实具有抗氧化、抗炎、免疫调节、降低尿酸和肝保护作用。一项研究的目的是阐明土茯苓提取物是否能减轻草酸钾和尿酸钠诱导的慢性高尿酸血症和痛风小鼠的高尿酸血症、足肿胀和肾损伤。土茯苓水提取物，采用 HPLC-DAD-MS/MS 进行分析。为建立慢性高尿酸血症和痛风的小鼠模型，从第 0 天至第 24 天每日口服苦味酸钾，然而，在第 21 天被注射尿酸钠到胫距关节。药物干预组的小鼠在第 21 天到第 24 天每天服用一次剂量的别嘌呤醇或土茯苓提取物。用卡尺测量踝关节的直径。还测定了血清 TNF-α 和 IL-1β 浓度、肝脏 XOD 活性、尿酸、肌酐和血尿素氮水平。结果发现：土茯苓水提取物中的 9 种化合物。与高尿酸血症和痛风小鼠组相比，土茯苓水提物治疗剂量依赖地降低草酸钾和尿酸钠诱导的足肿胀、血清 TNF-α、IL-1β、IL-6、IL-12、尿酸和 BUN，同时显著升高血清 IL-10、尿液尿酸和肌酐水平。此外，土茯苓水提物治疗后肝脏黄嘌呤氧化酶活性呈剂量依赖性降低。此外，土茯苓水提物治疗不仅改善了炎性细胞浸润、肾小管扩张和空泡形成，而且改善了滑膜增生，减少了炎性细胞向滑膜的浸润，减少了软骨的侵蚀性损伤。因此得出结论：在该研究建立的慢性高尿酸血症和痛风小鼠模型中，土茯苓水提物对苦味酸钾和尿酸钠诱发的小鼠高尿酸血症和痛风有明显的改善作用[26]。

11. 咖啡摄入与痛风之间的遗传关系

研究人员在调查中发现，每日增加含多酚咖啡摄入量可明显降低血液中的尿酸水平。统计分析发现，饮用含多酚咖啡的人，血液中尿酸水平会明显降低，与从不喝的人相比，每日饮用 4 杯至 5 杯的人痛风发病概率可降低 40%。咖啡摄入量增加与血清尿酸浓度降低和痛风风险降低有关。一项研究的确定了饮用咖啡降低了痛风风险，使用英国生物库资源进行，有 130 966 名 40～69 岁的欧洲参与者的数据。测试痛风状态和咖啡摄入量尿酸盐的相关性，分析来检验咖啡消费是否对痛风风险有影响。结果发现：咖啡饮用量与痛风呈负相关。还有证据表明，每天饮用一杯咖啡的痛风风险降低。因此得出结论：饮用咖啡与痛风风险呈负相关，较低的咖啡消费量和较高的痛风风险相关[27]。

12. 各种食用植物中的某些植物化学物质具有抗痛风活性

一项研究评估了食用植物中 30 种生物活性化合物对黄嘌呤氧化酶（XO）抑制和抗氧化活性，为治疗高尿酸血症提供可能。采用比色法测定所选膳食多酚对黄嘌呤氧化酶抑制、ROS 和 DPPH 自由基清除活性。利用分子对接技术分析了生物活性化合物对黄嘌呤氧化酶的抑制作用。结果表明：芹菜素、高良姜素、山奈酚、槲皮素、染料木素和白藜芦醇对供试化合物中的黄嘌呤氧化酶酶均有抑制作用。黄酮类化合物对黄嘌呤氧化酶抑制能力较高，花色苷和羟基肉桂酸含量适中，马斯林酸、鞣花酸、水杨酸、姜辣素和黄烷-3-醇的黄嘌呤氧化酶抑制活性较弱。分子对接研究结果表明，这些生物活性化合物与黄嘌呤氧化酶的活性位点结合并占据其活性位点,从而进一步阻止底物的进入并导致黄嘌呤氧化酶的抑制。因此得出结论:多种植物成分通过黄嘌呤氧化酶的抑制为控制尿酸合成可以治疗高尿酸血症、痛风和其他相关疾病提供了强有力的生化基础[28]。

四、一氧化氮与抗氧化剂配方对高尿酸小鼠的保护作用研究

L-精氨酸-抗氧化剂配方是以L-精氨酸、L-谷氨酰胺,牛磺酸、维生素C(L-抗坏血酸)、维生素E(dL-α-生育酚醋酸酯、辛烯基琥珀酸淀粉钠、二氧化硅)、柠檬酸锌、硒化卡拉胶为主要原料。每100 g含:L-精氨酸28 g、L-谷氨酰胺14.58 g、牛磺酸26 g、维生素C 6.88 g、维生素E 1.66 g、锌0.35 g、硒1.69 mg。

我们研究了一氧化氮与抗氧化剂配方是否具有降低体内尿酸水平的作用。实验结果表明,一氧化氮与抗氧化剂配方能够降低高尿酸小鼠的血清尿酸水平,并促进尿酸的排放。

1. 实验目的和方法

为了验证一氧化氮与抗氧化剂配方是否具有降低体内尿酸水平的作用,我们选取了体重25克左右,8～10周龄的C57BL6雄性小鼠为研究对象。通过腹腔注射尿酸酶抑制剂氧嗪酸钾和酵母粉的方式建立高尿酸小鼠模型,随后对小鼠进行一氧化氮与抗氧化剂配方灌胃处理1周,剂量分别为100和200 mg/(kg·d)。

2. 实验结果

(1) 一氧化氮与抗氧化剂配方对小鼠血液和尿液中尿酸水平的作用:在实验结束当天,我们首先收集了小鼠的尿液,随后对小鼠进行眼球取血。使用试剂盒对尿液和血清中的尿酸水平进行分析,结果如图8-1所示。高尿酸小鼠模型中血尿酸的含量和对照小鼠相比增加超过1倍,表明实验造模成功。一氧化氮与抗氧化剂配方处理后,不管是100还是200 mg/(kg·d)的剂量都能够显著减少血清中尿酸含量,其中200 mg/(kg·d)的剂量处理能使小鼠血尿酸含量降低60%左右。我们还发现高尿酸小鼠尿液中尿酸含量和正常小鼠相比有明显降低,表明尿酸的排出体系出现障碍;而在200 mg/(kg·d)剂量的一氧化氮与抗氧化剂配方处理后,高尿酸小鼠尿液中尿酸含量明显升高,基本接近正常水平,表明一氧化氮与抗氧化剂配方可以恢复小鼠通过尿液排出尿酸的能力。

我们的结果表明,一氧化氮与抗氧化剂配方能够降低高尿酸小鼠的血清尿酸水平,并促进尿酸的排放。

小鼠通过联合氧嗪酸钾和酵母粉处理的方式诱导高尿酸(hyperuricemia)模型,并使用PBS和100和200 mg/(kg·d)的剂量的一氧化氮与抗氧化剂配方进行灌胃处理1周,随后对血清中尿酸含量(A)和尿液中尿酸含量(B)进行检测。每组统计5只老鼠,

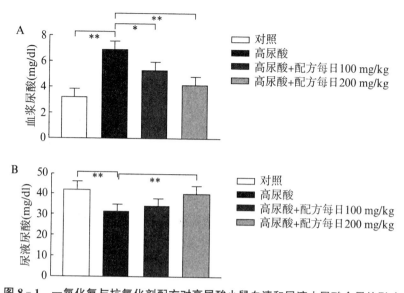

图 8-1 一氧化氮与抗氧化剂配方对高尿酸小鼠血清和尿液中尿酸含量的影响

数据为平均值±标准差，* 表明 $P<0.05$，** 表明 $P<0.01$。

参 考 文 献

［1］ Álvarez-Lario B，Alonso-Valdivielso JL. Hyperuricemia and gout：the role of diet. Nutr Hosp，2014，29(4)：760—70.

［2］ Choi HK，Atkinson K，Karlson EW，et al. Alcohol intake and risk of incident gout in men：a prospective study. Lancet，2004，363(9417)：1277—1281.

［3］ Belovol AN，Knyazkova II，Miroshnykova IA. GOUT AND HYPERTENSION]. Lik Sprava，2015，(1—2)：32—38.

［4］ Li C，Hsieh MC，Chang SJ. Metabolic syndrome，diabetes，and hyperuricemia. Curr Opin Rheumatol，2013，25(2)：210—216.

［5］ Lee SJ，Oh BK，Sung KC. Uric acid and cardiometabolic diseases. Clin Hypertens，2020，26：13.

［6］ Schlee S，Bollheimer LC，Bertsch T，et al. Crystal arthritides — gout and calcium pyrophosphate arthritis：Part 2：clinical features，diagnosis and differential diagnostics. Z Gerontol Geriatr，2018，51(5)：579—584.

［7］ Rossaneis AC，Longhi-Balbinot DT，Bertozzi MM，et al. Ru(bpy)(2)(NO)SO(3)] (PF(6))，a Nitric Oxide Donating Ruthenium Complex，Reduces Gout Arthritis in Mice. Front Pharmacol，2019，12(10)：229.

［8］ Ju TJ，Dan JM，Cho YJ，et al. Inhibition of Inducible Nitric Oxide Synthase

Attenuates Monosodium Urate-induced Inflammation in Mice. Korean J Physiol Pharmacol, 2011,15(6): 363—369.

[9] Almeer RS, Hammad SF, Leheta OF, et al. Anti-Inflammatory and Anti-Hyperuricemic Functions of Two Synthetic Hybrid Drugs with Dual Biological Active Sites. Int J Mol Sci, 2019,20(22): 5635.

[10] Liu-Bryan R, Pritzker K, Firestein GS, et al. TLR2 signaling in chondrocytes drives calcium pyrophosphate dihydrate and monosodium urate crystal-induced nitric oxide generation. J Immunol, 2005,174(8): 5016—5023.

[11] Liu R, O'Connell M, Johnson K, et al. Proline-rich tyrosine kinase 2 and Src kinase signaling transduce monosodium urate crystal-induced nitric oxide production and matrix metalloproteinase 3 expression in chondrocytes. Arthritis Rheum, 2004, 50 (1): 247—258.

[12] Du XL, Liu L, Song W, et al. Association between Gout and Erectile Dysfunction: A Systematic Review and Meta-Analysis. PLoS One, 2016,11(12): e0168784.

[13] Hisatome I, Li P, Miake J, et al. Uric Acid as a Risk Factor for Chronic Kidney Disease and Cardiovascular Disease — Japanese Guideline on the Management of Asymptomatic Hyperuricemia. Circ J, 2021,85(2): 130—138.

[14] Mehmood A, Zhao L, Wang C, et al. Management of hyperuricemia through dietary polyphenols as a natural medicament: A comprehensive review. Crit Rev Food Sci Nutr, 2019,59(9): 1433—1455.

[15] Ren J, Liao L, Shang S, et al. Purification, Characterization, and Bioactivities of Polyphenols from Platycladus orientalis (L.) Franco. J Food Sci, 2019,84(3): 667—677.

[16] Adachi SI, Oyama M, Kondo S, et al. Comparative effects of quercetin, luteolin, apigenin and their related polyphenols on uric acid production in cultured hepatocytes and suppression of purine bodies-induced hyperuricemia by rutin in mice. Cytotechnology, 2021,73(3): 343—351.

[17] Ishaq M, Mehmood A, Ur Rehman A, et al. Antihyperuricemic effect of dietary polyphenol sinapic acid commonly present in various edible food plants. J Food Biochem, 2020,44(2): e13111.

[18] Meng ZQ, Tang ZH, Yan YX, et al. Study on the anti-gout activity of chlorogenic acid: improvement on hyperuricemia and gouty inflammation. Am J Chin Med, 2014, 42(6): 1471—1483.

[19] Chen G, TanML, Li KK, et al. Green tea polyphenols decreases uric acid level

through xanthine oxidase and renal urate transporters in hyperuricemic mice. J Ethnopharmacol，2015,4(175)：14—20.

[20] Shi YW，Wang CP，Liu L，et al. Antihyperuricemic and nephroprotective effects of resveratrol and its analogues in hyperuricemic mice. Mol Nutr Food Res，2012,56(9)：1433—1444.

[21] Chen H，Zheng S，Wang Y，et al. The effect of resveratrol on the recurrent attacks of gouty arthritis. Clin Rheumatol，2016,35(5)：1189—1195.

[22] Yang Y，Zhang JL，Zhou Q. Targets and mechanisms of dietary anthocyanins to combat hyperglycemia and hyperuricemia：a comprehensive review. Crit Rev Food Sci Nutr，2020,20(10)：1—25.

[23] Dinda B，Dinda S，DasSharma S，et al. Therapeutic potentials of baicalin and its aglycone，baicalein against inflammatory disorders. Eur J Med Chem，2017,5(131)：68—80.

[24] Li S，Li L，Yan H，et al. Anti-gouty arthritis and anti-hyperuricemia properties of celery seed extracts in rodent models. Mol Med Rep，2019,20(5)：4623—4633.

[25] Kiyani MM，Butt MA，Rehman H，et al. Antioxidant and anti-gout effects of orally administered zinc oxide nanoparticles in gouty mice. J Trace Elem Med Biol，2019,56：169—177.

[26] Liang G，Nie Y，Chang Y，et al. Protective effects of Rhizoma smilacis glabrae extracts on potassium oxonate- and monosodium urate-induced hyperuricemia and gout in mice. Phytomedicine，2019,59：152772.

[27] Hutton J，Fatima T，Major TJ，et al. Arthritis Res Ther，2018,520(1)：135.

[28] Mehmood A，Rehman AU，Ishaq M，et al. In vitro and in silico Xanthine Oxidase Inhibitory Activity of Selected Phytochemicals Widely Present in Various Edible Plants. Comb Chem High Throughput Screen，2020,23(9)：917—930.

第九章

一氧化氮与癌症

　　肿瘤是指机体在各种致瘤因子作用下,局部组织细胞增生所形成的新生物,因为这种新生物多呈占位性块状突起,也称赘生物。根据新生物的细胞特性及对机体的危害性程度,肿瘤又分为良性肿瘤和恶性肿瘤两大类。良性肿瘤不是致命的;恶性肿瘤即癌,它首先在局部浸润周围组织,还能通过血液和淋巴系统转移到其他组织。癌的发生和发展分致癌的启动,促癌和癌的形成和发展三个阶段,在每个阶段都有自由基的产生和参与。

　　世界卫生组织发布的一项研究报告显示,全球癌症状况将日益严重,今后 20 年新患者人数将由目前的每年 1 000 万增加到 1 500 万,癌症死亡的人数也将由每年的 600 万增至 1 000 万。目前癌症死亡率仅次于心血管病,严重威胁着人类的生命健康。世界各国都投入大量人力和物力开展癌症的治疗和研究,虽然在某些方面取得了很大进展,但是关于癌症的发病机理至今没有取得根本性进展。全球范围内,乳腺癌的发病率自 20 世纪 70 年代起一直呈上升趋势。美国患有乳腺癌的女性的比例高达 12.5%。近年来,我国乳腺癌发病率的增长速度要高于发达国家。

　　根据我国最新统计,每年癌症死亡率是 12.84%,其中每 8 个死亡的人中有 1 个因为恶性肿瘤死亡。肺癌占男性癌症发病率首位,乳腺癌占女性癌症发病率首位。目前结直肠癌的发病率较前提升,而且调查显示我国近年来呈现年轻化、发病率和死亡率升高的趋势。

　　研究表明,一氧化氮和抗氧化剂在肿瘤生物学中的作用一直存在争议和误解,本章将讨论这方面的问题,特别是一氧化氮与抗氧化剂协同作用。

一、肿瘤的种类及发病因素和治疗

肿瘤分为良性肿瘤和恶性肿瘤两大类。恶性肿瘤可分为癌和肉瘤,癌是指来源于上皮组织的恶性肿瘤。肉瘤来源于间叶组织,包括纤维结缔组织、脂肪、肌肉、脉管、骨和软骨组织等。恶性肿瘤,如大肠癌、皮肤癌、胃癌、肺癌等及恶性淋巴瘤等,统称癌症。白血病是一种血液系统的恶性肿瘤,俗称血癌。它是由骨髓中某型未成熟的白细胞弥漫性恶性生长,取代正常骨髓组织并进入血液中形成的,也称白血病。

癌症具有细胞分化和增殖异常、生长失去控制、浸润性和转移性等生物学特征,其发生是一个多因子、多步骤的复杂过程,分为致癌、促癌、演进三个过程,与吸烟、感染、职业暴露、环境污染、不合理膳食、遗传因素密切相关。目前肿瘤的发病机理还没有完全研究清楚,但可以肯定,肿瘤的发病机理是十分复杂的,是多因素的。有物理因素、化学因素、生物因素和遗传因素,甚至精神因素。生活习惯,如吸烟、饮酒都与肿瘤的发生发展有着密切关系。调查发现,约1/3因癌症而死亡的患者与吸烟有关,吸烟是肺癌的主要危险因素。摄入大量烈性酒可导致口腔、咽喉、食管恶性肿瘤的发生。高能量高脂肪食品可增加乳腺癌、子宫内膜癌、前列腺癌、结肠癌的发病率。饮用污染水、吃霉变食物可诱发肝癌、食管癌、胃癌等。

最近研究发现环境污染与肿瘤发病关系密切,如空气、饮水、食物的污染均可对人类造成严重危害。世界卫生组织已公布的与环境有关的致癌性物质包括:砷、石棉、联苯胺、4-氨基联苯、铬、乙烯雌酚、放射性氡气、煤焦油、矿物油、偶联雌激素等。环境中的这些化学的或物理的致癌物通过体表、呼吸和消化道进入人体,诱发癌症。紫外线可引起皮肤癌,特别是高原地区。病毒致癌是生物因素,其中有 DNA 病毒,也有 RNA 病毒。DNA 病毒,如 EB 病毒与鼻咽癌、伯基特淋巴瘤有关,人类乳头状病毒感染与宫颈癌有关,乙型肝炎病毒与肝癌有关。RNA 病毒,如 T 细胞白血病/淋巴瘤病毒与 T 细胞白血病/淋巴瘤有关。此外,细菌、寄生虫、真菌在一定条件下均可致癌,如幽门螺杆菌感染与胃癌发生有关系,血吸虫病被证实可诱发膀胱癌,黄曲霉菌及其毒素可致肝癌。研究发现,创伤和局部慢性刺激如烧伤深瘢痕和皮肤慢性溃疡也可能发生癌变等。到医院做检查,如 X 线、放射性核素可引起皮肤癌、白血病等。还有一些药物,如细胞毒药物、激素、砷剂、免疫抑制剂等均有致癌的可能性。

肿瘤与家庭和遗传有一定关系,但与直接遗传的肿瘤只是少数不常见的肿瘤,如家族性结肠腺瘤性息肉者,40 岁以后大部分均有大肠癌变;Brca-1、Brca-2 突变与乳腺癌发生相关。先天性或后天性免疫缺陷易发生恶性肿瘤,如丙种蛋白缺乏症患者易患白血病和淋巴造血系统肿瘤,艾滋病患者恶性肿瘤发生率明显增高。体内激素水平异常是肿瘤诱发因素之一,如雌激素和催乳素与乳腺癌有关,生长激素可以刺激癌的发展。

目前发展了很多肿瘤的治疗方法和技术,如手术、化疗、放疗、生物治疗、热疗、射频治疗、微创介入治疗和中医治疗,但是这些治疗给患者带来很多痛苦,即使如此,很多患者还是难以治愈。最近发展起来的微创手术可以大大减轻患者的痛苦,对肿瘤的治疗发挥了重要作用。另外,癌症的早发现、早治疗是非常重要的,可以大大减少患者的死亡率和增加治疗效果。化疗是用可以杀死癌细胞的药物治疗癌症。由于癌细胞与正常细胞最大的不同处在于快速的细胞分裂及生长,所以抗癌药物的作用原理通常是借由干扰细胞分裂的机制来抑制癌细胞的生长,譬如抑制DNA复制或是阻止染色体分离。但多数的化疗药物都没有专一性,所以会同时杀死进行细胞分裂的正常组织细胞,因而常伤害需要进行分裂以维持正常功能的健康组织,例如肠黏膜细胞。化学疗法常常同时使用两种或两种以上的药物的"综合化学疗法",大多数患者的化疗都是使用这样的方式进行的。

因此肿瘤预防是最为重要的。肿瘤的预防包括通过远离各种环境致癌风险因素,预防肿瘤发病相关的感染因素、改变不良生活方式、适当的运动、保持精神愉快以及针对极高危人群或者癌前病变采用一定的医疗干预手段来降低肿瘤的发病风险。世界卫生组织(WHO)认为40%以上的癌症是可以预防的。恶性肿瘤的发生是机体与外界环境因素长期相互作用的结果,因此肿瘤预防应该贯穿于日常生活中并长期坚持。

如果能够找到一些天然物质可以预防肿瘤的发生,那将可以降低恶性肿瘤的发病率和死亡率,从而减少恶性肿瘤对国民健康、家庭的危害以及对国家医疗资源的消耗,减轻恶性肿瘤导致的家庭和社会的经济负担意义重大。研究发现,一氧化氮和抗氧化剂可能在这方面发挥作用,值得深入研究和探讨。

二、一氧化氮自由基与肿瘤

许多研究表明,NO在肿瘤生物学中的作用一直存在争议和误解。NO具有抗癌和致癌的双重作用,这取决于产生NO的时间、位置和浓度。这种双重性对确定NO对癌症的影响和确定以NO为中心的抗癌策略的治疗作用提出了双重挑战。一氧化氮及其衍生物具有两面性,一氧化氮的主要衍生物,如二氧化氮和过氧亚硝酸盐,通过诱导蛋白质和脂质过氧化和(或)DNA损伤而导致细胞死亡。此外,一氧化氮自由基还控制着促凋亡和抗凋亡信号通路中重要蛋白的活性。因此,细胞内活性氮的精确控制可能成为抗癌策略中一个复杂问题。研究NO在肿瘤生物学中的作用、NO释放、NO释放部位以及NO释放生物材料,可用于精准肿瘤治疗。下面讨论一氧化氮在癌症预防和研究的最新进展。

1. 一氧化氮在癌症中是否是主要调节因子?

一氧化氮是肿瘤发生发展和抑制的关键因素,依赖于 NO 的来源和浓度。NO 诱导 DNA 损伤,影响 DNA 损伤修复反应,进而调节细胞周期阻滞的机制。在某些情况下,NO 可诱导细胞周期阻滞和凋亡,防止肿瘤的发生。在其他情况下,NO 可能导致细胞周期进程的延迟,允许异常 DNA 修复,从而促进突变和肿瘤异质性的积累。在肿瘤微环境中,来自肿瘤和内皮细胞的低至中等浓度的 NO 可激活血管生成和上皮—间充质转化,促进侵袭组织。相反,诱导型一氧化氮合酶(iNOS)表达在巨噬细胞和淋巴细胞产生的高浓度 NO 可能发挥抗肿瘤的作用,保护机体免受肿瘤的侵袭。值得注意的是,有关免疫调节的现有证据主要是基于小鼠 iNOS 的研究,这些研究产生的 NO 通常比人类 iNOS 更高。因此,需要针对 NO 相关通路采取不同治疗肿瘤的策略。总的来说,研究表明 NO 是癌症发展和进展及抑制中的一个主要调节因素[1]。

活性氮水平的升高、氧化还原平衡的改变和氧化还原信号的解除是癌症进展和化疗耐药的共同标志。然而,根据不同细胞的情况,不同的活性氮物种参与介导细胞毒性活性,因此可用于抗癌治疗。肿瘤生物学中一氧化氮及其衍生物具有两面性。一氧化氮的主要衍生物,如二氧化氮和过氧亚硝酸盐,通过诱导蛋白质和脂质过氧化和(或)DNA 损伤而导致细胞死亡。此外,它们控制着促凋亡和抗凋亡信号通路中重要蛋白的活性。因此,细胞内活性氮的控制可能成为抗癌策略中一个复杂的工具[2]。

2. 一氧化氮在癌症治疗中的控制作用

一氧化氮是一种内源性产生的短生命信号分子,在哺乳动物生理过程中发挥着多种作用。NO 的产生不足与多种病理过程有关,因此大量的 NO 供体已成为心血管和呼吸系统疾病、伤口愈合、感染免疫反应和癌症的潜在治疗药物。然而,半衰期短、化学反应性高、全身快速清除和细胞毒性阻碍了大多数低分子量 NO 供体在临床的应用和发展。因此,对于 NO 的控制释放,设计新型的肿瘤靶向 NO 释放生物材料已成为研究的热点。特别是 NO 的控制和释放在 NO 在肿瘤生物学中的作用、可用于控制 NO 释放的 NO 材料、以及控制 NO 释放材料在肿瘤治疗中的应用,需要深入研究[3]。

3. 一氧化氮合成和代谢调节与肿瘤

一氧化氮是一种信号分子,在多种生物学过程中发挥着重要作用,其失调参与了多种疾病的发病机制。在肿瘤中,NO 具有广泛的、有时是两面性的作用,参与肿瘤的发生、发展,但也抑制肿瘤的增殖和侵袭,参与抗肿瘤免疫应答。NO 在一系列细胞过程中的重要性体现在其在多个水平上的严格空间和剂量控制,包括通过其转录、翻译后和代谢调节发挥作用。NO 通过其前体精氨酸的合成和利用产生和调节 NO,这种代谢调节对癌症生物学和治疗具有重要意义。尽管 NO 在肿瘤发病机制中起到了一定的作用，但是 NO 相关的肿瘤治疗方法的应用仍然有限，这是由于 NO 的靶向性和诱导其保护功能的细胞和剂量特异性造成的。因此，更好地理解精氨酸如何调节癌症中 NO 的产生，有助于开发针对这一关键代谢途径以及与 NO 产生有关代谢途径的抗癌药物[4-5]。

4. 一氧化氮代谢失衡可能导致 2 型糖尿病致癌

2 型糖尿病现在被认为是某些癌症的发生一种独立的风险因素，包括肝癌、胰腺癌、子宫内膜癌、结肠癌、直肠癌、乳腺癌和膀胱癌。目前已提出了连接 2 糖尿病与癌症的几个潜在机制：高血糖、高胰岛素血症、游离类固醇和肽激素水平升高、氧化应激和促炎性细胞因子。一氧化氮是一种多功能的气体信号分子，在肿瘤发生和肿瘤生长过程中起着关键作用，2 型糖尿病中 NO 系统的代谢失衡可能是这两种致病条件之间的重要缺失环节。2 型糖尿病（由于炎性细胞因子、线粒体功能紊乱、高血糖和缺氧）中诱导型一氧化氮合酶（iNOS）活性的增加，产生有害的 NO 可导致正常细胞的初始致癌转化和向恶性肿瘤发展。内皮细胞一氧化氮合酶（eNOS）的解偶联和高血糖条件下自由基生成的增加也会导致过氧亚硝酸盐等高活性氮的形成，从而导致 DNA 损伤、致癌突变，激活参与细胞增殖和凋亡的关键途径。2 型糖尿病等病理条件下 NO 代谢失衡可能导致肿瘤发展虽然还是假说，但总体而言，目前的证据比较清楚的证明了 2 型糖尿病中 NO 代谢失衡可能会导致癌症的发展[6]。

5. 巨噬细胞和淋巴细胞产生的一氧化氮对肿瘤的作用

在先天免疫系统和后天免疫系统之间的界面上存在能高速度产生高浓度一氧化氮合酶亚型 iNOS。NO 的持续产生赋予巨噬细胞对病毒、细菌、真菌、原生动物、蠕虫和肿瘤细胞的细胞抑制或细胞毒性。巨噬细胞产生的酸、谷胱甘肽、半胱氨酸、过氧化氢或超氧物增强了 NO 的抗菌和细胞毒性作用。尽管淋巴细胞 iNOS 产生大量 NO 可能保护其本身免受感染，但淋巴细胞也对细胞增殖的抑制作用和对其他正常细胞造成损伤作用，因此，巨噬细胞和淋巴细胞 iNOS 在免疫过程具有保护/破坏双重性[7]。

6. 一氧化氮治疗肿瘤的靶向药物

一氧化氮作为体内的信使分子，调控多项生理功能。鉴于一氧化氮对于机体重要的生理机能，以及因为浓度变化所造成的对于机体机能效应的差异，设计与研发基于一氧化氮控制释放体系应用于肿瘤的靶向治疗，将会是治疗肿瘤的良好的策略与手段。即可以特异性地选择和靶向识别肿瘤细胞和组织，借助于这些细胞和组织特有的理化性质激发一氧化氮释放、特别是剧烈地释放出高浓度的一氧化氮或局部释放高浓度的一氧化氮发挥诱导肿瘤细胞凋亡机制，从而达到杀死肿瘤细胞和组织的目的。而与此同时，在体内传输过程中难以避免少量的一氧化氮泄露，却可以参与正常生理活动，而不至于造成严重的不良反应。结合一氧化氮在生物体内的化学生物学、智能响应性纳米粒子、以及靶向药物控制释放体系的功能和特点,采取组合化学的方式,在一氧化氮负载材料的表面,构筑与肿瘤处细胞(或者组织)具有多重识别机制的智能响应性功能壳层。所得到的双层结构的纳米粒子一方面在外壳层的保护之下参与体内大循环过程并顺利达到靶向位点,另一方也赋予其与靶向肿瘤细胞和组织良好的特异性识别能力。最后,功能性外壳层在靶向肿瘤细胞与组织周围特有的理化环境下快速地分裂降解,从而触发内层的一氧化氮负载材料快速地释放出高浓度的一氧化氮,发挥诱导肿瘤细胞凋亡机制。而该种类型的纳米粒子在体内循环中又可以释放出来的少量一氧化氮,可以参与机体正常的生理活动,不至于造成严重的不良反应。希望为"一氧化氮化学生物学"和各种癌细胞和组织"精准靶向治疗"科学的融合发展提供新的策略。作为抗肿瘤药物的一氧化氮(NO)供体型药物在这方面引人注目。一些 NO 供体药物已被证明具有良好的抗癌活性,显示出其应用潜力和价值。通过控制 NO 在适当的部位释放并杀死肿瘤细胞,实现药物的靶向性释放,是 NO 供体类药物治疗癌症的一个新领域和重要的发展方向。因而,NO 供体型药物在抗肿瘤领域的研究进展,以及新型 NO 供体纳米材料受到广泛重视[8]。

一氧化氮(NO)是生物体中重要的信号分子,对肿瘤生长具有双重作用。低浓度 NO 通过参与血管形成等效应促进肿瘤生长,而高浓度则通过诱导细胞凋亡等机制抑制肿瘤细胞增殖。除诱导型一氧化氮合酶(iNOS)经刺激因素(细胞因子等)作用能产生大量 NO 外,NO 供体也是获得高浓度 NO 的有效途径。NO 供体能在生理状态下释放游离 NO 或 NO 类似物,有效补充体内 NO 不足以及恢复 NO 正常的信号传导。NO 供体具有多种结构类型,如硝酸和亚硝酸的有机酸酯、亚硝基硫醇、呋咱氮氧化合物和偶氮鎓二醇盐等。肿瘤已经成为当今社会的重大健康问题,作为抗肿瘤药物的一氧化氮(NO)供体型药物在这方面引人注目。一些 NO 供体药物已被证明具有良好的抗癌活性,显示出其应用潜力和价值。通过控制 NO 在适当的部位释放并杀死肿瘤细胞,实现药物的靶向性释放,是 NO 供体类药物治疗癌症的一个新领域和重要的发展方向。NO 供体型药物在抗肿瘤领域的研究进展,以及新型 NO 供体纳米材料非常引人注目,需要深入研究和发展[9]。

目前,治疗肿瘤的 NO 供体研究已取得几个方面的显著进展,研究和发现一些新型 NO 供体,NO 在治疗肿瘤方面发现了新的应用;发现 NO 供体与已知治疗肿瘤药物联合使用,研发了一些特异靶向治疗肿瘤的供体;研发了一些新的 NO 供体的释放模式;继续设计了一种特定 NO 合成酶识别和活化体系及自动释放 NO 的供体,如偶氮鎓二醇盐(NONOates)[10],可以在局部释放 NO。这些研究进展必将促进 NO 供体药物对肿瘤的治疗作用。

7. 一氧化氮供体药物能提高顺铂类抗肿瘤药治疗效果

顺铂是首个被发明的铂类抗肿瘤药,有着广泛的临床应用。其抗癌机理是在癌细胞中水解,形成氯配体被水取代的带正电荷结构,并与 DNA 的亲核性部分反应生成 Pt－DNA 配合物。通过形成 Pt－DNA 配合物影响 DNA 正常生理功能最终导致癌细胞死亡。顺铂具有低水溶性、低脂溶性、高毒性、不良反应大和易产生耐药的特点。将二价的顺铂氧化成四价的顺铂前体药能改善这些问题。顺铂前药在细胞内还原性环境下被还原释放出顺铂后才能发生水解,从而保留了顺铂的抗肿瘤活性。四价顺铂前体药具有两个羟基配体,对其进行修饰能得到各种具有不同功能的顺铂前药。一氧化氮是一种在肿瘤的发生与发展中起着重要作用的小分子,低浓度下促进肿瘤的生长,高浓度下抑制肿瘤的生长。一氧化氮与许多化疗药物之间具有相互作用。许多研究都发现一氧化氮供体药物能提高顺铂对肿瘤细胞的杀伤能力。有机硝酸酯类一氧化氮供体药物是临床上常用的安全药物,同时也有研究发现其具有抑制肿瘤能力。由于顺铂和一氧化氮供体药物在抗肿瘤方面的协同作用,以顺铂和有机硝酸酯类一氧化氮供体药物为基础,将顺铂氧化成具有羟基配体的四价顺铂前体药,通过丁二酸酐将羟基配体羧基化,再将硝酸酯结构通过酯键或酰胺键结合到顺铂前体药上,合成了一系列共 19 个具有不同一氧化氮释放能力的新型有机硝酸酯类一氧化氮供体型顺铂前体药,希望这些化合物中有和顺铂相当的抗肿瘤效果的结构。该研究将该 19 个化合物和不具有一氧化氮释放能力的类似结构一起进行了初步体外评价。使用 Hep3B 人肝癌细胞系,通过 MTT 比色法测定细胞存活率,计算出了各化合物的 IC50。实验结果表明部分结构具有与顺铂相当的杀伤肿瘤能力,且杀伤肿瘤能力随着一氧化氮释放能力提高而提高,具有进一步研究的价值和应用前景[11]。

三、抗氧化剂在癌症治疗中的应用

关于抗氧化剂在癌症治疗中的益处,一些临床试验产生了相互矛盾的结果,因此质疑是否将这些物质纳入标准治疗方案。维生素 E 和维生素 C、硒、类胡萝卜素、番茄红素、豆制品和绿茶提取物是一些具有抗氧化特性的物质,我们已经详细研究过。近 20 年来通过体内外研究,抗氧化剂在不同类型癌症和癌症治疗阶段取得的成果。流行病学资料显示维生素 C 摄入量与多种癌症的死亡率呈负相关,高维生素 C 摄量可降低胃癌、食管癌、肺癌、宫颈癌、胰腺癌等发病风险。动物实验发现,维生素 C 可抑制二乙基亚硝胺和二甲基肼诱导的大鼠肝癌和肠癌的诱癌率。资料显维生素 E 有可能降低肺癌、宫颈癌、肠癌、乳腺癌等的发病风险。动物表明,维生素 E 可减少体内脂质过氧化物量,降低食管癌的发病率和减小肿瘤体积。维生素 E 预防癌症的可能机制有:① 清除自由基致癌因子,保护正常细胞制癌细胞增殖;② 诱导癌细胞向正常细胞分化;③ 提高机体的免疫功能。锌缺乏和(或)过多均与癌症发生有关,锌过低可导致机体免疫功能减退,过多会影响硒吸收,科学补充最关键。硒的防癌作用比较肯定。流行病学资料显示,土壤和植物中的硒含量、人群中硒的摄入、血清硒水平与人类多种癌症(肺癌、食管癌、胃癌、肝癌、肠癌、乳腺癌等)的死亡率呈负相关。动实验发现,硒有抑制诱癌作用。细胞培养显示,亚硒酸钠有抑制食管癌、胃癌、肝癌细胞生长作用。硒是谷胱甘肽过氧化物酶的重要组成成分,能清除氧自由基,增强免疫功能,硒降低低硒人群的胃癌和肺癌,但增加高硒人群的发病率[32]。尽管商业流行和大量的研究检查抗氧化剂治疗,真正的具有抗癌作用的抗氧化剂尚临床待确定,需要进一步调查其传播、因果关系或保护性质[12]。

抗氧化剂作为营养补充剂被广泛用于癌症患者,认为他们可能具有抗癌作用。但大规模的随机癌症预防试验主要是阴性的,有一些显著的不良反应也有有益的影响。例如,一些试验表明,β胡萝卜素增加肺癌和胃癌的风险,补充β胡萝卜素和维生素 E 都会增加总死亡率。检测二期和三期临床试验中研究多种维生素、抗氧化剂、维生素 D 和 n‐3 补充剂对癌症治疗结果和毒性的影响发现,虽然维生素 E 和β胡萝卜素可以降低头颈部癌症患者放疗后的毒性,但也发现它会增加复发率,特别是在吸烟者中。抗氧化剂对化疗毒性有不同的影响,但结果的数据也不完全一致。在癌症患者中相对常见维生素 D 缺乏,正在进行的三期试验还在研究维生素 D 对预后的影响以及最佳维生素 D 和钙摄入量对骨骼健康的影响。二十二碳六烯酸和二十碳五烯酸补充剂对恶病质的疗效参差不齐,目前正在试验作为治疗肿瘤的潜在辅助剂,以最大限度地提高对化疗的反应。根据个人背景、饮食、遗传学、肿瘤组织学和治疗进行的营养补充可能对患者产生益处。临床医生应该与患者就营养补充剂进行公开说明。营养补充剂应当来源可靠,补充需要个性化,最好由医生与患者沟通[13]。笔者认为一种稳妥方式选择营养补充剂用于抗癌,最好选择已经做过相关实验验证该营养素复合补充剂具有抗癌和抑制癌细胞作用。不要轻信一些企业广告宣传,产品科普讲座,不要轻信没有验证过的营养补充剂的作用。有任何疾病特别是癌症患者请接受正规医院正规治疗。

1. 虾青素的抗癌作用

研究发现,虾青素可以预防多种癌症,包括口腔癌、肺癌、肠癌、膀胱癌、乳腺癌、前列腺癌、皮肤癌、白血病和肝细胞癌等。虾青素还能诱导肝脏中的转移酶,显著抑制小鼠膀胱癌、大鼠口腔癌和结肠癌、胃癌等。另外,虾青素还能预防化学毒素的致癌性,对减少毒素诱导的肿瘤细胞的数量和体积效果良好。虾青素对肿瘤的预防作用以及虾青素参与肿瘤相关机制和一些分子靶点也有报道。这些观察结果使虾青素成为一种有吸引力的治疗癌症的药物,有助于开发新的治疗方案,并有可能与其他化疗药物联合,以克服耐药性,取得更好的疗效。最近发表的各种研究文章的结果证明虾青素可以改善皮肤健康,还提到了的皮肤防御危害作用的机制,抗氧化剂虾青素分子在美容和皮肤科的具有潜在适应证但需要进一步的研究和临床实验。最终,虾青素有望为临床癌症治疗带来希望[13]。

一项研究发现,虾青素不仅诱导口腔癌细胞凋亡,而且诱导皮肤癌、乳腺癌和神经母细胞瘤 SH - SY5Y 细胞凋亡。消化道肿瘤是致命的,针对结肠癌的研究表明,虾青素可以通过调节 ERK - 2、NF - κB 和 COX - 2 的表达来抑制消化道肿瘤侵袭。虾青素对大鼠早期肝癌发生的影响,研究证明,虾青素能够通过线粒体介导大鼠肝细胞癌细胞凋亡,其 IC50 为 39 μM。结肠癌是世界上第三大恶性肿瘤,在亚洲和西方国家仍然是导致死亡的重要原因。虾青素是类胡萝卜素的主要成分,具有很好的治疗作用。一项研究探讨了虾青素对二甲基肼诱发大鼠结肠癌的作用机制。Wistar 雄性大鼠随机分为 5组,第 1 组为对照组,第 2 组为给予虾青素(15 mg/kg/d)的大鼠,第 3 组用二甲基肼(40 mg/kg)诱导,第 4 组和第 5 组分别用虾青素预防治疗后复发。免疫荧光证实,二甲基肼诱导的大鼠核因子 κB - p65、环氧合酶-2(COX - 2)、基质金属蛋白酶、增殖细胞核抗原和细胞外信号调节激酶 2 的表达增加。此外分析显示,在基质金属蛋白酶诱导的大鼠组中,这些蛋白的表达增加。虾青素处理降低了所有这些与结肠癌发生有关的重要蛋白的表达。共聚焦显微镜染色、DNA 断裂分析和 caspase - 3 的表达证实了虾青素诱导二甲基肼诱导大鼠结肠细胞凋亡的能力[14]。

一项研究探讨了虾青素对小鼠肿瘤生长、心功能及免疫功能的影响。雌性 BALB/c 小鼠饲喂对照饲料 8 周,0.005% 虾青素 8 周,或饲料对照饲料 1~5 周后再饲喂饲料。在第 7 天给小鼠注射乳腺肿瘤细胞系,每天测量肿瘤生长。饲料 0.005% 虾青素组小鼠肿瘤潜伏期延长,肿瘤体积减小($P<0.05$)。有趣的是,那些喂食钙的小鼠肿瘤生长最快。虾青素喂养提高血浆虾青素浓度;饲料对照饲料 1~5 周后再饲喂饲料组和 0.005% 虾青素组小鼠血浆虾青素含量无明显差异。喂食 0.005% 虾青素组与喂食对照饲料组和不喂食 0.005% 虾青素 8 周组相比,小鼠具有更高($P<0.05$)的自然杀伤细胞亚群和血浆干扰素-γ浓度。在肿瘤发生前给予虾青素,虾青素才延缓肿瘤生长和调节免疫反应。这表明需要足够的血虾青素浓度来防止肿瘤的发生;相反,肿瘤发生后补充虾青素可能效果不明显[15]。

一项研究探讨了天然类胡萝卜素-虾青素对小鼠膀胱癌的化学预防作用。虾青素和角黄素 2 种叶黄素对正亚硝胺诱发的雄性小鼠膀胱癌的化学预防作用,即小鼠在饮用水中给予 250 ppm. 的亚硝胺 20 周,并且在与自来水间隔 1 周后,在随后的 20 周内给予浓度为 50 ppm. 的含虾青素或角黄素的水。其他组小鼠单独或未经治疗用虾青素或角黄素治疗。在研究结束时(第 41 周),用亚硝胺和虾青素或角黄素治疗的小鼠的膀胱癌前病变和肿瘤的发生率低于用亚硝胺治疗的小鼠。尤其是亚硝胺暴露后给予虾青素可显著降低膀胱癌的发生率($P < 0.003$)。然而,在用亚硝胺暴露后,给予角黄素治疗的小鼠中,这种损伤的抑制并不显著。虾青素和角黄素处理也减少了亚硝胺暴露的移植上皮中核仁组成区蛋白的数量,这是细胞增殖的一个新指标。虾青素对亚硝胺诱导的癌前体和肿瘤的抑制作用以及抗增殖潜能大于角黄素。提示虾青素是一种可能的膀胱癌化学预防剂,其作用可能与抑制细胞增殖有关[16]。

2. 槲皮素的抗癌作用

流行病学表明,增加水果和蔬菜的消费是一个简单的预防癌症的策略,大大降低癌症的发病率。最近证明,黄酮类槲皮素,天然存在于饮食中,属于植物化学物质的一类。研究表明饮食中的许多天然产物,如类黄酮,可以预防癌症的进展。槲皮素是一种具有独特生物活性的黄酮类化合物,因其众多的保健作用而受到营养师和药剂师的关注。它是一种出色的抗氧化剂,在减少不同的人类癌症方面有着广泛的作用。槲皮素对肿瘤细胞具有直接的促凋亡作用,因此可以抑制许多人类癌症的进展。槲皮素的抗癌作用已被许多体外和体内研究证实,涉及多种细胞系和动物模型。另一方面,槲皮素对癌细胞的高毒性作用,而对正常细胞几乎没有不良反应或伤害。因此,应当对槲皮素治疗不同类型癌症的最新进展及其作用机制,对槲皮素作为辅助或替代药物用于预防和治疗癌症的潜在应用应当高度重视[17]。

研究表明,槲皮素除了诱导慢性淋巴细胞白血病患者分离的几种白血病细胞系和 B 细胞致敏并凋亡外,还能够增强一种用于治疗慢性淋巴细胞白血病的一线化疗药物氟达拉滨的作用。槲皮素在细胞系和慢性淋巴细胞白血病中的促凋亡活性与 Bcl-2 家族抗凋亡蛋白的表达和活性有关。槲皮素下调肺腺癌的潜在治疗靶标蛋白质水平,影响 mRNA 的稳定性和蛋白质的降解。考虑到黄酮类化合物对正常外周血细胞的低毒性和这些研究结果有利于槲皮素在慢性淋巴细胞白血病或其他类型癌症辅助化疗中的潜在应用[18]。

槲皮素具有抗炎、抗增殖和抗血管生成活性,其抗癌活性已被广泛报道。但是槲皮素水溶性差、给药量少、化学稳定性差、半衰期短、生物利用度低,限制了槲皮素在癌症化学防治中的应用。更好地了解药物控释调控的分子机制,对于开发新型有效的药物治疗方法具有重要意义。为了克服槲皮素的利用度低的限制,可以制作纳米共轭槲皮素材料传递其活性。纳米共轭槲皮素具有药物释放控制、肿瘤滞留时间长、抗癌潜力增强、临床应用前景广阔等优点,近年来受到广泛关注。槲皮素偶联纳米颗粒的药理作用主要取决于脂质体、银纳米粒子、二氧化硅纳米粒子、聚乳酸-乙醇酸、聚乳酸(聚乳酸、L-乳酸)纳米粒子、聚合物胶束、壳聚糖纳米粒子等药物载体,纳米共轭槲皮素脂质体、银纳米粒子、聚乳酸-乙醇酸共轭胶束、金属共轭胶束、核酸共轭胶束、抗体偶联胶束等多种载体在体外和体内肿瘤模型中的传递体系。最新研究进展验证了它们作为有前途的肿瘤治疗剂的潜力[19]。

3. 茶叶的抗癌作用

茶叶是否能够预防和治疗癌症的报道很多,而且有很多详细的临床实验结果。例如,让根治性前列腺切除手术的前列腺癌患者(共 26 位),每天服用 1.3 g 的茶多酚(含 800 mg EGCG),结果发现肿瘤标志物值都显著下降,这为 EGCG 作为防治前列腺癌药物开发提供了有力的支持[20]。

一项 2020 年关于绿茶和食管癌的统计分析,包括 16 项研究,通过 meta 分析探讨绿茶摄入量与食管癌发病风险的关系。共纳入 20 项研究。所有研究的 RRs 为 0.65(95%CI:0.57~0.73),I2=75.3%,$P=0$。亚洲(RR:0.64;95%CI:0.56~0.73)和非亚洲国家(RR:0.74;95%CI:0.45~1.03),女性(RR:0.55;95%CI:0.39~0.71)和男性+女性(RR:0.64;95%CI:0.54~0.75),病例对照研究(RR:0.62;95%CI:0.52~0.71),影响因素>3(RR:0.65;95%可信区间:0.56~0.75),影响因子<3(RR:0.64;95%可信区间:0.48~0.80)。

4. 谷氨酰胺对癌症术后的营养和减轻放化疗作用

谷氨酰胺是肠道黏膜细胞重要的能量来源和氮的来源,提高肠道免疫功能,具有维护和修复肠黏膜屏障功能。谷氨酰胺调节肠菌平衡;改善肠道通透性,防止细菌移位,降低肠道炎症反应;促进肠道细胞增值,保持或者修复肠道的形态结构,维持肠道分泌和吸收功能。谷氨酰胺为淋巴细胞,巨噬细胞提供能源,促进免疫细胞复制,维持免疫细胞功能;减少肌肉分解,改善氮平衡,促进蛋白质合成;促进谷胱甘肽合成,减少氧自由基,减轻炎症反应[28][29]。大量临床试验表明,谷氨酰胺对手术患者的治疗作用十分明显,患者血浆白蛋白浓度显著升高,正氮平衡获得明显改善,患者住院时间明显缩短,患者康复时间明显缩短。改善肿瘤患者肠道功能和术后的营养状况,并减少放化疗带来的多种不良反应。且不影响放化疗对肿瘤细胞的杀伤。不仅可维护肠黏膜屏障完整性,还可加强化疗药物对肿瘤细胞的杀伤作用,被认为是放化疗的增效剂和减毒剂,有利于肿瘤患者的治疗及康复。谷氨酰胺与化疗药物之间的协同作用可能与谷氨酰胺促进细胞增殖,增殖期细胞增多,从而增强细胞周期特异性化疗药物的作用,从而抑制了肿瘤生长[30][31]。

四、抗氧化剂与 L-精氨酸配方对肿瘤治疗的共同作用实验结果

在全面介绍了一氧化氮与肿瘤的关系及抗氧化剂对肿瘤的预防治疗作用后,那么,一氧化氮与抗氧化剂结合后是否对肿瘤的预防和治疗作用有什么样的作用呢? 我们研究了一个 L-精氨酸-抗氧化剂配方是以 L-精氨酸、L-谷氨酰胺,牛磺酸、维生素 C(L-抗坏血酸)、维生素 E(dL-α-生育酚醋酸酯、辛烯基琥珀酸淀粉钠、二氧化硅)、柠檬酸锌、硒化卡拉胶为主要原料。每 100 g 含:L-精氨酸 28 g、L-谷氨酰胺 14.58 g、牛磺酸 26 g、维生素 C 6.88 g、维生素 E 1.66 g、锌 0.35 g、硒 1.69 mg。以小鼠乳腺癌细胞系 E0771 和将其接种到小鼠的皮下作为肿瘤模型。结果发现,一氧化氮与抗氧化剂结合后确实对肿瘤的预防和治疗有一定协同作用。

1. 实验目的和方法

为了阐明 L-精氨酸-抗氧化剂配方成分对肿瘤的影响,我们首先选取了小鼠乳腺癌细胞系 E0771 为研究对象,通过体外培养细胞结合 MTT 活力检测方法明确 L-精氨酸-抗氧化剂配方成分对癌细胞 E0771 的影响。其次,为了在体研究 L-精氨酸-抗氧化剂配方对肿瘤形成的影响,我们将融合度在 85%～95% 的 E0771 细胞进行胰酶消化,随之制成细胞悬液,并以 1×10^6 个细胞/只的剂量注射到体重在 21 g,8～10 周龄的 C57BL6 雌性小鼠的皮下,继续培养 2 周。在此期间,实验对照组通过灌胃的方式注入生理盐水,而实验组将 L-精氨酸-抗氧化剂配方溶解于生理盐水后,以 100 mg/kg 和 200 mg/kg 体重的剂量进行灌胃。

2. 实验结果

(1) L-精氨酸-抗氧化剂配方成分对乳腺癌细胞 E0771 活性的影响:将贴壁细胞消化后,用含血清培养基将细胞悬浮起来,接种到 96 孔板培养 24 h。更换新鲜培养基,并添加不同浓度(0～400 μg/ml)的胶囊组分,继续培养 24 h。更换新鲜培养基后添加 MTT(终浓度 0.5 mg/ml)继续在培养箱培养 4 h。弃掉培养基,每孔加入 150 μl DMSO,37 度孵育或室温振荡 10 min,使结晶全部溶解。使用 Biotek Synergy H1 多功能酶标仪于 492 nm 波长处测定每孔的吸光值,以对照组为 100% 来计算各组的细胞活力。

从图 9-1 可以看出,L-精氨酸-抗氧化剂配方成分在低浓度(<50 μg/ml)时对细胞活力没有明显影响,而当药物浓度增加到 100 μg/ml 时,细胞活力下降到对照组的 50% 左右,继续增加浓度到 200 μg/ml 或 400 μg/ml,则可以进一步减少细胞活力,表明 L-精氨酸-抗氧化剂配方能在体外抑制乳腺癌细胞 E0771 的生长。

(2) L-精氨酸-抗氧化剂配方对乳腺癌细胞在体形成肿瘤的影响:将 1×10^6 个细

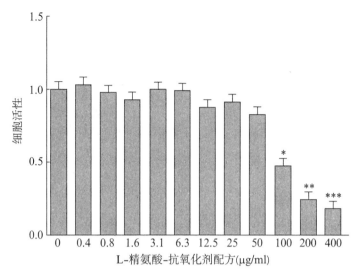

图 9-1　L-精氨酸-抗氧化剂配方组分对乳腺癌细胞 E0771 细胞活力的影响

实验有 8 个重复,数据为平均值±标准差,* 表明 $P<0.05$,** 表明 $P<0.01$,** 表明 $P<0.001$

胞接种到体重在 21 g,8~10 周龄的 C57BL6 小鼠的皮下后继续正常饲养 2 周即可观察到明显的肿块。和对照小鼠相比,L-精氨酸-抗氧化剂配方灌胃处理后的小鼠皮下肿块明显减小,如图 9-2 所示。

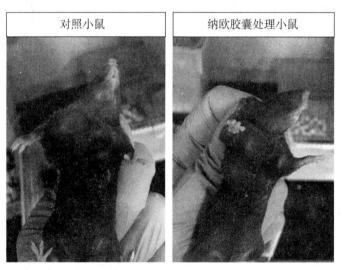

| 对照小鼠 | 纳欧胶囊处理小鼠 |

图 9-2　接种 E0771 细胞后 2 周的小鼠皮下可见明显的肿瘤

L-精氨酸-抗氧化剂配方处理组的剂量为 200 mg/kg 体重

我们将肿瘤从小鼠皮下取出,置于干净的白纸上拍照并称重。从图 9-3 可以看出 L-精氨酸-抗氧化剂配方处理明显减少了乳腺癌细胞形成的肿瘤的体积。我们对肿瘤组织称重后发现,100 mg/kg 和 200 mg/kg 剂量的 L-精氨酸-抗氧化剂配方处理均可以明显减少肿瘤重量,其中 200 mg/kg 剂量的 L-精氨酸-抗氧化剂配方能够使肿瘤重量减少大约 65％,见图 9-2,9-3,9-4。

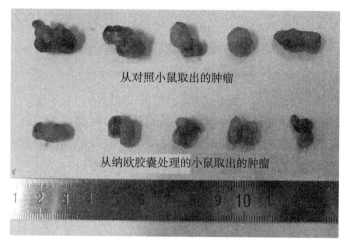

图 9-3 对照及 L-精氨酸-抗氧化剂配方(200 mg/kg)处理组肿瘤体积对比

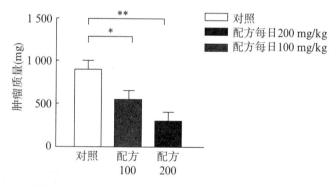

图 9-4 L-精氨酸-抗氧化剂配方对肿瘤重量的影响

雌性小鼠接种细胞后分别进行每天灌胃处理 2 周,L-精氨酸-抗氧化剂配方用量分别为 100 和 200 mg/kg(小鼠体重)。每组 7～8 只小鼠,数据为平均值±标准差,* 表明 $P < 0.05$,** 表明 $P < 0.01$

从实验结果来看,L-精氨酸-抗氧化剂配方成分在体外能够诱导癌细胞死亡,在体内能够抑制肿瘤的生长,具有一定的抗肿瘤效果。

参 考 文 献

[1] Khan FH, Dervan E, Bhattacharyya DD, et al. The Role of Nitric Oxide in Cancer: Master Regulator or NOt? Int J Mol Sci, 2020 Dec 10,21(24): 9393.

[2] Kamm A, Przychodzen P, Kuban-Jankowska A, et al. Nitric oxide and its derivatives

in the cancer battlefield. Nitric Oxide, 2019 Dec 1,93: 102—114.

[3] Alimoradi H, Greish K, Gamble AB, et al. Controlled Delivery of Nitric Oxide for Cancer Therapy. Pharm Nanotechnol, 2019,7(4): 279—303.

[4] Keshet R, Erez A. Arginine and the metabolic regulation of nitric oxide synthesis in cancer. Dis Model Mech, 2018 Aug 6,11(8): dmm033332.

[5] Hu Y, Xiang J, Su L, et al. The regulation of nitric oxide in tumor progression and therapy. J Int Med Res, 2020 Feb,48(2): 300060520905985.

[6] Bahadoran Z, Mirmiran P, Ghasemi A, et al. Type 2 Diabetes and Cancer: The Nitric Oxide Connection. Crit Rev Oncog, 2019,24(3): 235—242.

[7] MacMicking J, Xie QW, Nathan C. Nitric oxide and macrophage function. Annu Rev Immunol, 1997,15: 323—50.

[8] 宾雨飞,廖端芳.一氧化氮供体型药物抗肿瘤作用的研究进展.湖南中医药大学学报, 2019,(05).

[9] 张艳春,姚和权,周金培,等.具有 NO 供体的 N -苯基- 1H -吡咯羧酸结构化合物的设计,合成及抗高血压活性研究[J],中国药学杂志,2015,(24).

[10] Jingli Hou, Yiwa Pan, Dashuai Zhu, et al. Targeted delireg of nitzie oxide via a buxip-and-hole-based engyme-prodzug pair. Nature Chemical Biology 15, 151—160,2019.

[11] 荣朝.一氧化氮供体型顺铂前药的合成.华中科技大学,2016,cdmd. cnki. com. cn/ Article/CDMD-10487-1016781070. html.

[12] Athreya K, Xavier MF. Antioxidants in the Treatment of Cancer. Nutr Cancer, 2017,69(8): 1099—1104.

[13] Harvie M. Nutritional supplements and cancer: potential benefits and proven harms. Am Soc Clin Oncol Educ Book, 2014: e478—486.

[14] Singh KN, Saiprasad Patil MBBS, Hanmant Barkate. Protective effects of axanthin on skin: Recent scientific evidence, possible mechanisms, and potential indications. JCD, 2019,19: 1—259.

[15] Nakao, R. , Nelson, O. L. , Park, J. S. , et al. Effect of dietary axanthin at different stages of mammary tumor initiation in BALB/c mice. Anticancer Res, 2010, 30: 2171—2175.

[16] Tanaka T, Makita H, Ohnishi M, et al. Chemoprevention of rat oral carcinogenesis by naturally occurring xanthophylls, axanthin and canthaxarathin. Cancer Res, 1995, 55: 4059—4064.

[17] Rauf A, Imran M, Khan IA, et al. Anticancer potential of quercetin: A

comprehensive review. Phytother Res, 2018,32(11): 2109—2130.

[18] Spagnuolo C, Russo M, Bilotto S, et al. Dietary polyphenols in cancer prevention: the example of the flavonoid quercetin in leukemia. Ann N Y Acad Sci, 2012,1259: 95—103.

[19] Chirumbolo S. Quercetin in cancer prevention and therapy. Integr Cancer Ther, 2013,12(2): 97—102.

[20] Manjula Vinayak, Akhilendra K Maurya. Quercetin Loaded Nanoparticles in Targeting Cancer: Recent Development. Anticancer Agents Med Chem, 2019, 19 (13): 1560—1576.

[21] McLarty J, Bigelow RL, Smith M, et al. Tea polyphenols decrease serum levels of prostate-specific antigen, hepatocyte growth factor, and vascular endothelial growth factor in prostate cancer patients and inhibit production of hepatocyte growth factor and vascular endothelial growth factor in vitro[J]. Cancer Prev Res (Phila Pa), 2009, 2(7): 673—682.

[22] Yu Yi, Hailong Liang, Huang Jing, et al. Green Tea Consumption and Esophageal Cancer Risk: A Meta-analysis. Nutrition and Cancer, 2020,72: 513—521.

[23] Wang Y, Zhao Y, Chong F, et al. A dose-response meta-analysis of green tea consumption and breast cancer risk. Int J Food Sci Nutr, 2020,1—12.

[24] Guo Z, Jiang M, Luo W, et al. Association of lung cancer and tea-drinking habits of different subgroup populations: meta-analysis of case-control studies and cohort studies. Iran J Public Health, 2019,48: 1566—1576.

[25] Zhang D, Kaushiva A, Xi Y, et al. Non-herbal tea consumption and ovarian cancer risk: a systematic review and meta-analysis of observational epidemiologic studies with indirect comparison and dose-response analysis. Carcinogenesis, 2018,39: 808—818.

[26] Mirtavoos-Mahyari H, Salehipour P, Parohan M, et al. Effects of coffee, black teaand green tea consumption on the risk of non-Hodgkin's lymphoma: a systematic review and dose-response meta-analysis of observational studies. Nutr Cancer, 2019, 71: 887—897.

[27] Liu Q, Jiao Y, Zhao Y, et al. Tea consumption reduces the riskof oral cancer: a systematic review and meta-analysis. Int J Clin Exp Med, 2016,9: 2688—2697.

[28] Zhuming Jiang, Jinduo Cao, Yu Wang, et al. The Impact of Alanyl-Glutamine on Clinical Safety, Nitrogen Balance, Intestinal Permeability, and Clinial Outcome in Postoperative Patients: A Randomized, Double-Blind, Controlled Study of 120 Patients. JPEN, 1999,23(5): 62—66,

［29］ Wilmore DW. The effect of glutamine supplementation in patients following elective surgery and accidental injury. J Nutr, 2001,131(9)：2543.

［30］ 赵平.谷氨酰胺与消化系统疾病.国外医学内科学分册[J].1997年第24卷9期.

［31］ 徐仁应,万燕萍.谷氨酰胺与肿瘤,肿瘤,2005,1(1)：91.

［32］ 孙长颢,凌文华,黄国伟.营养与食品卫生学第8版[M].北京：人民卫生出版社,2017.

第十章

一氧化氮与心脏病

　　心脑血管疾病是心脏血管和脑血管疾病的统称,泛指由于高脂血症、血液黏稠、动脉粥样硬化、高血压等所导致的心脏、大脑及全身组织发生的缺血性或出血性疾病。心脑血管疾病是一种严重威胁人类健康,特别是 50 岁以上中老年人健康的常见病,具有高患病率、高致残率和高死亡率的特点。即使应用目前最先进的治疗手段,仍可有 50％以上的脑血管意外幸存者生活不能完全自理。全世界每年死于心脑血管疾病的人数高达 1 500 万人,居各种死因首位。心脏病是一类比较常见的循环系统疾病。循环系统由心脏、血管和调节血液循环的神经体液组织构成。循环系统疾病也称为心血管病,包括上述所有组织器官的疾病,属于常见病,其中以心脏病最为多见,能显著地影响患者的劳动力。心脏病有先天性心脏病和后天性两种。先天性心脏病是心脏在胎儿期中发育异常所致;后天性心脏病受到外来或机体内在因素作用而致病。因素很多,常见有冠状动脉粥样硬化性心脏病、风湿性心脏病、高血压性心脏病、肺源性心脏病、感染性心脏病、内分泌性心脏病、血液病性心脏病、营养代谢性心脏病等。一氧化氮自由基是内皮细胞松弛因子(EDRF)[1-4],具有重要的生物功能,能抑制血小板凝聚,在治疗心脏病方面发挥着重要作用,例如,硝酸甘油可直接松弛血管平滑肌特别是小血管平滑肌,使周围血管舒张,外周阻力减小,回心血量减少,心排出量降低,心脏负荷减轻,心肌氧耗量减少,因而心绞痛得到缓解。但一氧化氮在一定条件下也具有细胞毒性。因此,一氧化氮对心血管既有保护作用又可能有损伤作用[5]。研究发现抗氧化剂对心脏也具有一定保护作用。本章将就一氧化氮及抗氧化剂对心脏病的预防和治疗进行讨论。

一、导致心脏病的危险因素

心脏病的病因主要有动脉粥样硬化、高血压性小动脉硬化、动脉炎等血管性因素、高脂血症、糖尿病等血液流变学异常、白血病、贫血、血小板增多等血液成分等多个因素。其中最危险的因素有高血压,可使动脉血管壁增厚或变硬,管腔变细,进而影响心脏供血。高血压可使心脏负荷加重,易发生左心室肥大。血液黏稠,进一步导致高血压性心脏病、心力衰竭。现代生活节奏快,家庭、事业的压力越来越大,人们的情绪也愈来愈不稳定;同时,过量饮酒、摄入太多食物脂肪、缺少必要的运动,加之生活环境的污染,空气中的负离子含量急剧下降,摄入体内的负离子也就不足,这些因素直接导致人体新陈代谢速度减慢,血液流速会减慢,血黏度迅速升高,造成心脑供血不足。如果不及时预防、调理,将会引发冠心病、高血压、脑血栓等心脑血管疾病。

另外,吸烟和酗酒是非常危险的导致心脏病因素,研究发现,吸烟者比不吸烟者发病率高得多,在每天吸烟20支以上的人中,冠心病的发病率为不吸烟者的3.5倍,冠心病、脑血管病的死亡率为不吸烟者的6倍,蛛网膜下腔出血多3~5.7倍。在脑梗死的危险因素中,吸烟占第一位。烟碱可促使血浆中的肾上腺素含量增高,促使血小板聚集和内皮细胞收缩,引起血液黏滞因素的升高。酒精摄入量对于出血性脑卒中有直接的剂量相关性。每天酒精摄入大于50克者,发生心脑梗死的危险性增加。长期大量饮酒可使血液中血小板增加,进而导致血流调节不良、心律失常、高血压、高血脂,更容易发生心脑血管病。小量饮酒有益,大量饮酒有害。

糖尿病是心脏病或缺血性脑卒中的独立危险因素。随着糖尿病病情进展,会逐渐出现各类心脑血管并发症,如冠状动脉粥样硬化、脑梗死、下肢动脉粥样硬化斑块的形成等。还有如肥胖、胰岛素抵抗、年龄增长、性别(男性发病高于女性)、种族、遗传等都是与心血管疾病相关的危险因素。

二、一氧化氮自由基与心脏病

一氧化氮自由基具有重要的生物功能,它是内皮细胞松弛因子(EDRF)[1-4],能抑制血小板凝聚,但也具有自由基的两面性,即除了生物功能以外,它还具有反应性强和细胞毒性的一面,对心血管既有保护作用又可能有损伤作用。内皮细胞的功能完整性是血管健康的标志和前提。众所周知,内皮细胞不仅调节血管疾病的进程,而且还介导血管疾病的进程。某些疾病如糖尿病、血脂异常、肥胖症和高血压会导致内皮损伤。疾病过程诱导内皮细胞的细胞和功能改变,导致一种病理生理现象,称为内皮细胞功能障碍。包括血管运动异常,活性氧和一氧化氮失衡,炎症激活,破坏内皮细胞的凝血过程。现在已经知道血管功能在心力衰竭的发生和进展中起着核心作用。人们强烈希望干预和预防日益严重的心衰流行病。在过去的 10 年中,许多疗法已经被评估,但很少有人在临床试验的后期阶段取得积极的结果。目前正在努力了解一氧化氮、内皮功能障碍的病理生理学,并利用这一知识确定新的药物或治疗靶点,以改善心衰患者的预后,恢复内皮的正常功能。一氧化氮(NO)对心肌缺血损伤具有保护作用,可能参与缺血预处理和缺血后处理。

NO 自由基的"双刃剑"作用在心脑血管系统体现得非常典型。本章讨论 NO 自由基对心血管疾病的作用。同时还讨论抗氧化剂对 NO 自由基的调节作用和对心肌的保护作用,最后介绍和讨论一下抗氧化剂与一氧化氮自由基对心血管疾病协同作用。

1. 硝酸甘油和一氧化氮

一氧化氮与心脏病的关系最典型的例子是硝酸甘油。硝酸甘油可直接松弛血管平滑肌特别是小血管平滑肌,使周围血管舒张,外周阻力减小,回心血量减少,心排出量降低,心脏负荷减轻,心肌氧耗量减少,因而心绞痛得到缓解。此外,尚能促进侧支循环的形成。到目前为止,硝酸甘油可能还是心绞痛最有效的急救药。舌下含服 1 片,2~3 分钟即发挥作用,作用大约维持 30 分钟。对其他平滑肌也有松弛作用,尚可解除胆绞痛、幽门痉挛、肾绞痛等。其实在 3 个美国科学家因为发现一氧化氮作为心血管系统的信号分子获得 1998 年诺贝尔生理学或医学奖之前,人们对硝酸甘油治疗心绞痛是通过一氧化氮自由基是不清楚的。如果以前就知道的话,诺贝尔也不至于死于心脏病。早在 70 年代,诺贝尔生理学或医学奖者穆拉德(Ferid Murad)教授及其合作者就系统地研究了硝酸甘油及其他具有扩张血管活性的有机硝基化合物的药理作用。Murad 教授发现硝酸甘油等必须代谢为 NO 才能发挥扩张血管的作用,由此他认为 NO 可能是一种对血流具有调节作用的信使分子,但当时这一推测还缺乏实验证据。后来发现这些化合物都能使组织内环鸟苷酸(cGMP)、环腺苷酸(cAMP)等第二信使的浓度升高。这类化合物有一个共同性质,可以在体内代谢生成 NO。研究发现硝酸甘油在体内可以转化为一氧化氮自由基,建立了内皮源性舒张因子(EDRF)与血管系统鸟苷酸环化酶(cGMP)浓度升高之间的联系[1-4]。

一氧化氮途径是心血管系统的关键调节因子,调节血管张力和心肌功能。内皮功能障碍引起的 NO -环磷酸鸟苷(cGMP)信号轴的破坏和 cGMP 的形成受损可导致血管紧张素失调、血管和心肌硬化、纤维化和肥大,导致心脏和肾功能的下降。因此,NO - cGMP 通路是心力衰竭的治疗靶点。长期以来,硝酸盐等外源性 NO 供体一直被用于治疗心血管疾病,但由于氧化应激和耐受性的增加而受到限制。近年来,通过靶向 NO

受体可溶性鸟苷酸环化酶(sGC)来提高 cGMP 生成的新药物已经被发现。

2. 心脏缺血再灌注产生的一氧化氮自由基

离体和在体心脏缺血再灌注是研究心脏病的重要模型,广泛用于各种研究中,取得了一系列重要成果。我们利用 ESR 自旋捕集剂测定和研究大鼠心脏缺血再灌注产生的 NO 自由基的研究发现,NO 自由基与血红蛋白的结合能力比 CO 高 1 000 倍。我们实验室用这一技术研究过心脏和肾缺血再灌注产生的自由基,在肾缺血 1 h 再灌注 1 min 的下腔静脉血和缺血 24 h 的心脏和肾组织中检测到了 NO 自由基的 ESR 信号。研究心肌缺血再灌注损伤过程产生 NO 自由基的规律发现,NO 自由基和氧自由基在心肌缺血再灌注所致心肌损伤中的协同作用。注射一氧化氮合酶的底物 L-精氨酸,信号显著增加,而且在一定剂量范围内有剂量依赖关系。研究发现,缺血明显增加血清释放的肌酸激酶 CK。注射 L-精氨酸使缺血对心肌释放的肌酸激酶明显减少,缺血再灌注肌酸激酶明显增加。注射低浓度 L-精氨酸使缺血再灌注心肌释放肌酸激酶明显减少,心肌脂质过氧化明显减少,但注射高浓度 L-精氨酸缺血再灌注心肌释放肌酸激酶进一步增加,心肌脂质过氧化进一步增加。说明低浓度一氧化氮自由基对心肌缺血再灌注损伤有防护作用,而高浓度则有损伤作用。另外,注射低浓度 L-精氨酸使缺血再灌注心脏心律失常明显减少,但注射高浓度 L-精氨酸缺血再灌注心脏心律失常进一步增加。一氧化氮合成酶抑制剂 NAME 能显著减慢缺血再灌注心率,增加心律失常发生。同时给予 NAME 和 L-精氨酸,能消除心律失常,但对心率变化无影响,说明内源性一氧化氮自由基具有抗心律失常作用[6-7]。

NO 自由基的"双刃剑"作用在大鼠在体缺血再灌注损伤过程表现得十分清楚,注射低浓度的 L-精氨酸,在心肌中产生低浓度 NO 自由基,心肌细胞膜脂质过氧化损伤降低,心肌损伤释放到血清中的肌酸激酶减少,心律失常降低,心脏受到保护;相反注射高浓度的 L-精氨酸,在心肌中产生高浓度 NO 自由基,心肌细胞膜脂质过氧化损伤升高,心肌损伤释放到血清中的肌酸激酶增加,心律失常加重,心脏受到损伤加剧。当同时注射一氧化氮合酶的抑制剂 L-NAME 时,L-精氨酸的这一作用消失。低浓度 NO 可以通过继发性扩张微血管,抑制中性粒细胞的聚集等途径使心肌损伤;而高浓度 NO 自由基的损伤作用就显示出来,可能是通过与同时产生的活性氧结合成过氧亚硝基引起一系列心肌损伤的。

很多实验证明,氧自由基在心肌缺血再灌注损伤过程中起着重要作用,SOD 和过氧化氢酶 CAT 可以有效保护心肌缺血再灌注损伤,实验的结果也清楚地表明了这一点。氧自由基和 NO 自由基参与了缺血再灌注心肌细胞凋亡的发生过程。这清楚地表明,在心肌缺血再灌注过程中,NO 自由基的产生是和心肌的损伤紧密相关的,同时也表明在心肌缺血再灌注损伤过程中,氧自由基和 NO 自由基是协同作用的。超氧阴离子自由基可以和 NO 自由基反应,生成过氧亚硝基(ONOO⁻),这是一个氧化性非常强的物质,在略低于生理 pH 条件下,它很容易产生羟基和 NO₂ 自由基,导致细胞成分的氧化损伤。心肌的损伤反过来又增加 NO 自由基和氧自由基的产生,这可能就是人们看到的再灌注液中加入 X/XO 或 Fe²⁺/H₂O₂ 使心肌中的 NO 自由基和氧自由基平行地增加,以及灌注流出液中乳酸脱氢酶 LDH 和肌酸激酶活性明显升高的原因。SOD 可以催化歧化超氧阴离子自由基生成 H₂O₂,CAT 可以使 H₂O₂ 分解成对机体无害的 H₂O 和氧气,这样就减少了超氧阴离子与 NO 自由基反应生成过氧亚硝基的机会,因而减轻了对心肌的损伤[5-9]。

一氧化氮及与氧化和炎症相关的因子可能是心力衰竭的生物标志物。心衰作为一种常见的心血管疾病,是导致发病率增高和过早死亡的主要原因之一。因此,研究与心血管事件风险和(或)预测相关的有效标记物是一个特别有意义的课题。提出了多种候选方法,特别是涉及心血管疾病典型的氧化和炎症过程的方法,如超氧阴离子、一氧化氮和过氧亚硝酸盐。对这些复杂系统的深入了解也将有助于为开发新的治疗工具提出新的研究方向,作为治疗这种疾病的新方法的良好开端[10]。

3. 成人先天性心脏病患者呼出一氧化氮的变化

呼吸过程呼出的一氧化氮水平与各种临床疾病有关。一项研究探讨了成人先天性心脏病患者的临床特征与呼出一氧化氮水平之间的关系。测定了 30 例稳定型先天性心脏病右心导管术后患者和 17 例健康人(对照组)的呼气一氧化氮分数。先天性心脏病患者和健康对照者呼出一氧化氮分数无显著差异。根据呼出一氧化氮分数高于或低于中位数,先天性心脏病患者被分为两组(低呼出一氧化氮分数组和高呼出一氧化氮分数组),探讨呼气一氧化氮值与临床特征的关系。低呼出一氧化氮组紫绀患者比例(50%)高于高呼出一氧化氮组(7.1%)。低分数和高分数呼出一氧化氮组的右心导管插入术数据无显著差异。在紫绀患者中,呼出的一氧化氮分数与中性粒细胞数相关[$r=0.84(N=8),P=0.005$]。我们知道,紫绀是指血液中还原血红蛋白增多,导致皮肤和黏膜呈青紫色改变的一种临床表现,俗称为发绀。因此得出结论:在这组成人先天性心脏病患者中,较低的呼出一氧化氮水平与紫绀的存在相对应[11]。

4. 无机硝酸盐/亚硝酸作为一氧化氮供体在心血管疾病的治疗作用

人体内一氧化氮水平的降低在心血管疾病的发病机制中起着重要作用。硝酸盐用于治疗慢性稳定型心绞痛已有 135 多年的历史。无机硝酸盐/亚硝酸盐(丰富的食物来源包括甜菜根和菠菜)可以作为一氧化氮供体,因为硝酸盐/亚硝酸盐可以代谢产生一氧化氮。一项研究探讨无机硝酸盐/亚硝酸盐在预防或治疗心血管疾病危险因素中的作用。从检索 Medline、Embase、护理累积索引及相关健康文献、Cochrane、Scopus 等电子数据库。经过提炼系统分析了口服无机硝酸盐/亚硝酸盐对心血管疾病危险因素的影响。结果显示,纳入 34 项定性研究,其中 23 项符合 meta 分析。通过测量血压、内皮功能、动脉僵硬、血小板聚集和/或血脂,发现无机硝酸盐摄入可显著降低静息血压(收缩压:4.80 mmHg,$P < 0.0001$;舒张压:1.74 mmHg,$P ¼ 0.001$),改善内皮功能(血流介导扩张:0.59%,$P < 0.0001$),降低动脉僵硬脉搏波速度:0.23 m/s,$P < 0.0001$;增强指数:2.1%,血小板聚集率降低 18.9%($P < 0.0001$)。因此得出结论:摄入无机硝酸盐是一种针对心血管疾病危险因素的简单策略。当然,未来研究无机硝酸盐对心血管疾病的长期影响是有必要的[12]。

众所周知,硝酸盐能激活一氧化氮(NO)-环鸟苷-3′,-5′-单相磷酸酯(cGMP)信号通路,这是血管平滑肌细胞松弛的基础,硝酸盐在细胞水平发挥作用。生理学上,硝酸盐的抗心绞痛作用主要是由于外周静脉扩张导致前负荷降低,从而导致左室壁应力降低,在较小程度上是由于心外膜冠状动脉扩张和全身血压降低。通过对抗缺血机制,短效硝酸盐可迅速缓解心绞痛发作。长效硝酸盐,通常用于心绞痛的预防。尼可地尔(烟酰胺硝酸酯)是一种平衡的血管扩张剂,同时作为 NO 供体和动脉通道开放剂。适用于各类型心绞痛的药物尼可地尔也可能通过线粒体缺血预处理发挥心脏保护作用。虽然硝酸盐和尼可地尔是预防心绞痛症状的有效药物,但在开处方时,重要的是要考虑由于全身血管扩张,常常会发生不想要的和耐受性差的血流动力学不良反应,如头痛和体位性低血压。还必须确保遵循剂量制度,以避免硝酸盐耐受,这不仅会导致药物疗效的丧失,还可能导致内皮功能障碍和增加长期心血管风险。最近使用硝酸盐和尼可地尔治疗慢性稳定型心绞痛的药物管理取得了很多最新的研究进展[13]。

一项研究探讨了硝酸异山梨酯和肼屈嗪联合治疗黑人心力衰竭作用。研究了固定剂量的硝酸异山梨酯和肼屈嗪是否对患有晚期心力衰竭的黑人有额外的益处。共有 1 050 名患有纽约心脏病协会Ⅲ或Ⅳ级心衰并心室扩张的黑人患者被随机分配接受固定剂量的硝酸异山梨醇酯加肼屈嗪或安慰剂治疗,并对心衰进行标准治疗。结果显示:安慰剂组的死亡率明显高于硝酸异山梨醇酯加肼屈嗪组(10.2%对 6.2%,$P = 0.02$)。硝酸异山梨酯+肼嗪组的平均主要综合得分明显优于安慰剂组,心衰首次住院率相对降低了 33%,生活质量得到改善。因此得出结论:在包括神经激素阻滞剂在内的心力衰竭标准治疗中加入固定剂量的硝酸异山梨酯和肼屈嗪,可有效提高晚期心力衰竭黑人患者的生存率[14]。

5. 一氧化氮供体有利于动脉粥样硬化斑块的稳定性,减少心肌梗死

一系列研究证明,一氧化氮供体有利于动脉粥样硬化斑块的稳定性,减少心肌梗

死。现在研究过的一氧化氮供体有多种，如吗多明、尼可地尔等，而且临床研究也证明了一氧化氮供体对心脏缺血再灌注损伤有保护作用。吗多明(莫西多明)代谢产物作为 NO 的供体，释放 NO，发挥与硝酸酯类相似的作用。舌下含服或喷雾吸入用于稳定型心绞痛或心肌梗死伴高血压者疗效较好。一氧化氮供体常用于缺血性心脏病的预防和治疗。NO 供体除了对心脏有作用外，还可能通过促进斑块的稳定性来预防缺血性脑损伤，并对动脉粥样硬化产生有益的影响。载脂蛋白 E(ApoE)缺陷小鼠的原纤维蛋白-1(Fbn1)基因突变加速动脉粥样硬化、斑块破裂、心肌梗死、脑缺氧和猝死。在一项研究中，用基因突变鼠模型评估了 NO 供体莫西多明对动脉粥样硬化斑块稳定性、心功能、神经症状和存活率的影响。给药 8 周后，将小鼠分为两组，饮用莫西多明(1 mg/kg/d；$n=34$)或自来水(对照组；$n=36$)，25 周。莫西多明治疗后存活率呈上升趋势(对照组为 68%，对照组为 58%)。更重要的是，莫西多明治疗小鼠的动脉粥样硬化斑块有较厚的纤维帽(11.1±1.2 对 8.1±0.7 μm)显示斑块大钙化的发生率增加(30% 比 0%)，表明硬化斑块更稳定。莫西多明也能改善心脏功能，增加了被缩短了的射血分数(40%±2% 对 27%±2%)，并且下降了舒张末期和收缩末期血管直径。此外，血管周围纤维化和心肌梗死的发生率显著降低(12% 对 36%)。足迹宽度是动物后肢支撑基础的测量值，也是缺氧性脑损伤的代表，因莫西多明治疗而大为改善。这些发现表明 NO 供体莫西多明可以改善心脏功能，减轻神经症状，增加动脉粥样硬化斑块的稳定性[15]。

尼可地尔是另外一种在各种疾病条件下具有持续益处和不同机制的药物，是一种著名的抗心绞痛药物，已被推荐为慢性稳定型心绞痛的二线治疗药物之一。其疗效相当于经典的抗心绞痛药物。尼可地尔在临床上也应用于各种心血管疾病，如变异型或不稳定型心绞痛和冠状动脉成形术或溶栓后再灌注损伤。尼可地尔通过开放三磷酸腺苷敏感钾(KATP)通道或提供一氧化氮参与多种疾病的保护作用。这些机制的优势或参与取决于尼可地尔的剂量、病变部位以及该机制是否仍在发挥作用。尼可地尔的保护作用主要归因于心肌和肺纤维化以及肾损伤或肾小球肾炎的实验模型中三磷酸腺苷敏感钾通道的开放，而在肝纤维化和炎症性肠病中，NO 作为一种主要的保护机制。因此，在不同的疾病情况下，尼可地尔诱导对心脏病的疗效或保护作用中起主要作用是很重要的[16]。

在动物模型中，给予一氧化氮(NO)供体可以减轻缺血/再灌注(I/R)损伤。一项研究对一氧化氮供体治疗人体缺血/再灌注损伤进行了系统评价。系统分析生物医学文献，以确定 NO 供体给药对人类受试者缺血/再灌注损伤的影响。假设 NO 供体药物可以减轻缺血/再灌注损伤，使用综合策略搜索了 Cochrane 图书馆、PubMed、CINAHL、会议记录和其他不受语言限制的资源。研究纳入标准如下：(a) 受试者，(b) 记录的缺血和再灌注时间，(c) 不给药的治疗组，以及(d) 使用对照组。排除二次报告、评论、信件和社论。根据 Cochrane 手册推荐的方法进行了定性分析，以比较和总结治疗效果。26

项涉及多种缺血/再灌注损伤病因的研究(10 例体外循环,6 例器官移植,7 例心肌梗死,3 例肢体止血带)均符合纳入标准。根据 Cochrane 偏倚风险评估标准,26 项研究中有 6 项(23%)被认为是高质量的研究。在 26 项研究中的 20 项(77%)和 6 项高质量研究中的 4 项(67%)中,与对照组相比,使用 NO 供体药物治疗的患者缺血/再灌注损伤减少。迄今为止,没有任何临床研究对脑缺血/再灌注损伤(如心脏骤停、脑卒中)患者进行过供体给药试验。尽管缺乏高质量的临床研究,但迄今为止的大量证据表明,给予 NO 供体药物可能是治疗人类受试者缺血/再灌注损伤的有效方法[17]。

6. 一氧化氮合成酶与心脏病

一氧化氮作为心脏收缩调节器的作用在 20 世纪 90 年代早期就被提出,但人们对其在心脏生理学中的主要功能的一致看法直到最近才在心肌细胞中使用 3 种一氧化氮合酶(NOS)亚型的基因缺失或过表达的实验的帮助下得到明确结论。与外源性、药物性 NO 供体的作用相反,内源性 NO 的信号传导仅限于与特定亚细胞中 NOS 共定位的细胞内效应子。这既确保了 3 种 NOS 亚型在心肌细胞功能的不同方面协调信号传递,也有助于调和以前基于非亚型特异性 NOS 抑制剂的明显矛盾的观察结果。NOS 在正常和病变心脏兴奋-收缩偶联中发挥作用。内皮型一氧化氮合酶和神经元型一氧化氮合酶有助于维持肾上腺素能和迷走神经输入心肌之间的适当平衡,并贯穿于心脏病的早期和晚期。在心脏疾病的早期阶段,诱导型一氧化氮合酶增强了这些效应,随着疾病的进展,这些效应可能变损伤效应[18]。

尽管心肌内 NOS 亚型很复杂,亚细胞区划分决定了每个个体对特定 NO 信号的产生过程,以响应物理或受体介导刺激。基因缺失或过度表达实验有助于描述每个异型体在正常或患病心脏中的各自作用。eNOS 和 nNOS 均有助于维持正常的氧化-还原酶偶联。它们还可负调节 β_1-/beta2 肾上腺素能在心肌萎缩中的增加,并加强(突触前和突触后)迷走神经对心脏收缩的控制,从而保护心脏免受儿茶酚胺的过度刺激。缺血和心力衰竭时,iNOS 的表达被诱导,并进一步有助于减弱儿茶酚胺的肌力效应,eNOS 与过度表达的 beta3 肾上腺素能受体耦合也有作用。nNOS 在衰老和缺血性心脏中的表达也会增加,但其作用(代偿或有害)仍有待确定。目前用于治疗缺血性或心力衰竭的许多药物也激活和/或上调心肌中的 eNOS,支持其为保护作用。如果人们希望提供比目前外源性 NO 供体更具针对性和有效性的治疗,那么未来对心脏 NOS 的药理调节必须考虑到它们对心脏功能各个方面的特定调节作用。

近年来,对一氧化氮在心脏缺血生物学中的作用的研究取得了重大进展。现在很清楚,无论是内源性还是外源性 NO,都是心肌缺血再灌注损伤最重要的防御机制之一。NO 对心脏有保护作用,但也有争论,特别是诱导型亚型 NO 合酶(iNOS)产生的 NO 介导对心脏保护中的作用。在缺血生物学中与 NO 有关的一些重要领域,如缺血预处理、药物心脏保护和基因治疗都有关系。预处理后期是由 iNOS 活性增加介导的,导致 NO 生物利用度增加,现在已被广泛接受,并被认为是一个已被证实的假说。同样,新兴的后调节领域可能对 NO 也有这样的需求。各种药物(如他汀类药物、血管紧张素转换酶抑制剂、血管紧张素受体阻滞剂等)也是通过增强 NO 的生物利用度在心肌梗死的实验模型中产生有益作用的。因此,NO 通过一系列看似无关的药理学和非药理学干预心脏提供保护,特别是其作为心脏缺血和再灌注的普遍防御作用。传统观点认为,iNOS 在心肌缺血-再灌注过程中有害的,我们认为 iNOS 在心肌细胞中表达时 NO 对线粒体作用是一种深度保护作用,NO 与电子传递链和/或线粒体通透性转换成分相互作用,以限制缺血后心肌损伤,这种作用可能为 NO 介导的心脏保护机制提供了一个基本的分子解释[19]。

7. 吸入一氧化氮治疗新生儿持续性肺动脉高压

一氧化氮是一种普遍存在于人体内的分子,参与包括肺血管舒张在内的多种生理活动。外源性吸入 NO,这种治疗而不影响全身血压,该疗法已在肺动脉高压的治疗中得到应用。肺动脉高压与新生儿、婴儿和较大儿童的各种心脏、肺和全身疾病相关,并导致显著的发病率和死亡率。持续性肺动脉高压是出生时肺血管转位失败的结果,可导致肺动脉高压,缺氧血液经动脉导管分流,导致严重低氧血症,最终可能导致危及生命的循环衰竭。持续性肺动脉高压是一种严重的事件,影响到新生儿重症监护室的足月儿和早产儿。它常与先天性膈疝、胎粪吸入、败血症、先天性肺炎、出生窒息和呼吸窘迫综合征等疾病有关。持续性肺动脉高压的主要治疗方法包括治疗潜在原因、维持足够的全身血压、优化呼吸机对肺复张和肺泡通气的支持,以及增加肺血管舒张和降低肺血管阻力的药理学措施。体外膜肺氧合的治疗吸入一氧化氮证明可以成功治疗新生儿肺动脉高压,肺氧合可以改善 60%～70%。但在 2013 年 12 月一项研究的搜索中,确定了 3 项临床研究,共有 4 项随机试验,涉及 210 名参与者,没有观察到外源性吸入形式 NO 死亡率与对照组有差异[20]。

8. 硝酸盐功能化贴片可以通过局部一氧化氮释放提供心脏保护并改善心肌梗死后的心脏修复

最近南开大学研发了一种新型 NO 释放系统,体内近红外成像分析清楚地证明了 NO 向靶组织的精确递送,可以在大鼠后肢缺血和小鼠急性肾损伤模型中评估治疗潜力。他们又研发了一种新型硝酸盐功能化贴片,可以通过局部一氧化氮释放提供心脏保护并改善心肌梗死后的心脏修复。有机硝酸盐是一类用于治疗冠状动脉疾病的 NO 供体药物,通过全身血管系统的血管扩张发挥作用,常常导致不良反应。在此,他们设计了一种硝酸盐功能化贴片,其中硝酸盐药理官能团可以共价结合到可生物降解聚合物上，从而将小分子药物转化为治疗性生物材料。当植入心肌时，贴片通过逐步生物转化局部释放 NO，并且由于缺血微环境，梗死心肌中的 NO 生成显著增强，从而产生线粒体靶向性心脏保护以及增强的心脏修复。在临床相关的猪心肌梗死模型中进一步证实了治疗效果。与传统的三硝酸甘油贴片相比，这是一个巨大的改进和优势。NO 的特定部位输送提供了有效的心脏保护，从而显著改善了心功能并减轻了不良重塑。在猪心肌梗死模型中进一步证实了该疗法的疗效。所有这些结果都支持这种功能性 NO 贴片通过不同于传统有机硝酸盐药物的治疗机制治疗缺血性心脏病的转化潜能[21]。

三、抗氧化剂对心脏病的预防和治疗

越来越多的证据表明饮食模式和成分在心力衰竭发病率和严重性中的作用。需要全面总结目前有关饮食模式/成分和心力衰竭的证据。利用多个相关关键词对在线数据库进行了全面搜索，以确定相关的人类研究。利用饮食方法来阻止高血压心脏病，地中海饮食一直与降低心力衰竭发病率和严重程度有关。对于特定的膳食成分，水果、蔬菜、豆类和全谷物似乎都是有益的。目前的证据表明，红色及加工肉类、鸡蛋和精制碳水化合物对身体和心脏有害，而鱼类、乳制品和家禽有好处。现有有限的人类研究观察和干预证据表明，植物性饮食模式高含量的抗氧化剂、微量营养素、硝酸盐和纤维，而低饱和/反式脂肪和钠含量低可能降低心力衰竭发病率和严重性。其可能机制包括降低氧化应激、同型半胱氨酸和炎症，而抗氧化能力增强，NO 生物利用度和肠道微生物调节作用。

氧化应激引发的炎症是导致包括人类衰老、心脏病在内的大多数慢性人类疾病的原因。氧化应激主要来源于产生活性氧和活性氮（ROS/RNS）的线粒体，在动脉粥样硬化的病理生理学和心血管疾病的临床表现中，大多数关键步骤都可以识别出来。除动脉粥样硬化的形成外，还涉及脂质代谢、斑块破裂、血栓形成、心肌损伤、凋亡、纤维化和衰竭。人们认识到氧化应激的关键重要性，导致抗氧化剂在心脏病治疗和预防中使用的热情，但前瞻性、随机临床试验的结果却令人失望。这一矛盾能否解释，对未来抗氧化剂疗法的发现和发展有什么意义？最近出现的一些用于治疗心血管疾病的药物可能被指定为位点特异性抗氧化剂。进一步了解氧化还原信号分子和细胞生物学，为更有效的抗氧化药物预防心血管疾病和延长健康寿命铺平道路[22]。氧化应激在心血管疾病发病中起着重要作用，其发病机制与血脂异常、胰岛素抵抗和代谢综合征等因素有关。应激、吸烟、高饱和脂肪摄入以及低果蔬摄入量都会增加氧化应激和高脂血症，从而增加糖尿病患者动脉粥样硬化、脑卒中和冠心病的发病率。氧化应激氧化低密度脂蛋白是动脉粥样硬化发生的重要因素，氧化应激的降低以及血糖、胆固醇的降低对预防糖尿病所致心血管疾病具有重要意义。虽然流行病学研究表明维生素 C 和维生素 E 降低冠心病的发病率,但不同的临床试验未能支持这些抗氧化剂的有益作用。尽管如此,有人认为,这些维生素的天然形式可能比合成维生素更有效,这可能解释了结果的不一致之处。抗氧化剂 N-乙酰-L-半胱氨酸和白藜芦醇也被证明能减轻糖尿病引起的心血管并发症。研究结果表明,抗氧化疗法在预防策略上可能有效,而不是作为治疗心血管疾病的有效方法。心血管疾病可能是由氧化应激引起的,适当的抗氧化治疗可能有助于减缓糖尿病所致心血管疾病的进展[23]。

部位特异性抗氧化治疗预防动脉粥样硬化和心血管疾病。氧化应激与衰老和年龄相关疾病的病理生理学有关。抗氧化药物已成为预防动脉粥样硬化的一种实践。然而,使用普通抗氧化剂在预防动脉粥样硬化患者心血管疾病方面的有限成功促使开发一种新的抗氧化策略来预防动脉粥样硬化。一些用于治疗心血管疾病的药物可能被指定为特定部位的抗氧化剂,对氧化还原信号转导的分子生物学和细胞生物学的深入了解将为更有效的抗氧化药物预防心血管疾病和延长健康寿命铺平道路。

1. 丹参素对心脏病的预防和治疗作用

丹参、复方丹参和丹参酮注射液已经广泛用于临床治疗各种疾病,特别是心脏病效果显著,近期研究报道较多。丹参的有效成分包括丹参酮、隐丹参酮、二氢参酮、丹参素、丹参酸等。丹参酮是脂溶性的,丹参素是水溶性的。临床应用较多的还是丹参提取液,其中包括各种有效成分。丹参酮及其磺酸化的水溶性衍生物也被用于临床。我们检测了丹参的两个主要有效成分丹参酮和丹参素对羟基和超氧阴离子自由基的清除作用。丹参酮对肌质网脂质过氧化产生的脂类自由基也有较好的清除作用和明显的剂量效应。我们还研究了丹参及其有效成分对心肌缺血再灌注产生的氧自由基的清除作用和对心肌缺血再灌注引起的线粒体损伤的保护作用。与正常组相比,缺氧组线粒体磷脂总含量与磷脂膜流动性均无显著差异,再给氧组二者均显著下降。与此相应,冷冻蚀刻电镜标本上线粒体内外膜的磷脂颗粒较正常组明显减少。与再给氧组比较,丹参酮再给氧组总磷脂含量明显增高,膜脂流动性也显著恢复。硝酸镧示踪观察显示,缺氧再给氧组心肌线粒体膜通透性增加,丹参酮组有所改善。注射丹参酮 IIA 磺酸钠能导致密封容器内实验鼠的耗氧速率下降,平均存活时间延长,但死亡时残留的氧浓度更低。在这里,我们发现丹参酮 IIA 磺酸钠能抑制线粒体的耗氧,但恢复心肌线粒体电子传递链的底物(NADH)的消耗。这些结果有利于来解释其能增加动物对缺氧的忍耐力,因为丹参酮 IIA 磺酸钠可以恢复线粒体由于缺乏氧作为电子最终受体而被阻碍的线粒体的代谢过程[24-26]。

2. 辅酶 Q10 在冠心病中作用的系统研究进展

1957 年,美国的 Crane 教授在牛心脏线粒体中发现了辅酶 Q10;同年英国的 Morton 教授从维生素 A 缺陷的小鼠肝脏中也得到了这种化合物,并将其命名。1972

年，意大利的 Littarru 教授证明缺乏辅酶 Q10 是引发心脏病等疾病的原因之一。1977年，日本实现了微生物工业化生产辅酶 Q10。1978 年，Mitchell（米切尔）教授用化学渗透理论解释了在生物能量转移包括在能量转换系统中辅酶 Q10 起重要的质子转移作用，并获得了诺贝尔化学奖。1990 年，Folkers 教授的研究表明辅酶 Q10 具有类维生素性质。在日本及欧洲国家,于辅酶 Q10 的基础研究和临床研究已广泛深入地展开,目前涉及辅酶 Q10 的独立成分或复合成分的药品超过 100 项。

回顾近年来评价辅酶 Q10 在冠心病治疗中作用的随机临床试验。最新发现：辅酶 Q10 是美国最常用的膳食补充剂之一。由于其抗氧化和抗炎作用,辅酶 Q10 已被广泛研究用于治疗冠心病。辅酶 Q10 最常见的应用之一是减轻他汀相关肌肉症状,其理论基础是由肌肉中辅酶 Q10 的他汀缺失引起的。虽然以前对辅酶 Q10 的研究结果不一,但辅酶 Q10 应当是安全的。由于辅酶 Q10 是产生三磷酸腺苷的辅助因子,因此最近也对心力衰竭患者进行了补充研究。心力衰竭本质上是一种能量缺乏状态,试验发现,心衰患者补充辅酶 Q10 不仅能提高功能能力,还能显著降低心血管事件和死亡率。尽管有这些积极的发现,一个更大的前瞻性试验是必要的,以支持常规使用辅酶 Q10 的安全性。辅酶 Q10 对特定心血管危险因素（如血压、血脂异常和血糖控制）的影响则不那么显著。目前的证据还不支持冠心病患者常规使用辅酶 Q10。在将辅酶 Q10 纳入指南指导的药物治疗之前,有必要进行更多的研究,以充分确定辅酶 Q10 对心力衰竭患者的益处及其机理[27]。

3. 茶叶对心脏病的预防和治疗

很多研究报告了绿茶和心血管相关的统计分析结果。两项前瞻性研究表明,1990 年至 1994 年间 90 914 名年龄在 40～69 岁的日本人,绿茶摄入量与全因死亡率和心血管死亡率呈负相关。3 项关于绿茶消费和心血管疾病死亡率的统计分析表明风险降低为 18%～33%。其他四项统计分析的结果与脑卒中发病率相似,与每天喝一杯绿茶相比,风险降低 17%～36%,不喝绿茶的人患心血管疾病（OR＝1.19,95%CI：1.09～1.29）、脑出血（OR＝1.24,95%CI：1.03～1.49）和脑梗死（OR＝1.15,95%CI：1.01～1.30)的风险更高。每天喝 1～3 杯绿茶的人患心肌梗死的风险降低（OR＝0.81,95%CI：0.67～0.98）。目前收集到的所有纳入的数据分析报告关于心血管疾病结果基本都是反向关联。绿茶降低心血管疾病风险的机制包括：多酚可对心血管系统发挥抗氧化作用,特别是 EGCG,可以调节血压、降体脂、血脂,改善血糖控制,从而改善心血管功能[28-30]。

4. 牛磺酸与心血管疾病

现代饮食方式从"地中海式"向"西方式"的转变被认为是心血管疾病、肥胖症、2 型糖尿病和癌症增加的部分原因。典型的"地中海式"饮食包括充足的海鲜、蔬菜、水果、全谷物和非纯单不饱和植物油。因此,在人类生活中,海鲜的饮食摄入是牛磺酸的主要来源,因为内源性产生的牛磺酸水平较低。最近的研究发现:牛磺酸已被证明对冠心病、血压、血浆胆固醇和人类疾病动物模型的心肌功能有有益的影响。牛磺酸的主要作用是作为抗氧化剂和吸收次氯酸,而不是清除氧自由基。似乎牛磺酸在抗氧化治疗中的这种有益作用还没有得到很好的推广。有必要将研究集中于确定牛磺酸是否是预防心脏病的一个重要因素[31]。

5. 维生素 A 和类胡萝卜素的抗氧化能力及其与心脏病的关系

尽管维生素 A 是最早发现的维生素之一,但其全部生物活性仍有待确定。类胡萝卜素在结构上与维生素 A 相似,是一组近 600 种化合物。其中只有大约 50 个具有维生素原 A 活性。最近的证据表明,维生素 A、类胡萝卜素和维生素 A 原类胡萝卜素是有效的抗氧化剂,能够抑制心脏病的发展。维生素 A 必须从饮食中获得,绿色和黄色蔬菜、乳制品、水果和器官肉是最丰富的来源。在人体内,维生素 A 可以转化为视黄醇,视网膜和视黄酸。因为所有这些化合物在高浓度下都是有毒的,它们与细胞外液和细胞内的蛋白质结合。维生素 A 主要以长链脂肪酸和维生素原类胡萝卜素的形式储存在肝脏、肾脏和脂肪组织中。维生素 A 和类胡萝卜素的抗氧化活性是由多烯单元的疏水链赋予的,多烯单元可以淬灭单线态氧,中和巯基,并与过氧自由基结合和将其稳定。一般来说,多烯链越长,对过氧自由基的稳定能力越强。由于它们的结构,维生素 A 和类胡萝卜素可以在氧化应激增加时被自动氧化,因此在组织中典型的生理水平的低氧化应激下是最有效的抗氧化剂之一。总的来说,流行病学证据表明,维生素 A 和类胡萝卜素是降低心脏病发病率的重要饮食因素。尽管在人类生活中关于这种关系的研究结果有相当大的差异,但仔细控制的实验研究表明,这些化合物对于减轻和预防多种形式的心血管疾病是有效的。当然需要做更多的工作,特别是研究组织内浓度而不是血浆水平与心脏病组织损伤进展的相关性。维生素 A 和类胡萝卜素的基本结构和代谢与抗氧化活性有密切关系。维生素 A 和类胡萝卜素对减少心血管疾病有效性的流行病学、干预试验和实验证据是明确的[32]。

6. 一氧化氮自由基与天然抗氧化剂银杏黄酮和知母宁对缺血再灌注心肌的保护作用

传统中医运用银杏叶和知母已达数千年,它的主要成分是银杏黄酮糖苷和知母宁。有报道银杏黄酮和知母宁具有清除 $O_2^- \cdot$ 和 $\cdot OH$ 等自由基的作用,银杏黄酮具有抗再灌注心律失常和心功能损伤的作用。银杏黄酮和知母宁在非细胞体系中具有清除 NO 自由基作用,通过抑制脂多糖/γ-干扰素活化的巨噬细胞的 iNOS mRNA 表达和 iNOS 酶活性而抑制 NO 自由基的生成。我们研究了银杏黄酮和知母宁灌注对缺血再灌注心脏 NO 自由基水平的影响,以探讨银杏黄酮和知母宁对心脏保护效应的抗氧化机制。

银杏黄酮和和知母宁对缺血再灌注心肌保护效应由冠脉流出液乳酸脱氢酶 LDH 和肌酸激酶 CK 活性来表示。银杏黄酮和知母宁加入含或不含 L-精氨酸的灌流液灌注心脏,其乳酸脱氢酶和肌酸激酶活性显著降低,银杏黄酮和知母宁能显著抑制心肌细胞核和线粒体的损伤,阻断细胞凋亡的发生,同时抑制脂质过氧化损伤。提示银杏黄酮和知母宁具有抑制缺血再灌注心肌损伤作用。另外结果显示银杏黄酮和和知母宁剂量依赖地抑制碳酸盐溶液体系 ONOO$^-$,表明银杏黄酮对 ONOO$^-$氧化活性的抑制作用是其心血管保护机制之一。银杏黄酮和知母宁不仅不清除在体缺血再灌注心肌产生的 NO 自由基,而且可以增加检测的一氧化氮自由基,SOD 和过氧化氢酶也有类似效应。说明银杏黄酮对在体缺血再灌注损伤主要是通过清除缺血再灌注产生的氧自由基和调节 NO 自由基的方式实现的。同样,注射一定剂量 SOD 或 L-精氨酸也可以剂量依赖地抑制缺血再灌注使大鼠心率和心律失常增加,说明银杏黄酮可能是通过清除活性氧达到保护心脏缺血再灌注损伤的[33-34]目的。

NO分子的电脑模拟图像

图 10-1 NO 清除活性氧保护心脏缺血再灌注损伤

四、L-精氨酸-抗氧化剂配方对心脏病治疗的协同作用实验结果

上面讨论了一氧化氮及抗氧化剂对心脏病的预防和治疗作用,那么,一氧化氮与抗氧化剂结合使用效果如何呢? 我们采用一组 L-精氨酸-抗氧化剂配方是以 L-精氨酸、L-谷氨酰胺,牛磺酸、维生素 C(L-抗坏血酸)、维生素 E(dL-α-生育酚醋酸酯、辛烯基琥珀酸淀粉钠、二氧化硅)、柠檬酸锌、硒化卡拉胶为主要原料。每 100 g 含:L-精氨酸 28 g、L-谷氨酰胺 14.58 g、牛磺酸 26 g、维生素 C 6.88 g、维生素 E 1.66 g、锌 0.35 g、硒

1.69 mg。细胞和动物实验结果显示,一氧化氮与抗氧化剂结合使用可以有协同效果。

1. 实验目的和方法

为了阐明纳 L-精氨酸-抗氧化剂配方成分对心脏的保护作用,我们首先选取了大鼠心肌细胞系 H9C2 为研究对象,通过体外培养细胞结合 MTT 活力检测方法明确 L-精氨酸-抗氧化剂配方成分对异丙肾上腺素诱导的 H9C2 细胞死亡的影响。其次,为了在体研究 L-精氨酸-抗氧化剂配方对心脏的保护作用,我们选取了体重 25 g 左右,8～10 周龄的 C57BL6 雄性小鼠为研究对象,通过主动脉缩窄 TAC 的手术方式来诱导心肌肥厚和心力衰竭,小鼠继续培养 2 周。在此期间,对小鼠进行 L-精氨酸-抗氧化剂配方灌胃处理,剂量分别为每日 100 和 200 mg/kg。

2. 实验结果

(1) L-精氨酸-抗氧化剂配方成分对大鼠心肌细胞活性的影响:细胞接种到 96 孔板后培养 24 h,更换新鲜培养基,并添加不同浓度(0～200 μg/ml)的胶囊组分处理 24 h。利用 MTT 方法检测细胞活力,方法同第一部分。从图 10-2 可以看出,L-精氨酸-抗氧化剂配方成分在 100 μg/ml 时对细胞活力明显的促进作用,继续增加胶囊浓度到 200 μg/ml 时,仍然有较好的促进作用。为了证明 L-精氨酸-抗氧化剂配方对心肌细胞的保护作用,我们首先在 2% 血清培养条件下(减少细胞增殖)用 50 和 100 μg/ml L-精氨酸-抗氧化剂配方预处理细胞 24 h,再用 100 μM 异丙肾上腺素处理细胞 24 h。MTT 结果显示,异丙肾上腺素处理使细胞活力下降至 40% 左右,而 L-精氨酸-抗氧化剂配方预处理可以显著提高细胞活力,表明其能够改善氧化应激引起的心肌细胞损伤,见图 10-2。

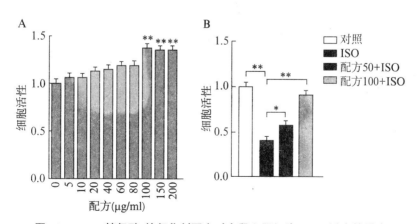

图 10-2 L-精氨酸-抗氧化剂配方对大鼠心肌细胞 H9C2 活力的影响

(A) H9C2 细胞用不同浓度的 L-精氨酸-抗氧化剂配方成分处理后,MTT 检测细胞活力;(B) H9C2 细胞用 50 和 100 μg/ml L-精氨酸-抗氧化剂配方成分预处理 24 h 后,添加 100 μM 异丙肾上腺素处理 24 h,MTT 检测细胞活力;实验重复 3 次,每次 8 个平行样,数据为平均值±标准差,* 表明 $P < 0.05$,** 表明 $P < 0.01$。

（2）L-精氨酸-抗氧化剂配方成分对小鼠主动脉缩窄引起的心肌肥厚和心功能失常的保护作用：小鼠造模完成后进行超声检测。从图 10-3 可以看出，主动脉缩窄 TAC 手术造模后小鼠心脏左室收缩末期内径 LVESD 和左室舒张末期内径 LVEDD 均有明显提高，而左室缩短分数（Left ventricular fractional shortening，FS）和左室射血分数（LV ejection fraction，EF）有明显降低，表明主动脉缩窄手术引起小鼠心功能失常，实验造模成功。以每日 100 mg/kg 剂量灌胃处理造模小鼠 2 周发现，小鼠心脏左室收缩末期内径左室收缩末期内径和左室舒张末期内径 LVEDD 有下降的趋势，而左室缩短分数则有增加趋势，但这些差异在统计上不显著。心脏射血分数则有显著升高，表明这个剂量还是可以改善心功能的。利用 200 mg/（kg·d）剂量处理造模小鼠则显著减少了心脏左室收缩末期内径和左室舒张末期内径数值，并显著提高了心脏左室缩短分数和射血分数，表明高剂量 L-精氨酸-抗氧化剂配方处理可以改善压力超负荷引起的心功能失常。

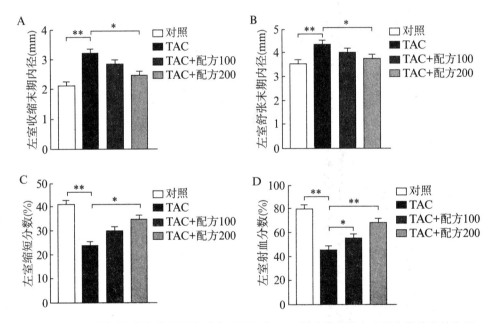

图 10-3　L-精氨酸-抗氧化剂配方对主动脉缩窄 TAC 手术引起的心功能失常的保护作用

小鼠在主动脉缩窄 TAC 处理后用 L-精氨酸-抗氧化剂配方按每日 100 和 200 mg/kg 的剂量进行灌胃处理 2 周，超声检测心脏左室收缩末期内径 LVESD（A）、左室舒张末期内径 LVEDD（B）、心脏左室缩短分数（LV fractional shortening）（C）和心脏射血分数（LV ejection fraction）（D）。每组统计 5 只老鼠，数据为平均值±标准差，* 表明 $P < 0.05$，** 表明 $P < 0.01$。

主动脉缩窄引发的心功能失常和心肌肥厚及肺脏重量增加密切相关。我们对小鼠心肺重量也进行了称取。从图 10-4 可以看到，主动脉缩窄处理 2 周可以显著增加心脏重量。为了进一步确认心肌肥厚，我们还计算心脏重量和体重的比率，发现主动脉缩窄手术的确提高了心体比的数值。主动脉缩窄还可以引起肺脏充血，进而增加肺脏重量和肺脏/体重比。对 L-精氨酸-抗氧化剂配方处理组小鼠分析发现,每日 100 mg/kg 剂量处理虽然不能显著减少心肺组织的重量,但能够显著减少心脏/体重比值和肺脏/体重比值,说明对心肌肥厚有一定的抑制作用。而每日 200 mg/kg 剂量处理造模小鼠可以显著地减少主动脉缩窄小鼠的心脏重量、心体比、肺脏重量和肺脏/体重比,表明高剂量 L-精氨酸-抗氧化剂配方对压力超负荷引起的心肌肥厚有明显改善作用。

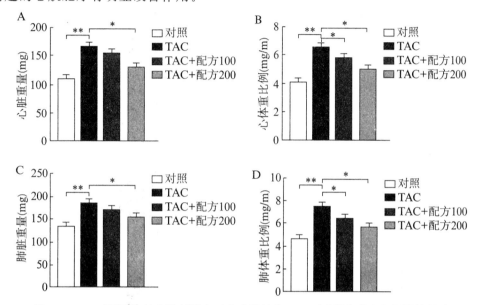

图 10-4 L-精氨酸-抗氧化剂配方对主动脉缩窄 TAC 手术引起的心肌肥厚的影响

小鼠在主动脉缩窄处理后用 PBS 和 L-精氨酸-抗氧化剂配方进行处理 2 周,对心脏重量(A)、心脏/体重比值(B)、肺脏重量(C)和肺脏/体重比值进行计量(D)。每组统计 5 只老鼠,数据为平均值±标准差, $*$ 表明 $P<0.05$, $**$ 表明 $P<0.01$ 。

　　综上所述,L-精氨酸-抗氧化剂配方成分在高剂量使用时对压力超负荷引起的心肌肥厚和心力衰竭具有较好的保护作用。

　　血管生物学在高血压和靶器官损伤后遗症的发生和持续中起着关键作用。内皮细胞活化、氧化应激和血管平滑肌功能障碍(肥大、增生、重塑)是引发高血压的初始事件。营养基因的相互作用决定了一系列的表型结果,如血管问题和高血压。最佳营养、营养药物、维生素、抗氧化剂、矿物质、减肥、运动、戒烟、适度限制酒精和咖啡因以及其他生活方式的改变,可以预防、延缓发病、减轻严重程度、治疗和控制许多患者的高血压。将这些生活方式建议与正确的药物治疗相结合的综合方法将最好地实现新的目标血压水平,减少心血管危险因素,改善血管生物学和血管健康,减少靶器官损害,包括冠心病、脑卒中、充血性心力衰竭和肾脏疾病。

参 考 文 献

［1］ Bian K，Murad F. Nitric oxide（NO）—biogeneration，regulation，and relevance to human diseases. Front Biosci，2003，1(8)：d264—d278.

［2］ Furchgott，R. F.，and Zawadzki，J. V.（1980）. The obligatory role of the endothelium in the relaxation of arterial smooth muscle by acetylcholine. Nature，288，373—376.

［3］ Ignarro LJ，Byrns RE，Wood KS. Pharmacological and biological properties of endothelim-derived relaxing factor(EDRF)：Evidence that EDRF is closely related to nitric oxide radical. Circulation，1986，74，II—287.

［4］ F Murad，C K Mittal，W P Arnold，et al. Guanylate cyclase：activation by azide，nitro compounds，nitric oxide，and hydroxyl radical and inhibition by hemoglobin and myoglobin. Adv Cyclic Nucleotide Res，1978，9：145—158.

［5］ ZHAO Bao-lu. "Double Edge" Effects of Nitric Oxide Free Radical in Cardio-Brain-Vascular Diseases and Health Studied by ESR. Chinese Journal of Magnetic Resonance，2015，32，195—207.

［6］ Zhao，B-L，Shen，J-G，Li，M，et al. Scavenging effect of Chinonin on NO and oxygen free radicals and its protective effect on the myocardium from the injury of ischemia-reperfusion. Biochem. Biophys. Acta，1996，1315：131—137.

［7］ Shen J-G，Wang J，Zhao B-L，et al. Effects of EGb‑761 on nitric oxide，oxygen free radicals，myocardial damage and arrhythmias in ischemia-reperfusion injury in vivo. Biochim Biophys Acta，1406，1998，228—236.

［8］ Shen J-G，Wang J，Zhao B-L，et al. Effects of EGb‑761 on nitricoxide，oxygen free radicals，myocardial damage and arrhythmias in ischemia-reperfusion injury in vivo. Biochim Biophys Acta，1406，1998，228—236.

［9］ 赵保路，沈剑刚，忻文娟. 心肌缺血再灌注损伤过程中 NO 和超氧阴离子自由基的协同作用. 中国科学，1996，26，331—338.

［10］ Bonafede R，Manucha W. Nitric oxide and related factors linked to oxidation and inflammation as possible biomarkers of heart failure. Clin Investig Arterioscler，2018，30(2)：84—94.

［11］ Saito A，Amiya E，Soma K，et al. Fractional exhaled nitric oxide in adult congenital heart disease. Nitric Oxide，2020，100—101：45—49.

［12］ Jacklyn K Jackson，Amanda J Patterson，Lesley K MacDonald-Wicks，Christopher Oldmeadow，Mark A McEvoy. The role of inorganic nitrate and nitrite in cardiovascular disease risk factors: a systematic review and meta-analysis of human evidence. Nutr Rev, 2018,76(5): 348—371.

[13] Tarkin JM, Kaski JC. Vasodilator Therapy: Nitrates and Nicorandil. Cardiovasc Drugs Ther, 2016,30(4): 367—378.

[14] Taylor AL, Ziesche S, Yancy C, et al. Combination of isosorbide dinitrate and hydralazine in blacks with heart failure. N Engl J Med, 2004,351(20): 2049—2057.

[15] Roth L, Van der Donckt C, Emini Veseli B, et al. Nitric oxide donor molsidomine favors features of atherosclerotic plaque stability and reduces myocardial infarction in mice. Vascul Pharmacol, 2019,118—119.

[16] Ahmed LA. Nicorandil: A drug with ongoing benefits and different mechanisms in various diseased conditions. Indian J Pharmacol, 2019, Sep-Oct,51(5): 296—301.

[17] Roberts BW, Mitchell J, Kilgannon JH, et al. Nitric oxide donor agents for the treatment of ischemia/reperfusion injury in human subjects: a systematic review. Shock, 2013,39(3): 229—239.

[18] Belge C, Massion PB, Pelat M, et al. Nitric oxide and the heart: update on new paradigms. Ann N Y Acad Sci, 2005,1047: 173—182.

[19] Jones SP, Bolli R. The ubiquitous role of nitric oxide in cardioprotection. J Mol Cell Cardiol, 2006,40(1): 16—23.

[20] Lai MY, Chu SM, Lakshminrusimha S, et al. Beyond the inhaled nitric oxide in persistent pulmonary hypertension of the newborn. Pediatr Neonatol, 2018,59(1): 15—23.

[21] Zhu D, Hou J, Qian M, et al. Nitrate-functionalized patch confers cardioprotection and improves heart repair after myocardial infarction via local nitric oxide delivery. Nat Commun, 2021,12(1): 4501.

[22] Kerley CP. Dietary patterns and components to prevent and treat heart failure: a comprehensive review of human studies. Nutr Res Rev, 2019,32(1): 1—27.

[23] Fredric J Pashkow. Oxidative Stress and Inflammation in Heart Disease: Do Antioxidants Have a Role in Treatment and/or Prevention? Int J Inflam, 2011,2011: 514623.

[24] Zhao BL, Jiang W, Zhao Y, et al. Scavenging effects of salvia miltiorrhza on free radicals and its protection fro myocardial mitochendrial membranrene from ischemia-reperfusion injury. Biochem Mol Biol Intern, 1996,(6): 1171—1182.

[25] Guangyin Zhou, Wen Jiang, Yan Zhao, et al. Interaction between sodium tanshinone IIA sulfonate and the adriamycin semiquinone free radical: A possible mechanism for antagonizing adriamycin-induced cardiotoxity. Res Chem Interm, 28,277—290,2002.

[26] Zhou G-Y，Jiang W，Zhao Y，et al. Sodium tanshinone IIA sulfonate mediates electron transfer reaction in rat heart mitochondria. Biochem Biopharm，7465，1—7，2002.

[27] O L Belaia，V I Kalmykova，L A Ivanova，et al. Experience in coenzyme Q10 application in complex therapy of coronary heart disease with dyslipidemia. Klin Med (Mosk)，2006，84(5)：59—62.

[28] Saito E，Inoue M，Sawada N，et al. Association of green tea consumption with mortality due to all causes and major causes of death in a Japanese population：the Japan Public Health Center-based Prospective Study (JPHC Study). Ann Epidemiol，2015，25：512—518.

[29] Zhang C，Qin YY，Wei X，et al. Tea consumption and risk of cardiovascular outcomes and total mortality：a systematic review and meta-analysis of prospective observational studies. Eur J Epidemiol，2015，30：103—113.

[30] Pang J，Zhang Z，Zheng TZ，et al. Green tea consumption and risk of cardiovascular and ischemic related diseases：a meta-analysis. Int J Cardiol，2016，202：967—974.

[31] Zulli A. Taurine in cardiovascular disease. Curr Opin Clin Nutr Metab Care，2011，14 (1)：57—60.

[32] Palace VP，Khaper N，Qin Q，et al. Antioxidant potentials of vitamin A and carotenoids and their relevance to heart disease. Free Radic Biol Med，1999，26(5—6)：746—761.

[33] Zhao，B-L，Shen，J-G，Li，M. ，et al. Scavenging effect of Chinonin on NO and oxygen free radicals generated from ischemia reperfusion myocadium. Biachem. Biophys. Acta，1317：131—137，1996.

[34] Shen J-G，Wang J，Zhao B-L，et al. Effects of EGb‑761 on nitric oxide，oxygen free radicals，myocardial damage and arrhythmias in ischemia-reperfusion injury in vivo. Biochim Biophys Acta，1406，228—236，1998.

[35] 《辅酶Q10的生理作用及临床应用》,李伟静综述；于群审校军事医学科学院野战输血研究所,北京 100850,《生物技术通讯》,Vol. 18 No. 5 Sep. ，2007.

[36] 《辅酶Q10生理功能及应用研究进展》,《食品工业科技》,万艳娟1,吴军林1,2,吴清平2,＊(1.广东环凯微生物科技有限公司,广东广州 510663;2.广东省微生物研究所,广东广州 510070).

[37] 《辅酶Q10心血管病防治应用进展》,王文娜综述,陈明审校,(重庆医科大学附属第一医院心内科,重庆 400016),《心血管病学进展》2017 年 3 月第 38 卷第 2 期

[38] 《辅酶Q10影响急性心肌缺血再灌注损伤氧化应激和心功能的动物实验研究》余芝

娟,陈艳＊,蒙海秀,吴清,宁德师范学院附属宁德市医院心电图室,福建宁德 352100,《临床和实验医学杂志》2022 年 2 月第 21 卷第 3 期

[39]　《他汀类药物与辅酶 Q10 联合应用的机制分析》,关爱阁＊,翟所迪,刘芳(北京大学第三医院药剂科,北京市 100083),《中国药房》2006 年第 17 卷第 13 期

第十一章

一氧化氮与脑卒中

脑卒中又称中风,是以脑部缺血及出血性损伤症状为主要临床表现的疾病,具有极高的发病率和死亡率及致残率。分为出血性脑卒中(脑出血或蛛网膜下腔出血)和缺血性脑卒中(脑梗死、脑血栓形成)两大类,以脑梗死最为常见。脑卒中发病急、病死率高,是世界上最重要的致死性疾病之一。脑卒中的死亡率也有随年龄增长而上升的趋势,其死亡率仅次于心脏病和癌症,列于死亡病因的第三位,同时脑卒中还是成年人最主要的致残性疾病,也是仅次于阿尔茨海默病引起脑血管性痴呆的第二大痴呆病因,它是成年人长期残疾的主要病因[1]。流行病学调查显示,中国脑卒中的发病率比美国等发达国家还高,每年新发脑卒中的患者是 200 多万人,高于世界的平均水平,并且近年来随着工业化和生活水平的提高还有上升的趋势。随着老龄化社会的到来,脑卒中将会给社会和家庭造成沉重的经济负担,使老年人生活质量明显下降。因此,研究脑卒中的发病机制、预防手段、治疗药物是科学界和医学界所面临的重要课题。有证据表明,氧化应激和 NO 与脑卒中过程有密切联系。研究表明,抗氧化剂和一氧化氮自由基对脑卒中的预防和治疗作用和对这一过程 NO 的调节作用。本章就这方面的研究加以讨论。

一、脑卒中

脑卒中患者中 80% 是缺血性脑卒中,是由于血管的阻塞所引起的。大脑是体内耗

图 11-1　心脑血管疾病的形成

氧量最大的器官之一,几分钟的缺血就会对大脑造成不可逆的损伤,因此必须尽快恢复血液供应,但是当用溶栓药物打开阻塞恢复血液循环时,常常造成再灌注损伤。预防缺血再灌注损伤的方法,对于有效治疗脑卒中,减轻家庭和社会压力有重要意义。因此,研究脑卒中的致病机制、治疗和预防途径,有重要的理论意义和社会价值。

脑卒中的症状包括,头痛、呕吐、眩晕、一侧肢体和面部的感觉异常、口角流涎(流口水)、突发的视感障碍、突发的言语不清和吞咽呛咳症状和意识障碍。常规的治疗办法是利用溶栓药物打开血管,但是血管畅通后的缺血再灌注过程在临床上往往会引起更大的损伤。很多因素在缺血再灌注脑损伤过程中起作用,其中一个重要的因素就是ROS的大量产生,脑缺血再灌注过程中,有很多途径产生活性氧自由基。由于脑组织高度的氧化磷酸化代谢率,高浓度的不饱和脂肪酸含量,相对低的抗氧化能力,神经元的低修复能力和低分裂能力,脑组织对于氧化损伤十分敏感。在大脑血液循环系统中,ROS的大量产生会损伤内皮细胞、血管平滑肌细胞,引起血小板凝集、血管渗透性改变,导致脑水肿。

二、一氧化氮与脑卒中

一氧化氮(NO)是一种具有多种功能的信使,近年来由于其参与脑卒中的研究而成为神经生物学家关注的焦点。一氧化氮在许多细胞过程中起着多因素的作用。一氧化氮与脑卒中的关系在中枢神经系统中对神经保护和神经毒性的双重性质被广泛探索和揭示,一氧化氮自由基与脑卒中的关系是一个典型的双刃剑作用。研究表明,一方面NO具有保护作用,NO是强血管扩张因子、血小板凝集和白细胞黏附的抑制剂,通过抑制白细胞和血小板对毛细血管阻塞,可以提高缺血再灌后脑组织的血液供应,发挥保护作用。除了保护作用外,NO在脑缺血再灌注损伤过程中起重要的作用。NO能够和

$O_2^-\cdot$自由基反应生成一种强氧化剂过氧亚硝基,或是干扰正常离子代谢从而促进缺血再灌注时的氧化损伤。我们将讨论 NO 对脑卒中的保护作用及对脑卒中脑组织损伤的作用。NO 起保护作用或是损伤作用依赖于 NO 产生的来源(由哪种酶产生)、NO 产生的时段(在缺血过程中产生还是再灌注后产生)和浓度的大小和产生的速度[1],见图 11 - 2。

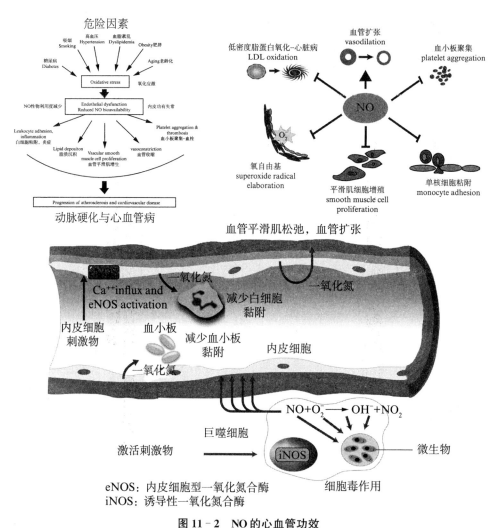

图 11 - 2 NO 的心血管功效

摘自:Park KH, Park WJ-J. Korean Med. Sci. (2015)

1. 一氧化氮对脑卒中的保护作用

首先,NO 作为内皮细胞松弛因子,可以松弛血管,提高缺血部位的血液循环,使缺血部位的脑组织供血和供氧得到尽快恢复。其次,NO 还可以抑制血小板和免疫细胞在血管壁的黏附,抑制由于血小板引起的血管阻塞和免疫细胞侵入缺血脑组织,防止进一步造成损伤。再次,NO可以通过抑制N-甲基-D-天冬氨酸受体(NMDA)的激活而抑制钙离子的内流,抑制在缺血再灌注脑组织中谷氨酸引起的损伤。最后,NO还可以清除活性氧自由基,从而部分减轻缺血再灌注引起的氧化损伤。

ONOO⁻是活性氧和活性氮在脑卒中损伤过程中调解血脑屏障破坏和脑损伤的关键因素。ONOO⁻可导致血脑屏障的破坏和诱导物质从血管流入脑实质,导致血脑屏障开放和脑血管性水肿。因此,ONOO⁻可以是缺血性脑卒中治疗中潜在的药物靶点。由于NO在生物系统中的双重角色,针对NO作为药物发展战略治疗策略目标应该是通过增加eNOS产生的一氧化氮水平,降低来自iNOS和nNOS产生的NO水平,建立无细胞毒性NO均衡水平[2]。

基础水平NO具有生理功能,如血管舒张、神经元沟通和突触传递。NO供体和eNOS底物可被应用于改善患者的急性缺血性脑卒中。已经证明NO供体亚硝酸盐可以有效治疗短暂性脑缺血。NO前体L-精氨酸能够增加脑血流量,降低梗死体积和增加神经功能恢复。有25项研究得出结论认为,L-精氨酸能有效增加脑血流量,降低实验性脑卒中模型脑梗死体积。然而,L-精氨酸也会刺激其他NOS活性。L-精氨酸对缺血性脑卒中的潜在应用,还需进一步研究和临床试验验证[3]。

他汀类药物可以增加eNOS活性。在缺血性脑卒中动物模型中,他汀类药物可以降低梗死体积和水肿。在eNOS敲除小鼠中他汀类药物的保护作用被完全阻断,表明他汀类药物的保护作用是依赖eNOS的。临床研究进一步支持了他汀类药物的神经保护作用,并且现在被推荐用于预防脑卒中。然而,最近的研究表明,他汀类药物治疗也有不良反应,可能会使出血性脑卒中和感染的风险增加。因此,为了评估他汀类药物在脑卒中治疗中的应用,进一步研究和临床试验是必要的[4]。

非选择性NOS抑制剂L-NAME,可以减少脑梗死体积,防止血脑屏障破裂和改善神经功能。然而,L-NAME也会抑制eNOS的活性,因此,需要使用nNOS和iNOS特异性NOS抑制剂。δ-(S-甲基异硫脲)-L-缬氨酸(L-MIN)是nNOS的特异性抑制剂,能减少脑卒中模型梗死体积。同样,其他nNOS抑制剂,如7-硝基吲唑,也能减少大鼠短暂脑卒中模型梗死体积。除了nNOS抑制剂,选择性的iNOS抑制剂,如氨基胍,也可保护大脑缺血性损伤。氨基胍给药后24 h,可以减少梗死体积高达30%[3]。

由于NO在缺血再灌注脑损伤中的重要作用,我们用ESR自旋捕集法检测了缺血再灌注过程中产生的NO。结果发现NO的产量在缺血再灌组与阴性对照组相比降低了19.17%($P>0.05$)。但用Griess法进一步检测了NO的终产物硝酸盐/亚硝酸盐含量发现,与阴性对照组相比,缺血再灌注组硝酸盐/亚硝酸盐水平升高了122.21%($P<0.05$),证明在缺血再灌注脑损伤中eNOS产生一氧化氮减少了,而iNOS产生一氧化氮增加了,并且与超氧阴离子自由基反应形成了过氧亚硝基[5]。

2. 一氧化氮的损伤作用

NO 可以通过多种机制在缺血再灌注的脑组织造成损伤。NO 能够与 O_2^-·自由基反应产生毒性更大的过氧亚硝基,同时可以通过干扰离子的正常代谢,加剧氧化损伤。由于 NOS 的底物 L-精氨酸和氧气,以及辅助因子的缺乏,这时一氧化氮合酶就会在产生 NO 的同时产生 O_2^-·自由基,两者进一步产生过氧亚硝基,造成氧化损伤。另外,NO 和其产物过氧亚硝基可以氧化损伤 DNA,引起神经细胞的凋亡。NO 能够促进缺血再灌注后兴奋性氨基酸谷氨酸的释放,从而进一步损伤细胞。这些 NO 的衍生物可以引起脂质过氧化,氧化蛋白质和非蛋白类巯基,引起芳香类物质的羟基化和硝基化[6],对组织和细胞造成致命的损伤。

3. 一氧化氮自由基及一氧化氮合酶在脑卒中的变化

缺血再灌注过程中,NO 的产量及一氧化氮合酶的活性和蛋白的表达都受到脑卒中的影响而变化。当颈总动脉血管阻塞后,NO 的浓度在开始的 20 min 内随着时间的延长而升高到微摩尔水平,然后由于底物的缺乏,NO 的产量减少[3]。在 NO 产生增加的同时,NOS 的活性和表达同时上调。24 h 后,当缺血组织开始死亡后,NOS 阳性的神经元数量逐渐减少,同时 nNOS 的活性也逐渐下降。iNOS 的 mRNA 在血管打通后 6～12 h 开始升高,在 16～48 h 达到高峰;iNOS 的蛋白质表达在 48～72 h 达到高峰。iNOS 的表达部位也随缺血再灌注的不同而不同,在永久性缺血损伤中,iNOS 的免疫活性主要表现在侵入缺血部位的中性粒细胞中,而在瞬时缺血损伤中,iNOS 的免疫活性主要表现在血管壁中[7]。在缺血再灌注脑损伤后期,NO 的产生得到了显著的加强。在缺血再灌注脑损伤的早期,NO 主要由 nNOS 和 eNOS 产生,而在缺血再灌注脑损伤的晚期,主要是由 iNOS 产生。

在大多数情况下,L-精氨酸通过各种形式的 NOS 酶促转化为 NO,包括在 nNOS、iNOS 和 eNOS 中产生。在 eNOS 和 nNOS 中是钙依赖性的,通常产生的 NO 是纳摩尔水平的,而 iNOS 是钙非依赖性,产生的 NO 是微摩尔水平。由 eNOS 生成 NO 的生理浓度水平小于 10 nmol/L,是调节神经元沟通,血管紧张度,突触传递,血小板聚集和炎症反应中必须的。由于没有 eNOS 的专一性抑制剂,因此 eNOS 基因敲除的动物实验结果尤其重要。eNOS 敲除的动物缺血再灌注后,由于脑供血减少,脑梗死面积进一步加大,表明 eNOS 及产生的 NO 对于脑缺血再灌注损伤有保护作用。

用 NO 的供体或通过提高 L-精氨酸的浓度得出的结果表明,在缺血后立即注射 NO 的前体 L-精氨酸或 NO 的供体,如硝普钠可以减少脑缺血再灌注后梗死的面积。这种保护作用可能与 NO 浓度升高后,扩张血管,提高对缺血后阴影区的供血有关。在缺血 30 min 后再注射 L-精氨酸没有改善效果,NO 供体在缺血再灌注后 2 h 注射也没有保护作用[8]。因此,血液循环系统中 NO 的保护作用只在缺血再灌注脑损伤的早期有效,这可能是通过提高对缺血部位的血液供应产生的。

iNOS 敲除的小鼠,在缺血再灌注脑损伤后,没有 iNOS 的表达,同时梗死面积小于正常小鼠,表明 iNOS 及 iNOS 产生的一氧化氮自由基对脑缺血再灌注损伤有毒害作用。巨噬细胞和其他细胞类型活化从钙依赖性 nNOS 的活化和钙非依赖性的 iNOS 中产生高浓度的 NO,加剧缺血性脑卒中损伤。

基因敲除动物提供了一种可以明确研究 NO 作用的方法。nNOS 基因敲除小鼠的大脑血液循环系统反应与正常的小鼠相同,但是颈总动脉结扎后,脑损伤的程度与正常的小鼠相比,梗死面积缩小了 40%,证明了 nNOS 对缺血再灌注脑损伤有毒害作用。iNOS 敲除的小鼠,在缺血再灌注脑损伤后,没有 iNOS 的表达,同时梗死面积小于正常的小鼠,表明 iNOS 及 iNOS 产生的 NO 对脑缺血再灌注损伤有毒害作用[9]。

另外,缺血再灌注早期来自 eNOS 的 NO 通过增加血流量而起的保护作用大于 NO 的损伤作用,几小时后 NO 增加血液供应的作用不再明显,NO 的作用主要为损伤作用。6 h 后,iNOS 的转录和翻译都达到了相当高的水平,其产生的 NO 造成了缺血再灌脑注组织的迟发性损伤。总之,NO 在缺血再灌注脑损伤中的保护或损伤作用依赖于缺血再灌注脑损伤的阶段和 NO 产生的途径。

因此,基本上可以说 nNOS 和 iNOS 在缺血再灌注脑损伤的过程中对脑组织有损伤作用,而 eNOS 至少可以说在缺血再灌注的早期对脑损伤有保护作用,但还要根据实际情况,在不同时间、不同组织中还会有区别。

4. 急性缺血性脑卒中患者血清不对称二甲基精氨酸和一氧化氮水平

一氧化氮合酶(NOS)存在于脑和脑动脉中,它能促进一氧化氮(NO)的合成,在脑灌注中起重要作用。不对称二甲基精氨酸(ADMA)是一种内源性 NOS 抑制剂。研究评估急性缺血性卒中患者血清不对称二甲基精氨酸水平,并确定不对称二甲基精氨酸和 NO 水平以及 l-精氨酸与不对称二甲基精氨酸比率之间是否存在可能的相关性。共52 例(男 22 例,女 30 例,平均年龄:75.2 岁±10.1 岁)和 48 名健康人对照组(男 13 例,女 35 例;平均年龄:60.1 岁±7.92 岁)参与实验。记录和评估的危险因素包括患者的年龄、性别、血脂水平、血清不对称二甲基精氨酸水平、硝酸盐与亚硝酸盐比率、L-精氨酸、L-精氨酸与不对称二甲基精氨酸比率、沉降率、C-反应蛋白(CRP)、尿素和肌酐水平以及肾小球滤过率(eGFR)。结果显示:患者平均血清不对称二甲基精氨酸水平为0.48±0.23 μM,对照为 0.36±0.18 μM。患者组平均 NO 水平为 2.78±0.59 μM,对照为 4.49±2.84 μM。患者组不对称二甲基精氨酸水平显著高于对照组(P=0.011);患者 NO 水平明显低于对照组(P<0.001)。因此,得出结论:血清一氧化氮合酶抑制剂不对称二甲基精氨酸水平升高可能是缺血性脑卒中的独立危险因素[10]。

5. 血小板和一氧化氮生物转化在缺血性脑卒中中的作用

缺血性脑卒中仍然是全球每年报告的第五大死因。内皮功能障碍表现为一氧化氮生物利用度降低,导致血管张力增加、炎症和血小板活化,仍然是心血管疾病的主要原因之一。此外,缺血性脑卒中期间 NO 生物利用度的时间波动表明其在脑血流量调节中起关键作用。一些数据表明,NO 可能负责维持缺血半暗带内的脑血流量,以减少梗死面积。几年前,血小板 NO 生成在血栓形成中的抑制作用被发现,这开启了血小板源性一氧化氮作为血小板负反馈调节因子的广泛研究时代。最近发现了内皮型一氧化氮合酶的表达的两个人类血小板亚群(分别为 eNOS 阳性和 eNOS 阴性血小板)。eNOS 阴性者不能产生 NO,从而减弱其环磷酸鸟苷(cGMP)信号通路,促进黏附和聚集,而 eNOS 阳性者则限制血栓的形成。不对称二甲基精氨酸是一种竞争性 NOS 抑制剂,是一种独立的心血管危险因素。除血浆池引起的损伤外,不对称二甲基精氨酸的过量产生可增加血小板活化并引起内皮损伤。研究发现血小板中多种 eNOS 的表达及其在血栓形成中发挥调节作用。NOS 抑制剂的研究,提高了对血小板和 NO 生物转化在缺血性脑卒中发病机制和临床过程中的作用机制的认识,为研究缺血性急性心血管事件的转化医学开辟了新的篇章[11]。

6. 血小板膜仿生磁性纳米载体在缺血性脑卒中早期靶向给药及一氧化氮原位生成中的应用

急性缺血性脑卒中的早期诊断和治疗是一个重大的挑战,因为它的突发性和非常短的治疗时间窗口。人内源性细胞衍生的仿生药物载体比人工载体具有更高的生物安全性和靶向性,为脑卒中的治疗提供了新的选择。受天然血小板及其在血栓形成过程中靶向粘附到受损血管的作用的启发,一项研究制备了一种仿生纳米载体,其中包含装载有 L - 精氨酸和 γ - 用于血栓靶向输送 L - 精氨酸和原位生成一氧化氮(NO)的 Fe_2O_3 磁性纳米颗粒。结果表明,构建的 200 nm 磁性纳米颗粒继承了血小板膜仿生磁共振膜的天然特性,并在外磁场的引导下实现了对缺血性脑卒中病变的快速靶向作用。在血栓部位释放 L - 精氨酸后,内皮细胞产生 NO,促进血管舒张,破坏局部血小板膜仿生磁共振聚集。磁性纳米颗粒对脑卒中病变的快速靶向性以及原位生成 NO 促进血管舒张、血流恢复和脑卒中微血管的再灌注效果明显。因此,这些血小板膜仿生磁共振膜衍生的纳米载体在诊断和治疗上有利于脑卒中病灶的定位,是一种很有前途的治疗方法[12]。

三、抗氧化剂对脑缺血再灌注损伤的防护

脑卒中和心肌梗死是世界上最常见的死亡和致残原因之一。这些疾病背后的缺血

性损伤是复杂的,涉及许多生物功能之间复杂的相互作用,包括能量代谢、血管调节、血液动力学、氧化应激、炎症、血小板活化和组织修复。目前首选的药物治疗是及时给缺血组织补充血液;但是再灌注可能通过一种称为缺血/再灌注损伤的过程对组织造成额外的损伤。因此,通过提供神经和血管保护以及针对缺血中的多种抗氧化物质来补充再灌注的新药正受到越来越多的关注。有证据表明,急性缺血性脑卒中后立即产生的活性氧迅速增加,迅速毁灭了抗氧化防御体系,造成进一步的组织损伤。这些活性氧能损伤细胞大分子,导致自噬、凋亡和坏死。此外,血流的快速恢复增加了组织氧合水平,并导致第二次 ROS 生成,从而导致再灌注损伤。目前保护大脑免受严重脑卒中损害的措施还不够。因此,研究减少氧化损伤的抗氧化策略至关重要。抗氧化剂维生素 C 和维生素 E、多酚、白藜芦醇、黄嘌呤氧化酶抑制剂、别嘌呤醇以及其他抗氧化剂策略在脑卒中中的应用已经广泛开展。最新研究数据表明,用 SOD 和过氧化物酶清除自由基,可以有效地减少脑缺血再灌注损伤。从植物中提取的天然抗氧化剂,银杏提取物 EGb761 和茶多酚,也证明对缺血再灌注脑损伤具有显著保护效果。抗氧化剂可以通过清除活性氧自由基保护大脑神经元免受缺血再灌注损伤,可以通过血脑屏障到达脑组织起到保护作用。我们实验室研究了山楂黄酮和在沙鼠脑缺血再灌注损伤中对 NO 调节作用和对沙鼠脑缺血再灌注损伤的保护作用及其机制[13]。

1. 山楂黄酮对脑卒中缺血再灌注脑组织中产生一氧化氮的清除作用

我们用 ESR 自旋捕集法检测了脑卒中缺血再灌注过程中产生的 NO[5]。与缺血再灌注过程中 ROS 升高相比,NO 的产量在缺血再灌组与阴性对照组相比降低了 19.17%($P>0.05$)。山楂黄酮预处理 15 天显著升高了缺血再灌注后大脑中 NO 的产量,低剂量和高剂量山楂黄酮组一氧化氮的产量与缺血再灌注组相比分别升高了大约 44.6% 和 77.5%。NO 在这两组中的产量甚至高于阴性对照组中 NO 的产量。山楂黄酮预处理能剂量依赖性地降低硝酸盐/亚硝酸盐水平。低剂量组和高剂量组中硝酸盐/亚硝酸盐含量与缺血再灌注组相比分别降低了 20.1% 和 34.6%,但仍然显著高于阴性对照组的含量。

缺血再灌注后,分别测量了缺血再灌过程中产生的 ROS,脑匀浆的脂质过氧化水平,脑匀浆的抗氧化能力(或脑匀浆中的抗氧化剂水平),以评价缺血再灌注手术中活性氧对脑组织的损伤效果。缺血再灌注手术 1 h 后,ESR 试验表明,与阴性对照组相比,缺血再灌组中捕集的 ROS 升高了约 36.89%。与缺血再灌注组相比,抗氧化剂山楂黄酮预处理 15 天,低剂量组和高剂量组中,ROS 分别显著降低了 17.3% 和 31.1%。高剂量组中 ROS 的产量甚至低于阴性对照组,但是差异性不显著。缺血再灌注后脂质过氧化水平用 TBARS 的含量表示。结果表明,缺血再灌注损伤使脑匀浆中的 TBARS 水平与阴性对照组相比升高了 74.04%,口服山楂黄酮 15 天,剂量依赖性降低了 TBARS 水平。与单纯缺血再灌注组相比,在低剂量和高剂量处理组,TBARS 水平分别降低了 24.2% 和 47.3%。

为了更准确地评价山楂黄酮对缺血再灌注脑损伤效果,进一步检测了缺血再灌手术 1 h 后脑匀浆的抗氧化水平,测定了脑组织对 $O_2^-\cdot$ 自由基和羟基自由基的清除效果。光照核黄素实验表明,缺血再灌注组脑匀浆清除 $O_2^-\cdot$ 自由基的能力比阴性对照组显著下降了 35%。山楂提取物处理 15 天,低剂量和高剂量对脑匀浆清除 $O_2^-\cdot$ 的能力与单纯的缺血再灌注组相比分别显著性升高了 21.28% 和 46.81%。高剂量处理组清除 $O_2^-\cdot$ 的能力甚至显著性大于阴性对照组。对羟基自由基的清除能力与清除 $O_2^-\cdot$ 能力类似,缺血再灌注组脑匀浆对羟基自由基的清除能力与阴性对照组相比降低了 29.73%($P <$ 0.05)。与缺血再灌注组相比,用山楂黄酮预处理 15 天,缺血再灌注后脑匀浆的清除羟基的能力在低剂量组升高了 9.5%($P >$ 0.5),但无显著性差异。高剂量处理组清除羟基的能力显著性升高了 30.0%。

大脑中各部分对缺血再灌注损伤的敏感性不同,海马 CA1 区神经元对缺血尤其敏感,5 min 缺血就可造成 CA1 区细胞的不可逆性损伤。在缺血再灌注组,CA1 区神经元几乎全部消失了,活体神经元仅为(12±7)个细胞/mm²,与之相比,阴性对照组 CA1 区活体细胞数为(270±30)个细胞/mm²。与缺血再灌注组相比,山楂提取物预处理显著增加了 CA1 区成活神经元数量,在低剂量组和高剂量组 CA1 区神经元数量分别为(129±64)个细胞/mm 和(254±35)个细胞/mm。在高剂量组和阴性对照组之间无显著性差异。

在细胞凋亡过程中,细胞内 DNA 内切酶会被激活,降解基因组 DNA,检测缺血再灌注后海马区大锥体神经元的凋亡。结果显示,阴性对照组海马组神经元没有特异性染色,缺血再灌注后,几乎所有 CA1 区细胞被缺血再灌注引起 CA1 区大锥体神经元大量凋亡。在缺血再灌注损伤脑片中,与 CA1 区相比,CA2 区神经元部分凋亡,CA3 区凋亡神经元只有少部分凋亡,CA4 区和海马部位几乎没有细胞凋亡。同时,在缺血再灌注脑片 CA1 区神经元中,部分神经纤维显示断裂 DNA 碎片,是一种凋亡神经元特有的现象,进一步提示缺血再灌注后神经元 DNA 的断裂至少部分是由凋亡引起的。山楂黄酮预处理剂量依赖性减少了切片中凋亡神经元的数目。

电子显微镜检测了缺血再灌注手术 3 天后,海马 CA1 区神经元的状态。阴性对照组海马 CA1 区神经元的细胞核细胞核膜完整,DNA 均匀地分布于核中。与阴性对照组相比,多数缺血再灌注组海马 CA1 区神经元细胞核表现出典型的凋亡细胞的特征,细胞核皱缩,DNA 凝聚在核膜附近。低剂量处理组 CA1 区细胞核部分表现出的凋亡细胞特征,部分细胞核 DNA 均匀地分布于细胞核内,细胞核膜基本完整,但是与核膜相连的内质网膨胀。高剂量处理组 CA1 区神经元大部分形态完好,DNA 均匀地分布于细胞核内,表现出正常细胞特征,极少数神经元表现出的凋亡细胞特征。电子显微镜结果进一步表明,山楂黄酮预处理可以保护海马 CA1 区神经元免受缺血再灌注损伤引起的神经元凋亡。

海马 CA1 区神经元对于缺血再灌注损伤十分敏感。用尼氏染色,TUNEL 标记,透射电子显微镜检测了山楂黄酮对缺血再灌注后 CA1 区神经元的保护作用。用山楂提取物预处理 15 天,与缺血再灌注组相比,低剂量和高剂量山楂黄酮处理组海马 CA1 区存活神经元数量显著增加了 43.34%(低剂量组)和 89.63%(高剂量组)。实验证明,在山楂黄酮处理组,缺血再灌注引起的凋亡细胞数量剂量依赖性地减少,在高剂量山楂黄酮处理组海马 CA1 区几乎没有凋亡细胞。透射电子显微镜实验检测证明缺血再灌注组 CA1 区神经元细胞核凝聚于核膜周围,表现出明显凋亡特征,而山楂黄酮处理组凋亡细胞明显减少。结果说明,缺血再灌注手术引起了海马 CA1 区大锥体细胞神经元的特异性损伤,凋亡细胞数量增加,成活细胞减少,而山楂黄酮对缺血再灌注损伤有明显的保护作用。

缺血再灌注手术使大脑产生的 ROS 显著增加,脂质过氧化水平显著升高,脑匀浆的抗氧化能力则显著性降低。表明缺血再灌注损伤使大脑活性氧增加,氧化了细胞内的脂类成分,在拮抗 ROS 的同时,脑组织中的抗氧化剂含量降低了。用山楂黄酮处理 15 天剂量依赖性降低了 ROS 的产生,抑制了 TBARS 含量的升高,提高了脑组织的抗氧化能力。山楂黄酮可以清除 $O_2^-\cdot$、羟基等自由基,抑制脂质过氧化和低密度脂蛋白的氧化,提高体内的维生素 E 水平。实验结果表明,山楂黄酮可以穿过血脑屏障,降低活性氧对脑组织的氧化损伤。对大脑氧化损伤的保护作用,可能是通过山楂黄酮直接对活性氧的清除作用产生的,也可能是通过提高维生素 E 等内源性的抗氧化剂产生的。

用 RT - PCR 试验检测沙鼠大脑海马组织中 iNOS 的 mRNA 水平。在阴性对照组中 iNOS 的 mRNA 也有比较低的表达,这可能与缺血再灌过程中的阴性对照组手术损伤有关。在缺血再灌注组 iNOS 的 mRNA 大量表达,山楂提取物处理剂量依赖性降低了 iNOS 的 mRNA 表达水平。

缺血再灌注损伤 48 h 后海马区 NFκB p65 和 TNF - α 的蛋白质水平在阴性对照组中 NFκB p65 显示构成型表达,缺血再灌注损伤显著性增加了 75% 左右的 NFκB p65 表达水平。山楂提取物处理剂量依赖性降低了 NFκB p65 的表达水平,其中高剂量组的表达水平与缺血再灌注组相比有显著性差异,与阴性对照组相比差异不显著。TNF - α 的蛋白质水平也表现出相似的趋势。TNF - α 在阴性对照组中也有表达,但表达量比较低,可能是由于缺血再灌手术引起的。在缺血再灌注损伤组中,TNF - α 的蛋白质水平显著性升高一倍以上。山楂提取物处理剂量依赖性降低了 TNF - α 的蛋白质水平,其中高剂量组与缺血再灌注组相比有显著性差异。

该研究证明,天然抗氧化剂——山楂提取物能够减轻缺血再灌注对大脑的损伤,这种保护作用可能是通过活性氧和一氧化氮相关途径实现的。山楂提取物对大脑缺血再灌注损伤的显著保护作用表明,这种历史悠久的用于心脏相关疾病的药物,对脑相关疾病也有临床价值。

2. 黄芩苷临床疗效和药理作用

黄芩苷是一种具有多种药理活性的植物黄酮类葡萄糖醛酸苷。黄芩苷具有抗氧化、抗炎、舒张血管、抗血小板、抗凝、保护心肌等多种功效,已被临床用于治疗脑卒中、心肌梗死和糖尿病并发症。在过去的 30 年里,临床和药理学研究积累了大量的证据,不仅证明了这些治疗效果,而且对黄芩苷在人体和动物模型中的药代动力学行为、治疗概况和作用模式也提供了重要的见解。药物改性和新的给药方法导致了黄芩苷的新衍生物和新剂型的开发,其生物利用度、疗效和安全性都得到了提高。近年来有关黄芩苷的文献,在全面了解黄芩苷的药理活性、作用机制、毒性及治疗缺血、糖尿病并发症和其他慢性疾病的潜力有了很多报道[14]。

3. 4-甲氧基苯甲醇对脑缺血再灌注损伤后神经血管单位的保护作用

4-甲氧基苯甲醇(4-MA)是大茴香醛中的有效物质,具有抗氧化性质。脑缺血再灌注损伤是缺血性脑卒中恶化的主要原因。考虑到脑缺血再灌注损伤病理过程的复杂机制,大多数药物只能作用于一个靶点。从神经保护到整体稳定的神经保护在维持脑微环境方面起着重要作用,这将促进神经元存活和神经系统的整体恢复,从而降低死亡率。已有研究表明,4-甲氧基苯甲醇能改善神经功能评分和脑梗死体积。研究探讨了4-甲氧基苯甲醇对大鼠大脑中动脉闭塞/再灌注损伤后从神经保护到整体稳定的神经保护微环境的改善作用。在建立大鼠大脑中动脉闭塞模型中,采用免疫荧光和透射电镜等方法评价4-甲氧基苯甲醇对神经血管的保护作用。在原代皮层神经元缺氧葡萄糖剥夺再氧合模型中,观察4-甲氧基苯甲醇对神经元的抗氧化和抗凋亡作用。结果发现,4-甲氧基苯甲醇可改善从神经保护到整体稳定的神经保护超微结构改变,4-甲氧基苯甲醇通过增强标志性神经元蛋白-微管相关蛋白-2 的表达和抑制胶质纤维酸性蛋白的表达来保护神经血管单位。此外,在体外缺血再灌注损伤的氧糖剥夺与再给氧模型中,4-甲氧基苯甲醇显著升高超氧化物歧化酶(SOD)、一氧化氮(NO)、B 细胞淋巴瘤-2(Bcl-2)、Bcl-2 相关蛋白(Bax)降低和 Bcl-2/Bax 升高。因此得出结论：4-甲氧基苯甲醇可通过改善神经血管单位微环境发挥抗缺血性脑卒中药物的作用,其神经保护作用可能与抑制抗氧化和抗凋亡活性有关[15]。

4. 喝茶能够减少脑卒中的死亡率

茶是继水之后世界上最常饮用的饮料,也是美国饮食中咖啡因和抗氧化多酚的主要来源。一项综述评估了长期饮用茶和(或)咖啡对健康的影响。喝茶,尤其是绿茶,可以显著降低脑卒中、糖尿病和抑郁症的风险,改善血糖、胆固醇、腹部肥胖和血压水平。在大型流行病学研究中,习惯性饮用绿茶可降低全因死亡和心血管死亡的死亡率。此外,绿茶摄入量与心力衰竭、脑卒中、糖尿病和某些癌症的风险呈负剂量依赖关系。令人惊讶的是,咖啡和茶可以降低房性和室性心律失常的风险。然而,高剂量的咖啡因会增加焦虑、失眠、钙流失,可能还会增加骨折的风险。因此茶通常可以被推荐作为成人饮食中促进健康的添加剂。对于喝茶和喝咖啡的人来说,充足的钙摄入量可能特别重要[16]。

另一项流行病学研究表明,喝茶能轻微降低血压。有两项研究,以确定红茶和绿茶是否能降低脑卒中易发性自发性高血压大鼠的血压。雄性大鼠($n=15$)在腹腔内植入血压传输器后恢复2周。将大鼠分为3组:对照组饮用自来水30 ml/d;红茶多酚组饮用含茶红素3.5 g/L、茶黄素0.6 g/L、黄酮0.5 g/L、儿茶素0.4 g/L的水;绿茶多酚组饮用含有3.5 g/L儿茶素、0.5 g/L黄酮和1 g/L多聚黄酮的水。采用遥测系统测量血压,每5 min一次连续记录24 h。在白天,红茶多酚组和绿茶多酚组组的收缩压和舒张压显著低于对照组。检测主动脉组织中过氧化氢酶和磷酸化肌球蛋白轻链(MLC‐p)的蛋白表达。绿茶多酚显著增加主动脉中过氧化氢酶的表达,红茶多酚和绿茶多酚组显著降低磷酸化肌球蛋白轻链的表达。结果表明,红茶和绿茶多酚通过其在脑卒中易发性、自发性高血压大鼠中的抗氧化特性来降低血压升高。此外,由于实验中使用的多酚类物质的量相当于大约1升茶中所含的多酚类物质,因此经常饮用红茶和绿茶也可能对人体高血压起到一定的保护作用[17]。一些关于绿茶消费与心血管疾病风险之间关系的统计研究结果显示,每天饮用5杯或更多绿茶与心血管疾病和各种原因的死亡率呈负相关。在心血管疾病死亡率中,观察到脑卒中死亡率的最强负相关。

血管内皮功能、大动脉的弹性以及反射波的大小和时间是心血管功能的重要决定因素。几项流行病学研究表明,经常食用富含黄酮类化合物的食物和饮料,可以降低患高血压、冠心病、脑卒中和痴呆等多种疾病的风险。内皮功能受损与衰老直接相关,脑灌注减少与痴呆之间存在关联。脑血流量必须保持,以确保氧气和葡萄糖的持续输送以及废物的清除。增加血流量是改善脑功能的一个潜在途径,利用膳食多酚增加脑血流量的前景非常广阔。主要的多酚类物质主要来自可可、葡萄酒、葡萄籽、浆果、茶、西红柿(多酚类和非多酚类物质)、大豆和石榴。在过去的10年里,多酚研究发生了重大的范式转变。多酚类物质是通过改善血管健康来开发针对大脑健康的新型功能性食品的重要途径[18]。

5. 虾青素对大鼠急性脑梗死的保护作用

虾青素是一种强大的抗氧化剂,广泛存在于生物体内。大量实验证明,虾青素具有清除氧自由基的作用，能保护机体免受氧化损伤。一项研究探讨了虾青素对大鼠急性脑梗死模型的影响及其可能机制。采用雄性 SD 大鼠随机分为假手术组、模型组和虾青素治疗组（20、40、80 mg/kg）。评估神经系统检查、脑水肿率和组织病理学变化。此外测试了一些用于生化分析的氧化应激标记物，并用实时聚合酶链反应方法检测了神经营养因子基因的表达。结果表明，与模型组相比，虾青素治疗可显著降低神经功能缺损评分和脑水肿发生率。虾青素能提高脑组织过氧化氢酶、超氧化物歧化酶、谷胱甘肽过氧化物酶活性，降低丙二醛含量。虾青素处理后脑源性神经营养因子和神经生长因子 mRNA 表达增加。这些结果表明，虾青素能改善急性脑梗死，抑制氧化应激，上调脑源性神经营养因子和神经生长因子 mRNA 的表达[19]。

另外一项研究旨在进一步探讨虾青素对原代培养大鼠皮质神经元氧化应激毒性和局灶性脑缺血再灌注损伤的保护作用。虾青素在 $250 \sim 1\,000$ nM 浓度范围内减轻 50 μm H_2O_2 诱导的细胞活力丧失。500 nM 虾青素预处理可显著抑制 H_2O_2 诱导的细胞凋亡，并恢复线粒体膜电位的水平。在体内，虾青素可预防大鼠大脑中动脉闭塞 2 h 和再灌注 24 h 所致的脑缺血损伤。缺血前 5 h 和 1 h 2 次灌胃给予虾青素预处理可显著减少梗死体积，改善神经功能缺损，且呈剂量依赖性。虾青素预处理 80 mg/kg 可明显改善神经元损伤。以上结果提示，虾青素预处理对脑缺血再灌注损伤具有明显的保护作用，其抗氧化活性可能是其部分原因[20]。

还有一项研究探讨了虾青素预处理对成年大鼠脑缺血损伤的保护作用。给大鼠灌胃虾青素 7 天（每天 1 次），最后一次给药后 1 h 行大脑中动脉阻断术。结果发现，虾青素可预防神经功能缺损，减少脑梗死体积。为了评估这种保护机制，还检测了脑组织的自由基损伤、抗氧化基因表达、细胞凋亡和再生。结果表明，其作用机制与抑制活性氧、激活抗氧化防御途径、抑制细胞凋亡及促进神经再生有关。虾青素不改变体重，保护作用呈剂量依赖性。这些数据表明，虾青素预处理可通过多种机制保护脑组织免受缺血相关损伤，提示虾青素可能对易受或易发生缺血事件的患者具有显著的保护作用[21]。

四、L-精氨酸-抗氧化剂配方对脑卒中的预防治疗作用

以上讨论了一氧化氮和抗氧化剂对脑卒中的预防和治疗作用，那么，两者结合起来会有什么样的结果呢？我们研究了不同剂量 L-精氨酸-抗氧化剂配方对脑卒中动物模型和细胞模型的防护作用。本实验主要分为两部分，分别从在体和离体水平，实验结果说明，L-精氨酸-抗氧化剂配方可以有效改善因脑卒中导致的脂质氧化产物积累的现象，对神经细胞脑卒中氧化应激损伤具有保护作用。

L-精氨酸-抗氧化剂配方是以 L-精氨酸、L-谷氨酰胺，牛磺酸、维生素 C（L-抗坏

血酸)、维生素 E(dL－α－生育酚醋酸酯、辛烯基琥珀酸淀粉钠、二氧化硅)、柠檬酸锌、硒化卡拉胶为主要原料。每 100 g 含：L－精氨酸 28 g、L－谷氨酰胺 14.58 g、牛磺酸 26 g、维生素 C 6.88 g、维生素 E 1.66 g、锌 0.35 g、硒 1.69 mg。L－精氨酸能有效提高免疫力、促进免疫系统分泌自然杀伤细胞、吞噬细胞等内生性物质,有利于对抗癌细胞及预防病毒感染,还有助于将血液中的氨转变为尿素而排出体外。所以,精氨酸对高氨血症,肝脏机能障碍等有改善作用。L－谷氨酰胺可参与消化道黏膜蛋白构成成分氨基葡萄糖的生物合成,从而促进黏膜上皮组织的修复,有助于溃疡病灶的消除。同时,它能通过血脑屏障促进脑代谢,提高脑功能,是脑代谢的重要营养剂。维生素 C 为抗体及胶原形成,苯丙氨酸、酪氨酸、叶酸的代谢,铁、碳水化合物的利用,脂肪、蛋白质的合成,维持免疫功能,保持血管的完整,促进非血红素铁吸收等所必需。同时维生素 C 还具备有抗氧化,抗自由基,抑制酪氨酸酶的形成等功能。维生素 E 可通过保护 T 细胞、保护红细胞、抗自由基氧化、抑制血小板聚集从而降低心肌梗死和脑梗死的危险性。已有研究证明,当脑梗死发生时,机体处于氧化应激状态,不能及时的清除因脑梗死而产生的大量自由基,因此,维生素 C、E 在对抗脂质过氧化反应中不断被消耗。本实验主要分为两部分,分别从在体和离体水平,研究了不同剂量 L－精氨酸－抗氧化剂配方对脑卒中动物模型和细胞模型的防护作用。在动物实验中,测定了脑卒中小鼠脑内细胞凋亡、神经元形态与结构及炎症因子的表达变化,并以丙二醛、超氧化物歧化酶、还原型谷胱甘肽的含量为指标,考察 L－精氨酸－抗氧化剂配方对小鼠脑卒中后氧化应激损伤的改善作用。在细胞实验中,检测了氧糖剥夺再灌注细胞活力,并以丙二醛、超氧化物歧化酶、还原型谷胱甘肽的含量为指标,考察 L－精氨酸－抗氧化剂配方对脑卒中细胞模型氧化应激损伤的防护作用。

下面对实验方法和结果进行详细介绍。

1. 实验方法

(1)动物脑卒中模型构建及分组：自河北医科大学动物中心购买 20～25 g 雄性 BaLb/c 小鼠 50 只,随机为 5 组,分别为假手术对照组、脑卒中模型组、L－精氨酸－抗氧化剂配方预防脑卒中模型组(L－精氨酸－抗氧化剂配方预防组分为低剂量 L－精氨酸－抗氧化剂配方组、中剂量 L－精氨酸－抗氧化剂配方组和高剂量 L－精氨酸－抗氧化剂配方组),每组 10 只。分笼饲养,自由饮水、饮食。其中,低剂量组以 0.1 mg L－精氨酸－抗氧化剂配方/(g・d)灌胃,中剂量组以 0.5 mg L－精氨酸－抗氧化剂配方/(g・d)灌胃,高剂量组以 2.5 mg L－精氨酸－抗氧化剂配方/(g・d)灌胃,假手术组与模型组灌胃相同体积的水,连续灌胃 30 d。造模前 12 h 断食不断水,第二天灌胃 1 h 后进行造模。采用反复脑缺血再灌注模型,即双侧颈总动脉阻断血流 10 min,恢复灌流 10 min,再次阻断 10 min 的方法。再灌注 24 h 后取小鼠大脑皮质,组织匀浆,测定 MDA、SOD、GSH 的含量,及炎症基因 IL-1β、TNF-α、IL-6 的表达变化。取全脑进行冷冻切片,冠状切,片厚 15 μm,原位末端标记法(TUNEL)染色观察大脑皮质细胞凋亡情况,尼氏染色观察海马区神经元的形态和结构。

(2)细胞脑卒中模型的构建及分组:本实验利用 SH-SY5Y 细胞构建氧糖剥夺再灌注(OGD/R)模型,将细胞分为对照组、对照加 L-精氨酸-抗氧化剂配方组、氧糖剥组、氧糖剥加 L-精氨酸-抗氧化剂配方组。其中,加 L-精氨酸-抗氧化剂配方组后,氧糖剥组换为 DMEM 无糖细胞培养基,转移至二氧化碳培养箱中,调整箱内的气体成分为 95% N_2、5% CO_2、1% O_2,培养 5 h。5 h 后取出细胞,向相应的细胞培养皿中加入等量的完全培养基,复氧再培养 18 h,进行相关检测。

(3)细胞凋亡的测定:按 TUNEL 试剂盒说明书进行试剂配制,用标准的荧光过滤装置在 520±20 nm 的荧光下观察绿色荧光。

(4)尼氏染色:根据操作流程,树胶封片,放置通风橱晾干后,进行切片扫描和图像采集。

(5)炎症因子的测定:利用实时荧光定量 PCR(qPCR)测定炎症因子 mRNA 表达。使用实时 PCR 仪,采用两步法进行扩增测定。

(6)细胞活力(MTT)的测定:根据试剂盒说明配制 MTT 比色法操作,检测 575 nm 处吸光值。

(7)丙二醛(MDA)含量的测定:按 MDA 试剂盒说明书进行各成分试剂的配制和测定。测定各样品在 450 nm、532 nm 和 600 nm 处的吸光值。

(8)超氧化物歧化酶(SOD)含量的测定:按 SOD 试剂盒说明书进行配制和测定,在 560 nm 处测定吸光值。

(9)谷胱甘肽(GSH)含量的测定:按试剂盒提供试剂盒说明书进行配制在 412 nm 处测定吸光值。

2. 实验结果

(1)在体水平,L-精氨酸-抗氧化剂配方对脑卒中小鼠的预防作用研究

1)L-精氨酸-抗氧化剂配方对脑卒中小鼠皮质细胞凋亡的影响:由图 11-3 可以看出,与对照组相比,脑卒中小鼠皮质区出现细胞凋亡,低剂量 L-精氨酸-抗氧化剂配方处理组小鼠皮质区细胞凋亡数明显减少,且 3 种剂量组均对细胞凋亡有缓解作用。由此表明,L-精氨酸-抗氧化剂配方能降低小鼠脑卒中的风险(图 11-3)。

2)L-精氨酸-抗氧化剂配方对脑卒中小鼠海马神经元形态和结构的影响:图 11-4 可以看出,对照组小鼠海马 CA3 区的神经元结构完好,排列规则紧密,脑卒中模型组

对照组　　　　　　　　　　　　模型组

低剂量组　　　　　　　中剂量组　　　　　　　高剂量组

图 11－3　L-精氨酸-抗氧化剂配方对小鼠皮质细胞凋亡的影响

神经元排列松散,结构不完整。L-精氨酸-抗氧化剂配方预处理后,神经元形态和结构得到恢复,且低、中剂量组效果最为明显。说明不同剂量的 L-精氨酸-抗氧化剂配方均能不同程度的保护小鼠的神经元。

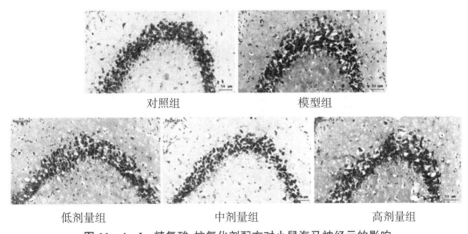

对照组　　　　　　　　　　　　模型组

低剂量组　　　　　　　中剂量组　　　　　　　高剂量组

图 11－4　L-精氨酸-抗氧化剂配方对小鼠海马神经元的影响

3) L-精氨酸-抗氧化剂配方对脑卒中小鼠皮质中 IL－1β 水平的影响：由图 11－5 可以看出,与对照组比,模型组小鼠皮质中 IL－1β 水平显著上升,说明模型组小鼠脑内炎症水平增加;与模型组相比,低剂量 L-精氨酸-抗氧化剂配方处理组小鼠皮层中 IL－1β 水平明显降低。并且 L-精氨酸-抗氧化剂配方处理各组 IL－1β 表达水平均不同程度地发生降低。

4) L-精氨酸-抗氧化剂配方对脑卒中小鼠皮质中 TNF－α 水平的影响：由图 11－6 可以看出,与对照组比,模型组小鼠皮质中 TNF－α 水平明显上升。与模型组相比,低

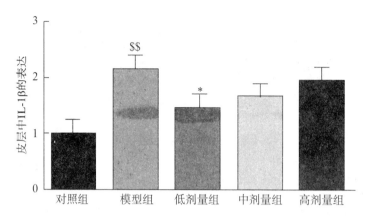

图 11 - 5　小鼠皮质中 IL - 1β 的表达
$\$\$$ 为 $P<0.01$，与对照组相比
* 为 $P<0.05$，与模型组相比

剂量 L-精氨酸-抗氧化剂配方处理组小鼠皮质中 TNF - α 水平明显降低，并且 L-精氨酸-抗氧化剂配方处理各组 TNF - α 表达水平均不同程度地发生降低。

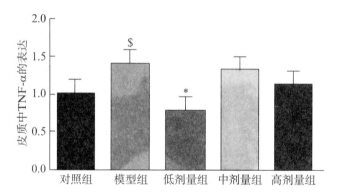

图 11 - 6　小鼠皮质中 TNF - α 的表达
$\$$ 为 $P<0.01$，与对照组相比
* 为 $P<0.05$，与模型组相比

　　5）L-精氨酸-抗氧化剂配方对脑卒中小鼠皮质中 IL - 6 水平的影响：由图 11 - 7 看到，L-精氨酸-抗氧化剂配方处理对于脑内 IL - 6 的表达水平没有明显变化。

　　综上说明，L-精氨酸-抗氧化剂配方具有降低脑卒中小鼠大脑皮质中 IL - 1β、TNF - α 水平，减小炎症反应对脑组织损伤的作用，对神经元起到防护作用。

　　6）L-精氨酸-抗氧化剂配方对脑卒中小鼠皮质中丙二醛（MDA）含量的影响：由图 11 - 8 可知，与对照组比，模型组小鼠皮质中 MDA 含量明显升高；与模型组相比，低剂量 L-精氨酸-抗氧化剂配方处理组小鼠皮质中 MDA 含量明显降低。且不同剂量组处理，MDA 含量均发生不同程度的降低。

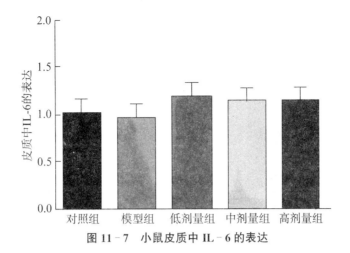

图 11 - 7　小鼠皮质中 IL - 6 的表达

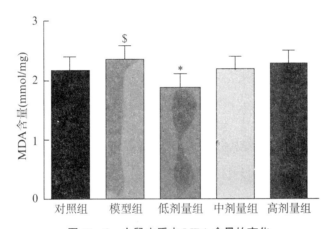

图 11 - 8　小鼠皮质中 MDA 含量的变化

$ 为 $P<0.05$,与对照组相比
* 为 $P<0.05$,与模型组相比

7）L-精氨酸-抗氧化剂配方对脑卒中小鼠皮质中超氧化物歧化酶（SOD）含量的影响：由图 11 - 9 可知,与对照组比,模型组小鼠皮质中 SOD 水平显著下降;与模型组相比,低剂量 L-精氨酸-抗氧化剂配方处理组小鼠皮质中 SOD 水平极显著升高,说明低剂量处理对其具有防护作用。

8）L-精氨酸-抗氧化剂配方对脑卒中小鼠皮质中还原型谷胱甘肽（GSH）含量的影响：由图 11 - 10 可知,与对照组比,模型组小鼠皮质中 GSH 含量显著降低;不同剂量 L-精氨酸-抗氧化剂配方处理,GSH 含量均升高。其中,中剂量组与模型组相比,GSH 明显升高。说明 L-精氨酸-抗氧化剂配方能增强神经细胞的抗氧化应激能力,起到防护作用。

（2）离体水平,L-精氨酸-抗氧化剂配方对脑卒中细胞实验的预防作用研究

1）L-精氨酸-抗氧化剂配方对氧糖剥夺再灌注细胞活性（MTT）的影响：如图 11 -

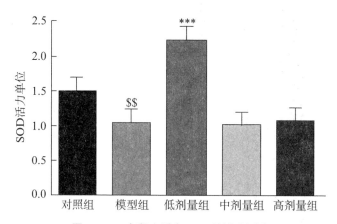

图 11-9 小鼠皮质中 SOD 的活力测定

$$ 为 $P<0.01$，与对照组相比
*** 为 $P<0.05$，与模型组相比

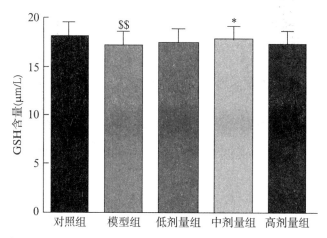

图 11-10 小鼠皮质中 GSH 含量的变化

$$ 为 $P<0.01$，与对照组相比
* 为 $P<0.05$，与模型组相比

11 所示,经氧糖剥夺再灌注后,氧糖剥夺 5 h/再灌注 18 h 0 μg/ml 细胞活力下降约 30%,$P<0.01$,表明该组相比于对照组 0 μg/ml 具有显著下降。而在给予 L-精氨酸-抗氧化剂配方处理后,氧糖剥夺 5 h/再灌注 18 h 800 μg/ml 组具有明显的好转趋势,细胞活性明显上升。氧糖剥夺 5 h/再灌注 18 h 100 μg/ml 组相比于氧糖剥夺 5 h/再灌注 18 h 0 μg/ml 也具有好转趋势,但无明显差异。

2) L-精氨酸-抗氧化剂配方对氧糖剥夺再灌注细胞内丙二醛(MDA)含量的影响: 选取 MTT 检测结果中具有显著性差异的 800 μg/ml 剂量组以及具有好转趋势的 100 μg/ml 剂量组进行细胞内 MDA 含量的检测。如图 11-12 所示,经氧糖剥夺再灌

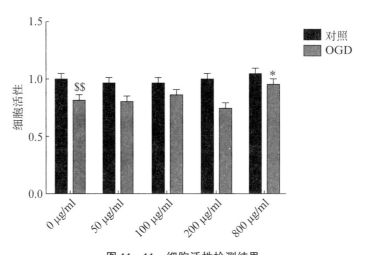

图 11-11 细胞活性检测结果

$\$\$$ 为 $P<0.01$，与对照 0 μg/ml 相比

$*$ 为 $P<0.05$，与 OGD 5 h/R18 h 0 μg/ml 相比

注处理后，氧糖剥夺 5 h/再灌注 18 h 0 μg/ml 组细胞中 MDA 含量相比于对照组 0 μg/ml 显著升高。而氧糖剥夺 5 h/再灌注 18 h 800 μg/ml 组对细胞具有保护作用，MDA 含量相比于氧糖剥夺 5 h/再灌注 18 h 0 μg/ml 组明显下降，且具有显著性差异。

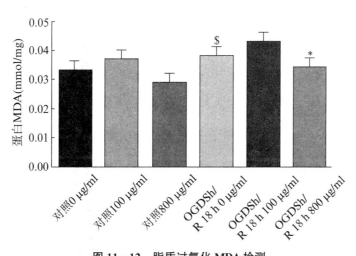

图 11-12 脂质过氧化 MDA 检测

$\$$ 为 $P<0.01$，与对照相比；$*$ 为 $P<0.05$，与 OGD 5 h/R 18 h 0 μg/ml 相比

3）L-精氨酸-抗氧化剂配方对氧糖剥夺再灌注细胞内超氧化物歧化酶（SOD）含量的影响：如图 11-13 所示，经氧糖剥夺再灌注后，氧糖剥夺 5 h/再灌注 18 h 0 μg/ml 组细胞内 SOD 含量相比于对照组 0 μg/ml 明显减小，且具有极显著性差异。氧糖剥夺 5 h/再灌注 18 h 100 μg/ml 组相比于氧糖剥夺 5 h/再灌注 18 h μg/ml 组具有上升趋势

但无显著性差异。氧糖剥夺 5 h/再灌注 18 h 800 μg/ml 组相比于氧糖剥夺 5 h/再灌注 18 h 0 μg/ml 组明显升高,且具有显著性差异。

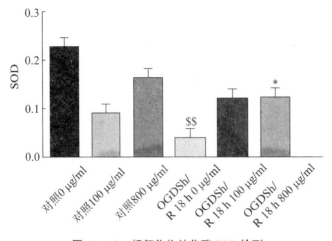

图 11 - 13 超氧化物歧化酶 SOD 检测

$ 为 $P < 0.01$,与对照相比;* 为 $P < 0.05$,与 OGD 5 h/R 18 h 0 μg/ml 相比

4)L-精氨酸-抗氧化剂配方对氧糖剥夺再灌注细胞内还原型谷胱甘肽(GSH)含量的影响:如图 11 - 14 所示,经氧糖剥夺再灌注后,氧糖剥夺 5 h/再灌注 18 h μg/ml 组细胞内 GSH 含量相比于对照组 0 μg/ml 明显减小,且具有极显著性差异。氧糖剥夺 5 h/再灌注 18 h 100 μg/ml 组相比于氧糖剥夺 5 h/再灌注 18 h 0 μg/ml 组有明显升高的现象。氧糖剥夺 5 h/再灌注 18 h 800 μg/ml 组相比于氧糖剥夺 5 h/再灌注 18 h 0 μg/ml 组明显升高,且具有显著性差异。

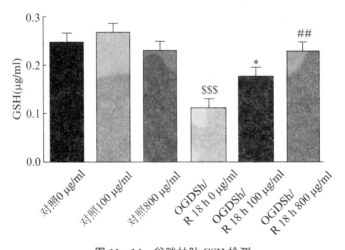

图 11 - 14 谷胱甘肽 GSH 检测

$ 为 $P < 0.01$,与对照相比;* 为 $P < 0.05$,与 OGD 5 h/R 18 h 0 μg/ml 相比

3. 讨论与结论

本实验分为两部分,分别通过动物实验和细胞实验,从在体和离体水平探究了 L-精氨酸-抗氧化剂配方对脑卒中的防护作用。研究了 L-精氨酸-抗氧化剂配方对小鼠反复脑缺血再灌注模型的细胞凋亡、脑组织病理形态学变化,大脑皮层中 IL-1β、TNF-α 和 IL-6 水平,SOD、MDA 和 GSH 含量变化的影响,显示 L-精氨酸-抗氧化剂配方可减少细胞凋亡,减轻神经元的损伤,降低脑组织中 IL-1β 和 TNF-α 水平,减轻炎症反应,抗氧化应激能力提高,保护神经元,减轻脑组织神经细胞的损伤,其中以低剂量 L-精氨酸-抗氧化剂配方组为最佳。其次,通过氧糖剥夺再灌注 SH-SY5Y 细胞的活性及细胞内氧化代谢产物的含量显示,L-精氨酸-抗氧化剂配方可提高细胞活力,具有保护细胞免受脑卒中损伤的能力。其中 800 μg/ml 剂量为最佳,100 μg/ml 次之。且在剂量为 800 μg/ml 的细胞内 MDA 含量显著降低,且 SOD 和 GSH 明显升高,说明 L-精氨酸-抗氧化剂配方可有效改善因脑卒中导致的脂质氧化产物积累的现象,对神经细胞脑卒中氧化应激损伤具有保护作用。但 L-精氨酸-抗氧化剂配方的使用量对在体和离体实验有着不同的效果,具体机制尚有待进一步研究。

参 考 文 献

［1］ ZHAO Bao-lu. "Double Edge" Effects of Nitric Oxide Free Radical in Cardio-Brain-Vascular Diseases and Health Studied by ESR. Chinese Journal of Magnetic Resonance, 2015, 32, 195—207.

［2］ Chen XM, Chen HS, Xu MJ, et al. Targeting reactive nitrogen species: a promising therapeutic strategy for cerebral ischemia-reperfusion injury. Acta Pharmacologica Sinica, 2013, 34: 67—77.

［3］ Willmot M, Gray L, Gibson C, et al. A systematic review of nitric oxide donors and L-arginine in experimental stroke, effects on infarct size and cerebral blood flow. Nitric Oxide, 2005, 12: 141—149.

［4］ Prinz V, Laufs U, Gertz K, et al. Intravenous rosuvastatin for acute stroke treatment. Stroke, 2008, 39: 433—438.

［5］ Zhang DL, Zhao BL. Oral administration of *Crataegus* extraction protects against ischemia/reperfusion brain damage in the Mongolian gerbils. J Neur Chem, 2004, 90: 211—219.

［6］ Beckman JS, Ischiropoulos H, Zhu L, et al. Kinetics of superoxide dismutase- and iron-catalyzed nitration of phenolics by peroxynitrite. Archives of Biochemistry and Biophysics, 1992, 298: 438—445.

［7］ 方玲,王柠,吴志英,等. 一氧化氮合酶在脑缺血再灌注中的双重作用. 中国神经免疫学和神经病理学杂志,2004,11：29—31.

［8］ Tokuno S, Chen F, Pernow J, et al. Effects of spontaneous or induced brain ischemia on vessel reactivity: the role of inducible nitric oxide synthase. Life Sci, 2002,71(6): 679—692.

［9］ Sugimoto K, Iadecola C. Effects of aminoguanidine on cerebral ischemia in mice: comparison between mice with and without inducible nitric oxide synthase gene. Neuroscience Letters, 2002,331: 25—28.

［10］ Ercan M, Mungan S, Güzel I, et al. Serum asymmetric dimethylarginine and nitric oxide levels in Turkish patients with acute ischemic stroke. Adv Clin Exp Med, 2019, 28(5): 693—698.

［11］ Bladowski M, Gawrys J, Gajecki D, et al. Role of the Platelets and Nitric Oxide Biotransformation in Ischemic Stroke: A Translative Review from Bench to Bedside. Oxid Med Cell Longev, 2020,28;2020: 2979260.

［12］ Li M, Li J, Chen J, et al. Platelet Membrane Biomimetic Magnetic Nanocarriers for Targeted Delivery and in Situ Generation of Nitric Oxide in Early Ischemic Stroke. ACS Nano, 2020,14(2): 2024—2035.

［13］ Rodrigo R, Fernández-Gajardo R, Gutiérrez R, et al. Oxidative stress and pathophysiology of ischemic stroke: novel therapeutic opportunities. CNS Neurol Disord Drug Targets, 2013,12(5): 698—714.

［14］ Wang L, Ma Q. Clinical benefits and pharmacology of scutellarin: A comprehensive review. Pharmacol Ther, 2018,190: 105—127.

［15］ He F, Dai R, Zhou X, et al. Protective effect of 4 - Methoxy benzyl alcohol on the neurovascular unit after cerebral ischemia reperfusion injury. Biomed Pharmacother, 2019,118: 109260.

［16］ Bhatti SK, O'Keefe JH, Lavie CJ. Coffee and tea: perks for health and longevity? Curr Opin Clin Nutr Metab Care, 2013,16(6): 688—697.

［17］ Negishi H, Xu JW, Ikeda K, et al. Black and green tea polyphenols attenuate blood pressure increases in stroke-prone spontaneously hypertensive rats. J Nutr, 2004,134 (1): 38—42.

［18］ Ghosh D, Scheepens A. Vascular action of polyphenols. Mol Nutr Food Res, 2009,53 (3): 322—331.

［19］ Nai Y, Liu H, Bi X, et al. Protective effect of astaxanthin on acute cerebral infarction in rats. Hum Exp Toxicol, 2018,37(9): 929—936.

[20] Lu YP, Liu SY, Sun H, et al. Neuroprotective effect of astaxanthin on H(2)O(2)-induced neurotoxicity in vitro and on focal cerebral ischemia in vivo. Brain Res, 2010, 1360: 40—48.

[21] Pan L, Zhou Y, Li XF, et al. Preventive treatment of astaxanthin provides neuroprotection through suppression of reactive oxygen species and activation of antioxidant defense pathway after stroke in rats. Brain Res Bull, 2017, 130: 211—220.

[22] 丁俊丽,贺婕,缴克华,等.L-精氨酸对大鼠局灶性脑缺血再灌注早期炎症损伤研究 [J].标记免疫分析与临床,2014,21(06):715—717.

[23] 罗龙龙.L-谷氨酰胺促进小鼠脑缺血损伤后修复的作用研究[D].上海交通大学,2019.

[24] 王月明,于振海,陈仲全,等.维生素C对衰老大鼠红细胞抗氧化能力的修复作用及其机制探讨[J].中国细胞生物学学报,2017,39(01):21—27.

[25] 白绍蓓.维生素C、E及其联合作用对体外鼠胚大脑神经细胞缺氧损伤保护作用的研究[D].天津医科大学,2004.

[26] 伊格纳罗《一氧化氮让你远离心脑血疾病》P40—45.

第十一章

一氧化氮与老年痴呆症

最新人口普查表明,现在我国 60 岁以上的老年人有 1.3 亿,到 2050 年将达到 4.39 亿,占总人口的 1/4。阿尔茨海默病和帕金森病的患病人数在 800 万以上,2010 年达到了 1 500 万以上。我国已经提前步入老龄化社会,据调查,在我国 65 岁以上人群中老年痴呆症的发病率达到 4.8％,75 岁以上为 11.5％,85 岁以上高于 30％。按照这样的发展速度,在人口老龄化和老年性疾病对社会、家庭和医学界造成巨大的压力和负担,老年痴呆症将成为我国乃至世界老年人最大的健康危险。但是,至今阿尔茨海默病的发病机制尚不完全清楚,也没有有效药物。阿尔茨海默病患者脑内一般都出现神经纤维缠绕和老年斑及淀粉样蛋白 Aβ 沉淀[1]。研究阿尔茨海默病的发病机制和寻找有效方法治疗阿尔茨海默病引起了人们广泛关注,也是科研人员和医务工作者义不容辞的任务。有证据表明,氧化应激和 NO 在阿尔茨海默病发病过程有密切联系。研究表明,抗氧化剂和一氧化氮自由基对阿尔茨海默病的预防和治疗有一定作用和对这一过程发挥调节作用。本节就这方面的研究和问题加以讨论。

一、老年痴呆症

阿尔茨海默症(Alzheimer's disease,AD)又称老年痴呆症,1906 年,德国医生阿尔茨海默发现,而取名阿尔茨海默病。阿尔茨海默病是最常见的神经退行性疾病之一,多发于老年。患者的认知、动作等一系列高级神经功能逐渐发生障碍,最终丧失生活自理能力[1]。AD是一种起病隐匿的进行性发展的神经系统退行性疾病。临床上以记忆障碍、失语、失用、失认、视空间技能损害、执行功能障碍以及人格和行为改变等全面性痴呆表现为特征,病因复杂。在多种因素(包括生物和社会心理因素)的作用下才发病。65岁以前发病者,称早老性痴呆;65岁以后发病者称老年性痴呆。AD的主要病理特征是患者大脑中出现老年斑和神经纤维缠绕以及神经元缺失。主要表现为认知功能下降、精神症状和行为障碍、日常生活能力的逐渐下降。根据认知能力和身体机能的恶化程度可以分成3个时期。轻度痴呆。表现为记忆减退,对近事遗忘突出;中度痴呆。表现为远近记忆严重受损;重度痴呆期,患者需要完全依赖照护者,严重记忆力丧失,仅存片段的记忆,日常生活不能自理,大小便失禁,呈现缄默、肢体僵直。查体可见锥体束征阳性,有强握、摸索和吸吮等原始反射。最终昏迷,一般死于感染等并发症。

老年斑主要由beta-淀粉样蛋白沉积形成[1]。Abeta由beta-分泌酶和gama-分泌酶顺序酶切跨膜淀粉样蛋白前体(APP)生成。根据gama-分泌酶切割位点的不同,可以产生不同长度的Aβ;其中长度为40个氨基酸的Aβ40和42个氨基酸的Aβ42是Aβ的主要形式,而Aβ42更易寡聚化并且毒性更大[2]。大量研究表明,Aβ诱导的神经毒性与神经元的退化和丧失紧密相关,而神经元的丧失正是导致AD一系列临床症状的原因[1,2]。因此,对Aβ神经毒性的控制是目前AD预防和治疗中的一个重要靶点。尽管Aβ神经毒性的准确机制现在仍不完全明确,很多研究显示氧化应激在Aβ诱导的细胞毒性中起重要作用[3]。Aβ诱导神经细胞增加活性氧的生成,造成线粒体功能退化、降低线粒体的膜电压并激活半胱天冬氨酸蛋白酶(caspases),最终导致神经细胞凋亡[4]。而氧化应激可以促进淀粉蛋白前β-分解酶(BACE1)和gama-分泌酶的催化亚基 早老素蛋白1(PS1)的表达从而加速Aβ从其前体APP的生成,形成恶性循环[5]。研究表明,抗氧化系统基因缺陷增加动物大脑中的Aβ沉积,而摄入抗氧化剂则减少Aβ沉积并改善动物的认知状况[6]。

二、一氧化氮自由基对老年痴呆症的双重作用

一氧化氮(NO)在许多细胞过程中起着多因素的作用。一氧化氮与阿尔茨海默病(AD)的关系在中枢神经系统中对神经保护和神经毒性的双重性质被广泛探索和揭示,一氧化氮自由基与老年痴呆症的关系是一个典型的双刃剑作用。一方面,一氧化氮是突触中的一种逆行性神经递质,参与脑血流,在神经元内信号转导中起着重要作用,从神经元代谢状态的调节到树突棘的生长。此外,NO还可以通过巯基氨基酸的S-亚硝基化对蛋白质进行翻译后修饰,这是一种调节蛋白质功能的生理机制。以上这些作用

都对脑神经具有保护作用。另一方面,在衰老和病理过程中,NO 与超氧阴离子反应生成过氧亚硝酸盐时,其行为会变得有害。这种气态化合物很容易扩散到神经元膜上,破坏脂质、蛋白质和核酸。对于蛋白质,过氧亚硝酸盐主要与酪氨酸的酚环反应,形成硝基酪氨酸,对蛋白质的生理功能产生显著影响。蛋白质硝基酪氨酸化是一个不可逆的过程,也会导致修饰蛋白的积累,从而导致神经退行性疾病阿尔茨海默病或帕金森病的发生和发展[7]。

1. 一氧化氮合酶通过调节相关 NOS 表达治疗阿尔茨海默病

一氧化氮(NO)是一种具有多种作用的气体传递素,对生物和医学产生了巨大的影响。一氧化氮在大脑中的多维神经调节作用已经被一些研究所证明,特别是对阿尔茨海默病(AD)和认知功能障碍等神经退行性疾病。研究发现 NO/cGMP 信号通路在学习记忆中起着重要作用。考虑到学习记忆过程中包括长期增强和突触可塑性在内的认知功能的早期发展,NO 起着至关重要的作用。越来越多的证据揭示了以上事实,eNOS(即内皮 NO 合酶)、神经元 NO 合酶(nNOS)和诱导型 NO 合酶(iNOS)在 AD 中的表达是学习记忆活动的主要原因。一项研究 NOS 亚型在 AD 中与 NO 平行的作用,发现 NO 通过调节相关 NOS 表达为 AD 治疗提供一条有效途径的证据[8]。

2. L-精氨酸和 NO 供体在老年痴呆中双重作用

一氧化氮(NO)是由一氧化氮合酶(NOS)旅游氨基酸 L-精氨酸合成,作为脑内的一种神经递质而备受关注。NO 能诱导认知行为,参与学习和记忆过程。有关老年痴呆症患者认知功能损害的研究报告进行了调研,发现有很多关于老年痴呆症患者认知功能损害,这些损害是由于毒性蛋白 β 淀粉样蛋白的沉积和 L-精氨酸产生 NO 在预防老年痴呆中的作用引起的研究和报告。由于毒性蛋白 β 淀粉样蛋白的沉积和损伤导致老年痴呆症的发生和发展,另外,L-精氨酸和 NO 供体在预防老年痴呆中也发挥了重要作用[9]。因此得出的结论,L-精氨酸作为 NO 供体在老年痴呆中具有双重作用。

3. 治疗阿尔茨海默病的新型磷酸二酯酶 5 抑制剂的研制

越来越多的研究表明,NO 信号通路的激活导致转录因子环腺嘌呤单磷酸反应元件结合蛋白(CREB)的磷酸化可以改善 AD 动物模型中的神经可塑性和记忆缺陷。除了 NO 供体外,其他一些药物,如磷酸二酯酶 5(PDE5)抑制剂也被用于激活该通路和拯救记忆障碍。磷酸二酯酶 5 抑制剂,包括西地那非、他达拉非和伐地那非,由于其血管舒张特性而被用于治疗勃起功能障碍和肺动脉高压。磷酸二酯酶 5 抑制剂通过增加 cGMP 水平干扰 NO 信号通路的能力,提示磷酸二酯酶 5 抑制剂可能被用作治疗 AD 的有效治疗策略。新设计的磷酸二酯酶 5 抑制剂属于不同的化学类别,具有改进的药理学特征(例如,更高的效力、改进的选择性和血脑屏障渗透性),已在几种 AD 动物模型中进行了评估。磷酸二酯酶 5 抑制剂可以逆转年轻和老年野生型小鼠以及使用多种药物的 AD 和 tau 蛋白通路转基因小鼠模型的认知缺陷行为任务。这些研究证实了磷酸二酯酶 5 抑制剂作为认知增强剂的治疗潜力。现在一些研究小组和其他人员目前正致力于开发新的磷酸二酯酶 5 抑制剂，以改善 AD 的药效学和药代动力学特性。综上所述，NO 信号与 AD 之间的关系密切，磷酸二酯酶 5 抑制剂可以改变 NO 通路，从而改善学习和记忆。现在磷酸二酯酶 5 抑制剂治疗 AD 正在进行临床前和临床评价[10]。

4. 一氧化氮的失调是阿尔茨海默病神经元功能障碍的基础

压力是一种多模态的反应，涉及众多身体系统的协调，以最大限度地提高生存的机会。然而，应激反应的长期激活通过活性氧和活性氮的产生导致神经元氧化应激，从而导致抑郁症的发展。应激性抑郁与阿尔茨海默病（AD）和痴呆等其他神经系统疾病具有高度的共病性，常作为这些疾病最早可观察到的症状之一出现。此外，压力和（或）抑郁似乎会加重与儿茶酚胺能信号功能失调相关的 AD 患者的认知障碍。鉴于在抑郁症和 AD 的病理生理学中有许多同源通路，应激诱导的氧化应激干扰，尤其是 NO 信号，是导致神经退行性变的重要机制[11]。

5. 一氧化氮和活性氮氧化应激在阿尔茨海默病中的作用

一氧化氮是大脑中神经元和内皮细胞产生的一种信号分子。NO 是由 L-精氨酸和氧通过 3 种一氧化氮合酶合成的：神经型 nNOS、内皮细胞型 eNOS 和诱导型 iNOS。内皮 NO 在血管系统中起血管舒张剂的作用，在阿尔茨海默病的病理条件下神经元型 nNOS 产生时起神经递质的作用。NO 与超氧阴离子 O_2^- 快速反应生成过亚硝酸基（$ONOO^-$），半衰期 <1 s，$ONOO^-$ 是一种有效的氧化剂，是活性氮氧化应激的主要成分。在高浓度（>100 nm）下，$ONOO^-$ 可以对分子进行均裂或异裂裂解，产生 NO_2^+、NO_2 和 OH. 等高活性氧化物和活性氮氧化应激的次级组分。高活性氮氧化应激可引起一系列氧化还原反应，引发细胞凋亡，对神经元和内皮细胞产生细胞毒作用。NO 的功能以及 $NO/O_2^-/ONOO^-$ 诱导的氮氧化应激在 AD 病神经元和内皮细胞变性中发挥着重要作用[12]。

6. 一氧化氮可能是阿尔茨海默病认知损害的诱导因子

阿尔茨海默病（AD）是一种典型的中枢神经系统退行性疾病。一般来说，严重 AD 患者常伴有认知功能障碍。少突胶质细胞是中枢神经系统中的髓鞘形成细胞，髓鞘损伤可能与 AD 的认知功能障碍有关，通过影响少突胶质细胞，通过单羧酸转运体 1 的能量传递机制对轴突和髓鞘产生影响。有趣的是，发现了一种新的细胞信号传导模型——轴突-髓鞘突触。在这个模型的背景下，很可能建立了一种新的途径，NO 可以通过下调单羧酸转运体 1 的表达来影响 AD 的发病机制。因此，它可能为 AD 的治疗提供有吸引力的潜在药物靶向效应[13]。

7. 阿尔茨海默病增加内源 iNOS 表达和 NOS 活性

在阿尔茨海默病患者脑组织中有 3 种不正常 NOS(eNOS、eNOS 和 iNOS)表达,并且产生的 NO 增加。内皮细胞不仅是第一个被确认的控制血管的舒张功能和血流的主要舒张因子,而且与脑血管功能和认知有密切联系。以前的研究表明,内皮细胞能够影响突出体可塑性、线粒体生成和神经祖细胞功能,说明内皮细胞控制神经细胞功能的作用是复杂的,是连接神经血管和神经功能的关键分子。这在发病机制中是否具有重要意义,或仅仅是发病后引起的后果还不得而知。在转人 Aβ 前体蛋白 APP 基因小鼠、散发型阿尔茨海默病患者和电解大鼠脑质应激模型分析 eNOS 和 iNOS 表达,都发现星形细胞明显增加这两种 NOS 表达。在阿尔茨海默病患者和转基因小鼠 eNOS 表达星形细胞数多于 iNOS 表达星形细胞数。这些高表达的 eNOS 和 iNOS 的星形细胞在阿尔茨海默病患者及转基因小鼠总是直接与 Aβ 沉淀相连,于大鼠脑皮质层在应激位置附近发现。这些结果表明,在星形细胞的高表达 eNOS 和 iNOS 是与 APP 高表达或 Aβ 沉淀密切相关的,NOS 表达改变是阿尔茨海默病病理的一部分,可能是在 APP 病理之后而不是神经退行过程的早期表现[14]。

8. 阿尔茨海默病患者 nNOS 表达对神经元的影响

一氧化氮是一种多功能分子,由一氧化氮合酶的 3 种同工酶合成,在突触形成和潜在的神经毒素中起着信使/调节剂的作用。NOS 在阿尔茨海默病(AD)中的作用尚不清楚。例如,在 AD 中,内嗅皮质中极易发生神经退行性变的神经元 NOS 表达水平低。虽然有人认为诱导型 iNOS 在 AD 中上调,但神经型(nNOS)表达是否参与了神经退行性变的过程仍不清楚。为了更好地了解 nNOS 在 AD 发病机制中的作用,采用抗 nNOS和 PHF‐tau 抗体的免疫组化方法,对 AD 患者和对照组的内嗅皮质和海马切片进行了免疫组化分析。对海马和内嗅皮质不同区域 nNOS 表达神经元数量的半定量评估显示,AD 患者内嗅皮质第二层 nNOS 表达神经元明显缺失,海马 CA1 和 CA3 的缺失程度较轻,双重免疫标记研究显示 nNOS 与神经原纤维缠结和斑块密切相关。这些结果表明 nNOS 表达的神经元极易发生神经退行性变,可能参与 AD 的发病机制。研究发现在阿尔茨海默病患者白细胞中 nNOS 活性明显增加。内皮层的神经元在阿尔茨海默病退行性病变中是很容易受伤害的。用免疫标记实验发现,在海马区和内皮层 nNOS表达明显降低。另外还发现 nNOS 是与神经纤维缠绕和老年斑紧密相连的,这说明nNOS 的表达神经元对神经退行性病变是很敏感的,也可能在阿尔茨海默病病理过程起着重要作用[15]。

最近一项研究利用转 Aβ 线虫和转 Aβ 人神经细胞 SH‐SY5Y 作为 AD 模型研究

发现,Aβ1-40或Aβ25～35在培养海马神经元中诱导的凋亡,以及caspase活力的升高,诱导型一氧化氮合酶(iNOS)和一氧化氮(NO)生成增加。NOS内源抑制剂不对称二甲基精氨酸(ADMA)在这2个模型体系中表达量明显增加,而且ADMA处理能够明显加剧Aβ诱导的线虫的瘫痪和增加转Aβ基因人神经细胞的氧化应激水平,说明抑制一氧化氮产生可能与AD的病理有关[16]。

9. 胃肠道肠神经系统产生一氧化氮引起脑功能失调

调节内源性一氧化氮(NO)水平的波动是正常生理功能所必需的。肠道微生物群、一氧化氮和小胶质细胞可能是神经退行性疾病的先决条件。异常NO通路与许多神经系统疾病有关,包括阿尔茨海默病和帕金森病。NO在氧化和亚硝化应激中的作用机制包括与活性氧(如超氧物)反应形成高活性的过氧亚硝酸盐、过氧化氢、次氯离子和羟基自由基。NO水平通常由内源性一氧化氮合酶(NOS)调节,炎症过程iNOS参与神经退行性疾病的发病机制,高浓度NO导致轴突退行性变并激活环氧化酶引起神经炎症。NO还促使脑源性神经营养因子的分泌下调,而脑源性神经营养因子是神经元存活、发育和分化、突触形成以及学习记忆所必需的。研究发现胃肠道肠神经系统(ENS)与脑中枢神经系统(CNS)之间的通讯,通讯方式包括迷走神经、被动扩散和氧合血红蛋白载体。淀粉样前体蛋白在AD中形成淀粉样β斑块,通常由肠道细菌在胃肠道肠神经系统中表达,但当淀粉样β积聚时,会损害中枢神经系统功能。大肠杆菌和沙门氏菌是众多表达和分泌淀粉样蛋白并参与AD发病的细菌之一。肠道微生物群是调节小胶质细胞成熟和激活的关键,激活的小胶质细胞分泌大量iNOS。纠正AD中异常NO信号的药物包括NOS抑制剂、NMDA受体拮抗剂、钾通道调节剂、益生菌干预和生活方式改变,如饮食和运动都对AD的预防和治疗有一定作用[17]。

三、抗氧化剂与老年痴呆症

活性氧(ROS)和活性氮(RNS)作为有害物种和有益物种发挥着双重作用。ROS和RNS通常由严格调控的酶产生,如NO合酶(NOS)和NAD(P)H氧化酶亚型,这种方式产生的NO是有益的。ROS的过度产生(由线粒体电子传递链或NAD(P)H的过度刺激引起)导致氧化应激,这是一种有害的过程,可能是损伤细胞结构(包括脂质和膜、蛋白质和DNA)的重要介质。相反,ROS/RNS(例如超氧自由基和一氧化氮)的有益作用发生在低、中等浓度下,并且涉及细胞对伤害反应中的生理作用,例如防御传染源、许多细胞信号通路的功能以及有丝分裂反应的诱导作用。有意思的是,各种活性氧介导的行为实际上都保护细胞免受活性氧诱导的氧化应激损伤,并重建或维持"氧化还原平衡"，也称为"氧化还原内稳态"。ROS的"两面性"已经得到了很多研究的明确证实。例如，越来越多的证据表明，细胞内的ROS在诱细胞导致癌过程中充当次级信使，然而，ROS也可以诱导细胞衰老和凋亡，因此可以作为抗肿瘤物质发挥作用。ROS/RNS自由基和抗氧化剂与人类疾病的关系是复杂的，这取决于：ROS/RNS的化学和生物化学以及自由基产生的来源；自由基对DNA、蛋白质和脂质的损伤作用；抗氧化剂（如谷胱甘肽）在维持细胞"氧化还原稳态"中的作用；活性氧诱导的信号通路情况；ROS在正常生理功能的氧化还原调节中的作用，以及ROS在人类疾病和衰老的病理生理学改变中的氧化还原调节作用。特别是ROS/RNS在癌症、心血管疾病、动脉粥样硬化、高血压、缺血-再灌注损伤、糖尿病、神经退行性疾病阿尔茨海默病和帕金森病、类风湿关节炎和衰老相关的发病机制。目前争论的话题也很多，例如自由基的过度形成是组织损伤的主要原因还是下游后果的问题[18]。

1. 鞣花酸通过调节 PI3 激酶内皮型一氧化氮合酶信号通路预防大鼠痴呆

鞣花酸广泛存在于各种软果、坚果等植物组织中的一种天然多酚组分，富含鞣花酸（EGA）的膳食补充剂具有多功能的生物活性。长期给予鞣花酸可预防侧脑室注射链脲佐菌素（STZ-ICV）的阿尔茨海默病大鼠认知能力的损害。中枢注射STZ对啮齿类动物磷酸肌醇3（PI3）激酶调节的内皮型一氧化氮合酶（eNOS）活性的损害可诱发痴呆。一项研究探讨了鞣花酸对PI3激酶eNOS活性在预防STZ-ICV所致记忆障碍中的作用。利用水迷宫和高架正迷宫实验，测定脑氧化应激指标（TBARS、GSH、SOD、CAT）、亚硝酸盐、乙酰胆碱酯酶（AChE）、LDH、TNF-α对eNOS进行定量分析。每天给予鞣花酸（35 mg/k，口服）4周，可减轻STZ-ICV（3 mg/kg）引起的脑氧化应激、亚硝酸盐和肿瘤坏死因子（TNF-α）水平、乙酰胆碱酯酶和乳酸脱氢酶活性和脑组织eNOS活性下降。eNOS抑制剂 N(G)-硝基-L-精氨酸甲酯（L-NAME）（20 mg/kg，28 d）和PI3K抑制剂（5 μg/d）可明显损害了鞣花酸治疗对STZ-ICV导致的大鼠的记忆恢复作用。PI3激酶抑制剂和L-NAME还加剧脑氧化应激、TNF-α升高及乙酰胆碱酯酶和乳酸脱氢酶活性和亚硝酸盐含量减少。L-NAME增强了eNOS的表达（而不是活性增加），而PI3激酶抑制剂降低了鞣花酸引起STZ治疗大鼠脑中eNOS水平。然而，与PI3激酶抑制剂相比，L-NAME组表现出更高的认知能力。因此得出结论：鞣花酸可以通过阻断STZ诱导的大鼠脑内PI3激酶-eNOS信号的丢失而避免了记忆障碍[19]。

2. 茶多酚对老年痴呆症的预防治疗作用

人类流行病学和动物数据表明，喝茶可以降低老年痴呆症和帕金森病的发病率。特别是，其主要组分EGCG已被证明在一系列神经系统疾病的细胞和动物模型中发挥神经保护作用[20]。流行性病学研究发现,亚洲的阿尔茨海默症和帕金森发病率要比西方国家低 5～10 倍,这可能跟亚洲国家普遍饮用绿茶相关。活性氧生成和炎症的氧化应激在神经退行性疾病中起着关键作用,支持在临床上使用自由基清除剂、过渡金属(如铁和铜)螯合剂和非维生素天然抗氧化剂多酚。这些观察结果与目前的观点一致,即补充多酚可能会对老年人的认知缺陷产生积极影响。因此,绿茶多酚目前被认为是预防大脑老化过程,并在帕金森病和阿尔茨海默症等性神经退行性疾病中作为可能的神经保护剂[21]。

机体内铁的失衡与 AD 的发生密不可分,重要是铁过载导致神经细胞损伤,导致 AD 相关疾病的发生。另外,如果铁缺乏导致贫血和缺氧也与 AD 有关。我们研究了铁在 AD 的致病机理和茶多酚 EGCG 对铁失衡的调节作用。研究结果发现:茶多酚 EGCG 能够通过络合 AD 细胞中过多的铁,减少细胞所遭受的氧化损伤,从而保护细胞。我们在转入 Aβ 的 SH－SY5Y 细胞 APPsw 中加入不同浓度的 EGCG 处理 48 h,测定其 Calcein 荧光强度,其中 20 mM 的 EGCG 处理后,细胞的 Calcein 荧光强度显著高于对照细胞,表明细胞铁池里的铁明显减少,同时,EGCG 减少了 APPsw 细胞内的 Aβ 含量,还能减少 ROS 和细胞内钙含量,并且改善细胞线粒体膜电位。茶多酚 EGCG 可能通过螯合 APPsw 细胞铁池中过量的铁对 AD 预防和治疗作用[21]。

3. L-茶氨酸对 NMDA 受体导致的神经损伤的保护作用

茶氨酸是绿茶的主要呈味物质之一,具有特殊的鲜爽味,能缓解茶叶的涩味,其含量与茶叶的品质正相关,是评价绿茶品质的重要指标之一。茶氨酸占茶叶干重的 1.0%～2.0%。茶氨酸的诸多生物活性如抑制咖啡因引起的兴奋和镇静安神作用,茶氨酸具有神经保护作用。茶氨酸可以通过血脑屏障进入脑组织。茶氨酸最终在肾脏被谷氨酰胺酶分解为乙胺和谷氨酸后经尿液排出体外。经过 24 h 后,在血清、脑、肝等组织中都未检测到茶氨酸。

NMDA(N-甲基-D-天冬氨酸)受体不仅在神经系统发育过程中发挥重要的生理作用,如调节神经元的存活,调节神经元的树突、轴突结构发育及参与突触可塑性的形成等,而且对神经元回路的形成亦起着关键的作用。有资料表明 NMDA 受体是学习和记忆过程中一类至关重要的受体。但大量实验证据表明:Aβ 和 NMDA 受体引起的兴奋毒性在 AD 病理过程中有重要作用,而且 NMDA 受体的过度激活会促进 Aβ 的产生,随后又引起谷氨酸释放,导致神经元死亡。我们研究发现茶氨酸同 NMDA 受体的抑制剂和 NO 合酶的抑制剂一样,对细胞预处理后均减弱了谷氨酸引起的 APPsw 细胞的细胞活力降低和细胞凋亡。茶氨酸预处理细胞后,明显抑制了 APPsw 细胞中钙水平的升高;茶氨酸预处理后,同时 EGCG 减少了 APPsw 细胞内的 Aβ 含量,增加 APPsw 细胞分泌到培养基中的 Aβ1 - 40,还能显著减少 ROS 和内钙含量,增加 nNOS、减少 iNOS 的蛋白表达,明显抑制了谷氨酸引起的细胞中 P - JNK 和 caspase - 3 表达的上调,并且改善细胞线粒体膜电位和减少 APPsw 细胞凋亡[22]。

我们还研究了 L-茶氨酸对 AD 转基因(APPsw)细胞线粒体融合蛋白的影响。研究发现 Aβ 与线粒体相互作用,损伤线粒体功能,增加自由基产生。线粒体持续经历两个相反的过程:分裂和融合。这种动态平衡的破坏可能预示着细胞损伤或死亡,并可能导致神经退行性疾病。线粒体形态由调节融合和分裂事件的蛋白质控制,融合由两种外膜 GTP 酶介导,即线粒体动力相关蛋白,即有丝分裂融合蛋白 Mfn1 和 Mfn2。我们的研究结果发现,3 个月和 6 个月大的 AD 转基因小鼠海马中的 Mfn1 显著高于对照小鼠。与对照小鼠相比,3 月龄 AD 转基因小鼠海马中的 Mfn2 显著升高。在 6 个月大的小鼠中,Mfn2 的情况正好相反。6 个月大的对照组与 3 个月大的对照组相比,Mfn2 水平的差异可能是由于年龄依赖性表达。Mfn2 的显著增加表明,这些年龄段的线粒体动改变可能存在很大差异。更重要的是,我们发现这些线粒体异常在老年斑形成之前变得明显。与线粒体形态一致,Mfn1 和 Mfn2 表达的变化表明它们是线粒体形态异常的标志。这些结果表明,早期线粒体损伤可能是 AD 发病的原因。

在常规和缺氧条件下评估了几种线粒体形态相关蛋白。3 种细胞系在缺氧和不缺氧条件下处理 8 小时,然后裂解,并测定蛋白质浓度。APPsw 突变细胞的 Mfn2 和线粒体动力相关蛋白高于载体细胞。有趣的是,Mfn1 和 Mfn2 在缺氧条件下 APPsw 突变细胞和载体细胞中的表达相似。线粒体动力相关蛋白对缺氧反应强烈。我们的研究结果表明,L-茶氨酸显著增加对照细胞中 Mfn1 的表达,并显著降低 APP 过度表达和突变细胞中 Mfn2 的表达。这些数据表明,L-茶氨酸可能通过调节线粒体融合而保护线粒体免受损伤。L-茶氨酸治疗可能通过调节线粒体融合/分裂蛋白的表达而具有神经保护作用。然而,L-茶氨酸对 AD 患者的影响需要在临床试验中进一步研究[23]。

还有一项研究探讨了 L-茶氨酸对 AD 小鼠海马长时程增强和记忆的损伤的保护作用,并评估了其改善转基因 AD 小鼠记忆的潜力。最初,发现应用 L-茶氨酸促进海马突触传递,而 N-甲基-D-天冬氨酸受体和多巴胺 D1 和 D5 受体的拮抗剂以及选择性蛋白激酶 a(PKA)抑制剂可以阻断海马突触传递。L-茶氨酸还能通过多巴胺 D1/5 受体激活增强 PKA 磷酸化。L-茶氨酸不影响野生型小鼠脑片的海马长时程增强(LTP),但却能够挽救了 AD 小鼠海马 LTP 的损伤。重要的是,应用 L-茶氨酸还改善了 AD 小鼠的记忆和海马 LTP。这些结果表明,服用 L-茶氨酸可促进海马多巴胺和去甲肾上腺素的释放,并刺激 PKA 磷酸化。L-茶氨酸可能通过激活多巴胺 D1 和 D5 受体 PKA 通路,改善 AD 小鼠的记忆和海马 LTP 损伤。这些数据证明 L-茶氨酸是治疗 AD 的候选药物[24]。

4. 虾青素对 Aβ 诱导的瘫痪行为的作用

虾青素是一种脂溶性天然抗氧化剂，可以有效清除 ROS。为了测试天然抗氧化剂对 AD 线虫模型中 Aβ 诱导的瘫痪行为的作用，一项研究利用 AD 转基因线虫模型 CL2006 检测了虾青素对 Aβ 毒性的作用。同步化至 L4 的 AD 转基因线虫模型 CL2006 线虫被转移到加入不同浓度虾青素的培养基上培养，在第 4～13 天每天检测瘫痪线虫的数目。实验结果发现，在不同浓度虾青素培养基上培养的线虫与在溶剂对照组培养基上培养的线虫相比，发生瘫痪的比例均有所降低。其中，250 ng/ml 的虾青素对线虫瘫痪的抑制作用最强。在第 11 天和 13 天时，在 250 ng/ml 虾青素和对照培养基上培养的线虫的非瘫痪率分别为 78.94％和 51.59％，以及 56.76％和 29.84％。此结果显示虾青素处理对 Aβ 诱导的瘫痪病理行为具有显著的抑制作用[25]。

5. 大豆异黄酮对阿尔茨海默病神经的保护作用

大豆异黄酮对雌激素受体有一定的亲和性，又称为植物雌激素，具有抗氧化性，能增加细胞内还原型谷胱甘肽的量，抑制蛋白酪氨酸激酶的活性 此外还具有多种生理功能。大豆异黄酮对多种慢性疾病具有保护作用，如动脉硬化，一些与雌激素缺乏的疾病和激素依赖的乳房癌和前列腺癌。在神经系统中能抑制 $Aβ_{25～35}$ 在大鼠突出诱导的活性氧过度生成，减少神经细胞凋亡。我们研究发现大豆异黄酮能抑制 Aβ 导致的海马细胞的凋亡，抑制 $Aβ_{25～35}$ 导致的海马细胞内活性氧的积累和细胞内自由 Ca^{2+} 浓度的增加，减少 $Aβ_{25～35}$ 导致的 DNA 的片段化以及 Caspase - 3 的激活[26]。

近年来，人们对大豆作为神经保护营养物质在阿尔茨海默病治疗中的应用产生了兴趣；大豆异黄酮作为大豆植物化学物质，被认为是一种生物活性成分，对神经退行性疾病有一定的治疗作用。在认知健康的老年人中，与安慰剂治疗相比，大豆异黄酮治疗与改善非语言记忆、构建能力、语言流利性和加快灵活性有关。一项研究发现大豆异黄酮对东莨菪碱所致小鼠遗忘的神经保护作用。该研究用 30 天研究了大豆异黄酮对东莨菪碱所致的小鼠记忆障碍的神经保护作用，并阐明了其作用机制。在目标位置识别任务和 Morris 水迷宫试验中，大豆异黄酮(40 mg/kg)对东莨菪碱处理小鼠的认知能力有明显改善。大豆异黄酮(40 mg/kg)能显著增强东莨菪碱小鼠海马胆碱能系统功能，抑制氧化应激水平。此外，大豆异黄酮(40 mg/kg)治疗可显著上调海马细胞外信号调节激酶(ERK)和脑源性神经营养因子(BDNF)表达水平。综合以上结果，大豆异黄酮对东莨菪碱所致认知功能障碍有显著的神经保护作用，提示大豆异黄酮可能是治疗阿尔茨海默病等神经退行性疾病的良好候选药物[27]。

6. 尼古丁对 Aβ -诱导海马细胞凋亡的保护作用

我们研究发现尼古丁对羟基自由基和超氧阴离子自由基有很好的清除作用，而且明显高于维生素 C,对烟气自由基也有一定的清除作用。这些结果暗示:尼古丁可能是一种潜在的有药用价值的抗氧化剂。我们研究了尼古丁对 Aβ-诱导海马细胞凋亡保护作用。体外的细胞模型(原代海马神经元培养)可以帮助人们认识尼古丁对 Aβ 诱导海马细胞凋亡的机制。作者实验室研究了尼古丁对 Aβ 诱导海马细胞凋亡过程 ROS 和钙离子在细胞内的积累及 Caspase-3 活性的影响,并且和胆碱拮抗剂甲氨进行了比较,尼古丁可以抑制 Aβ1-40 或 Aβ25-35 在培养海马神经元中诱导的凋亡,以及 caspase 活力的升高,得到了一些有意义的结果。在 APP 转基因小鼠中尼古丁可以通过抑制 MAPK 的激活抑制 NF-κB 和 C-Myc 的活化,结果导致诱导型一氧化氮合酶(iNOS)和一氧化氮(NO)生成下调。同时发现,尼古丁对这种转基因鼠中凋亡和异常细胞周期活动有明显的抑制作用。用尼古丁喂食老年痴呆症小鼠,可以明显降低其脑组织中 Aβ 斑的沉积。发现了尼古丁通过 NO 对阿尔茨海默病的预防和治疗作用的分子机制[28]。

7. 生脉散对血管性痴呆大鼠学习记忆能力、海马一氧化氮合酶表达及神经元凋亡的影响

一项研究观察了生脉散对血管性痴呆大鼠学习记忆能力、海马一氧化氮合酶表达及神经元凋亡的影响,探讨生脉散治疗血管性痴呆的作用机制。生脉散,中医方剂名。为补益剂,具有益气生津,敛阴止汗之功效。主要成分有人参、麦冬和五味子,其中含有大量天然抗氧化剂。尼莫地平可以扩张脑血管,增加脑血流量,用于预防和治疗由于蛛网膜下腔出血,作为阳性对照。Wistar 大鼠随机分为正常对照组、假手术组、血管性痴呆模型组、生脉散大剂量组、生脉散小剂量组、钙拮抗剂尼莫地平组。后 4 组采用双侧颈总动脉阻断建立血管性痴呆大鼠模型,分别灌胃生脉散每日 10、30 g/kg 或尼莫地平每日 20 g/kg。对照组、假手术组和模型组大鼠以同样的方式给予生理盐水。采用 Morris 水迷宫实验评价大鼠学习记忆能力的改善情况,并测定治疗后海马 NOS 活性及神经元凋亡情况。结果显示:生脉散低剂量组和尼莫地平组大鼠学习记忆能力、海马 NOS 活性和神经元凋亡与血管性痴呆模型组比较有显著性差异($P<0.01$),而生脉散高剂量组与尼莫地平组比较无显著性差异($P>0.05$)。因此得出结论:生脉散能明显改善血管性痴呆大鼠的学习记忆能力,但不能完全逆转血管性痴呆的损害。生脉散的治疗作用可能与其降低海马 NOS 活性、抑制神经元凋亡有关[29]。

8. 白藜芦醇治疗阿尔茨海默病

神经退行性疾病的特点是神经系统不同区域的神经元逐渐丧失。阿尔茨海默病(AD)和帕金森病(PD)是 2 种最常见的神经退行性疾病,与这些疾病相关的症状与受神经退行性变过程影响最大的区域密切相关。尽管这些疾病的流行率很高,但目前还没有治疗这些疾病的药物。在过去几十年中,由于需要开发新的神经退行性疾病治疗方

法,几位作者研究了天然存在的分子(如白藜芦醇)的神经保护作用。白藜芦醇是一种二苯乙烯,存在于几种植物中,包括葡萄、蓝莓、覆盆子和花生。研究表明,白藜芦醇在AD和PD的实验模型中具有神经保护作用,但由于其代谢快、生物利用度低,其临床应用受到限制。在此背景下,研究表明,白藜芦醇分子的结构变化,包括糖基化、烷基化、卤化、羟基化、甲基化和异戊二烯基化,可能导致开发具有增强生物利用度和药理活性的衍生物。白藜芦醇是葡萄酒和葡萄汁中的生物活性成分。口服容易吸收,代谢后通过尿液及粪便排出。体外实验及动物实验表明,白藜芦醇有抗氧化、抗衰老、抗炎、抗癌及心血管保护等作用。

淀粉样蛋白假说认为,随着年龄的增长,中枢神经系统淀粉样蛋白的逐渐积累和沉积是阿尔茨海默病(AD)的直接原因。因此,针对衰老的分子机制可能是一种可行的治疗方法。在动物模型中,热量限制可能通过激活SIRT1基因预防包括AD等衰老疾病。哺乳动物SIRT1是将能量平衡(NAD+/NADH)与基因转录调节联系起来的脱乙酰酶。白藜芦醇是SIRT1的有效激活剂,因此可以模拟热量限制来预防衰老疾病。对轻度至中度AD患者进行了白藜芦醇的随机、双盲、安慰剂对照、Ⅱ期试验。结果发现,在脑脊液中可检测到白藜芦醇(在低纳摩尔水平)、白藜芦醇安全且耐受性良好、白藜芦醇改变了AD生物标记物轨迹,而且保持血脑屏障完整性、还能调节中枢神经系统免疫反应[30]。

另外,研究发现白藜芦醇与miRNA功能障碍相关的自噬受损已被报道与衰老和衰老相关的神经退行性疾病有关。因此,通过有效调节miRNA激活自噬可能成为预防或治疗AD的潜在靶点。越来越多的体外和体内AD模型证据表明,多酚化合物之一白藜芦醇,可在神经退行性疾病尤其是AD中发挥神经保护作用。白藜芦醇在AD预防和治疗过程中对miRNAs和自噬的调节,这将有助于建立药物干预与AD直接联系的靶点[31]。

9. 白藜芦醇在阿尔茨海默病中调节神经炎症和诱导适应性免疫

白藜芦醇是一种具有神经保护特性的天然植物雌激素。包括白藜芦醇在内的多酚化合物具有体外抗氧化、抗炎和抗淀粉样蛋白作用。对轻中度阿尔茨海默病(AD)受试者(n=119)进行为期52周的SIRT1激活剂白藜芦醇(每天两次,每次口服1克)治疗,可减轻脑脊液中Aβ40水平和日常生活活动(ADL)评分的进行性下降。在这项回顾性研究中,AD受试者脑脊液和血浆样本在Aβ42<600 ng/ml。在19位白藜芦醇治疗组和19位安慰剂治疗组中,在脑脊液和血浆样本中平行测定神经退行性疾病和金属蛋白酶(MMPs)的标志物。结果发现:与安慰剂治疗组相比,在52周时,白藜芦醇显著降低脑脊液MMP9,增加巨噬细胞源性趋化因子、白细胞介素(IL)-4和成纤维细胞生长因子(FGF)-2。与基线相比,白藜芦醇减少了血浆MMP10,降低炎症因子。简易精神状

态检查是一种用于评定老年人认知功能障碍等级的量表,具有简单、易行、效度较理想等优点,不仅可用于临床认知障碍检查,还可用于社区人群中痴呆的筛选。白藜芦醇治疗在 52 周的试验中减弱了简易精神状态检查(MMSE)评分的下降、改善了日常生活活动量表评分和脑脊液 Aβ42 水平,但没有改变 tau 水平。因此得出结论:总的来说,这些数据表明白藜芦醇降低脑脊液 MMP9,调节神经炎症,并诱导适应性免疫。SIRT1 激活可能是治疗或预防神经退行性疾病的可行靶点[32]。

10. 白藜芦醇及其衍生物紫檀烯和痴呆

白藜芦醇及其衍生物紫檀烯能够穿过血脑屏障并影响大脑活动。这些多酚对痴呆动物模型和人类受试者的病理学和认知影响有很多证据。在细胞和哺乳动物模型中的大量研究表明,白藜芦醇和紫檀烯与预防阿尔茨海默病(AD)和血管性痴呆等痴呆综合征有关。在体外和体内研究中证明的白藜芦醇和紫檀烯的神经保护活性表明,这些化合物在预防和治疗痴呆症方面具有很好的作用。与白藜芦醇相比,紫檀烯在对抗与衰老相关的大脑变化方面似乎更有效。这可能是由于与白藜芦醇的 2 个羟基相比,具有 2 个甲氧基的紫檀烯更亲油。白藜芦醇对轻度认知障碍或 AD 患者的干预试验结果并未提供神经保护或治疗效果的证据[33]。

11. 白藜芦醇对阿尔茨海默病抗氧化剂和雌激素机制的影响

一项研究观察了白藜芦醇对阿尔茨海默病(AD)小鼠抗氧化功能和雌激素水平的影响。首先,研究了白藜芦醇对 AD 小鼠模型的影响。选择 SAMP8 小鼠为模型,正常衰老 SAMR1 小鼠为对照组。将模型小鼠随机分为 3 组:模型组、高剂量组(40 mg/kg,腹腔注射)和低剂量组(20 mg/kg,腹腔注射)。在服用药物 15 天后,对小鼠进行水迷宫试验,以评估其空间辨别能力。测定超氧化物歧化酶(SOD)、谷胱甘肽过氧化物酶(GSH-Px)、过氧化氢酶(CAT)活性及丙二醛(MDA)含量。检测 SOD、GSH-Px、CAT 和血红素加氧酶-1(HO-1)mRNA 水平的变化。检测 HO-1 和由抗氧化剂蛋白解毒酶,药物转运蛋白和许多细胞保护蛋白(Nrf2)表达。其次,研究了白藜芦醇对 SAMP8 模型小鼠雌激素水平的影响。将模型小鼠随机分为 4 组:模型组、雌激素替代组(0.28 mg/kg,肌肉注射(im))、苯甲酸雌二醇组、高剂量白藜芦醇组(5 mg/kg,im)和低剂量白藜芦醇组(2.5 mg/kg,im)。小鼠每 3 天注射 1 次,持续 5 周。检测脑组织 mRNA 表达变化。检测雌激素受体 ERα、ERβ 和胆碱乙酰转移酶 ChAT 蛋白的表达。检测脑组织中 β 淀粉样蛋白(Aβ)的表达。结果发现:与对照组相比,白藜芦醇能在一定程度上改善小鼠的空间活动能力,并在 mRNA 水平上增加 SOD、GSH-Px、CAT 和 HO-1 的表达($P<0.05$)。此外,在白藜芦醇处理的小鼠脑组织中检测到 SOD、GSH-Px 和 CAT 活性以及 HO-1 蛋白水平的增强和 MDA 含量的降低($P<0.05$)。白藜芦

醇处理小鼠的细胞质 Nrf2 含量也降低,而核 Nrf2 含量和 Nrf2 的核翻译率增加($P <$ 0.05)。白藜芦醇可在 mRNA 和蛋白质水平上降低脑组织 ER β 的表达,在蛋白质水平上降低脑组织 A β 的表达。白藜芦醇还可增加脑组织 ER α 和 ChAT 的 mRNA 和蛋白表达以及雌二醇的蛋白表达。因此得出结论:白藜芦醇可通过 Nrf2/HO‑1 信号通路提高 AD 模型的抗氧化能力。此外,白藜芦醇可以提高 AD 模型中的雌激素水平。这些发现为 AD 的治疗提供了新的思路[34]。

12. 槲皮素对阿尔茨海默病的神经保护作用

槲皮素作为一种广泛存在于自然界的天然黄酮类化合物,获得深入的研究。目前已经发现它具有多重生物活性,如抗氧化、抗病毒、抗炎作用,在细胞和动物实验中可以用来治疗肝、心、脾、肺、肾、骨科疾病、神经系统疾病等。槲皮素是一种具有显著药理作用和治疗潜力的黄酮类化合物。它广泛分布于植物中,常见于日常饮食中,主要是水果和蔬菜。槲皮素的神经保护作用已在一些体外研究中报道。已经证明,它可以保护神经元免受氧化损伤,同时减少脂质过氧化。除了抗氧化特性外,它还抑制淀粉样 β 蛋白的原纤维形成,对抗细胞裂解和炎症级联途径。在这篇综述中介绍了近年来探索槲皮素与阿尔茨海默病认知能力之间关系的文献,以及槲皮素作为先导化合物在临床应用中的潜力[35]。

13. 木犀草素和 L‑茶氨酸联合应用改善大鼠阿尔茨海默病样症状

木犀草素和 L‑茶氨酸具有抗炎、抗氧化和可能的抗糖尿病活性,它们可以协同预防痴呆症。木犀草素和 L‑茶氨酸的组合协同作用,可以改善注射淀粉样 β 的大鼠的记忆功能和葡萄糖障碍。一项研究将淀粉样 β(25~35)输注到大鼠海马 CA1 区。喂食高脂饮食中同时喂食糊精(AD‑CON)、0.1%木犀草素(AD‑Lut)、0.2%L‑茶氨酸(AD‑Thea)或 0.05%木犀草素和 0.1%L‑茶氨酸(AD‑LuTh)8 周。通过水迷宫和被动回避试验确定,AD‑LuTh 通过增强海马胰岛素信号和减轻炎症来改善记忆功能:木犀草素主要通过 pAkt 增强胰岛素信号→pGSK→pTau 途径和 L‑茶氨酸主要降低肿瘤坏死因子‑α。在海马代谢组学分析中,与 AD‑CON 相比,AD‑LuTh 中脯氨酸、苯丙酮酸和去甲肾上腺素的浓度降低。与含 0.2%糊精的高脂饮食的非 AD 大鼠相比,AD‑CON 大鼠的去甲肾上腺素含量较低,而 AD‑THA 和 AD‑LuTh 抑制了去甲肾上腺素含量的降低。在基础和高胰岛素血症条件下,AD‑Lut 和 AD‑LuTh 均增加了葡萄糖输注率,降低了肝脏葡萄糖输出量,表明改善了全身和肝脏胰岛素敏感性。AD‑Lut 和 AD‑LuTh 治疗可最有效地纠正高血糖钳夹期间葡萄糖刺激的胰岛素分泌紊乱。总之,该研究证明,木犀草素和 L‑茶氨酸联合使用可能通过改善海马胰岛素信号、去甲肾上腺素代谢和减少神经炎症来预防阿尔茨海默病样症状,可能是预防和(或)延缓记忆障碍进展的一种有用的治疗方法[36]。

四、L-精氨酸-抗氧化剂配方对老年痴呆症的预防治疗作用

上面讨论了一氧化氮和抗氧化剂对 AD 的预防和治疗作用,下面讨论一氧化氮和抗氧化剂结合起来对 AD 的协同预防和治疗作用。本项目利用细胞和动物模型研究了 L-精氨酸-抗氧化剂配方对 beta-淀粉样蛋白(Aβ)毒性的影响,旨在探讨 L-精氨酸-抗氧化剂配方配方潜在的阿尔茨海默病(AD)预防作用。研究结果表明,L-精氨酸-抗氧化剂配方配方可以通过抑制氧化应激和降低 Aβ 沉积等机制抑制 Abeta 诱导的毒性作用。

随着全球人口的老龄化,AD 患病概率在世界各地都持续增长。在美国,AD 已成为 65 岁以上人群的第五大致死因素。我国近年来患 AD 的人数也显著增加。然而,目前并没有可以有效治愈或预防 AD 的药物。本项目对该配方是否对 Aβ 毒性具有抑制作用进行了研究,旨在探讨 L-精氨酸-抗氧化剂配方配方潜在的 AD 预防作用。

下面对该实验的方法和结果进行详细介绍。

1. 材料和方法

(1)L-精氨酸-抗氧化剂配方试剂配制:L-精氨酸-抗氧化剂配方是以 L-精氨酸、L-谷氨酰胺,牛磺酸、维生素 C(L-抗坏血酸)、维生素 E(dL-α-生育酚醋酸酯、辛烯基琥珀酸淀粉钠、二氧化硅)、柠檬酸锌、硒化卡拉胶为主要原料。每 100 g 含:L-精氨酸 28 g、L-谷氨酰胺 14.58 g、牛磺酸 26 g、维生素 C 6.88 g、维生素 E 1.66 g、锌 0.35 g、硒 1.69 mg。

100 gL-精氨酸-抗氧化剂配方含有生理盐水配制成悬浮液,用于细胞和动物实验。

(2)实验材料:本实验使用的主要材料为:DMEM 培养基、胎牛血清和青霉素-链霉素双抗,硫磺素 T、硫磺素 S、2',7'-二氯荧光黄双乙酸盐,3-(4,5-二甲基噻唑-2)2,5-二苯基四氮唑溴盐(MTT)细胞增殖及细胞检测试剂盒,Aβ1-42。

(3)细胞培养和处理:小鼠 N2a 细胞在含有 10% 胎牛血清和青霉素-链霉素双抗的 DMEM 中培养,维持在 37℃和 5% CO$_2$ 的环境中。细胞以不同浓度的 L-精氨酸-抗氧化剂配方处理后以 Aβ 处理 24 h,按照 MTT 试剂盒提供的方法检测细胞活性。

(4)活性氧检测:活性氧水平采取 DCFH-DA 荧光标记法测定。药物处理后,收集细胞,加入 DCFH-DA 探针在 37℃ 孵育 30 min。用预冷的 PBS 洗涤细胞并利用多功能酶标仪检测荧光强度(激发光:488 nm,发射光:525 nm)。

(5)线虫的培养和处理:AD 线虫模型 GMC101 在长有 E. coli OP50 的 NGM 培

养基（3 mg/ml NaCl，2.5 mg/ml 胰蛋白胨，17 mg/ml 琼脂，1 mM CaCl$_2$，5 mg/ml 胆固醇，1 mM MgSO$_4$，25 mM K$_3$PO$_4$ 缓冲液）上培养和传代直至实验，培养温度为16℃。药品处理前，首先对线虫进行同步化处理，在其生长至 L4 期时转移到加有不同浓度药品的 OP50 盘中，每盘 30～40 条线虫。线虫经 L-精氨酸-抗氧化剂配方预处理后被转移至 25℃诱导人类 Aβ1-42 蛋白表达，每隔 12 h 在显微镜下观察线虫并对瘫痪线虫进行计数。瘫痪线虫的标准是经轻触后仅头部可动而身体无法活动。

（6）Aβ 纤维沉积染色：线虫用 4％多聚甲醛在 4℃固定 24 h 后用 0.125％ 硫磺素 S/50％乙醇室温避光染色 2 min。清洗后置于载玻片上。在荧光显微镜下观察线虫并拍照，对咽管球前部硫磺素 S 染色阳性的 Aβ 沉积进行计数。

（7）硫磺素 T 染色：将 Aβ1-42(30 mM)与不同浓度的配方和硫磺素 T 染液(20 μM)混匀后在 37℃避光孵育。用多功能酶标仪（激发光：440 nm，发射光：480 nm）检测其荧光强度。

2. 统计分析

数据进行统计分析。$P<0.05$ 被认为具有显著性差异。

3. 结果

（1）不同浓度 L-精氨酸-抗氧化剂配方对神经细胞生存率和细胞内氧化应激的影响：首先，以不同浓度的 L-精氨酸-抗氧化剂配方（以下简称配方）处理小鼠 N2a 神经细胞 48 h，发现浓度在 2 ng/ml 至 1 mg/ml 范围内的配方对 N2a 细胞的生存没有影响，如图 12-1(A)。用该浓度范围的配方(2 ng/ml、8 ng/ml、40 ng/ml、200 ng/ml 和 1 mg/ml)对 N2a 细胞预处理 24 h 后以 Aβ 处理 24 h，诱导细胞毒性，利用 MTT 法检测细胞存活率。结果发现，在 40 和 200 ng/ml 时，配方显著抑制 Aβ 诱导的细胞毒性，如图 12-1(B)；而 8 ng/ml 以下及 1 mg/ml 以上浓度的配方对 Aβ 诱导的细胞毒性没有明显抑制作用。

为进一步明确配方抑制 Aβ 毒性的浓度范围，选取 25～400 ng/ml 的配方对 N2a 细胞预处理 24 h 后以 Aβ 处理 24 h，诱导细胞毒性，利用 MTT 法检测细胞存活率。如图 12-2(A)所示，在 50～400 ng/ml 浓度范围的配方可以有效抑制 Aβ 诱导的细胞毒性。

Aβ 处理细胞可以诱导的细胞活性氧水平增加。导致氧化应激和细胞损伤，是 Aβ 诱导细胞毒性的重要机制之一。选取 50 和 100 ng/ml 的配方对 N2a 细胞预处理 24 h 后以 Aβa 处理，以 DCFH-DA 荧光标记法测定细胞内活性氧的水平。如图 12-2(B)所示，Abeta 处理导致细胞内活性氧大幅度升高，而用 50 和 100 ng/ml 的配方与处理细胞可以显著抑制 Abeta 诱导的活性氧水平升高。因此，L-精氨酸-抗氧化剂配方(G20160036)配方可以通过降低细胞内活性氧水平而抑制 Abeta 诱导的细胞毒性。

一氧化氮——健康新动力

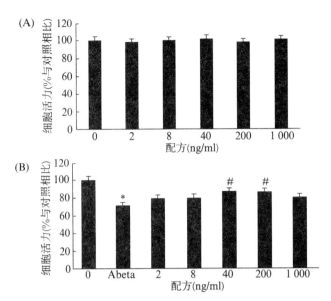

图 12 - 1　不同浓度的 L -精氨酸-抗氧化剂配方对神经细胞生存率及 Aβ 诱导的细胞毒性的影响

（A）N2a 细胞用不同浓度配方处理 48 h,（B）N2a 细胞用不同浓度配方处理 24 h 后以 Aβ 诱导 24 h,用 MTT 法检测细胞活性。* 与对照细胞相比, # 与 Aβ 处理组相比, $P < 0.01$。

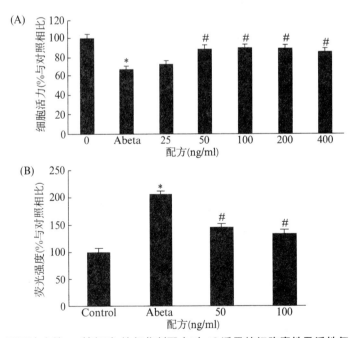

图 12 - 2　不同浓度的 L -精氨酸-抗氧化剂配方对 Aβ 诱导的细胞毒性及活性氧水平的影响

（A）N2a 细胞用不同浓度配方处理 24 h 后以 Aβ 诱导 24 h,用 MTT 法检测细胞活力。（B）N2a 细胞用不同浓度配方处理 24 h 后以 Aβ 诱导 1 h,活性氧水平采取 DCFH - DA 荧光标记法测定。* 与对照(Control)细胞相比, # 与 Aβ 处理组相比, $P < 0.01$。

222

（2）利用 AD 动物模型研究 L-精氨酸-抗氧化剂配方对 Aβ 诱导的毒性的作用：由于基因组和细胞谱系清楚和易于操作,建立在模式生物线虫中的人类疾病模型包括 AD 模型已得到越来越广泛的应用[37]。在 AD 转基因线虫模型中,人类 Aβ42 肽在线虫体壁肌肉细胞内表达并形成粥样蛋白沉积,线虫表现出肌肉麻痹和渐行性瘫痪。本研究利用温度诱导型 AD 线虫模型对配方是否抑制 Aβ 诱导的病理行为进行测试。同步化的线虫在加入不同浓度配方的培养基上培养,在不同时间对发生瘫痪和未发生瘫痪的线虫的数量进行记录。如图 12-3(A)所示,在不同浓度(0.04、0.2、1 和 5 mg/ml)培养基上培养的线虫与在对照培养基上培养的线虫相比,发生瘫痪的比例均有所降低。其中,0.2~1 mg/ml 的配方对线虫瘫痪的抑制作用效果最强,显著降低 Aβ 诱导的毒性,如图 12-3(B)。

随后,本研究对 L-精氨酸-抗氧化剂配方是否影响 Aβ 沉积进行了检测。同步化的线虫在加入配方的培养基上培养,以硫磺素 S 对 Aβ 沉积斑块进行染色,观察线虫咽管球前部硫磺素 S 染色阳性的沉积斑块,并对斑块进行计数。如图 12-4(A)所示,配方显著减少了 AD 线虫体内的沉积斑块。Aβ 的聚集是 Aβ 在体内沉积的一个前提条件。而配方有可能直接影响 Aβ 的聚集。体外实验发现,当不同浓度的配方和 Aβ 一起孵育时,配方可以显著降低 Aβ 的聚集,如图 12-4(B)。因此,配方有可能通过影响 Aβ 的聚集降低 AD 线虫体内的 Aβ 沉积和毒性。

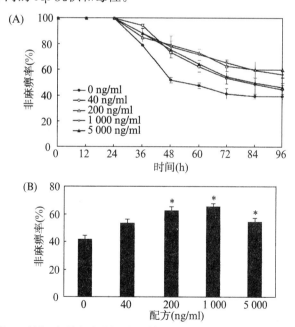

图 12-3　不同浓度的 L-精氨酸-抗氧化剂配方对转基因 AD 线虫模型中 Aβ 诱导的病理瘫痪的影响

（A）同步化至 L4 的 AD 转基因线虫 GMC101 用不同浓度的配方进行预处理后置于 25℃ 中诱导 Aβ 蛋白表达,每 12 h 检测瘫痪线虫的数目,计算非麻痹线虫所占比例。(B) Aβ 诱导 72 h 时不同浓度处理组的非麻痹率。* 与对照 AD 线虫相比有显著差异,$P < 0.05$。

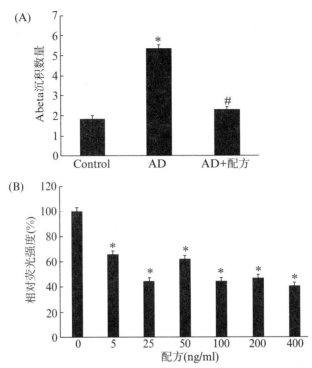

图 12-4 L-精氨酸-抗氧化剂配方对转基因 AD 线虫模型中 Aβ 沉积体外 Aβ 聚集的影响

(A) AD 转基因线虫 GMC101 用配方进行预处理后诱导 Abeta 蛋白表达,以硫磺素 S 对 Aβ 沉积斑块进行染色,对线虫咽管球前部的沉积斑块进行计数。* 与对照组(Control)相比,# 与 Aβ 诱导组(AD)相比,$P < 0.01$。
(B) 不同浓度的配方和 Aβ 一起孵育,用硫磺素 T 染色法检测 Aβ 的聚集。* 与对照组(浓度 0)相比,$P < 0.01$。

4. 讨论

本文利用神经细胞和动物模型研究了 L-精氨酸-抗氧化剂配方对 Aβ 毒性的作用。实验结果显示配方对 Aβ 诱导的细胞内氧化应激及细胞毒性具有抑制作用,并在 AD 线虫模型中显著降低 Aβ 诱导的病理特征。进一步研究发现,L-精氨酸-抗氧化剂配方可以直接抑制 Aβ 的聚集,并能够减少 AD 线虫模型中 Aβ 沉积形成的斑块数量。因此,L-精氨酸-抗氧化剂配方可以通过抑制氧化应激和降低 Aβ 沉积抑制 Aβ 诱导的毒性。

目前,配方抑制 Aβ 毒性的机制尚不完全清楚,有待进一步研究。L-精氨酸-抗氧化剂配方主要成分包括 L-精氨酸、L-谷氨酰胺、牛磺酸、维生素 C、维生素 E、柠檬酸锌、硒化卡拉胶等。L-精氨酸是 NO 合成的前体,NO 具有舒张血管和调节血压的作用,并在神经细胞生存和分化中发挥着重要作用。NO 在大脑中大量产生时,介导一系列神经病理过程,如神经退行性疾病、炎症及脑缺血-再灌注损伤等;然而研究也表明,低浓度的 NO 可以抑制氧化应激和生长因子移除诱导的神经细胞毒性[38]。细胞内抗氧化能力不足导致 AD 动物大脑中的 Aβ 沉积增加并加重神经细胞损伤[6]。研究显示,补充牛磺酸抑制 Aβ 诱导的神经元死亡并降低 AD 小鼠大脑皮质中的不溶性 Aβ 沉积。因此,配方内的这些成分可能有助于抑制 Aβ 诱导的细胞毒性和 Aβ 沉积的形成。

五、另外一个 L-精氨酸-抗氧化剂配方对老年痴呆症的预防治疗作用

以转基因细胞和线虫体系为模型,研究了虾青素与一个抗氧化剂及一氧化氮的合理搭配组合对阿尔茨海默症的防治作用。这个配方的成分包括 L-精氨酸,知母宁,山楂黄酮和虾青素等。结果发现,低浓度的 NO 可以通过降低细胞内活性氧的水平保护神经细胞,防止淀粉样蛋白野生型(APPsw)和 ApoE4 过量表达引起的损伤作用;而高浓度的 NO 可以通过增强活性氧的产生加剧神经细胞损伤。适量 NO 和虾青素与天然抗氧化剂组合对 β 淀粉样蛋白(Aβ)转基因诱导的线虫瘫痪行为具有抑制作用。虾青素和天然抗氧化剂与 NO 的合理搭配组合既可以通过显著清除 ROS 抑制 ApoE4 和 APPsw 转基因引起的细胞活力降低,又可以更好的延缓 Aβ 转基因诱导的线虫瘫痪行为。这些结果说明,虾青素和天然抗氧化剂与一氧化氮搭配可以在老年痴呆症细胞和线虫模型中抑制转基因引起的细胞和线虫的损伤,有可能对老年痴呆症具有一定的防治作用[22]。

通过以上讨论,我们可以得出结论:一氧化氮和抗氧化剂结合起来确实可以对 AD 发挥协同预防和治疗作用。

参 考 文 献

［1］　H. Querfurth and F. LaFerla：Alzheimer's disease. N Engl J Med, 2010, 362(4)：329—344.

［2］　B. A. Yankner and T. Lu：Amyloid beta-protein toxicity and the pathogenesis of Alzheimer disease. J Biol Chem, 2009, 284(8)：4755—4759.

［3］　M. A. Ansari and S. W. Scheff：Oxidative stress in the progression of Alzheimer disease in the frontal cortex. J Neuropathol Exp Neurol, 2010, 69(2)：155—167.

［4］　M. Smith, K. Hirai, K. Hsiao, et al. Amyloid-beta deposition in Alzheimer transgenic mice is associated with oxidative stress. J Neurochem, 70, (5) 2212—2215.

［5］　A. Oda, A. Tamaoka, W. Araki：Oxidative stress up-regulates presenilin 1 in lipid rafts in neuronal cells. J Neurosci Res, 2009, 88(5)：1137—1145.

［6］　M. Dumont, E. Wille, C. Stack, et al. Reduction of oxidative stress, amyloid deposition, and memory deficit by manganese superoxide dismutase overexpression in a transgenic mouse model of Alzheimer's disease. Faseb J, 2009,23(8): 2459—2466.

[7] Picón-Pagès P, Garcia-Buendia J, Muñoz FJ. Functions and dysfunctions of nitric oxide in brain. Biochim Biophys Acta Mol Basis Dis, 2019,1865(8): 1949—1967.

[8] Dubey H, Gulati K, Ray A. Alzheimer's Disease: A Contextual Link with Nitric Oxide Synthase. Curr Mol Med, 2020,20(7): 505—515.

[9] Paul V, Ekambaram P. Involvement of nitric oxide in learning & memory processes. Indian J Med Res, 2011,133(5): 471—478.

[10] Zuccarello E, Acquarone E, Calcagno E, et al. Development of novel phosphodiesterase 5 inhibitors for the therapy of Alzheimer's disease. Biochem Pharmacol, 2020,176: 113818.

[11] Spiers JG, Chen HC, Bourgognon JM, et al. Dysregulation of stress systems and nitric oxide signaling underlies neuronal dysfunction in Alzheimer's disease. Free Radic Biol Med, 2019,134: 468—483.

[12] Malinski T. Nitric oxide and nitroxidative stress in Alzheimer's disease. J Alzheimers Dis, 2007,11(2): 207—218.

[13] Luith Hj, Holzer M, Gartner U, et al. Expression of endothelial and inducible S-isoforms is incrreased in AD in APP23 transgenic mice and after experimental brain lesion in rat. Brain Research, 2001,913,57—67.

[14] Thorms V, Hansen L, Masliah E. nNOS expressiong neurons inthe entorhinal cortex and hippocampus are affected in patients with alzhemer's disease. Exper Neurol, 1998,150,14—20.

[15] Liu Q, Zhao B-L. Nicotine attenuates β-amyloid peptide induced neurotoxicity, free radical and calcium accumulation in hippocampal neuronal cultures. Brit J. Pharmocol,2004,141,746—754.

[16] Tse JKY. Gut Microbiota, Nitric Oxide, and Microglia as Prerequisites for Neurodegenerative Disorders. ACS Chem Neurosci, 2017,8(7): 1438—1447.

[17] Valko M, Leibfritz D, Moncol J, et al. Free radicals and antioxidants in normal physiological functions and human disease. Int J Biochem Cell Biol, 2007,39(1): 44—84.

[18] Kumar M, Bansal N. Ellagic acid prevents dementia through modulation of PI3-kinase-endothelial nitric oxide synthase signalling in streptozotocin-treated rats. Naunyn Schmiedebergs Arch Pharmacol, 2018,391(9): 987—1001.

[19] Mandel S A, Amit T, Weinreb O, et al. Simultaneous manipulation of multiple brain

targets by green tea catechins: a potential neuroprotective strategy for Alzheimer and Parkinson diseases [J]. CNS Neurosci Ther, 2008, 14(4): 352—365.

[20] Wan L, Nie G, Zhang J, Zhao B (2012) Overexpression of human wild-type amyloid-protein precursor decreases the iron content and increases the oxidative stress of neuroblastoma SH - SY5Y cells. Journal of Alzheimer's Disease 30: 523—530.

[21] Di, X., J. YAN, Y. ZHAO J. ZHANG, Z. SHI, Y. CHANG, B. ZHAO. L-theanine protect the APP (Swedish mutation) transgenic SH - SY5Y cell against glutamate-induced excitotoxicity via inhibition of the NMDA receptor pathway. Neuroscience, 2010,(168): 778—786.

[22] Zhaofei Wu, Yushan Zhu, Xingshui Cao, et al. Mitochondrial Toxic Effects of Aβ Through Mitofusins in the Early Pathogenesis of Alzheimer's Disease. Molecular Neurobiology, 2014,50: 986—996.

[23] Zhu G, Yang S, Xie Z, et al. Synaptic modification by L-theanine, a natural constituent in green tea, rescues the impairment of hippocampal long-term potentiation and memory in AD mice. Neuropharmacology, 2018,138: 331—340.

[24] Mengyuan Chen, Juan Zhang, Chao Li, et al. Preventive and Therapeutic Effects of Nitric Oxide and Natural Antioxidants on Alzheimer's Disease. Hans Journal of Food and Nutrition Science, 2016,5(3), 105—113.

[25] Haiyan Zeng, Qi Chen, Baolu Zhao. Genistein ameliorated β-amyloid peptide-induced hippocampal neuronal apoptosis. Free Rad Biol Med 36,180—188,2004.

[26] Lu C, Wang Y, Wang D, et al. Neuroprotective Effects of Soy Isoflavones on Scopolamine-Induced Amnesia in Mice. Nutrients, 2018,10(7): 853.

[27] Qiang Liu, Jie Zhang, Hua Zhu, et al. Dissecting the Signalling Pathway of Nicotine-Mediated Neuroprotection in a Mouse Alzheimer Disease Model. FASEB J, 2007,21: 61—73.

[28] Wu Y, Wen YL, Du L. Effect of Shengmaisan on learning and memory abilities and hippocampal nitric oxide synthase expression and neuronal apoptosis in rats with vascular dementia. Nan Fang Yi Ke Da Xue Xue Bao, 2010, 30 (6): 1327—1329,1332.

[29] Sawda C, Moussa C, Turner R S, et al. Resveratrol for Alzheimer's disease. Ann N Y Acad Sci, 2017,1403(1): 142—149.

[30] Kou X, Chen N. Resveratrol as a Natural Autophagy Regulator for Prevention and Treatment of Alzheimer's Disease. Nutrients, 2017,9(9): 927.

[31] Moussa C, Hebron M, Huang X, et al. Resveratrol regulates neuro-inflammation and

induces adaptive immunity in Alzheimer's disease. J Neuroinflammation，2017，14（1）：1.

[32] Lange KW, Li S. Resveratrol, pterostilbene, and dementia. Biofactors, 2018,44(1)：83—90.

[33] Kong D，Yan Y，He XY，et al. Effects of Resveratrol on the Mechanisms of Antioxidants and Estrogen in Alzheimer's Disease. Biomed Res Int，2019，20：2019：8983752.

[34] Khan H，Ullah H，Aschner M，et al. Neuroprotective Effects of Quercetin in Alzheimer's Disease. Biomolecules，2019,30,10(1)：59.

[35] T. Kaletta，M. O. Hengartner：Finding function in novel Targets：C-elegans as AModel Organism. Nat Rev Drug Discov，2006,5(5)：387—398.

[36] E. Ciani，S. Guidi，G. Della Valle，et al. Bartesaghi and A. Contestabile：Nitric oxide protects neuroblastoma cells from apoptosis induced by serum deprivation through cAMP-response element-binding protein（CREB）activation. J Biol Chem，2002,277：49896—49902.

[37] H. Y. Kim，H. V. Kim，J. H. Yoon，et al. Taurine in drinking water recovers learning and memory in the adult APP/PS1 mouse model of Alzheimer's disease. Sci Rep，2014,4：7467.

[38] Kaletta T, and Henger M O. Finding function in novel Targets：c-elegan as A model organ：sm. Nat. Rev，2006，Drag Discov. 5(5)：387—398.

[39] Ciani E，Guidi S，Della Valle，et al. Nitzic oxide protects nearoblastoma cells from opoptosis induced by serum Deprivation through cAMP-response element-binding prote：(CREB) activation, 2002，J Biol chem 277,49896-49902.

[40] Kim H Y，Kim H V，Yoon B R，et al. Taurine in driving water rcovers leaving and memorg in the adust APP/PS1 mouse modod of Alzaeimer's disease，2014，Sti Rep 4：7467.

第十三章

一氧化氮与帕金森病

帕金森病(PD)是最常见的神经系统变性疾病之一,是进行性疾病,老年人多见,平均发病年龄为 60 岁左右。我国帕金森病患者数量大概为 500 万,占世界上总帕金森病患者人数的一半。我国 65 岁以上人群 PD 的患病率大约是 1.7%。大部分帕金森病患者为散发病例,仅有不到 10% 的患者有家族史。帕金森病最主要的病理改变是中脑黑质部和纹状体多巴胺(DA)神经元的变性死亡,由此而引起黑质部和纹状体多巴胺含量显著性减少而致病。帕金森病的发病机制目前还不是很明确,主要观点认为与蛋白质异常聚集、线粒体功能障碍、氧化应激等相关。有证据表明,氧化应激和 NO 在帕金森病发病过程有密切联系。研究表明,一氧化氮自由基和抗氧化剂对帕金森病具有预防和治疗作用和对帕金森病发病过程产生调节作用。本节就这方面的研究加以讨论。

一、帕金森病

帕金森病,又称震颤麻痹症,因为 1817 年英国医生 James Parkinson 首先对此病进行了详细的描述而得名。临床上常表现为震颤、肌肉强直、动作迟缓和平衡障碍[1]。患者可伴有抑郁、便秘和睡眠障碍等非运动症状。包括自主神经损伤、嗅觉功能障碍、睡眠障碍、抑郁和痴呆。虽然主要的神经缺陷是黑质纹状体多巴胺能神经元的缺失,但帕金森病患者存在多种神经递质系统受损。因此多巴胺替代疗法显著改善帕金森病的运动症状。此外,针对 5-羟色胺能、谷氨酸能、腺苷和其他神经递质系统的药物可能是有益的。左旋多巴制剂是目前最有效的治疗药物,但也只能减缓症状,而不能阻止病情的发展,而且长期服用还可导致耐药性和一些不良反应。现在已经有手术治疗,效果也不错,是药物治疗的一种有效补充。随着对帕金森病研究的深入以及生物医学领域研究进展,细胞替换法、基因疗法、脑深部电刺激越来越受到人们的重视。康复治疗、心理治疗及良好的护理也能在一定程度上改善症状。目前应用的治疗手段虽然只能改善症状,但也不能阻止病情的进展,也无法治愈疾病,但有效的治疗能显著提高患者的生活质量。目前导致这一病理改变的确切病因仍不太清楚,有多种因素,如遗传因素、环境因素、年龄老化、氧化应激等均可能参与 PD 多巴胺能神经元的变性死亡过程。帕金森病中仅 5%～10%有家族史,自从第一个帕金森病致病基因 α-突触核蛋白(PARK1)的发现以来,发现大约 15%的帕金森病患者有家族史,5%～10%的患者有遗传的单基因型帕金森病。迄今为止,已发现至少 23 个帕金森病基因和 19 个致病基因,但在各种关联研究中发现了更多散发性帕金森病表型的遗传风险基因和变异。对突变蛋白产物的研究揭示了潜在的致病途径,为家族性和散发性帕金森病的神经退行性变机制提供了新的见解。目前认为,环境因素是主要的,例如吸毒者吸食的合成海洛因中含有一种 1-甲基-4苯基-1,2,3,6-四氢吡啶(MPTP)的嗜神经毒性物质。该物质在脑内转化为高毒性的 1-甲基-4苯基-吡啶离子 MPP+,并选择性的进入黑质多巴胺能神经元内,抑制线粒体呼吸链复合物 I 活性,促发氧化应激反应损伤,从而导致多巴胺能神经元的变性死亡。另外,还有一些除草剂、杀虫剂的化学结构与MPTP 相似。线粒体功能障碍可能是 PD 的致病因素之一,原发性 PD 患者线粒体呼吸链复合物 I 活性在黑质内有选择性的下降[2]。

二、一氧化氮与帕金森病的关系

一氧化氮是一种具有多种功能的信使,近年来由于其参与神经退行性疾病特别是帕金森病(PD)的研究而成为神经生物学家关注的焦点。一氧化氮在许多细胞过程中发挥着多因素的作用。一氧化氮与帕金森病(PD)的关系在中枢神经系统中对神经保护和神经毒性的双重性质被广泛探索和揭示,一氧化氮自由基与 PD 的关系也是一个典型的双刃剑作用。一方面一氧化氮作为突触中的逆行神经递质,可增加脑血流,在神经元内信号转导中起重要作用,从而调节神经元代谢状态到树突状棘生长。此外,NO 能够通过硫基氨基酸的 S-亚硝基化对蛋白质进行翻译后修饰,调节蛋白质功能的生理机制。另一方面在衰老和病理过程中,NO 与超氧阴离子反应形成过氧亚硝基,其行为会变得非常有害。这种化合物可以很容易地扩散到神经膜中,损害脂质、蛋白质和核酸。在蛋白质方面,过氧亚硝酸盐主要与酪氨酸的酚环反应,形成硝基酪氨酸,对蛋白质的生理功能有显著影响。蛋白质硝基酪氨酸酶是一个不可逆转的过程,它也会产生修饰蛋白的积累,这些蛋白的积累会加速神经退行性过程即导致帕金森病发生和发展[3]。

1. 一氧化氮在运动控制中和帕金森病病治疗的意义

一氧化氮是一种自由基,也可以作为一种非典型神经递质,影响多巴胺介导的神经传递。一氧化氮在帕金森病中运动控制的作用,特别是一氧化氮在左旋多巴诱导的啮齿动物运动障碍中的可能发挥着重要作用。根据帕金森病的经典观点,黑质致密部多巴胺能输入的缺失分别导致基底节间接和直接输出通路的过度活跃和不活跃。多巴胺前体 L-多巴(L-3,4-二羟基苯丙氨酸)诱导在相反方向的变化。左旋多巴是治疗帕金森病症状最常用的药物。然而,在用这种化合物反复治疗后,通常会出现诸如不正常的不自主运动等不良反应。最近的研究结果表明,抑制一氧化氮合酶可以减少左旋多巴诱导的大鼠和小鼠运动障碍。这种效应是剂量依赖性的,不会产生耐受性,也不会干扰左旋多巴的运动效应。临床前研究结果表明,一氧化氮是一个有希望治疗帕金森病中运动控制目标,可以减少左旋多巴诱导的运动障碍[4]。

2. 一氧化氮和活性氧在帕金森病中的作用

一氧化氮和活性氧反应产生过氧亚硝基,引起氧化应激,在帕金森病中起着损伤作用。氧化应激被认为是帕金森病几种致病假说之一。在 1-甲基-4-苯基-1,2,3,6-四氢吡啶(MPTP)模型中,利用转基因小鼠获得了氧化过程参与帕金森病发病机制的证据。MPTP 通过抑制线粒体呼吸和其他机制在细胞内和细胞外通过激活小胶质细胞内 NADPH 氧化酶增加超氧化物水平。除了超氧物外,nNOS 或小胶质细胞 iNOS 产生的一氧化氮也参与了 MPTP 的神经毒性。具有超氧物防御能力或 nNOS 和 iNOS 缺乏的小鼠不受 MPTP 毒性的影响,表明细胞内和细胞外活性氧和活性氮中间产物的形成促进了多巴胺能神经元的死亡。活性氮和活性氧的作用可能是导致帕金森病神经退行性变过程的重要基础[5]。

3. 神经元型一氧化氮合酶的调节对帕金森病治疗的临床意义

一氧化氮是一种游离的气体信号分子,参与心血管、神经和免疫系统的调节。一氧化氮的神经递质功能依赖于其生物合成酶一氧化氮合酶(NOS)的动态调节。NOS 有 3 种类型:神经元型一氧化氮合酶(nNOS)、内皮型一氧化氮合酶(eNOS)和诱导型一氧化氮合酶(iNOS)。在这 3 个 NOS 中,脑内 nNOS 以颗粒和可溶性形式存在,其亚细胞定位的差异可能是其功能多样性的原因之一。含有突触后密度蛋白结构域的蛋白质可以直接与 nNOS 的突触后密度蛋白结构域相互作用,影响酶的亚细胞分布和/或活性。在过去的几年中,越来越多的研究证明了 nNOS 在各种突触信号事件中的重要性。nNOS 参与调节学习、记忆和神经发生等生理功能,并参与许多人类疾病。nNOS 的结构特征、亚细胞定位及调控 nNOS 功能的因素,特别是 nNOS 在广泛的生理和病理条件下的作用,这些酶受复杂的表达和功能调控,包括 mRNA 多样性、磷酸化和蛋白质相互作用。NOS 亚型的 mRNA 多样性和多态性中一些基因变异与帕金森病也有关,表明 NOS 基因在病因上发挥作用。NOS 基因的差异调控和遗传异质性在 PD 病理生物学中具有重要意义[6]。

4. 兴奋毒性和一氧化氮在帕金森病发病机制中的作用

帕金森病中兴奋毒性过程的一个潜在作用已被最近的观察所证明,即在电子传递链的复合物 I 活性中似乎存在线粒体编码的缺陷。氧化磷酸化的损伤将增强对兴奋毒性的脆弱性。黑质神经元具有 N-甲基-D-天冬氨酸受体,从大脑皮层和丘脑底核向黑质输入谷氨酸。兴奋性氨基酸受体激活后,钙离子内流,随后神经元一氧化氮合酶(NO)激活,从而产生过氧亚硝酸盐。与此机制一致,1-甲基-4-苯基-1,2,3,6-四氢吡啶对小鼠和灵长类动物的神经毒性研究表明,抑制神经元 NO 合酶具有神经保护作用。利用兴奋性氨基酸受体拮抗剂的研究在小鼠中并不一致,但在灵长类动物中显示出显著的神经保护作用。这些结果为神经型一氧化氮合酶抑制剂的兴奋性氨基酸拮抗剂在帕金森病治疗中的应用提供了前景[7]。

5. 6-OHDA 通过一氧化氮-过氧亚硝基诱导大鼠帕金森病

我们分别在 PC12 和 SH-SY5Y 细胞体系研究了 6-OHDA 通过一氧化氮-过氧亚硝基诱导帕金森病的机理[8-10]。6-OHDA 处理的 PC12 细胞作为 PD 的氧化损伤模型,观察了在此过程中 6-OHDA 处理过的 PC12 细胞的形态,细胞内钙离子的时间动力学变化与凋亡的关系。结果发现 6-OHDA 的作用方式表现为明显浓度依赖和时间依赖的特点导致细胞毒性。当细胞用浓度为 250 μM 的 6-OHDA 处理 24 和 48 h 后,细胞存活率分别下降为 68.5% 和 52.5%。当用 400 μM 的 6-OHDA 处理细胞 24 和 48 h 后,细胞存活率分别下降为 53.5% 和 31.7%。我们 6-OHDA 诱导的 SH-SY5Y 细胞作为细胞模型,运用了 MTT、流式细胞术、荧光显微成像、竞争性 ELISA 和蛋白质杂交等方法研究了 SH-SY5Y 细胞的凋亡特性。结果表明,6-OHDA 对 SH-SY5Y 有时间-浓度依赖性细胞毒性,100 μM 6-OHDA 处理 24 h,细胞活力减少 50%,同时伴随着活性氧增加,线粒体膜电位降低,细胞内钙离子和一氧化氮增加,nNOS 和 iNOS 表达量上升及蛋白结合的硝基酪氨酸水平升高。

我们又在动物中研究了一氧化氮-过氧亚硝基诱导大鼠帕金森病的机理。分别采用神经毒剂 MPTP(1-methyl-4-phenyl-1,2,3,6-tetrahydropyriding)皮下注射和和手术插入右侧前脑内侧束内注射 6-OHDA 的方法进行了研究。结果发现 MPTP 诱导氧化损伤,使小鼠脑内位于线粒体外膜的单胺氧化酶上升,催化反应过程中产生 ROS,导致细胞凋亡[8]。

在注射 6-OHDA 的动物实验,将动物固定在立体定位仪上,根据大鼠脑立体定位图谱,将微量注射器插入右侧前脑内侧束内,注射 6-OHDA 8μg,缝合伤口后抗感染治疗 3 天。测试大鼠后肢为支点、首尾相连向毁损对侧旋转行为发现,6-OHDA 注射后,大鼠的旋转行为随时间的增加而递增,到 3 周时达到稳定,说明 6-OHDA 单侧注射前脑内侧束所导致的黑质致密部多巴胺能神经元的凋亡是时间依赖性的,此大鼠帕金森病模型是 6-OHDA 缓慢发生作用的结果[9]。

注射 6-OHDA 后,利用 ESR 实验表明,与阴性对照组相比,6-OHDA 注射使得中脑和黑质部内的 ROS 和 NO 自由基的含量都有所上升,而 6-OHDA 通过扩散加剧了对神经元的伤害。6-OHDA 注射后脂质过氧化水平用脂质过氧化产物含量表明,6-OHDA 的损伤使得 TBARS 水平在第一周时均高于阴性对照组,并且在中脑和海马内随时间递增而上升。在中脑和纹状体内,茶多酚预处理都使 TBARS 水平有明显的降低,并且具有时间依赖效应。进一步检测了 NO 的终产物硝酸盐/亚硝酸盐的产量表明,与阴性对照组相比,6-OHDA 注射侧中脑和纹状体内硝酸盐/亚硝酸盐显著升高,并且具有时间依赖性。

6-OHDA 注射后,中脑和纹状体内的 nNOS 和 iNOS 的蛋白质表达水平增加并且是具有时间依赖效应的。大鼠中脑和纹状体内蛋白质结合硝基酪氨酸含量与阴性对照相比,6-OHDA 可显著地升高中脑和纹状体内蛋白质结合硝基酪氨酸含量,中脑内有时间依赖效应,可能是与中脑黑质致密部神经元的缺失有关。

用免疫组化的方法观察中脑黑质多巴胺能神经元变化,结果表明,在 6-OHDA 注射 3 周后,正常组的神经元的数目比 6-OHDA 损伤侧增多,提示 6-OHDA 对中脑的多巴胺能神经元有显著的损伤作用。6-OHDA 注射后 3 周,几乎所有的脑黑质区神经元都发现多巴胺能神经元的大量凋亡,同时,在 6-OHDA 诱导凋亡的神经元中,部分神经纤维显示断裂的 DNA 碎片,进一步说明 6-OHDA 注射后神经元 DNA 的断裂至少部分是由凋亡引起的。

6-OHDA 注射手术使中脑和纹状体内的 ROS 和 NO 显著增加,脂质过氧化水平显著升高,脑匀浆的抗氧化能力则显著降低,表明 6-OHDA 的损伤选择性地使黑质和纹状体内活性氧增加,氧化了细胞内的脂类成分,同时在拮抗 ROS 的同时,脑组织中的抗氧化剂含量降低[11]。

NO 在细胞凋亡过程中起着重要的作用,参与了帕金森病多巴胺能神经元的降解。我们用 ESR 自旋捕集技术研究了 6-OHDA 处理后 NO 和其终产物硝酸盐/亚硝酸盐的浓度和NOS 的表达水平和蛋白质结合硝基酪氨酸含量。结果发现,6-OHDA 注射使 NO 和其终产物硝酸盐/亚硝酸盐的浓度均有所升高,nNOS 和 iNOS 的表达量上调,蛋白质结合硝基酪氨酸含量升高。NO 在体内有多种产生途径,其中 6-OHDA 诱导的 iNOS 活性升高,产生大量的 NO;mtNOS 也可能在氧化应激下产生大量的 NO。这些 NO 能够迅速与超氧阴离子反应,产生危害性更大的过氧亚硝基,过氧亚硝基会进一步分解产生羟基自由基。两者是体内毒性最大的活性氧之一,能通过氧化或硝化蛋白质、脂类和 DNA 而与许多生物靶分子发生反应,从而破坏其功能,可引起脂质过氧化,氧化蛋白质和非蛋白类巯基,引起芳香类物质的羟基化和硝基化,诱导 DNA 的损伤和激活 p38 MAPK 信号通路[11]。

三、抗氧化剂对帕金森病的预防治疗作用

氧化应激诱导的神经胶质细胞活化、神经炎症和线粒体功能障碍引起脑神经元发生各种分子事件,导致这些神经退行性疾病中的神经元细胞死亡。目前用于治疗 PD 的药物只能减轻这些疾病的症状,但无法阻止神经退行性变的进程。因此,发现天然药物治疗 PD 是基础科学和临床医学的一项具有挑战性的任务。近年来,人们对天然植物化学物质的兴趣日益高涨,认为植物化学物质可以降低神经退行性疾病的风险。天然抗氧化剂如黄酮类化合物等对 PD 的预防和保护作用已有很多文献报道,黄酮类化合物除了提供抗氧化和抗炎作用外,还通过激活靶向线粒体功能障碍和诱导神经营养因子的抗凋亡途径,发挥神经保护作用。黄酮类化合物等可能是预防 PD 的天然产物,并可能作为 PD 的治疗化合物。

1. 茶多酚对帕金森病的预防治疗作用

茶是世界上消费量最大的饮料之一。绿茶、红茶和乌龙茶是用同一种植物茶树制成的。绿茶对癌症、肥胖症、糖尿病、炎症和神经退行性疾病等疾病的有益作用研究最为广泛。一些观察和干预研究发现,喝茶对神经退行性损伤(如认知功能障碍和记忆丧失)有有益的影响,这些研究支持了茶对帕金森病预防作用的基础。茶多酚作为一种天然抗氧化剂,具有多种生物功能,可以穿过血脑屏障进入脑组织内而发挥神经保护作用[12]。

为了证实 NO 在茶多酚对帕金森病患者进行预防和治疗中的作用,我们分别在细胞和动物体系做了研究。我们利用了两个细胞进行研究,一个是 PC12 细胞,另一个是 SH-SY5Y。分别用 6-OHDA 处理的这两个细胞作为 PD 的氧化损伤模型,观察茶多酚的作用。我们应用 MTT、荧光显微镜、流式细胞分析和 DNA 电泳等技术方法研究了茶多酚及其单体化合物对 6-OHDA 诱导的 PC12 和细胞凋亡的神经保护作用。结果发现,茶多酚表现出明确的防止氧化应激诱导的细胞凋亡作用,特别是其主要成分 EGCG 和 ECG。茶多酚神经保护作用的一个可能靶位点是通过调节凋亡相关蛋白 Bcl-2 和 Bax 的比例,而抑制多巴胺能神经元的凋亡的发生,防止线粒体膜电位下降,降低细胞内活性氧和钙离子累积。茶多酚还可以抑制 6-OHDA 诱导 NO 含量升高和 nNOS 与 iNOS 过量表达,降低细胞内蛋白结合硝基酪氨酸水平。此外,茶多酚对 6-OHDA 自氧化有浓度-时间依赖性

抑制作用。通过本研究我们认为茶多酚可能是通过活性氧——一氧化氮途径,减少过氧亚硝基的生成来对6-OHDA诱导的细胞凋亡表现保护作用的[8,10]。

在细胞研究的基础上,我们利用6-OHDA建立半脑帕金森病大鼠模型,探讨茶多酚对其的保护作用机制。结果发现,茶多酚可以浓度和时间依赖性减轻6-OHDA诱导产生的旋转行为,茶多酚可以明显降低大鼠的旋转数,并且随时间延长其作用越发明显,提示茶多酚可以有效保护大鼠黑质致密部神经元。ESR和生化检测发现降低了中脑和纹状体中ROS和NO自由基含量,提高了抗氧化水平,减少了脂质过氧化程度、硝酸盐/亚硝酸盐含量、蛋白质结合硝基酪氨酸浓度,同时还降低了nNOS和iNOS表达水平。TH免疫染色和TUNEL染色表明,茶多酚预处理可增加黑质致密部存活神经元,减少凋亡细胞。本实验结果证明,口服茶多酚可以有效保护脑组织免于6-OHDA损伤引起的神经细胞死亡,其保护作用可能是通过ROS和NO的途径实现的[11]。

茶多酚可以抑制6-OHDA的自氧化,清除其产生的活性氧,并且下调6-OHDA诱导的nNOS和iNOS的表达水平,降低NO和蛋白结合硝基酪氨酸含量,增加细胞的抗氧化能力,可能通过其在MAPK、PKC和PI-3 kinase-Akt[9]信号通路中的作用而保护多巴胺能神经元免受6-OHDA的损伤,其具体机制还有待于深入研究。

流行病学证据显示,每天喝3杯绿茶可以降低患帕金森病的风险。维生素E、辅酶Q10以及鱼油等可能对神经元有一定的保护作用。人类流行病学和动物数据表明,喝茶可以降低老年痴呆症和帕金森病的发病率。特别是,其主要组分EGCG已被证明在一系列神经系统疾病的细胞和动物模型中发挥神经保护作用[12,13]。流行病学研究发现,亚洲的帕金森发病率要比西方国家低5~10倍,这可能跟亚洲国家普遍饮用绿茶相关。茶叶中多酚类等物质对大脑具有保护作用,对帕金森病具有防治功能。我们研究发现茶多酚通过抑制ROS-NO途径保护由6-羟多巴胺(6-OHDA)诱导的帕金森病症大鼠[14]。帕金森症源于黑质部致密层(SNc)内含有色素多巴胺的神经元细胞的不断坏死,绿茶和EGCG能有效抑制这种损伤[15-16]。

以上结果表明,茶多酚能够减轻6-OHDA诱导的对黑质致密部多巴胺能神经元的损伤,这种作用可能是通过ROS相关途径实现的,进一步证实了作者在细胞体系中得出的结论。这些研究为茶多酚的神经保护理论提供了新的观点和思路。

2. 虾青素对帕金森氏症的预防治疗作用

据报道,虾青素对帕金森病具有保护作用。研究采用1-甲基-4-苯基-1,2,3,6-四氢吡啶(MPTP)诱发PD小鼠,观察多不饱和脂肪酸Omega-3(DHA)、虾青素及DHA+虾青素对帕金森病的影响。试验结果表明,DHA-虾青素对MPTP诱导的小鼠PD有明显的抑制作用。进一步的机制研究表明,所有三种虾青素补充剂都可以抑制大脑中的氧化应激。DHA-虾青素通过线粒体介导的通路和 JNK、P38MAPK 通路抑制多巴胺能神经元凋亡的能力。在 3 个治疗组中 DHA-虾青素最强。DHA-虾青素在预防行为缺陷伴凋亡方面优于虾青素,可能为神经退行性疾病的防治提供有价值的参考[17]。

研究发现,虾青素对 MPTP/MPP+诱导的线粒体功能障碍和 ROS 产生的损伤有保护作用。虾青素是一种强大的抗氧化剂,广泛存在于生物体内。一项研究探讨了虾青素在 MPTP 诱导帕金森病(PD)小鼠模型黑质(SN)神经元凋亡中的作用,以及 1-甲基-4-苯基吡啶(MPP+)对 SH-SY5Y 人神经母细胞瘤细胞的细胞毒作用。在体外研究中,虾青素抑制 MPP+诱导的 SH-SY5Y 人神经母细胞瘤细胞内活性氧(ROS)的产生和细胞毒性。虾青素(50μM 预孵育)显著减轻 MPP+诱导的氧化损伤。此外,虾青素能增强 Bcl-2 蛋白的表达,降低 Bcl-2 蛋白的表达 α-结果提示,虾青素对 MPP+诱导的细胞凋亡的保护作用可能是通过诱导超氧化物歧化酶(SOD)和过氧化氢酶的表达,调节 Bcl-2 和 Bax 的表达,从而发挥抗氧化和抗凋亡的作用。与 MPTP 模型组相比,虾青素(30 mg/kg)预处理显著增加酪氨酸羟化酶阳性神经元,减少嗜银神经元。综上所述,虾青素对 MPP+/MPTP 诱导的 SH-SY5Y 细胞和 PD 模型小鼠黑质神经元凋亡具有保护作用。这种保护作用可能与上调 Bcl-2 蛋白的表达、下调 Bax 在黑质的表达有关。这些数据表明,虾青素可能为治疗进行性神经退行性疾病如帕金森病提供了一种有价值的治疗策略[18]。

3. 以过氧亚硝酸盐的产生和氧化活性为靶点的营养制剂可能有助于帕金森病的预防和控制

帕金森病是一种慢性低度炎症过程,激活的小胶质细胞产生细胞毒性因子,尤其是过氧亚硝酸盐,引起邻近多巴胺能神经元的死亡和功能障碍。死亡的神经元随后释放损伤相关的分子模式蛋白,如高迁移率族蛋白 1,通过一系列受体作用于小胶质细胞,放大小胶质细胞的激活。由于过氧亚硝酸盐是这一过程中的关键介质,因此提出抑制小胶质细胞产生过氧亚硝酸盐或促进清除过氧亚硝酸盐衍生的氧化剂的营养措施对预防和控制帕金森病具有价值。过氧亚硝酸盐的产生可以通过抑制小胶质细胞 NADPH 氧化酶(其前体超氧化物的来源)的激活或通过下调促进小胶质细胞表达抑制诱导型一氧化氮合酶(iNOS)的信号通路。螺旋藻藻蓝蛋白、阿魏酸、长链 ω-3 脂肪酸、良好的维生素 D 状态、牛磺酸和 N-乙酰半胱氨酸促进硫化氢生成、咖啡因、表没食子儿茶素没食子酸酯、丁酸膳食纤维和益生菌可能具有钝化小胶质细胞 iNOS 诱导的潜力。清除过氧亚硝酸盐衍生的自由基可以扩大与补充锌或肌苷。虾青素具有保护线粒体呼吸链免受过氧亚硝酸盐和环境线粒体毒素的潜在作用。营养补充剂可能被证明是有用的和可行的,可能在初级预防或缓慢进展的现有帕金森病方面发挥作用。由于环境毒素对多巴胺能神经元线粒体的损伤被怀疑在引发 PD 发病机制的炎症中起作用,因此也有理由相信,蛋白质含量适中的植物性饮食,以及富含亚精胺的玉米饮食,可能通过增强线粒体的保护性吞噬从而有效的帮助线粒体功能来防护 PD[19]。

4. 咖啡因对神经退行性疾病的神经保护作用

咖啡因是西方国家使用最广泛的精神兴奋剂,具有抗氧化、抗炎和抗凋亡的特性。在阿尔茨海默病(AD)和帕金森病(PD)患者,咖啡因对男性和女性、人类和动物都有益。然而,由于咖啡因与雌激素竞争雌激素代谢酶 CYP1A2,咖啡因对女性 PD 患者的作用存在争议。一项研究发现,咖啡因对 AD 和 PD 有保护作用,剂量相当于 $3 \sim 5$ mg/kg。但咖啡因对女性帕金森病的影响还需要进一步的研究。此外,咖啡因对其他神经退行性疾病病的影响以及对神经退行性疾病最显著的作用机制有待进一步研究[20]。

5. 白藜芦醇衍生物作为治疗帕金森病的潜在药物

神经退行性疾病的特点是神经系统不同区域的神经元逐渐丧失。帕金森病(PD)是一种最常见的神经退行性疾病,与这些疾病相关的症状与受神经退行性变过程影响最大的神经区域密切相关。尽管这些疾病的发病率很高,但目前还没有治疗这些疾病的有效药物。在过去几十年中,由于需要开发新的神经退行性疾病治疗方法,几位作者研究了天然存在的分子如白藜芦醇对神经保护作用。白藜芦醇是一种二苯乙烯,存在于几种植物中,包括葡萄、蓝莓、覆盆子和花生。研究表明,白藜芦醇在 PD 的实验模型中具有神经保护作用,但由于其代谢快、生物利用度低,其临床应用受到限制。在此背景下,研究表明白藜芦醇分子的结构变化,包括糖基化、烷基化、卤化、羟基化、甲基化和异戊二烯基化,可能导致开发具有增强生物利用度和药理活性的衍生物。因此,讨论白藜芦醇衍生物如何在寻找治疗 PD 的新药时代表活性分子具有重要意义。

一项研究探讨了白藜芦醇对帕金森病患者氧化应激、线粒体功能障碍的神经保护作用。帕金森病(PD)是第二常见的神经退行性疾病,以多巴胺能神经元丢失为特征。帕金森病的确切发病机制是复杂的,尚未完全了解,但研究已经确定线粒体功能障碍在帕金森病的发展中起着关键作用。线粒体作为胞浆活性氧(ROS)的主要产生者,一旦 ROS 生成与细胞器抗氧化系统之间出现失衡,线粒体尤其容易受到氧化应激的影响。线粒体中过量的活性氧可导致线粒体功能障碍和进一步的恶性循环。一旦损伤累积到一定程度,细胞可能会发生线粒体依赖性凋亡或坏死,导致 PD 的神经元丢失。多酚是一组天然化合物,已被证明可以预防各种疾病,包括帕金森病。其中,植物多酚白藜芦醇通过其抗氧化能力表现出神经保护作用,并提供线粒体保护。白藜芦醇还调节与抗氧化酶调节、线粒体动力学和细胞存活有关的关键基因。此外,白藜芦醇通过多种途径(包括 SIRT - 1 和 AMPK/ERK 途径)上调有丝分裂吞噬,从而提供神经保护作用。该化合物可能具有潜在的神经保护作用,需要更多的临床研究来确定白藜芦醇在临床环境中的疗效[21]。

6. 中草药产品在帕金森病治疗中的潜在作用

帕金森病(PD)是一种多因素的神经系统疾病,其中为多巴胺能神经元逐渐丧失。帕金森病患者的运动存在障碍,包括静止性震颤、僵硬、运动迟缓或运动障碍、姿势和冻结(运动阻滞)。黑质和大脑的其他部分通常受到影响。这种疾病可能与氧化应激有关,活性氧(ROS)起着重要作用。许多中草药产品含有已知具有抗氧化作用的活性成分。因此,中草药产品在治疗帕金森病中的潜在作用不能削弱。一项研究探讨了帕金森病的发病机制,确定不同潜在中草药提取物在其发病机制中的作用,这可能构成治疗的基础。还讨论了每种草药中有效治疗帕金森病的活性化合物,这些中草药包括黄芩、刺桐、白藜芦醇、骆驼蓬、姜黄(姜科)、红花、葛根、胡桃仁、天麻钩藤饮、枸杞子、木瓜(蚕豆)、中华丹、白芍。这可能有助于设计有效治疗帕金森病的未来药物[22]。

7. 槲皮素对帕金森病的治疗潜力

帕金森病(PD)是一种以黑质致密部(SNc)多巴胺能神经元进行性死亡为特征的慢性进行性神经退行性疾病。帕金森病是一种多因素疾病,有几种不同的因素被认为发挥协同病理生理作用,包括氧化应激、自噬、潜在的促炎症事件和神经递质异常。总的来说,PD可被视为环境因素在给定遗传背景下复杂相互作用的产物。这一课题的重要性已经得到更多的关注,以发现预防和治疗帕金森病的新疗法。根据以前的研究,用于治疗帕金森病的药物有明显的局限性。因此,黄酮类化合物在帕金森病治疗中的作用已被广泛研究。槲皮素是黄酮类化合物中的一种植物黄酮醇,被认为是帕金森病的补充疗法。槲皮素通过控制不同的分子途径在帕金森病中发挥药理作用。有不少研究支持槲皮素用于帕金森病临床治疗的报道。

一项研究探讨了槲皮素联合胡椒碱对鱼藤酮和补铁诱导的大鼠帕金森病的神经保护作用。帕金森病(PD)是一种由选择性多巴胺能神经元丢失引起的神经退行性疾病。鱼藤酮是一种神经毒素,可选择性破坏多巴胺能神经元,导致 PD 样症状。槲皮素具有抗氧化、抗炎和神经保护特性,但其主要缺点是生物利用度低。因此,该研究旨在评估槲皮素联合胡椒碱对鱼藤酮和补铁诱导的 PD 模型的神经保护作用。从第 1 天到第 28 天,通过腹腔途径给予鱼藤酮 1.5 mg/kg 的剂量,并在饮食中以 120 μg/g 的剂量补充铁。用槲皮素(25 和 50 mg/kg,口服)、胡椒碱(2.5 mg/kg,口服)单独、槲皮素(25 mg/kg,口服)与胡椒碱(2.5 mg/kg)进行预处理,在鱼藤酮和铁补充剂给药前 1 h 给予 i. p.)28 天。每周对所有行为参数进行评估。第 29 天,处死所有动物,分离纹状体进行生化(LPO、亚硝酸盐、GSH、线粒体复合物 I 和 IV)、神经炎症(TNF－α、IL－1β 和 IL－6)和神经递质(多巴胺、去甲肾上腺素、5-羟色胺、GABA、谷氨酸)评估。槲皮素治疗减轻了鱼藤酮和铁补充剂诱导的实验大鼠运动障碍以及生化和神经递质的改变。与单独使用槲皮素相比,槲皮素(25 mg/kg)与胡椒碱(2.5 mg/kg)的组合显著增强了其神经保护作用。这项研究得出结论,槲皮素与胡椒碱的联合使用对实验大鼠鱼藤酮和补铁诱导的 PD 具有卓越的抗氧化、抗炎和神经保护作用[23]。

铁螯合剂通过血脑屏障(BBB)可能具有治疗 PD 的临床疗效。因此,人们不仅努力提高左旋多巴的疗效,而且努力引进具有抗帕金森病和神经保护作用的药物。在这项研究中,槲皮素是一种黄酮类化合物,通过铁诱导的氧化应激依赖性凋亡途径表现出明显的神经保护作用。结果表明槲皮素显著降低了鱼藤酮诱导的帕金森病患者的过氧化氢酶活性,并表现出神经保护作用。鱼藤酮诱导的大鼠帕金森病模型产生谷胱甘肽、SOD、过氧化氢酶和血清铁浓度降低,H_2O_2 和脂质过氧化活性增加。槲皮素有效地阻止了左旋多巴的有害毒性作用,显示可以使过氧化氢酶和爬杆评分的正常化,以及神经化学参数的改善,表明对症治疗和神经保护治疗的益处。在硅分子对接研究中,槲皮素可能是芳香族 L-氨基酸脱羧酶和人儿茶酚-O-甲基转移酶的理想潜在药物靶点。槲皮素还具有很强的铁螯合能力,在帕金森病早期与左旋多巴联合应用时,可推荐作为一种疾病补充疗法[24]。

8. 槲皮素纳米晶对帕金森病 6-羟基多巴胺模型的神经保护作用

研究表明,自由基诱导的神经退行性变是帕金森病(PD)众多研究之一。槲皮素作为一种天然多酚,通过保护自由基免受损伤,在改变神经退行性疾病的进展中起着重要作用。由于其水溶性差,迫切需要制备其口服制剂。近年来,纳米晶技术作为一种有效的口服给药方法被引入临床。一项研究探讨了槲皮素纳米晶对 6-羟基多巴胺(6-OHDA)诱导的雄性大鼠帕金森样模型的神经保护作用。采用纳米悬浮液蒸发沉淀法制备槲皮素纳米晶。结果发现:服用槲皮素及其纳米晶体(10 和 25 mg/kg)可防止记忆中断,提高抗氧化酶活性(超氧化物歧化酶和过氧化氢酶)和总谷胱甘肽,降低海马区丙二醛(MDA)水平。因此得出结论:槲皮素纳米晶具有更高的生物利用度,在治疗帕金森样大鼠模型方面比单独使用槲皮素更有效[25]。

9. 益气槲皮素减轻线粒体功能障碍和神经炎症

帕金森病(PD)是一种多因素神经退行性疾病,表现为线粒体损伤和神经炎症。在东方医学中,气被定义为一种可以调节能量流动的自然力量,而在西方医学中,与线粒体产生能量很类似。槲皮素可以祛痰、止咳、平喘。此外,还具有增强毛细管血压抵抗力、降血脂、减少毛细管血管脆性、扩张冠状动脉、降血压、增加冠脉血流量的作用,对于治疗冠心病、高血压、慢性疾病有效。一项研究探讨了东方草药中的益气成分是否能激活线粒体活性。通过在线搜索几个东方医学数据库中的活性化合物,发现槲皮素是大多数益气东方草药中的主要生物活性化合物。然后研究槲皮素是否能够逆转 1-甲基-4-苯基吡啶(MPP+)诱导的线粒体功能障碍和脂多糖(LPS)诱导的神经炎症。根据复合物 1 NADH 脱氢酶活性、ATP 含量、线粒体膜电位、细胞/线粒体活性氧物种和 SH－SY5Y 细胞的耗氧率监测线粒体活性。槲皮素浓度高达 20 $\mu g/ml$ 时对 SH－SY5Y 细胞无细胞毒性。槲皮素预处理显著保护 1 mmMPP＋或 100 ng/ml LPS 处理细胞的线粒体损伤。槲皮素增加酪氨酸羟化酶和线粒体控制蛋白的表达水平。通过对注射 LPS 的小鼠脑组织切片进行免疫组织化学染色来评估槲皮素的体内效应时,槲皮素降低了注射 LPS 的小鼠海马和黑质中小胶质细胞和星形胶质细胞的激活。这些数据表明,益气槲皮素可能通过减轻线粒体损伤对神经炎症介导的神经退行性变有效[26]。

10. 姜黄素和烟酸对鱼藤酮诱导的帕金森病小鼠模型的潜在治疗作用

帕金森病(PD)是第二种常见的与年龄相关的神经退行性疾病。其特点是失去自主运动控制、静止性震颤、姿势不稳、运动迟缓和僵硬。一项研究是通过行为学、生物化学、遗传学和组织病理学观察,在帕金森病小鼠模型中评估姜黄素、烟酸、多巴胺能和非多巴胺能药物的作用。与对照组相比,鱼藤酮处理组小鼠的腺苷 A2A 受体(A2AR)基因表达、α－突触核蛋白、乙酰胆碱酯酶(AchE)、丙二醛(MDA)、血管紧张素 II(Ang II)、C 反应蛋白(CRP)、白细胞介素－6(IL－6)、半胱氨酸蛋白酶－3(Cas－3)和 DNA 断裂水平显著增加。多巴胺(DA)、去甲肾上腺素(NE)、5－羟色胺(5－HT)、超氧化物歧化酶(SOD)、还原型谷胱甘肽(GSH)、ATP、琥珀酸和乳酸脱氢酶(SDH 和 LDH)水平显著降低。姜黄素、烟酸、腺苷 A2AR 拮抗剂组合治疗增强了动物的行为,并以不同程度的改善恢复了所有选定参数。海马和黑质区域的脑组织病理学特征也证实了以上的结果。因此可以说姜黄素、烟酸联合治疗帕金森病小鼠的效果是有效的,甚至对帕金森病的根除也是有效的[28]。

姜黄素在亚洲被广泛消费,要么直接作为姜黄,要么作为食品配方中的一种烹饪成分。姜黄素在不同器官系统中的益处已被广泛报道用于多种神经系统疾病和癌症。姜黄素因其强大的抗氧化、抗炎、抗癌和抗菌活性而得到全球认可。此外,它还用于糖尿病、关节炎以及肝脏、肾脏和心血管疾病。近年来,姜黄素用于预防或延缓神经退行性疾病的发病越来越受到重视。关于姜黄素在各种神经疾病中的研究有很多,如阿尔茨海默病、帕金森病、多发性硬化症、亨廷顿病、朊病毒病、脑卒中、唐氏综合征、孤独症、肌萎缩侧索硬化症、焦虑、抑郁和衰老。关于姜黄素在不同神经退行性疾病中的临床试验也有报道。

11. 去甲氧基姜黄素对鱼藤酮诱导的帕金森病大鼠多巴胺耗竭和运动障碍的作用

帕金森病(PD)是一种进行性神经退行性疾病,与黑质多巴胺能神经元的缺失有关,随后对运动功能和协调性产生影响。帕金森病的病理是多因素的,其中神经炎症和氧化损伤是两个主要因素。一项研究评估了姜黄素的天然衍生物去甲氧基姜黄素对鱼藤酮诱导的大鼠 PD 的潜在抗氧化和抗炎作用。将大鼠随机分为 6 组:对照组、鱼藤酮(每日 0.5 mg/kg,腹腔注射葵花籽油)治疗 7 天、鱼藤酮和去甲氧基姜黄素联合治疗组

(5、10 和 20 mg/kg)和去甲氧基姜黄素单独治疗组(20 mg/kg)。结果发现：根据多巴胺浓度和生化评估,选择去甲氧基姜黄素的有效剂量并进行慢性研究。在实验结束时,对行为学研究和炎症标志物的蛋白表达模式进行分析。鱼藤酮治疗可导致运动功能障碍、神经化学缺陷、氧化应激和炎症标志物表达增强,而口服去甲氧基姜黄素可减轻上述症状。因此得出结论：尽管在临床试验中需要进一步的研究来证明其有效性,但这项研究结果表明去甲氧基姜黄素可能为包括 PD 在内的进行性神经退行性疾病的治疗提供一种有希望的新的治疗方法[27]。

12. L-茶氨酸的神经保护特性及其在帕金森病治疗中的潜在作用

对茶叶消费和降低帕金森病风险的荟萃分析为探索茶叶成分的有益特性开辟了道路。以干质量为基础,一种典型的红茶或绿茶饮料含有约 6% 的游离氨基酸,这些氨基酸赋予茶浸液高品质、口感和独特的香气。L-茶氨酸(化学上称为 γ-谷氨酰乙酰胺)是茶叶中的一种非蛋白源性氨基酸,参与茶多酚的生物合成。最近发现的 L-茶氨酸的神经保护作用可归因于其与谷氨酸的结构相似,谷氨酸是大脑中主要的兴奋性神经递质。这种独特的氨基酸还具有改善帕金森病相关病理生理变化的潜力,因为它具有抗氧化和抗炎特性,改善运动行为异常,增加多巴胺的可用性,并可能由于谷氨酸兴奋毒性而导致神经退行性变的有利降档。L-茶氨酸可能是对抗左旋多巴诱导的运动障碍的有效天然药物。

帕金森病(PD)是第二常见的进行性神经退行性疾病,其特征是黑质多巴胺能神经元缺失,纹状体多巴胺缺乏。曲马多是一种安全的止痛药,但长期使用会增加大脑中的氧化应激、神经炎症、线粒体功能障碍,从而导致运动障碍。L-茶氨酸是绿茶中的一种活性成分,通过抗氧化、抗炎和神经调节特性,可防止神经元丢失、线粒体衰竭,并改善多巴胺、γ-氨基丁酸(GABA)、5-羟色胺水平和中枢神经系统(CNS)中的多巴胺、γ-氨基丁酸(GABA)、5-羟色胺水平。一项研究发现 L-茶氨酸改善慢性曲马多诱导的帕金森病大鼠模型的运动障碍、线粒体功能障碍和神经退行性变。在研究中,以 50 mg/kg 的剂量向 Wister 大鼠腹腔注射曲马多 28 天。从第 14 天到第 28 天,曲马多给药前 3 h 口服 L-茶氨酸(25、50 和 100 mg/kg)。行为分析包括旋转机器人、窄梁步行、开阔场地和握力,用于每周评估运动协调性。第 29 天,处死所有 Wistar 大鼠,纹状体匀浆用于生化(脂质过氧化、亚硝酸盐、谷胱甘肽、谷胱甘肽过氧化物酶活性、超氧化物歧化酶、过氧化氢酶、线粒体复合物 I、IV 和环磷酸腺苷)、神经炎症标记物(肿瘤坏死因子-α、白细胞介素-1β 和白细胞介素-17)和神经递质(多巴胺、去甲肾上腺素、血清素、GABA 和谷氨酸)分析。结果发现：慢性曲马多治疗导致运动障碍,抗氧化酶水平降低,纹状体促炎细胞因子释放增加,神经递质失衡,线粒体复合物活性 I、IV 和 cAMP 活性降低。L-茶氨酸治疗改善了动物行为表明、生化数据、神经炎症和神经递质和线粒体活性。L-茶氨酸在 PD 实验模型中,它是一种很有前途的抗退行性改变的神经保护潜力[29]。

13. L-茶氨酸对环境毒素诱导神经细胞死亡的保护作用

已知几种环境神经毒素和氧化应激诱导剂会损害神经系统,并被认为是帕金森病(PD)黑质多巴胺能神经元选择性脆弱性的主要相关因素。L-茶氨酸是绿茶中的一种天然谷氨酸类似物,已被证明具有强烈的抗缺血作用。在一项研究中,探讨了 L-茶氨酸对 PD 相关神经毒素鱼藤酮和狄氏剂在培养的人多巴胺能细胞系 SH-SY5Y 中诱导的神经毒性的保护作用。初步实验表明,L-茶氨酸(500 微米)减弱鱼藤酮和狄氏剂诱导的 SH-SY5Y 细胞 DNA 断裂和凋亡死亡。此外,L-茶氨酸部分阻止鱼藤酮和狄氏剂诱导的血红素加氧酶-1(HO-1)上调。鱼藤酮和狄氏剂诱导的细胞外信号调节激酶1/2(ERK1/2)磷酸化下调被 L-茶氨酸预处理显著阻断。此外,L-茶氨酸预处理可显著减弱 SH-SY5Y 细胞中脑源性神经营养因子和胶质细胞系源性神经营养因子产生的下调。这些结果表明,L-茶氨酸直接提供抗 PD 相关神经毒素的神经保护作用,并可能在临床上用于预防 PD 症状[30]。

14. 尼古丁对帕金森病的治疗作用

我们研究发现尼古丁可以清除氧自由基,是一个抗氧化剂[31]。越来越多的证据表明,尼古丁,一种刺激尼古丁乙酰胆碱受体的药物,可能对帕金森病有治疗价值。有益的效果可能是多方面的,其中之一是对黑质纹状体损伤的保护作用。流行病学研究的结果证明吸烟与帕金森病之间存在负相关。帕金森病发病率的降低至少部分归因于烟草制品中的尼古丁。非人灵长类动物的数据表明,尼古丁可以减轻左旋多巴引起的运动障碍。在人群一些研究表明尼古丁对帕金森病症状有改善作用,但影响很小,而且有些不稳定。总之,这些观察结果表明尼古丁或中枢神经系统选择性尼古丁受体配体有望用于帕金森病治疗,以减少疾病进展、改善症状和(或)减少左旋多巴诱导的运动障碍[32]。

最近的证据还表明,尼古丁类胆碱能药物可能有助于帕金森病的治疗。这种可能性最初来源于流行病学研究的结果,该研究表明吸烟与帕金森病发病率降低有关,这种影响部分是由烟雾中的尼古丁介导的。这一观点的进一步证据来自临床前研究,该研究表明尼古丁给药可减少帕金森病啮齿动物和猴子的黑质纹状体损伤。除了潜在的神经保护作用外,新的研究表明,尼古丁受体药物可以改善异常的不自主运动或运动障碍,这些不自主运动或运动障碍是左旋多巴治疗的不良反应。尼古丁和尼古丁受体药物均能使帕金森病啮齿动物和猴子模型中左旋多巴诱导的运动障碍减少 50% 以上。值得注意的是,尼古丁还能减轻抗精神病药物治疗引起的异常不自主运动或迟发性运动障碍。这些观察结果,加上尼古丁受体药物具有促认知和抗抑郁作用的报告,表明中枢神经系统尼古丁受体可能是治疗运动障碍的有用靶点[33]。

帕金森病的特征是多巴胺能神经元的进行性死亡,导致运动和认知功能障碍。流行病学研究一致表明,使用烟草可以降低患帕金森病的风险。一项研究探讨了尼古丁降低了神经元培养和脑组织中 SIRT6 的含量。研究发现,沉默信息调节因子(SIRT6)的减少是尼古丁提供神经保护的部分原因。此外,帕金森病患者大脑中 SIRT6 的丰度更高,而烟草使用者的大脑中 SIRT6 的丰度降低。大脑特异性 SIRT6 基因敲除小鼠可避免MPTP 诱导的帕金森病,而 SIRT6 过度表达的小鼠则会发展成更严重的病理学。这些数据表明 SIRT6 在帕金森病中起着致病和促炎作用,尼古丁可以通过加速其降解提供神经保护。抑制 SIRT6 可能是改善帕金森病和神经退行性变的一种有希望的策略[34]。

烟草吸食过程会产生大量尼古丁进入人体,使吸烟者感到愉悦,也是吸烟成瘾的主要物质。一项研究探讨了吸烟和帕金森病之间的因果关系。这项研究基于欧洲人群的前瞻性队列研究,包括 8 个国家的 13 个中心的 220 494 人队列研究中,共确定 715 例偶发 PD 病例。在招募时记录吸烟习惯。分析了吸烟状态、持续时间、强度和被动吸烟暴露与帕金森病发病的关系。结果发现:与从不吸烟者相比,曾经吸烟者患帕金森病的风险降低了 20%,现在吸烟者患帕金森病的风险降低了一半。发现与吸烟强度和持续时间有很强的剂量反应关系。与从不吸烟者相比,吸烟<20 年的危险比(HR)为 0.84[95%可信区间(CI)0.67~1.07],20~29 年为 0.73(95%可信区间 0.56~0.96)和>30年为 0.54(95%可信区间 0.43~0.36)。因此得出结论:这些结果高度提示吸烟与帕金森病之间存在真正的因果关系,尽管目前尚完全不清楚吸烟中哪一种化合物对其生物学效应负责,但尼古丁肯定是其中有效成分之一[35]。

四、L-精氨酸-抗氧化剂配方对帕金森综合征的预防治疗作用

以上分别讨论了一氧化氮和抗氧化剂对 PD 的预防和治疗作用,下面讨论一氧化氮和抗氧化剂联合使用对 PD 的预防和治疗作用。我们实验主要是在帕金森病症细胞模型和帕金森氏症小鼠模型中,通过检测活性氧(ROS)、丙二醛(MDA)和 4 - HNE 及SOD 等和氧化应激有关的标志物的含量或活性,动物水平上通过黑质多巴胺能神经元活细胞的数量等考察 L-精氨酸-抗氧化剂配方预防 PD 发生的作用及其机制。研究结果得到初步结论:适当剂量的 L-精氨酸-抗氧化剂配方具有很好的抗氧化活性,对于PD 的发生具有一定的预防作用。

L-精氨酸-抗氧化剂配方是以 L-精氨酸、L-谷氨酰胺、牛磺酸、维生素 C(L-抗坏血酸)、维生素 E(dL-α-生育酚醋酸酯、辛烯基琥珀酸淀粉钠、二氧化硅)、柠檬酸锌、硒化卡拉胶为主要原料。L-精氨酸-抗氧化剂配方中的这些活性成分对于提高机体免疫功能、延缓疾病进程,维持机体健康具有重要意义。

L-精氨酸是体内一氧化氮（NO）的供体来源，由精氨酸产生的 NO 具有舒张血管、减少细胞炎症、预防感染、调节免疫等功能，被科学家誉为"神奇分子"。L-谷氨酰胺能通过血脑屏障促进脑代谢，提高脑功能，与谷氨酸一样是脑代谢的重要营养剂。营养状态不佳或高强度运动等应激状态下，机体对谷氨酰胺的需求量增加[36]。谷氨酰胺有强力作用，能够增加机体力量，提高机体耐力。运动期间，机体酸性代谢产物的增加使体液酸化，而谷氨酰胺可在一定程度上减少酸性物质造成的运动能力的降低或疲劳。

维生素 C 为水溶性维生素，因能预防坏血病故又名"抗血坏酸"。它在体内能维持毛细血管正常弹性和结缔组织的正常代谢，在促进伤口愈合，调节脂肪代谢，改善铁、钙和叶酸利用的过程中发挥着重要作用。此外，它还可以抑制不饱和脂肪酸的过氧化，具有保护细胞免受氧化应激损伤和抗衰老的功能。

维生素 E 能抑制自由基诱导的脂质过氧化，保护细胞免受自由基攻击，防止其他脂溶性维生素被氧化破坏并有助于维生素的利用。此外，维生素 E 还具有提高免疫功能和延缓衰老的作用。

维生素 E、维生素 C 及 β 胡萝卜素等都是天然的无不良反应的抗氧化剂，而大量的研究表明，在帕金森患者或小鼠帕金森模型脑内，都伴随着大量的活性氧（ROS）和脂质过氧化物的产生，进而损伤多巴胺能神经元，造成细胞凋亡。由于 L-精氨酸-抗氧化剂配方中的主要成分具有非常好的抗氧化作用，为了验证 L-精氨酸-抗氧化剂配方是否具有通过氧化应激信号途径预防 PD 的发生，我们设计了以下实验。本实验主要是在帕金森细胞模型和帕金森小鼠模型中，通过检测活性氧（ROS）、丙二醛（MDA）和 4 - HNE 及 SOD 等和氧化应激有关的标志物的含量或活性，动物水平上通过黑质多巴胺能活细胞的数量等考察 L-精氨酸-抗氧化剂配方预防 PD 发生的作用及其机制[37]。

1. 实验材料试剂的配制和设备

（1）L-精氨酸-抗氧化剂配方：是以 L-精氨酸、L-谷氨酰胺、牛磺酸、维生素 C（L-抗坏血酸）、维生素 E（dL - α - 生育酚醋酸酯、辛烯基琥珀酸淀粉钠、二氧化硅）、柠檬酸锌、硒化卡拉胶为主要原料。每 100 g 含：L-精氨酸 28 g、L-谷氨酰胺 14.58 g、牛磺酸 26 g、维生素 C 6.88 g、维生素 E 1.66 g、锌 0.35 g、硒 1.69 mg 溶解在生理盐水中。

（2）试剂盒：T - SOD 测试盒（100T/96 样），丙二醛测试盒（100T/96 样），ROS 测试盒（100T/48 样）。

2. 实验方法

（1）细胞培养

1）完全培养基的配制：基本培养基（高糖 DMEM）＋胎牛血清（基本培养基体积分数的 10%）＋青、链霉素 100 μg/ml。完全培养基置于 37℃，5% 二氧化碳培养箱培养

SH－SY5Y 细胞,静置培养 24 h 以上观察生长情况后换液。

2) 用不同浓度梯度的 MPP$^+$ 和不同时间梯度处理 SH－SY5Y 细胞,筛选出能够导致细胞出现损伤的最合适的 MPP$^+$ 使用浓度和时间点,建立 PD 细胞模型。

3) L-精氨酸-抗氧化剂配方对 MPP$^+$ 诱导 SH－SY5Y 细胞损伤的防护作用:用 L-精氨酸-抗氧化剂配方处理 MPP$^+$ 诱导的 PD 模型细胞,通过细胞活力检测,进而考察 L-精氨酸-抗氧化剂配方是否能够保护 MPP$^+$ 诱导的细胞损伤。

(2) MTT 检测 SH－SY5Y 细胞活性:本实验使用 5 mg/ml 浓度的 MTT 试剂,使用时按需求浓度稀释。取对数生长期的 SH－SY5Y 细胞,用酶标仪检测 570 nm 波长处吸光值,作为细胞活力检测指标。用 L-精氨酸-抗氧化剂配方(0、25、50、100、200、400、800、1 600 μg/ml) 处理对数生长期细胞,用 MTT 法筛选出合适浓度。将细胞分为三组培养:对照组、MPP$^+$ 组和 MPP$^+$＋L-精氨酸-抗氧化剂配方组。用 MTT 法测定细胞活力。

(3) 活性氧 ROS 的测定:用 MPP$^+$ 和 L-精氨酸-抗氧化剂配方孵育细胞,探针装载前按照 1∶1 000 用基本培养基稀释 DCFH－DA,使其终浓度为 10 μM。设置酶标仪激发波长 488 nm,发射波长 525 nm 检测荧光的强弱。

(4) 丙二醛(MDA)含量的测定:试剂配置。依据丙二醛检测试剂盒说明书进行试剂配置。取对数生长期的 SH－SY5Y 细胞,经不同条件处理后,取上清液检测吸光值。依据 MDA 试剂盒的实验要求,检测其吸光值。细胞中 MDA 含量＝(测定管 OD 值－空白管 OD 值)/(标准管 OD 值－空白管 OD 值)×标准品浓度/待测样本蛋白浓度。

(5) 超氧化物歧化酶(T－SOD)活力的测定:按照总超氧化物歧化酶试剂盒说明书上的比例依次添加试剂一应用液,于 550 nm 处测吸光值。总 SOD 活力＝(对照管吸光值－测定管吸光值)/对照管吸光值/50%×反应体系稀释倍数/待测样本蛋白浓度。

(6) 小鼠饲喂及分组:将 50 只 20～25 g 3 月龄雄性 C57 小鼠随机分组,分别为对照组和造模及治疗组(造模组与治疗组中又分为 PD 模型组、低剂量组、中剂量组和高剂量组,每组 10 只)分笼饲养,自由饮水饮食。其中,除对照组外,其余 4 组要先进行 L-精氨酸-抗氧化剂配方灌胃 30 天预处理。在模型(PD)及预防组,低剂量以每日 0.1 mg/g L-精氨酸-抗氧化剂配方灌胃,中剂量以每日 0.5 mg/g L-精氨酸-抗氧化剂配方灌胃,高剂量以每日 2.5 mg/g L-精氨酸-抗氧化剂配方灌胃。PD 组灌胃相同体积的水,连续灌胃 40 d。在 L-精氨酸-抗氧化剂配方连续灌胃 30 d 之后,统一腹腔注射 MPTP(20 mg/kg),连续注射 5 d,建立 PD 模型,待转轮实验结束后,取材分区留下黑质或全脑用于后续实验。

(7) 小鼠运动能力的测定:用旋转杆的方式进行测试,测试时使用小鼠旋转式疲劳仪,以 40 r/min 的恒定转速进行旋转,随后将试验用小鼠放置在旋转杆上,并开始计时直到小鼠从杆上掉落为止,每只实验小鼠重复 3 次。若小鼠在 3 次机会中,任意一次可以坚持 5 min

则将小鼠从旋转式疲劳仪拿下,计为300 s。若小鼠在3次机会中均不能坚持5 min,则记录3次的平均值。分别统计对照组和造模及治疗组小鼠所用时间并进行统计分。

(8) 多巴胺能神经元数目的测定:按照试剂盒说明书配置,用中性树胶封片后显微镜下观察。

(9) 4-羟基壬烯醛(4-HNE)的测定:按照试剂盒说明书配置,加入鼠源性TH(多巴胺能神经元)一抗,兔抗鼠4-HNE一抗。加入FITC标记的兔抗鼠二抗和罗丹明标记的山羊抗兔的二抗,DAPI染色。抗荧光淬灭剂封片,激光共聚焦显微镜下。

(10) 黑质区丙二醛(MDA)含量的测定:按照丙二醛检测试剂盒说明书进行试剂配置。依次添加10 nmoL/ml标准品,在532 nm处,1 cm光径,测吸光值。组织中MDA含量=(测定OD值-测定空白OD值)/(标准OD值-空白OD值)×标准品浓度/待测样本蛋白浓度。

(11) 凋亡小体的检测:按照丙二醛检测试剂盒说明书进行试剂配置转移酶(TdT)孵育缓冲液。组织切片加入适量抗淬灭的甘油,盖玻片封片,显微镜下观察。

3. 实验结果

(1) 细胞活力的测定:为了确定MPP$^+$对细胞的损伤浓度,根据文献选取不同浓度梯度(0~1 000 μM)的MPP$^+$处理SH-SY5Y细胞,MTT法测定细胞活力,如图13-1A所示。结果表明,MPP$^+$以浓度依赖性的方式导致细胞活力的降低,与对照组相比,细胞活力降至50%的MPP$^+$的浓度约为1 000 μM。同时,随着处理时间的增加,细胞活力逐渐降低,MPP$^+$处理24 h,细胞活力降至50%(见图13-1B)。为了确定合适的L-精氨酸-抗氧化剂配方预处理浓度,选取不同浓度梯度(0~1 600 μg/ml)的L-精氨酸-抗氧化剂配方处理SH-SY5Y细胞。实验组与对照组相比,L-精氨酸-抗氧化剂配方浓度为100 μg/ml时,细胞活力最高,L-精氨酸-抗氧化剂配方浓度为高浓度800 μg/ml开始对细胞有损伤作用(见图13-1C、D、E、和F)。当选用1 mM MPP$^+$作为损伤浓度,L-精氨酸-抗氧化剂配方以浓度依赖方式可以显著保护由MPP$^+$诱导的细胞活力下降,以100 μg/ml作用最显著(见图13-1G)。本实验中我们选择了1 mM的MPP$^+$处理作为以下实验的损伤浓度,100 μg/ml的L-精氨酸-抗氧化剂配方提前2 h预处理,来研究L-精氨酸-抗氧化剂配方对PD的预防作用。

(2) L-精氨酸-抗氧化剂配方抑制了MPP$^+$诱导神经细胞的活性氧(ROS)水平的产生:由图13-2可知,MPP$^+$显著诱导了细胞内ROS的产生,而与MPP$^+$组相比,L-精氨酸-抗氧化剂配方预处理后,再用MPP$^+$损伤细胞,MPP$^+$+L-精氨酸-抗氧化剂配方组ROS水平与MPP$^+$组相比,ROS显著低于MPP$^+$组。这一结果表明,L-精氨酸-抗氧化剂配方能够明显降低MPP$^+$诱导的ROS的产生,且具有统计学意义,P值均<0.05。

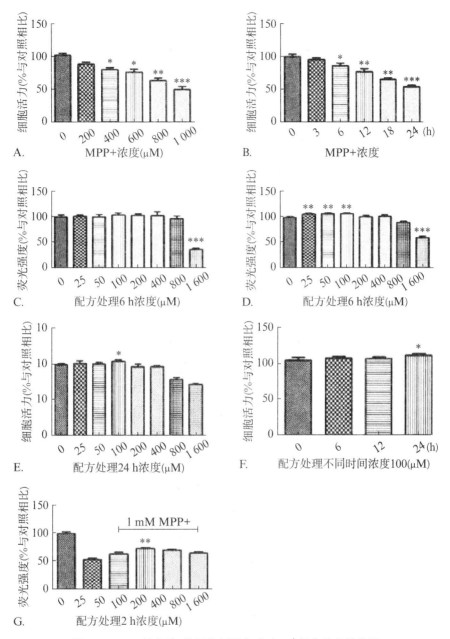

图 13-1　L-精氨酸-抗氧化剂配方对 MPP⁺ 损伤的保护作用

不同浓度 MPP⁺(A)，1 000 μM 处理不同时间(B)，不同浓度 L-精氨酸-抗氧化剂配方处理不同时间(C，D，E，F)对细胞活力的影响及不同浓度那偶胶囊对 MPP⁺ 损伤细胞的保护作用(G)。$n \geqslant 3$，与对照组相比，* 代表 $P < 0.05$；** $P < 0.01$；*** 代表 $P < 0.001$。

　　(3) L-精氨酸-抗氧化剂配方抑制了 MPP⁺ 诱导神经细胞内丙二醛(MDA)的产生：MDA 是造成细胞死亡的脂质过氧化物产物，为了验证 L-精氨酸-抗氧化剂配方能否抑制由 MPP⁺ 诱导的 MDA 的产生，我们对神经细胞内 MDA 的含量进行了检测。由

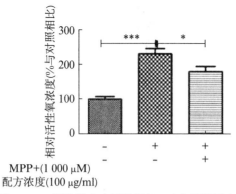

图 13 - 2　细胞样本中活性氧(ROS)水平的测定

$n \geqslant 3$,与 MPP$^+$组相比,*代表 $P < 0.05$;***代表 $P < 0.001$

图 13 - 3 可见,MPP$^+$单独处理细胞后,MDA 含量显著上升,100 μgL -精氨酸-抗氧化剂配方处理后,明显降低 MPP$^+$造成的 MDA 含量的上升,并具有显著性差异。

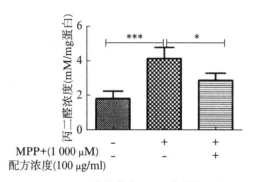

图 13 - 3　细胞样本中 MDA 含量的测定

$n \geqslant 3$,与 MPP$^+$组相比,*代表 $P < 0.05$;***代表 $P < 0.001$

(4) L-精氨酸-抗氧化剂配方对 MPP$^+$诱导神经细胞的超氧化物歧化酶(T - SOD)活力的影响:由图 13 - 4 可知,与 MPP$^+$组相比,对照组 SOD 含量显著高于 MPP$^+$组。MPP$^+$处理后,SOD 含量显著降低,MPP$^+$ ＋L -精氨酸-抗氧化剂配方组,SOD 含量高于 MPP$^+$组,L -精氨酸-抗氧化剂配方处理后能提高细胞的 SOD 含量,且具有统计学意义,P 值均＜0.05。说明 L -精氨酸-抗氧化剂配方具有抑制由 MPP$^+$造成的细胞中 SOD 活性降低的作用,具有显著的抗氧化效应。

(5) L-精氨酸-抗氧化剂配方对 PD 模型小鼠运动能力的影响:由图 13 - 5 可知,PD 模型组与对照组相比,连续 5 天运动能力显著下降,说明 PD 模型建立成功。低剂量＋PD 组与 PD 组相比在第 1 天运动能力显著上升,但在 2、3、4、5 天没有显著性变化;中剂量＋PD 组与 PD 组相比在第 1、2 天运动能力显著上升,但在第 3、4、5 天只有上升的趋势,但并没有显著性;高剂量＋PD 组与 PD 组相比,在 5 天内运动能力并没有什么显著性变化。

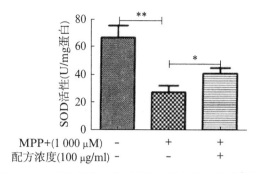

图 13-4　细胞样本中总过氧化物歧化酶的活力测定

$n \geqslant 3$，与 MPP^+ 组相比，* 代表 $P < 0.05$；** $P < 0.01$

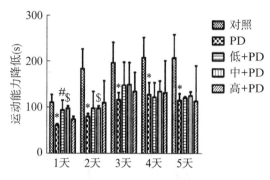

图 13-5　小鼠运动能力测定

* 表示 PD 组与对照组相比较，$P < 0.05$。# 表示低剂量+PD 组与 PD 组相比较，$P < 0.05$。
$ 表示中剂量+PD 组与 PD 组相比较，$P < 0.05$（$n = 6$）

（6）L-精氨酸-抗氧化剂配方抑制了 PD 模型小鼠黑质区多巴胺能神经元的死亡：黑质区多巴胺能神经元死亡是造成 PD 的关键因素，为了检测 L-精氨酸-抗氧化剂配方能否抑制由 MPTP 诱导的多巴胺能神经元的死亡，我们用免疫组织化学法检测了黑质内多巴胺能神经元的活性状况。由图 13-6 可知，与对照组相比，PD 组的多巴胺能神经元数量明显少于对照组，同时，低剂量+PD 组和中剂量+PD 组与 PD 组相比多巴胺能神经元数量有所增加，表明 L-精氨酸-抗氧化剂配方抑制了 PD 模型小鼠黑质区多巴胺能神经元的死亡。但高剂量+PD 组与 PD 组相比，多巴胺能神经元数目无明显变化。

（7）L-精氨酸-抗氧化剂配方降低了 PD 模型小鼠黑质区 4-羟基壬烯醛（4-HNE）的水平：4-NNE 是脂质过氧化物的重要标志物之一，也是造成细胞凋亡的关键细胞因子。由图 13-7 可知，PD 组与对照组相比，脂质过氧化物 4-HNE 的含量明显增加，低剂量+PD 组和中剂量+PD 与 PD 组相比脂质过氧化物 4-HNE 的含量明显下降，高剂量+PD 组与 PD 组相比无明显变化。这一结果表明，L-精氨酸-抗氧化剂配方能够显著降低脂质过氧化物 4-HNE 的产生，从而阻止由 MPTP 诱导的细胞凋亡。

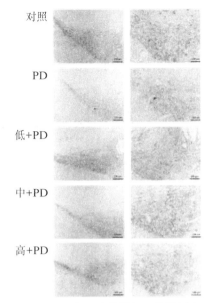

图 13-6 多巴胺能神经元数量测定

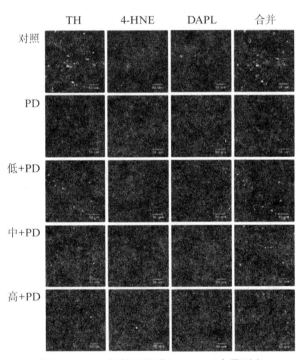

图 13-7 4-羟基壬烯醛(4-HNE)含量测定

（8）L-精氨酸-抗氧化剂配方对 PD 模型小鼠黑质区丙二醛（MDA）含量的影响：由图 13-8 可见，PD 组与对照组相比，MDA 水平明显增加，低剂量＋PD 组与 PD 组相比 MDA 水平有下降的趋势，但并没有显著性变化。中剂量＋PD 组与 PD 组相比 MDA

水平有显著下降的趋势,高剂量＋PD组与PD组相比无明显变化。

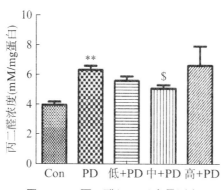

图13-8 丙二醛(MDA)含量测定

$n=3$,** 表示 PD组与 Con组相比较,$P<0.01$,\$ 表示中剂量＋PD组与PD组相比较,$P<0.05$

(9) L-精氨酸-抗氧化剂配方显著抑制了 PD模型小鼠黑质区凋亡小体的产生:凋亡小体的出现是细胞凋亡的重要标志。由图13-9可见,MPTP显著造成了细胞凋亡,PD组与对照组相比细胞凋亡数目明显增多,凋亡小体明显增加(绿色荧光)。低剂量＋PD组和中剂量＋PD组与PD组相比细胞凋亡数目明显减少,高剂量组＋PD组与PD组相比无明显变化。这表明,适当剂量的L-精氨酸-抗氧化剂配方能够阻止由MPTP诱导的细胞凋亡,对于PD的发生有较好的预防作用。

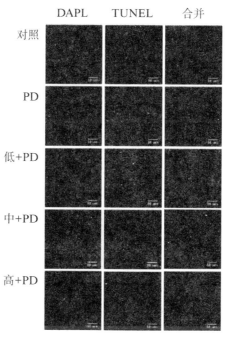

图13-9 凋亡小体的测定

4. 讨论与结论

本实验首先用 MPP$^+$ 制备 PD 细胞模型,模型细胞中 SOD 活性有显著下降,而 MDA、ROS 均显著上升,提示帕金森细胞模型制备成功。PD 细胞模型用适当浓度 L-精氨酸-抗氧化剂配方(100 μg/ml)预孵育后,在一定程度上可以抑制由 MPP$^+$ 诱导的 MDA 和 ROS 的产生,并阻止了 SOD 活性的降低。表明 L-精氨酸-抗氧化剂配方在 100 μg/ml 浓度时,对 MPP$^+$ 诱导神经细胞的毒性和氧化应激具备一定的防护作用。

用 MPTP 制备 PD 小鼠模型,模型小鼠运动能力明显下降、脂质过氧化产物 MDA、4-HNE 明显上升、黑质中多巴胺能神经元数目明显减少、细胞凋亡明显增加。对 PD 模型小鼠给予三种剂量的 L-精氨酸-抗氧化剂配方处理,低剂量和中剂量组在一定程度上可以抑制 MDA 和 4-HNE 的产生,表明 L-精氨酸-抗氧化剂配方在中、低剂量范围内,能够抑制 PD 模型小鼠脑内的氧化应激反应。对于多巴胺能神经元活性的影响,低剂量和中剂量也有较好的保护 MPTP 诱导的细胞凋亡的效果,对于抑制 MDA 的产生,中剂量效果更好;对于抑制 4-HNE 含量的产生和减少细胞凋亡,低剂量和中剂量均有显著效果。

因此可以得出结论:适当剂量的 L-精氨酸-抗氧化剂配方具有很好的抗氧化活性,对于 PD 的发生具有一定的预防作用。

参 考 文 献

[1] 辛陈琦,张承武,李林. 帕金森病发病机制与治疗研究进展[J]. 医学研究生学报,2019,32(06):646—651.

[2] Deng H, Wang P, Jankovic J. The genetics of Parkinson disease. Ageing Res Rev, 2018,42:72—85.

[3] Picón-Pagès P, Garcia-Buendia J,Muñoz FJ. Functions and dysfunctions of nitric oxide in brain. Biochim Biophys Acta Mol Basis Dis, 2019,65(8):1949—1967.

[4] Del-Bel E, Padovan-Neto FE, Raisman-Vozari R, et al. Role of nitric oxide in motor control:implications for Parkinson's disease pathophysiology and treatment. Curr Pharm Des, 2011,17(5):471—488.

[5] Tieu K, Ischiropoulos H, Przedborski S. Nitric oxide and reactive oxygen species in Parkinson's disease. IUBMB Life, 2003,55(6):329—335.

[6] Zhou L, Zhu DY. Neuronal nitric oxide synthase:structure, subcellular localization, regulation, and clinical implications. Nitric Oxide, 2009,20(4):223—230.

[7] Beal MF, Ann Neurol. Excitotoxicity and nitric oxide in Parkinson's disease pathogenesis, 1998,44(3 Suppl 1):S110—114.

[8] Nie GJ，Jin C-F，Cao Y-L，et al. Distinct effects of tea catechins on 6 – hydroxydopamine-induced apoptosis in PC12 cells. Arch Biochem Biophys，2002,397：84—90.

[9] Nie GJ，Cao YL，Zhao BL. Protective effects of green tea polyphenols and their major component，（－）– epigallocatechin – 3 – gallate（EGCG），on 6 – hydroxyldopamine-induced apoptosis in PC12 cells. Redox Report，2002,7：170—177.

[10] Guo SH，Bezard E，Zhao BL. Protective effect of green tea polyphels on the SH – SY5Y cells against 6 – OHDA induced apoptosis through ROS- pathway. Free Rad Biol Med，2005,39：682—695.

[11] Guo SH，Bezard E，Zhao BL. Protective effects of green tea polyphels in the 6 – OHDA rat model of Parkinson's disease through inhibition of ROS- pathway. Biological Psychiatry，2007,62(12)：1353—1362.

[12] Levites Y，Youdim MB，Maor G，et al. Attenuation of 6 – hydroxydopamine(6 – OHDA)– induced nuclear factor-kappaB(NF – κB)activation and cell death by tea extracts in neuronal cultures. Biochem Pharmacol，2002,63：21—29.

[13] Pervin M，Unno K，Ohishi T，et al. Beneficial Effects of Green Tea Catechins on Neurodegenerative Diseases. Molecules，2018,23(6)：1297.

[14] Tachibana H，Koga K，Fujimura Y，et al. A receptor for green tea polyphel EGCG. Nature Structural and Molecular Biology，2004,11：380—381.

[15] Mandel S A，Amit T，Kalfon L，et al. Targeting multiple neurodegenerative diseases etiologies with multimodal-acting green tea catechins. J Nutr，2008,138(8)：1578S—1583S.

[16] Baolu Zhao. Natural Antioxidants Protect Neurons in Alzheimer's Disease and Parkinson's Disease. Neurochem Res，2009,34：630—638.

[17] Wang CC，Shi HH，Xu J，et al. Docosahexaenoic acid-acylated astaxanthin ester exhibits superior performance over non-esterified astaxanthin in preventing behavioral deficits coupled with apoptosis in MPTP-induced mice with Parkinson's disease. Food Funct，2020,11(9)：8038—8050.

[18] Lee DH，Kim CS，Lee YJ. Astaxanthin protects against MPTP/MPP＋－induced mitochondrial dysfunction and ROS production in vivo and in vitro. Food Chem Toxicol，2011,49(1)：271—280.

[19] McCarty MF，Lerner A. Nutraceuticals Targeting Generation and Oxidant Activity of Peroxynitrite May Aid Prevention and Control of Parkinson's Disease. Int J Mol Sci，2020,21(10)：3624.

[20] Kolahdouzan M，Hamadeh MJ. The neuroprotective effects of caffeine in

neurodegenerative diseases. CNS Neurosci Ther，2017，23(4)：272—290.

[21] Kung HC，Lin KJ，Kung CT，et al. Oxidative Stress，Mitochondrial Dysfunction， and Neuroprotection of Polyphenols with Respect to Resveratrol in Parkinson's Disease. Biomedicines，2021，9(8)：918.

[22] Amro MS，Teoh SL，Norzana AG，et al. The potential role of herbal products in the treatment of Parkinson's disease. Clin Ter，2018，169(1)：e23—e33.

[23] Sharma S，Raj K，Singh S. Neuroprotective Effect of Quercetin in Combination with Piperine Against Rotenone- and Iron Supplement-Induced Parkinson's Disease in Experimental Rats. Neurotox Res，2020，37(1)：198—209.

[24] Boyina HK，Geethakhrishnan SL，Panuganti S，et al. In Silico and In Vivo Studies on Quercetin as Potential Anti-Parkinson Agent. Adv Exp Med Biol，2020，1195：1—11.

[25] Ghaffari F，Hajizadeh Moghaddam A，Zare M. Neuroprotective Effect of Quercetin Nanocrystal in a 6‐Hydroxydopamine Model of Parkinson Disease：Biochemical and Behavioral Evidence. Basic Clin Neurosci，2018，9(5)：317—324.

[26] Kang S，Piao Y，Kang YC，et al. Qi-activating quercetin alleviates mitochondrial dysfunction and neuroinflammation in vivo and in vitro. Arch Pharm Res，2020，43 (5)：553—566

[27] Ramkumar M，Rajasankar S，Gobi VV，et al. Demethoxycurcumin，a Natural Derivative of Curcumin Abrogates Rotenone-induced Dopamine Depletion and Motor Deficits by Its Antioxidative and Anti-inflammatory Properties in Parkinsonian Rats. Pharmacogn Mag，2018，14(53)：9—16.

[28] Motawi TK，Sadik NAH，Hamed MA，et al. Potential therapeutic effects of antagonizing adenosine A(2A) receptor，curcumin and niacin in rotenone-induced Parkinson's disease mice model. Mol Cell Biochem，2020，465(1—2)：89—102.

[29] Raj K，Gupta GD，Singh S. l-Theanine ameliorates motor deficit，mitochondrial dysfunction，and neurodegeneration against chronic tramadol induced rats model of Parkinson's disease. Drug Chem Toxicol，2021，1：1—12.

[30] Cho HS，Kim S，Lee SY，et al. Protective effect of the green tea component，L-theanine on environmental toxins-induced neuronal cell death. Neurotoxicology，2008， 29(4)：656—662.

[31] Liu Q，Tao Y，Zhao B-L. ESR study on scavenging effect of nicotine on free radicals. Appl Mag Reson，2003，24：105—112.

[32] Quik M，O'Leary K，Tanner CM. Nicotine and Parkinson's disease：implications for therapy. Mov Disord，2008，23(12)：1641—1652.

［33］　Quik M，Bordia T，Zhang D，et al. Nicotine and Nicotinic Receptor Drugs：Potential for Parkinson's Disease and Drug-Induced Movement Disorders. Int Rev Neurobiol，2015，124：247—271.

［34］　Nicholatos JW，Francisco AB，Bender CA，et al. Nicotine promotes neuron survival and partially protects from Parkinson's disease by suppressing SIRT6. Acta Neuropathol Commun，2018，6(1)：120.

［35］　Gallo V，Vineis P，Cancellieri M，et al. Exploring causality of the association between smoking and Parkinson's disease. Int J Epidemiol，2019，48(3)：912—925.

［36］　郑远鹏,鲍秀琦,孙华,等. NADPH 氧化酶在帕金森病中的作用［J］. 中国新药杂志，2016，25(08)：872—877.

［37］　Kolahdouzan M，Hamadeh MJ. The neuroprotective effects of caffeine in neurodegenerative diseases. CNS Neurosci Ther，2017，23(4)：272—290.

第十四章

一氧化氮与衰老

　　生长、衰退和死亡现象一直是人们思考的一个重要问题。衰老是指机体对环境的生理和心理适应能力进行性降低、逐渐趋向死亡的现象。衰老可分为两类，生理性衰老和病理性衰老。前者指成熟期后出现的生理性退化过程，后者是由于各种外来因素，包括各种疾病所导致的老年性变化。衰老是许多病理、生理和心理过程的综合作用的必然结果，是个体生长发育最后阶段的生物学心理学过程，是新陈代谢的必然结果。任何生物都有生有死，无一能逃脱这一自然规律。随着机体老化，死亡概率增加。任何物种都有一个特定的寿限，其中任何一个个体都极难超越这一寿限。从生物学上讲，衰老是生物随着时间的推移，自发的必然过程，它是复杂的自然现象，表现为结构的退行性变和机能的衰退，适应性和抵抗力减退。在生理学上，把衰老看作是从受精卵开始一直进行到老年的个体发育史。从病理学上，衰老是应激和劳损、感染、免疫反应衰退、营养失调、代谢障碍以及滥用药物积累的结果。另外从社会学上看，衰老是个人对新鲜事物失去兴趣，超脱现实，喜欢怀旧。但是，人类从来没有放弃对衰老的研究和试图突破这一寿限，人们试图通过各种方法延缓和对抗衰老，并进行了多种尝试和研究，提出了很多关于衰老的理论和假说。例如，衰老的基因程序理论、端粒和端粒酶的理论、自由基理论等[1-2]。除了简单介绍 NMN 抗衰老热点外，这里主要讨论衰老的自由基理论，重点讨论 NO 自由基与衰老及 NO 和天然抗氧化剂在延缓衰老研究的一些结果及其意义。

一、衰老的自由基理论

衰老的自由基理论是 Harman 博士于 1955 年在美国原子能委员会提出的[3]，题目是"衰老：根据自由基和放射化学提出的理论"。衰老的普遍性说明引起这类反应对所有生物应当基本上是相同的。纵观这一过程，其实质是细胞的退化。以今日自由基和放射化学及辐射化学的观点来看，老化的一个可能因素是自由基（细胞正常代谢产生的）对细胞成分的有害攻击。衰老和与衰老相关联的退行性疾病基本上可以归因于自由基对细胞成分和连接组织的有害进攻。自由基大部分是通过细胞内氧化酶和连接组织中的微量金属离子如铁、钴、锰催化的与氧分子的反应产生的。衰老自由基理论的主要内容，可以简单归纳为以下几点：① 衰老是由自由基对细胞成分的有害进攻造成的。② 这里所说的自由基，主要就是氧自由基，即羟基和质子化的超氧阴离子自由基及高反应活性自由基。因此衰老的自由基理论，其实质就是衰老的高反应活性氧自由基理论。③ 维持体内适当水平的抗氧化剂和自由基清除剂水平可以延长寿命和推迟衰老。

60 年来，很多人对此进行了研究，提供了大量实验事实支持这一理论，但也有一些实验结果与之不符。天然抗氧化剂可以延缓寿命和活化有关长寿基因，更加证明衰老自由基理论的正确性，但抗氧化剂可以延缓寿命临床试验的失败和活性氧作为信号分子可能参与延缓衰老对这一理论提出了明确的挑战[4-5]。其中一氧化氮自由基在衰老中的作用就是一个典型的例子。活性氧自由基及抗氧化剂与衰老的关系也有很多争论。下面我们就分别进行讨论。

二、一氧化氮与衰老

Harman 博士的衰老的自由基理论没有提及一氧化氮自由基与衰老的关系，因为当时还没有认识到一氧化氮自由基在生物体内的作用。那么，一氧化氮自由基遵循这个理论吗？从本章的讨论可以看出，与氧自由基及 ROS 与衰老关系的研究相比，NO 及活性氮（RNS）在衰老中的研究晚了很多，最近，这方面的研究多了起来[6-7]。长期以来，超氧化物和一氧化氮本身是无害的物种，是真正活性物种羟基自由基和过氧亚硝酸盐的前体，它们是衰老和各种疾病的始作俑者。大量研究表明，NO 的产生及其生物利用度的降低可能是衰老发展的起点。它导致线粒体细胞色素 C 氧化酶对 NO 抑制减少和氧气消耗增加，进而导致超氧物和其他活性氧和活性氮的产生增加，并引发细胞凋亡。因为一氧化氮作为细胞信号转导、血管扩张和免疫应答等作用研究比较多，所以，活性氮在衰老中的作用从一开始就有延缓衰老和导致衰老两方面的研究和报道。一氧化氮在多种细胞系统中发挥调节作用。作为正常生理过程的一部分,超氧阴离子和 NO 作为第二信使单独和相互作用,是不可缺少的。用抗氧化剂和其他抗自由基方法进行药物干预以抑制衰老甚至延长动物寿命是有可能的。下面就这两方面的研究进行讨论。

1. 一氧化氮合酶(NOS)在衰老中的作用

NO 产生主要来自 4 种不同亚型合酶：nNOS 或 NOS-1,iNOS 或 NOS-2 和 eNOS 或 NOS-3 及线粒体 mtNOS。产生 NO 的量和速度及持续时间也各不相同,因而其对衰老的作用也是不同的。因为 NO 是中枢神经系统的重要神经递质,nNOS 也负责调节神经系统组织中神经元突触传递。老化过程在大脑的特征是 nNOS 活性降低损失了神经元。检查 2~24 月龄大鼠离体小脑 nNOS 变化,发现 6 月龄大鼠 nNOS 的活性有所增加,而 12 个月大鼠 nNOS 水平有所降低,24 个月进一步降低,显示脑区 nNOS 表达和老化过程之间的相关性,这种活性降低也可以归因于脑组织中细胞数的减少。诱导型一氧化氮合酶 iNOS 在炎症和退行型疾病过程表达和活性明显增加,以极高的速率产生高浓度 NO,并且常常伴随着活性氧的产生,已经明确证明其是导致衰老的因素。神经型和诱导型一氧化氮合酶则不同,在各种哺乳动物细胞中,eNOS 生成的 NO 能增加线粒体生物发生和通过第二信使环磷酸鸟苷(cGMP)作用增强呼吸和 ATP 含量。热量限制小鼠比随意饲喂小鼠 eNOS 表达较高,并伴随着较高浓度的 cGMP,在白色脂肪和其他几个组织中硝酸盐和亚硝酸盐及血浆 cGMP 也增高。线粒体 mtNOS 诱导线粒体细胞色素 C 的释放和增强脂质过氧化(LPO),反过来,可能介导 Ca^{2+} 诱导细胞凋亡,与诱导衰老关系也比较密切[8]。

一项研究探讨了有关一氧化氮(NO)在哺乳动物脑和其他器官中的生理作用以及一氧化氮合酶(NOS)亚细胞分布的最新研究成果,重点检测了线粒体 NOS 亚型(mtNOS)在 13 个小鼠和大鼠器官中的平均活性。结果发现,哺乳动物大脑老化与线粒体功能障碍有关,其表现为电子转移和酶活性降低,磷脂氧化产物和蛋白质氧化/硝化产物含量增加。脑 mtNOS 是衰老过程中酶活性下降幅度最大的酶,NO 水平降低被认为是老年脑线粒体生物合成减少的原因。大剂量维生素 E 对小鼠存活和神经功能的有益作用与其在脑线粒体中作为抗氧化剂的作用和对 mtNOS 活性的保护有关[9]。

2. 一氧化氮与年龄的关系

一氧化氮(NO)的生成和信号转导受损,与高血压、高脂血症和糖尿病相关的心血管风险密切相关。在现在这个快速老龄化的社会,高龄本身就是一个持续和独立的心血管风险因素。许多与衰老有关的过程都受到 NO 的调控,因此推测衰老可能与 NO 信号受损独立相关。在一项 204 名受试者(研究开始时平均年龄 63±6 岁)的前瞻性队列研究中,评估了每增加 4 年龄对 NO 生成和影响参数的影响,包括血小板聚集性和对

NO 的反应性,以及 NO 合酶抑制剂不对称二甲基精氨酸(ADMA)的血浆浓度。在研究开始时和随访 4 年后获得临床病史、血脂、高敏 C 反应蛋白、常规生化和 25 - 羟基维生素 D 水平。结果发现衰老与血小板对 NO 的反应性显著下降($P<0.000\ 1$)与血浆不对称二甲基精氨酸浓度升高($P<0.000\ 1$)有关。这些参数随时间的变化有显著相关性($P=0.013$)。多变量分析显示,血小板对 NO 反应性下降的独立相关因素为女性($P=0.034$)和低维生素 D 浓度($P=0.04$),而不对称二甲基精氨酸的增加与糖尿病的($P=0.03$)和肾功能损害有关($P=0.004$)。因此得出结论:老龄化与 NO 产生和影响的决定因素显著受损相关,其程度与心血管风险结果的不利影响相当。这种 NO 产生减少和反应性下降与衰老的关系,可能是治疗干预心血管风险及延缓衰老的潜在目标[10]。

另外一项研究发现衰老肾脏一氧化氮产生减少并导致肾脏损伤。随着年龄的增长,肾脏表现出功能衰退(肾小球滤过率下降)和结构损伤。在大多数个体中,这种情况发生缓慢,除非额外损伤的叠加,否则不会导致严重的肾损害。雌性大鼠对雌激素和雄激素存在明显差异,即雌激素的有益作用和雄激素的破坏性作用。一氧化氮是调节血管张力和生长的一个主要因素,随着年龄的增长,随着内皮功能障碍的发展而变得缺乏。尽管底物 L - 精氨酸的丰度在衰老过程中得到很好的维持,但循环内源性一氧化氮合酶(nNOS)抑制剂的浓度增加,这将导致内皮功能障碍。绝经前雌性比雄性产生更多的 NO。在肾脏内,一氧化氮合酶(nNOS)神经元形式的丰度和活性的下降与疾病的发展有关。在发生损伤和功能障碍的雄性大鼠中,nNOS 丰度显著下降,而在受雌性激素保护雌性大鼠中,肾 nNOS 丰度保持不变。因此,随着年龄的增长,NO 一旦减少可能会导致年龄依赖性肾损伤[11]。

3. 一氧化氮自由基诱导衰老

NO 与 O_2^-·反应产生一个非常活泼的氧化剂,过氧化亚硝基(ONOO$^-$)可以使蛋白质硝基化。活性氮触发的硝基化反应损伤生物分子,导致蛋白质结构改变,抑制酶活性,甚至调节和干扰整个机体的功能,导致衰老和与年龄有关的疾病。蛋白质硝基化及其机制在衰老中起着重要作用。ONOO$^-$ 与含酪氨酸的蛋白质反应,形成 3 - 硝基-酪氨酸。除了 ONOO$^-$,其他化学反应可以产生特定的活性氮,也能生成 3 - 硝基-酪氨酸,例如,由次氯酸(NO_2Cl)和亚硝酸盐(NO_2^-)反应所形成气体二氧化氮自由基(NO_2·)。这些非常活泼的氧化剂能够氧化酪氨酸。此外,NO_2^- 在生理或病理水平是过氧化物酶和乳过氧化物酶的底物,通过过氧化物酶催化氧化形成 NO_2·,提供了额外增加 NO 产生相关细胞毒性形成 3 - 硝基-酪氨酸的一个替代途径。NO 对蛋白质硝基化对神经传导、血管扩张和免疫学效果影响很大,可能引起 NO 介导的血管内皮舒张不足,对血压和性功能有直接影响。

活性氮在生物衰老中的作用是非常重要的,在一项从 29 个 16～92 岁受试者分离的骨骼肌线粒体研究中发现,状态 3(激活)线粒体呼吸速率和年龄之间是负相关的,检测肌肉匀浆呼吸酶活性也有所下降。老化肌肉线粒体氧化能力大幅下降,可能是老年人运动能力降低所致。其他研究发现老龄动物骨骼肌和肝脏有非常类似的功能下降,NO 自由基和一些中间体和/或副产物可促进细胞凋亡[11]。在生物分子氧化损伤导致蛋白质结构改变,抑制酶活性,干扰调节功能,与年龄相关的疾病有直接关系。细胞内蛋白质硝基化在信号转导和细胞毒性及防御机制是老化中的直接机制之一。在各种疾病状态,如心血管疾病及神经退行性疾病都检测到了 3-硝基-酪氨酸。

胶原蛋白周转得非常慢,因此积累较多氧化和硝基化损伤产物。肌肉蛋白质周转和修复也相对缓慢,氧化和硝基化蛋白质可能也积聚在肌肉组织中。相比年轻机体,活性氧和活性氮对老年机体的损伤可能具有更关键的作用,因为它可能增加蛋白质破坏的速率。在体内胰凝乳蛋白酶负责降解酪氨酸羟化酶硝基化的蛋白质。研究发现蛋白质硝基化增强蛋白质被蛋白酶降解的敏感性,实验中使用 $ONOO^-$ 硝基化蛋白质,4 h 后,蛋白质显著减少约 50%[12]。

热量限制能阻止衰老过程,测定幼年、青年和老年大(小)鼠的肝匀浆发现,3-硝基-酪氨酸水平随着年龄增长在老年小鼠和大鼠的肝脏是增加的。另外,限制热量小鼠降低了 3-硝基酪氨酸水平。活性氮氧化蛋白增加了老年大鼠肝脏中硝基-酪氨酸,这表明生物衰老过程中活性氮对蛋白质的破坏[13]。限制热量能降低老龄灵长类动物骨骼肌氧化性损伤,而且硝基化损伤产生的 3-硝基-酪氨酸随年龄依赖性地积聚减少[14]。

4. 一氧化氮缓解应激压力抗衰老

NO 抗衰老的研究既有整体动物也有人群试验,这些研究结果明确表明,NO 在抗衰老过程发挥着重要作用。一项测试 500 个年龄在 17～21 岁的医学院学生在休息和考试前的应激反应能力、生理年龄、血压、代谢产生分泌到肺泡中的 NO,连续测量 10 年(1995～2004 年)。结果发现,在增加应激反应或者考试应激时,人体产生的 NO 明显减少,男青年中生理年龄与分泌的 NO 显著负相关[15]。根据应激衰老理论,测试结果表明,NO 是一个抗衰老分子。

5. 一氧化氮在限食延缓寿命中的作用

热量限制能够延长生物的寿命已经得到证实。热量限制试验结果表明,热量限制 3 个月或 12 个月能够诱导雄性小鼠多种组织血管内 eNOS 的表达升高和 3′,5′-环磷酸鸟苷的形成增加,伴随着线粒体生物合成、耗氧量和三磷酸腺苷生成增加,*sirtuin 1* 表达增强。这说明,NO 在热量限制诱导哺乳动物延长寿命过程中发挥着重要作用[16]。另外还发现,8 周龄的雄性小鼠采用热量限制饮食 3 个月或 12 个月,与随意饲喂动物相比,热量限制小鼠消耗 30%～40%热量,体重较轻,寿命延长。3 个月热量限制小鼠与随意饲喂相比,脑、心脏、肝脏和白色脂肪组织中线粒体 mtDNA 的过氧化物酶,细胞色素 C 氧化酶(COX-Ⅳ)和细胞色素 C(参与细胞呼吸)表达都较高。为了确认热量限制增加线粒体功能,分离白色脂肪组织,与随意饲喂相比,热量限制耗氧量及线粒体融合过程代谢参数升高,增加了三磷酸腺苷(ATP)的合成。热量限制小鼠 3 个月,在白色脂肪组织 ATP 浓度为(0.025±0.001)nmol/mg,随意饲喂小鼠为(0.018±0.002)nmol/L/mg 组织($P<0.001$),在热量限制处理 12 个月的小鼠获得类似的结果。这说明,热量限制不仅在早期对寿命有延长起作用,而且有持续性效果。

6. 一氧化氮对线虫寿命延长作用

线虫作为研究衰老的模型,具有得天独厚的优势,一是寿命短,大约为 20 天;二是基因组清楚,容易做突变和敲除等分子操作;三是与衰老相关基因和信号通路都得到了比较系统的研究,很容易说明机制。因此,目前线虫作为衰老的研究模型被世界各国不同实验室广泛使用着。2013 年在《细胞》(*Cell*)杂志发表一篇文章,研究发现 NO 能对抗氧化应激和热应激引起的线虫寿命缩短[17]。他们在实验室利用 NO 供体可以使缺乏 NOS 大肠杆菌喂食的线虫寿命延长。将 NOS 的基因转入缺乏 NOS 的大肠杆菌喂食线虫,其体内产生的 NO 增加了近 10 倍,也可以使缺乏 NOS 的大肠杆菌喂食的线虫寿命大约延长 14.74%。相反,如果以葡萄糖喂食线虫可以使缺乏 NOS 的大肠杆菌喂食的线虫寿命大约减少 18.46%;若给葡萄糖喂食的线虫补充 NO 供体,则可以使缩短了寿命的线虫寿命有所回升(14.13%)。以含有 NOS 的枯草杆菌为食物也可以使缺乏 NOS 的线虫寿命大约延长 14.74%。他们证明线虫体内产生的 NO 还活化了鸟苷酸环化酶,也说明含有 NOS 的枯草杆菌为食物可以使缺乏 NOS 的线虫寿命延长是由于体内产生的 NO 自由基发挥了作用。

如果把线虫的 *daf*-16 基因敲除,用 NO 供体或者含有 NOS 枯草杆菌为食物喂养这种突变了 *daf*-16 基因的线虫,结果发现都不能使其寿命延长。这说明,NO 使线虫寿命的延长是依赖 *daf*-16 基因的。延长线虫寿命除了对 *daf*-16 依赖外,为了研究是否还依赖其他基因,他们把线虫的热休克蛋白基因(*hsf*-1)敲除,用供体或者含有 NOS 枯草杆菌为食物喂养这种突变了 *hsf*-1 基因线虫,结果发现也都不能使其寿命延长。这说明,使线虫寿命的延长也是依赖 *hsf*-1 基因的。延长线虫寿命除了对 *hsf*-1 和 *daf*-16 基因依赖外,为了研究是否还依赖其他基因,他们把线虫的 *clk*-1 基因敲除,用供体或者含有 NOS 枯草杆菌为食物喂养这种突变了 *clk*-1 基因线虫,结果发现仍然能使其寿命延长。这说明,使线虫寿命的延长是不依赖 *clk*-1 基因的。

为了研究在热应激条件下对线虫寿命的影响,把培养温度分别提高到 32℃ 和

34℃。结果发现,在 32℃热应激条件下培养 3 天,喂食含 NOS 基因枯草杆菌线虫比喂食敲除 NOS 基因对枯草杆菌线虫寿命显著缩短。在 34℃热应激条件下培养 3 天,喂食含 NOS 基因枯草杆菌线虫比喂食敲除 NOS 基因对枯草杆菌线虫寿命更加显著缩短,培养 4 天比培养 3 天进一步显著缩短,这说明对线虫寿命的延长是受热应激影响的。他们将 NOS 基因转入缺乏 NOS 的大肠杆菌,提高温度,不仅可以使线虫对热的耐受性有明显提高,而且可以使大肠杆菌体内热休克蛋白 HSF‐1 显著升高。以含有 NOS 枯草杆菌作为食物喂食线虫,也可以使线虫体内热休克蛋白 HSF‐1 升高,把 NOS 敲除的枯草杆菌为食物喂食线虫,就不能使线虫体内热休克蛋白 HSF‐1 升高,这说明 NO 对线虫寿命的延长是受抗氧化酶影响的。

以上结果表明,NO 使线虫寿命的延长和提高热应激抵抗能力是通过提高热休克蛋白 HSF‐1 和转录因子 hsf‐1 和 daf‐16 及 SOD 基因作用的结果,是通过调节内源抗氧化网络及衰老相关基因的表达来发挥抗衰老作用的。

7. 丰富的环境促进一氧化氮的产生可防止空间认知的老化

在啮齿动物中,随着年龄的增长,神经元可塑性降低,空间学习和工作记忆缺陷增加。一项研究表明,在丰富的环境中饲养的大鼠比在标准环境中饲养的大鼠具有更好的认知能力,并与神经元可塑性和一氧化氮产生的增加有关。丰富的环境可以保护动物免受年龄相关的神经损伤,主要是通过无依赖性的神经可塑性诱导机制。证据表明,在丰富的环境中饲养 27 个月大的大鼠在比标准环境中饲养的同龄大鼠表现出更好的在空间工作记忆表现。与在标准环境中饲养的对照动物相比,来自富集环境的雌性大鼠的 mtNOS 和胞浆 nNOS 活性均显著增加(分别增加 73% 和 155%)。与对照组大鼠相比,在富集环境中饲喂大鼠的线粒体复合物 Ⅰ 酶活性提高了 80%。因此得出结论,丰富的环境可以防止老年大鼠空间认知、突触可塑性和一氧化氮产生的老化相关损伤[18]。

三、抗氧化剂延缓衰老

很多利用抗氧化剂实验对生物寿命的延长作用和对老化的推迟作用进行了研究,发现一定量的某些抗氧化剂对不同模型动物,如小鼠、大鼠、果蝇、线虫甚至链孢菌的寿命都有延长作用。所使用的抗氧化剂有很多种,如维生素 E、山道奎、愈创木酸、二氮二环辛烷和胡萝卜素、白藜芦醇、茶多酚等。在这一节重点讨论作者以线虫为模型,发现的几种天然抗氧化剂通过清除自由基,对抗氧化应激和热应激引起线虫寿命缩短的研究结果及其机制,与 NO 对抗氧化应激和热应激引起线虫寿命缩短的研究结果及其机制做一个对照,以找出二者协同延缓衰老的可能性。我们以线虫为模型,先后研究了茶多酚和玉米多肽、猫爪水提物及其成分之一奎尼酸对线虫寿命的延长作用。实验结果表明这几种天然抗氧化剂可以通过清除自由基,对抗氧化应激和热应激引起的线虫寿命缩短,保持体内氧化和抗氧化平衡,提高线虫抵抗环境应激能力并延长其寿命,是具有巨大潜力的天然抗衰老成分[19-22]。

1. 白藜芦醇延缓衰老

在葡萄和红酒中发现的天然植物抗毒素白藜芦醇,最近因其对酵母菌、蠕虫和苍蝇长寿的积极作用而声名鹊起。白藜芦醇在体外对哺乳动物细胞培养的抗癌和抗炎作用也表明对人类健康和预期寿命可能有积极影响。研究白藜芦醇对脊椎动物衰老的影响显然是一个特别相关的问题。一项研究探讨了白藜芦醇对一种寿命很短的脊椎动物的影响,如一年生鱼类。结果发现白藜芦醇处理延长了鱼寿命,延缓了这种鱼年龄相关功能障碍的发生。对认知能力和运动能力的行为测试表明,白藜芦醇处理的鱼表现出比对照组有更高的表现率。进一步研究表明,白藜芦醇不仅具有防止鱼的神经退行性变,还可延缓脂褐素形成和衰老相关 β-半乳糖苷酶活性表达。这一结果表明白藜芦醇是第一个在酵母、蠕虫、苍蝇和鱼类等多种生物中持续延缓衰老的分子,但同时也揭示了这种短命鱼类作为药理学研究动物模型的潜力。此外,由于与刺鱼和河豚及四齿目有亲缘关系,而且与大羚羊的亲缘关系更为密切,因此可以从这些鱼类模型的基因组资源的最新发展中获益匪浅,并在未来成为老龄化研究界的完整模型系统[23]。

另一项研究探讨了低剂量的膳食、白藜芦醇及热量限制延缓小鼠的衰老作用。一些无脊椎动物的研究中,高剂量的白藜芦醇已经被证明可以延长寿命,并且可以防止喂食高脂肪食物的小鼠的早期死亡。从中年(14 个月)到老年(30 个月)给小鼠喂食对照饮食、低剂量白藜芦醇[4.9 mg/(kg·d)]或热量限制饮食,并检查全基因组转录谱。结果显示,热量限制和白藜芦醇在心脏、骨骼肌和大脑中的基因组显著重叠。这 2 种饮食干预都能抑制与心肌和骨骼肌老化相关的基因表达谱,并预防与年龄相关的心功能不全。低剂量膳食和白藜芦醇也与肌酐对胰岛素介导的肌肉葡萄糖摄取的影响类似。基因表达谱还显示,热量限制和白藜芦醇可能通过改变染色质结构和转录来延缓衰老。低剂量膳食和白藜芦醇可以很容易地在人类身上实现,符合膳食化合物的定义,类似热量限制的某些结果[24]。

2. 猫爪水提物及其成分之一奎尼酸（QA）对线虫的抗衰老作用

猫爪(cat's claw, *Una de Gato* 或者 *Uncaria tomentosa*),是生长于南美热带雨林的一种药用植物,在传统医药中经常用于慢性炎症、胃肠疾病及癌症等的治疗。一般认为猫爪的有效成分是其次级代谢产物,如羟吲哚生物碱、奎诺酸苷、奎尼酸及原花青素。

为了探索猫爪提取物延缓衰老的作用,作者以一种猫爪水提物(CC)及其成分之一奎尼酸(QA)为材料对其抗衰老效应做了较全面的研究。研究发现,CC 和 QA 在线虫中表现出多种抗衰老效应。在正常的培养条件下,CC 和 QA 分别可以延长野生秀丽线虫的寿命达 11.7% 和 14.7%左右。同时,CC 和 QA 还可以提高野生秀丽线虫在热应激及氧化应激条件下的抗性,寿命延长作用优于白藜芦醇。作者进而采用多种手段包括 RT - PCR 及检测绿色荧光蛋白的表达进一步研究了 CC 和 QA 延长寿命的机制。结果发现 CC 和 QA 可以直接清除活性氧、提高 GSH/GSSG 的比例,还可以上调 *sod - 3*、*skn - 1*、*hsp - 16.2*、*daf - 18*、*daf - 16* 及 *sir - 2.1* 等衰老相关基因的表达。作者的研究还发现,*daf - 16* 在 CC 和 QA 的抗衰老效应中起着必不可少的作用[19]。

3. 茶多酚 EGCG 在环境应激条件下对秀丽线虫寿命的延长作用

茶多酚是茶叶中主要的天然抗氧化剂,是有益健康的主要物质。为了探索茶多酚延缓衰老的作用,作者以其中一种成分 EGCG 为材料对其在热应激及氧化应激条件下抗衰老效应做了深入研究。研究发现,EGCG 可以提高野生线虫在热应激及氧化应激条件下的抗性。EGCG 可以直接清除活性氧,还可以上调 *sod - 3*、*skn - 1*、*hsp - 16.2*、*daf - 18*、*daf - 16* 及 *sir - 2.1* 等衰老相关基因的表达。在氧化应激实验中,使用 500 mmol/L 胡桃醌(juglone)对线虫造成氧化损伤。加药处理组用不同浓度的 EGCG 预处理成虫后线虫 48 h,对照组不用 EGCG 处理。EGCG 预处理的各实验组的线虫存活时间都得到了延长,对照组、10 mg/ml EGCG 组的平均存活时间分别为 3.2 h 和 7 h。而当该两组的所有线虫死亡时,0.1 mg/ml EGCG、1.0 mg/ml EGCG 两组的线虫仍有近半数存活。在热应激实验中,我们用 35℃对线虫造成热应激,在热应激前,加药处理组用各浓度的 EGCG 预处理成虫后线虫 48 h,对照组不用 EGCG 处理。EGCG 预处理的各实验组的线虫存活时间都得到了延长,对照组、0.1 mg/ml EGCG、1.0 mg/ml EGCG、10 mg/ml EGCG 组的平均存活时间分别为 13 h、14.5 h、14 h、14.5 h,中位值寿命分别为 14 h、15 h、14 h、15 h。与对照组比较,各 EGCG 处理组的 P 值均小于 0.001。在 35℃热应激 4 h,用 EGCG 处理组与对照组在 CL2070 线虫中的热休克蛋白 HSP - 16.2:GFP 结果显示,用 EGCG 处理组与对照组的 HSP - 16.2 表达显著升高[20]。

4. 玉米多肽在环境应激条件下对秀丽线虫寿命的延长作用

玉米具有丰富的营养价值和广泛用途,是世界上重要的农作物之一。玉米多肽(TPM)是从天然食品玉米中提取的蛋白质,再经过定向酶切及特定小肽分离技术获得的小分子多肽物质。玉米肽是近年来研究者非常关注的天然活性成分。TPM 是玉米蛋白经蛋白酶水解获得的一种小肽物质,其结构是 Leu - Asp - Tyr - Glu。作者研究发现,TPM 可以在氧化应激和热应激条件下显著地延长秀丽线虫的寿命。在氧化应激条件下,TPM 可以延长秀丽线虫的寿命大约 36.9%;在热应激条件下,TPM 可以延长秀丽线虫的寿命大约 27.6%。进一步的研究证明,TPM 在环境应激下之所以可以显著地的延长秀丽线虫寿命的原因在于,其具有较强的清除自由基的能力,以及 TPM 可以上调超氧化物歧化酶 SOD-3 和热休克蛋白 HSP-16.2 等,能够抵抗应激相关蛋白的表达和降低线虫体内的脂肪积累等途径来实现。荧光定量 PCR 的结果显示 TPM 还可以调节一些与抗衰老相关基因的表达如 *daf-2*、*daf-16*、*sod-3*、*hsp-16.2*、*skn-1*、*ctl-1*、*ctl-2* 等。实验结果表明,玉米肽 TPM 可以通过多种途径来提高线虫抵抗环境应激的能力并延长其寿命,是具有巨大潜力的天然抗衰老成分。以上 3 个实验结果表明,天然抗氧化剂在线虫中表现出对抗热应激和氧化应激多种抗衰老效应。这种抗衰老效应是由于天然抗氧化剂可以直接或者间接清除活性氧,还可以上调 *sod-3*、*hsp-16.2*、*skn-1* 等衰老相关基因的表达,维持氧化和抗氧化平衡,通过调节内源抗氧化网络及衰老相关基因的表达来发挥抗衰老的作用[21-22]。

5. 虾青素对秀丽线虫的抗衰老作用

很多研究证明虾青素可以延长秀丽杆线虫的寿命。

(1) 虾青素通过胰岛素信号延缓秀丽隐线虫衰老:一项初步研究了虾青素对一种模式生物秀丽隐杆线虫衰老的影响。实验设计对照组和虾青素 4 个组(0.08,0.16,0.40,0.80 mM),观察野生型线虫的寿命及相关生理指标(生殖能力,吞咽频率和移动力),评价不同浓度的虾青素对线虫衰老过程的影响,明确虾青素的最佳浓度,选用最佳浓度的虾青素处理 N2 野生型、daf-16 缺陷突变体和 age-1 缺陷突变体线虫,分析其寿命长短,探讨虾青素延长寿命的信号通路和机制。结果显示,虾青素可延长线虫寿命($P < 0.01$,)最佳浓度为 0.16 mM。线虫平均寿命达到 20.03 天,显著延长了约 31.68%。能显著增强线虫在 10 天和 15 天的移动力,虾青素对吞咽频率没有明显影响。0.16 mM 的虾青素能明显使 age-1 缺陷突变体线虫,但不能使 daf-16 缺陷突变体寿命延长。这些结果在一定程度上表明,虾青素在正常衰老过程中通过胰岛素信号 daf-16 通路延长线虫寿命[25]。

(2) 三种立体异构体虾青素对秀丽隐杆线虫衰老的延缓作用:虾青素是自然界中一种具有不同立体异构体的高效抗氧化剂。Liu 等人在一项研究中,探讨了不同组别 3S,3S(S),3R,3'R(R)和混合物(M)虾青素的抗氧化和抗衰老活性。通过化学方法、细胞抗氧化试验和基于生物体的模型进行评估。在化学分析和细胞抗氧化试验分析中,S-虾青素活性最强。结果表明,S、R 和 M-虾青素对秀丽隐杆线虫的中位寿命分别提高了 27.61%、25.25%和 22.69%。3 种立体异构体虾青素对线虫的生理功能无不良影响。虾青素处理引起的细胞内 ROS 积累呈下降趋势,并伴随着寿命的延长。研究结果为不同立体异构体虾青素的抗氧化和抗衰老作用提供了机制信息,为虾青素在功能性食品中的合理利用提供了依据。在这项研究中,还检测了虾青素对一个细胞内保存的模式生物秀丽隐杆线虫衰老的影响与哺乳动物寿命有关的途径。用虾青素(0.1～1 mM)连续处理,从生殖前期和在野生型和长寿命突变体 age-1,年轻成年阶段的平均寿命延长了 16%～30%。相反,相比之下,即使在 daf-16 空白突变体中也没有观察到虾青素依赖的寿命延长。尤其是基因的表达孵化后 2 周内编码超氧化物歧化酶和过氧化氢酶增加,DAF-16 蛋白被转运到野生型头部的细胞核。这些结果表明虾青素能保护线虫的细胞器、线粒体和细胞核,在正常衰老过程中至少部分原因是通过 Ins/IGF-1 信号通路延长寿命[26]。

(3) 虾青素通过 *age-1* 基因延缓秀丽隐杆线虫衰老:一项研究探讨了虾青素对一种模式生物秀丽隐杆线虫衰老的影响。用虾青素(0.1～1 mM)连续处理从生殖前和青年期,野生型线虫和长寿命突变株的平均寿命延长了约 16%～30%。相反,在 *daf-16* 空白突变体中也没有观察到虾青素依赖的寿命延长。当把 DAF-16 蛋白被转运到用虾青素处理的野生型线虫细胞核之后,在孵化后 2 周内,超氧化物歧化酶和过氧化氢酶基因表达增加,这些结果至少在一定程度上表明,虾青素保护线虫的细胞器线粒体和细胞核,在正常衰老过程中通过 Ins/IGF-1 信号通路延长寿命。用 0.1 到 1 mM 虾青素持续处理雌雄同体的第一阶段幼虫(L1)或幼成虫的每个阶段延长了秀丽隐杆线虫野生型 N2 和突变株 1 的平均寿命大约 16～30%,在 N2 中的延伸比突变 *age-1* 动物对虾青素依赖性寿命更显著。此外,在 N2 中的最大寿命也显著增加,这取决于虾青素的浓度。使用没有在二甲基亚砜中溶解的虾青素对野生型线虫的寿命在实验中没有显著延长。他们还发现虾青素降低了在 14 天的 *age-1* 突变而不是 *daf-16* 空白突变的动物中线粒体·O_2^- 产生水平。与异野生型 N2 与 4 日龄动物比较,孵化后 14 天线粒体氧含量没有显著差异,虾青素处理没有降低而是增加了 4 天的 N2 和 *age-1* 突变动物的线粒体·O_2^- 生成水平。然而,在 14 天的 N2 和 *age-1* 突变动物中,虾青素依赖的线粒体·O_2^- 水平增加并不显著。总的来说,剂量范围显示,与 4 天大的动物相比,14 天的动物体内每毫克线粒体蛋白质的线粒体·O_2^- 生成水平,在 4 天的野生型 N2 动物中,几乎所有 DAF-16 蛋白都出现在细胞质中,而不是细胞核中。这种现象在接触斧头的 4 天大的动物中也类似。相反,在 4 天的 *age-1* 突变动物中,已经观察到 DAF-16 易位到细胞核,而且没有了斧头。DAF-16 易位的细胞核主要分布在上皮、肌肉组织、肠和部分神经系统。另一方面,DAF-16 更局限于 14 天的 N2 动物的细胞核中,并且在暴露于虾青素的动物中,转位显著增强。在 14 天大的 *age-1* 突变动物中,与 4 天大的动物相比,更多的 DAF-16 从肌细胞核和肠转移到细胞质中[27]。

四、NMN,NAD⁺,NADH 与抗衰老

烟酰胺腺嘌呤二核苷酸(NAD⁺)简称为辅酶I。是一种转递电子,是体内很多脱氢酶的辅酶,连接三羧酸循环和呼吸链,其功能是将代谢过程中脱下来的氢传递给黄素蛋白。辅酶1参与体内上千个细胞反应,对人体十分重要。2013 年哈佛大学教授大卫·辛克莱(David Sinclair)在 *cell* 发文,其团队通过动物实验发现,老年小鼠连续一周摄入一种名为 NMN 的分子,可以显著提高 NAD⁺水平,线粒体功能和肌肉健康等关键衰老指标恢复至和年轻小鼠相似水平,相当于延长了 30% 的寿命(图 14-1)。抗衰老物质 NMN 成为市场最热销产品之一,据说成为富豪抗衰老的选择,也成为各大上市公司重点布局的产品,近年来,该分子人体临床实验数据日渐充足。来自哈佛医学院、日本专家、中国等机构的临床实验结果纷纷出炉,均证实该分子在"抵御衰老,增强机能"方面的有效性,且无毒副作用,但是还需进一步验证。日本已将 NMN 纳入食品原料清单,美国 FDA 也规定仅需通过备案即可销售此类新食品补充剂。2022 年 1 月,中国对 NMN 化妆品原料备案通过,目前处于监测期[28]。

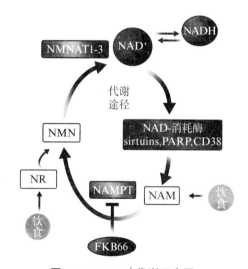

图 14-1 NAD⁺代谢示意图

NAD⁺:辅酶Ⅰ;NMN:β-烟酰胺单核苷酸;NADH:还原型辅酶Ⅰ;NR:亚硝酸还原酶;*NMNAT*:转化:转化 NMN 为 NAD⁺酶;Sirtuins:乙酰化酶;PARP:DNA 修复酶;*CD38*:定位于膜上的糖蛋白

NMN(Nicotinamide mononucleotide)全称"β-烟酰胺单核苷酸",是一种自然存在的生物活性核苷酸。NMN 属于维生素 B 族衍生物范畴,其广泛参与人体多项生化反应,与免疫、代谢息息相关,是人体内固有的物质,也富含在一些水果和蔬菜中。在人体中 NMN 是 NAD⁺最直接的前体,其功能是通过 NAD⁺体现。NAD⁺又叫辅酶Ⅰ,全称

烟酰胺腺嘌呤二核苷酸,NAD^+存在于每个细胞中。NADH(Nicotinamide adenine dinucleotide)是一种化学物质,是NAD^+还原态,又叫还原型辅酶Ⅰ,NADH又被称为线粒体素,NAD+是其氧化形式。在氧化还原反应中,NADH作为氢和电子的供体,NAD^+作为氢和电子的受体,NAD^+及其还原形式NADH是机体内重要的生物氢的载体和电子供体,与ATP合成密不可分,参与呼吸作用、光合作用、酒精代谢等生理过程。它们作为生物体内很多氧化还原反应的辅酶参与生命活动,并相互转化,在细胞生长、分化和能量代谢以及细胞保护等方面发挥着重要作用,是细胞保持活力的重要支撑。随着年龄的增长,因衰老细胞在组织中的积累而导致慢性炎症是NAD^+减少的关键原因,不少研究表明,补充NADH,NAD^+或NAD^+的前体物质β-烟酰胺单核苷酸(NMN),能够显著逆转小鼠衰老,延长其寿命。补充NMN非常安全[29]。NADH可加速酒精代谢,预防或改善酒精引起的肝损伤[30]。第二军医大学东方肝胆外科医院/国家肝癌科学中心王红阳院士团队揭示NAD+能改善癌症免疫治疗效果[31]。髓鞘是神经细胞轴突外面的一层膜,起到绝缘作用,髓鞘老化会导致中枢神经系统的衰老,进而整体导致衰老,浙江大学赵经纬教授团队研究得出NMN可以提高NAD^+,延缓髓鞘老化并促进髓鞘损伤后的修复,达到抗衰老作用[32]。《Science》论文登出Yoshino等人通过双盲对照临床实验研究对25例绝经后超重或肥胖的糖尿病妇女补充NMN后的人体代谢的影响,揭示了NMN对骨骼肌胰岛素敏感性、胰岛素信号传导和组织重塑的积极作用[33]。NMN通过人体静脉注射,有效改善睡眠质量,有效增加NAD^+,不对器官造成显著损害,有助于预防与衰老相关的疾病,如糖尿病、阿尔茨海默病和心脏病[34],NMN对胆固醇代谢有调节作用,预防血管老化[35]。这一切实验将指导MNM,NADH,NAD^+新的靶向疗法的开发。

五、L-精氨酸-抗氧化剂配方的延缓衰老作用研究

以上分别讨论了一氧化氮和抗氧化剂与衰老和抗衰老的关系,下面讨论了一氧化氮和抗氧化剂结合起来与衰老和抗衰老的关系。本实验主要是以小鼠的血清中过氧化物歧化酶、丙二醛与抗氧化物还原型谷胱甘肽以及皮肤中羟脯氨酸的含量为指标,考察L-精氨酸-抗氧化剂配方对于延缓衰老的能力。实验结果表明,L-精氨酸-抗氧化剂配方具有延缓衰老的作用。

衰老过程是从受精卵到死亡之间持续发生的,只是到了一定的阶段衰老的特征才比较明显地显现出来。人体衰老过程中的生理变化主要体现在机体组织细胞和构成物质的丧失,机体代谢率的减缓,机体和器官功能减退。衰老是不可避免的,但延缓衰老却是可能的。

精氨酸是维持婴幼儿生长发育必不可少的氨基酸。它是鸟氨酸循环的中间代谢物,能促使氨转变成为尿素,从而降低血氨含量。L-精氨酸可有效提高免疫力、促进免疫系统分泌自然杀手细胞、吞噬细胞等内生性物质,有利于对抗癌细胞及预防病毒感染。另外,精氨酸是鸟氨酸及脯氨酸的前趋物,脯氨酸是构成胶原蛋白的重要氨基酸,补充精氨酸对于严重外伤、烧伤等需要大量组织修护的康复具有明显的帮助,同时具有降低感染及发炎的效果。L-谷氨酰胺广泛存在于自然界,在体内转变成为糖胺,作为合成黏蛋白的前体,可促进溃疡愈合,主要用作消化道溃疡药。此外,还可用作脑功能改善剂和用于治疗酒精中毒。牛磺酸在一定程度上促进婴幼儿脑组织和智力发育,防止心血管病,改善内分泌状态,增强人体免疫;牛磺酸还对防治缺铁性贫血有明显效果,它不仅可以促进肠道对铁的吸收,还可增加红细胞膜的稳定性;牛磺酸还是人体肠道内双歧菌的促生因子,优化肠道内细菌群结构;它还具有提高免疫,抗氧化、抗疲劳,延缓衰老作用。维生素 C 又叫抗坏血酸,是一种水溶性维生素,水果和蔬菜中含量丰富。维生素 C 在氧化还原代谢反应中起调节作用,缺乏它可引起坏血病。正常情况下,维生素 C 绝大部分在体内经代谢分解成草酸或与硫酸结合生成抗坏血酸-2-硫酸由尿排出,另一部分可直接由尿排出体外。有效减少皱纹的产生,保持青春的容貌,减少细胞耗氧量,使人更有耐久力,有助减轻腿抽筋和手足僵硬的状况。维生素 C 等重要抗氧化成分,可以有效清除对人体有害的自由基等物质,从而延缓衰老[36]。抗氧化剂保护机体细胞免受自由基的毒害,能够抗衰老和抗癌,是预防器质性衰退疾病的佳品。由于 L-精氨酸-抗氧化剂配方中的主要成分有抗氧化和抗衰老的作用,因此推测 L-精氨酸-抗氧化剂配方可能有延缓衰老的功效。为了证明这一推测,我们设计了以下实验。本实验主要是以小鼠的血清中过氧化物歧化酶、丙二醛与抗氧化物还原型谷胱甘肽以及皮肤中羟脯氨酸的含量为指标,考察 L-精氨酸-抗氧化剂配方对于延缓衰老的能力。

下面对该实验的方法和结果进行详细介绍。

1. 实验方法

实验材料及设备:L-精氨酸-抗氧化剂配方的成分。每 100 g 含:L-精氨酸 28 g、L-谷氨酰胺 14.58 g、牛磺酸 26 g、维生素 C 6.88 g、维生素 E 1.66 g、锌 0.35 g、硒 1.69 mg。

(1)饲喂及分组:自河北医科大学购买 9 月龄昆明雌鼠,随机分为 4 组,分别为衰老模型组、低剂量 L-精氨酸-抗氧化剂配方组、中剂量 L-精氨酸-抗氧化剂配方组和高剂量 L-精氨酸-抗氧化剂配方组。每组 6 只,分笼饲养,自由饮水饮食。其中,低剂量以每日 0.1 mg/g。L-精氨酸-抗氧化剂配方灌胃,中剂量以 0.5 mg/(g·d)L-精氨酸-抗氧化剂配方灌胃,高剂量以 2.5 mg/(g·d)L-精氨酸-抗氧化剂配方灌胃,对照组与衰老模型组灌胃相同体积的水,连续灌胃 40 d,取材前 12 h 断食。用 6 只 4 月龄昆明雌鼠作为年轻对照组。小鼠内眦取血,静置 1 h 后,离心(3 000 rpm,15 min),取血清冷冻备用。

（2）超氧化物歧化酶（SOD）活力的测定：据超氧化物歧化酶测试盒说明书,先根据需要配置底物应用液和酶工作液。以说明书上的比例依次添加待测样品、蒸馏水、酶工作液、酶稀释液、底物应用液于对照孔、对照空白孔、测定孔、测定空白孔中。于 450 nm 处酶标仪检测,计算 SOD 活力。

（3）羟脯氨酸（HYP）含量的测定：按照试盒说明书配制和处理样品,于波长 550 nm 处测其吸光值,计算羟脯氨酸含量。

（4）丙二醛（MDA）含量的测定：据丙二醛测试盒说明书进行各成分的配置,于 532 nm 处测吸光度值,计算 MDA 含量。

（5）还原型谷胱甘肽（GSH）含量的测定：据原型谷胱甘肽测试盒说明书进行配置样品,于 405 nm 处测定吸光度值,计算血清中 GSH 含量。

2. 实验结果

（1）L-精氨酸-抗氧化剂配方对衰老模型小鼠血清羟脯氨酸（HYP）含量的影响：由图 14-2 可知,10 月龄衰老模型组 HYP 含量明显降低。当灌胃 L-精氨酸-抗氧化剂配方后,低剂量组羟脯氨酸 HYP 相对于衰老模型组含量明显上升,高剂量组含量相对于衰老模型组显著上升,说明灌胃 L-精氨酸-抗氧化剂配方后能有效缓解衰老趋势。

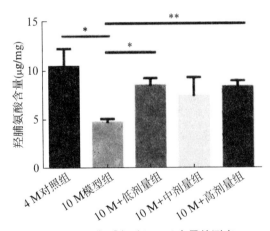

图 14-2 羟脯氨酸（HYP）含量的测定

低剂量组：灌胃每日 0.1 mg L-精氨酸-抗氧化剂配方;中剂量组：灌胃每日 0.5 mg L-精氨酸-抗氧化剂配方/g;高剂量组：灌胃 2.5 mg L-精氨酸-抗氧化剂配方/g 体重/d。与衰老模型组相比,* 代表 $P < 0.05$,** 代表 $P < 0.01$。4M 表示 4 月龄,10M 表示 10 月龄。

（2）L-精氨酸-抗氧化剂配方对衰老模型小鼠血清超氧化物歧化酶（SOD）活力的影响：由图 14-3 可知,与 4 月龄对照组小鼠相比,衰老模型组及 L-精氨酸-抗氧化剂配方组的 SOD 并无明显变化。

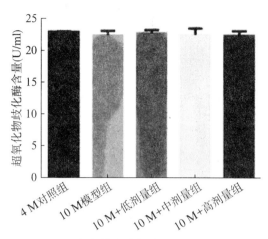

图 14 - 3 超氧化物歧化酶(SOD)活力的测定

低剂量组:灌胃每日 0.1 mg L-精氨酸-抗氧化剂配方/g;中剂量组:灌胃每日 0.5 mg L-精氨酸-抗氧化剂配方/g;高剂量组:灌胃每日 2.5 mg L-精氨酸-抗氧化剂配方/g。4M 表示 4 月龄,10M 表示 10 月龄。

(3) L-精氨酸-抗氧化剂配方对衰老模型小鼠血清丙二醛(MDA)含量的影响:由图 14 - 4 可知,与 10 月龄衰老模型小鼠相比,衰老小鼠灌胃高剂量 L-精氨酸-抗氧化剂配方后 MDA 含量显著降低,而低剂量和中剂量 L-精氨酸-抗氧化剂配方灌胃衰老小鼠后,MDA 含量虽然也有下降的趋势,但是没有统计学差异。

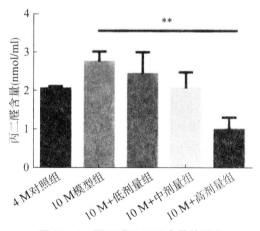

图 14 - 4 丙二醛(MDA)含量的测定

低剂量组:灌胃每日 0.1 mg L-精氨酸-抗氧化剂配方/g;中剂量组:灌胃每日 0.5 mg L-精氨酸-抗氧化剂配方/g;高剂量组:灌胃每日 2.5 mg L-精氨酸-抗氧化剂配方/g。与衰老模型组相比, ** 代表 $P < 0.01$。4M 表示 4 月龄,10M 表示 10 月龄。

(4) L-精氨酸-抗氧化剂配方对衰老模型小鼠血清还原型谷胱甘肽(GSH)含量的

影响：由图 14-5 可知，与 4 月龄对照组小鼠相比，衰老模型组小鼠血清内 GSH 含量有下降趋势，但无统计学差异。与 10 月龄衰老组小鼠相比，灌胃 L-精氨酸-抗氧化剂配方后小鼠血清内 GSH 含量有增加趋势，但也无统计学差异。

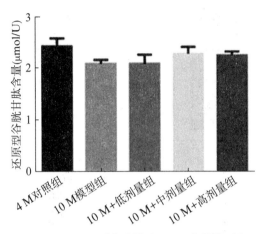

图 14-5　还原型谷胱甘肽(GSH)含量的测定

低剂量组：灌胃 0.1 mg L-精氨酸-抗氧化剂配方/g 体重/d；中剂量组：灌胃每日 0.5 mg L-精氨酸-抗氧化剂配方/g；高剂量组：灌胃每日 2.5 mg L-精氨酸-抗氧化剂配方/g。4M 表示 4 月龄，10M 表示 10 月龄。

3. 讨论与结论

衰老是生命过程中正常而又复杂的生理现象，是机体内各种生化反应的综合过程[37-38]。本实验用 9 月龄昆明雌鼠作为衰老小鼠模型，模型小鼠在抗氧化指标 GSH 水平上有下降趋势，在 SOD 水平上无明显变化。氧化指标 MDA 出现明显上升，并且衰老模型组 HYP 水平显著下降，提示衰老模型制备成功。给予 L-精氨酸-抗氧化剂配方后，在一定程度上可以改善这些指标的变化，表明 L-精氨酸-抗氧化剂配方具有延缓衰老的作用。对于不同指标的影响，不同剂量表现有所不同；对于 HYP 的影响，低剂量和高剂量效果最明显，中剂量也有明显的上升趋势；对于 SOD 的影响，3 种剂量均无明显变化。对于 MDA 的影响，高剂量效果最明显。对于 GSH 的作用，3 种剂量均有上升趋势，但无明显的统计学差异。

参 考 文 献

[1]　Harman D. The aging process. Proc Natl Acad Sci USA，1981，78：7124—7130.

[2]　Zs-Nagy I. The theroretical background and cellular autoregulation of biological waste product formation. Arch Geron Geriatr，1986，5：131—146.

[3]　Harman D. Aging：a theory based on free radical and radiation chemistrey. J Geron，1956，11：298—300.

［4］ Harman D. Free radical theory of aging：origin of life，evolution and aging. Age，1980，3：100.

［5］ Wilson MA，Shukitt-Hale B，Kalt W，et al. Blueberry polyphenols increase lifespan and thermotolerance in Caenorhabditis elegans. Aging Cell，2006，5(1)：59—68.

［6］ Drew B，Leuwenburgh C. Aging and the role of reactive nitrogen species. Ann N Y Acad Sci，2002，959：66—81.

［7］ Jurk D，Wilson C，Passos1 JF，et al. Chronic inflammation induces telomere dysfunction and accelerates ageing in mice. Nat Commun，2014，2：4172，

［8］ Yu W，Juang S，Lee J，et al. Decrease of neuronal nitric oxide synthase in the cerebellum of aged rats. Neurosci Lett，2000，291：37—40.

［9］ Navarro A，Boveris A. Mitochondrial nitric oxide synthase，mitochondrial brain dysfunction in aging，and mitochondria-targeted antioxidants. Adv Drug Deliv Rev，2008，60(13—14)：1534—1544.

［10］ Sverdlov AL，Ngo DT，Chan WP，et al. Aging of the nitric oxide system：are we as old as our NO? J Am Heart Assoc，2014，3(4)：e000973.

［11］ Baylis C. Changes in renal hemodynamics and structure in the aging kidney：sexual dimorphism and the nitric oxide system. Exp Gerontol，2005，40(4)：271—278.

［12］ Souza JM，Choi I，Chen Q. Proteolytic degradation of tyrosine nitrated proteins. Arch Biochem Biophys，2000，380：360—366.

［13］ Kamisaki Y，Wanda K，Bian K. An activity in rat tissues that modifies nitrotyrosine-containing proteins. Proc Natl Acad Sci USA，1998，95：11584—11589.

［14］ Zainal TA，Oberley TD，Allison DB. Caloric restriction of rhesus monkeys lowers oxidative damage in skeletal muscle. FASEB J，2000，14：1825—1826.

［15］ Barbarash NA，Kuvshinov DY，Chichlenko MV，et al. Nitric oxide and humen aging. Advances in Gerontology，2012，2：256—239.

［16］ Nisoli E，Tonello C，Cardile A，et al. Calorie restriction promotes mitochondrial biogenesis by inducing the expression of eNOS. Science，2005，310：314—317.

［17］ Gusarov I，Gautier L，Smolentseva O，et al. Bacterial nitric oxide extendsthe lifespan of C. elegans. Cell，2013，152：818—830.

［18］ Bruno RM，Masi S，Taddei M，et al. Essential Hypertension and Functional Microvascular Ageing. High Blood Press Cardiovasc Prev，2018，25(1)：35—40.

［19］ Zhang L，Zhang J，Zhao B，et al. Quinic acid could be a potential rejuvenating natural compound by improving survival of *Caenorhabditis elegans* under deleterious conditions. Rejuvention Res，2012，15(6)：573—583.

［20］ Zhang L，Jie G，Zhang J，et al．Significant longevity-extending effects of EGCG on *C. elegans* under stresses．Free Rad Biol Med，2009，46：414—421．

［21］ Wu H，Zhao Y，Guo Y，et al．Significant longevity-extending effects of a tetrapeptide from maize on *C. elegans* under stress．Food Chemistry，2012，130：254—260．

［22］ Z．Zhang，Y．Zhao，X．Wang，et al．The novel dipeptide Tyr-Ala（TA）significantly enhances the lifespan and healthspan of Caenorhabditis elegans．Food & Function，2016，7（4）：1975—1984．

［23］ Valenzano DR，Cellerino A．Resveratrol and the pharmacology of aging：a new vertebrate model to validate an old molecule．Cell Cycle，2006，5（10）：1027—1032．

［24］ Barger JL，Kayo T，Vann JM，et al．A low dose of dietary resveratrol partially mimics caloric restriction and retards aging parameters in mice．PLoS One，2008，3（6）：e2264．

［25］ 罗卿心,刘晓娟,曹庸,等,虾青素对一种模式生物秀丽隐杆线虫衰老的影响及机制的初步研究.现代食品科技,2015,31,9.

［26］ Liu X，Qingxin Luo，Kanyasiri Rakariyatham，et al．Antioxidation and anti-ageing activities of different stereoisomeric astaxanthin in vitro and in vivo．Journal of Functional Foods，2016，25：50．

［27］ 韩延超,陈杭君,郜海燕,等.冲泡条件对西湖龙井抗氧化特性的影响及相关性分析[J].中国食品学报,2018,18(10)：128—136.

［28］ Gomes AP，Price NL，Ling AJY，et al．Declining NAD（＋）induces a pseudohypoxic state disruptingnuclear-mitochondrial communication during aging．Cell，2013 Dec 19；155（7）：1624—1638．

［29］ Hongwei Lv，Guishuai Lv，Cian Chen，et al．NAD ＋ Metabolism Maintains Inducible PD‐L1 Expression to Drive Tumor Immune Evasion．Cell Metab，2020 Nov 3；S1550—4131（20）30554—4．doi：10．1016/j．cmet．2020．10．021．

［30］ Covarrubias A，Kale A，Perrone R，et al．Senescent cells promote tissue NAD$^+$ decline during ageing via the activation of CD38$^+$ macrophages．Nat Metab，2020 Nov；2（11）：1265—1283．

［31］ Yoshino，M．et al．Nicotinamide mononucleotide increases muscle insulin sensitivity in prediabeticwomen．Science 372，1224—1229（2021）．

［32］ Kimura，Shintarou，et al．"Intravenous Uptake of NMN is Safely Metabolize and Increases NAD＋ Levels in Healthy Subjects．"（2022），《Research Square》

［33］ M．Yoshino et al．，Nicotinamide mononucleotide increases muscle insulin sensitivity in prediabetic women．Science 10．1126/science．abe9985（2021）．

［34］ Ma X-R，Zhu X，Xiao Y，et al.，Restoringnuclear entry of Sirtuin 2 in oligodendrocyte progenitor cells promotesremyelination during ageing. Nature Communications，2022 13(1)：1225.

［35］ 刘文凤,雷小灿,向琼,等.烟酰胺单核苷酸对 Huh7 细胞胆固醇代谢调节作用的研究.中国动脉硬化杂志.2021,29(08).

［36］ 张效莉,吴景东.白藜芦醇对衰老小鼠 GSH 和抗超氧阴离子自由基含量变化的影响[J].中国美容医学,2011,20（4）：600—602.

［37］ 徐卫东,王林,王晴,等.胶原蛋白延缓 D-半乳糖致衰老小鼠皮肤衰老作用研究[J].中国食品学报,2016,16(11)：49—54.

［38］ 伍春,侯茜,胡锋,等.素花党参对 D-半乳糖致衰老小鼠皮肤抗氧化能力的影响[J].中药药理与临床,2014,30(02)：92—96.

第十五章

一氧化氮与学习和记忆

学习和记忆是高等动物的标志之一,相对于其他的功能标志,学习和记忆是最具独特性的。学习是个体后天与环境接触、获得经验而产生的行为变化的过程。记忆是学习的认知侧面,借助视觉、听觉、嗅觉和触觉映象,可以促进语言材料的学习和记忆。意象有助于学习、能够取得更好的学习效果。人有两种基本的记忆方式:一种是言语方式;另一种是图画或视觉的意象方式。记忆有瞬时记忆、短时记忆和长时记忆。NO 在学习和记忆过程发挥着重要作用。首先在突触后体生成,逆行扩散到突触体前区,在那里激活环鸟苷酸合成酶,合成大量环鸟苷酸。对海马突触的长时增强效应(长时程记忆)起维持作用,这是继长时程记忆和 N-甲基-D-天冬氨酸(N-甲基-D-天冬氨酸)受体发现之后的又一重要进展。NO 与学习和记忆突触体调变关系的研究,将为脑信息加工原理展示新的前景。本章就 NO 在学习和记忆中的作用及抗氧化剂和 NO 协同改善学习和记忆作用的研究加以讨论。

一、一氧化氮自由基在学习和记忆中的作用

行为学研究表明,NO 参与某些形式的学习和记忆。研究发现,海马中的 NO 在控制长时程增强(长时程记忆)和长时程抑制两方面都发挥重要作用。而长时程记忆和长时程抑制又和学习和记忆密切相关,因此 NO 就可能在学习和记忆过程中也发挥着重

要作用[1]。下面对一氧化氮自由基在学习和记忆中的作用进行讨论。

1. 一氧化氮自由基对神经兴奋的影响

自从发现 NO 是神经信使以来,人们就加紧研究 NO 对突触体功能的调节作用。在脑和脊髓的每单个神经元上都能记录到 NO 引起刺激场电位的启动。NO 有几种方式诱导与信号功能有关的神经变化。NO 对兴奋的作用主要依赖于环鸟苷酸的合成、可溶性鸟苷酸环化酶的活化。依赖环鸟苷酸蛋白激酶的作用是 NO 主要信号转导通路。通过 NO 调节各种细胞成分刺激神经环鸟苷酸合成。在中枢神经系统中,不同类型神经元及其定位决定不同 NO-环鸟苷酸启动的细胞功能。例如,几个离子通道是通过 NO-环鸟苷酸和蛋白激酶调节的。NO 通过环鸟苷酸合成,减少小脑 g 氨基丁酸 A 受体、前脑和小脑 N-甲基-D-天冬氨酸受体及皮层细胞的功能。

除此之外,NO 还调节不依赖环鸟苷酸通路的神经功能。这与 NO 对受体的调节和毒性有关。不依赖环鸟苷酸机制主要是通过 NO 与蛋白质的直接反应硝基化或与超氧阴离子反应生成过氧亚硝基再硝基化和蛋白质的氧化。在皮质神经中,NO 瞬时减少 γ 氨基丁酸调节的氯离子流与环鸟苷酸无关,因此提高兴奋。在不同脑区,同一受体可能被 NO 以不同机制调节。NO 还能抑制 N-甲基-D-天冬氨酸受体功能。NO 通过增加氧化还原调节位置的氧化水平,减少 N-甲基-D-天冬氨酸受体调节电流和增加细胞内钙浓度。

NO 对受体的调节依赖可塑性。在突触体高信号传输期间,短暂抑制 γ 氨基丁酸 A 受体,导致瞬时提高兴奋,而 NO 对 N-甲基-D-天冬氨酸受体的抑制是持续的,这就提供了一个反馈机制,在过量受体被刺激时,减少 N-甲基-D-天冬氨酸受体调节效应,但不阻断长时程记忆。有两组环鸟苷酸靶蛋白、磷酸二酯酶和环化核苷-活化离子通道。在神经中发现一类环鸟苷酸-刺激磷酸二酯酶能刺激环鸟苷酸水解。在脑皮层、海马和基底神经节中这个酶含量很高。在感知神经中第一个发现了环鸟苷酸活化通道,在海马、小脑、嗅球和垂体中也检测到了。因此,NO 通过磷酸二酯酶和环鸟苷酸通道调节神经兴奋可能是脑区广泛存在的现象。

NO 在中枢神经系统中的作用是多功能的。这就很难预测 NO 对某个脑区的兴奋作用。像交感神经节表现的那样,即使在一个神经元中,NO 可能同时提高或减少兴奋。总之,NO 独特的性质使得它能快速扩散并达到脑球体的各个细胞上,这表明 NO 即使在很低浓度也可能对脑结构施加重要的影响产生某些功能。NO 能够快速扩散并能调节转运通路和神经活化,就使得这种气体在脑中具有广泛的信使作用。即使在某个脑区没有 NO 的直接作用,也可能存在明显的长时程记忆或长时程抑制功能。

一氧化氮系统可能是一个共同的信号转导途径。通过 N-甲基-D-天门冬氨酸受体的钙内流激活 NO,推测 NO 是一种增强突触前谷氨酸释放的逆行信使。迷宫学习可以通过抑制 NO、一氧化氮合酶(NOS)的合成酶而受损,也可以通过刺激 NO 的释放而增强[2]。

2. 一氧化氮自由基在长时程记忆、长时程抑制和学习中的作用

长时程记忆和长时程抑制依赖对突触传递效率修饰的形式。这一类神经可塑性首先在海马中发现,后来又在各个脑区出现,因此是在中枢神经系统中广泛存在的现象。在脑组织发现一氧化氮合成不久,就提出 NO 可能作为逆信使影响突触体在前突触细胞中的传输和促进突触体的可塑性。

与这一假设一致的是发现在海马中长时程记忆能通过 NOS 抑制剂,或通过在 iNOS 和 eNOS 基因敲除双突变小鼠中消除。还可以通过在后突触体而不是前突触体注射 NOS 抑制剂抑制长时程记忆。在脑中用吸收 NO 的血红蛋白和氧合血红蛋白也能损伤长时程记忆。相反,在前突触体注射 NO 供体能增加前突触体神经元的环鸟苷酸和提高长时程记忆。这些结果清晰地表明,重复刺激的结果使得 NO 在后突触体合成,经过细胞外空间转运到前突触体诱导环鸟苷酸合成,这样调节导致了长时程记忆的细胞功能。

除了海马外,在其他脑区 NO 也参与突触可塑性的活化。这在认知、情绪和行为功能上发挥着重要作用。在听觉新皮质和中央杏仁核使用 NOS 抑制剂可以阻断长时程记忆,而用 NOS 供体可以激活长时程记忆。最近发现 NO/环鸟苷酸通路在刺激皮质纹状体纤维启动纹状体长时程记忆过程发挥重要作用。小脑也参与长时程抑制,然而也有一些不同报道,发现 NOS 抑制剂对长时程记忆并没有影响,甚至还有相反的报道。这些矛盾的一个可能的解释是在海马 CA1 区的一个亚层与长时程记忆的诱导可能与 NO 无关,但在其他层则是主要依赖 NO 的。另外,由于实验条件的不同,可能导致受体兴奋和长时程记忆的改变。还有一个问题是 NOS 的类型,在神经元中主要是 iNOS,而在海马和其他脑区还含有 eNOS。

在一些实验中发现,NO 供体、L - 精氨酸和磷酸二酯酶抑制剂促进学习。服用 NO -环鸟苷酸体系影响新生鼠与嗅球有关的学习行为。NOS 抑制剂的有效性说明,NO 确实与各类长时程记忆有关。另外,在空间学习过程发现 NOS 免疫反应在海马、尾状核和体感皮层同时增加。总之,这些实验证据表明,NO 和环鸟苷酸在包括海马、小脑、大脑和纹状体及各突触体的可塑性是必需的。

有大量证据表明一氧化氮参与海马突触可塑性,从而影响学习记忆。海马是一个广泛参与多种学习记忆形成的脑区,包括抑制性回避学习。由于海马 CA1 区已显示出一氧化氮合酶(NOS)活性,抑制 NOS 酶可调节海马功能,从而影响记忆过程。因此,进

行了一系列实验来进一步研究 NO 对大鼠抑制性回避短期和长期记忆的作用。为此，将雄性 Wistar 大鼠分为 15 组（$n=10$），在双侧海马 CA1 区植入导向套管。动物接受训练前、训练后和恢复前注射生理盐水或不同剂量的 L-NAME（5、10 和 15 微克/0.5 微克/侧）或 L-精氨酸（单独或与 L-NAME 联合），测试抑制回避任务中的即时、短期和长期记忆的保持。结果表明，与对照组比较，L-NAME 组大鼠短期和长期记忆保留试验的步入潜伏期显著降低（即刻和短期记忆 15 $\mu g/0.5$ μl；长期记忆 10 $\mu g/0.5$ μl）。结果还显示，L-精氨酸对步入潜伏期无明显影响，但能逆转 L-NAME 对记忆的影响。这些结果还表明，训练后立即阻断 NO 信号对短期或长期记忆都没有影响，表明 NO 的释放只在训练过程中起作用，而在巩固过程中不起作用。总之，这些研究结果表明，L-NAME 抑制 NO 合成酶可导致抑制性回避任务对即时、短期和长期记忆损伤，这些损伤依赖于 NOS 抑制的学习和记忆过程[3]。

3. 一氧化氮自由基对神经递质释放的影响

乙酰胆碱，是一种神经递质。在神经细胞中，乙酰胆碱是由胆碱和乙酰辅酶 A 在胆碱乙酰移位酶（胆碱乙酰化酶）的催化作用下合成的。主流研究认为人体内该物质含量增多与阿尔兹海默病（老年痴呆症）的症状改善显著相关。在组织内迅速被胆碱酯酶破坏。乙酰胆碱能特异性地作用于各类胆碱受体，但其作用广泛，选择性不高。在神经细胞中，研究认为人体内该物质含量增多可以改善学习和记忆。研究表明，NOS 抑制剂减少前脑和纹状体乙酰胆碱释放，NO 供体能够提高前脑乙酰胆碱释放，而血红蛋白抑制乙酰胆碱的释放，说明在前脑和纹状体乙酰胆碱释放是由内源 NO 调控的。

与体内外实验类似，用 NO 供体羟胺也能增加海马脑片乙酰胆碱释放，NO 供体还能增加培养的原代皮层神经细胞乙酰胆碱释放。所有这些体内外实验结果一致证明 NO 增加乙酰胆碱释放。另外，体内外用一氧化氮自由基供体和 NOS 抑制剂的实验还表明 NO 能够提高谷氨酸产生。内源 NO 不能直接刺激乙酰胆碱能神经元释放乙酰胆碱，而是通过刺激邻近兴奋氨基酸神经元再增加乙酰胆碱释放。在纹状体谷氨酸对 NO 诱导乙酰胆碱释放是很关键的，抑制环鸟苷酸合成也能抑制纹状体 NO 诱导对乙酰胆碱的释放。这说明 NO 刺激谷氨酸释放是通过环鸟苷酸合成，再刺激乙酰胆碱释放的。通过改变兴奋和抑制氨基酸释放速率，NO 间接调节乙酰胆碱释放，而在培养的皮层神经细胞，NO 乙酰胆碱释放直接调节乙酰胆碱在皮质传输。

谷氨酸可作为脑组织的能量物质，改善维持大脑功能。谷氨酸作为神经中枢及大脑皮质的补充剂，对于治疗脑震荡或神经损伤、癫痫以及对弱智儿童均有一定疗效。从谷氨酸神经元释放的谷氨酸刺激位于 NO 神经元上的 N-甲基-D-天冬氨酸受体提高 NO 释放。释放的一氧化氮自由基刺激谷氨酸神经元上的环鸟苷酸提高或者抑制释放，取决于 NO 的浓度。释放的谷氨酸刺激位于胆碱神经元上的 N-甲基-D-天冬氨酸,提高乙酰胆碱释放。而抑制谷氨酸的释放对胆碱的传输起相反作用。NO 或者提高或者减少 γ 氨基丁酸从 γ 氨基丁酸神经元的释放。

环鸟苷酸是一种具有细胞内信息传递作用的第二信使,也与调节谷氨酸释放有关,抑制细胞外谷氨酸释放与海马和皮质产生中等浓度 NO 相应,伴随着环鸟苷酸提高,用环鸟苷酸抑制剂和环鸟苷酸-磷酸二酯酶抑制剂可以模拟这一结果。用活化的谷氨酸环化酶调节 NO,减少谷氨酸释放。NO 调节兴奋性氨基酸释放取决于其浓度。在氨基酸神经元中,NO 作用的传输受环鸟苷酸调节。NO 刺激谷氨酸和天冬氨酸释放对长时程记忆是很重要的。NO 还能提高或抑制海马、纹状体及小脑和前脑 γ 氨基丁酸释放。与谷氨酸释放一样,γ 氨基丁酸的释放也依赖 NO 的浓度而且是双向的,低浓度抑制而高浓度提高 γ 氨基丁酸释放。这些结果表明,组织中 NO 在低浓度抑制而高浓度提高兴奋和抑制氨基酸释放。

NO 在学习和记忆过程发挥着重要作用。神经递质作用于神经元膜表面的受体后,其 NOS 活性立即迅速增加,反应极快,且受钙离子和钙调蛋白系统的调控和激活。NO 首先在突触后体生成,逆行扩散到突触体前区,在那里激活环鸟苷酸合成酶,合成大量环鸟苷酸,对海马突触的长时程记忆起维持作用,这是继长时程记忆和 N-甲基-D-天冬氨酸(N-甲基-D-天冬氨酸)受体发现之后的又一重要进展。

一氧化氮是由一氧化氮合酶氧化 L-精氨酸脱氨基而形成的不稳定自由基,具有释放乙酰胆碱、儿茶酚胺和神经活性氨基酸等多种神经递质的活性。N-甲基-D-天冬氨酸(NMDA)受体的刺激也通过 NO 的形成引起神经递质的释放,这一点得到了很多研究的支持,细胞外血红蛋白能够完全消除了 NMDA 对神经递质释放的刺激作用。此外,NMDA 受体激活产生的 NO 对神经递质的胞外释放也具有刺激作用[4]。

4. 一氧化氮自由基与被动学习

将大鼠或小鼠放在被动学习室。这个学习室有 2 个相通的分隔间,一明一暗,如果动物从明间进入暗间,就会被 1 mA 电流电击 1 s。经过训练的动物进入暗间时停留的时间就会缩短,以此表示动物学习和记忆程度。

在第一组实验中,实验前给动物腹膜内注射 NOS 抑制剂 L-NNA 或 L-NAME,在 0.5～50 mg/kg 都没有显示影响小鼠的学习和记忆功能。大鼠的情况则有所不同,在 10～300 mg/kg L-NAME 对大鼠的被动学习有一些影响。L-NA 在剂量为 5 mg/kg 时对被动学习有明显影响,但是没有剂量依赖关系。

在第二组实验中,动物训练之后立即将 NOS 抑制剂直接脑静脉给药,结果发现,与对照组相比,这些 NOS 抑制剂可以明显延长暗间时停留的时间。L-NA 对大、小鼠的学习和记忆都有明显损伤作用,每只大小鼠的半数有效量(ED50)分别为 0.5 μg 和 12.3 μg。L-NAME 也有类似作用,但作用比 L-NA 弱一些。用它们的类似物 D-NA 和 D-NAME 就没有明显作用,说明干扰 NO 代谢影响学习和记忆。

如果 NO 在学习和记忆过程确实发挥着重要作用,那么注射 NO 供体应当有助于动物的学习和记忆。同时脑静脉注射 18 mg/kg L-NNA 和不同剂量的 L-精氨酸确实可以剂量依赖地改善大鼠的记忆。腹膜内注射 0.1~1 mg/kg NO 供体 SIN-1 可以明显抑制 L-NA 导致的记忆损失。用 SIN-1 脑静脉注射可以明显防止 18 μg L-NA 引起的大鼠记忆损伤,每只大鼠的 EC50=0.5 mg。这些结果表明,NO 供体确实可以防止 L-NA 引起的学习和记忆损伤。用海马切片实验证明 L-NA 对长时程记忆的抑制作用是 L-NAME 的 100 倍,这与动物实验是很吻合的。

通过给雄性大鼠注射 L-精氨酸或 D-精氨酸,研究一氧化氮在被动回避学习中的作用。侧脑室注射 1.25 μg 的 L-精氨酸有增加被动回避潜伏期的趋势,2.5 μg 的作用几乎达到最大,但直到 20 μg 时,作用仍逐渐增加。D-精氨酸没有作用。外周注射(腹腔注射)L-精氨酸以剂量依赖的方式促进被动回避学习的巩固。注射 100 mg/kg L-精氨酸后,被动回避反应显著增加。在学习试验前 30 分钟,静脉注射 5 mg 的 L-精氨酸,被动回避反应的潜伏期同样延长。然而,在 24 h 试验(恢复)前 30 min 给予 L-精氨酸时则无效,在训练试验后 6 h 给药也是无效的。当在训练试验后立即给予 L-精氨酸时,可在训练试验后 6 h 检测到改善回避的作用。阻断一氧化氮合酶的硝基-L-精氨酸,也能阻断一氧化氮供体 L-精氨酸引起的巩固的促进作用。不同剂量的一氧化氮合酶抑制剂本身对被动回避任务的学习没有作用。这些结果表明,一氧化氮在被动回避范式下能够促进记忆的学习和巩固,但在提取过程中不起作用。结果还表明,在所用的实验条件下,一氧化氮仅参与 L-精氨酸药理作用引起的学习记忆促进过程,而不参与正常的学习过程[5]。

5. 一氧化氮自由基与主动学习

主动学习装置设计成一个 8 层两室的盒子,在每层和两室之间都有通路。在每层之间有一个连接记录器和计数器的倾斜的门和开关,在两室之间有 10 W 的灯光不断开关作为条件刺激。条件刺激与一个非条件刺激提前 5 s,重叠 25 s。非条件刺激是一个加到倾斜门上的连续电击(0.2 mA),实验间隔为 30 s。当动物在条件刺激启动 5 s 内能避开非条件刺激从明室加入暗室,就记录一次回避响应。如果动物没有避开电击,可以在非条件刺激期间逃到明室。自发从暗室到明室的被惩罚,记为实验间响应。在训练期间,小鼠每天在实验前 20 min 注射盐水、L-精氨酸或 D-精氨酸(300~600 mg/kg),或者注射盐水或 L-NAME,每天做 100 次实验,连续做 5 天。与对照动物相比,腹膜注射低剂量 L-NAME(1 mg/kg)不影响主动学习行为,但当剂量增加到 10～50 mg/kg,就明显影响动物的主动学习。预先注射 L-精氨酸(300 mg/kg),可以明显防止抑制剂对学习的损伤作用,600 mg/kg 几乎可以完全避免抑制剂对学习的损伤作用。相反,D-精氨酸(300 mg/kg),就不能明显防止抑制剂对学习的损伤作用。

为了排除这些药物对动物自发运动的影响,做了这些药物对动物自发运动活性的影响。50 mg/kg L-NAME 对动物的行为没有什么影响,只有很高浓度时(100～600 mg/kg)对动物的运动才有一些镇静作用。从以上 NOS 抑制剂被动和主动实验影响得到的结果可以看出,一氧化氮自由基对学习和记忆确实是必需的。注射 L-精氨酸可以防止抑制剂对学习和记忆的损伤,另外,增加 ADP-核糖基化一氧化氮自由基供体可以增强动物的学习和记忆能力。这一切都说明一氧化氮自由基在维持长时程记忆的学习和记忆过程发挥重要作用。

海马是哺乳动物学习记忆的关键结构,长时程增强(LTP)是哺乳动物学习记忆的重要细胞机制。尽管许多研究表明一氧化氮作为一种逆行信使参与 LTP 的形成和维持,但很少有研究将神经递质的释放作为清醒动物的视觉指标来探讨 NO 在学习依赖性突触效率的长期增强中的作用。因此,在一项研究中,在自由活动清醒大鼠的主动回避行为获得和消失过程中,观察了 NO 合成酶抑制剂 L-NMMA 和 NO 供体 SNP 对海马齿状回区细胞外谷氨酸浓度和场兴奋性突触后电位振幅的影响。对照组在主动回避行为的获得过程中,海马齿状回细胞外谷氨酸浓度显著升高,在消失训练后逐渐恢复到基线水平。在实验组,局部微量注射 l-NMMA 可显著降低谷氨酸浓度的变化,获得主动回避行为。与此相反,SNP 显著增强了谷氨酸浓度的变化,显著加快了主动回避行为的获得。此外,各组细胞外谷氨酸的变化均伴有兴奋性突触后电位波幅和主动回避行为的相应变化。这些结果表明,海马齿状回中 NO 通过提高谷氨酸水平和突触效率促进大鼠主动回避学习[6]。

6. 一氧化氮自由基与衰老记忆损伤

衰老的一个特征就是记忆力衰退。用大鼠研究发现,与年轻大鼠(4 月龄)相比,衰老大鼠(24 月龄)的学习、辨别能力明显下降。研究发现,在衰老大鼠海马和颞皮质中总 NOS 和精氨酸酶活性增加,而 eNOS 明显降低。回归分析表明,NOS 和精氨酸酶活性与测定的行为有很好的相关性。说明,NO 在衰老记忆损伤作用中可能发挥着重要作用。阿尔茨海默病(AD)患者记忆力严重受损。华盛顿大学 AD 研究中心对 AD 患者进行记忆和衰老评价,对 AD 死后尸检脑皮层切片的 eNOS、iNOS 和蛋白质硝基化终产物硝基酪氨酸进行分析。用免疫化学研究发现大小多极和锥形细胞对 eNOS 有免疫反应,iNOS 和硝基酪氨酸对类锥形皮质和胶质细胞也有免疫反应。说明 NO 对神经细胞死亡和退行性改变有作用[7]。

为了研究 NO 供体对记忆的影响。采用回避和辨认物体实验,测定注射 NO 供体对经过训练的老年大鼠和对照老年大鼠的行为。在这 2 个实验中,注射 NO 供体老年大鼠明显抵消了对照老年大鼠行动障碍。表明 NO 在学习和记忆中发挥着重要作用。另外,这也预示,NO 供体可能防止衰老对记忆损伤。同时也表明一氧化氮自由基在预防衰老过程中发挥着重要作用[8]。

7. *eNOS* 对学习和记忆的影响

为了证实 NO 在学习和记忆中的作用,一项研究利用正常和 *eNOS* 敲除小鼠在迷宫实验中检测其学习能力,发现大部分 *eNOS* 敲除小鼠在水迷宫实验中不及格,但是在多端迷宫中表现还可以,在高级迷宫实验中表现较好。这说明敲除 *eNOS* 明显损伤空间活动学习能力,但不影响维持和回忆功能。还说明敲除 *eNOS* 仅影响在应激情况下的辨认能力[9]。

8. 铅中毒对学习记忆影响与一氧化氮自由基的关系

已经知道铅中毒损伤发育动物的辨认能力。将不同剂量铅(0 ppm、65 ppm、125 ppm、250 ppm 和 500 ppm)加在饮用水中让大鼠饮用 14 天,然后在迷宫中进行行为测试,同时研究动物脑中 NOS 的表达。结果发现,500 ppm 铅影响动物空间记忆的巩固,抑制逃避实验,250 ppm 仅影响空间记忆的恢复。另外铅中毒剂量依赖地影响海马长时程记忆(LTP),250～500 ppm 能够完全阻断长时程记忆。研究铅中毒对脑不同部位 cNOS 的影响发现,在海马和大脑中 cNOS 被明显抑制,而前脑、皮层和脑干则不明显,虽然铅在这些部位也有明显积累。这些结果说明,铅毒性可以损伤成年动物的记忆,而且是与各部位特异 cNOS 活性相关的[10]。

9. NOS 抑制剂和 NOS 供体对记忆的影响

为了研究一氧化氮自由基对学习和记忆的影响,研究了 NOS 抑制剂对记忆的影响。实验采用木防己苦毒素(5 mg/kg)诱导大鼠惊厥和记忆形成。这里采用不同剂量 NO 抑制剂(50 mg/kg、100 mg/kg、150 mg/kg 和 200 mg/kg)在不同时间(30 min 和 60 min)研究对大鼠学习和记忆的影响,同时测定脑中 NOS 活性和一氧化氮自由基的浓度。在用(50 mg/kg、100 mg/kg)NO 抑制剂处理 30 min 的实验中没有发现明显影响动物脑中 NOS 活性和 NO 的浓度及脑的记忆形成,但是却能剂量依赖地明显抑制动物的惊厥。用 150 mg/kg、200 mg/kg NOS 抑制剂(7-硝基吲唑,7-NI)处理动物可以随时间依赖地减少脑中 NOS 活性和 NO 浓度,但促进木防己苦毒素诱导的惊厥和记忆损伤。大剂量 L-精氨酸可以提高动物脑中 NO 浓度,抑制木防己苦毒素诱导的惊厥,提高记忆能力。大剂量 NO 抑制剂可以有效抑制 L-精氨酸引起的 NO 浓度增加。这些结果表明,低剂量的 NO 抑制剂是通过非特异机制减少惊厥的,而大剂量是通过抑制 NOS 活性促进惊厥和记忆损伤的。这个结果表明,NO 抑制剂促进惊厥的剂量范围是很窄的[11]。

10. 一氧化氮和烟碱型乙酰胆碱受体对大鼠学习记忆的协同作用

一项研究探讨了一氧化氮(NO)和烟碱型乙酰胆碱受体(nAChR)对大鼠学习记忆的影响。大鼠侧脑室注射 L-精氨酸(L-Arg,NO 前体)(L-Arg 组)或氯化胆碱(CC,NO 前体激动剂)及 α7nAChR(CC 组),联合注射 L-精氨酸和氯化胆碱(L-精氨酸+CC 组)及甲基枸杞碱(MLA,α7nAChR 拮抗剂)或先静脉注射 N(ω)-硝基-L-精氨酸甲酯(L-NAME,一氧化氮合酶抑制剂),然后分别给予 L-Arg 联合氯化胆碱(MLA+L-Arg+CC 组或 L-NAME+L-Arg+CC 组),及生理盐水作为对照(NS 组)。用 Y-迷宫测试大鼠学习记忆能力,结果表明,L-精氨酸组和氯化胆碱组大鼠在 Y-迷宫中的学习记忆行为能力明显增强,NO 水平、nNOS 免疫反应物光密度和 NO 含量明显升高,L-Arg+CC 组海马 α7nAChR-免疫反应物明显升高;与 L-Arg+CC 组,大鼠学习记忆能力、NO 水平及 nNOS 免疫反应物、nNOS 免疫反应物的表达均无显著性差异、MLA+L-Arg+CC 组和 L-NAME+L-Arg+CC 组 α7nAChR-LI 明显降低。综上所述,静脉注射 L-精氨酸联合氯化胆碱可显著改善 L-精氨酸或氯化胆碱对 NO 含量和 nNOS 或 nNOS 的作用以及 α7nAChR 在海马表达与大鼠学习记忆行为的关系;当 NNO 或 α7nAChR 被预先被阻断,L-精氨酸联合氯化胆碱的作用也受到抑制。结果提示,NO 与 nAChR 在学习记忆方面可能存在协同作用[12]。

二、抗氧化剂改善学习和记忆

不平衡的饮食会损害认知功能,应激诱导活性氧产生,引起脑细胞结构和认知功能的改变。高脂饮食会引起氧化应激和代谢紊乱,导致神经元损伤,干扰突触传递和神经传递发生,因此,学习和记忆能力下降。抗氧化剂被认为对认知功能有积极影响。下面有几种抗氧化剂改善学习记忆方面的研究,如茶、维生素 C 和 E、虾青素、玫瑰、红景天、褪黑素和可体宁等。

1. 绿茶提取物改善学习记忆

绿茶具有很强的抗氧化性能,绿茶提取物主要是天然抗氧化剂茶多酚。研究表明,无论是绿茶还是花茶对改善学习记忆都有一定效果。一项研究绿茶提取物对中青年雄性大鼠增龄认知功能的影响。用 0.5% 绿茶提取物给幼鼠和老年大鼠灌胃 8 周,采用被动回避、高架迷宫和乙酰胆碱酯酶活性变化进行评价。结果显示,绿茶提取物能显著改善老年大鼠的学习记忆能力,增加被动回避实验中进入潜伏期的差异。在高架迷宫实验中,绿茶处理导致年轻和老年大鼠在封闭臂中的进入数量显著增加。与绿茶处理的年轻大鼠相比,绿茶处理的老年大鼠大脑乙酰胆碱酯酶活性下降。因此得出结论:绿茶提取物能提高老年大鼠的学习记忆能力,有助于逆转老年性学习记忆障碍[13]。

茶多酚中的儿茶素(一)表没食子儿茶素-3-没食子酸酯(EGCG)能够防止各种氧化损伤。一项研究检测了 EGCG 在治疗大鼠应激性损伤中可能的治疗效果。结果表明,应激大鼠运动能力下降,学习记忆能力下降。EGCG 治疗能抑制大鼠应激性损伤运动能力的下降,改善大鼠应激性损伤的学习记忆能力。EGCG 治疗也能降低大鼠应激性损伤海马氧化状态的升高。结果提示 EGCG 对应激性学习记忆障碍有一定的治疗作用,很可能是通过其强大的抗氧化能力来实现的[14]。

以上结果表明,绿茶多酚对学习记忆障碍的影响。为了了解可能的分子机制,将 30 只 8 周龄雄性 SD(Sprague Dawley)大鼠随机分为 3 组。对照组($n=10$)、乙醇组($n=10$)和绿茶多酚干预组($n=10$)分别灌胃给予生理盐水、乙醇和乙醇绿茶多酚溶液 8 周。采用 Morris 水迷宫对各组大鼠治疗最后一周的空间学习记忆功能进行评定。各组大鼠体重无明显变化。与对照组大鼠相比,乙醇灌胃 8 周大鼠逃避潜伏期延长,目标象限时间缩短。与此相反,绿茶多酚干预降低了逃避潜伏期,增加了目标象限的时间,增加了锥体层神经元的密度。这一研究结果表明,绿茶多酚干预可改善乙醇戒断后大鼠空间学习记忆障碍,发现其机制与上调锥体层神经元密度有关[15]。

还有一项研究发现花茶多酚能提高蜜蜂的记忆力和嗅觉敏感性。研究花茶茶多酚对蜜蜂觅食选择、学习、记忆和嗅觉敏感性的影响,结果发现咖啡因和茶多酚,能够微弱地增加了蜜蜂的学习能力。咖啡因和花茶茶多酚都能显著提高记忆力,这些结果表明,花茶茶多酚可以影响蜜蜂的学习和记忆能力[16]。

2. 维生素 E、C 和虾青素联合治疗可预防高脂饮食诱导大鼠记忆障碍

一项研究探讨了长期服用高脂饮食与抗氧化剂对雄性大鼠被动回避学习的影响。将 Wistar 大鼠随机分为以下 5 组(n=6～8)对照组正常饮食。高脂饮食组仅给予高脂饮食;一组给予高脂饮食加抗氧化剂(维生素 C、E 和虾青素);另一组给予限制性高脂饮食(较高脂饮食组减少 30%);还有一组接受限制性高脂饮食加抗氧化剂治疗(比第一组组少 30%)。在上述 6 个月的控制饮食条件下,在每个实验组中,使用梭箱装置评估被动回避学习。研究结果显示,与对照组相比,高脂饮食减少走进潜伏期的时间,并增加了在暗室中的时间。与对照组相比,补充抗氧化剂导致走进潜伏期的时间增加,在暗室中的时间降低。与对照组相比,限制性高脂饮食和限制性高脂饮食加抗氧化剂对这两项无明显影响。这些研究结果表明高脂饮食损害被动回避学习,维生素 C 和 E 以及虾

青素的组合改善高脂饮食组的被动回避学习缺陷[17]。

3. 玫瑰红景天改善学习记忆功能

玫瑰红景天广泛用于刺激神经系统,减轻焦虑,提高工作绩效,缓解疲劳,预防高原病。玫瑰红景天主要通过抗氧化、胆碱能调节、抗凋亡活性、抗炎、改善冠状动脉血流和脑代谢。以前的研究报道玫瑰红景天改善动物模型的学习记忆功能。在这里,对临床前研究进行了系统回顾和荟萃分析,以评估玫瑰红景天对学习记忆功能的影响。从开始到 2018 年 5 月,通过搜索 6 个数据库确定了涉及 836 只动物的 36 项研究。主要结果测量包括代表学习能力的 Morris 水迷宫测试中的逃逸潜伏期,代表记忆功能的 Morris 水迷宫测试中在目标象限花费的频率和时间长度,跳台试验、避暗试验和 Y 迷宫试验中错误数代表记忆功能用于学习和/或记忆功能。与对照组相比,28 项研究的汇总结果显示玫瑰红景天减少逃逸潜伏期($P<0.05$);23 项增加目标象限频率和时间的研究($P<0.05$);减少错误数的研究有 6 项($P<0.01$)。研究结果表明玫瑰红景天能改善学习记忆功能[18]。

4. 可替宁改善衰老小鼠的记忆和学习障碍

可替宁是尼古丁在人体内进行初级代谢后的主要产物——烟草中的尼古丁在体内经细胞色素氧化酶代谢后的产物,主要存在于血液中,随着代谢过程从尿液排出。可替宁有促进神经系统兴奋作用,并在某些鼠类试验中反映出一定的抗炎、减轻肺水肿程度的作用。一项研究评估了可替宁对年龄诱导的小鼠记忆和学习障碍及相关下游通路的影响。将 30 只 18 月龄小鼠和 10 只 8 周龄小鼠随机分为 4 组(每组 10 只),分别腹腔注射给予可替宁 5 mg/kg 和(或)甲基枸杞碱 1mg/kg(α7 nAChRs 拮抗剂)4 周。采用 Morris 水迷宫和新物体识别任务分别评估小鼠的空间和再认学习记忆能力。检测氧化应激、细胞凋亡、神经炎症和结构突触可塑性水平,以及神经营养因子和海马内 7 个 αnAChRs。衰老与小鼠的学习和记忆障碍以及海马中评估通路的失调有关。慢性可替宁治疗改善了老年动物的学习和记忆,表现为潜伏期缩短,在目标象限花费的时间增加,Morris 水迷宫和新物体识别任务中的辨别指数增加。此外,慢性可替宁注射在老年小鼠的海马中增加了总抗氧化能力,SOD 和 GSH - px 活性,增加脑源性神经营养因子和神经生长因子 PSD - 95,GAP - 43,SYN 水平,降低丙二醛,TNF - α 和 IL - 1β。因此可以说,可替宁通过调节 α7 个 nAChRs 及海马中上述通路的激活/失活对衰老引起老年小鼠的记忆和学习障碍作用而改善记忆和学习[19]。

5. 褪黑素及其代谢物改善阿尔茨海默病大鼠学习记忆障碍

褪黑素(Melatonin,MT)是由脑松果体分泌的激素之一,还是一种很强的抗氧化剂。一项研究旨在探讨褪黑素及其代谢物 N(1)-乙酰基- N(2)-甲酰基- 5 -甲氧基犬尿胺(AFMK)对侧脑室注射链脲佐菌素(STZ)大鼠阿尔茨海默样学习记忆障碍的影响。结果表明,链脲佐菌素组的逃逸潜伏期明显长于对照组、对照组和 AFMK 组。与对照组、褪黑素、AFMK 高剂量和低剂量组大鼠相比,链脲佐菌素组大鼠脑内高磷酸化 tau、神经丝蛋白和丙二醛水平升高,超氧化物歧化酶水平降低。这些结果表明,外源性褪黑素和 AFMK 可以改善链脲佐菌素诱导的记忆损伤,下调 AD 样的过度磷酸化,可能是通过它们的抗氧化功能实现的。同时,还发现等剂量的 AFMK 比褪黑素有更强的治疗效果,提示褪黑素及其代谢物 AFMK 是治疗阿尔茨海默病的新策略[20]。

6. 抗氧化剂改善被动吸烟对仔鼠学习记忆能力的影响

一项研究探讨了被动吸烟对仔鼠学习记忆能力的影响及维生素 E、槲皮素等抗氧化剂对仔鼠学习记忆能力的保护作用。建立小鼠被动吸烟模型。采用水迷宫实验和长时程增强法(LTP)评价大鼠学习记忆能力。测定脑组织中一氧化氮(NO)含量、一氧化氮合酶(NOS)、乙酰胆碱酯酶(Ache)活性、维生素 E 含量和血清活性氧(ROS)。比较对照组和抗氧化剂干预组与烟雾暴露组小鼠在 6 天后的潜伏期(小鼠从起始位置游到结束位置的时间)和错误数(进入盲区的小鼠数)。结果显示:与对照组和被动吸烟组相比,维生素 E 组的潜伏期和误吸率均显著降低($P < 0.05$)。被动吸烟组和对照饮食组长时程增强均受到抑制,与被动吸烟组和对照饮食组相比,所有抗氧化饮食组的长时程增强均显著升高。此外,被动吸烟组和对照饮食组的 NOS 和乙酰胆碱酯酶活性显著高于空气组和对照组,NO 含量各组间差异不显著。维生素 E 饮食+被动吸烟组显著低于被动吸烟组组、对照组、槲皮素组和混合饲料组($P < 0.05$)。血清中维生素 E 浓度和 ROS 活性与水迷宫和长时程增强结果相关。因此得出结论:被动吸烟通过干扰小鼠海马功能,降低 NOS 和乙酰胆碱酯酶活性,增加 NO 含量,减少长时程增强的形成。抗氧化剂(尤其是维生素 E)部分改善了母亲在怀孕期间接触烟草烟雾的后代的学习和记忆能力[21]。

7. 墨旱莲提取物对 D-半乳糖致衰老大鼠空间学习记忆障碍的改善作用

中药墨旱莲具有滋补肝肾,凉血止血之功效。味甘、酸,性寒,归肾、肝经。含有多种活性成分,主要有三萜皂苷、黄酮类化合物等天然抗氧化剂。一项研究探讨了墨旱莲的药理作用,墨旱莲提取物对 D-半乳糖致衰老大鼠空间学习记忆障碍的改善作用。大鼠分为 5 组,每组 10 只。d-半乳糖每日 100 mg/kg 处理 6 周,造成衰老大鼠。在墨旱莲提取物治疗组给予每日口服浓度为 50、100 或 200 mg/kg,持续 3 周。正常组和模型组的动物都用相似体积的盐水处理。采用 Morris 水迷宫测试空间记忆能力。检测超氧化物歧化酶(SOD)、过氧化氢酶(CAT)、谷胱甘肽过氧化物酶(GPx)和谷胱甘肽还原酶(GR)的 mRNA 水平和酶活性。采用酶联免疫吸附法和分光光度法测定诱导型一氧化氮合酶(iNOS)、一氧化氮(NO)、多巴胺(DA)、去甲肾上腺素(NE)和 5-羟色胺(5-

HT)的水平。结果显示：与正常组相比,D-半乳糖处理模型组大鼠出现明显的记忆减退,大鼠海马 CA1 区损伤严重,SOD、CAT、GPx、GR 表达水平较正常组明显降低。模型组 iNOS、NO 水平较正常组明显升高。然而,用墨旱莲提取物逆转了 D-半乳糖引起的衰老,尤其是在治疗浓度较高的组。与正常组相比,D-半乳糖治疗模型组的 DA、NE 和 5-HT 水平显著降低,墨旱莲提取物治疗组的 DA、NE 和 5-HT 表达呈剂量依赖性上调。因此得出结论：研究结果提示给药墨旱莲提取物可改善 D-半乳糖治疗引起的大鼠学习记忆障碍。这种改善可能是由于抗氧化能力增强,iNOS 和 NO 水平降低,以及 DA、NE 和 5-HT 在脑内表达的诱导[22]。

三、L-精氨酸-抗氧化剂配方改善学习和记忆

以上分别讨论了一氧化氮和抗氧化剂对学习和记忆的影响,下面讨论一氧化氮和抗氧化剂结合起来对学习和记忆的影响。为了探究 L-精氨酸-抗氧化剂配方对小鼠记忆的改善作用,我们设计了以下实验。本实验主要是通过行为学实验,考察 L-精氨酸-抗氧化剂配方改善小鼠记忆的能力。实验结论：L-精氨酸-抗氧化剂配方在一定程度上可以有效改善小鼠的学习记忆能力。下面详细介绍该实验的方法和结果。

大脑是思维和意识的中枢。大脑的正常功能离不开营养物质的滋养和补给。多种营养物质或食物成分在中枢神经系统的结构和功能中发挥着极其重要的作用。随着社会竞争压力的不断增大和人口老龄化的扩大,在日常生活中人们经常发现随着年龄的增加,记忆力会逐渐下降。影响记忆力的因素有很多,如年龄、遗传、兴趣、情绪、疲惫程度、心理状态和膳食状况等,其中膳食营养是重要的影响因素之一。

蛋白质代谢在大脑的活动状态和脑细胞的代谢过程中发挥着重要作用。蛋白质的分解产物氨基酸或其衍生物参与神经传导接信息传递过程。大脑中氨基酸的稳态是维持大脑正常活动与功能的先决条件。在心脑血管疾病预防过程中发挥关键作用的被称为神奇分子的一氧化氮(NO)就是由 L-精氨酸产生的。研究发现,L-精氨酸在预防心脏病的发生、免疫功能降低、肥胖症、高血压、性能力减退及人类老化等方面具有很好的预防和改善作用。L-谷氨酰胺能通过血脑屏障促进脑代谢,提高脑机能,与谷氨酸一样是脑代谢的重要营养剂。

牛磺酸是人体的条件必需氨基酸,对胎儿、婴儿神经系统的发育有重要作用。它不仅参与调节细胞代谢,还为胆汁盐的形成提供基础,在调节细胞内游离钙离子浓度方面也起到了重要作用。适当补充牛磺酸,能增强神经细胞中酶的活性,有益于改善记忆[24]。而维生素 A、维生素 C 以及铁、锌等也均与记忆有密切关系。

多种维生素、矿物质及微量元素协同作用维持大脑神经的应激性。维生素 C 为水

溶性维生素,因能预防坏血病故又名"抗血坏酸"。它在体内能维持毛细血管正常脆性和结缔组织的正常功能和代谢,促进伤口愈合,还能调节脂肪代谢,改善铁、钙和叶酸的吸收和利用,抑制不饱和脂肪酸的过氧化,保护细胞和抗衰老作用,有助于促进脑功能,改善记忆力和注意力。维生素 E 能抑制脂质过氧化和自由基的产生,保护细胞免受自由基攻击,防止其他脂溶性维生素被氧化破坏,此外还有一定的免疫功能和延缓衰老的作用[25]。锌具有抗氧化,促进人体的生长发育,增强人体免疫,影响维生素 A 的代谢和保护正常视觉,生殖系统,改善血糖和尿糖,促进创伤和伤口愈合作用。锌是脑发育的重要微量元素。适量的锌能促进海马神经细胞在体外的贴壁存活并提高存活率,促进突起生长,增加神经元胞体面积和直径,促进蛋白的合成。

1. 实验材料及设备

L-精氨酸-抗氧化剂配方是以 L-精氨酸、L-谷氨酰胺,牛磺酸、维生素 C(L-抗坏血酸)、维生素 E(dL-α-生育酚醋酸酯、辛烯基琥珀酸淀粉钠、二氧化硅)、柠檬酸锌、硒化卡拉胶为主要原料。每 100 g 含:L-精氨酸 28 g、L-谷氨酰胺 14.58 g、牛磺酸 26 g、维生素 C 6.88 g、维生素 E 1.66 g、锌 0.35 g、硒 1.69 mg。

2. 实验方法

(1) 小鼠饲喂及分组:将 50 只 25～30 g 13 月龄雄性 C57 小鼠随机分为 2 组,分别为对照组和实验组, 对照组又分为 2 组,分别是对照组(只饲喂正常饲料)和生理盐水组;实验组又分为低剂量组,中剂量组和高剂量组,每组 10 只,分笼饲养,自由饮水饮食。其中,除对照组和生理盐水组外,其余 3 组,要先进行灌胃 30 日预处理。低剂量组以每日 0.1 mg/g L-精氨酸-抗氧化剂配方灌胃,中剂量组以每日 0.5mg/g L-精氨酸-抗氧化剂配方灌胃,高剂量组以每日 2.5 mg/g L-精氨酸-抗氧化剂配方灌胃,L-精氨酸-抗氧化剂配方均为生理盐水配制。生理盐水组灌胃相同剂量的生理盐水,每日 1 次,连续持续灌胃 30 日。在 L-精氨酸-抗氧化剂配方连续灌胃 30 日之后,进行水迷宫等行为学实验检测,考察小鼠的记忆功能改善能力。

(2) 不同浓度 L-精氨酸-抗氧化剂配方处理后小鼠体重的变化:根据人体推荐剂量设 1 倍、5 倍、10 倍 3 个剂量组。经灌胃小鼠处理,每日 1 次,每 10 日称量一次体重,观察 30 天后其体重变化。

(3) Morris 水迷宫检测:利用 Morris 水迷宫对小鼠进行认知记忆能力的检测,历时 6 日,其中前 5 日为学习训练期,第 6 天将平台去掉进行穿台次数探查实验。水迷宫的图像采集系统和软件自动分析系统会实时追踪和统计小鼠运动的潜伏期、游行轨迹、平台穿梭次数等参数。具体实验方法如下所述:第 1 天将小鼠面向池壁分别从 4 个象限放入水中,引导其寻找隐藏在水面下的平台,并让其在平台上站立 5～10 秒,使动物体会站在平台上的感觉,记住平台的位置。之后的 4 日重复以上的过程。一般情况下正常的小鼠经过 4～5 日的训练应该能够以最快的速度和最佳的游行轨迹找到平台。第 6 日,撤去平台记录小鼠 4 个象限入水的穿台次数。排除游泳能力过强和过差的个体,以保证实验数据的统一性。本实验在 L-精氨酸-抗氧化剂配方灌胃 30 天日对每只实验小鼠进行测试,对小鼠的潜伏期、穿台次数进行统计分析。

(4) 跳台实验检测:原理:将啮齿类动物放入一个开阔的空间后,其天然的习性会对边缘与角落进行探究活动。在空间中心设置一个站台,底部铺以电棒可以通电。当把动物放在站台上时,它几乎立即跳上站台,并向四周进行探索。如果动物跳下站台时受到电击,其正常反应是跳回站台以躲避伤害性刺激。多数动物可以再次或者多次跳至电栅上,受到电击后又迅速跳回站台。多次训练后,动物形成记忆而不跳下站台。据此原理,训练时将小鼠先放入反应箱内适应 3 min,然后通电,小鼠受到电击后将寻找跳台以躲避电击,此为训练过程,历时 5 min;24 h 后对小鼠进行记忆测验。将小鼠置于跳台上,记录小鼠第 1 次跳下跳台的时间(潜伏期)及 5 min 内从跳台跳下的次数(错误次数),5 min 内未跳下的小鼠其潜伏期按 300 s 计,此为测验过程,24 h 后测验。本实验在 L-精氨酸-抗氧化剂配方灌胃 30 天后对每只实验小鼠进行测试,观察并记录实验鼠回避的潜伏期和错误次数作为指标进行统计分析,考察实验动物的学习记忆能力。

(5) 避暗实验检测:避暗实验也称被动回避实验(Passive Avoidance),其基本原理是利用了实验鼠趋暗的天性。实验设备是将两个箱体通常设置成一明一暗,而暗室的底栅可以程序性控制给电,动物进入暗室即受到电击。先将小鼠放入反应箱中适应 3 min,然后暗室底部铜栅通电,将小鼠背对洞口放入明室,由于小鼠趋暗避明的天性,自动进入暗室,受到电击后逃回明室,如此反复训练历时 5 min,此为训练过程。24 h 后将小鼠置于明室,记录小鼠第 1 次进入暗室的时间(潜伏期)及 5 min 内进入暗室的次数(错误次数),5 min 内未进入暗室的小鼠其潜伏期按 300 s 计,此为测验过程。该实验可导致实验鼠由趋暗向避暗的转变,即使暗箱不通电,实验鼠也会有意回避进入,形成与天性相反的表现。本实验在 L-精氨酸-抗氧化剂配方灌胃 30 天后对每只实验小鼠进行测试,观察并记录实验鼠被动回避的潜伏期和错误次数作为指标进行统计分析。

3. 实验结果

(1) 不同剂量 L-精氨酸-抗氧化剂配方对小鼠体重的影响:图 15-1 显示,不同剂量 L-精氨酸-抗氧化剂配方小鼠灌胃 1 个月内的体重变化,高浓度处理组体重有所下降,但无统计学差异。表明不同浓度 L-精氨酸-抗氧化剂配方对小鼠体重没有影响。

(2) Morris 水迷宫检测小鼠认知能力:以上实验结果表明,L-精氨酸-抗氧化剂配方处理后可在一定程度上改善小鼠的学习记忆功能。各数据表示为平均值±SEM,$n =$

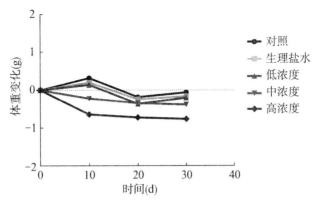

图 15-1 不同剂量组中灌胃对小鼠体重的影响

10,与对照组相比,$P<0.05$。说明中浓度组处理对小鼠认知记忆功能具有改善作用。

图 15-2 为小鼠逃逸潜伏期,由图可知与对照组相比,低浓度组和中浓度组的潜伏期有所减短,并且中浓度处理组小鼠的潜伏期与对照组相比在第五天出现显著性差异。而高浓度与低浓度组与对照组相比无显著性变化

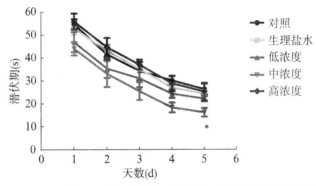

图 15-2 不同浓度 L-精氨酸-抗氧化剂配方对小鼠水迷宫潜伏期检测

图 15-3 显示的是小鼠寻找平台的运动轨迹统计结果显示,中浓度组的穿梭次数显著多于对照组。图 15-4 为小鼠第六天寻找平台穿梭次数,统计结果显示,中浓度组的穿梭次数显著多于对照组。

(3)避暗实验检测:图 15-5 显示小鼠避暗实验潜伏期,由图 15-5 可知与对照组相比,低浓度组和中浓度组的潜伏期与对照组相比有所增加,但中浓度组与对照组相比具有显著性差异。而高浓度组与对照组相比无明显变化;图 15-6 为小鼠认知错误次数,错误次数统计结果显示,低浓度和中浓度组的错误次数与对照组相比有所减少,但没有统计学差异。各数据表示为平均值±SEM,$n=10$,与对照组相比,$P<0.05$。以上实验结果表明,中浓度 L-精氨酸-抗氧化剂配方在一定程度上可以改善小鼠的学习记忆功能。

(4)跳台实验检测:图 15-7 为小鼠跳台检测潜伏期,由图 15-7 可知与对照组相

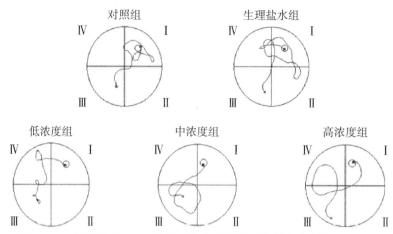

图 15 - 3　不同浓度 L -精氨酸-抗氧化剂配方对小鼠水迷宫轨迹记录图

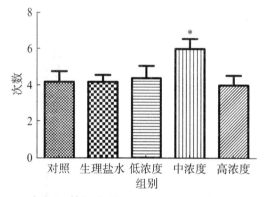

图 15 - 4　不同浓度 L -精氨酸-抗氧化剂配方对小鼠水迷宫穿台次数检测

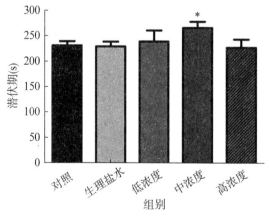

图 15 - 5　不同浓度 L -精氨酸-抗氧化剂配方对小鼠避暗潜伏期检测

比,低浓度组和中浓度组的潜伏期有所增加,并且中浓度组与对照组相比具有显著性差异。而高浓度组与对照组相比无明显变化;图 15 - 8 为小鼠认知错误次数,错误次数统

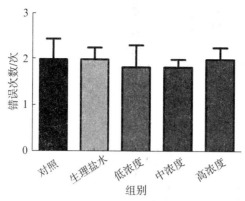

图 15-6 小鼠避暗行为学错误次数检测

计结果显示,低浓度和中浓度组的错误次数少于对照组,但无统计学差异。各数据表示为平均值±SEM,$n=10$,与对照组相比,$P<0.05$。总之,跳台研究表明,中浓度 L-精氨酸-抗氧化剂配方改善小鼠的学习记忆功能。

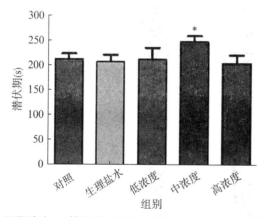

图 15-7 不同浓度 L-精氨酸-抗氧化剂配方对小鼠跳台实验潜伏期检测

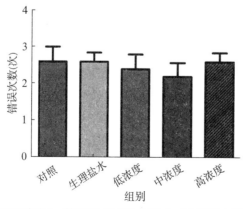

图 15-8 不同浓度 L-精氨酸-抗氧化剂配方对小鼠跳台错误次数检测

4. 讨论与结论

本实验给予13月龄小鼠L-精氨酸-抗氧化剂配方处理一个月后,认知功能检测表明,L-精氨酸-抗氧化剂配方在一定程度上可以有效改善小鼠的学习记忆能力,与对照组相比,同时给予3种剂量的L-精氨酸-抗氧化剂配方,低剂量和中剂量组L-精氨酸-抗氧化剂配方一定程度上可以改善小鼠认知功能,但中剂量组效果最显著,高剂量组无显著性效果。

参 考 文 献

[1] Schhindler U, Libri V, Nistic G. Inhibitors of nitric oxide synthase impair passive and active avoidance learning in rodents. *In*: Moncada S, Nistico G, Higgs EA. Nitric Oxide: Brain and Immune System. London and Chapel Hill: Portland Press, 1992, 181—189.

[2] R C Meyer, E L Spangler, H Kametani, et al. Age-associated memory impairment. Assessing the role of nitric oxide. Ann N Y Acad Sci, 1998,854: 307—317.

[3] Hooman Eshagh Harooni, Nasser Naghdi, Hoori Sepehri, et al. The role of hippocampal nitric oxide (NO) on learning and immediate, short- and long-term memory retrieval in inhibitory avoidance task in male adult rats. Behav Brain Res, 2009,201(1): 166—172.

[4] Kuriyama K, Ohkuma S. Role of nitric oxide in central synaptic transmission: effects on neurotransmitter release. Jpn J Pharmacol, 1995,69(1): 1—8.

[5] Yildirim M, Marangoz C. Effects of nitric oxide on passive avoidance learning in rats. Int J Neurosci, 2004,114(5): 597—606.

[6] Wang S, Pan DX, Wang D, et al. Nitric oxide facilitates active avoidance learning via enhancement of glutamate levels in the hippocampal dentate gyrus. Behav Brain Res, 2014,271: 177—183.

[7] Fernández-Vizarra P, Fernández AP, Castro-Blanco S, et al. Expression of nitric oxide system in clinically evaluated cases of Alzheimer's disease. Neurobiol Dis, 2004, 15: 287—305.

[8] Weitzdoerfer R, Hoeger H, Engidawork E, et al. Lubec B. Neuronal nitric oxide synthase knock-out mice show impaired cognitive performance. Nitric Oxide, 2004, 10: 130—140.

[9] García-Arenas G, Ramírez-Amaya V, Balderas I, et al. Cognitive deficits in adult rats by lead intoxication are related with regional specific inhibition of Cnos. Behav Brain

Res，2004，149：49—59.

[10] Vanaja P，Ekambaram P. Demonstrating the dose- and time-related effects of 7-nitroindazole on picrotoxin-induced convulsions，memory formation，brain nitric oxide synthase activity，and nitric oxide concentration in rats. Pharmacol Biochem Behav，2004，77：1—8.

[11] Pitsikas N，Rigamonti AE，Cella SG，et al. The nitric oxide donor molsidomine antagonizes age-related memory deficits in the rat. Neurobiology of Aging，2005，26（2）：259—264.

[12] Jing ZH，Wei XM，Wang SH，et al. The synergetic effects of nitric oxide and nicotinic acetylcholine receptor on learning and memory of rats. Sheng Li Xue Bao，2014，66（3）：307—314.

[13] Kaur T，Pathak CM，Pandhi P，et al. Effects of green tea extract on learning，memory，behavior and acetylcholinesterase activity in young and old male rats. Brain Cogn，2008，67（1）：25—30.

[14] Soung HS，Wang MH，Tseng HC，et al. （一）Epigallocatechin‐3‐gallate decreases the stress-induced impairment of learning and memory in rats. Neurosci Lett，2015，18（602）：27—32.

[15] Zhang Y，He F，Hua T，et al. Green tea polyphenols ameliorate ethanol-induced spatial learning and memory impairments by enhancing hippocampus NMDAR1 expression and CREB activity in rats. Neuroreport，2018，29（18）：1564—1570.

[16] Gong Z，Gu G，Wang Y，et al. Floral tea polyphenols can improve honey bee memory retention and olfactory sensitivity. J Insect Physiol，2021，128：104177.

[17] Komaki A，Karimi SA，Salehi I，et al. The treatment combination of vitamins E and C and astaxanthin prevents high-fat diet induced memory deficits in rats. Pharmacol Biochem Behav，2015，131：98—103.

[18] Ma GP，Zheng Q，Xu MB，et al. Rhodiola rosea L. Improves Learning and Memory Function：Preclinical Evidence and Possible Mechanisms. Front Pharmacol，2018，9：1415.

[19] Sadigh-Eteghad S，Vatandoust SM，Mahmoudi J，et al. Cotinine ameliorates memory and learning impairment in senescent mice. Brain Res Bull，2020，164：65—74.

[20] Rong K，Zheng H，Yang R，et al. Melatonin and its metabolite N（1）‐acetyl‐N（1）‐formyl‐5‐methoxykynuramine improve learning and memory impairment related to Alzheimer's disease in rats. J Biochem Mol Toxicol，2020，34（2）：e22430.

[21] Yang J，Jiang LN，Yuan ZL，et al. Impacts of passive smoking on learning and

memory ability of mouse offsprings and intervention by antioxidants. Biomed Environ Sci，2008,21(2)：144—149.

[22] Xia X，Yu R，Wang X，et al. Role of Eclipta prostrata extract in improving spatial learning and memory deficits in D-galactose-induced aging in rats. J Tradit Chin Med，2019,39(5)：649—657.

[23] 程音,路新国,辅助改善记忆功能保健食品的发展研究[J],安徽农业科学,2015,(43)：287—288.

[24] 刘锡潜,高玉忠,戴伟,等,含多不饱和脂肪酸和牛磺酸复方制剂的改善记忆实验[J],中国生化药物杂志,(2003)：249—250.

[25] 王平丽,张小平,程爱国,维生素 E 的脑保护作用[J],中国煤炭工业医学杂志,2006：1024—1025.

第十六章

一氧化氮与改善视力

　　眼睛是一个可以感知光线的器官,眼睛可以探测周围环境的明暗,辨别不同的颜色和光线的亮度,并将这些信息转变成神经信号,传送给大脑。读书认字、看图赏画、看人物、欣赏美景等一些事物都要用到眼睛。大脑中大约有 80% 的知识都是通过眼睛获取的。但眼睛也是非常脆弱的,会受到各种伤害,导致视力的降低甚至失明。少年时期,一不注意就可能患上近视,需要佩戴眼镜。随着年龄的增加,白内障、视网膜黄斑等疾病的机会就会增加。

　　白内障是排在首位的致盲疾病,其导致的视力障碍给白内障患者的生活质量带来极大的影响。研究证实,紫外线照射与白内障的发生密切相关。当眼睛受到紫外线损伤后,会产生大量的活性氧自由基,氧化损伤晶状体,导致晶状体中可溶性蛋白减少,不溶性蛋白增加,晶状体出现浑浊,从而引起视力障碍,此时瞳孔内呈白色,也就是白内障[1,2]。据《国民手机用眼行为大数据报告》统计,目前我国有:6 亿人近视,1 000 万人青光眼,600 万以上白内障,1 160 万眼底新生血管疾病患者。

　　视网膜具有分辨影像的能力,光是动物视觉进化发展的动力,视网膜是动物进化出的捕捉光信号的重要神经系统,外界的光线只有到达正常的视网膜才能形成客观真实的视觉图像,所以视网膜的保护十分重要[3,4]。高强度的光照射会导致视网膜急性损伤,光子激发的自由基会引起视网膜脂质过氧化水平的升高导致视网膜变性[5]。因此,清除自由基,缓解氧化应激状态的药物有望对白内障和强光损伤视网膜引发的疾病进行预防和保护。

很多研究表明,一氧化氮自由基作为内皮细胞松弛因子和信号已经在眼睛中作用及一些眼部疾病的病理生理学中的作用也有很多报道,表明一氧化氮自由基与眼睛和视力关系密切。抗氧化剂对眼睛和视力有保护作用,对眼睛的疾病有预防和治疗作用。两者结合起来对眼睛和视力影响又怎么样呢?本章对抗氧化剂、一氧化氮自由基及抗氧化剂和一氧化氮自由基与眼睛健康和视力的影响进行讨论。

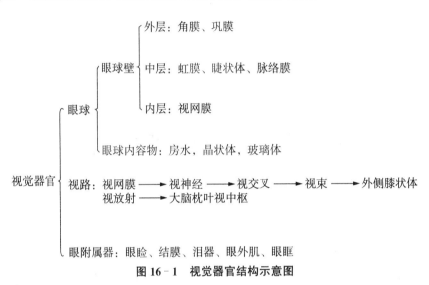

图 16-1 视觉器官结构示意图

一、一氧化氮自由基与眼睛健康和视力

一氧化氮自由基作为内皮细胞松弛因子和信号已经在眼睛中作用及一些眼部疾病的病理生理学中的作用已经被广泛研究,表明一氧化氮自由基与眼睛和视力关系密切,其中有保护和损伤两方面的报道,充分显示了一氧化氮自由基的双刃剑作用。

1. 一氧化氮自由基是晶状体上皮细胞的生存因子

一氧化氮自由基促进细胞死亡或存活,这取决于细胞类型和生存条件。在一项研究中,探讨了 NO 对晶状体上皮细胞活力的影响。在无血清培养基中培养 5 天,添加或不添加一氧化氮合酶抑制剂 L-N(omega)-硝基-L-精氨酸甲酯(L-NAME),或者,外植体在有或没有 NO 供体硝普钠的情况下培养 9 天。对晶状体上皮细胞进行形态学、免疫组化或 DNA 含量测定。结果发现在 L-NAME 存在的情况下,细胞逐渐变圆,从晶状体囊脱落,导致广泛的细胞丢失,细胞出现凋亡情况,细胞表面起泡和核碎裂。相反,NO 供体硝普钠的加入抑制了晶状体上皮细胞出现凋亡情况,培养 9 天时没有发生细胞形态学变化和自发的细胞丢失,而且在此期间细胞覆盖率增加了4倍。此外,L-NAME加重了用50 pg/ml转化生长因子β_2培养引起的细胞丢失,而硝普钠提供了保护作用。因此得出结论:NO作为晶状体上皮细胞内源性产生的生存因子,在白内障手术后可以作为去除残余晶状体细胞的手段,从而防止晶状体混浊[6]。

2. 一氧化氮和淀粉样蛋白之间Aβ正反馈加速人晶状体上皮细胞线粒体损伤

过量的一氧化氮(NO)和其他活性氧(ROS)一样,引起细胞色素C氧化酶活性和ATP水平的降低及线粒体损伤,导致晶状体混浊。此外,以往的研究表明ROS引起的氧化应激可增强淀粉样蛋白β(Aβ)在哺乳动物的晶状体中产生$A\beta_{1\sim42}$刺激诱导型一氧化氮合酶(iNOS)启动子活性。一项研究在人晶状体上皮细胞中探讨了NO的产生与Aβ的关系。人晶状体上皮细胞与干扰素-γ及脂多糖共同培养作用48 h诱导iNOS产生,导致NO释放增强,还增加了与NO相关的蛋白质的基因表达水平。晶状体上皮中过量的NO生成增强了$A\beta_{1\sim42}$产生,这种增强加速了NO的释放。基于正反馈(NO-Aβ)的晶状体上皮NO生成增强Aβ正反馈的恶性循环可能促进白内障(晶状体混浊)的发生。这些发现为设计旨在开发抗白内障药物的进一步研究提供了重要的信息[7]。

3. 一氧化氮和羟自由基诱导的体外视网膜脂质过氧化

自由基可引起细胞氧化和膜脂过氧化影响对视网膜组织的意义尚不清楚。一项研究比较了一氧化氮或羟基自由基孵育视网膜膜后的脂过氧化产物与两种常用组织肾和肝的膜脂过氧化产物。取SD大鼠视网膜、肝脏和肾脏。将这些样品匀浆,并与不同的2、20或200 mm铁(Ⅱ)或硝普钠(SNP)溶液在37℃下孵育60分钟。测定丙二醛(MDA)含量,单位重量蛋白质浓度作为膜脂过氧化的指标。结果发现铁(Ⅱ)和单核苷酸处理后,三种组织中MDA含量呈剂量依赖性差异($P<0.0001$)。视网膜MDA含量显著高于肾脏($P<0.001$)和肝脏($P<0.001$)。对于铁(Ⅱ)处理的匀浆,视网膜($P=0.0001$)和肝脏($P=0.0004$)的MDA差异具有统计学意义。对于SNP处理的匀浆,视网膜($P=0.002$)、肝脏($P<0.0001$)和肾脏($P<0.0001$)的MDA差异均具有统计学意义。铁(Ⅱ)和SNP处理组的视网膜MDA浓度无统计学差异($P=0.41$)。视网膜组织比肝和肾组织更容易受到自由基诱导膜脂过氧化的影响。对SNP和铁(Ⅱ)处理的视网膜反应具有可比性,表明NO自由基和OH·自由基诱导的膜脂过氧化损伤在体外具有相似的机制。未来的工作需要确定活体视网膜的保护系统[8]。

4. 硝酸盐和亚硝酸盐在眼部一氧化氮代谢中的潜在作用

虽然一氧化氮合酶(NOS)在眼睛中产生NO已经被证实,但是最近描述的硝酸盐(NO_3^-)和亚硝酸盐(NO_2^-)离子还原产生NO的途径却很少受到关注。为了阐明这些途径的潜在作用,分析了眼睛和泪腺成分中的硝酸盐和亚硝酸盐水平。角膜中的硝酸盐和亚硝酸盐含量高于眼睛的其他部位,而晶状体中的硝酸盐和亚硝酸盐含量最低。与其他器官(如肝脏和骨骼肌)相比,泪腺显示出更高水平的这2种离子,甚至与唾液腺相比,唾液腺也显示出更高水平的这2种离子。黄嘌呤氧化还原酶是一种硝酸盐和亚硝酸盐还原酶,在泪腺和其他眼部组织中表达,在角膜和巩膜中也有表达。角膜和巩膜匀浆具有一定量的硝酸盐还原活性。这些结果表明,硝酸根离子被唾液酸钠富集在泪腺中,并通过泪液分泌到眼部成分中,然后还原为亚硝酸盐和NO,从而成为眼部NO的重要来源[9]。

5. 一氧化氮在氯化镉致高血压动物白内障形成中的作用

系统性高血压与白内障形成有密切联系,一氧化氮(NO)在氯化镉诱导的高血压动物白内障形成中是否也有作用呢?利用雄性大白鼠腹腔注射氯化镉[0.5 mg/(kg·d)]8周,造成高血压。在实验期间,10 μM-S-亚硝基谷胱甘肽(NO供体)和1%w/v硝基-L-精氨酸甲酯(L-NAME,NOS抑制剂)局部涂抹在角膜上,每天一次。氨氯地平[3 mg/(kg·d)]作为标准降压药,口服。结果发现,在$CdCl_2$对照组中,随着晶状体亚硝酸盐、混浊和氧化应激的增加,平均动脉压显著升高。氨氯地平对高血压的控制实质上恢复了晶状体亚硝酸盐和白内障的发生。此外,局部应用L-NAME可显著减轻晶状体亚硝酸盐、混浊度、抗氧化剂(GSH、CAT、SOD和GPx)、MDA、蛋白质和离子(Na^+和Ca^{2+})含量。然而,与$CdCl_2$对照组相比,S-亚硝基谷胱甘肽局部应用在不影响高血压的情况下加重了这些白内障事件。结果表明,NO供体可加重高血压患者白内障的形成,而NOS抑制剂可减轻高血压患者白内障的形成。高血压的控制还可以通过降低晶状体亚硝酸盐水平来减少白内障的形成。因此得出结论:NO与高血压相关性白内障的形成密切相关。晶状体亚硝酸盐(NO代谢物)的升高是高血压患者晶状体氧化应激增强和白内障形成的关键因素之一[10]。

6. 利用泪液一氧化氮和抗氧化酶测定间接评价佩戴隐形眼镜患者角膜细胞凋亡

隐形眼镜接触角膜引起的角膜上皮损伤导致炎症介质释放增加。角膜上皮细胞凋亡与上皮损伤直接相关,并与一氧化氮生成增加有关。有效的抗氧化酶通过使活性氧失活从而抑制细胞凋亡来保护细胞免受氧化损伤。一项研究企图利用检测泪液中总一氧化氮和抗氧化酶的含量,作为判断泪液细胞凋亡的间接指标。测定了25例。软性隐形眼镜患者泪液中一氧化氮和抗氧化酶的含量,并与25例年龄、性别匹配的对照组进行比较。结果发现,与对照组相比,隐形眼镜佩戴者泪液中一氧化氮、超氧化物歧化酶和谷胱甘肽过氧化物酶水平明显升高。抗氧化酶、超氧化物歧化酶和谷胱甘肽过氧化物酶水平随配戴隐形眼镜总时间的增加而显著升高($P<0.001$)。因此得出结论:隐形

眼镜配戴者泪液中一氧化氮和抗氧化酶水平的升高提示角膜接触镜配戴抑制了细胞凋亡的过程。然而，也有人推测，一氧化氮水平的增加通过其促凋亡活性平衡了抗氧化酶水平增加的抗凋亡活性，从而起到隐形眼镜佩戴者的保护性结果[11]。

7. 在日光下输送一氧化氮减少隐形眼镜细菌污染

由微生物污染引起的眼部感染是配戴隐形眼镜的主要风险之一，这就需要新的策略来找到可靠的解决方案。一项研究报道了在日光照射下释放一氧化氮（NO）的软性隐形眼镜的制备、表征和生物学评价。将一种特制的 NO 光电二极管嵌入到商用隐形眼镜中，制备出在室温下具有优良光学透明性材料。NO 光电二极管均匀地分布在隐形眼镜基体中，完全保持了溶液中的光行为。特别是，在可见光照射下，观察到 NO 在隐形眼镜的释放及其在上清液生理溶液中的扩散。NO 光电二极管分子骨架中存在蓝色荧光报告功能，伴随着 NO 光释放而激活，允许实时轻松监测 NO 传递，并确认掺杂隐形眼镜在日光照射下工作。在可见光照射下，角膜细胞在黑暗和光照条件下都能很好地耐受隐形眼镜释放 NO，并能抑制金黄色葡萄球菌的生长。这些结果为 NO 光电二极管作为一种新型的可被太阳光激活的眼用器件进一步工程化奠定了基础[12]。

二、抗氧化剂对视力的保护作用

很多研究表明，抗氧化剂对眼睛和视力有保护作用，对眼睛的疾病有预防和治疗作用。下面我们选择几个抗氧化剂方面的研究结果。

1. 叶黄素和玉米黄质在眼睛健康和疾病中的作用

目前的证据表明，叶黄素及其异构体玉米黄素在胚胎和整个生命周期的眼部发育、年轻和成年后期的视力表现以及降低老年常见年龄相关眼病的发病风险方面发挥着重要作用。这些叶黄素类胡萝卜素存在于多种蔬菜和水果中，在绿叶蔬菜中含量特别高。此外，蛋黄和母乳似乎是叶黄素生物可利用的来源。叶黄素、玉米黄质和玉米黄质在补充剂中的流行率正在增加。确定最佳和安全的摄入量范围需要更多的研究，特别是对孕妇和哺乳期妇女。基于遗传或代谢影响，关于这些类胡萝卜素饮食摄入的个体间反应的证据不断积累，表明可能有些亚组人群对摄入更高水平的叶黄素和玉米黄质更加受益[13]。叶黄素和玉米黄素安全性高，无毒无害，加上它特殊的生理功效，符合食品添加剂"天然""营养""多功能"的发展方向，可与维生素、赖氨酸等常用食品添加剂一样直接添加到食品中。

2. 褪黑素对糖尿病大鼠视网膜的保护作用

褪黑素是由脑松果体分泌的激素之一。称为松果体素、褪黑激素、褪黑色素。褪黑素的分泌具有明显的昼夜节律,白天分泌受抑制,晚上分泌活跃,有强大的神经内分泌免疫调节活性和清除自由基抗氧化能力。糖尿病视网膜病变是糖尿病最常见、最严重的微血管并发症之一。一项研究旨在探讨褪黑素对糖尿病大鼠视网膜损伤的影响。在研究中,21 只大鼠被随机分为 3 组:对照组、糖尿病组和糖尿病＋褪黑素组。用链脲佐菌素以 50 mg/kg 剂量诱导糖尿病大鼠,并测定血糖以选择糖尿病大鼠作为研究对象。糖尿病大鼠于糖尿病诱导后 1 周开始口服褪黑素(20 mg/kg)7 周。8 周后,用荧光素血管造影比较两组荧光素渗漏的平均得分。用市售方法测定视网膜活性氧(ROS)和丙二醛(MDA)水平。光镜下观察视网膜结构变化。结果显示,糖尿病组与对照组相比,荧光素渗漏平均分、MDA 和 ROS 水平显著升高。与糖尿病和对照组相比,褪黑素治疗糖尿病大鼠 7 周,可预防糖尿病引起的视网膜改变,提示褪黑素可能具有预防糖尿病视网膜病变的作用[14]。

3. 多种抗氧化剂外用制剂对紫外线照射兔视网膜组织的保护作用

一项研究评价了含核黄素、d-α-生育酚聚乙二醇(TPGS 维生素 E)、脯氨酸、甘氨酸、赖氨酸和亮氨酸对 UV-B 诱导的活体兔视网膜损伤的保护作用。雄性白兔 20 只。将动物分成四组,每组五只。对照组不接受任何紫外线照射。第一组(紫外线照射)用 UV-a 灯照射 30 min;第二组(IG30)和第 3 组(IG60)分别接受紫外线照射 30 和 60 min,并用 1 滴(约 50 μl)抗氧化剂局部治疗,每 15 min 一次,从照射前 1 小时开始,直到 UV 暴露结束。紫外线照射组造成视网膜色素上皮及视锥、视杆层广泛破坏。IG30 组视网膜 RPE 及视锥、视杆层破坏较轻。在 G60 组中,视网膜色素上皮不规则增厚,紧邻的内层和外层大量水肿,光感受器数量显著减少。这些结果表明,局部应用含核黄素的滴眼液-α-生育酚聚乙二醇(TPGS 维生素 E)、脯氨酸、甘氨酸、赖氨酸和亮氨酸可对抗暴露视网膜兔的紫外线视网膜损伤[15]。

4. 葡萄糖诱导氧化应激后补硒对视网膜色素上皮的保护作用

有许多情况会影响视网膜,糖尿病视网膜病变作为糖尿病的一种并发症,仍然是全球致盲的主要原因。糖尿病视网膜病变是糖尿病的一种眼部并发症,是由供应视网膜的血管恶化引起的,其后果是视力不可逆转地恶化。视网膜,特别是视网膜色素上皮是唯一直接和频繁暴露于光下的神经组织,这很容易导致脂质的氧化,而脂质对视网膜细胞具有极高的毒性。视网膜色素上皮是一种天然屏障,在吸收光线和减少眼睛内的光散射方面起着重要作用。此外,视网膜是消耗非常多氧气的组织,产生大量的活性氧。视网膜对高血糖和氧化应激特别敏感。眼部组织富含某些抗氧化剂,以代谢酶或小分子的形式存在。由于硒对调节参与抗氧化应激保护的酶的活性至关重要,因此向眼部组织提供硒可用于治疗不同的眼部疾病。因此,研究了硒在人视网膜色素上皮中对抗葡萄糖诱导的氧化应激的潜在功效及其对谷胱甘肽过氧化物酶活性的影响。在体外视网膜色素上皮细胞模型中研究补硒和高血糖的影响,结果显示具有明显保护作用[16]。

5. 虾青素对1型糖尿病大鼠代谢性白内障的影响

一项研究探讨了虾青素对1型糖尿病大鼠代谢性白内障的影响及其对晶状体的抗氧化能力。将大鼠随机分为4组($n=8$):对照组、糖尿病组、低剂量虾青素(DM+AL)组和高剂量虾青素(DM+AH)组。腹腔注射链脲佐菌素60 mg/kg,建立大鼠1型糖尿病模型。造模成功后,给药组给予不同剂量的虾青素(AST)12周。采用裂隙灯摄像系统观察大鼠晶状体混浊情况。采用双抗体夹心法检测晶状体中晚期糖基化终产物(AGE)、脂质过氧化物/丙二醛(MDA)、过氧化氢酶(CAT)、超氧化物歧化酶(SOD)和谷胱甘肽(GSH)水平。苏木精-伊红(HE)染色观察晶状体形态学改变。结果发现,糖尿病诱导后白内障严重程度明显增加,虾青素治疗后明显减轻($P<0.05$)。此外,与糖尿病组相比,虾青素组晶状体组织中AGE和MDA含量显著降低($P<0.05$)。而虾青素组GSH、SOD、CAT水平均高于糖尿病组($P<0.05$)。因此得出结论:虾青素对晶状体具有抗氧化保护作用。此外,虾青素还通过延缓糖尿病大鼠代谢性白内障的发生和发展,抑制晶状体氧化应激,发挥晶状体的保护作用[17]。

6. 膳食多酚对老年性黄斑变性的保护作用

年龄相关性黄斑变性是一种以光感受器和视网膜色素上皮细胞变性和缺失为特征的多因素视网膜病变,氧化应激在其病理过程中起重要作用。虽然系统研究还不能明确支持富含抗氧化剂的饮食对年龄相关性黄斑变性的保护作用,但据报道,膳食多酚(DPs)对视力有好处。其中一些化合物,如槲皮素和花青素-3-葡萄糖苷,由于其B环结构中存在两个羟基,可以直接清除活性氧。除了直接清除ROS外,膳食多酚还可以通过其他途径降低氧化应激。许多膳食多酚诱导NRF2(核因子,红细胞2-样2)活化并表达在该因子转录控制下的Ⅱ期酶。膳食多酚可以抑制视网膜色素上皮细胞中的A2E光氧化,这是氧化应激的来源。膳食多酚在视网膜色素上皮细胞中的抗炎作用与多种白细胞介素和信号通路的调节有关,包括IL-6/JAK2(Janus激酶2)/STAT3。一些膳食多酚可以改善受损的细胞废物清除,包括年龄相关性黄斑变性特异性的$A\beta_{42}$肽与自噬作用[18]。

7. 抗氧化剂诱导视网膜再生的生化基础

抗氧化剂在组织再生中的应用已有一些研究,但其作用机制尚不清楚。作为例子,在这里分析一下抗氧化剂N-乙酰半胱氨酸在视网膜再生中的作用。只有在存在外源性因子如成纤维细胞生长因子2(FGF2)的情况下,胚胎雏鸡才能够在从眼睫状缘的视网膜干/祖细胞完全去除后再生视网膜。N-乙酰半胱氨酸是一种抗氧化剂,通过单独或通过合成谷胱甘肽(GSH)清除自由基,和(或)通过硫醇-二硫键交换活性还原氧化蛋白。通过剖析抗氧化剂 N-乙酰半胱氨酸和通过使用 GSH 合成抑制剂和其他具有不同生化结构和作用方式的抗氧化剂诱导再生的机制,发现抗氧化剂 N-乙酰半胱氨酸是通过其巯基二硫化物交换活性诱导再生的。因此,这一结果首次为诱导视网膜再生提供了生化基础。此外,抗氧化剂 N-乙酰半胱氨酸的诱导不依赖于成纤维细胞生长因子 FGF 受体信号,但依赖于丝裂原活化蛋白激酶 MAPK 通路[19]。

8. 牛磺酸与眼病

近年来很多研究提示牛磺酸对视网膜神经细胞具有重要保护功能,其作用机制可以分为以下 8 种:(1) 调节视网膜神经,保护视网膜;(2) 提高免疫和抗疲劳;(3) 保护线粒体功能;(4) 促进视神经再生;(5) 促进适应性调节;(6) 改善眼底微循环;(7) 抗氧化作用。在各类眼病中,青光眼则是以视网膜神经细胞损害为主的疾病。目前体内及体外实验证明牛磺酸可从多方面对抗视网膜神经细胞损伤,为包括青光眼在内的多种眼科疾病的视神经保护治疗开辟了潜在途径[30]。

三、L-精氨酸-抗氧化剂配方对视力改善的协同作用实验结果

以上讨论了一氧化氮和抗氧化剂对眼睛和视力的影响,下面讨论一氧化氮和抗氧化剂结合起来对眼睛和视力的影响。L-精氨酸能有效提高免疫力、促进免疫系统分泌自然杀伤细胞、吞噬细胞等内生性物质,有利于对抗癌细胞及预防病毒感染,还有助于将血液中的氨转变为尿素排泄出去[20]。所以,精氨酸对高氨血症、肝脏机能障碍等有改善作用。L-谷氨酰胺可参与消化道黏膜黏蛋白构成成分氨基葡萄糖的生物合成,从而促进黏膜上皮组织的修复,有助于溃疡病灶的消除[21]。维生素 C 是抗体及胶原形成,苯丙氨酸、酪氨酸、叶酸的代谢,铁、碳水化合物的利用,脂肪、蛋白质的合成,维持免疫功能,保持血管的完整,促进非血红素铁吸收等所必需的,同时维生素 C 还具备抗氧化,抗自由基,抑制酪氨酸酶的形成等功能[22]。维生素 E 可通过保护 T 淋巴细胞、保护红细胞、抗自由基氧化、抑制血小板聚集从而降低心肌梗死和脑梗死的危险性。[23]硒是眼组织中必不可缺的微量元素,是人体含硒较高的器官之一,眼组织的硒分布很广,在视网膜、晶状体、睫状体和虹膜含量极丰富,且与眼睛视力的敏感度有关。老年性白内障晶体硒含量降低,仅为正常的 1/6。硒作为抗氧化剂保护生物膜结构和功能[29]。维生素 A 是人体必需的营养素,对维持正常的视觉有着重要的作用。当维生素 A 缺乏或不足时,引起暗适应能力降低,夜盲症、角膜角化及视力障碍。锌是维生素 A 代谢的重要金属离子,参与维持眼组织的正常形态及视觉功能。锌缺乏时,引起视网膜杆体和锥体

功能异常。外国报道,体内缺硒、铜、锌与近视有关。国内研究证实人眼中的锌含量最高,可超过 21.86 μmol/g(眼组织干重)。人眼中又以视网膜、脉络膜含锌量最高。近视眼的流行病学研究发现,以谷物为主要食物来源的黄色人种中近视眼的发病率较高,这是因为谷物植酸含量较高,能影响锌的正常吸收,因此,结合锌在眼中的相对较高含量及锌与眼的密切关系,锌缺乏可能是近视眼病值得考虑的因素之一[31]。

研究结果证明,这些成分能够有效及时清除机体内的自由基,缓解机体氧化应激状态,在对抗脂质过氧化反应中起到重要作用。

本实验主要分为 2 部分,分别用动物白内障模型和视网膜损伤模型来研究 L-精氨酸-抗氧化剂配方对视力的保护作用。在动物白内障实验中,用紫外光照射损伤大鼠晶状体,对晶状体中超氧化物歧化酶、丙二醛含量和晶状体的浑浊程度进行检测,考察 L-精氨酸-抗氧化剂配方对受紫外线照射损伤的大鼠晶状体的保护作用。在动物视网膜光损伤实验中,用强光照射损伤大鼠视网膜,对视网膜感光细胞数量、丙二醛、超氧化物歧化酶、谷胱甘肽、过氧化氢、GFAP 的含量进行检测,考察 L-精氨酸-抗氧化剂配方对受强光损伤的大鼠视网膜的保护作用。通过这两部分实验确定 L-精氨酸-抗氧化剂配方对视力是否起到一定的改善保护作用。

1. 实验方法

实验材料:L-精氨酸-抗氧化剂配方是以 L-精氨酸、L-谷氨酰胺,牛磺酸、维生素 C(L-抗坏血酸)、维生素 E(dL-α-生育酚醋酸酯、辛烯基琥珀酸淀粉钠、二氧化硅)、柠檬酸锌、硒化卡拉胶为主要原料。每 100 g 含:L-精氨酸 28 g、L-谷氨酰胺 14.58 g、牛磺酸 26 g、维生素 C 6.88 g、维生素 E 1.66 g、锌 0.35 g、硒 1.69 mg。

(1) 大鼠白内障(晶状体损伤)模型的构建及分组:自河北医科大学动物中心购买 80~100 g 雄性 SD 大鼠 40 只,分笼饲养,自由饮食饮水。将大鼠随机分为 5 组,分别为空白对照组、白内障模型组、低剂量 L-精氨酸-抗氧化剂配方即 0.12 mgL-精氨酸-抗氧化剂配方/(g·d)预处理白内障组、中剂量 L-精氨酸-抗氧化剂配方即 0.24 mg/(g·d)预处理白内障组、高剂量 L-精氨酸-抗氧化剂配方即 0.72 mg/(g·d)预处理白内障组,每组 8 只。不同剂量的 L-精氨酸-抗氧化剂配方预处理灌胃 30 天,对照组用等体积的无菌水代替。灌胃结束后暗适应 24 h,而后进行白内障模型的构建[24]。将大鼠麻醉后固定,用 1% 复方托品酰胺散大瞳孔[25],15 min 滴药 1 次,共 4 次。放置开睑器使眼暴露在 300 nm 紫外灯下,用紫外照度计测定辐照度控制在 1×10^3 μW/cm^3,每天照射 15 min,连续 6 d[2],最后一次照射结束后,暗处 24 h 后取材。空白对照组置于同室同条件无紫外线照射。将取出的眼球在 0.01M 的 PBS 中浸泡 5 min 后分离出晶状体,立即在冰上进行实验操作[26]。

（2）大鼠视网膜光损伤模型的构建及分组：自河北医科大学动物中心购买 80～100 g 雄性 SD 大鼠 80 只，分笼饲养，自由饮食饮水。将大鼠随机分为 5 组，分别为空白对照组、视网膜损伤模型组、低剂量 L-精氨酸-抗氧化剂配方即 0.12 mg/(g·d)预处理视网膜损伤组、中剂量 L-精氨酸-抗氧化剂配方即 0.24 mg/(g·d)预处理视网膜损伤组、高剂量 L-精氨酸-抗氧化剂配方即 0.72 mg/(g·d)预处理视网膜损伤组，每组 16 只。不同剂量的 L-精氨酸-抗氧化剂配方预处理灌胃 30 天，对照组用等体积无菌水代替。灌胃结束后，将大鼠置于明暗各 12 h 的自然循环光环境下适应 7 d，暗适应 24 h，而后进行视网膜损伤模型的构建[27]。将大鼠麻醉后固定，用 1% 复方托品酰胺散大瞳孔[13]，15 min 滴药 1 次，共 4 次。放置开睑器使眼暴露在氙灯光照下，滤光片滤掉红外光线，光源照度为 30 000 lux（光强度单位，勒克斯）[15]，时间为 30 min，然后关掉光源，暗适应 24 h 后取眼球。将取出的眼球在 0.01M 的 PBS 中浸泡 5 min 后分离出视网膜，立即在冰上进行实验操作。空白对照组散瞳后不予光照。灯距大鼠的距离根据光强度调节[28]。

（3）丙二醛（MDA）含量的测定：按 MDA 试剂盒说明书进行试剂配制、测定和计算。

（4）超氧化物歧化酶（SOD）含量的测定：按 SOD 试剂盒说明书进行配制、在 560 nm 测定吸光度，然后计算 SOD。

（5）谷胱甘肽（GSH）含量的测定：按 GSH 试剂盒说明书进行配制，用酶标仪测定 412 nm 处的吸光度并计算 GSH 和 GSSG 的含量。

（6）过氧化氢酶（CAT）含量的测定：按过氧化氢酶试剂盒说明书进行配制，测定 405 nm 吸光度并计算 CAT 活力。

（7）感光细胞计数：按照 HE 染色试剂盒的方法进行试剂配制，使用视网膜切片，苏木精染色。在视网膜感光细胞层中选取 4 个区域计算感光细胞数，全视网膜感光细胞的计数以每平方微米中所含视细胞数表示。

（8）观察晶状体的浑浊程度：小心解剖，取出眼球，取出晶状体置于预冷的 PBS 缓冲液中漂洗。肉眼观察紫外线照射后晶状体是否发生浑浊，并用单镜头反光相机拍照记录。

（9）大鼠视杯冰冻切片，观察视网膜结构：大鼠经 10% 水合氯醛麻醉，生理盐水灌流后用 4% 多聚甲醛固定，取出眼球，保留 2～3 mm 视神经。沿角膜边缘剪去角膜，去除晶状体、玻璃体，保留视杯。将视杯置于 4% 多聚甲醛中固定 4 h 后转入 15% 蔗糖中，沉底后换到 30% 蔗糖中，沉底后沿矢状面冰冻切片，切片厚度 8 μm。

2. 实验结果

（1）L-精氨酸-抗氧化剂配方对白内障动物模型晶状体的保护作用：由图 16-2 可

知,白内障模型组(即损伤组)晶状体的浑浊程度最为明显,不同剂量 L-精氨酸-抗氧化剂配方预处理模型组的晶状体的浑浊程度分别有不同程度的减轻。损伤组与空白对照组(即对照组)相比,底部十字焦点不容易被聚焦,低、中、高3种剂量 L-精氨酸-抗氧化剂配方处理组与损伤组相比,聚焦程度均有所恢复,说明给 L-精氨酸-抗氧化剂配方后晶状体功能有所恢复。其中中剂量给 L-精氨酸-抗氧化剂配方组晶状体的恢复情况与其他两个剂量给 L-精氨酸-抗氧化剂配方组相比更为显著。说明中剂量给 L-精氨酸-抗氧化剂配方组对白内障大鼠晶状体浑浊度增加有显著的降低作用。

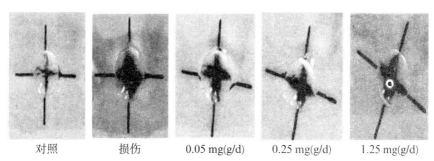

| 对照 | 损伤 | 0.05 mg(g/d) | 0.25 mg(g/d) | 1.25 mg(g/d) |

图 16 - 2　不同剂量 L-精氨酸-抗氧化剂配方对白内障大鼠晶状体浑浊程度的影响

(2) L-精氨酸-抗氧化剂配方对晶状体中超氧化物歧化酶(SOD)含量的影响:通过图 16-3 中五组数据的比较可知,损伤组 SOD 含量明显低于对照组,并且差异较显著;而低、中、高3种剂量给 L-精氨酸-抗氧化剂配方组 SOD 含量与损伤组相比有明显的升高,且具有统计学意义,其中低剂量组 SOD 含量升高最为显著。说明低、中、高剂量给 L-精氨酸-抗氧化剂配方组对白内障大鼠晶状体 SOD 含量下降均有显著的升高作用。

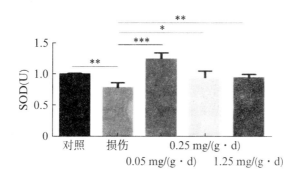

图 16 - 3　不同剂量 L-精氨酸-抗氧化剂配方对白内障大鼠晶状体 SOD 含量的影响

注:$^*P<0.05$,$^{**}P<0.01$,$^{***}P<0.001$

(3) L-精氨酸-抗氧化剂配方对晶状体中丙二醛(MDA)含量的影响:由图 16-4 可知,与对照组相比,损伤组 MDA 含量明显增加,低剂量给 L-精氨酸-抗氧化剂配方组和高剂量给 L-精氨酸-抗氧化剂配方组对紫外光损伤造成的 MDA 增加有一定的抑制作用,但没有统计学差异。而中剂量给 L-精氨酸-抗氧化剂配方组与损伤组相比,MDA 含量明显降低,且差异显著。表明中剂量给 L-精氨酸-抗氧化剂配方组对于白内障大鼠的晶状体 MDA 升高有显著的降低作用。

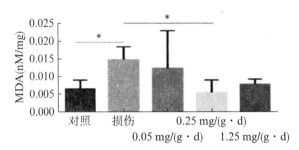

图 16-4　不同剂量 L-精氨酸-抗氧化剂配方对白内障大鼠晶状体 MDA 含量的影响

注：$^*P < 0.05$

　　以上结果均表明,中剂量的 L-精氨酸-抗氧化剂配方预处理对白内障大鼠晶状体有显著的保护作用。

　　(4) L-精氨酸-抗氧化剂配方对视网膜中感光细胞数的影响:由图 16-5 可以看出,与对照组比,损伤组大鼠视网膜感光细胞数量明显降低,说明用强光照射眼球可以成功构建大鼠视网膜损伤模型;与损伤组相比,低剂量给 L-精氨酸-抗氧化剂配方组 SD 大鼠视网膜感光细胞数量明显升高,其他浓度无明显变化。说明低剂量 L-精氨酸-抗氧化剂配方能够有效缓解强光损伤引起的视网膜感光细胞数的降低。

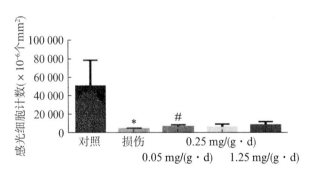

图 16-5　不同剂量 L-精氨酸-抗氧化剂配方对视网膜损伤大鼠视网膜感光细胞数量的影响

注：与空白相比,$^*P < 0.05$,与光损伤相比,$^\#P < 0.05$

　　(5) L-精氨酸-抗氧化剂配方对视网膜中过氧化氢酶(CAT)含量的影响:如图 16-6 表明,与对照组相比,损伤组 SD 大鼠视网膜 CAT 的含量显著降低。与损伤组相比,低剂量给 L-精氨酸-抗氧化剂配方组和高剂量给 L-精氨酸-抗氧化剂配方组对强光引起的视网膜 CAT 含量降低没有显著的改善作用,而中剂量给 L-精氨酸-抗氧化剂配方组与损伤组相比,CAT 含量明显升高,且差异显著,达到与对照 1 组相似的水平。表明中剂量 L-精氨酸-抗氧化剂配方能够有效缓解强光损伤引起的视网膜 CAT 含量下降。

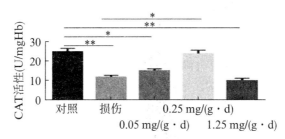

图 16-6　不同剂量 L-精氨酸-抗氧化剂配方对视网膜损伤大鼠视网膜 CAT 活性的影响

注:$^*P<0.05$,$^{**}P<0.01$

(6) L-精氨酸-抗氧化剂配方对大鼠视网膜中丙二醛(MDA)含量的影响:如图 16-7 表明,与对照组相比,损伤组大鼠视网膜 MDA 的含量有显著升高;与损伤组相比,低、中、高 3 个剂量给 L-精氨酸-抗氧化剂配方组大鼠视网膜 MDA 的含量均有明显的下调,基本达到与对照组相似的水平。由此说明低、中、高 3 个剂量 L-精氨酸-抗氧化剂配方均能够有效缓解强光损伤引起的视网膜 MDA 含量上调。

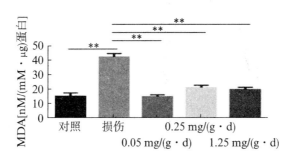

图 16-7　不同剂量 L-精氨酸-抗氧化剂配方对视网膜损伤大鼠视网膜 MDA 含量的影响

注:$^{**}P<0.01$

(7) L-精氨酸-抗氧化剂配方对大鼠视网膜中超氧化物歧化酶(SOD)含量的影响:由图 16-8 可以看出,与对照组比,损伤 e 组大鼠视网膜中的 SOD 水平有降低的趋势,但没有统计学差异;与损伤组相比,低、中、高 3 种剂量给 L-精氨酸-抗氧化剂配方组大鼠视网膜 SOD 水平有升高趋势,均恢复到对照组相似的水平。说明强光损伤降低大鼠视网膜 SOD 水平但总体影响不大,不同剂量的 L-精氨酸-抗氧化剂配方依然能够缓解视网膜 SOD 水平的下降趋势。总的来说本实验对视网膜 SOD 水平没有什么显著的影响。

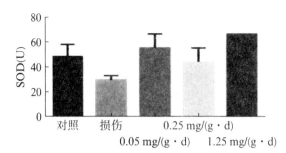

图 16－8　不同剂量 L－精氨酸-抗氧化剂配方对视网膜损伤大鼠视网膜 SOD 含量的影响

（8）L－精氨酸-抗氧化剂配方对大鼠视网膜中还原性谷胱甘肽（GSH）含量的影响：由图 16－9 可以看出，与对照组比，损伤组大鼠视网膜 GSH 的含量降低，但没有统计学差异。与损伤组相比，高剂量给 L－精氨酸-抗氧化剂配方组大鼠视网膜 GSH 浓度明显升高，其他浓度无明显变化。说明强光损伤降低大鼠视网膜 SOD 水平但总体影响不大，高剂量的 L－精氨酸-抗氧化剂配方依然能够缓解视网膜 GSH 水平的下降。

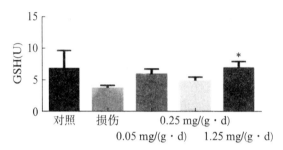

图 16－9　不同剂量 L－精氨酸-抗氧化剂配方对视网膜损伤大鼠视网膜 GSH 含量的影响

注：与 damage 相比，$^*P < 0.05$

（9）L－精氨酸-抗氧化剂配方对动物光照后视网膜病理结构的影响：如图 16－10 所示，对照组视网膜结构清晰完整；损伤组视网膜内核层细胞核排列疏松紊乱，出现空腔，节细胞部分细胞核消失；低剂量给 L－精氨酸-抗氧化剂配方组视网膜内核层细胞核排列较为有序，较损伤组有所恢复，空腔减少，节细胞细胞核消失减少；中剂量给 L－精氨酸-抗氧化剂配方组视网膜内核层细胞核排列有序，较损伤组有明显恢复，空腔明显减少，节细胞细胞核消失情况明显减少；高剂量给 L－精氨酸-抗氧化剂配方组视网膜内核层细胞核排列也有明显恢复，较低剂量组空腔减少，节细胞细胞核消失情况也明显减少，但是节细胞膨大。说明低、中、高 3 个剂量的 L－精氨酸-抗氧化剂配方均可以缓解强光引起的视网膜病变，但是中剂量 L－精氨酸-抗氧化剂配方缓解效果最为明显。

（10）TUNEL 检测 L－精氨酸-抗氧化剂配方对动物光照后视网膜细胞凋亡的影响：图 16－11 TUNEL 染色检测不同剂量 L－精氨酸-抗氧化剂配方对视网膜损伤大鼠

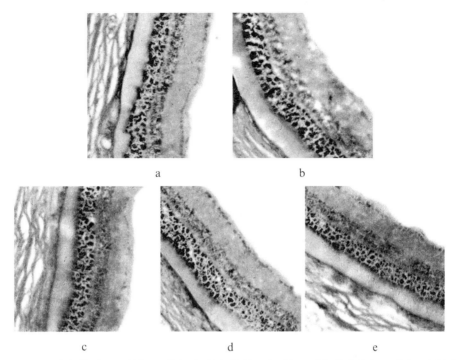

图 16-10 HE 染色检测不同剂量 L-精氨酸-抗氧化剂配方对视网膜损伤大鼠视网膜病理结构的影响

a 为对照组,b 为损伤组,c 为低剂量 0.05 mg/(g·d)给 L-精氨酸-抗氧化剂配方组,d 为中剂量 0.25 mg/(g·d)给 L-精氨酸-抗氧化剂配方组,e 为高剂量 1.25 mg/(g·d)给 L-精氨酸-抗氧化剂配方组。

视网膜细胞凋亡的影响。如图 16-12 凋亡细胞数的统计所示,与对照组相比,损伤组大鼠视网膜细胞凋亡数量显著升高。与损伤组相比,低剂量和高剂量给 L-精氨酸-抗氧化剂配方组大鼠视网膜细胞凋亡数量有下降趋势,但没有统计学差异。而中剂量给 L-精氨酸-抗氧化剂配方组大鼠视网膜细胞凋亡数量显著降低,几乎恢复到对照组水平,说明中剂量 L-精氨酸-抗氧化剂配方能够显著缓解强光损伤引起的视网膜细胞凋亡数量的增多。

(11) 测定 L-精氨酸-抗氧化剂配方对动物光照后视网膜 GFAP 表达的影响:GFAP 是 Müller 细胞内重要的中间丝蛋白,在生理状态下,其表达为阴性。当 Müller 细胞在视网膜病变或者脱离时,GFAP 表达量增加参与视网膜的各种病理性改变[28]。

如图 16-13 所示,对照组视网节细胞层 GFAP 有少量表达;损伤组视网膜节细胞层 GFAP 大量表达,并延伸到外核层和内核层。低剂量给 L-精氨酸-抗氧化剂配方组视网膜节细胞层 GFAP 表达量较损伤组有所减少,但仍有 GFAP 延伸到外核层和内核层。中剂量给 L-精氨酸-抗氧化剂配方组视网膜节细胞层 GFAP 表达量较损伤组有所减少,与低剂量组没有明显差别,但延伸到外核层和内核层的 GFAP 明显减少。高剂量给 L-精氨酸-抗氧化剂配方组视网膜节细胞层 GFAP 表达量较损伤组有所减少,但较

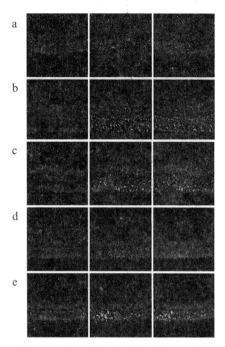

图 16-11　TUNEL 染色检测不同剂量 L-精氨酸-抗氧化剂配方对视网膜损伤大鼠视网膜细胞凋亡的影响

a 为对照组,b 为损伤组,c 为低剂量 0.05 mg/(g·d)给 L-精氨酸-抗氧化剂配方组,d 为中剂量 0.25 mg/(g·d)给 L-精氨酸-抗氧化剂配方组,e 为高剂量 1.25 mg/(g·d)给 L-精氨酸-抗氧化剂配方组。

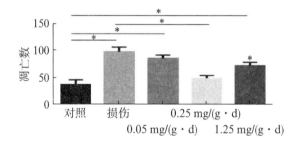

图 16-12　统计不同剂量 L-精氨酸-抗氧化剂配方对视网膜损伤大鼠视网膜细胞凋亡数量

a 为 control 组,b 为 damage 组,c 为低剂量 0.05 mg/(g·d)给 L-精氨酸-抗氧化剂配方组,d 为中剂量 0.25 mg/(g·d)给 L-精氨酸-抗氧化剂配方组,e 为高剂量 1.25 mg/(g·d)给 L-精氨酸-抗氧化剂配方组。注:$^*P<0.05$。

中剂量组有所增加,外核层及内核层的 GFAP 较损伤组也有所减少,但较中剂量组有所增加,较低剂量组有所减少。说明低、中、高 3 个剂量的 L-精氨酸-抗氧化剂配方均可以缓解强光引起的 GFAP 表达增加,但是中剂量 L-精氨酸-抗氧化剂配方缓解效果最为明显。

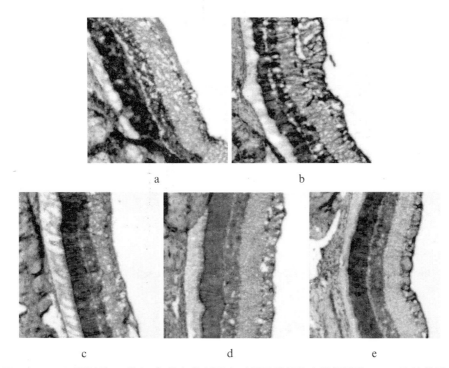

图 16-13 不同剂量 L-精氨酸-抗氧化剂配方对视网膜损伤大鼠视网膜 GFAP 表达的影响

a 为 control 组,b 为 damage 组,c 为低剂量 0.05 mg/(g·d)给 L-精氨酸-抗氧化剂配方组,d 为中剂量 0.25 mg/(g·d)给 L-精氨酸-抗氧化剂配方组,e 为高剂量 1.25 mg/(g·d)给 L-精氨酸-抗氧化剂配方组。

3. 结论

本实验通过构建白内障(晶状体损伤)模型和视网膜损伤模型,探究了 L-精氨酸-抗氧化剂配方对视力的保护作用。首先,采用紫外光照射大鼠眼球,可以使晶状体出现显著的浑浊现象提示白内障模型制备成功。通过观察 L-精氨酸-抗氧化剂配方对紫外光照损伤的白内障模型中晶状体的保护作用,发现 L-精氨酸-抗氧化剂配方能缓解紫外损伤造成的晶状体浑浊的现象。在抗氧化应激水平方面,与对照组相比,紫外光损伤组 SOD 水平明显降低,MDA 水平明显升高。同时,L-精氨酸-抗氧化剂配方的不同剂量组与紫外光损伤组相比,SOD 含量明显增加,且 3 个剂量组效果均好。MDA 含量降低,中剂量组效果最好,且差异显著,但低剂量和高剂量组没有统计学差异。说明中剂量 L-精氨酸-抗氧化剂配方对紫外光损伤构建的白内障模型的晶状体有很好的保护作用。

采用强光照射大鼠眼球构建视网膜损伤模型,观察发现强光照射组大鼠视网膜感光细胞数量显著降低,视网膜细胞凋亡数量显著增加,视网膜内核层细胞核排列疏松紊乱,出现空腔,节细胞部分细胞核消失,提出强光照射导致视网膜损伤模型构建成功。

与视网膜损伤组相比,给L-精氨酸-抗氧化剂配方组视网膜感光细胞数量有所增多,其中低剂量给L-精氨酸-抗氧化剂配方组效果最为显著。与视网膜损伤组相比,给L-精氨酸-抗氧化剂配方组视网膜中过氧化氢酶(CAT)、还原性谷胱甘肽(GSH)水平都有明显的上调,其中CAT水平在中剂量给L-精氨酸-抗氧化剂配方组恢复效果最为显著,GSH水平则在高剂量给L-精氨酸-抗氧化剂配方组恢复效果最为显著。与视网膜损伤组相比,给L-精氨酸-抗氧化剂配方组视网膜的丙二醛(MDA)水平均明显下降,不同剂量间没有明显差异。另外,与视网膜损伤组相比,中剂量给L-精氨酸-抗氧化剂配方组视网膜结构好转最为明显,细胞凋亡数最少,且GFAP的表达水平下调最为显著。说明中剂量L-精氨酸-抗氧化剂配方对构建的视网膜光损伤模型中的视网膜细胞有很好的保护作用。这些结果均表明L-精氨酸-抗氧化剂配方可以有效改善保护光对视力的损伤作用。

参 考 文 献

［1］ 陈子畅,樊芯,李晓燕,等.维生素A对光损伤小鼠视网膜功能和结构的保护作用[J].宁夏医科大学学报,2016,38(07):750—754＋854.

［2］ 赵学发,杨名慧,葛正龙.紫外线照射对SD大鼠晶状体抗氧化酶活性的影响[J].现代医药卫生,2015,31(08):1131—1133＋1136.

［3］ 颜家朝,胡敏娜,李传课,等.滋阴明目丸对SD大鼠视网膜光损伤后氧自由基影响[J].辽宁中医药大学学报,2017,19(02):13—15.

［4］ 崔蓓,付清,柳林,等.紫外线辐射致大鼠白内障模型的建立[J].国际眼科杂志,2009,9(05):836—838.

［5］ 高昭,彭清,高燕,等.原花青素对小鼠视网膜光化学损伤的保护作用[J].中国医疗前沿,2009,4(23):5—6.

［6］ Chamberlain CG, Mansfield KJ, Cerra A. Nitric oxide, a survival factor for lens epithelial cells. Mol Vis, 2008(28)14:983—991.

［7］ Nagai N, Ito Y, Shibata T, et al. A positive feedback loop between nitric oxide and amyloid beta(1—42)accelerates mitochondrial damage in human lens epithelial cells. Toxicology,2017(15)381:19—30.

［8］ Siu AW, To CH. Nitric oxide and hydroxyl radical-induced retinal lipid peroxidation in vitro. Clin Exp Optom, 2002,85(6):378—382.

［9］ Park JW, Piknova B, Jenkins A, et al. Potential roles of nitrate and nitrite in nitric oxide metabolism in the eye. Sci Rep, 2020,10(1):13166.

［10］ Yadav A, Choudhary R, Bodakhe SH. Role of Nitric Oxide in the Development of

Cataract Formation in CdCl2-induced Hypertensive Animals. Curr Eye Res，2018,43 (12)：1454—146.

[11] Bhatia RP，Dhawan S，Khanna HD，et al. Indirect evaluation of corneal apoptosis in contact lens wearers by estimation of nitric oxide and antioxidant enzymes in tears. Oman J Ophthalmol，2010,3(2)：66—69.

[12] Seggio M，Nostro A，Ginestra G，et al. Contact Lenses Delivering Nitric Oxide under Daylight for Reduction of Bacterial Contamination. Int J Mol Sci，2019 Jul 31,20 (15)：3735.

[13] Mares J. Lutein and Zeaxanthin Isomers in Eye Health and Disease. Annu Rev Nutr，2016,(17)36：571—602.

[14] Mehrzadi S，Motevalian M，Rezaei Kanavi M，et al. Protective effect of melatonin in the diabetic rat retina. Fundam Clin Pharmacol，2018,32(4)：414—421.

[15] Bartollino S，Palazzo M，Semeraro F，et al. Effects of an antioxidant protective topical formulation on retinal tissue of UV-exposed rabbits. Int Ophthalmol，2020,40 (4)：925—933.

[16] González de Vega R，García M，Fernández-Sánchez ML，et al. Protective effect of selenium supplementation following oxidative stress mediated by glucose on retinal pigment epithelium. Metallomics，2018,10(1)：83—92.

[17] Yang M，Chen Y，Zhao T，et al. Effect of astaxanthin on metabolic cataract in rats with type 1 diabetes mellitus. Exp Mol Pathol，2020,113：104372.

[18] Pawlowska E，Szczepanska J，Koskela A，et al. Dietary Polyphenols in Age-Related Macular Degeneration：Protection against Oxidative Stress and Beyond. Oxid Med Cell Longev，2019,(24)：9682318.

[19] Echeverri-Ruiz N，Haynes T，Landers J，et al. A biochemical basis for induction of retina regeneration by antioxidants. Dev Biol，2018,433(2)：394—403.

[20] 张茜.芬戈莫德对大鼠视网膜光损伤的保护作用及免疫机制研究[D].电子科技大学,2018.

[21] 颜家朝,胡敏娜,李传课,等.滋阴明目丸对 SD 大鼠视网膜光损伤后氧自由基影响[J].辽宁中医药大学学报,2017,19(02)：13—15.

[22] 杨晓伟.Fra-1 在大鼠视网膜光损伤中促进视网膜神经节细胞凋亡的研究[D].南通大学,2016.

[23] 颜家朝,李传课,李波,等.滋阴明目丸对视网膜光损伤大鼠模型 Bcl-2 及 p53 表达的影响[J].辽宁中医杂志,2017,44(05)：1081—1083＋1121.

[24] 田润,梅妍,郭星,等.岩茶提取物对大鼠视网膜光损伤的保护作用[J].眼科新进展,

2015,35(8)：718—720.

[25] 杨冬萍.枸杞多糖对兔视网膜色素上皮细胞光损伤凋亡内质网信号传导途径的影响[D].宁夏医科大学,2017.

[26] 解正高,陈放,庄朝荣,等.银杏叶提取物增强大鼠视网膜光损伤模型抗氧化应激能力[J].眼科新进展,2012,32(1)：24—26.

[27] 董志章,李娟,孙雪荣,等.光照致 TgAPPswePS1 转基因鼠视网膜功能障碍和结构损伤[J].眼科新进展,2017,34(4)：317—320.

[28] 陈子畅,樊芯,李晓燕,等.维生素 A 对光损伤小鼠视网膜功能和结构的保护作用[J].宁夏医科大学学报,2016,38(7)：750—754＋854.

[29] 李军,张忠诚.微量元素硒与人体健康.微量元素与健康研究[J].2011,9,28(5).

[30] 胡宗莉,陈晓明.牛磺酸保护视网膜神经细胞的研究进展[J].眼科国际杂志.2014,3,14(3).

[31] 刘哲华.锌对人体健康影响的研究进展[J].微量元素与健康研究.2000,17(4).

第十七章

一氧化氮与肝功能

　　肝脏是一个有多种功能的大器官和人体最大的实质脏器,中医称为"将军之官"。食物的营养成分被吸收进入小肠壁,而小肠壁有大量的毛细血管。这些毛细血管汇入小静脉、大静脉,最后经门静脉进入肝脏。在肝脏内,门静脉分为许许多多细小的血管,流入的血液即在此进行处理。肝脏对血液的处理,一方面清除从肠道吸收来的细菌和其他异物,另一方面进一步分解从肠道吸收来的营养物质,合成一些物质,使其成为身体可利用的形式。肝脏产生的胆固醇占全身胆固醇的一半,另一半来自食物。大约肝脏产生80%的胆固醇用于制造胆汁。肝脏也分泌胆汁,储存于胆囊,供消化使用。胆汁无法起到消化作用,但可以促进脂肪乳化,有利于脂肪的消化和吸收。

　　一氧化氮自由基作为内皮细胞松弛因子和信号在肝功能和肝脏疾病的病理生理学中的作用也有很多报道,表明一氧化氮自由基与肝功能及肝脏疾病的病理关系密切。有的报道一氧化氮对肝疾病有预防和治疗作用,但是也有不同的报道。抗氧化剂对肝功能的报道相对一致,抗氧化剂对肝功能有保护作用,对肝疾病有预防和治疗作用。二者结合起来对肝功能影响又怎么样呢? 本章对抗氧化剂、一氧化氮自由基及抗氧化剂和一氧化氮自由基与肝脏健康和肝功能的影响进行讨论。

一、肝功能

　　肝功能是多方面的,同时也是非常复杂的,肝脏的代偿能力也很强。肝功能检查的目的在于探测肝脏有无疾病、肝脏损害程度以及查明肝病原因、判断预后和鉴别发生黄疸的病因等。肝功能在临床开展的试验种类繁多,不下几十种,但是每一种肝功能试验只能探查肝脏某一方面的某一种功能,到目前为止仍然没有一种试验能反映肝脏的全部功能。因此,为了获得比较客观的肝功能结论,应当选择多种肝功能试验组合,必要时要多次复查。同时在对肝功能试验的结果进行评价时,必须结合临床症状全面考虑,避免片面性及主观性。同时肝功能试验结果也会受实验技术、实验条件、试剂质量以及操作人员等多种因素影响。因此肝功能试验结果应当由临床医生结合临床症状等因素进行综合分析,然后再确定是否存在疾病,是否需要进行治疗和监测。

　　目前检测的主要项目包括丙氨酸氨基转移酶(又称谷丙转氨酶,ALT)、门冬氨酸氨基转移酶(又称谷草转氨酶,AST)、碱性磷酸酶(ALP)、γ-谷氨酰转肽酶(γ-GT 或GGT)等。在各种酶试验中,ALT 和 AST 能敏感地反映肝细胞损伤与否及损伤程度。各种急性病毒性肝炎、药物或酒精引起急性肝细胞损伤时,血清 ALT 最敏感,在临床症状如黄疸出现之前 ALT 就急剧升高,同时 AST 也升高,但是 AST 升高程度不如ALT。而在慢性肝炎和肝硬化时,AST 升高程度超过 ALT,因此 AST 主要反映的是肝脏损伤程度。

二、一氧化氮与肝功能

　　近年来,一氧化氮(NO)在肝病及其并发症发病机制中的作用已被广泛研究。然而,仍有许多领域存在争议。尤其是 NO 对体循环和肝微循环血管功能的影响受到了人们的极大关注。一方面,NO 合成增加是肝硬化高动力循环形成的原因,而肝脏微循环中 NO 生成减少可能是肝实质组织损伤和门脉高压发生的重要原因;另一方面有关NO 在肝脏疾病中作用的现有数据显示,存在一些争议和矛盾。一氧化氮是促炎和抗炎过程的介质和生物标志物,长期过量的 NO 与炎症和组织损伤有关[1]。

1. 肝脏炎症细胞中有一氧化氮自由基分布

　　肝脏细胞中有一氧化氮自由基分布吗? 一项研究利用电子顺磁共振(EPR)波谱法测定了肝脏炎症细胞中的 NO 自由基分布情况。EPR 波谱法是目前测定生物样品中NO 最合适的方法,因为这样捕捉的 NO 有特异性和可靠性。给大鼠注射 0~8 mg/kg

脂多糖(LPS),逐步诱导全身炎症反应。使用专门对 NO 血红蛋白和 NO Fe EPR 信号的特定特征定量测定技术,测试结果表明非灌注肝组织中未检测到 NO 铁复合物,灌注肝组织中仅检测到 NO 铁复合物,血液中仅检测到 Hb 复合物。当 LPS 浓度为 2.5 mg/kg 时,NO 在血液、肝脏中的浓度分别为 9.4、$18.5\sim27.9$ nmol/cm^3)。该方法不影响 NO 的自然产生途径,就可以通过一次肝活检定量分析 NO 在两个肝室中的分布[2]。可以用于检测肝脏炎症细胞中的 NO 自由基分布情况。

2. 一氧化氮合酶对肝脏缺血再灌注损伤中的作用机制

缺血再灌注损伤是一种临床疾病,对肝脏疾病的发病率和死亡率及肝脏手术和移植都有重要影响。防止肝脏各种损伤的一个中心途径是利用一氧化氮。一氧化氮合酶(NOS)通过 L-精氨酸产生 NO。内皮型一氧化氮合酶(eNOS)亚型产生的一氧化氮对肝脏缺血再灌注损伤具有保护作用,而诱导型一氧化氮合酶(iNOS)衍生的一氧化氮在缺血再灌注损伤早期可能具有保护作用或有害作用,这取决于缺血时间、再灌注时间和实验模型。在肝脏缺血再灌注损伤的晚期,iNOS 衍生的 NO 对肝脏起保护作用。除了一氧化氮合酶在一氧化氮合成过程中消耗 L-精氨酸外,这种氨基酸也可能被精氨酸酶代谢。精氨酸酶是一种在长时间缺血期间释放增加的酶,因此,它将 L-精氨酸从一氧化氮合酶代谢中转移开,导致一氧化氮合酶催化速率下降。NO 通常通过可溶性鸟苷酸环化酶-环 GMP-蛋白激酶 G 途径发挥作用,减轻肝脏缺血再灌注损伤。内源性和外源性 NO 供体均可保护肝脏免受缺血再灌注损伤。然而,NO 对肝脏缺血再灌注的有益作用并不是普遍的,在某些情况下,如脂肪变性,可能会影响 NO 的保护作用。因此,有必要对 NO 保护作用的证据和机制进一步研究[3]。

一项研究探讨了一氧化氮对肝肺综合征的免疫保护作用及肝移植缺血再灌注损伤的可能机制。采用健康雄性 Wistar 大鼠 66 只,随机分为 3 组(11 对供体/受体)。第二组器官保存液为乳酸林格氏液加肝素 10 000/μl。在第一组和第三组中,保存液分别添加 L-精氨酸或 N(G)-L-精氨酸甲酯(L-NAME)(1 mmol/L),受体在无肝期注射 L-精氨酸或 L-NAME(50 mg/kg)。各组移植肝保存 6 h 后植入受者体内。每组 5 只大鼠,观察术后存活情况。每组另 6 只大鼠取组织标本,分别于移植后 3 h 和 24 h 处死。检测丙氨酸氨基转移酶(ALT)、肿瘤坏死因子 TNF-α 和 NO 代谢物(NO_x)及 NO 合酶、TNF-α 的表达。用三磷酸吡啶核苷酸黄递酶组织化学和免疫组织化学方法检测细胞间黏附分子 1(ICAM-1)。结果表明通过补充 L-精氨酸强化了 NO 途径,提高了存活率,改善了肝功能。1 组移植肝 1 周存活率明显提高 28.8%。组织病理学显示,移植肝、肺组织损伤更为严重,应用 NO 合酶抑制剂后炎症反应更为严重,而 1 组再灌注 3 h 和 24 h 后移植肝和受体者肺组织病理损伤明显减轻。冷藏 6 h 后,肝脏内皮细胞中有少量组成型一氧化氮合酶(eNOS)表达,而诱导型一氧化氮合酶(iNOS)不表达。再灌注后 3 h 和 24 h,2 组 eNOS 在血管内皮细胞和肝细胞中的表达尤为显著,而 1 组 iNOS 的表达较低。因此得出结论:NO/eGMP 通路可能是大鼠原位肝移植成功的关键,尤其是对治疗冷缺血再灌注损伤时的肝肺综合征。

诱导型一氧化氮合酶(iNOS)基因在许多影响肝脏的生理和病理生理条件下由肝细胞表达,包括败血症和失血性休克。iNOS 表达的分子调控是复杂的,在基因表达途径中有多个层次发生。在首次从细胞因子刺激的肝细胞中克隆人 iNOS 基因中,细胞因子 TNF - α、IL - 1β 和 INF - γ 协同激活肝脏 iNOS 的表达。iNOS 的表达需要转录因子 NF - κB,并被类固醇、TGF - β、热休克反应、p53 和一氧化氮(NO)本身下调。在体内,肝脏 iNOS 的诱导与典型的急性期反应物不同,并不是急性期反应的必需成分。因此,在肝细胞损伤过程中,许多机制已经进化为调节 iNOS 的表达。NO 在肝脏中的作用研究表明,诱导的 iNOS 在脓毒症和缺血再灌注过程中对肝细胞功能起着重要作用,对肝脏具有保护作用。它的细胞保护作用在内毒素血症的啮齿动物模型中得到了最好的证明。非特异性 NOS 抑制剂的加入显著增加了肝脏损伤,NO 通过抑制血小板黏附和中和毒性氧自由基来防止血管内血栓形成,从而发挥保护作用。NO 还通过阻断 TNF - α 诱导的细胞凋亡和肝毒性,部分通过硫醇依赖性抑制 caspase - 3 样蛋白酶活性,在体内和体外研究中发现都发挥保护作用。这些研究证实了 NO 在肝脏中的细胞保护作用,并提示肝脏 iNOS 的表达是一种适应性反应,可以减少炎症损伤。此外,NO 具有抗肿瘤作用和抑制致突变作用,NO 还具有有效的抗菌特性[4]。

3. 一氧化氮和羟自由基诱导的体外肝肾和视网膜膜脂质过氧化

自由基可引起细胞氧化和膜脂过氧化(LPO),这些影响对视网膜组织的意义尚不清楚。一项研究比较了一氧化氮或羟基自由基孵育后的视网膜膜脂过氧化产物与两种常用组织肾和肝的膜脂过氧化产物。取 SD 大鼠视网膜、肝脏和肾脏。将这些样品匀浆,并与不同浓度(2、20 或 200 mm)铁(Ⅱ)或硝普钠(SNP)溶液在 37℃下孵育 60 分钟。测定丙二醛(MDA)含量,单位重量蛋白质浓度作为 LPO 的指标。结果发现:铁(Ⅱ)和单核苷酸多态性处理后,三种组织中 MDA 含量呈剂量依赖性差异($P <$ 0.000 1)。视网膜 MDA 含量显著高于肾脏($P < 0.001$)和肝脏($P < 0.001$)。对于铁(Ⅱ)处理的匀浆,视网膜($P = 0.000 1$)和肝脏($P = 0.000 4$)的 MDA 差异具有统计学意义。对于硝普钠处理的匀浆,视网膜($P = 0.002$)、肝脏($P < 0.000 1$)和肾脏($P <$ 0.000 1)的 MDA 差异均也具有统计学意义。铁(Ⅱ)和硝普钠处理组的视网膜 MDA 浓度无统计学差异($P = 0.41$)。视网膜组织比肝和肾组织更容易受到自由基诱导的膜脂过氧化的影响。对硝普钠和铁(Ⅱ)处理的视网膜反应具有可比性,表明 NO 和羟基

自由基诱导的肝、肾和视网膜膜脂过氧化损伤在体外具有相似的机制。未来的工作需要确定活体视网膜的保护系统[5]。

4. 肝脏选择性一氧化氮供体和 NO 的有益作用

一氧化氮是由细胞内的 NO 合酶内源性产生的,或作为 NO 前体药物在药理学上传递到组织中。这个简单的分子在许多生理和病理事件中是一种有效的生物介质。肝脏在新陈代谢和免疫过程中起着中心作用,是受 NO 影响的主要靶器官。肝脏中 NO 的产生通常在急性肝毒性物质损伤时增加,在慢性肝病时可能减少。NO 产生的诱导可被认为是一种早期适应性反应,过量时可能成为组织损伤的介质。在这方面,内源性一氧化氮合酶的抑制剂在某些情况下是有益的,在另一些情况下是有害的。eNOS 和 iNOS 基因敲除动物的建立促进了对肝脏对毒性损伤反应中 NO 功能的理解。内源性 NO 的产生对抑制某些毒物反应是有益的;然而,一般来说,它削弱了身体对有毒损伤的防御机制。多种 NO 前体药物已经被开发出来,并且,适当地使用时它们中的大多数已经证明在各种病理环境下对肝脏有有益的作用。通过研究 NO 与肝毒性的关系,以及 NO 供体对肝脏的有益作用,以肝脏选择性 NO 供体,证明药物传递的 NO 对肝脏疾病有治疗作用[6]。

5. 一氧化氮在肝毒性中的促氧化和抗氧化作用

肝损伤是肝脏外科的重要事件,可能导致肝细胞凋亡。一氧化氮(NO)是一种不稳定的自由基,半衰期短,在分子信号传导中起着关键作用。越来越多的证据表明,NO 在肝缺血再灌注损伤及其他肝损伤引起的肝细胞凋亡中起重要作用。肝损伤过程中一氧化氮水平升高与肝细胞凋亡的关系密切。肝损伤过程中一氧化氮水平降低与肝细胞凋亡抑制的关系的最新研究表明,NO 水平降低可通过促进或抑制涉及 caspase 家族、BCL - 2、线粒体、氧化应激、死亡受体和丝裂原活化蛋白激酶的信号通路影响肝细胞凋亡[7]。

6. 一氧化氮与肝脏氧化还原的调节

活性氧(ROS)和活性氮(RNS)在正常肝细胞中产生,对正常生理过程,包括氧化、呼吸、生长、再生、凋亡和微粒体防御起着关键作用。当氧化产物的水平超过正常抗氧化系统的能力时,就会发生氧化应激。这类应激以 ROS 和 RNS 的形式存在,可通过诱导炎症、缺血、纤维化、坏死、凋亡,或通过破坏脂质、蛋白质和(或)DNA 的恶性转化,损害所有肝细胞,包括肝细胞、肝巨噬细胞、星状细胞和内皮细胞。肝脏的基本氧化还原生物学,包括 ROS、RNS 和抗氧化剂,作为 RNS 共同来源的一氧化氮。氧化应激作为肝炎(酒精性、病毒性、非酒精性)肝损伤机制有很多证据。常见病理生理条件下的氧化应激,包括缺血/再灌注损伤、纤维化、肝细胞癌、铁超载、败血症。因此,抗氧化疗法将为未来治疗肝炎、干预肝损伤的领域新动向[8]。

7. 一氧化氮在肝损伤时抑制肝细胞凋亡中的作用

为了应对各种外源性物质(包括醋氨酚、四氯化碳、乙醇、半乳糖胺和内毒素)引起的组织损伤和炎症,以及病毒性肝炎、缺血后和再生损伤等疾病状态,肝脏会产生大量的一氧化氮。事实上,几乎所有类型的肝脏细胞,包括肝细胞、肝巨噬细胞、星状细胞和内皮细胞都有产生一氧化氮的能力。因此,这些细胞以及浸润的白细胞,可能间接增加组织损伤。在许多肝损伤模型中,一氧化氮及其氧化产物(如过氧亚硝酸盐)通过直接损伤组织或引发导致损伤的额外免疫反应而参与损伤过程。在一些模型中,发现一氧化氮供体或过氧亚硝酸盐可以引起肝细胞毒性作用。此外,阻止生成一氧化氮或结合活性氮中间产物的抗氧化剂的药物,或基因敲除小鼠产生一氧化氮能力降低,可免受外源性诱导的组织损伤。相反,有报道称阻断一氧化氮的产生会增强外源性组织损伤,导致了这样一个概念:一氧化氮要么使外源性诱导的组织损伤的关键蛋白质失活,要么作为抗氧化剂,降低细胞毒性活性氧中间产物的水平。一氧化氮或由一氧化氮产生的二次氧化剂是否作为组织损伤的介质或防止毒性可能取决于这些活性氮中间体的确切靶点,以及存在的超氧阴离子水平和组织损伤由活性氧中间体介导的程度。此外,由于毒性是一个涉及多种细胞类型和许多可溶性介质的复杂过程,因此在考虑一氧化氮作为组织损伤或保护作用的决定因素时,必须考虑到这些因素中的每一个因素的确切作用[9]。

三、抗氧化剂与肝脏疾病

氧化还原状态是许多肝脏疾病的重要背景。氧化还原状态参与炎症、代谢和增殖性肝病的过程。活性氧(ROS)主要通过细胞色素 P450 酶在肝细胞线粒体和内质网产生。在适当的条件下,细胞具有特殊的分子策略,控制氧化应激水平,维持氧化剂和抗氧化之间的平衡。氧化应激表现为氧化剂和抗氧化剂之间的不平衡。肝细胞蛋白质、脂质和 DNA 是主要受 ROS 和活性氮影响的细胞结构之一。这个过程导致肝脏的结构和功能正常还是异常。因此,要对氧化应激现象进行研究有几个原因。首先,它可以解释各种肝脏疾病的发病机制。此外,可以监测肝细胞中的氧化标记物有可能诊断肝损伤的程度,并最终观察药物治疗的反应。下面重点讨论抗氧化剂对肝脏疾病氧化应激的作用以及氧化应激和抗氧化剂在肝脏疾病中的作用。

哺乳动物体内已经进化出一种复杂的抗氧化系统来减轻氧化应激。然而,活性氧和活性氮产生的过量活性物质仍然可能导致组织和器官的氧化损伤。氧化应激被认为是一种共同的病理机制,参与了肝损伤的发生和发展。酒精、药物、环境污染物、辐射等多种危险因素可引起肝脏氧化应激,进而导致酒精性肝病、非酒精性脂肪性肝炎等严重肝病。抗氧化剂的应用是防治氧化应激性肝病的合理治疗策略。虽然从临床研究得出的结论仍然是不确定的,但动物研究显示抗氧化剂对肝脏疾病有很好的体内治疗作用。食用或药用植物中所含的天然抗氧化剂往往具有较强的抗氧化和清除自由基的能力以及抗炎作用,这也是其他生物活性和保健作用的基础。在文献中关于肝脏疾病中氧化应激和抗氧化剂治疗的文章很多,对引起肝脏氧化应激的各种因素及抗氧化剂在防治肝病中的作用有肯定也有质疑[10]。

1. 抗氧化剂生育酚醋酸酯治疗慢性酒精性肝病的疗效

一项研究探讨了肠吸收剂抗氧化剂联合治疗慢性酒精性肝病的疗效。102 例患者在 6～10 天内给予肠吸收剂生育酚醋酸酯治疗。对照组 84 例。肠吸收剂抗氧化剂用药对疾病的临床进程和免疫指标有积极的影响,这一观察结果证明肠吸收剂抗氧化剂联合用药可用于酒精性慢性肝病患者的治疗[11]。

2. 姜黄素在肝脏疾病中的作用

氧化应激被认为是多种因素引起肝损伤的关键因素,包括酒精、药物、病毒感染、环境污染物和饮食成分,进而导致肝损伤、非酒精性脂肪性肝炎、非酒精性肝病、肝纤维化和肝硬化。在过去的 30 年中,甚至在肝病治疗取得重大进展之后,全世界仍有数百万人患有急慢性肝病。姜黄素是最常用的分子之一,具有多种保护肝脏的功能。文献报道有很多关于姜黄素作为先导化合物在预防和治疗氧化应激相关肝病方面的药理作用、分子机制以及临床证据。为此,从电子数据库收集了大量数据,结果表明,姜黄素通过多种细胞和分子机制对氧化性肝病具有显著的保护和治疗作用。这些机制包括抑制促炎因子、脂质过氧化产物、PI3K/Akt 和肝星状细胞活化,以及改善细胞对氧化应激的反应,如 Nrf2、SOD、CAT、GSH、GPx 和 GR 的表达。姜黄素本身是一种自由基清除剂,通过其酚类物质对不同类型的活性氧进行清除。虽然有很多关于姜黄素在相关肝病中的分子机制研究,但尚需进一步的临床研究加以证明[12]。

3. 柚皮素治疗肝病的分子机制

肝病是由不同的病因引起的,主要是饮酒、病毒、药物中毒或营养不良。肝脏疾病通常是由氧化应激和炎症引起的,氧化应激和炎症导致细胞外基质的过度产生,随后发展为肝纤维化、肝硬化和肝癌。一些天然产物具有保肝作用。柚皮素就是一种天然黄酮类化合物,具有抗氧化、抗纤维化、抗炎、抗癌等作用,可预防不同药物引起的肝损伤。柚皮素对肝脏疾病的主要保护作用是抑制氧化应激、转化生长因子(TGF)-β 和防止肝星状细胞转分化导致胶原合成减少。柚皮素还通过调节脂质代谢,调节脂质和胆固醇的合成和氧化,对非酒精性脂肪性肝病显示出有益的作用。此外,柚皮素对肝癌也有防护作用,因为它可以抑制生长因子,如转化生长因子-β 以及血管内皮生长因子,诱导细胞凋亡,调节丝裂原活化蛋白激酶通路。柚皮素是安全的,可以通过多种靶向蛋白质发挥作用。然而,它具有低生物利用度和高肠道代谢率。在这方面,已经开发出诸如纳米颗粒或脂质体之类的制剂来提高柚皮素的生物利用度。一般文献都认为柚皮素是治疗各种肝病的重要候选药物[13]。

4.N-乙酰半胱氨酸治疗肝病患者酒精肝病

酒精性肝病是酒精相关死亡的主要原因,也是最常见的肝病之一。戒酒对于降低该病的发病率和死亡率至关重要。然而,很少有药物治疗酒精肝病等重大肝病。调查发现有大量研究使用 N-乙酰半胱氨酸促进戒酒或减少使用酒精引起精神障碍患者饮酒的基本原理,特别是存在肝病的情况下。N-乙酰半胱氨酸是一种具有谷氨酸调节和抗炎作用的抗氧化剂,使人体能够生产谷胱甘肽需要的含硫氨基酸。谷胱甘肽是一种在体内产生的抗氧化剂,有抵御自由基损害等作用。有证据表明,氧化应激、神经炎症和谷氨酸能神经传递失调在酒精导致障碍中起着关键作用。同样,氧化应激也会导致醛固酮增多。有 N-乙酰半胱氨酸减少酒精消耗的研究,包括临床前和临床研究,发现N-乙酰半胱氨酸在其他成瘾以及与使用酒精引起精神障碍相关的精神和身体共病中具有保护。N-乙酰半胱氨酸成本低,耐受性好,有望用于治疗肝病患者的使用酒精导致精神异常等障碍,但必需在临床试验直接检查对这一人群的疗效[14]。

5.谷胱甘肽在肝病治疗中的临床应用

酒精和非酒精性肝病的发病机制是复杂的,许多因素被认为是导致肝功能逐渐丧失的原因,包括活性氧的过度生成。谷胱甘肽(GSH)是细胞内合成的最重要的低分子量抗氧化剂,它是一种还原性分子,能中和未配对的电子而与氧发生反应,清除具有高度的活性和危险性氧自由基。ROS的过量产生破坏了细胞内 GSH 的稳态,导致 GSH缺乏,这是酒精性和非酒精性肝病的病理生理学特征。在酒精性和非酒精性肝病中,给予 GSH 可以是恢复氧化应激诱导的肝损伤的一个有希望的策略[15]。

6.硒与硒化卡拉胶治疗肝病

硒几乎存在所有细胞和组织器官中,肝脏,肾脏,心脏,脾脏浓度高,多以生物活性的硒蛋白存在,发挥多种功能。我国医学临床实验证明,慢性活动性肝炎、病毒性肝炎、肝硬化及肝癌等病人的血清硒浓度显著低于正常人。硒是谷胱甘肽过氧化物酶(GSH-Px)的组成成分,此酶催化还原型谷胱甘肽(GSH)转化为氧化型谷胱甘肽,同时使有毒性的过氧化物还原为无害的羟化合物。从而保护细胞膜及其组织免受过氧化物破坏,维持细胞正常功能[22]。硒是阻止肝坏死的因素之一,也可以称为抗肝坏死保护因子。硒化卡拉胶不仅可以作为硒补充剂,还可增强 T、B 细胞增殖、增强腹腔巨噬细胞释放的 T N F 的活性及增加自然杀伤性细胞(N K 细胞)活性,现在也被用于抗乙型肝炎病毒、肝癌的治疗[23][24][25]。

7. 虾青素在肝脏健康和疾病中的潜在治疗作用

虾青素是一种类胡萝卜素，来自含氧的非维生素 A，主要从海洋生物中获得。研究表明，虾青素是一种天然抗氧化剂，广泛应用于医药、保健品、化妆品等领域。研究表明，虾青素对肝纤维化、非酒精性脂肪肝、肝癌、药物及缺血诱导的肝损伤具有重要的防治作用，其机制与抗氧化、抗炎活性及多种信号通路的调节有关。下面讨论一下虾青素在肝脏疾病防治中的最新研究进展。了解虾青素的结构、来源及其在体内的作用机制，不仅可以为虾青素的临床应用提供理论依据，而且对筛选和改进治疗肝病的相关化合物具有重要意义。

一项研究探讨了虾青素对黄曲霉毒素中毒大鼠肝组织病理及超氧化物歧化酶表达的影响。黄曲霉毒素的代谢产生破坏肝细胞的活性氧（ROS）。同时，虾青素比其他类胡萝卜素具有更强的抗氧化活性，通过组织病理学和免疫组织化学方法研究了黄曲霉毒素对大鼠肝损伤的防护作用。20 只 Wistar 大鼠随机分为 4 组。对照组和黄曲霉毒素组用水灌胃 7 天，然后分别灌胃二甲基亚砜和 1 mg/kg 黄曲霉毒素。低剂量虾青素＋黄曲霉毒素组和高剂量虾青素＋黄曲霉毒素组分别给予 5 mg/kg 和 100 mg/kg 剂量的虾青素，连续 7 天后给予 1 mg/kg 剂量的黄曲霉毒素。结果显示，黄曲霉毒素组每 100 g 体重的肝脏重量显著增加，黄曲霉毒素组肝细胞空泡变性、坏死、巨核、双核化，胆管增生。虾青素低剂量＋黄曲霉毒素组和虾青素高剂量＋黄曲霉毒素组病变程度依次减轻。高剂量虾青素＋黄曲霉毒素组大鼠肝细胞肥大，胆管细胞增生不典型，对严重肝细胞损伤有适应性反应。虾青素高剂量＋黄曲霉毒素组的 SOD1 表达也明显高于单独处理的黄曲霉毒素组和低剂量虾青素＋黄曲霉毒素组。综上所述，虾青素通过剂量依赖性地刺激 SOD1 的表达和胆管细胞的转分化，减轻黄曲霉毒素诱导的大鼠肝损伤[16]。

另一项研究探讨了虾青素对小鼠脂肪肝缺血再灌注损伤的保护作用。脂肪变性对缺血再灌注损伤的耐受性较低。为了预防脂肪肝的缺血再灌注损伤，通过给小鼠蛋氨酸和胆碱缺乏的高脂饮食来阐明虾青素在脂肪肝模型中的保护作用。检测肝脏脂质过氧化和细胞凋亡水平、炎性细胞因子和血红素氧合酶（HO）-1 的表达。在脂肪变性肝分离的肝巨噬细胞和/或肝细胞中也检测了活性氧（ROS）、炎性细胞因子、凋亡相关蛋白和信号通路成分。虾青素在缺血再灌注损伤中通过降低高脂饮食小鼠血清 ALT 和 AST 水平、细胞数量和炎性细胞因子 mRNA 水平保护肝细胞损伤。此外，虾青素增加了 HO-1 和低氧诱导因子 HIF-1α 的表达。虾青素可抑制肝巨噬细胞在缺氧复氧条件下产生的炎性细胞因子。再灌注损伤可增加肝细胞中 Bcl-2、HO-1 和 Nrf2 的表达，而虾青素可抑制 Caspases 活化、Bax 和 ERK、MAPK 和 JNK 的磷酸化。因此可以看出，虾青素预处理对缺血再灌注损伤有保护作用,是一种安全的治疗方法,包括脂肪变性肝的肝移植[17]。

8. 茶多酚通过调节肠道功能预防非酒精性脂肪肝

黄酮类化合物是一类天然的多酚类化合物,由于其结构中含有较多的羟基,主要具有抗氧化作用,以及具有免疫调节、抗癌、抗动脉粥样硬化、抗炎、抗病毒等作用。黄酮类化合物,存在于葡萄、绿茶、水果和蔬菜中,不仅是一种抗氧化剂,也是一种促氧化剂。杨梅素黄酮类化合物微溶于水,生物利用度低,限制了其性质。纳米胶囊黄酮类化合物可以提高黄酮类化合物生物利用度降低。黄酮类化合物纳米胶囊对胚胎发育过程中过氧化氢酶、谷胱甘肽过氧化物酶、超氧化物歧化酶等抗氧化活性的影响。从发育研究以及抗氧化剂测定中获得的结果支持杨黄酮类化合物的稳定脂质体纳米制剂,其具有增强的抗氧化活性,导致对氧化应激的防御。黄酮类化合物脂质体纳米制剂可以为其他研究人员进行进一步的相关研究以及在临床研究和发育研究中检验其活性开辟一条途径。

一项研究建立 C57BL/6N 小鼠非酒精性脂肪性肝病模型。观察茶多酚通过调节肠道功能预防非酒精性脂肪性肝病的作用及机制。用生化和分子生物学方法检测小鼠血清、肝脏、附睾、小肠组织和粪便,用高效液相色谱法分析茶多酚的组成。结果表明,茶多酚能有效降低非酒精性脂肪性肝病小鼠的体重、肝重和肝指数。其血清效应为:① 降低丙氨酸转氨酶(ALT)、天冬氨酸转氨酶(AST)、碱性磷酸酶(AKP)、总胆固醇(TC)、甘油三酯(TG)、低密度脂蛋白胆固醇(LDL-C)、D-乳酸(D-LA)、二胺氧化酶(DAO)、脂多糖(LPS),高密度脂蛋白胆固醇(HDL-C)水平升高;② 降低炎症细胞因子如白细胞介素 1β(IL-1)的减少 β)、白细胞介素 4(IL-4)、白细胞介素 6(IL-6)、白细胞介素 10(IL-10)、肿瘤坏死因子 α(TNF-α),干扰素 γ(INF-γ);③ 降低肝组织活性氧水平;减轻非酒精性脂肪性肝对肝脏、附睾和小肠组织的病理损伤,保护机体组织。结果表明,茶多酚可上调 LPL、代谢性核受体 PPAR 的 mRNA 和蛋白表达-α 和下调 PPAR-γ 在非酒精性脂肪性肝病小鼠的肝脏中。此外,在非酒精性脂肪性肝病小鼠的小肠中,茶多酚上调胞浆蛋白 ZO-1 的表达,下调白细胞分化抗原 CD36 和肿瘤坏死因子 TNF-α 的表达。对小鼠粪便的研究表明,茶多酚降低了非酒精性脂肪性肝病小鼠粪便中厚壁菌的含量,提高了类杆菌和阿克曼菌的最低含量,并降低了粪便中厚壁菌/类杆菌的比例,起到调节肠道微生态的作用。成分分析表明,茶多酚含有 7 种多酚化合物:没食子酸、表儿茶素、儿茶素、L-表儿茶素、表儿茶素没食子酸酯、表儿茶素没食子酸酯和(—)-表儿茶素没食子酸酯(ECG),以及高水平的咖啡因、(—)-表儿茶素(EGC)和 ECG。茶多酚能改善非酒精性脂肪性肝病小鼠的肠道环境,从而起到预防非酒精性脂肪性肝病的作用。其疗效与 100 mg/kg 剂量呈正相关,甚至优于临床用药苯扎贝特[18]。

还有一项研究发现绿茶提取物可预防高脂饮食大鼠非酒精性肝脂肪变性的发生。

绿茶含有多种多酚成分,可预防非酒精性脂肪肝。研究绿茶提取物(GTE)的剂量是否反映了习惯性饮用绿茶饮料可以预防高脂饮食大鼠非酒精性脂肪肝的发生。将 24 只雄性 Wistar 大鼠随机分为 4 组(2 个研究组和 2 个对照组)。研究组接受高脂饮食(大约 50% 的能量来自脂肪),分别添加 1.1% 和 2.0% 绿茶提取物,共 56 天。对照组分别在同一时间内单独喂食高脂饮食和正常标准化饮食(低脂饮食)。高脂饮食组肝细胞受脂肪变性影响的百分比为 25%,高于高脂饮食加 2.0% 绿茶提取物组(9%)和正常饮食组(10%(分别为 $P<0.033$ 和 $P<0.050$)。服用高脂饮食加 1.1% 绿茶提取物的组没有观察到显著差异。这一发现表明绿茶提取物在预防饮食诱导的肝脂肪变性方面具有保肝作用。鉴于超重和肥胖症发病率的增加,一种简单而廉价的饮食调整,如补充绿茶提取物,可能在临床上是有用的[19]。

9. 抗氧化剂饮食疗法治疗脂肪肝的新见解和新进展

非酒精性脂肪肝是一种常见的临床病理疾病,包括肝细胞内脂质沉积引起的一系列疾病。迄今为止,还没有批准的药物可用于治疗非酒精性脂肪肝,尽管这是一个严重的事实,也是西方国家日益严重的临床问题。确定导致非酒精性脂肪肝相关脂肪积聚、线粒体功能障碍和氧化平衡损伤的分子机制有助于制定旨在预防肝脂肪变性进展的具体干预措施。线粒体功能失调在脂肪肝发病机制中的作用,线粒体靶向的一些抗氧化剂分子作为一种潜在的治疗肝脂肪变性的研究中,有充分的证据表明,有几类抗氧化剂具有积极作用,如多酚(即白藜芦醇、槲皮素、香豆素、花青素、表没食子儿茶素没食子酸酯和姜黄素)、类胡萝卜素(即番茄红素、虾青素和岩藻红素)和硫代葡萄糖苷(即:葡萄糖苷、萝卜硫素和异硫氰酸烯丙酯),脂肪肝的逆转。虽然其作用机制尚未完全阐明,但在某些情况下,可能与线粒体代谢发生间接的相互作用。我们相信,这些知识最终将转化为脂肪肝新的治疗方法的发展[20]。

10. 地中海饮食和抗氧化剂制剂对非酒精性脂肪肝的影响

非酒精性脂肪性肝病是世界范围内最常见的肝脏疾病,其特点是肝脏脂肪酸积聚和纤维化,而不是由于过量饮酒所致。值得注意的是,据报道,营养习惯与肝损伤和严重程度有关,而地中海饮食对非酒精性脂肪肝有好处。自由基和氧化应激被认为与非酒精性脂肪性肝病的发病机制和进展有关,一些数据强调了补充抗氧化剂治疗非酒精性脂肪性肝病的有效性。这项研究比较了地中海饮食的影响,加上或不加抗氧化剂复合物的补充及超重患者对非酒精性脂肪肝的影响。在这项前瞻性研究中,50 名白人超重患者被随机分为 3 组(A—C 组)。A 组和 B 组的所有患者均接受个性化的中度低热量地中海饮食。除饮食外,B 组每日补充抗氧化剂,疗程 6 个月。C 组不进行任何治疗。研究证明,地中海饮食单独或与抗氧化剂复合物联合使用可改善人体测量参数、血脂水平,减少肝脏脂肪堆积和肝脏僵硬。然而,与 A 组患者相比,饮食与抗氧化剂摄入相关的 B 组患者不仅显示出胰岛素敏感性的显著改善,而且人体测量参数的降低也更加一致。综上所述,这些结果支持了非酒精性脂肪性肝病超重患者补充抗氧化剂是有益处的[21]。

四、L-精氨酸-抗氧化剂配方对肝脏的保护作用实验结果

下面讨论一氧化氮和抗氧化剂结合起来对肝脏的保护作用。为了阐明 L-精氨酸-抗氧化剂配方成分对肝脏的保护作用,我们首先选取了人正常肝脏细胞系 L02 为研究对象,通过体外培养细胞结合 MTT 活力检测方法来研究 L-精氨酸-抗氧化剂配方成分对过氧化氢诱导的 L02 肝细胞氧化损伤的影响。其次,为了在体内研究 L-精氨酸-抗氧化剂配方对肝脏的保护作用,选取了体重 25 克左右,8～10 周龄的 C57BL6 雄性小鼠为研究对象,通过腹腔注射 1 mg/kg 的四氯化碳的方式来诱导肝损伤,小鼠继续培养 1 周。在此期间,实验对照通过灌胃的方式注入 PBS(磷酸盐缓冲液,和生理盐水作用类似),其他 2 组则将 L-精氨酸-抗氧化剂配方溶解于 PBS 后,每天以 100 mg/kg 和 200 mg/kg 的剂量进行灌胃处理。

下面详细介绍该实验的方法和结果。

1. L-精氨酸-抗氧化剂配方

(1) L-精氨酸-抗氧化剂配方是以 L-精氨酸、L-谷氨酰胺,牛磺酸、维生素 C(L-抗坏血酸)、维生素 E(dL-α-生育酚醋酸酯、辛烯基琥珀酸淀粉钠、二氧化硅)、柠檬酸锌、硒化卡拉胶为主要原料。每 100 g 含:L-精氨酸 28 g、L-谷氨酰胺 14.58 g、牛磺酸 26 g、维生素 C 6.88 g、维生素 E 1.66 g、锌 0.35 g、硒 1.69 mg。

2. L-精氨酸-抗氧化剂配方成分对人正常肝细胞 L02 活性的影响

(2) 将贴壁细胞消化后,用含血清培养基将细胞悬浮起来,接种到 96 孔板培养 24 h。更换新鲜培养基,并添加不同浓度(0～200 μg/ml)的胶囊组分,继续培养 24 h,随后进行 MTT 方法检测,方法同第一部分。从图 17-1A 可以看出,L-精氨酸-抗氧化剂配方成分在 100 μg/ml 时对细胞活力一定的促进作用,而当药物浓度增加到 200 μg/ml 时,促进作用则不明显,表明 L-精氨酸-抗氧化剂配方低浓度时对肝细胞的增殖有一定的促进作用。

为了阐明 L-精氨酸-抗氧化剂配方是否能够保护肝细胞,我们首先用 L-精氨酸-抗氧化剂配方(50 和 100 μg/ml)预处理 L02 细胞 24 h,再用 100 μM 过氧化氢处理 6 h。MTT 结果显示,过氧化氢处理使细胞活力下降至 54% 左右,而 L-精氨酸-抗氧化剂配方预处理可以显著提高细胞活力,表明其能够改善氧化应激引起的肝细胞损伤,见图 17-1B。

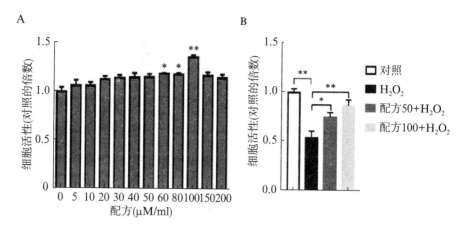

图 17-1　L-精氨酸-抗氧化剂配方对人肝细胞 L02 活力的影响

(A) L02 细胞用不同浓度的 L-精氨酸-抗氧化剂配方成分处理后,MTT 检测细胞活力;(B) L02 细胞用 50 和 100 $\mu g/ml$L-精氨酸-抗氧化剂配方成分预处理 24 h 后,添加 100 μM 过氧化氢处理 6 h,MTT 检测细胞活力;实验重复 3 次,每次 8 个平行样,数据为平均值±标准差, * 表明 $P < 0.05$, ** 表明 $P < 0.01$。

3. L-精氨酸-抗氧化剂配方成分对四氯化碳诱导的肝损伤的保护作用

小鼠造模完成后,我们将小鼠处死,取血测试肝功能的 2 项指标:丙氨酸氨基转移酶 ALT 和谷草转氨酶 AST。从图 17-2 可以看到,四氯化碳处理小鼠 1 周可以引起血清中 ALT 和 AST 的活力显著升高,表明发生了肝脏损伤。L-精氨酸-抗氧化剂配方 (100 和 200 mg/kg/d)对正常小鼠血清的 ALT 和 AST 值没有明显影响,但显著减少了四氯化碳处理组小鼠的 ALT 和 AST 数值,表明给予小鼠一定剂量的 L-精氨酸-抗氧化剂配方处理能够保护毒性物质造成的肝损伤。

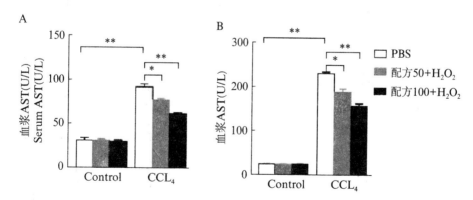

图 17-2　L-精氨酸-抗氧化剂配方对四氯化碳引起的肝毒性的保护作用

小鼠在用 1 mg/kg 体重的四氯化碳处理后分别用 PBS、100 和 200 mg/kg/d 进行灌胃处理 1 周后,测血清中的谷草转氨酶 AST(A)和丙氨酸氨基转移酶 ALT(B)活力。每组统计 5 只老鼠,数据为平均值±标准差, * 表明 $P < 0.05$, ** 表明 $P < 0.01$。

为了进一步确认 L-精氨酸-抗氧化剂配方对肝脏的保护作用,我们对肝脏组织进行了切片和染色,发现其的确可以改善四氯化碳引起的肝细胞结构紊乱和肝脏纤维化,见图 17-3。

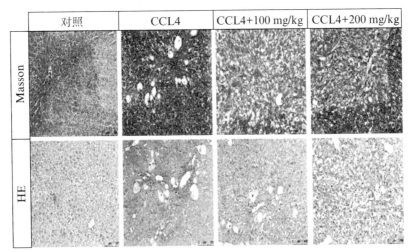

图 17-3　肝脏组织的 H&E 和 Masson 染色

综上所述,我们的实验结果表明,L-精氨酸-抗氧化剂配方在一定的浓度范围内对肝脏具有明显的保护作用。

参 考 文 献

[1] Farzaneh-Far R, Moore K. Nitric oxide and the liver. Liver, 2001, 21(3): 161—74.

[2] Dumitrescu SD, Meszaros AT, Puchner S, et al. EPR analysis of extra- and intracellular nitric oxide in liver biopsies. Magn Reson Med, 2017, 77 (6): 2372—2380.

[3] Abu-Amara M, Yang SY, Seifalian A, et al. The nitric oxide pathway—evidence and mechanisms for protection against liver ischaemia reperfusion injury. Liver Int, 2012, 32(4): 531—543.

[4] Taylor BS, Alarcon LH, Billiar TR. Inducible nitric oxide synthase in the liver: regulation and function. Biochemistry (Mosc), 1998, 63(7): 766—781.

[5] Siu AW, To CH. Nitric oxide and hydroxyl radical-induced retinal lipid peroxidation in vitro. Clin Exp Optom, 2002, 85(6): 378—382.

[6] Liu J, Waalkes MP. Nitric oxide and chemically induced hepatotoxicity: beneficial effects of the liver-selective nitric oxide donor, V-PYRRO/NO. Toxicology, 2005, 208(2): 289—297.

［7］ Wang YY, Chen MT, Hong HM, et al. Role of Reduced Nitric Oxide in Liver Cell Apoptosis Inhibition During Liver Damage. Arch Med Res, 2018,49(4): 219—225.

［8］ Diesen DL, Kuo PC. Nitric oxide and redox regulation in the liver: Part Ⅰ. General considerations and redox biology in hepatitis. J Surg Res, 2010,162(1): 95—109.

［9］ Laskin JD, Heck DE, Gardner CR, et al. Prooxidant and antioxidant functions of nitric oxide in liver toxicity. Antioxid Redox Signal, 2001,3(2): 261—271.

［10］ Li S, Tan HY, Wang N, et al. The Role of Oxidative Stress and Antioxidants in Liver Diseases. Int J Mol Sci, 2015,16(11): 26087—26124.

［11］ Skalyga IM, et al. The efficacy of enterosorbents and antioxidants in the treatment of chronic liver diseases of alcoholic etiology. Lik Sprava, 1998. PMID: 9793318 Russian.

［12］ Farzaei MH, Zobeiri M, Parvizi F, et al. Curcumin in Liver Diseases: A Systematic Review of the Cellular Mechanisms of Oxidative Stress and Clinical Perspective. Nutrients, 2018,10(7): 855.

［13］ Hernández-Aquino E, Muriel P. Beneficial effects of naringenin in liver diseases: Molecular mechanisms. World J Gastroenterol, 2018,24(16): 1679—1707.

［14］ Morley KC, Baillie A, Van Den Brink W, et al. N-acetyl cysteine in the treatment of alcohol use disorder in patients with liver disease: Rationale for further research. Expert Opin Investig Drugs, 2018,27(8): 667—675.

［15］ Li J, Guo C, Wu J. Astaxanthin in Liver Health and Disease: A Potential Therapeutic Agent. Drug Des Devel Ther, 2020,14: 2275—2285.

［16］ Monmeesil P, Fungfuang W, Tulayakul P, et al. The effects of astaxanthin on liver histopathology and expression of superoxide dismutase in rat aflatoxicosis. J Vet Med Sci, 2019 Aug 24;81(8): 1162—1172.

［17］ Li S, Takahara T, Fujino M, et al. Astaxanthin prevents ischemia-reperfusion injury of the steatotic liver in mice. PLoS One, 2017,12(11): e0187810.

［18］ Liu B, Zhang J, Sun P, et al. Raw Bowl Tea (Tuocha) Polyphenol Prevention of Nonalcoholic Fatty Liver Disease by Regulating Intestinal Function in Mice. Biomolecules, 2019 Sep 1,9(9): 435.

［19］ Karolczak D, Seget M, Bajerska J, et al. Green tea extract prevents the development of nonalcoholic liver steatosis in rats fed a high-fat diet. Pol J Pathol, 2019,70(4): 295—303.

［20］ Ferramosca A, Di Giacomo M, Zara V. Antioxidant dietary approach in treatment of fatty liver: New insights and updates. World J Gastroenterol, 2017, 23 (23):

4146—4157.

[21] Abenavoli L, Greco M, Milic N, et al. Effect of Mediterranean Diet and Antioxidant Formulation in Non-Alcoholic Fatty Liver Disease: A Randomized Study. Nutrients, 2017,9(8): 870.

[22] 孙长颢,凌文华,黄国伟.营养与食品卫生学.8版,人民卫生出版社,2017.

[23] 张罗修,蒋建明,贾永锋.硒化卡拉胶对肿瘤坏死因子生成的影响.中国药学(英文版),1994,3(1):37—42.

[24] 俞银姣,张罗修.硒卡拉胶对小鼠自然杀伤细胞活性的影响.中国临床药学杂志,1996,5(2):60,63.

[25] Ji YB, Ling N, Zhou XJ, et al. Schedule—dependent effects of kappa—selenocarrageenan in combination with epirubicin on hepatocellular carcinoma [J]. Asian Pac J C ancer Prev, 2014,15(8): 3651.

第十八章

一氧化氮与肺功能

肺是一个大而潮湿的呼吸表面的腔,位于身体的胸腔内,受到胸壁保护。左肺分为上、下二个肺叶,右肺分为上、中、下3个肺叶。肺的特点是壁薄,面积大,湿润,分布着丰富的毛细血管。进入呼吸器官的血管含静脉血,离开呼吸器官的血管含动脉血。肺主要由支气管反复分支及其末端形成的肺泡共同构成。气体进入肺泡内,与肺泡周围的毛细血管内的血液进行气体交换。它们的末端膨大成囊,囊的四周有很多突出的小囊泡-肺泡。肺泡的大小形状不一,平均直径0.2毫米。成人有3亿～4亿个肺泡,总面积近100平方米,比人的皮肤的表面积还要大好几倍。肺有两套血管,一套循环于心和肺之间的肺动脉和肺静脉,属肺的机能性血管。吸入空气中的氧气,透过肺泡进入毛细血管,通过血液循环,输送到全身各个器官组织,供给各器官氧化过程。各器官组织产生的代谢产物,如CO_2再经过血液循环运送到肺,然后经呼吸道呼出体外。肺动脉从右心室发出随支气管入肺,形成毛细血管网包绕在肺泡周围,之后逐渐汇集成肺静脉,流回左心房。另一套是营养性血管叫支气管动、静脉,发自胸主动脉,攀附于支气管壁,随支气管分支而分布,营养肺内支气管壁、肺血管壁和胸膜。

一氧化氮自由基作为内皮细胞松弛因子和信号已经在肺功能、肺脏疾病的病理生理学中的作用也有很多报道,表明一氧化氮自由基与肺功能及肺脏疾病的病理关系密切,有的报道一氧化氮对肺疾病有预防和治疗作用,但是也有不同的报道。抗氧化剂对肺功能的报道相对一致,抗氧化剂对肺功能有保护作用,对肺疾病有预防和治疗作用,但是也有报道效果不明显的。二者结合起来对肺功能影响又怎么样呢？本章对抗氧化剂、一氧化氮自由基及抗氧化剂和一氧化氮自由基与肺脏健康和肺功能的影响进行讨论。

一、肺功能

空气是生命之本，人与空气的关系，如鱼与水的关系。人 5 min 不呼吸就会死亡。成年人每分钟呼吸 16～18 次，每天呼吸 23 000～26 000 次，呼吸的空气量为 8.5～11.5 m³，重量为 11～14 kg。人从空气中吸收氧气，随血液供给人体新陈代谢的需要，然后把身体产生的二氧化碳排出体外。这一切就是肺脏来完成的。《黄帝内经》《素问·五藏生成》说："诸气者，皆属于肺。"肺主气包括主呼吸之气和主一身之气两个方面。肺气宣发，输精于皮毛，即将津液和部分水谷之精气向上向外布散于全身皮毛肌腠以滋养之，使之红润光泽。若肺精亏、肺气虚，既可致卫表不固而见自汗或易感冒，又可因皮毛失濡而见枯槁不泽。关于肺之志，《黄帝内经》有二说：一说肺之志为悲；一说肺之志为忧。

随着社会和科技的发展，虽然取得很多进展，通过各种方法保护我们的呼吸系统，特别是肺，但是，目前还有很多因素威胁着我们的呼吸系统，需要认真保护。历史上发生的几次严重伤害人类肺脏的大事件，肺结核被称为 19 世纪的"白色瘟疫"——面色苍白、身体消瘦、阵阵撕心裂肺的咳嗽等。造成这些状况的就是当时被称为"白色瘟疫"的肺结核，也即"痨病"。不知有多少人被这种无情的烈性传染病夺去了亲人或朋友的性命。大气污染在近百年来日益恶化，大量温室气体的排放导致全球气候变暖，臭氧层不断减少，甚至出现臭氧空洞。大气污染是指人类活动或自然过程排入大气并对人类和环境产生危害的物质。按其属性，分物理污染物（噪音、电离辐射、电磁辐射等）、化学污染物和生物污染物（如病原微生物和植物花粉等）3 类。其中化学污染物最多、污染范围最广泛、危害最严重，分为颗粒污染物和气态污染物。

19 世纪以来的工业革命带来煤炭燃料的大量利用，燃煤后的烟尘与雾混合，滞留于地表上，吸入烟雾导致呼吸道疾病的患者增加，身体健康受害。20 世纪 50 年代伦敦有大约 10 次大规模烟雾事件，其中最严重、对健康危害最大的一次是 1952 年。那天高气压覆盖英国全境上空，给伦敦带来寒冷和大雾的天气。冬天时伦敦城市民通常多使用煤炭取暖。同时期，伦敦的地上交通工具全面使用内燃机车，后者在运转中排出大量废气。供给暖气的火力发电厂、内燃机车产生的亚硫酸等污染物质在冷空气层中，如被锅盖封闭一般而不得排散，污染物遂浓缩形成强酸性、高浓度的硫酸雾。亚硫酸气体的正常峰值浓度为 0.1～0.7 ppm，悬浮颗粒的正常值为 0.2～1.7 mg/m³，严重超标。烟雾进入民宅，人人眼痛、鼻痛且咳嗽不止。大烟雾的隔周，各医院收治了大量得支气管炎、支气管肺炎、心脏病的重患,总计大烟雾期间死亡 4 000 余人。另有诸多老人和儿童为慢性病患者。其后数周间又有 8 000 余人死亡,合计死者数达 12 000 人以上,成为罕见的大惨案。

2003 年 4 月 16 日,世界卫生组织(WHO)宣布重症急性呼吸综合征的病因是一种新型的冠状病毒,称为 SARS(severe acute respiratory syndrome)冠状病毒。在未查明病因前,被叫做"非典型性肺炎"是一种极具传染性的疾病,是以发热、干咳、胸闷为主要症状,严重者出现快速进展病的主要特点。起病急,以发热为首发症状,可有畏寒,体温常超过 38℃,呈不规则热或弛张热、稽留热等,热程多为 1～2 周;伴有头痛、肌肉酸痛、全身乏力和腹泻,甚至导致死亡,严重危害全国人民的健康。在全国通力合作之下,才没有蔓延到全国。

近年来,京津冀及周边区域乃至全国频繁出现长时间、大范围重污染现象,这对人民的身体健康和生产、生活都造成了很大影响,因此也引起了政府、媒体和学者们的广泛关注。PM2.5(空气动力学直径≤2.5 微米的颗粒物),是空气中的主要污染物,可来源于碳燃料、汽车尾气、建筑尘、钢铁尘等,其化学成分复杂,具有颗粒小、数量多的特点[1]。空气中的 PM2.5 通过呼吸进入人体支气管、细支气管并最后沉降于肺泡内,对呼吸系统造成刺激并影响肺功能,诱发支气管炎、肺炎、哮喘、加剧老慢支和肺气肿等多种急慢性呼吸系统疾病[2]。越来越多的流行病学研究结果显示,PM2.5 和肺癌的发生率和死亡率呈显著正相关关系[3]。WHO 公布数据显示,PM2.5 可引起大约 16% 的肺癌死亡率,慢性阻塞性肺病的死亡率为 11%。因此防治 PM2.5 相关疾病具有重要的意义[4]。为了治理空气污染,国家提出宁可不发展,也要保护好蓝天白云。这几年,随着治理力度的加大,空气已经明显好转。

2012 年 9 月 1 日至 2013 年 6 月 15 日,在自沙特阿拉伯地区出现中东呼吸综合征(MERS)也是一种极具传染性的疾病。传染性比 SARS 稍差,而死亡率非常高。

流行性感冒(简称流感)是流感病毒引起的急性呼吸道感染,也是一种传染性强、传播速度快的疾病。主要通过空气中的飞沫、人与人之间的接触或与被污染物品的接触传播。典型的临床症状是急起高热、全身疼痛、显著乏力和轻度呼吸道症状。一般秋冬季节是其高发期,所引起的并发症和死亡现象非常严重。在全世界每年都会发生,而且每年还会变异,因此,人们不得不每年接种疫苗。还有人禽流感是一种由禽流感病毒中某些亚型感染人所引起的急性呼吸道传染病,目前能够感染人的禽流感病毒已经出现有 H5、H7、H9 和 H10 等多种亚型。

2019 年暴发的新冠肺炎迅速在全世界蔓延,导致全世界几亿人感染、几百万人死亡的新冠肺炎就是由于病毒入侵引起的最典型肺部炎症。过度炎症免疫反应被认为是COVID - 19 相关重症肺炎和急性呼吸窘迫征发病机制的基础。尽管世界各国都采取了严格的预防和治疗措施,至今仍然在全世界流行。

以上这些疾病都是在肺部发生的危害人类健康的疾病,因此我们必须对肺倍加小心维护,才能保证我们的健康。很多研究表明,一氧化氮自由基对肺功能及肺脏疾病的病理生理学中的发挥重要作用,并且与肺功能、肺脏疾病的病理关系密切。也有的不少报道表明,一氧化氮和抗氧化剂对肺疾病有预防和治疗作用。本章就这方面的研究进行讨论。

二、一氧化氮与肺功能

一氧化氮自由基在肺功能及肺脏疾病的病理生理学中的作用也有很多报道,表明一氧化氮自由基与肺功能肺脏疾病的病理关系密切。有的报道一氧化氮对肺疾病有预防和治疗作用,但是也有不同的报道。

1. 呼出一氧化氮气体浓度是一种用于鉴别过敏性气道炎症的生物标志物

研究表明,呼出一氧化氮浓度是一种可以用于鉴别过敏性气道炎症的生物标志物。由于其无创性和易获得性,其在几种呼吸系统疾病的诊断和治疗中的应用已被研究。大部分研究都是在哮喘方面进行的,许多研究支持呼出一氧化氮气体在帮助诊断哮喘、预测类固醇反应性以及通过指导药物剂量和评估依从性来预防病情恶化方面的应用[5]。

适宜人群的肺功能参考数据对于准确识别呼吸系统疾病和测量干预反应至关重要。一项研究测量了健康未成年非洲婴儿的肺功能和呼出的一氧化氮气体,对南非健康婴儿进行肺功能检查。如果婴儿早产或有新生儿具有呼吸窘迫史或以前呼吸道感染,则排除在外。在自然睡眠期间进行的测量呼出的一氧化氮,共检测 363 例婴儿。在 356 名(98%)和 352 名(97%)婴儿中获得了可接受和可重复的测量结果,用于潮气呼吸分析和呼出一氧化氮结果,345 名(95%)婴儿获得了多次呼出,333 名(88%)婴儿中有 293 名获得了强迫振荡技术测量结果。呼出一氧化氮与年龄、性别和体重与肺功能指标显著相关。因此得出结论:这项研究为非洲婴儿一氧化氮测定的肺功能提供了参考数据[6]。

2. 呼出和鼻腔一氧化氮与囊性纤维化肺功能、血细胞计数及疾病特征的关系

囊性纤维化患者呼出一氧化氮和鼻腔一氧化氮水平与对照组相似或较低。肺泡 NO 浓度与囊性纤维化的相关性存在差异,不同一氧化氮参数与肺功能、炎症的相关性不一致。一项研究比较囊性纤维化患者、哮喘患者和健康对照组的呼出一氧化氮、肺泡 NO 和鼻腔一氧化氮水平,探讨这些参数与囊性纤维化患者肺功能、血细胞计数或临床

特征是否相关。对 38 例(18 例成人)进行了多呼气流量、鼻腔一氧化氮和肺活量测定,并记录血细胞计数和囊性纤维化临床特征。38 例健康,性别、年龄匹配者 38 例,作为对照组。结果表明,囊性纤维化患者(7.2 ppb)呼出一氧化氮水平低于健康对照组(11.4 ppb)和哮喘患者(14.7 ppb)($P<0.005$)。这些差异在成年人中是一致的。囊性纤维化患者(319 ppb)的鼻腔一氧化氮水平低于健康对照组(797 ppb)和哮喘患者(780 ppb)($P<0.001$)。呼出一氧化氮与囊性纤维化患者(rho=0.51,$P=0.001$)呈正相关,这在成人和儿童中均是一致的。囊性纤维化患者的呼出一氧化氮与血中性粒细胞计数(rho=−0.37,$P=0.03$)呈负相关。因此得出结论:囊性纤维化患者的呼出一氧化氮、鼻腔一氧化氮与健康对照组和哮喘患者相似。低呼出一氧化氮与囊性纤维化成人和儿童肺功能低下有关,囊性纤维化中,低呼出一氧化氮也与血中性粒细胞计数增高有关[7]。

3. 电子烟对肺功能及呼出一氧化氮的影响

电子烟正在迅速成为全世界尼古丁消费的一种替代形式,并成为全球卫生健康的一个破坏性因素。一项研究旨在探讨电子烟对健康青年男性肺功能及呼出一氧化氮的影响。60 名健康男性志愿者被分为两组。第 1 组(电子烟组)由 30 名男性组成,他们每天使用电子烟(年龄 27.07±6.00 岁)。第 2 组(对照组)为 30 名男性,年龄 25.90±7.72 岁。这两组人既不是现在也不是以前的传统烟草使用者。年龄、种族、身高、体重和社会经济状况采用配对设计,调查使用电子烟对肺功能和呼出一氧化氮的影响。与对照组相比,电子烟使用者的肺功能测试参数显著降低,电子烟使用者呼出一氧化氮也有所下降,但未达到显著水平。使用电子烟可显著损害各种肺功能参数,损害模式表现为周围性阻塞性气道受累。这些发现向全球卫生界传达了电子烟对肺功能潜在的危害[8]。

4. 机动车污染对青少年肺功能、呼出一氧化氮及认知功能的影响

机动车排放是环境污染的主要原因之一,对人类健康构成威胁。一项研究旨在探讨机动车污染对交通污染地区学校学生肺功能、呼出一氧化氮及认知功能的影响。在这项研究中,根据学生的明显健康状况、相同的年龄、性别、身高、体重、种族以及同质的教育、社会经济状况和生活背景招募学生。初步调查对象为 200 名学生,其中 100 名来自机动车污染区的第一个校区(污染区暴露组),100 名来自远离机动车污染区的第二个校区(对照组)。根据临床病史,选择 68 名学生,其中一校区 34 名,二校区 34 名,每天 6 小时,每周 5 天,共 2 年。用肺活量计记录肺功能测试参数,测量呼出一氧化氮分数,用神经心理测试自动记录认知功能。结果显示:肺功能测试参数、用力肺活量、第 1 秒用力呼气量;在交通污染区学校学习的学生与在远离交通污染区学校学习的学生相比,认知功能参数运动筛选任务平均潜露期降低。然而,两组之间呼出一氧化氮无显著差异。

因此结论：机动车污染与交通污染地区学校学生呼吸和认知功能下降有关。环保组织必须制定标准，尽量减少机动车污染物的排放，并制定控制机动车排放的策略，以减少污染和疾病负担[9]。

5. 哮喘早期生活和急性花粉暴露与肺功能和呼出一氧化氮的关系

花粉暴露对过敏性哮喘有急性和慢性危害，但对其对呼吸系统健康的广泛影响知之甚少。环境花粉水平随着全球气候的变化而变化，这一知识变得越来越重要。在两个德国出生队列中，评估花粉暴露与 15 岁时肺功能和呼出一氧化氮分数的关系。在婴儿期（出生前 3 个月）和同期（肺功能测定前 1 天和 7 天）测量城市特异性花粉暴露。在出生地和 15 年住址周围的圆形缓冲区（100～3 000 m）内，使用卫星导出的归一化差异植被指数计算绿色度水平。用回归模型分析了草地和桦树花粉与肺功能和呼出一氧化氮的关系，并探讨了居民区绿地的调节作用。结果显示：哮喘早期累积暴露于草花粉与青少年肺功能降低有关。在所有儿童中，急性草花粉暴露与气道炎症增加有关，在绿色地区儿童中呼出一氧化氮增加更高。相比之下，急性桦树花粉暴露仅与对桦树过敏原敏感的儿童的肺功能降低有关。因此结论：本研究提示哮喘早期花粉暴露呼出一氧化氮增加对后期肺功能有负面影响，而急性花粉暴露又反过来影响后期肺功能[10]。

6. 一氧化氮对肺综合征缺血再灌注损伤的保护作用

一项研究探讨了短期吸入一氧化氮对肺移植术后移植物功能的持续有益影响。肺移植后缺血再灌注的特点是内皮细胞损伤、中性粒细胞分离和内皮一氧化氮释放减少。由于一氧化氮可选择性扩张肺血管，消除中性粒细胞黏附，恢复内皮功能障碍，在猪左单肺移植模型中，在首次再灌注期间吸入一氧化氮 4 h 可减轻再灌注损伤。测试了 12 头随机分为一氧化氮组和对照组的猪在再灌注 4 h 和 24 h 后的血流动力学和气体交换数据、肺中性粒细胞分离和肺动脉内皮功能障碍。获得的肺在 4℃ 的生理盐水溶液中保存 24 h。移植过程中，在每个肺动脉周围放置充气袖带，通过对阻断血流每个肺进行单独评估。与对照组的移植肺相比，吸入一氧化氮的猪移植肺在再灌注后 4 h 和 24 h 显著改善了气体交换、肺血管阻力、分流分数和氧输送。用中性粒细胞特异性髓过氧化物酶和光镜下肺泡白细胞计数测定，一氧化氮组移植肺再灌注后 24 h 中性粒细胞分离明显降低。与对照组相比，经一氧化氮处理的右肺的中性粒细胞聚集显著减少。再灌注 24 h 后，两组内皮依赖性乙酰胆碱舒张功能相似且严重改变。因此得出结论，在肺移植术后再灌注的最初 4 h 内，短期吸入一氧化氮可显著减轻再灌注损伤，改善移植肺的功能，最长可达术后 24 h。这种效应可能是由中性粒细胞隔离减少介导的，而且对侧肺也有保护作用。当预期出现急性再灌注现象时，吸入一氧化氮可能是一种合适的治疗措施[12]。

另一项研究探讨了一氧化氮供体在猪体外模型中对灌流人全血肺移植的有益作用。

一氧化氮可降低血小板黏附和血管阻力。Tempol 能清除引起组织损伤的活性氧（ROS），减少内源性 NO 生成 ROS 反应。使用体外猪肺灌注模型，评估 NO 供体（SIN-1）对超急性异种移植功能障碍的潜在影响。用凝血酶刺激人内皮细胞，评价血管性血友病因子分泌的变化。猪肺灌流新鲜人全血（$n=4$）、SIN-1（$n=4$）或 SIN 和 tempol（$n=4$）。结果表明：SIN-1 和 tempol 对内皮细胞血管性血友病因子分泌有明显抑制作用，然而，它们并没有抑制异种补体的激活。在体外肺灌注模型中，SIN-1 通过降低肺血管阻力、抑制补体激活和抑制凝血酶生成等途径改善了异种肺移植功能。与 tempol 和 SIN-1 联合治疗可促进肺血管阻力的降低，补充激活略有增强。因此得出结论：在体外异种移植系统中，NO 供体可通过抑制血管性血友病因子分泌、血管收缩、凝血酶生成，间接抑制补体激活，改善异种肺移植功能。tempol 对 NO 供体的附加效应不显著[13]。

7. NO 供体硝酸甘油对保存肺的实验研究

在肺移植过程中，保存术后移植物的最佳功能是必不可少的。越来越多的证据表明，缺血再灌注过程中内源性肺一氧化氮合成降低，因此，对一氧化氮途径的治疗刺激有利于改善缺血再灌注损伤。一项研究主要集中探讨了硝酸甘油对肺保鲜质量的影响。用 0.1 mg/ml 硝酸甘油和不含硝酸甘油的溶液保存 8 只大鼠肺，并与低钾欧柯林斯溶液进行比较。术后肺恢复和再灌注，连续监测氧合能力、肺血管阻力和吸气峰压力。结果表明，硝酸甘油可缩短冲洗灌注时间，硝酸甘油保护肺的溶液与没有 NO 溶液保护器官相比，具有更好的氧合能力（$P<0.01$）。硝酸甘油组肺血管阻力和吸气压力峰值均有明显改善（$P<0.01$）。体视学显示，在服用硝酸甘油保护肺的溶液中，两组患者的肺内水肿程度相当，血管收缩程度降低。因此得出结论：硝酸甘油补充一氧化氮途径可进一步提高保留器官的功能，是临床肺移植的一种简便易行的技术[14]。

三、抗氧化剂对肺脏的保护作用

氧化应激是肺病发病的重要特征。针对氧化应激与抗氧化剂可能有益保护肺脏的健康和肺病的治疗。据报道，诸如巯基分子（谷胱甘肽和 N-乙酰-L-半胱氨酸）、膳食多酚（姜黄素、白藜芦醇、绿茶、儿茶素/槲皮素）、虾青素和半胱氨酸等抗氧化剂都可以控制核因子-κB（NF-κB）的活化，调节谷胱甘肽生物合成基因，染色质重塑，从而抑制炎症基因表达。α-苯基-N-叔丁基硝基酮、抗氧化剂、卟啉和超氧化物歧化酶等特殊自旋捕捉剂也可在体内抑制香烟烟雾诱导的炎症反应。由于多种氧化剂、自由基和醛类物质参与了慢性阻塞性肺病的发病机制，因此多种抗氧化剂的治疗可能对肺病的治疗有效。下面讨论提高肺抗氧化能力的各种途径及抗氧化剂在肺病中的研究结果和临床应用。

1. 维生素 E 对慢阻肺大鼠高温和 PM2.5 肺损伤的保护作用

一项研究探讨了维生素 E 对慢阻肺大鼠高温和 PM2.5 暴露后呼吸功能损害的影响。54 只 7 周龄雄性 Wistar 大鼠随机分为 9 个实验组（$n=6$）。通过脂多糖（LPS）和烟雾暴露建立慢阻肺大鼠模型。造模后，气管内注入 PM2.5（0 mg/ml，3.2 mg/ml），腹腔注射维生素 E 40 mg/kg（20 mg/ml）。部分大鼠（高温组）暴露于高温（40℃），每天一次（8 h），连续 3 天。检测大鼠肺功能，测量诱导型一氧化氮合酶（iNOS）、肿瘤坏死因子（tnf）的表达水平-α（肿瘤坏死因子-α）和单核细胞趋化蛋白-1（MCP-1）。结果表明：与对照组相比，高温和 PM2.5 暴露可显著抑制慢阻肺大鼠肺功能（$P<0.05$）；PM2.5 暴露组 MCP-1 水平显著升高（$P<0.05$）；高温组 iNOS 明显升高（$P<0.05$）。与单纯 PM2.5 暴露组相比，TNF-α 常温健康组和高温慢性阻塞性肺病组给予维生素 E 治疗后肺组织中维生素 E 含量降低（$P<0.05$）；各维生素 E 治疗组单核细胞趋化蛋白-1 均下降（$P<0.05$）；iNOS 的降低仅出现在高温维生素 E 治疗组。因此得出结论：高温和 PM2.5 可加重慢阻肺大鼠的炎症反应。作为一种抗氧化剂，维生素 E 可以保护肺免受 PM2.5 和高温所致慢阻肺的损伤[15]。

2. 人参皂苷 Rg1 对谷氨酸所致肺损伤的保护作用

人参皂苷具有兴奋中枢神经、抗疲劳、改善记忆与学习能力、促进 DNA、RNA 合成的作用。可快速缓解疲劳、改善学习记忆、延缓衰老，具有兴奋中枢神经作用、抑制血小板凝集作用。具有抗休克和抗氧化作用，快速改善心肌缺血和缺氧，治疗和预防冠心病。一项研究探讨了人参有效成分人参皂苷 Rg1 对谷氨酸所致肺损伤的保护作用。采用腹腔注射谷氨酸（0.5 g/kg）和（或）人参皂苷 Rg1（0.03 g/kg）小鼠的肺组织。测定肺湿重/体重比、肺湿/干重比、心率、呼吸速率的指标、肺匀浆中一氧化氮合酶（NOS）、黄嘌呤氧化酶、超氧化物歧化酶（SOD）、过氧化氢酶（CAT）、NO 含量和丙二醛的活性。结果表明，谷氨酸处理 2 h，增加肺湿重/体重比、肺湿/干重比、心率和呼吸速率。在谷氨酸注射液前 30 min，人参皂苷 Rg 预处理 30 min，几乎消除了这些变化。肺匀浆分析表明，NOS 和黄嘌呤氧化酶活性分别抑制 12% 和 50%、SOD 活性和 CAT 活性分别增强 20% 和 25%，均能起到保护作用。因此得出结论：人参皂苷对谷氨酸中毒肺疾病具有潜在的保护作用[16]。

3. 氢气对接触雾霾环卫工人肺的保护作用

研究表明，氢是一种抗氧化剂，可有效清除强毒性自由基，显著改善脑缺血再灌注损伤，氢溶解在液体中可选择性中和羟自由基和过氧亚硝阴离子。在肝缺血和心肌缺血动物模型中，证明呼吸 2% 的氢可以治疗肝和心肌缺血再灌注损伤。采用饮用饱和氢水可治疗应激引起的神经损伤和基因缺陷氧化应激动物的慢性氧化损伤。呼吸 2% 的氢可以治疗小肠移植引起的炎症损伤。饮用饱和氢水可治疗心脏移植后心肌损伤、肾脏移植后慢性肾病。研究还证明,氢气能治疗动物呼吸系统炎症、多器官功能衰竭和急性颅脑损伤。呼吸2%的氢可以治疗新生儿脑缺血缺氧损伤。饱和氢注射液对疼痛、关节炎、急性胰腺炎、阿尔茨海默病、慢性氧中毒、一氧化碳中毒迟发性脑病、肝硬化、脂肪肝、脊髓创伤、慢性低氧、腹膜炎、结肠炎、新生儿脑缺血缺氧损伤、心肌缺血再灌注损伤、肾缺血再灌注损伤和小肠缺血再灌注损伤等具有良好的治疗作用。这些研究说明,氢是一种理想的自由基、特别是毒性自由基的良好清除剂,具有潜在的临床应用前景。

一项研究探讨了吸入氢气对环卫工人肺的保护作用。采用随机、双盲、安慰剂对照的临床试验方法,于2016年1~2月,选择石家庄市区环卫工人96名,随机分为2组;治疗组吸入H_2:氧气混合物(66.67%:33.33%)每天1 h,连续30 d,对照组吸入N_2:氧气混合物(66.67%:33.33%)每天1 h,持续30天。在基线检查(第0天)和治疗期间(第8天、第15天和第30天)评估呼吸系统症状并测量呼出一氧化氮分数、生化指标和肺功能。结果发现:① 治疗组治疗8天,呼出一氧化氮水平$(16\pm5)\times10^9$ 例低于对照组$(21\pm14)\times10^9$,有显著性差异$(P<0.05)$;② 治疗组受试者的每秒用力呼气量在第8天和和第30天均显著高于对照组第8天(96 ± 13)%比(94 ± 14)%$(P<0.05)$,第30天(97 ± 14)%比(95 ± 12)%治疗组$(P<0.05)$,第15天最大呼气流量也增加$[(73\pm15)$%比(67 ± 18)%$(P<0.05)]$;③ 治疗组各时间点痰中金属蛋白酶-12(MMP-12)、SOD3水平均低于对照组,15、30天治疗组IL-10水平均高于对照组。第30天治疗组MDA、IL-2水平明显低于对照组$(P<0.05)$;④ 第30天治疗组血清IL-2、SOD3水平均低于对照组,IL-10水平高于对照组,MMP-12水平低于对照组$(P<0.05)$;⑤ 吸入氢气可改善咳嗽等呼吸道症状。因此得出结论:吸入氢气可减轻环卫工人的气道炎症和氧化应激,甚至对全身炎症反应水平有明显的抑制作用。重要的是,吸入氢气可以改善呼吸道症状,如咳嗽[17]。美中不足的是这项研究没有正常人对照组,这样造成无法确定天气造成的危害程度,因此也很难分析治疗到达的相对效果,不过这种对照比较难,没有办法找绝对没有影响严格对照。

4. 茶质滤嘴的祛烟瘾减害作用

吸烟可以引起一系列严重疾病,吸烟对健康的危害已成为人类面临的重大公共卫生问题。尽管科学研究和医疗工作者实验了各种方法,但是效果仍不理想,控烟已成为一个世界性难题。为了寻找破解这一难题的新对策,我们研制了一种茶质滤嘴可以对吸烟依赖有明显的祛致瘾作用,并初步探明了其作用机理。第一批临床实验发现,吸烟志愿者使用茶质滤嘴2个月,吸烟量减少52%左右,其中31%减少到0。另一批临床实验发现,吸烟志愿者使用茶质滤嘴3个月,吸烟量在第1,2和3个月分别减少约

48％，83％和91％，在最后1个月每天吸烟量由原来平均每天24.5支减少到每天3支左右。动物实验发现，茶质滤嘴中的茶氨酸可以明显抑制尼古丁在小鼠中引起的条件性位置偏爱，与尼古丁乙酰胆碱受体（nAChRs）抑制剂有类似的效果。测定小鼠脑nAChRs发现，茶氨酸处理动物可以抑制尼古丁引起的3种尼古丁乙酰胆碱受体亚基的表达上调，而且多巴胺释放增加受到明显抑制。茶质滤嘴还可以明显降低吸烟产生的有害物质，降低吸烟引起动物的急性毒性和慢性致癌性。本研究发现了抑制烟草和尼古丁成瘾的新物质—茶质滤嘴和茶氨酸，提供了一种可以战胜吸烟危害的新策略。该研究的实施和推广将可以保护当代和后代免受吸烟对健康、社会、环境和经济造成的破坏性影响，对建设和谐的人类文明社会和国民经济的持续发展具有重要意义[18]。

5. 绿茶对香烟烟雾抗氧化性上调气道中性粒细胞弹性蛋白酶和基质金属蛋白酶-12的抑制作用

近年来的研究表明，中国绿茶对香烟烟雾所致肺损伤有保护作用，其中表没食子酸（EGCG）占儿茶素的60％。中国绿茶在吸烟大鼠模型中也可能对肺氧化应激和蛋白酶/抗蛋白酶有潜在的影响。用空气或4％香烟烟雾加2％肺绿茶或口服灌胃水对大鼠进行暴露。采用明胶/酪蛋白酶谱和生化分析方法，测定支气管肺泡灌洗液和肺组织中丝氨酸蛋白酶、基质金属蛋白酶（MMPs）及其各自内源性抑制剂。绿茶能显著降低香烟烟雾诱导的在支气管肺泡灌洗液和肺中脂质过氧化标记物丙二醛（MDA）和香烟烟雾诱导中性粒细胞弹性蛋白酶浓度和活性的升高，并与对照组比较，差异有显著性（$P<0.05$）。同时，香烟烟雾暴露组支气管肺泡灌洗液和肺组织基质金属蛋白酶活性显著升高。绿茶处理后基质金属蛋白酶活性恢复到空气暴露组，但香烟烟雾诱导的组织金属蛋白酶抑制剂（TIMP）-1活性降低，绿茶并没有能够完全逆转。综合起来，这些数据支持香烟烟雾暴露后呼吸道中存在局部氧化应激和蛋白酶/反蛋白酶失衡，绿茶能通过其生物抗氧化活性而减轻了氧化应激和蛋白酶/反蛋白酶失衡[19]。

6. 红茶聚合多酚对苯并吡和亚硝胺诱发肺癌发生的抑制作用

对红茶中最丰富的多酚——茶红素聚合多酚的剂量相关效应的认识有限。一项研究以0.75％、1.5％、3％红茶为原料，探讨了不同剂量的红茶提取物对A/J小鼠生化参数和肺致癌性的影响。茶红素聚合多酚预处理后，肝、肺组织中细胞色素P450同工酶表达和活性降低，而致癌物诱导的I期酶在肺组织中的表达和活性、肝、肺DNA加合物数量和强度均显著降低，且与剂量相关。红茶（1.5％、3％）的茶红素聚合多酚在肺癌发病率和多样性方面均呈剂量关系而降低，与苯并吡和亚硝胺模型细胞增殖、凋亡等不同分子标记物有进一步的相关性。总之，茶红素聚合多酚的剂量依赖性化学预防作用，包括抑制癌发生的启动（诱导II期和抑制致癌物诱导的I期酶，导致DNA加合物减少）和抑制癌发生的促进作用(细胞增殖减少和凋亡降低发生率和/或肺病变的多样性增加),而且茶红素聚合多酚在 A/J 小鼠中观察,还无明显毒性[20]。

7. 茶多酚和抗坏血酸对人肺腺癌 SPC－A－1 细胞的协同抑制作用

许多研究表明茶多酚具有抗癌活性。在一项研究中,探讨了红茶中主要的茶黄素单体茶黄素－3－3′－二没食子酸酯(TF)与还原剂抗坏血酸(AA)和绿茶中主要的多酚-表没食子儿茶素－3－没食子酸酯(EGCG)及与还原剂抗坏血酸协调对人肺腺癌 SPC－A－1 细胞活力和细胞周期的影响。MTT 法测定 TF、EGCG 和 AA 对 SPC－A－1 细胞的 50% 抑制浓度分别为 4.78、4.90 和 30.62 $\mu mol/L$。TF 与 AA(TF＋AA)和 EGCG 与 AA(EGCG＋AA)摩尔比为 1∶6 时对 SPC－a－1 细胞的抑制率分别为 54.4% 和 45.5%。流式细胞仪分析表明,TF＋AA 和 EGCG＋AA 能明显增加 SPC－A－1 细胞周期 G(0)/G(1)期的细胞数,分别从 53.9% 增加到 62.8% 和 60.0%。TF 处理的细胞在 50% 抑制浓度下,G(0)/G(1)占 65.3%。因此,TF＋AA 和 EGCG＋AA 对 SPC－A－1 细胞的增殖具有协同抑制作用,并能显著地将 SPC－A－1 细胞保持在 G(0)/G(1)期。结果表明,茶黄素与或绿茶多酚与还原剂抗坏血酸合用可提高其抗癌活性[21]。

8. 虾青素对卵清蛋白哮喘小鼠模型的保护作用

虽然虾青素具有抗氧化、抑制皮肤退化、抗炎等多种生物活性,但其对哮喘的影响尚不清楚。一项研究探讨了虾青素对卵清蛋白诱导的哮喘小鼠模型气道炎症的抑制作用。评估了支气管肺泡灌洗液中总细胞数、辅助型细胞 Th1/2 介导的炎性细胞因子、气道高反应性以及组织结构。同时检测了血清总 IgE、IgG1、IgG2a、卵清蛋白特异性 IgG1 和卵清蛋白特异性 IgG2a 水平。口服 50 mg/ml 虾青素可抑制呼吸系统阻力、弹性、呼吸阻力、组织阻尼和组织弹性。口服虾青素抑制细胞总数、在血清中抑制 IL－4 和 IL－5,增加 IFN－γ,虾青素还降低了 IgE、IgG1 和卵清蛋白特异性 IgG1,IgG2。虾青素对卵清蛋白诱导的哮喘动物肺组织炎性细胞浸润、粘液生成、肺纤维化、caspase－1 或 caspase－3 表达均有抑制作用。这些结果提示虾青素可能通过抑制 Th2 介导的细胞因子和增强 Th1 介导的细胞因子来治疗哮喘[23]。

9. 天然虾青素减轻 COVID－19 细胞因子风暴风险的潜力

宿主对 SARS－CoV－2 感染的过度炎症免疫反应被认为是 COVID－19 相关重症肺炎和急性肺损伤或急性呼吸窘迫综合征发病机制的基础。一旦出现细胞因子风暴等免疫并发症,单靠抗病毒治疗是不够的,还需要进行额外的抗炎治疗。抗炎药如 JAK 抑制剂、IL－6 抑制剂、TNF－α 抑制剂,秋水仙碱等已被建议或正在进行试验,以治疗细胞因子风暴在 COVID－19 感染。天然虾青素具有临床证明的安全性,并具有抗氧化、抗炎和免疫调节的特性。临床前研究有证据支持其对急性肺损伤/急性呼吸窘迫综合征的预防措施。越来越多的证据表明天然虾青素能够通过调节促炎因子 IL-1 的表达对重症肺炎发挥保护作用。研究报告显示,天然虾青素通过调节 TNF-α 等信号通路来防止氧化损伤和减轻炎症反应的加重 NF-κB、NLRP3 和 JAK/STAT。这些证据为将天然虾青素视为对抗 COVID-19 感染中炎性细胞因子风暴和相关风险的治疗剂提供了理论依据,这一建议需要通过临床研究进一步验证[24]。

10. 虾青素通过激活 Nrf2 抑制香烟烟雾诱导的小鼠肺气肿

氧化应激在慢阻肺疾病的发病机制中起着重要作用。核因子红细胞相关因子 2 (Nrf2)的激活是细胞抵抗氧化应激的重要机制。最近的研究表明虾青素能够通过 Nrf2 保护机体免受氧化应激。在一项研究中探讨了虾青素通过核因子红细胞相关因子 2 抑制小鼠肺气肿的作用。将小鼠分为 4 组:对照组、吸烟组、虾青素组和虾青素+吸烟组。吸烟组和虾青素+吸烟组小鼠暴露于香烟烟雾中 12 周,虾青素和虾青素+吸烟组小鼠饲喂含虾青素的饮食。在虾青素喂养的小鼠的肺匀浆中发现核因子红细胞相关因子 2 及其靶基因血红素氧合酶-1(HO-1)的表达水平显著增加。支气管肺泡灌洗液中炎性细胞数量明显减少,肺气肿明显得到抑制。因此推断,虾青素可能通过核因子红细胞相关因子 2 保护氧化应激,改善香烟烟雾引起的肺气肿。用虾青素直接激活核因子红细胞相关因子 2 通路治疗慢阻肺有可能成为一种新的预防和治疗策略[25]。

四、L-精氨酸-抗氧化剂配方对肺脏的保护作用实验结果

以上讨论了一氧化氮和抗氧化剂对肺脏的功能和疾病的关系,下面讨论一氧化氮和抗氧化剂结合起来与肺脏的功能和疾病的关系。L-精氨酸-抗氧化剂配方的主要成分是 L-精氨酸、L-谷氨酰胺、牛磺酸、维生素 C(L-抗坏血酸)、维生素 E 等。研究表明,L-精氨酸对慢性阻塞性肺病大鼠模型的肺功能具有保护作用[26]。谷氨酰胺是机体内含量最多的游离氨基酸,对蛋白质合成及机体免疫功能起调节与促进作用,并且 L-谷氨酰胺对慢性呼吸衰竭患者具有营养治疗与免疫调理作用[27]。维生素 C 是一种水溶性抗氧化剂,其对肺癌的预防与治疗起到一定的作用[28]。并且维生素 C 或维生素 E 与抗癌药物的联合用药能够取得更好的效果[29]。由于 L-精氨酸-抗氧化剂配方中的主要成分有抗氧化和提高免疫力的功能,因此我们设计实验来检测 L-精氨酸-抗氧化剂配方是否能够对肺功能起到保护作用。本实验主要是以小鼠血清中的炎症因子表达水平、氧化应激水平、肺组织细胞凋亡情况和气管、支气管以及肺结构的完整性为指标,考察 L-精氨酸-抗氧化剂配方对肺功能的保护作用。下面详细介绍该实验的方法和结果。

1. 实验材料和实验方法

（1）PM2.5箱：5 mm厚、1.2 m×1.5 m有机玻璃板一张，无保护网电风扇一台。制备结构如图18-1所示。

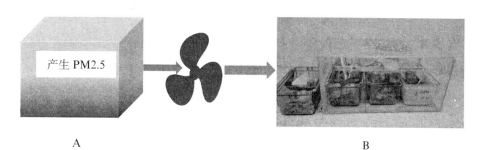

图 18 - 1　PM2.5 染毒小鼠示意图

A：PM2.5箱制备示意图，B：PM2.5箱实际工作图

（2）实验鼠：BALC/c小鼠，平均重量25 g，2月龄，雄性，总计30只。

（3）L-精氨酸-抗氧化剂配方每100 g含：L-精氨酸28 g，L-谷氨酰胺14.58 g，牛磺酸26 g，维生素C 6.88 g，维生素E 1.66 g，锌0.35 g，硒1.69 mg。

（4）实验设计：实验小鼠分组：选取30只BALC/c小鼠，随机分为3组，对照组10只，不做任何处理；PM2.5组10只，每天灌胃生理盐水0.25 ml；PM2.5+L-精氨酸-抗氧化剂配方组10只，每天灌胃L-精氨酸-抗氧化剂配方0.25 ml；30天后，将PM2.5组、PM2.5+L-精氨酸-抗氧化剂配方组的小鼠放于PM2.5箱中处理，每天处理8 h（9:00—17:00），并持续灌胃，共计30天。

（5）小鼠取材：小鼠灌流、固定、取材、冰冻切片：采用右心室插管，灌流冷生理盐水，再灌流4%多聚甲醛后取气管、肺。使用—20℃恒冷箱冰冻切片机进行切片，气管和肺横切，切片厚15 μm，裱于硅烷化预处理后的干净的载玻片上，烘干后保存备用。

（6）苏木精—伊红染色（Hematoxylin and Eeosin staining，简称HE）：苏木精染液为碱性，主要使细胞核内的染色质与胞质内的核糖体着紫蓝色；伊红为酸性染料，主要使细胞质和细胞外基质中的成分着红色。

（7）马松三色染色：马松染色是结缔组织染色中最经典的一种方法，是胶原纤维染色权威而经典的技术方法。所谓三色染色是指染胞核和能选择性的显示胶原纤维和肌纤维。马松染色后肌纤维呈红色，胶原纤维呈绿色或蓝色，主要用于区分胶原纤维和肌纤维。

（8）ELISA试剂盒检测炎症因子表达水平：采用ELISA试剂盒分别检测分析小鼠血清中白细胞介素-1α（interLeukin - 1，IL - 1α）、白细胞介素-1β（interLeukin - 1，IL - 1β）、白细胞介素-2（IL - 2）和α-干扰素（interferon - α，IFN - α）四种炎症因子。测定 450 nm 波长测定各孔 OD 值,计算炎症因子表达水平。

(9) TUNEL 试剂盒检测肺组织细胞凋亡程度:采用 TUNEL 试剂盒,荧光显微镜下观察,检测分析小鼠测肺组织细胞凋亡程度。

(10) T-SOD 试剂盒测定肺组织氧化程度:采用 T-SOD 试剂盒,检测分析小鼠测肺组织氧化程度。

2. 结果

(1) L-精氨酸-抗氧化剂配方对 PM2.5 造成的炎症因子表达水平改变的影响:图18-2 中三组数据的比较表明,PM2.5 组小鼠血清中 IL-1β 含量明显高于对照组,并有显著差异,说明 PM2.5 处理使小鼠产生了炎症反应,造成 IL-1β 含量升高。PM2.5+L-精氨酸-抗氧化剂配方组小鼠血清中 IL-1β 含量与 PM2.5 组比较,有明显的降低,并有显著差异,说明 L-精氨酸-抗氧化剂配方对 PM2.5 造成的炎症损伤具有一定的预防作用。

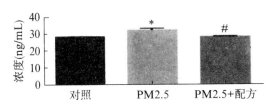

图 18-2 小鼠血清中 IL-1β 水平测定

* 表示 PM2.5 组与对照(control)组比较,* 为 $P<0.05$,表示差异显著;# 表示 PM2.5+L-精氨酸-抗氧化剂配方组与 PM2.5 组比较,# 为 $P<0.05$,表示差异显著。

图 18-3 中 3 组数据的比较表明,PM2.5 组小鼠血清中 IFN-α 含量明显高于对照组,并有极显著差异,说明 PM2.5 使小鼠产生了炎症反应,造成 IFN-α 含量明显升高。PM2.5+L-精氨酸-抗氧化剂配方组小鼠血清中 IFN-α 含量与 PM2.5 组比较,有明显的降低,并有极显著差异,说明 L-精氨酸-抗氧化剂配方对 PM2.5 造成的 IFN-α 升高的炎症反应具有明显的预防作用。

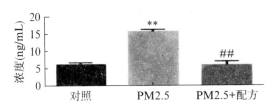

图 18-3 小鼠血清中 IFN-α 的水平测定

* 表示 PM2.5 组与对照(control)组比较,** 为 $P<0.01$,表示差异极显著;# 表示 PM2.5+L-精氨酸-抗氧化剂配方组与 PM2.5 组比较,## 为 $P<0.01$,表示差异极显著。

图 18-4 中 3 组数据的比较表明,PM2.5 组小鼠血清中 IL-2 含量明显高于对照

组,并有显著差异,说明 PM2.5 使小鼠产生了炎症反应;PM2.5+L-精氨酸-抗氧化剂配方组小鼠血清中 IL-2 含量与 PM2.5 组比较,有降低趋势,但无显著差异。

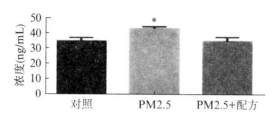

图 18-4　小鼠血清中 IL-2 的含量测定

*表示 PM2.5 组与对照(control)组比较,*为 $P<0.05$,,表示差异显著

图 18-5 中 3 组数据的比较表明,PM2.5 组小鼠血清中 IL-1α 含量明显高于对照组,并有显著差异,说明 PM2.5 处理使小鼠产生了炎症反应;PM2.5+L-精氨酸-抗氧化剂配方组小鼠血清中 IL-1α 含量与 PM2.5 组比较,有降低的趋势,但无显著差异。

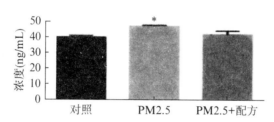

图 18-5　小鼠血清中 IL-1α 的水平测定

*表示 PM2.5 组与对照(control)组比较,*为 $P<0.05$,表示差异显著

（2）L-精氨酸-抗氧化剂配方对 PM2.5 造成的氧化应激水平的影响：图 18-6 中 3 组数据的比较表明,PM2.5 组小鼠肺组织的总 SOD 活力低于对照对照组,并有显著差异,说明 PM2.5 处理对小鼠造成了一定的氧化应激的损伤。PM2.5+L-精氨酸-抗氧化剂配方组小鼠肺组织总 SOD 活力与 PM2.5 组比较有所升高,但无显著差异。

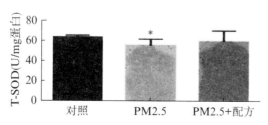

图 18-6　小鼠肺组织总 SOD 活力

*表示 PM2.5 组与对照(control)组比较,*为 $P<0.05$,表示差异显著

（3）L-精氨酸-抗氧化剂配方对 PM2.5 造成的肺组织细胞凋亡的影响：通过对图 18-7 三幅图的观察表明，PM2.5 组与对照（control）组比较，细胞凋亡程度明显升高，说明 PM2.5 对小鼠的肺组织造成了一定的损伤；PM2.5＋L-精氨酸-抗氧化剂配方组与 PM2.5 组相比，细胞凋亡程度明显降低，说明 L-精氨酸-抗氧化剂配方对 PM2.5 造成的肺组织细胞凋亡具有一定的预防作用。

对照　　　　　　　PM2.5　　　　　　PM2.5+配方

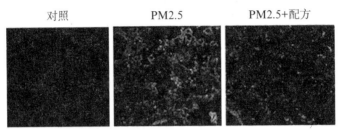

图 18-7　小鼠肺组织细胞凋亡情况

（4）L-精氨酸-抗氧化剂配方对 PM2.5 造成的气管、支气管、肺组织结构异常的影响：通过对图 18-8 三幅图的观察表明，PM2.5 组与对照（control）组比较，气管的内壁明显增厚，说明 PM2.5 对小鼠气管结构造成了一定的损伤；PM2.5＋L-精氨酸-抗氧化剂配方组与 PM2.5 组相比，气管的形态结构基本恢复正常，气管内壁变厚的表型得到明显恢复，说明 L-精氨酸-抗氧化剂配方对 PM2.5 造成的气管组织结构的损伤有一定的预防作用。

对照　　　　　　　PM2.5　　　　　　PM2.5+配方

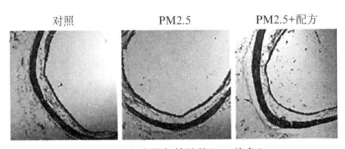

图 18-8　小鼠气管结构（HE 染色）

通过对图 18-9 三幅图的观察表明，PM2.5 组与对照组比较，肺部小支气管的结构形态发生了变化，支气管的完整性也受到一定程度的影响，说明 PM2.5 对小鼠支气管造成了一定的损伤；PM2.5＋L-精氨酸-抗氧化剂配方组与 PM2.5 组比较，支气管的形态结构和完整性基本恢复正常，说明 L-精氨酸-抗氧化剂配方对 PM2.5 造成的支气管组织结构的损伤有一定的预防作用。

通过对图 18-10 三幅图的观察表明，PM2.5 组与对照组比较，肺泡结构不完整，说明 PM2.5 对小鼠肺造成了一定的损伤；PM2.5＋L-精氨酸-抗氧化剂配方组与 PM2.5

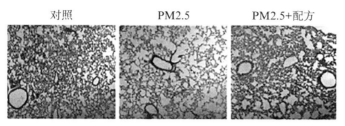

图 18-9 小鼠支气管结构(HE 染色)

组相比,细胞的形态结构、肺泡的完整性基本恢复到正常,说明 L-精氨酸-抗氧化剂配方对 PM2.5 造成的肺组织结构的损伤有一定的预防作用。

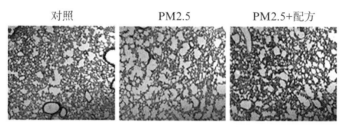

图 18-10 小鼠肺组织结构(HE 染色)

(5) L-精氨酸-抗氧化剂配方对 PM2.5 造成的肺组织纤维化损伤的影响:通过对图 18-11 三幅图的观察表明,PM2.5 组小鼠肺组织纤维化的程度比对照(control)组明显增高,说明 PM2.5 对小鼠肺造成了一定的损伤;PM2.5+L-精氨酸-抗氧化剂配方组与 PM2.5 组相比,其肺组织的纤维化程度明显降低,说明 L-精氨酸-抗氧化剂配方对 PM2.5 造成的肺组织纤维化损伤有一定的预防作用。

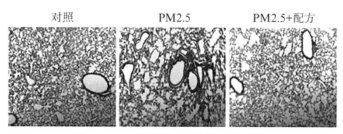

图 18-11 小鼠肺组织结构(马松染色)

3. 结论

本实验通过构建 PM2.5 小鼠模型,探究了 L-精氨酸-抗氧化剂配方对肺功能的保护作用。首先,通过观察 L-精氨酸-抗氧化剂配方对 PM2.5 所诱导的炎症反应的预防作用,发现 L-精氨酸-抗氧化剂配方能够显著降低 IL-1β 和 INF-α 的水平,降低了炎症反应,说明 L-精氨酸-抗氧化剂配方抗炎作用十分明显。通过 TUNEL 细胞凋亡检测发现 L-精氨酸-抗氧化剂配方能显著降低小鼠肺部的细胞凋亡。通过对气管、支气管、肺组织结构的观察,我们发现 L-精氨酸-抗氧化剂配方能缓解 PM2.5 造成的气管内壁增厚的表型,使支气管结构基本恢复正常,并使肺组织由稀疏变得致密,还能减轻肺部纤维化程度。这些结果表明 L-精氨酸-抗氧化剂配方对肺功能有明显的保护作用。

参 考 文 献

［1］ 陈斌,于祥,马洪莲.PM2.5 对慢性阻塞性肺病患者肺功能影响及治疗分析[J].中国农村卫生事业管理,2018,38(05):669—671.

［2］ 艾新法,王彤,张津铭,等.现代医学与中医对雾霾(PM2.5)致肺病的认识及探讨[J].长春中医药大学学报,2019,35(03):409—413.

［3］ 杨丹,周伟强,杨彪,等.PM(2.5)对人肺癌细胞 A549 迁移、侵袭能力的增强作用[J].生态毒理学报,2017,12(05):243—250.

［4］ 严思远,杨彪,孙祖玥,等.PM2.5 暴露对荷瘤肺癌小鼠免疫功能影响研究[J].辽宁中医药大学学报,2017,19(02):126—129.

［5］ Hoyte FCL, Gross LM, Katial RK. Exhaled Nitric Oxide: An Update. Immunol Allergy Clin North Am, 2018,38(4):573—585.

［6］ Gray D, Willemse L, Visagie A, et al. Lung function and exhaled nitric oxide in healthy unsedated African infants. Respirology, 2015,20(7):1108—1114.

［7］ Krantz C, Janson C, Hollsing A, et al. Exhaled and nasal nitric oxide in relation to lung function, blood cell counts and disease characteristics in cystic fibrosis. J Breath Res, 2017,11(2):026001.

［8］ Meo SA, Ansary MA, Barayan FR, et al. Electronic Cigarettes: Impact on Lung Function and Fractional Exhaled Nitric Oxide Among Healthy Adults. Am J Mens Health, 2019,13(1):1557988318806073.

［9］ Meo SA, Aldeghaither M, Alnaeem KA, et al. Effect of motor vehicle pollution on lung function, fractional exhaled nitric oxide and cognitive function among school adolescents. Eur Rev Med Pharmacol Sci, 2019,23(19):8678—8686.

［10］ Katrina A Lambert, Iana Markevych, Bo-Yi Yang, et al. Association of early life and acute pollen exposure with lung function and exhaled nitric oxide (FeNO). A prospective study up to adolescence in the GINIplus and LISA cohort. Sci Total Environ, 2021,763:143006.

［11］ Adusumilli NC, Zhang D, Friedman JM, et al. Harnessing nitric oxide for preventing, limiting and treating the severe pulmonary consequences of COVID‐19. Nitric Oxide，2020，103：4—8.

[12] Bacha EA，Hervé P，Murakami S，et al. Lasting beneficial effect of short-term inhaled nitric oxide on graft function after lung transplantation. Paris-Sud University Lung Transplantation Group. J Thorac Cardiovasc Surg，1996，112(3)：590—598.

[13] Park HS，Kim JE，You HJ，et al. Beneficial effect of a nitric oxide donor in an ex vivo model of pig-to-human pulmonary xenotransplantation. Xenotransplantation，2015，22 (5)：391—398.

[14] Wittwer T，Albes JM，Fehrenbach A，et al. Experimental lung preservation with Perfadex：effect of the NO-donor nitroglycerin on postischemic outcome. J Thorac Cardiovasc Surg，2003，125(6)：1208—1216.

[15] Liu JT，Luo B，He XT，et al. The protective effects of vitamin E on lung injury caused by high temperature and PM(2.5) in COPD rats. Zhongguo Ying Yong Sheng Li Xue Za Zhi，2019，35(4)：293—296.

[16] Wang M，Liu M，Wang C，et al. Association between vitamin D status and asthma control：A meta-analysis of randomized trials. Respir Med，2019，150：85—94.

[17] Shen L，Han JZ，Li C，et al. Protective effect of ginsenoside Rg1 on glutamate-induced lung injury. Acta Pharmacol Sin，2007，28(3)：392—397.

[18] Gong ZJ，Guan JT，Ren XZ，et al. Protective effect of hydrogen on the lung of sanitation workers exposed to haze. Zhonghua Jie He He Hu Xi Za Zhi，2016，39(12)：916—923.

[19] 颜景奇,底晓静,刘彩谊,等.茶质滤嘴的祛烟瘾减害作用研究[J].中国科学,生命科学,2010,40：375—384.

[20] Chan KH，Chan SC，Yeung SC，et al. Inhibitory effect of Chinese green tea on cigarette smoke-induced up-regulation of airway neutrophil elastase and matrix metalloproteinase‐12 via antioxidant activity. Free Radic Res，2012，46(9)：1123—1129.

[21] Hudlikar RR，Pai V，Kumar R，et al. Dose-Related Modulatory Effects of Polymeric Black Tea Polyphenols (PBPs) on Initiation and Promotion Events in B(a)P and NNK-Induced Lung Carcinogenesis. Nutr Cancer，2019，71(3)：508—523.

[22] Li W，Wu JX，Tu YY. Synergistic effects of tea polyphenols and ascorbic acid on human lung adenocarcinoma SPC‐A‐1 cells. J Zhejiang Univ Sci B，2010，11(6)：458—464.

[23] Hwang YH，Hong SG，Mun SK，et al. The Protective Effects of Astaxanthin on the

OVA‐Induced Asthma Mice Model. Molecules，2017,22(11)：2019

[24] Talukdar J，Bhadra B，Dattaroy T，et al. Potential of natural astaxanthin in alleviating the risk of cytokine storm in COVID‐19. Biomed Pharmacother，2020，132：110886.

[25] Kubo H，Asai K，Kojima K，et al. Astaxanthin Suppresses Cigarette Smoke-Induced Emphysema through Nrf2 Activation in Mice. Mar Drugs，2019,17(12)：673.

[26] 朱慧,韩伟忠,徐晟伟.L-精氨酸对慢性阻塞性肺病大鼠模型的肺功能保护[J].山东医药,2006,46(21)：18—19.

[27] 杨玲,罗勇,徐卫国.L-谷氨酰胺对慢性呼吸衰竭患者的营养治疗与免疫调理作用[J].上海医学,2004(9)：646—648.

[28] 魏荣,黎友伦.维生素 C 在肺癌预防和治疗中的作用[J].医学信息,2019,32(16)：44—46.

[29] 石汉平.不同类型肿瘤患者 14 种维生素检测指标调查研究项目[J].肿瘤代谢与营养电子杂志,2018,5(04)：375.

第十九章

一氧化氮与胃肠功能

　　健康,是我们生命的源泉,而胃肠道,却是健康的源泉。消化系统的基本生理功能是摄取、转运、消化食物和吸收营养、排泄废物,这些生理功能的完成有利于整个胃肠道协调的生理活动。食物的消化和吸收,供机体所需的物质和能量。食物中的营养物质除维生素、水和无机盐可以被直接吸收利用外,蛋白质、脂肪和糖类等物质均不能被机体直接吸收利用,需在消化管内被分解为结构简单的小分子物质,才能被吸收利用。食物在消化管内被分解成结构简单、可被吸收的小分子物质的过程就称为消化。而食物的消化和吸收主要是在胃肠道里进行的。

　　《黄帝内经》有几段关于胃肠道的论述,非常明确的指出了胃肠道基本功能和应当如何养生。"胃者,水谷之海,六府之大源也。五味入口,藏于胃,以养五藏之气,气口亦太阴也。是以五藏六腑之气味,皆出于胃,变见于气口。""大肠者,传道之官,变化出焉。小肠者,受盛之官,化物出焉。"这几句就非常精炼地把胃肠道的功能概括了。指明了胃是仓廪之官,产生五味;大肠是传道之官,起消化排出作用;小肠是受盛之官,起消化吸收作用。说明了胃肠道是水谷饮食消化吸收的器官,并且把吸收的精华供养全身之需。

　　胃是储存食物的器官,可有节律地收缩,并使食物与酶混合。胃表面的细胞分泌三种重要物质:黏液、盐酸和胃蛋白酶(一种能分解蛋白质的酶)前体。黏液覆盖于胃的表面,保护其免受盐酸和酶的损伤。任何原因造成此黏液层破坏,如幽门螺杆菌感染或阿司匹林都能导致损伤,发生胃溃疡。胃运送食物到第一段小肠即十二指肠。经幽门括约肌进入十二指肠的食物量受小肠消化能力的调节。大肠由升结肠(右侧)、横结肠、降结肠(左侧)和乙状结肠组成,后者连接直肠。阑尾是一较小的、手指状小管,突出于升结肠靠近大肠与小肠连接的部位。大肠也分泌黏液,并主要负责粪便中水分和电解质的吸收。肠内容物到达大肠时是液体状,但当它们作为粪便到达直肠时通常是固体状。生长在大肠中的许多细菌能进一步消化一些肠内容物,有助于营养物质的吸收。大肠中的细菌还能产生一些重要物质,如维生素 K。直肠是紧接乙状结肠下面的管腔,止于肛门。

我们的胃肠道经常会劳累过度而生病。随着生活的变化、年龄的增长,人的消化道结构会发生改变,功能亦受到一定的影响。很多疾病都是吃出来的,特别是暴饮暴食、食入过多高脂肪、高蛋白质食物、酗酒,不仅会引起消化系统伤害和疾病,而且也是造成"四高"及其他一些疾病的重要原因。

我们的肠道是人体内最大的微生态世界,这个世界里有好的菌群,也有坏的菌群,如果我们不小心纵容了坏菌群,我们的肠胃就会替我们吞下恶果,造成疾病的发生。我们如何应对这些胃肠道疾病?我们应该采取哪些措施来预防胃肠道疾病呢?研究发现一氧化氮自由基(NO)与胃肠道健康和疾病关系密切。例如 NO 途径代表了脑肽通过迷走神经介导的胃保护抵抗损伤的共同最终机制。感觉神经元的激活通过激活组成型一氧化氮合酶导致一氧化氮生成增加,从而导致胃黏膜血流量增加,使胃不易受到管腔刺激物的损害。再如我们的食物中含有大量无机阴离子硝酸盐(NO_3^-)和亚硝酸盐(NO_2^-),通常被认为是一氧化氮生成的惰性最终产物,可以还原为一氧化氮和其他生物活性氮氧化物物种。这种硝酸盐-亚硝酸盐-一氧化氮途径的调节方式不同于经典的L-精氨酸-一氧化氮合酶-一氧化氮途径,并且在缺氧和酸中毒时会大大增强。现在有几项研究表明,硝酸盐-亚硝酸盐-一氧化氮途径参与调节血液流动、细胞代谢和信号传导,以及在缺氧期间的组织保护。还有,一氧化氮分子作为神经递质,在身体的许多部位放松平滑肌张力。在人类和其他哺乳动物中,它们在异常部位对正确的平滑肌功能起着重要作用。在脊椎动物中,来自肠神经的一氧化氮(NO)控制幽门括约肌的松弛。

但是一氧化氮是一个双刃剑,与胃黏膜完整性、损伤和愈合皆有关系。一氧化氮(NO)在黏膜完整性中起着多方面的作用。NO 的众多功能以及 NO 在大多数功能中扮演的双刃剑角色,使得 NO 行为有极大的复杂性。一氧化氮的 3 种酶源,神经元型一氧化氮合酶(nNOS)、内皮型一氧化氮合酶(eNOS)和诱导型一氧化氮合酶(iNOS),已在胃肠道中得到证实。由组成型 NO 合成酶(eNOS 和 nNOS)衍生的 NO 的保护特性已经得到很好的证实。不太清楚 iNOS 在胃黏膜损伤修复中发挥什么样的角色。新的证据质疑了一种简单化的初始观点,即组成型 NOS 合成的低水平 NO 具有保护作用,而 iNOS 诱导后过度的 NO 水平导致了不可补救的细胞毒性。正如最初报道的诱导型

iNOS 活性可能与白细胞-内皮细胞相互作用和血小板聚集减少以及黏膜微循环保护有关。此外,诱导型一氧化氮合酶活性可能通过增加炎症细胞的凋亡来解决炎症。iNOS 的低水平表达完全可能反映宿主对攻击的积极防御反应,但过度或不受控制的 iNOS 表达本身就变得有害。毫无疑问,NO 在生理条件下具有保护作用。然而,当黏膜受到威胁时,NO 的作用就变得多重性了,最终的影响可能取决于损伤的性质、所涉及的环境以及与其他介质的相互作用。本章就一氧化氮与胃肠道的健康和疾病进行讨论。

一、一氧化氮与胃功能的关系

一氧化氮是一个双刃剑,对胃功能起着两方面的作用,可能是好的作用也可能是坏的作用,这取决于其产生的速度和多少,由何种一氧化氮合酶产生及对胃什么功能和疾病发生作用。下面我们就具体讨论一氧化氮与我们的胃功能的关系。

1. 一氧化氮对人胃窦运动和胃排空的影响

一氧化氮是胃肠道神经释放的非肾上腺素能非胆碱能(NANC)抑制性神经递质。一项研究以一氧化氮和 L-精氨酸供体硝酸甘油酯(GTN)为一氧化氮合酶底物,探讨了一氧化氮对胃排空和胃窦运动的影响。6 名男性志愿者(年龄 21～24 岁)参与这项安慰剂对照双盲研究。在四个不同的场合研究了 0.8 mg 舌下 GTN、300 mg/(kg・h)静脉注射 L-精氨酸或安慰剂对餐后刺激的胃窦运动和胃排空的影响。一夜禁食后,摄入 500 ml 标准液体餐,并通过超声波评估胃排空率。通过超声测量胃窦横截面积的变化,同时使用多腔灌注导管测定胃窦运动活动。在服用 GTN、L-精氨酸或安慰剂前后,从禁食和喂食的患者中采集血样,以测定血浆胰高血糖素和生长抑素水平。结果发现:与安慰剂对照值(28+/−7 min)相比,舌下 GTN 剂量为每小时 0.8 和 300 mg/kg 静脉注射 L-精氨酸的显著($P<0.01$)延长了胃排空时间,平均分别为 56+/−12 和 38+/−8 min。在两个试验系列中,以运动指数(收缩次数 x mmHg/min)计算的胃窦运动活动显著降低,即服用 GTN 后从 375.5+/−185.1(对照组)降至 104.4+/−55.7($P<0.01$),L-精氨酸后从 401+/−76(对照组)降至 285+/−57($P<0.05$)。静脉注射剂量为每小时 300 mg/kg 的 L-精氨酸显著增加禁食患者的血浆胰高血糖素和生长抑素,并增加餐后释放的胰高血糖素,而不影响餐后血浆生长抑素水平。GTN 不影响血浆激素水平。因此得出结论:这项研究结果表明:① 外源性一氧化氮抑制胃排空和胃窦运动活动,这可能有助于治疗胃运动和排空功能紊乱的患者;② 服用 L-精氨酸后观察到的胃排空和胃窦运动的减少是由于血浆肠激素释放的变化,而不是内源性一氧化氮形成的增强[1]。

2. 一氧化氮在人类胃调节反射和餐后饱腹感中的作用

人类胃调节受损与早期饱腹感和体重减轻有关。在动物中,胃调节涉及胃氮能神经元的激活。一项研究探讨了一氧化氮在人类胃调节和饮食诱导的饱腹感中的作用。在双盲、随机、安慰剂对照研究中,使用恒压器研究 N(G)-单甲基-L-精氨酸(L-NMMA)每小时 4 mg/kg 和 8 mg/kg 对胃顺应性、扩张敏感性和胃调节功能的影响。通过试验研究每小时 8 mg/kg L-NMMA 对餐后饱足感的影响。结果发现:L-NMMA 对空腹依从性和敏感性无显著影响。摄入一顿饭可引起 274 ± 15 ml 的松弛,在 L-NMMA 每小时 4 mg/kg(132 ± 45)ml)或 L-NMMA 每小时 8 mg/kg(82(72)ml)后,松弛程度显著降低($P=0.03$)。L-NMMA 每小时 8 mg/kg 显著降低了最大饱腹时的食物摄取量,从 1 058(67)kcal 降至 892(73)kcal($P<0.01$)。因此得出结论:人的空腹胃张力和扩张敏感性不受一氧化氮合酶抑制的影响,但胃调节反射涉及一氧化氮神经元的激活。抑制一氧化氮合酶会损害调节能力并增强由进食引起的饱腹感[2]。

3. 一氧化氮诱导剂对大鼠胃黏膜损伤的联合作用

一项研究探讨了单独静脉注射骨髓间充质干细胞(BMMSCs)及联合注射 NO 诱导剂对大鼠胃溃疡愈合的影响。将大鼠分为对照组、胃溃疡组、胃溃疡间充质干细胞组、胃溃疡 NO 诱导剂组、胃溃疡+间充质干细胞+NO 诱导剂组。骨髓间充质干细胞通过静脉注射给予(106 个细胞)的剂量。腹腔注射 L-精氨酸 300 mg/kg 体重。在注射 L-精氨酸后 24 h 和 7 d,用 ELISA 检测 VEGF、PGE、TNF-α。采用实时荧光定量 PCR 技术检测胃组织中肝细胞生长因子(HGF)、$caspase-3$、$eNOS$ 和 $BAX/Bcl-2$ 基因的表达。对胃组织进行组织病理学染色。结果发现:与胃溃疡组相比,胃溃疡组在 24 h 和 7 天后注射 BMMSCs 或无 L-精氨酸或两者均显著降低 $caspase-3$ 和 BAX 基因表达(凋亡因子)并增加 $Bcl-2$ 基因表达(抗凋亡因子),胃溃疡组在这 2 种药物治疗后的结果更为显著 MSCs 和 NO 诱导物。与相应的胃溃疡组相比,注射 MSCs 或无诱导剂组或两者同时注射组的 HGF 基因表达显著增加(分别为 $P<0.05$、$P<0.05$ 和 $P<0.001$)。与胃溃疡组相比,接受 MSCs 的胃溃疡组、接受 NO 的胃溃疡组和同时接受 MSCs 和 NO 的胃溃疡组在 24 h 和 7 d 后 PGE2 和 TNF-α 的平均水平均显著降低。对接受干细胞或不接受干细胞治疗组的胃组织进行组织病理学检查,发现黏膜再生变化,厚度增加,黏膜下层炎性细胞浸润减少,充血减轻。在接受干细胞和 NO 的组中,胃黏膜完全恢复。因此得出结论:间充质干细胞、一氧化氮或间充质干细胞联合一氧化氮可能通过抗炎、血管生成和抗凋亡作用对胃溃疡黏膜病变发挥治疗作用[3]。

4. 内源性一氧化氮合酶(NOS)产生 NO 可以预防胃腺癌的发生

一项研究评估了内源性一氧化氮合酶(NOS)和膜联蛋白 A1(ANXA1)的性质,并确定了其在 N-甲基-N-硝基-N-亚硝基胍(MNNG)诱导的胃癌发生中的作用。雄性 Wistar 大鼠用 MNNG 和或氨基胍(AG)处理 20 周。在另一组实验中,用 MNNG 或水处理胃无神经衰弱和失神经的大鼠 28 周。对幽门区片段进行组织病理学、NOS 活性和免疫组织化学处理,以探讨组成型(cNOS)和诱导型(iNOS)NO 合酶的活性和表达及其与膜联蛋白 A1(ANXA1)表达的关系。与未经治疗的 MNNG 组相比,氨基胍处理组 NO 抑制增加了患腺癌动物的百分比(约 29%)。肌间失神经支配不改变 NOS 活性。免疫组织化学证实,在有或无病变的非去神经和去神经胃中,cNOS 活性显著高于 iNOS 活性($P<0.01$)。此外,正常胃和病变区外的 cNOS 活性显著高于病变区内($P<0.01$)。由此可见,NO 可以预防胃腺癌的发生。ANXA1 的表达模式与 NOS 活性或表达无关,表明 NO 和 ANXA1 在胃肿瘤中的作用途径不同[4]。

5. 原发性贲门失弛缓症食管和胃一氧化氮合成神经的关系

一项研究对原发性贲门失弛缓症患者食管下括约肌和胃底的食管和胃成分中的一氧化氮能神经元进行了定性和定量分析。6 例终末期贲门失弛缓症患者行食管胃肌切开术加半胃底折叠术,从食管-胃交界处(2 例食管肌条,2 例胃侧括约肌)和胃底获得 4 条肌条。对照标本取自 8 例胸段食管癌手术患者。对固定切片进行 NADPH-黄递酶组织化学处理,并对每个标本中每个切片的氮能神经元数量(平均+/-SE)进行测量。结果发现:在对照组中,产生一氧化氮纤维分布于括约肌和胃底的肌层和周围的肌间神经元。相比之下,贲门失弛缓症患者的食管和胃黏膜以及胃底产生的一氧化氮神经和标记神经元显著减少。贲门失弛缓症患者的定量评估显示,与对照组相比,贲门失弛缓症患者氮能神经元的平均数量食管分别为(0.2+/-0.1)和胃(2+/-0.6),氮能神经元的平均数量显著减少了,分别为 15+/-5 和 12+/-4;$P<0.05$;与对照组(10+/-2)相比,胃底的氮能神经元(3+/-1)显著减少($P<0.05$)。因此得出结论:这项研究结果表明,贲门失弛缓症是一种运动障碍,贲门失弛缓症患者一氧化氮神经元的平均数量显著减少[5]。

6. 前列腺素和一氧化氮在安乃近致大鼠胃损伤中的作用

非甾体抗炎药(NSAIDs)除了诱导的胃损伤前列腺素(PGs)的消耗外,还涉及氧自由基和氮自由基产生。一项研究检测了前列腺素合成酶(PGE2)生成的变化及其与促炎参数和一氧化氮(NO)生成的关系,用以比较和研究安乃近与双氯芬酸、呈现不同胃耐受性和环氧化酶(COX)抑制谱的非甾体抗炎药诱导的胃损伤的发病机制。在 Wistar 大鼠中进行研究。口服安乃近(120、500 和 1 000 mg/kg)和双氯芬酸(50 mg/kg),对胃黏膜损伤、胃前列腺素合成酶、髓过氧化物酶(MPO)、肿瘤坏死因子-α(TNF-α)、环磷酸鸟苷(cGMP)、一氧化氮合酶(NOS)活性和 NOS mRNA 表达进行宏观和组织学评估。结果发现：安乃近仅在测定的最高剂量下，在胃黏膜中引起微弱的损伤。相反，双氯芬酸治疗呈现最高级别的病变。所有治疗均减少前列腺素在胃部的生成。用安乃近治疗动物既不改变髓过氧化物酶活性也不改变 TNF－α 水平。相比之下，服用双氯芬酸后，观察到两个参数在统计学上显著增加。双氯芬酸处理对 cGMP 水平没有影响，但安乃近降低了核苷酸水平，同时抑制了组成型 NOS(cNOS)活性，而不改变酶的 mRNA 表达。因此得出结论：除了抑制前列腺素合成外，安乃近引起的损伤还与抑制 NO/cGMP 途径和 cNOS 活性有关。相反，双氯芬酸引起的胃损伤和炎症反应的增加有关[6]。

7. 胃溃疡愈合过程中一氧化氮和生长因子的变化

一项研究测量了胃黏膜中血管内皮生长因子(VEGF)、一氧化氮和内皮素－1(ET－1)的浓度，并检查了这些因素之间的关系。血管内皮生长因子 VEGF、一氧化氮和内皮素参与血管生成和血管重塑，这是胃溃疡愈合的重要因素。共研究了经内镜检查证实的胃溃疡病例，所有 61 例患者的角部幽门螺杆菌均呈阳性。活动期 15 例，愈合期 23 例，瘢痕期 23 例。以 17 例幽门螺杆菌阳性胃炎和 14 例幽门螺杆菌阴性胃炎为对照。内镜检查期间从胃壁采集的活检样本被冷冻并切片。通过酶免疫测定法测定内皮素，通过酶联免疫吸附测定法测定血管内皮生长因子，并根据代谢物氮氧化物(NO_x)测定一氧化氮。免疫组化检测内皮素、血管内皮生长因子和诱导型一氧化氮合酶(iNOS)。活动期组的 NO_x 浓度最高，表明一氧化氮参与了黏膜修复的早期阶段。在生长激素组中，所有 3 种因子的浓度都很高，这表明它们都可能与产量的增加有关。在瘢痕期组，所有 3 个因素均显著低于活动期和愈合期组。免疫组化研究表明，内皮素－和 iNOS 阳性细胞的分布因溃疡分期而异。特别是，在活动期和愈合期期间，血管壁中的内皮素和 iNOS 阳性细胞主要是内皮细胞，在瘢痕期期间主要是血管平滑肌细胞。这些发现表明，在溃疡愈合早期，即内皮细胞修复和血管生成活跃期，内皮细胞产生大量内皮素、一氧化氮和血管内皮生长因子。在瘢痕形成阶段，内皮素和一氧化氮在调节血管平滑肌细胞增殖中的作用可能导致血管重塑。因此这些结果表明，血管内皮生长因子的表达增强。一氧化氮和内皮素参与溃疡愈合过程中的血管生成、血管重塑和黏膜再生[7]。

8. 一氧化氮供体和 L－精氨酸对胃电解质屏障的影响

胃壁电位差(PD)由胃黏膜屏障决定。阿司匹林、乙醇或胆汁酸引起的胃壁电位差降低被认为是黏膜损伤的敏感指标。其中硝酸甘油酯，硝酸异山梨酯，所有外源性一氧化氮供体，以及 L－精氨酸，都是一氧化氮合酶的底物，甲基 L－精氨酸 L－NNA 是一氧化氮合酶的抑制剂。研究了一种非选择性一氧化氮合酶抑制剂对乙醇诱导的胃电解质屏障的保护作用。所有单独灌胃给予的 NO 供体只引起胃壁电位差的中度而非显著变化,并且没有影响黏膜屏障,而 L-NNA 轻微降低胃壁电位差。乙醇前应用 NO 供体和 L-精氨酸作为预处理可减少其对所有这些药物的破坏作用,而 L-NNA 则加剧了乙醇造成的损伤和胃壁电位差值下降。总之,这项研究结果表明,L-精氨酸和硝酸甘油酯和硝酸异山梨酯产生的内源性一氧化氮对胃电解质屏障具有保护作用,支持一氧化氮参与胃保护机制[8]。

9. 幽门螺杆菌感染对胃黏膜病变及一氧化氮和一氧化氮合酶水平的影响

一项研究探讨了幽门螺杆菌(H-pylori)感染患者胃黏膜一氧化氮(NO)和一氧化氮合酶(NOS)水平及其对胃黏膜病理改变的影响及其致病机制。细胞毒素相关蛋白(CagA)是幽门螺杆菌的毒力标志,胃镜下取胃窦黏膜组织,进行病理学、幽门螺杆菌和抗 CagA-IgG 检测。随机选择 50 例幽门螺杆菌阳性病例和 35 例幽门螺杆菌阴性病例。检测血清 NO 和 NOS 水平。结果发现:150 例幽门螺杆菌阳性者中,抗 CagA-IgG 阳性者 107 例(71.33%)。阳性率较高,尤其是在患有肿瘤前疾病的患者中,如胃壁萎缩、肠化生和异型增生。阳性组 NO 和 NOS 水平高于阴性组,而活动性胃炎 NO 和 NOS 水平明显低于萎缩、肠化生和异型增生等癌前病变。因此得出结论:幽门螺杆菌与慢性胃病密切相关,Ⅰ型幽门螺杆菌可能是幽门螺杆菌相关性胃病的真正致病因素。幽门螺杆菌感染可引起 NOS 升高,产生更多 NO[9]。

10. 一氧化氮和牛磺酸在狗胃分泌功能调节中的作用

在慢性胃瘘实验中,研究了牛磺酸和内源性一氧化氮对一氧化氮合成阻断时牛磺酸引起的胃分泌和分泌过程改变的影响。一项研究测定了 1.5 h 内的胃液分泌强度以及盐酸、胃蛋白酶、总蛋白和腺嘌呤系统成分的含量。与对照组相比,L-NAME 抑制 NO 合酶引起组胺刺激的分泌胃液体积增加 160%($P<000\ 1$),胃酸含量增加 156.4%($P<000\ 1$),胃蛋白酶含量增加 184.1%($P<000\ 1$)。与对照组相比,牛磺酸使组胺刺激的胃液体积增加 129.3%($P<000\ 1$),盐酸增加 151.4%($P<000\ 1$),胃蛋白酶增加 172.2%($P<000\ 1$),总蛋白增加 60.5%($P<000\ 1$)。阻断一氧化氮合成不会改变牛磺酸对胃组胺分泌的影响。这项研究的结果表明,内源性一氧化氮对胃分泌具有抑制作用,并且不参与牛磺酸对胃分泌功能调节作用的实现[10]。

11. 胃癌患者血浆一氧化氮水平与脂质过氧化

一项研究探讨了丙二醛和总 NO_2^- 和 NO_3^- 在胃癌中生成 NO 的水平,并探讨了其水平与癌症分期的相关性。采集 38 例胃癌患者(Ⅱ期 7 例,Ⅲ期 19 例,Ⅳ期 12 例)的预处理血浆样本。在这些样品中测定了一氧化氮 NO 的最终产物亚硝酸盐 NO_2^- 和硝酸盐 NO_3^- 水平。用 Griess 反应测定 NO_2^-,用硝酸还原酶将 NO_3^- 转化为 NO_2^- 后,用同样的方法测定生成的 NO_2^-。用硫代巴比妥酸法测定脂质过氧化标记物丙二醛(MDA)。

结果发现：胃癌患者血浆 MDA、NO 和 NO_3^- 水平显著高于健康对照组。随着病情的加重，MDA、NO 和 NO_3^- 的水平升高。因此得出结论：这项研究发现胃癌患者血浆中 NO 生成和 MDA 水平增加。这种增加可能与这些患者的氧化-抗氧化状态有关[11]。

12. 释放一氧化氮的阿司匹林对应激性胃损伤的保护作用

一氧化氮释放型的阿司匹林（NO－ASA）已被证明能抑制环氧化酶和前列腺素的生成，而不会引起黏膜损伤。一项研究比较了一氧化氮释放型的阿司匹林和阿司匹林对水浸泡和应激、缺血再灌注和 100％乙醇引起的胃损伤的影响。测定了胃损伤的面积、胃血流量、促炎细胞因子 IL－1beta 和 TNF－a 的血浆浓度、超氧化物歧化酶（SOD）和谷胱甘肽过氧化物酶（GPx）的表达、活性氧生成和脂质过氧化的指标丙二醛（MDA）浓度。结果发现：一氧化氮释放型的阿司匹林预处理减轻了应激、缺血再灌注和乙醇引起的剂量依赖性胃腐蚀。相反，阿司匹林显著加重应激诱导的病变，同时伴有胃血流量下降、前列腺素 E(2) 生成抑制、ROS 化学发光、血浆 TNFα 和 IL－1β 水平显著升高。阿司匹林还显著提高了黏膜 MDA 含量，下调了 SOD 和 GPx mRNA，一氧化氮释放型的阿司匹林预显著降低了这些作用。因此得出结论：NO 与阿司匹林的偶联可减轻由 NO 介导的黏膜充血引起的应激、缺血再灌注和乙醇诱导的损伤，从而补偿阿司匹林诱导的前列腺素缺乏。阿司匹林通过增强 ROS 和细胞因子的生成以及抑制 SOD 和 GPx 而加重应激损伤，这些作用被一氧化氮释放型的阿司匹林释放的 NO 抵消[12]。

13. 葡萄籽提取物通过一氧化氮和感觉神经通路减轻乙醇和应激引起的胃损伤

葡萄籽提取物含有黄酮类化合物，具有抗菌和抗氧化性能，一项研究探讨了其是否影响胃防御机制以及对乙醇和应激性胃损伤的胃保护作用。比较了葡萄籽提取物对大鼠胃黏膜损伤的影响，在使用或不使用（A）吲哚美辛和选择性 COX－2 抑制剂罗非昔布抑制环氧化酶（COX）－1 活性，（B）用 L－NNA（20 mg/kg ip）抑制 NO 合酶，以及（C）在乙醇或应激前 30 min 情况下，观察通过局部应用 100％乙醇或 3.5 h 的水浸泡和束缚应激诱导的胃黏膜损伤，用葡萄籽提取物对用辣椒素（125 mg/kg sc）使感觉神经失活的保护作用。乙醇灌胃后 1 h 和束缚应激结束后 3.5 h，通过测量胃损伤的面积和胃血流量（GBF）、血浆胃泌素水平和胃黏膜前列腺素 PGE2 生成、超氧化物歧化酶（SOD）活性和丙二醛（MDA）浓度。结果发现：乙醇和束缚应激引起胃损伤，同时胃血流量和 SOD 活性显著下降，黏膜 MDA 含量升高。葡萄籽提取物（8～64 mg/kg ig）预处理剂量依赖性地减轻 100％乙醇和束缚应激诱导的胃损伤；用 5mg/kg 的剂量（36 mg/kg）和 5 mg/kg 的剂量（35 mg/kg）分别减少损伤减少 50％。葡萄柚籽提取物显著提高胃血流量、黏膜 PGE2 生成、SOD 活性和血浆胃泌素水平，同时降低 MDA 含量。葡萄籽提取物逆转了诱导消炎痛或罗非昔布抑制 PGE2 生成、L－NNA 或辣椒素去神经抑制 NO 合酶和伴随的充血。外源性降钙素基因相关肽(CGRP)与葡萄柚籽提取物联合治疗可恢复葡萄籽提取物对辣椒素去神经大鼠的保护作用和伴随的充血作用。因此得出结论：葡萄籽提取物通过增加内源性前列腺素的生成，抑制脂质过氧化和充血，可能通过感觉神经释放 NO 和 CGRP 介导，对乙醇和束缚应激诱导的胃损伤具有较强的胃保护作用[13]。

二、一氧化氮与肠道功能

前面讨论了对胃功能起着两方面的作用，一氧化氮是一个双刃剑，同样对肠道功能也可能是好的作用也可能是坏的作用。这取决于其产生的速度和多少，由何种一氧化氮合酶产生及对肠道什么功能和疾病发生作用。下面我们就具体讨论一氧化氮与我们的肠道功能和疾病的关系。

1. 一氧化氮在调节肠道氧化还原状态和肠上皮细胞功能中的作用

肠上皮细胞(IECs)的重要功能包括使营养吸收被动发生，并作为抵御潜在外源性成分和病原体的防御屏障。上皮细胞功能受损可能导致细菌、毒素和过敏原移位，从而导致疾病的发生。因此，上皮细胞的维护和最佳功能对于确保健康至关重要。内源性一氧化氮(NO)生物合成通过自由基活性直接调节肠上皮细胞功能，并通过影响紧密连接蛋白表达的细胞信号机制间接调节肠上皮细胞功能。调节诱导型一氧化氮合酶(iNOS)的因素，以及 NO 在维持肠上皮细胞的肠上皮屏障结构、功能和相关作用机制方面发挥着重要作用。生物膳食食品活性成分产生 NO 并影响肠上皮完整性[14]。

2. 一氧化氮与肠屏障衰竭

全身炎症反应综合征(SIRS)是成人和儿童发病率和死亡率的主要原因。各种促炎症介质参与了全身炎症反应综合征的发病机制；然而，它们的作用机制仍然不清楚。最近的证据表明，一氧化氮(NO)在肠道屏障功能中起调节作用。肠内 NO 生成的持续上调可通过形成过氧亚硝酸导致肠上皮损伤。过氧亚硝酸盐能硝基化线粒体蛋白，抑制细胞呼吸。由此引起的线粒体功能的变化导致 caspase 级联的激活、随后的 DNA 断裂和肠细胞凋亡。肠上皮细胞凋亡导致肠上皮中出现短暂的"裸露区域"，细菌可以附着在该区域，然后穿透固有层，成功逃离免疫系统的细菌可能反过来引发全身炎症反应[15]。

研究发现，一氧化氮在肠屏障功能和功能障碍中发挥着关键作用。越来越多的证据表明，内源性一氧化氮(NO)在生理条件下调节黏膜屏障的完整性，并对抗与急性病理生理状态相关的黏膜通透性增加。一项研究讨论了 NO 对肠屏障功能保护作用的潜在作用机制。这些包括维持血流、抑制血小板和白细胞在血管系统内的黏附和/或聚集、调节肥大细胞的反应性以及清除活性氧代谢物,如超氧化物。根据所得到的数据得出了结论:组成型一氧化氮合酶(cNOS)衍生的内源性 NO 和外源性 NO(来自 NO 供体)似乎都可以减少急性炎症的后遗症。诱导型一氧化氮合酶(iNOS)产生过量一氧化氮相关的长期(慢性)炎症相关。NO 在脓毒症和炎症性肠病中的作用,表明 NO 衍生介质参与了这些疾病。这项研究表明在脓毒症或炎症性肠病模型中,使用非特异性 NOS 抑制剂或选择性 iNOS 抑制剂抑制 NO 合成可能不会起到保护作用。总的来说,NOS 酶类型在所研究的特定炎症过程中的潜在重要性[16]。

3. 一氧化氮保护肠道免受剖腹手术和肠道操作引起的损伤

肠道极易受到自由基诱导的损伤。早期的研究表明,手术应激可诱导肠细胞产生氧自由基,导致肠道损伤和超微结构改变。由于一氧化氮(NO)是胃肠功能的重要介质,一项研究观察了 NO 对手术应激引起的肠道改变的影响。对照组大鼠和经 NO 供体 L-精氨酸预处理的大鼠在剖腹手术中通过打开腹壁和处理肠道承受手术应激。分离肠细胞并制备匀浆,测定 L-精氨酸对手术应激损伤的保护作用,并与正常对照组进行比较。检查 NO 对肠的结构和功能方面的保护作用。结果发现:通过电镜观察,肠道操作影响肠道结构。肠细胞的功能损害也很明显,黄嘌呤氧化酶活性增加导致产生超氧阴离子。这种损害在隐窝细胞中更为严重。剖腹手术和处理后蛋白酶活性也增加。用一氧化氮合酶底物 L-精氨酸预处理可防止这些损伤作用。在存在 NO 合酶抑制剂 NG-硝基-l-精氨酸甲酯的情况下,消除了精氨酸的保护作用,表明 NO 的发挥保护作用。因此得出结论:任何手术引起的小肠应激都会影响肠细胞的结构和功能。NO 是细胞功能的重要调节剂,可以防止这些手术导致的破坏性作用[17]。

4. 一氧化氮作为肠道水和电解质转运的调节剂

一氧化氮在肠液和电解质分泌中的作用取决于研究条件是生理条件还是病理生理条件。在生理条件下,内源性一氧化氮似乎是一种促吸收分子,这是基于一氧化氮合酶抑制剂将小鼠、大鼠、豚鼠、兔子和狗的净液体吸收逆转为净分泌的发现。这种促吸收模式涉及肠神经系统、前列腺素形成的抑制和基底外侧 K^+ 通道的开放。然而,在某些病理生理状态下,一氧化氮合酶可能产生较高浓度的一氧化氮,能够引起净分泌。因此,在三硝基苯磺酸诱导的豚鼠回肠炎中,一氧化氮合酶有助于腹泻反应,并且是几种肠道促泌剂(包括蓖麻油、酚酞、比沙考定、硫酸镁、胆盐、番泻叶)大鼠通便作用的介质。与体内结果相对应,一氧化氮供体化合物或一氧化氮本身在体外刺激豚鼠和大鼠肠道的氯化物分泌。例外情况是大鼠细菌肠毒素引起的腹泻,其中一氧化氮似乎具有促吸收作用,以及在体外小鼠回肠中,其中一氧化氮供体化合物对基础离子转运产生净促进吸收作用。几种内源性促分泌剂(P 物质、5-羟色胺、白细胞介素-1β)是炎症性肠病的重要介质,至少部分通过释放一氧化氮发挥作用。临床研究表明,一氧化氮在几种炎症性肠病和其他分泌性疾病中升高,包括溃疡性结肠炎、克罗恩病、中毒性巨结肠、憩室炎、感染性胃肠炎和婴儿高铁血红蛋白血症。然而,分泌性腹泻中一氧化氮的测定本身并不能提供一氧化氮对临床分泌性腹泻的决定性信息[18]。

5. 诱导型和神经元型一氧化氮合酶在禁食后大鼠肠道功能恢复过程中发挥相反的作用

一项研究探讨了内源性诱导型一氧化氮合酶(iNOS)和神经元型一氧化氮合酶对大鼠在喂养期间由禁食诱导的细胞凋亡和细胞增殖减少引起的肠黏膜萎缩恢复的影响。将大鼠分为 5 组,其中 1 组随意喂食,4 组分别禁食 72 h,然后再喂食 0、6、24 和 48 h。测定空肠组织中 iNOS 和神经元型一氧化氮合酶 mRNA 和蛋白质水平,并对黏膜厚度进行组织学评估。还估计了凋亡指数、干扰素-γ(IFN-γ)转录水平、亚硝酸盐水平(作为一氧化氮[NO]产生的量度)、8-羟基脱氧鸟苷形成(指示活性氧物种[ROS]水平)、隐窝细胞增殖和运动指数(MI)。黏膜厚度和 NOS 蛋白水平之间的相关性通过 Spearman 秩相关检验确定。研究观察到随着再进食时间的增加,黏膜厚度和神经元一氧化氮合酶 mRNA 和蛋白表达显著增加。在 48 h 再喂养期间,神经元一氧化氮合酶蛋白水平与黏膜厚度之间存在显著的正相关($r=0.725, P<0.01$)。相反,iNOS mRNA 和蛋白表达随着再喂养时间的延长而降低,在 48 h 的再喂养期间,iNOS 蛋白水平与黏膜厚度呈显著负相关($r=-0.898, P<0.01$)。还注意到,在同一时期,空肠神经元一氧化氮合酶和 iNOS 蛋白浓度之间存在显著的负相关($r=-0.734, P<0.01$)。再进食也恢复了禁食引起的运动指数的减少。这项研究发现表明,再进食可能通过抑制 iNOS 表达,随后抑制 NO、ROS 和 IFN-γ 凋亡介质,以及通过机械刺激促进神经元一氧化氮合酶的产生和诱导隐窝细胞增殖,修复禁食诱导的空肠萎缩。这项研究除了提供新数据证实 iNOS 和 nNOS 参与禁食引起的肠黏膜萎缩外,该研究还详细说明了 iNOS 和 nNOS 在再进食后从这种情况恢复期间的表达和功能,证明了再投喂期间 iNOS 和 nNOS 水平之间存在显著的负相关,并且与隐窝和绒毛中的细胞增殖和凋亡相关。这些新发现阐明了这些 NOS 亚型之间的关系及其对肠损伤恢复的影响,提出了一种机制,其中包括由于肠道中存在食物而通过机械刺激上调 nNOS 活性,限制 iNOS 相关的凋亡并促进细胞增殖和肠道运动。这项研究揭示了肠外营养对肠黏膜完整性的影响背后的分子基础,更重要的是,证明了早期肠内喂养的有益影响[19]。

6. 大鼠单次和连续服用甲氨蝶呤后一氧化氮在小肠中的作用

甲氨蝶呤为抗叶酸类抗肿瘤药,一项研究探讨了在啮齿类动物模型中一氧化氮(NO)在单次或连续服用甲氨蝶呤引起的肠黏膜损伤中的作用。大鼠腹腔注射甲氨蝶吟,单次给药(50 mg/kg)或连续给药(每日 12.5 mg/kg),持续 4 天。皮下注射 NG -硝基- 1 -精氨酸甲酯(1 - NAME)抑制一氧化氮合酶(NOS)。首次服用甲氨蝶呤 96 小时后,收集回肠组织进行分析。连续服用甲氨蝶呤导致体重下降,食物和水的摄入减少,L - NAME 进一步恶化进一步恶化了这些结果。虽然单次服用甲氨蝶呤会导致轻微的黏膜损伤,但 L - NAME 几乎没有作用。连续服用甲氨蝶呤会造成严重的黏膜损伤,L - NAME 进一步加重了这种损伤。连续服用甲氨蝶呤可诱导回肠组织中炎性细胞因子的 mRNA 表达,但单次没有影响。连续服用甲氨蝶呤可显著诱导回肠组织中 NOS 的组成性表达。这些结果表明,甲氨蝶呤的连续给药,而不是单次给药,会加重黏膜损伤。连续给药增强 NOS 的表达可能是对抗肠黏膜损伤以及导致大鼠生活质量降低的主要原因之一[20]。

7. 一氧化氮和肠道微生物群在坏死性小肠结肠炎发病机制中的作用

坏死性小肠结肠炎仍然是新生儿重症监护病房最棘手的问题之一。坏死性小肠结肠炎的危险因素包括早产、配方奶粉喂养和胃肠道不适当的微生物定植。坏死性小肠结肠炎的发病机制被认为涉及围产期损伤引起的肠道屏障减弱、管腔细菌穿过减弱的屏障移位、强烈的炎症反应以及炎症因子导致屏障损伤加剧,从而导致炎症引起上皮损伤的恶性循环。一氧化氮(NO)由诱导型一氧化氮合酶(iNOS)和反应性一氧化氮氧化中间产物产生,通过诱导肠上皮细胞凋亡和抑制上皮修复过程,即肠上皮细胞增殖和迁移,在肠屏障损伤中发挥重要作用。控制肠内 iNOS 上调的因素尚不清楚,这阻碍了开发 NO/iNOS 靶向疗法的努力。同样,鉴定与坏死性小肠结肠炎相关的细菌或细菌定植模式的努力也取得了有限的成功,因为在坏死性小肠结肠炎和非坏死性小肠结肠炎受试者中可以发现相同的细菌种类,因此需要研究一氧化氮在坏死性小肠结肠炎中的作用机理和预防治疗方法[21]。

8. 斑马鱼胚胎肠内一氧化氮释放、分布和调节的实时电化学研究

一氧化氮(NO)是一种重要的信号分子,参与生物体的多种生理和病理生理过程。NO 在脊椎动物的胚胎发育中起着重要作用,并影响早期器官发育和可塑性。由于胚胎体积小、动态变化浓度低以及 NO 的寿命短,因此在单个胚胎及其发育器官中定量 NO 具有挑战性。一项研究测量了在生理条件和治疗药物影响下,活斑马鱼(Danio rerio)胚胎肠内 NO 的分布。使用在单个碳纤维(CF)上制造的微型电化学传感器进行测量,该传感器可实现定量实时活体监测,并使用 4 -氨基- 5 -甲氨基- $2'$,$7'$-二氟荧光素二乙酸酯(DAF - FM - DA)染料进行荧光成像。结果发现,在小肠中段检出一氧化氮浓度为 3.78($\pm$0.64)μM,前后段低,分别为 1.08($\pm$0.22)和 1($\pm$0.41)μM。在白藜芦醇和瑞舒伐他汀存在下,肠道 NO 浓度分别降低 87% 和 84%,显示出下调作用。这些结果表

明斑马鱼胚胎肠内存在不同微摩尔浓度的 NO,并证明单个碳纤维微电极在定量测量单个斑马鱼胚胎单个器官水平上的 NO 释放方面的有用性。这项工作为实时研究 NO 在体内的调节作用提供了独特的方法,并有助于进一步了解胚胎发育的分子基础,以用于发育生物学和药物筛选应用[22]。

9. 一氧化氮与缺锌患者皮肤和胃肠道病变表现

关于一氧化氮是否在缺锌的致病机制中起作用的信息是相互矛盾的。一项研究使用大鼠模型进行的一系列研究表明,当注射白细胞介素-1(iL-1)时,缺锌可上调肠道中的诱导型一氧化氮合酶,并且全身施用一氧化氮合酶抑制剂可减轻缺锌引起的肠道损伤和炎症性皮肤损伤。转录和翻译水平的证据表明,诱导型一氧化氮合酶在缺锌动物的皮肤和肠道中被诱导,而在正常组织中通常不表达。另一方面,缺锌动物肠道内的总一氧化氮合酶活性显著低于对照组,表明缺锌可能导致对一氧化氮的潜在脆弱性,而不是一氧化氮合酶活性的绝对增加。缺锌大鼠组织锌和金属硫蛋白水平显著降低,表明抗氧化能力降低。确定一氧化氮在炎症中是否具有破坏性可能取决于体内平衡状态,如组织中的锌水平和三种一氧化氮合酶成分之间的平衡,一氧化氮产生的绝对增加很重要,因为确定一氧化氮的作用可以为治疗锌缺乏症的新策略提供理论基础[22]。

参 考 文 献

[1] Konturek JW, Thor P, Domschke W. Effects of nitric oxide on antral motility and gastric emptying in humans. Eur J Gastroenterol Hepatol,1995,7(2):97—102.

[2] Tack J, Demedts I, Meulemans A, et al. Role of nitric oxide in the gastric accommodation reflex and in meal induced satiety in humans. Gut,2002,51(2):219—224.

[3] Rashed L, Gharib DM, Hussein RE, et al. Combined effect of bone marrow derived mesenchymal stem cells and nitric oxide inducer on injured gastric mucosa in a rat model. Tissue Cell,2016,48(6):644—652.

[4] Polli-Lopes AC, Estofolete CF, Oliani SM, et al. Myenteric denervation in gastric carcinogenesis:differential modulation of nitric oxide and annexin-A1. Int J Clin Exp Pathol,2013,6(1):13—23.

[5] De Giorgio R, Di Simone MP, Stanghellini V, et al. Esophageal and gastric nitric oxide synthesizing innervation in primary achalasia. Am J Gastroenterol,1999,94(9):2357—2362.

[6] Sánchez S, Martín MJ, Ortiz P, et al. Role of prostaglandins and nitric oxide in gastric damage induced by metamizol in rats. Inflamm Res,2002,51(8):385—392.

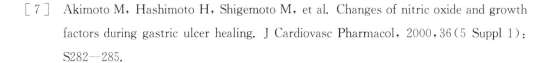

［7］ Akimoto M，Hashimoto H，Shigemoto M，et al. Changes of nitric oxide and growth factors during gastric ulcer healing. J Cardiovasc Pharmacol，2000,36(5 Suppl 1)：S282—285.

［8］ Szlachcic A，Bilski R，Dziadus-Sokolowska A，et al. The effect of nitric oxide donors and L-arginine on the gastric electrolyte barrier. J Physiol Pharmacol，2001,52(2)：211—220.

［9］ Wang YF，Guo CL，Zhao LZ，et al. Effect of Helicobacter pylori infection on gastric mucosal pathologic change and level of nitric oxide and nitric oxide synthase. World J Gastroenterol，2005,11(32)：5029—5031.

［10］ Hrinchenko OA，Ianchuk PI. The role of nitric oxide and taurine in regulation of dogs gastric secretory function. Fiziol Zh，2012,58(6)：48—56.

［11］ Bakan E，Taysi S，Polat MF，et al. Nitric oxide levels and lipid peroxidation in plasma of patients with gastric cancer. Jpn J Clin Oncol，2002,32(5)：162—166.

［12］ Brzozowski T，Konturek P，Konturek SJ，et al. Hahn EG. Implications of reactive oxygen species and cytokines in gastroprotection against stress-induced gastric damage by nitric oxide releasing aspirin. Int J Colorectal Dis，2003,18(4)：320—329.

［13］ Brzozowski T，Konturek PC，Drozdowicz D，et al. Grapefruit-seed extract attenuates ethanol-and stress-induced gastric lesions via activation of prostaglandin，nitric oxide and sensory nerve pathways. World J Gastroenterol，2005,11(41)：6450—6458.

［14］ Mu K，Yu S，Kitts DD. The Role of Nitric Oxide in Regulating Intestinal Redox Status and Intestinal Epithelial Cell Functionality. Int J Mol Sci，2019,20(7)：1755.

［15］ Nadler EP，Upperman JS，Dickinson EC，et al. Nitric oxide and intestinal barrier failure. Semin Pediatr Surg，1999,8(3)：148—154.

［16］ Alican I，Kubes P. A critical role for nitric oxide in intestinal barrier function and dysfunction. Am J Physiol，1996,270(2 Pt 1)：G225—237.

［17］ Thomas S，Ramachandran A，Patra S，et al. Nitric oxide protects the intestine from the damage induced by laparotomy and gut manipulation. J Surg Res，2001,99(1)：25—32.

［18］ Izzo AA，Mascolo N，Capasso F. Nitric oxide as a modulator of intestinal water and electrolyte transport. Dig Dis Sci，1998,43(8)：1605—1620.

［19］ Ito J，Uchida H，Machida N，et al. Inducible and neuronal nitric oxide synthases exert contrasting effects during rat intestinal recovery following fasting. Exp Biol Med (Maywood)，2017,242(7)：762—772.

［20］　Shiga S，Machida T，Yanada T，et al. The role of nitric oxide in small intestine differs between a single and a consecutive administration of methotrexate to rats. J Pharmacol Sci，2020,143(1)：30—38.

［21］　Grishin A Bowling J，Bell B，et al. Roles of nitric oxide and intestinal microbiota in the pathogenesis of necrotizing enterocolitis. J Pediatr Surg，2016,51(1)：13—17.

［22］　Dumitrescu E，Wallace KN，Andreescu S. Real time electrochemical investigation of the release，distribution and modulation of nitric oxide in the intestine of individual zebrafish embryos. Nitric Oxide，2018,74：32—38.

［23］　Cui L，Okada A. Nitric oxide and manifestations of lesions of skin and gastrointestinal tract in zinc deficiency. Curr Opin Clin Nutr Metab Care，2000 Jul,3(4)：247—252.

第二十章

一氧化氮与性功能

性功能是人类性活动的本能,是生育,繁衍后代的基础。男女性功能既有相同之处又有不同之点,男性性功能是男性进行性活动的保证。男性性功能出现障碍就是性疾病,比如阳痿早泄等,影响男性正常性生活。男性性功能障碍是指男性在性欲、阴茎勃起、性交、性高潮、射精等性活动的五个阶段中,其中某个阶段或几个阶段或整个阶段发生异常而影响性活动正常进行。男性性功能是一个复杂的生理过程,涉及各方面,如神经、精神因素、内分泌功能、器官等,其中大脑皮质的性条件反射起着尤为重要的主导作用。

小分子一氧化氮(NO)在许多重要的生理和病理生理过程中发挥重要作用,包括心血管功能的调节,以及免疫、神经和呼吸系统的关键功能。一氧化氮是男性和女性勃起组织中平滑肌松弛的主要神经递质。在男性中,勃起、射精和性高潮受单独的神经系统控制。

一些病理状况,性功能障碍与 NO 产生或失活的缺陷有关。性功能障碍影响着全世界数百万人,其发病率不断上升。勃起功能障碍(ED)和女性性功能障碍在脑血管疾病患者和高血压、糖尿病、肥胖和代谢综合征等危险因素患者中很常见。下尿路症状(LUT)与性功能障碍,特别是勃起功能障碍(ED)之间存在关联,是前列腺和阴茎平滑肌中一氧化氮合酶/一氧化氮水平降低或改变。

一氧化氮(NO)作为细胞间信使或神经递质的发现为确定自主神经支配器官和组织中生理和病理生理事件的重要机制开辟了一个新纪元;它还为基于分子和细胞相互

作用的新概念的新疗法的开发提供了途径。Furchgott 和 Zawadzki 发现的内皮源性舒张因子(EDRF)已被证明是 NO,一种不稳定的气体分子,可调节血管张力、血小板聚集和黏附以及血管平滑肌增殖。后来,NO 被确定为节后副交感神经纤维的非肾上腺素能、非胆碱能(NANC)神经递质,支配包括阴茎海绵体(CC)在内的各种平滑肌。这种神经被称为"氮能"或"氮氧能"。尽管阴茎海绵体窦状内皮细胞在化学和物理刺激下也会产生和释放 NO,但神经源性 NO 在阴茎勃起中的作用似乎更具吸引力和说服力。NO 由 L-精氨酸通过 NO 合酶(NOS)亚型、神经元(nNOS)、内皮细胞(eNOS)和诱导型 NOS 催化形成。来自神经和可能的内皮细胞的 NO 在启动和维持海绵体内压升高、阴茎血管扩张中起着关键作用,阴茎勃起依赖于平滑肌细胞中 NO 激活可溶性鸟苷酸环化酶合成的环鸟苷单磷酸(cGMP)。勃起功能障碍(ED)是由多种致病因素引起的,尤其是 NO 的形成和作用受损。因此,补充这种分子或细胞内环 GMP 被认为是迄今为止 ED 患者最有希望的治疗措施。本章讨论 NO 在阴茎勃起中的生理作用和病理生理学意义的最新研究进展,以及与 NO 相关的 ED 新疗法[1]。

1. 一氧化氮在雄性大鼠性功能中的作用

一氧化氮(NO)可能通过抑制海绵体的平滑肌介导阴茎勃起,从而使海绵体血管扩张。为了测试 NO 在完整雄性大鼠性功能中的作用,在进行交媾、前交媾生殖反射或性动机/运动活动测试之前,系统性地给予 NO 前体(L-精氨酸)或其合成抑制剂(NG-硝基-L-精氨酸甲酯)。合成抑制剂以剂量依赖的方式损伤交配行为,还减少了前交配勃起次数,但增加了前交配射精次数,并降低了第一次射精的潜伏期。L-精氨酸略微增加阴茎反射次数,但没有其他作用。合成抑制剂对性动机或运动活动没有影响。因此这个结果表明,一氧化氮促进雄性大鼠的海绵体勃起,可能是通过调节海绵体的充盈来实现的。数据还表明,NO 可能通过降低交感神经系统的活动来抑制精液的排出,这可能有助于防止早泄[2]。

2. 海绵状一氧化氮水平是勃起功能障碍预后的重要指标

保留产生一氧化氮前列腺神经纤维,对于耻骨后根治性前列腺切除术对阴茎勃起恢复是必要的。然而,不可能确定患者何时以及是否能恢复勃起;因此,一项研究探讨了海绵体血 NO 水平对该参数的预后价值。对 14 例局限性前列腺癌患者进行了保留神经的前列腺切除术。术后 3 个月通过评分对所有患者进行评估 NO 与患者出现勃起之间关系。同时采集海绵体血液样本测量亚硝酸盐浓度以确定 NO 水平,术后 18 个月再次对患者进行评估。在 6 例患者中,勃起功能受损,而在 7 例患者中,勃起功能恢复。统计分析显示术后 3 个月海绵体血液中的亚硝酸盐水平与 18 个月时的恢复或勃起功能有关。因此该研究认为海绵体 NO 水平是勃起恢复的预后的重要指标[3]。

3. 他汀类药物治疗对高胆固醇血症男性患者肾上腺和性功能及一氧化氮水平的影响

接受他汀类药物治疗的男性患者出现勃起功能障碍症状并不少见。一项研究评估了高胆固醇血症男性患者使用不同剂量的阿托伐他汀治疗将低密度脂蛋白胆固醇(LDL－C)降至目标水平对肾上腺皮质激素、性功能和血清一氧化氮(NO)水平的影响。11 名低密度脂蛋白胆固醇水平高于 160 mg/dL 的高胆固醇血症男性患者被纳入研究，11 名健康男性作为对照。在基础激素测量后，两组均进行 1～250 μg 促肾上腺皮质激素刺激试验，并在 0、30 和 60 分钟进行血液取样，以测定血皮质醇、总睾酮(TT)、游离睾酮(FT)、11-脱氧皮质醇和脱氢表烯二酮的水平。根据基线低密度脂蛋白胆固醇浓度，每天给患者服用 5 或 10 mg 他汀，一旦患者达到风险分层目标低密度脂蛋白胆固醇水平，则重复研究程序。治疗后的低密度脂蛋白胆固醇值分为 3 组：低密度脂蛋白胆固醇＞160 mg/dl、低密度脂蛋白胆固醇在 100～130 mg/dl 和低密度脂蛋白胆固醇＜100 mg/dl。在基线检查时和他汀类药物治疗后测量 NO 水平。在 3 种不同的低密度脂蛋白胆固醇水平下，分别采用阴茎体感诱发电位(SEP)和国际勃起功能指数 5 问卷对勃起功能进行客观和主观评估。结果发现：关于促肾上腺皮质激素刺激试验结果，3 个低密度脂蛋白胆固醇组和对照组在他汀类药物治疗前后的皮质醇峰值水平没有显著差异。然而，在他汀类药物治疗的患者中，总睾酮和游离睾酮激素的峰值水平随着低密度脂蛋白胆固醇水平的降低而降低，而脱氢表雄酮和 11-11-脱氧皮质醇的峰值没有改变。阴茎体感诱发电位期间获得的肌肉反射电活动潜伏期(第一次负偏斜)随着低密度脂蛋白胆固醇水平的降低而延长，国际勃起功能指数评分显著降低。当低密度脂蛋白胆固醇水平≥ 160 mg/dl 降至 100 至 130 mg/dl，出现最大一氧化氮升高。因此得出结论：不同剂量阿托伐他汀治疗引起的低密度脂蛋白胆固醇水平降低与肾上腺激素水平的显著变化无关。相反，他汀类药物治疗获得的低密度脂蛋白胆固醇与总睾酮和游离睾酮水平之间存在显著关系。电生理学上，低密度脂蛋白胆固醇水平低于 100 的患者组中获得的异常阴茎体感诱发电位反应表明对体感通路的完整性有负面影响，体感通路在勃起功能中起作用。他汀类药物降低低密度脂蛋白胆固醇与睾酮水平降低和勃起功能障碍相关[4]。另一方面，他汀类药物没有提供与观察性研究一致的结果，观察性研究表明他汀类药物在性活动中起着有害的作用，但一些随机研究表明他汀类药物对勃起功能有中性甚至有益的影响。

4. 性经验调节雌性大鼠的伴侣偏好和视前内侧区一氧化氮合酶

与天真的大鼠相比，性经验丰富的雌性大鼠在性交插入后会更快地回到雄性大鼠身边，显示出较短的性交插入间隔，并在有节奏的交配行为期间花更多的时间与雄性大鼠在一起。一项研究测试了这些变化是否反映了与接受阴道颈刺激和(或)视前内侧区(mPOA)神经化学变化无关的性动机增强。切除卵巢后,雌性大鼠给予苯甲酸雌二醇和孕酮,然后接受6次有节奏的交配(有经验的)或6次对照暴露于空节奏的交配场地(天真的)。经验丰富和天真的大鼠接受一项无接触伴侣偏好测试,该测试先在油性媒介下进行,然后在不同的一天在激素下进行。结果显示,在激素状态和性经验导致对雄性的偏好显著增加。在经验丰富和天真的大鼠接受有节奏交配后1 h收集大脑,比较神经活动的视前内侧区水平,以比较对应的交配和一氧化氮合酶,即负责产生一氧化氮的酶。结果表明,经验丰富的大鼠的一氧化氮合酶表达高于天真的大鼠。这些数据证明性动机和响应交配与一氧化氮有关[5]。

5. 一氧化氮与勃起功能障碍（ED）

勃起功能障碍(ED)已被确定为最常见的性问题,主要影响40岁以上的男性。性功能障碍影响着全世界数百万人,而且其发病率还在不断上升。该病的病理生理学与心血管疾病(CVD)有一些相似之处,包括动脉粥样硬化、内皮功能障碍、结构性血管损伤和亚临床炎症。勃起功能障碍和女性性功能障碍在心血管疾病患者和高血压、糖尿病、肥胖和代谢综合征等危险因素患者中很常见。

国际阳痿学会的定义是:性交时阴茎不能有效而充分地勃起而致性交不满意。阳痿是指阴茎不能勃起进行性交,或虽能勃起但勃起不坚,不能维持和完成正常的性交,是临床中最常见的性功能障碍疾病之一。当怀疑自己患了阳痿时,一定要到正规医院进行诊断和治疗,切不可自行判断及擅自用药,以免延误病情或错过最佳的治疗时间。从发育开始后就发生阳痿者称原发性阳痿。引起阳痿的原因很多,除少数生殖系统的器质性病变引起外,大多数是心理性和体质性的,50岁以上男子出现阳痿,多数是生理性的退行性变化。

"阳痿"现在更准确地称勃起功能障碍,为男性性功能障碍的一种,是性交时阴茎不能勃起或维持勃起以满足性生活,病程3个月以上者。据报道,中国52%的40～70岁男性存在不同程度的勃起功能障碍。中医古籍称阳痿或阴萎,日语亦称阴萎、不举者、性无能,都是医患双方不愿意接受的贬义词;勃起功能障碍更精确且中立地定义了这种性功能障碍。

勃起功能障碍是男性生活质量下降的重要原因。据估计,美国约有3 000万名男性和全世界一亿男性可能患有勃起功能障碍。流行病学研究的数据表明肥胖男性阳痿的患病率较高。肥胖可能是两性性功能障碍的危险因素;当然代谢综合征的数据还非常初步,需要在更大规模的流行病学研究进行确认。心血管危险因素患者勃起功能障碍的高患病率表明,阴茎动脉血管舒张系统的异常在勃起功能障碍的病理生理学中起着重要作用。在非肾上腺素能、非胆碱能神经传递和内皮细胞释放的一氧化氮可能是介导阴茎勃起的主要神经递质。研究表明,服用氯喹与一氧化氮合成增加有关。随着人口老龄化,勃起功能障碍是一个主要的健康问题之一。过去20年的基础科学研究扩大了对勃起功能障碍的认识,并确定了与勃起功能障碍发病机制相关的几个关键分子变化,包括一氧化氮/环鸟苷单磷酸(cGMP)/蛋白激酶G(PKG)途径、相关蛋白激酶信号途径,活性氧(ROS)、肾素-血管紧张素系统(RAS)和肿瘤坏死因子-α(TNF-α)。勃起功能障碍的病因分为衰老性、血管性、神经性、内分泌性、药物性和心理性。勃起功能障碍通常与系统性疾病有关,如糖尿病和心血管疾病。勃起功能障碍可能是内皮功能障碍的早期征兆,因此也是心血管疾病的早期征兆,与心血管疾病有许多共同的危险因素。

勃起功能障碍被认为是一种无生命威胁的疾病,但对其多种共病的认识,衰老过程对男性性行为的重要性,其中与血管和一氧化氮含量变化以及阴茎形态变化的关系,这是一种普遍的很少报道的疾病。这一事实已经证明,需要在一般男性人群中对这一常见的性问题进行早期诊断和治疗[6]。

有规律的体育锻炼通过不同的机制改善勃起功能,包括糖和脂代谢、调节动脉压、产生一氧化氮和激素调节。此外,运动与治疗阳痿的常用药物有协同作用。中等强度到剧烈强度的有氧运动在改善勃起方面最为有效。

西地那非,又称昔多芬,是一种研发治疗心血管疾病药物时意外发现的治疗男性勃起功能障碍药物。西地那非是5型-磷酸二酯酶抑制药而进入临床研究的,研究者希望西地那非能够通过释放生物活性物质NO舒张心血管平滑肌,达到扩张血管缓解心血管疾病的目的。但是临床研究显示,西地那非对心血管的作用并不能达到研究人员的预期,作为一个心血管药物,西地那非的表现是令人失望的,无法成长成为一个成功的治疗药物。1991年4月,西地那非的临床研究正式宣告失败,但受试者报告的一项不良反应引起了研究人员的注意。研究人员发现,治疗者在领过试药之后都不愿意交出余下的药物。追查之下,发现这一种药对病者的性生活有改善。研究人员就西地那非对阴茎海绵体平滑肌的作用展开了研究,并于1998年3月27日获得美国食品和药品监督管理局的上市许可。

西地那非是一种有效且耐受性良好的治疗勃起功能障碍的药物,无论患者年龄,包括至少75岁的男性。西地那非(伟哥)治疗勃起功能障碍(ED)的偶然发现是我们这个时代最迷人的药物开发故事之一。当西地那非在1998年被美国食品和药物管理局批准时,它彻底改变了ED患者的治疗方案,一度被认为是心理问题或衰老不可避免的一部分。从流行病学和ED治疗史的角度回顾西地那非的发现及其在改变性医学领域中的作用。ED是一种普遍的疾病,医疗治疗仅限于生殖器局部干预,包括手术、真空泵、注射疗法和尿道内栓剂。西地那非的发现为ED的治疗提供了一种安全的口服药物疗法,激发了人们对 ED 背后的科学及其在男性整体健康中的作用的更多理解。西地那非的批准引发了一场关于 ED 的全球对话,对患者、临床实践方法和学术性医学有着深远的影响。这些变化将促进 ED 治疗的持续进步。

NO 作为内皮细胞松弛因子,为了证实 NO 可以引起阴茎海绵体松弛,进而引起阴茎勃起,因为这个平滑肌的松弛是对非肾上腺素和非胆碱能神经元刺激反应的。搜集了 21 个因为阳痿做了阴茎插入患者的阴茎海绵体条,并且用胍乙啶、阿托品处理和苯肾上腺素预处理部分收缩,然后测定阴茎海绵体条对电和 NO 刺激的松弛响应。结果发现,在 NOS 抑制剂存在的情况下阴茎海绵体条对电刺激作出明显、瞬时而且依赖频率的松弛响应,加入 L-精氨酸可以解除 NOS 抑制剂的作用。NO 供体(S-nitroso-N-acetylpenicilamine)可以引起阴茎海绵体条快速、完全和依赖浓度的松弛响应。电刺激和 NO 刺激的松弛响应可以被环化鸟苷酸(CGM)的磷酸二酯酶抑制剂加强。这个松弛响应还可以被环化鸟苷酸的抑制剂亚甲基蓝抑制。因此可以说,NO 作为非肾上腺素和非胆碱能的阴茎海绵体松弛的神经传递介质参与阴茎勃起,而缺乏 NO 就可能导致某种形式的阳痿[7]。

经研究西地那非的作用机制发现,5 型磷酸二酯酶(PDE5)是西地那非的作用靶点,磷酸二酯酶是 NO-cGMP 通路的负调节因子,它通过催化 cGMP 的分解而降低 NO 的作用。一般认为体内的 NO 是一个调节血管平滑肌扩张的因子,因而磷酸二酯酶作用的结果是促进血管平滑肌的收缩。西地那非可以高选择性地抑制人体内 PDE5 活性,PDE5 在阴茎海绵体内表达水平极高,而在人体其他组织和器官中则表达较低。服用西地那非后,阴茎海绵体血管平滑肌在药物的作用下舒张,血液流量增加,海绵体充血,阴茎勃起,从而产生对阴茎勃起功能障碍的治疗作用。临床试验显示,在欧美人中,约有 78% 的受试者服用西地那非后有明显作用,其作用程度随药物在血液中浓度的升高而提升。其作用时间持续约 4 h。西地那非吸收迅速,口服后血药浓度迅速达到峰值,经肝脏代谢。肾脏功能轻度和中度不全者,对西地那非使用效果没有显著影响,重度肾功能不全者服用西地那非后其血浆清除率会降低。

枸橼酸西地那非的化学名为 1-[4-乙氧基-3-(6,7-二氢-1-甲基-7-氧代-3-丙基-1-氢-吡唑并[4,3d]嘧啶-5-基)苯磺酰]-4-甲基哌嗪枸橼酸盐。化学结构如图 20-1 所示。

西地那非也有不良反应,主要表现为:① 体内试验表明:高血压患者同时服用西地那非(100 mg)和氨氯地平 5 mg 或 10 mg,仰卧位收缩压平均进一步降低 8 mmHg,舒张压平均进一步降低 7 mmHg。② 头痛:临床试验中发现,约有 1% 的人服药后出现头痛,且服用剂量越大越严重。③ 眼花:约有 0.3% 的服药者可发生短暂的视力模糊,有的还会出现看见蓝光的幻觉。④ 昏晕:可能造成血压骤降,如同时服用硝酸甘油等

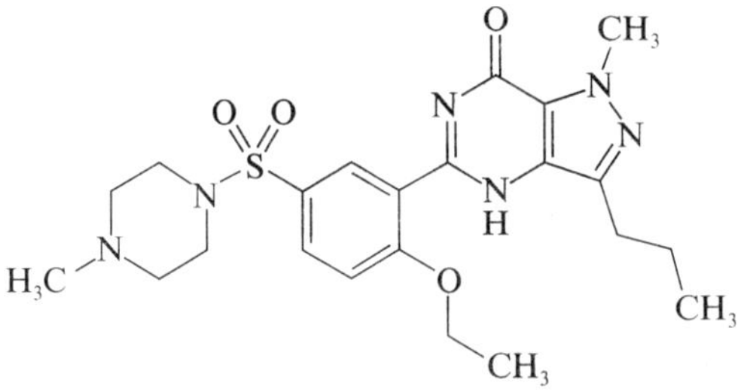

图 20 - 1　西地那非的化学结构

药物,常会立即头昏甚至晕倒。⑤ 掩盖心血管疾病:阳痿可能是心脏疾病、糖尿病或癌症的先兆,服用该药可能掩盖真正的病情。⑥ 血压降低:"伟哥"可引起血压降低,而含硝酸甘油或硝酸盐等心脏病药物也会降低血压,故"伟哥"与这些药混用时血压会大大降低,有时可能危及生命。⑦ 青光眼:眼科专家警告,服用"伟哥"可导致血压下降,但青光眼患者眼压较高,有 $3\%\sim5\%$ 的人可能出现急性青光眼,可使人一夜失明,即使治好也不能恢复原来视力。⑧ 暂时性耳聋:FDA 报道,"伟哥"可致耳聋,约 1/3 为暂时性耳聋。⑨ 加重睡眠呼吸暂停:梗阻性睡眠呼吸暂停是由于在睡眠中喉部软组织塌陷,阻塞气道导致短时间的呼吸停止而产生的常见病症。

6. 内源性一氧化氮合酶抑制剂和精氨酸酶对排尿障碍和勃起功能障碍中一氧化氮及其调节机制的意义

有证据表明,一氧化氮(NO)缺乏导致排尿障碍,尤其是在传入通路和勃起功能障碍(ED)中。NO 缺乏的两个可能原因是底物(L-精氨酸)限制和血浆和组织中内源性NO 合成酶抑制剂(特别是不对称二甲基精氨酸:ADMA)水平升高。据报道,ADMA和 N(G)-单甲基- L-精氨酸(L-NMMA)组织升高与 NO 介导的骨盆缺血引起的尿道、三角和海绵体松弛受损有关。此外,血浆 ADMA 可能有助于确定 ED 患者潜在的心血管疾病。NO 合酶的 L-精氨酸可用性降低是由于 L-精氨酸分流到其他途径,如精氨酸酶。NO 合成酶和精氨酸酶之间的相互作用与 NO 介导的尿道和前列腺松弛有关。此外,海绵体组织中精氨酸酶活性的增加可能导致伴随糖尿病和衰老的 ED。因此,精氨酸酶抑制可增强勃起功能的 NO 依赖性生理过程[7]。

7. 不同病因勃起功能障碍患者的 L-精氨酸和 L-瓜氨酸水平

一氧化氮是阴茎勃起所必需的生理信号。L-瓜氨酸(I-Cit)转化为 L-精氨酸(I-Arg),这是产生一氧化氮的前体。在男性性功能领域,L-精氨酸和 L-瓜氨酸水平的研究相对较少。一项研究的评估了一组勃起功能障碍患者的血清 L-精氨酸和 L-瓜氨酸水平。勃起功能障碍分为动脉性(A-ED)、临界性(BL-ED)和非动脉性(NA-ED)。比较了男性患者的 L-精氨酸和 L-瓜氨酸水平。122 例勃起功能障碍患者(41 例 A-

ED、23 例 ED-BL、58 例 NA-ED）的 L-精氨酸和 l-Cit 的中位水平分别为 82.7 和 35.4 μmol/L。对照组患者的 I-Arg 和 L-瓜氨酸水平与总勃起功能障碍患者相比无显著差异（分别为 $P=0.233$ 和 $P=0.561$）。对照组患者的 L-精氨酸和 L-瓜氨酸水平显著高于 A-ED 患者（分别为 $P<0.001$ 和 $P<0.018$），但在对照组以及 BL-ED 和 NA-ED 患者中未观察到差异（$P>0.50$）。严重/完全性勃起功能障碍患者的 L-精氨酸或 L-瓜氨酸水平显著降低（-17%，$P<0.03$）-13%，$P<0.04$），在各自的中位水平（82.7 和 35.4 μmol/L）下比轻度勃起功能障碍者更频繁（$P<0.01$ 和 $P<0.04$）。A-ED 患者的 L-精氨酸和 L-瓜氨酸水平显著低于 NA-ED 患者（分别为 $P<0.007$ 和 $P<0.001$）。A-ED（阴茎收缩期峰值速度 $\leqslant$ 25 cm/s）在 L-精氨酸低于 82.7 μmol/L 或 L-瓜氨酸低于 35.4 μmol/L 的男性中更为常见。在同一人群中，L-精氨酸缺乏者的中位峰值收缩速度值较低（29 比 35；$P<0.04$）和 L-精氨酸缺乏（31 对 33，$P>0.3$），但未达到统计学意义。这个研究表明，相当一部分勃起功能障碍患者的 L-精氨酸或 L-瓜氨酸水平较低，这种情况在动脉病因患者中更为常见。低水平的一氧化氮合酶底物可能通过降低一氧化氮的浓度增加勃起功能障碍的风险[8]。

8. 黄芩素通过改善内皮型一氧化氮合酶功能障碍

糖尿病引起的勃起功能障碍（DMED）由于对磷酸二酯酶 5 型抑制剂的不良反应而具有挑战性。12-脂氧合酶（12-LOX）在糖尿病中的作用越来越重要。一项研究探讨了 12-LOX 活性及其抑制剂黄芩素（BE）对糖尿病引起的勃起功能障碍的治疗作用。腹腔注射链脲佐菌素诱导 1 型糖尿病，用阿扑吗啡试验评价勃起功能。一项研究在实验 A 中，评估了不同严重程度糖尿病引起的勃起功能障碍大鼠海绵体（CC）中 12-LOX 的表达变化。在实验 B 中，糖尿病引起的勃起功能障碍大鼠腹腔注射黄芩素 4 周，对照大鼠注射载体。采集阴茎组织前，通过海绵体神经刺激测试勃起功能。测量了海绵体中的相关蛋白，主要观察了直肠反应、组织学检查和相关蛋白的表达改变。结果发现：12-LOX 上调与 1 型糖尿病引起的勃起功能障碍的进展相关。治疗 4 周后，与糖尿病引起的勃起功能障碍组相比，糖尿病引起的勃起功能障碍+黄芩素组对海绵体神经刺激表现出更好的勃起反应。在糖尿病引起的勃起功能障碍+黄芩素组中，与糖尿病引起的勃起功能障碍组相比，海绵体内皮型一氧化氮合酶/一氧化氮/环鸟苷单磷酸途径显著增强，12-LOX 表达降低，p38 丝裂原活化蛋白激酶/精氨酸酶 II/L-精氨酸途径受到抑制。此外，糖尿病引起的勃起功能障碍+黄芩素组对糖尿病引起的勃起功能障碍组过度激活的氧化应激和纤维化均得到部分改善。因此得出结论：12-LOX 可能是 1 型糖尿病引起的勃起功能障碍发病的重要因素。可能通过抑制 12-LOX 表达、改善内皮型一氧化氮合酶功能障碍以及抑制氧化应激和纤维化来缓解 1 型糖尿病引起的勃起功能障碍大鼠的勃起功能障碍。这是 12 - LOX 及其抑制剂黄芩素的作用首次在 1 型糖尿病引起的勃起功能障碍大鼠中得到证实,黄芩素可能被认为是糖尿病引起的勃起功能障碍的有效治疗方法,但需要在未来的人体研究中得到验证[9]。

9. 金线莲通过一氧化氮水平和抗氧化状态减轻帕罗西汀诱导的雄性大鼠勃起功能障碍行为

治疗抑郁症的药物性帕罗西汀的不良反应是引起性功能障碍。金线莲是一种药用植物,具有广泛的生物活性,包括抗氧化和抗溃疡特性。有鉴于此,一项研究在雄性 Wistar 大鼠中观察了金线莲茎皮提取物对帕罗西汀诱导的性功能障碍的影响。成年雄性 Wistar 大鼠四十二只,随机分为七组:正常对照组、PAR(10 mg/kg)、PAR＋西地那非(5 mg/kg)、ALE(50 和 100 mg/kg)和 PAL＋ALE(50 和 100 mg/kg)。实验持续 21 天,之后对大鼠进行性行为测试。对阴茎组织匀浆进行各种生化测定(磷酸二酯酶- 5、精氨酸酶、乙酰胆碱酯酶、一氧化氮和丙二醛)。根据研究结果,帕罗西汀显著改变雄性大鼠的性行为,增加磷酸二酯酶-5、精氨酸酶和乙酰胆碱酯酶的活性,同时降低一氧化氮水平。此外,帕罗西汀通过增加 MDA 水平和降低硫醇水平改变抗氧化状态。然而,用金线莲提取物治疗雄性大鼠可逆转性行为的改变,并提高抗氧化状态。此外,在帕罗西汀诱导的大鼠中,给予金线莲茎皮提取物可显著降低磷酸二酯酶-5、精氨酸酶和乙酰胆碱酯酶的活性。鉴于上述发现,金线莲可被认为是治疗勃起功能障碍的一种有前途的天然药物[10]。

10. 蒺藜通过增加一氧化氮促性交和促雄激素作用

从历史上看,民族药春药以使性更容易实现和满足而闻名。长期以来,人们认为蒺藜属植物(TT),一种合欢科一年生植物,具有壮阳特性,据说归因于其影响性激素水平或模拟性激素功能的能力。由于这一吸引人的信念,TT 医药产品的受欢迎程度正以惊人的速度在试图增强其性健康的消费者中扩大。然而,支持这些声称的生物活性的可靠科学证据很少,也远未得出结论。一项研究目的的分析和更新支持蒺藜属植物作为壮阳剂作用的证据,并重新评估广泛认为蒺藜属植物是雄激素增强植物补充剂的观点。在系统搜索主要科学数据库(PubMed、Elsevier、Springer Link、Google Scholar、Medline Plus 和科学网)的基础上,对 1968～2015 年间发表的蒺藜属植物化学、药理和传统用途的研究文献进行了广泛的回顾。此外,审查了现有文章的参考列表,并审查了相关研究,包括未编入国际索引的期刊材料。结果发现:对人类和动物的植物化学和药理学研究的分析显示蒺藜属植物在治疗勃起功能障碍和性欲问题方面具有重要作用;然而,支持这一理想效果是由于蒺藜属植物的雄激素增强特性的假说的经验证据充其量是不确定的,并且通过对现有文献的全面回顾对经验证据进行分析,证明这一假说是错误的。

虽然蒺藜属植物促性欲作用的机制在很大程度上尚不清楚,但动物实验研究中出现了令人信服的证据,证明蒺藜属植物促性欲和促勃起作用的可能内皮和一氧化氮依赖机制。因此得出结论:蒺藜属植物生物活性的根深蒂固的传统观点完全集中在其雄激素增强特性上已经过时,并且无法适应最近临床和实验研究中新出现的证据,这些证据指向新的,也许更合理的作用模式。需要新的范式来指导蒺藜属植物春药特性的新的可检验假设的发展,以刺激对潜在生物学机制的进一步研究,在这些机制中,许多明显相互矛盾的观察结果可以得到调和[11]。

11. 阴道内皮型一氧化氮合酶和磷酸二酯酶 5 在女性性功能障碍中的表达

女性的性功能受到心理健康和人际关系因素的强烈影响。干扰性功能的生物因素可能通过药物治疗,但目前尚不清楚。一项研究探讨了药物在女性性功能障碍治疗中的作用。使用 Medline、Embase、Lilacs 和 Pubmed 数据库进行搜索。结果发现,尽管旨在促进最初性欲的药物已经过试验,但改善性唤起能力的降低可能是一个更合适的目标。到目前为止,仅有有限的证据表明这些药物对唤醒性功能有益。局部雌激素治疗有利于减少外阴阴道萎缩引起的生殖器血管充血。增强一氧化氮或血管活性肠多肽作用的药物只能有助于减少生殖器充血:大多数抱怨性唤起低的女性在性刺激后会出现正常的生殖器血管充血。在自主神经病变的情况下,可能需要磷酸二酯酶抑制剂。更年期后,局部施用二氢表雄酮,使生殖组织中的雌激素和睾酮在细胞内产生,从而使性受益的早期结果似乎很有希望[13]。

12. 阴道内皮型一氧化氮合酶和磷酸二酯酶 5 在女性性功能障碍中的表达

一项研究探讨了绝经前压力性尿失禁(SUI)伴或不伴性功能障碍妇女阴道组织中内皮型一氧化氮合酶(eNOS)和磷酸二酯酶(PDE)5 的表达。采用女性性功能指数(FSFI)对出现压力性尿失禁治疗的女性进行筛查,选择 10 名符合女性性功能障碍(FSD)标准的女性和 10 名无症状对照。阴道组织标本取自绝经前年龄大于 40 岁妇女≥有过性行为≥在过去 6 个月内每月 2 次以上性行为,并计划为性尿失禁进行手术。女性性功能障碍标准为 FSFI 评分<18 分,觉醒域评分<3 分。对照组为 FSFI 评分≥26 和个人领域分数≥4。采用免疫荧光染色和免疫印迹法比较两组中 eNOS 和磷酸二酯酶的表达。结果发现:对照组和女性性功能障碍组的 eNOS 和磷酸二酯酶表达显著低于对照组(分别为 $P=0.003$ 和 $P=0.038$)。因此得出结论:阴道内 eNOS 和磷酸二酯酶可能在女性性功能障碍的病理生理过程中起重要作用[12]。

13. 内皮型一氧化氮合酶在女性生殖道结构中的调节

女性性唤起障碍(FSAD)是女性性功能障碍的主要组成部分,影响 $25\%\sim70\%$ 的女性。人们对女性性唤起障碍的机制知之甚少。在性反应期间,雌激素有助于控制生殖器血流。雌激素的血管效应主要归因于其对内皮一氧化氮(NO)生成的调节。然而，内皮型一氧化氮合酶(eNOS)的作用以及在女性生殖道结构中调节 eNOS 的机制尚不清楚。一项研究回顾了女性生殖道结构中 eNOS 调节机制的现有证据。该文回顾了有关 NO 和 eNOS 在女性性唤起中的作用以及雌激素对其调节的文献。主要观察指标：女性性唤起、NO 和 eNOS 之间的关系。结果发现：NO/环鸟苷一磷酸途径被认为在性唤起期间对阴蒂和阴道血流的调节以及平滑肌松弛起主要作用。雌激素对于维持阴道和阴蒂血流以及阴道渗出液的产生至关重要。雌激素通过基因组机制调节 eNOS，包括增加 mRNA 转录和蛋白质合成，以及通过非基因组机制调节 eNOS，非基因组机制在基因表达中不发生改变。还评估了女性生殖道内皮 NO 的生理作用和 eNOS 调节的分子机制。得出结论：雌激素增加生殖器血流量和平滑肌松弛的作用主要归因于 eNOS 的调节。然而，女性生殖道结构中 eNOS 调控的确切机制以及衰老和血管疾病导致 eNOS 缺陷的分子基础值得进一步研究[14]。

14. 女性衰老肾脏缓慢受到一氧化氮系统的保护

女性和雌性大鼠的肾功能都受到雌性激素实质性的保护，免受该物种雄性大鼠肾功能年龄依赖性下降的影响。在某种程度上，这一发现反映了雌激素对心脏保护和肾脏保护作用，但雌激素有多种作用，并非所有作用都是有益的。此外，女性体内较低的雄激素水平可能有助于防止肾功能下降，但有关雄激素可能产生不良影响的动物和临床数据仍存在争议。雄激素也有多种作用，其中一种芳构化为雌激素可能具有保护作用。性类固醇显然有许多复杂的作用，这解释了关于其相对益处和危险性的相互矛盾的信息。在动物模型中，内皮型一氧化氮(NO)缺乏对心血管风险有重要影响，肾内 NO 缺乏与慢性肾病进展明显相关。内皮功能障碍随年龄增长而发展在女性中延迟，与不对称二甲基精氨酸水平延迟升高相关。衰老与精氨酸(一氧化氮合酶底物)缺乏之间没有明确的联系。动物实验数据表明，由于神经元 NO 合酶的变化，衰老的肾脏不会出现任何缺陷。随着年龄的增长，氧化应激的增加会影响 NO 生物合成途径的多个阶段，并导致 NO 的产生和/或作用的减少。女性体内 NO 的产生比男性体内保存得更好，部分原因是雌激素的作用[15]。

15. 女性性功能障碍研究进展

女性性功能障碍(FSD)是一个严重的年龄相关、进行性和高度普遍的问题，影响到大量女性，造成个人痛苦，并对生活质量和人际关系产生负面影响。女性性反应周期包括 3 个阶段：欲望、觉醒和高潮，由非肾上腺素能/非胆碱能(如血管活性肠多肽和一氧化氮)启动，这些神经递质维持血管和非血管平滑肌松弛，导致骨盆血流量增加，阴道润滑，阴蒂和阴唇充血。此外，激素状态可能影响女性的性功能。对于女性性功能障碍的诊断，详细记录病史，然后进行体格检查和实验室研究。结果发现：由于对女性性功能障碍的研究和关注较少,在该领域的知识非常有限,目前还没有批准的治疗方法。女性性问题评估和治疗的未来进展即将到来[16]。

另外一个原因是道德约束,关于女性欲望、性唤起和性高潮生理学的数据是有限的。性欲可能被认为是对性活动的欲望和幻想的存在。动物的欲望可以从交配过程中发生的某些食欲行为和某些无条件的交配措施中推断出来。促性欲感觉行为部分依赖于雌激素、孕酮和与 D_1 多巴胺受体、肾上腺素能受体、催产素受体、阿片受体或 γ-氨基丁酸受体结合的药物。外周觉醒状态依赖于生殖器平滑肌张力的调节。涉及多种神经递质/介质,包括肾上腺素能和非肾上腺素能非胆碱能药物,如血管活性肠多肽、一氧化氮、神经肽 Y、降钙素基因相关肽和 P 物质。性类固醇激素,雌激素和雄激素,对生殖组织的结构和功能至关重要,包括调节生殖血流、润滑、神经递质功能、平滑肌收缩性、黏液化和生殖组织中性类固醇受体的表达。性高潮可以通过尿道生殖反射(UG)来研究,在尿道生殖反射反射中,生殖器刺激导致会阴横纹肌的节律性收缩以及阴道、肛门和子宫平滑肌的收缩。尿道生殖反射由多节段脊柱模式发生器产生,涉及支配生殖器官的交感神经、副交感神经和躯体传出神经的协调。5-羟色胺和多巴胺可能调节尿道生殖反射活动。今后还需要在动物模型中对女性性功能生理进行更多的研究[17]。

16. 雄激素在女性生殖器性唤起中一氧化氮的作用

在女性中,雄激素调节许多生殖和性器官的生理功能,包括卵巢、子宫、阴道、输卵管、阴蒂和乳腺。一篇篇文章回顾了雄激素的作用机制,并讨论了雄激素在阴道和阴蒂组织中作用的新数据。主要观察指标:对对照组和去势动物的阴道组织中雄激素受体的表达进行了表征,这些动物接受或不接受雄激素替代治疗。研究了雄激素剥夺和替代对一氧化氮合酶和精氨酸酶的表达和活性以及对阴道平滑肌收缩力的影响。结果发现:雄激素增强阴道近端一氧化氮合酶活性,降低精氨酸酶活性。雌激素降低阴道远端一氧化氮合酶活性,增加精氨酸酶活性。雄激素促进阴道平滑肌对电场刺激和血管活性肠肽的松弛,而雌激素则减弱阴道组织对电场刺激和血管活性肠肽的松弛。因此得出结论:这些观察结果表明,雄激素可能在调节阴道组织的生理过程中发挥重要作用,并有助于女性生殖器的性唤起[18]。

17. 衰老肾脏血流动力学和结构的变化;性二态性与一氧化氮系统

随着年龄的增长,肾脏表现出功能衰退和结构损伤。在大多数个体中,这种情况发生缓慢,除非额外的损伤叠加,否则不会导致严重的肾损害。由于雌激素的有益作用和雄激素的破坏性作用(其中一些雄激素直接作用于肾小球系膜细胞以调节生长和细胞外基质的产生),受保护的雌性大鼠存在明显的性别差异。一氧化氮是调节血管张力和生长的一个主要因素,随着年龄的增长,随着内皮功能障碍的发展而变得缺乏。尽管底物 L-精氨酸的丰度在衰老过程中得到很好的维持,但循环内源性一氧化氮合酶(nNOS)抑制剂的浓度增加,这将导致内皮功能障碍。NO 系统存在明显的性别差异,绝经前女性比男性产生更多的 NO。在肾脏内,一氧化氮合酶(nNOS)神经元形式的丰度和活性的下降与疾病的发展有关。在发生损伤和功能障碍的雄性大鼠中,nNOS 丰度显著下降,而在受保护的雌性大鼠中,肾 nNOS 丰度保持不变。综上所述,随着年龄的增长,NO 产生的减少可能会导致年龄依赖性肾损伤[20]。

18. 大豆异黄酮通过内皮型一氧化氮合酶途径改善小鼠性功能障碍

女性性功能障碍(FSD)是一种常见的内分泌疾病,影响许多女性的生活质量。现有的治疗策略仍有许多缺点。有必要探索新的有效和安全的药物治疗方法。一项研究旨在探讨大豆异黄酮(SI)对小鼠雌性性功能障碍的影响及其机制。测定阴道血流量、分析血清激素水平和阴道组织学变化,然后检测内皮型一氧化氮合酶(eNOS)的 mRNA 和蛋白表达。结果发现:成年小鼠阴道血流量显著降低,大豆异黄酮呈剂量依赖性增加阴道血流量($P < 0.05$)。大豆异黄酮对雌性性功能障碍有积极的治疗影响,血清中的激素水平和阴道的组织学变化证明了这一点,这些变化是一致的。此外,eNOS 水平与大豆异黄酮浓度呈正相关,eNOS 抑制剂能够逆转 SI 引起的性功能改善。因此得出结论:研究表明,大豆异黄酮可以通过上调 eNOS 途径改善性功能。因此,大豆异黄酮可能成为治疗性功能障碍的有希望的候选药物[19]。

参 考 文 献

[1] Toda N, Ayajiki K, Okamura T. Nitric oxide and penile erectile function. Pharmacol Ther, 2005,106(2): 233—266.

[2] Hull EM, L A Lumley, L Matuszewich, et al. The roles of nitric oxide in sexual function of male rats. Neuropharmacology, 1994,33(11): 1499—1504.

[3] Zucchi A, G Arienti, L Mearini, et al. Recovery of sexual function after nerve-sparing radical retropubic prostatectomy: is cavernous nitric oxide level a prognostic index? Int J Impot Res, 2006,18(2): 198—200.

[4] Baspınar O, Bayram F, Korkmaz R, et al. The effects of statin treatment on adrenal and sexual function and nitric oxide levels in hypercholesterolemic male patients treated with a statin. J Clin Lipidol, 2016,10(6): 1452—1461.

[5] Meerts SH, Park JH, Sekhawat R. Sexual experience modulates partner preference and mPOA nitric oxide synthase in female rats. Behav Neurosci, 2016,130(5): 490—499.

[6] Rajfer J, Aronson WJ, Bush PA, et al. Nitric oxide as mediator of relaxation of the corpus cavernosum in response to nonadrenergic, noncholinergic neurotransmission.

New England Journal Medicine，1992，362：90—94.

［7］ Barassi A，Corsi Romanelli MM，Pezzilli R，et al. Levels of l-arginine and l-citrulline in patients with erectile dysfunction of different etiology. Andrology，2017，5（2）：256—261.

［8］ Barassi A，Corsi Romanelli MM，Pezzilli R，Levels of l-arginine and l-citrulline in patients with erectile dysfunction of different etiology. Andrology，2017，5（2）：256—261.

［9］ Chen Y，Zhou B，Yu Z，et al. Baicalein Alleviates Erectile Dysfunction Associated With Streptozotocin-Induced Type I Diabetes by Ameliorating Endothelial Nitric Oxide Synthase Dysfunction，Inhibiting Oxidative Stress and Fibrosis. J Sex Med，2020，17（8）：1434—1447.

［10］ Ademosun AO，Adebayo AA，Oboh G. Anogeissus leiocarpus attenuates paroxetine-induced erectile dysfunction in male rats via enhanced sexual behavior，nitric oxide level and antioxidant status. Biomed Pharmacother，2019，111：1029—1035.

［11］ Neychev V，Mitev V. Pro-sexual and androgen enhancing effects of Tribulus terrestris L.：Fact or Fiction. J Ethnopharmacol，2016，179：345—355.

［12］ Cho KJ，Lee KS，Choo MS，et al. Expressions of vaginal endothelial nitric oxide synthase and phosphodiesterase 5 in female sexual dysfunction：a pilot study. Int Urogynecol J，2017，28（3）：431—436.

［13］ Basson R. Pharmacotherapy for women's sexual dysfunction. Expert Opin Pharmacother，2009，10（10）：1631—1648.

［14］ Musicki B，Liu T，Lagoda GA，et al. Endothelial nitric oxide synthase regulation in female genital tract structures. J Sex Med，2009，6（3）：247—253.

［15］ Baylis C. Sexual dimorphism in the aging kidney：differences in the nitric oxide system. Nat Rev Nephrol，2009，5（7）：384—396.

［16］ Verit FF，Yeni E，Kafali H. Progress in female sexual dysfunction. Urol Int，2006，76（1）：1—10.

［17］ Giraldi A，Marson L，Nappi R，et al. Physiology of female sexual function：animal models. J Sex Med，2004，1（3）：237—253.

［18］ Traish AM，Kim N，Min K，et al. Role of androgens in female genital sexual arousal：receptor expression，structure，and function. Fertil Steril，2002，77（14）：S11—18.

［19］ Zhang J，Zhu Y，Pan L，et al. Soy Isoflavone Improved Female Sexual Dysfunction of Mice Via Endothelial Nitric Oxide Synthase Pathway. Sex Med，2019，7（3）：345—351.

［20］ Baylis C. Changes in renal hemodynamic and structure in the aging kidney；sexual dimorphism and the nitzic oxide system. 2005，Exp Gerontol，40（4）：271—278.

第二十一章

一氧化氮与高原反应

中国的高原地区主要分布在青藏高原和帕米尔高原,平均海拔 4 000～5 000 米,面积有 260 平方公里。高原海拔高,气压低,氧气含量少,低压缺氧环境,可提高人体的体力耐力素质。另外,高原地区接受太阳辐射多,日照时间长,太阳能资源非常丰富。高原区水的沸点低于 100℃,如用普通饭锅煮饭,则会夹生。人体肺泡内氧分压也降低,弥散入肺毛细血管血液中的氧气将降低,动脉血氧分压和饱和度也随之降低,当血氧饱和度降低到一定程度,即可引起各器官组织供氧不足,从而产生功能或器质性变化,进而出现缺氧症状,即高原反应。随着到高原地区工作和旅游人数的增多,研究高原反应的机制、预防和治疗势在必行。研究发现,一氧化氮自由基与高原反应关系密切,本章讨论这方面的问题。

一、什么是高原反应

高原反应亦称高原病、高山病,是人体急速进入海拔 3 000 米以上高原暴露于低压低氧环境后身体缺氧产生的各种不适,是高原地区独有的常见病。常见的症状有如头痛、头晕、记忆力下降、心慌、气短、发绀、恶心、呕吐、食欲下降、腹胀、疲乏、失眠、血压改变和呼吸困难等。头痛是最常见的症状,常为前额和双颞部脉搏跳痛,夜间或早晨起床时疼痛加重。

一般来讲,平原人快速进入海拔3 000 m以上高原时,50%～75%的人出现高原反应,急性高原反应包括高原肺水肿、高原脑水肿;慢性高原反应包括高原红细胞增多症、高原血压改变和高原心脏病。一氧化氮自由基与这些症状都有关系。

二、高原反应的治疗

一旦考虑急性高原反应,症状未改善前,应终止攀登,卧床休息和补充液体。经鼻管或面罩吸氧(1～2 L/min)后,几乎全部病例症状缓解。头痛者应用阿司匹林、对乙酰氨基酚、布洛芬或普鲁氯哌嗪;恶心呕吐时,肌注丙氯拉嗪(或甲哌氯丙嗪);反应较重者酌情选用镇痛、镇静、止吐等药物对症治疗。研究发现一氧化氮自由基可以参与高原反应的预防和治疗。

三、高原缺氧与心梗脑梗缺氧的区别

高原缺氧与心梗脑梗缺氧都是缺氧,二者之间有什么区别呢?

心梗和脑梗是心脏和脑的局部因缺血而导致缺氧,高原反应缺氧是全身缺氧及整个脏器缺氧。心梗是心脏局部血管被堵塞导致的部分组织缺血缺氧甚至完全坏死,使心脏无法工作而死亡;脑梗是脑的局部血管被堵塞导致的局部脑组织坏死失去功能,出现瘫痪等症状。

高原反应缺氧是由于空气稀薄,氧气浓度降低导致的全身缺氧及整个脏器缺氧,而血管并没有堵塞。因此其症状也完全不同。出现的症状一般是头痛,失眠,食欲减退,疲倦,呼吸困难等。头痛和失眠及食欲减退是最常见的症状,因为我们脑的耗氧量是全身最多的器官,头痛和失眠就是脑缺血的表现。呼吸困难则是肺缺血而造成的,疲倦是心脏缺血导致的。另外,食欲减退可能与胃缺血有关,而疲倦可能与全身肌肉缺血有关。

四、高原反应的预防

进入高山前应对心理和体质进行适应性锻炼,如有条件最好在低压舱内进行间断性低氧刺激与适应锻炼,使机体能够对于由平原转到高原缺氧环境有某种程度的生理调整。目前认为除了对低氧特别易感者外,阶梯式上山是预防急性高原病的最稳妥、最

安全的方法。专家建议,初入高山者如需进 4 000 m 以上高原时,一般应在 2 500～
3 000 m 处停留 2～3 天,然后每天上升的速度不宜超过 600～900 m。到达高原后,头
两天避免饮酒和服用镇静催眠药,避免重体力活动,轻度活动可促使习服。避免寒冷防
冻,注意保温,主张多用高碳水化合物饮食。避免烟酒和服用镇静催眠药,保证供给充
分液体。上山前使用乙酰唑胺,地塞米松,刺五加,复方党参,舒必利等药对预防和减轻
急性高原病的症状可能有效。有器质性疾病、严重神经衰弱或呼吸道感染患者,不宜进
入高原地区。另外研究发现补充抗氧化剂有可能有效地改善高原反应。

一氧化氮自由基在预防和治疗心梗和脑梗及心脏和脑的局部缺氧方面发挥重要作
用,很自然会想到一氧化氮自由基对高原反应缺氧引起的全身缺氧及整个脏器缺氧也
应当有作用。本章就讨论一氧化氮自由基与高原反应的关系,及其对高原反应的预防
和治疗作用。

五、一氧化氮与高原反应

NO 变化是人体对高原反应缺氧的生理反应的一个组成部分。而且也与由于影响
心脏、肺或脉管系统的疾病而限制氧气供应的患者以及发育生物学领域有关。如在高
原地区长期生活人群血液中的 NO 和 NO 衍生分子水都比较平高。对急性暴露于高海
拔地区的游客肺、血浆和/或红细胞中的 NO 水平在 2 小时内下降。补充一氧化氮对缓
解高原反应有一定益处。另外。发现抗氧化剂也可以缓解高原反应。

1. 高海拔人群一氧化氮含量高

高原人群,无论海拔高低,藏族人的肺、血浆和红血球的 NO 含量都达到平原人群
至少两倍的水平,在某些情况下甚至比其他人群高出一个数量级。红细胞相关的氮氧
化物含量高出 200 多倍。其他高海拔人口的水平普遍较高,尽管没有达到藏人所显示
的程度。导致藏族人在高原高水平的 NO 和 NO 衍生分子的机制尚不清楚。有限的数
据表明,可能是由于缺氧上调一氧化氮合酶基因的表达,或者血红蛋白 NO 反应和遗传
变异[1]。

据报道,与其他高海拔人群相比,藏族人对高海拔具有独特的表型适应,其特点是静
息通气和动脉血氧饱和度较高,无过度红细胞增多症,肺动脉压(Ppa)较低。一项研究测
量了有氧运动能力,休息时一氧化碳(CO)和一氧化氮(NO))的肺扩散能力。通过超声心
动图测量了 13 名藏族人和 13 名在海拔 5 050 米的低地区人。藏族人和低地区人的动脉
血氧饱和度分别为 86±1 和 83±2%(平均值±SE;$P=0.05$),休息时 mPpa 分别为(19±
1)和(23±1)mmHg($P<0.05$),校正血红蛋白的 CO 为(61±4)和(37±2)ml·min^{-1}·

$mmHg^{-1}$($P<0.001$),NO 为(226 ± 18)和(153 ± 9)ml·min^{-1}·$mmHg^{-1}$($P<0.001$),最大摄氧量为(32 ± 3)和(28 ± 1)ml·kg^{-1}·min^{-1}($P=$无显著性),无氧阈下二氧化碳通气当量为(40 ± 2)和(48 ± 2)($P<0.001$)。因此,得出结论,藏族人与适应环境的低地区人相比,肺动脉高压不明显,通气反应较低,肺弥散能力较高[2]。

2. 高海拔伴随着氧化应激的增加

高原反应人群血液中一种脂质氧化产物和潜在疾病介质 8-异前列腺素 F2α 和 4-羟基-2-壬烯醛及还原型氧化谷胱甘肽(最丰富的低分子量抗氧化剂)的比率降低。所有 3 种生物标志物的持续升高表明持续的氧化应激。在 NO 产生没有代偿性增加的情况下,这种变化可能会导致超氧化物和其他活性氧物种增强及 NO 的失活,导致 NO 可用性降低,从而损害局部血浆 S-亚硝基硫醇 NO-cGMP 信号。研究表明,在适应高海拔时,血浆 NO 生成(亚硝酸盐、硝酸盐)和活性(cGMP)的生物标记物升高,而 S-亚硝基硫醇最初被消耗,提示多种氮氧化物通过提高 NO 的利用率有助于提高耐缺氧能力。出人意料的是,运动的耗氧量和机械效率保持不变,而微血管血流量与亚硝酸盐呈负相关。结果表明 NO 是人类对缺氧生理反应的一个组成部分。这些发现可能不仅与暴露于高海拔地区的健康受试者有关,而且与由于影响心脏、肺或血管系统的疾病而限制氧气供应的患者有关,并且与发育生物学领域有关[3]。

3. 急性暴露于高海拔地区游客的肺、血浆和(或)红细胞中的 NO 水平的变化

对急性暴露于高海拔地区游客的研究发现,在健康来访者中,肺、血浆和(或)红细胞中的 NO 水平在 2 h 内下降,但在 48 h 内恢复到基线水平或略高于基线水平,并在 5 天内高于基线水平。在研究时或过去患有高原肺水肿的来访者中,NO 水平低于健康人。

上升到高海拔的人类对这种低压缺氧的反应是通过激活造血、呼吸和心血管系统的综合生理反应来维持足够的组织氧合,这一过程被称为高海拔适应。现有的科学共识描绘了 NO 在肺部和 NO 衍生循环代谢物中的关键作用,这些代谢物有助于新来的游客健康的高原适应。值得注意的是,喜马拉雅高原人在肺、血浆和红细胞中维持较高水平的 NO 和 NO 衍生代谢物,以抵消低压缺氧的不良影响。相反,如果不能在肺和血浆中保持太多的 NO 和 NO 代谢物水平,在高海拔地区会导致一些危及生命的疾病。气态信号分子 NO 及其代谢物在从肺到心血管、血液和线粒体系统的氧传递级联反应中起着关键作用。在内皮细胞中,NO 是通过内皮型一氧化氮合酶(eNOS/NOS3)在氧依赖性反应中将 L-精氨酸转化为 L-瓜氨酸而产生的[4]。

4. 高原对鼻腔一氧化氮水平的影响

一项研究包括 41 名 3 周内无急性鼻-鼻窦炎和鼻息肉病史的健康志愿者。研究组由 31 名男性(76%)和 10 名女性(24%)组成,研究人群的平均年龄为 38±10 岁。志愿

者们在海拔1 500米的山村扎营2天,全天前往海拔2 200米的高原。随机进行鼻腔一氧化氮的测量,要么首先在山村,要么在海平面。比较海平面和高海拔地区的鼻腔一氧化氮值,探讨高海拔地区对鼻腔一氧化氮水平的影响。结果发现高原鼻腔一氧化氮平均值为(74.2±41)亿分之一个(ppb),海平面鼻腔一氧化氮平均值为(93.4±45)亿分之一个(ppb)。鼻腔一氧化氮随海拔高度的变化有统计学意义($P<0.001$)。调查表明,即使在气温、湿度和风等有利的天气条件下,高海拔地区的鼻腔一氧化氮水平也会降低[5]。

5. NO调节细胞膜的机械性能,从而调节红细胞的变形能力和携氧及释放氧的功能

除了心肺和血液适应支持缺氧时的全身O_2输送外,红细胞通过NO机制提供帮助,与它们在O_2输送和输送中的重要作用一致。此外,为了增加局部血流量与代谢需求成比例,NO调节膜的机械性能,从而调节红细胞的变形能力和携氧释放功能。NO生物活性对红细胞调节血流和红细胞变形能力的机制有着重要影响。红细胞对缺氧的适应性,特别是依赖NO对细胞膜蛋白和血红蛋白的S-亚硝基化(S-亚硝基血红蛋白)。对NO/S-亚硝基化/红细胞血管调节级联反应的研究有助于从分子水平理解NO在人类低氧适应中的作用[6]。

6. NO可以提高的肺血流量和O_2输送来补偿周围的缺氧

在高海拔地区氧气供应不可避免地减少,改善氧气输送到组织的潜在机制就是要增加血流量。一氧化氮调节血管直径并影响血流。一项研究探讨了藏族高原人群一氧化氮与心肺血流动力学的关系。20名藏族男性和37名女性健康、不吸烟、海拔4 200米(13 900英尺)的本地居民参加了这项研究,血红蛋白的平均氧饱和度为85%。血流速为17 ml/s时,呼出的NO几何平均分压为23.4 nmHg,显著低于海平面对照组。然而,NO从气道壁转移的速率是海平面的7倍,这意味着肺血管有可能扩张。平均肺血流量(心脏指数测量)为(2.7±0.1) l/min,平均肺动脉收缩压为31.4+/−0.9 mmHg。呼出的NO越高,肺血流量越大;但肺动脉收缩压没有增加。这些结果表明,在4 200 m处,NO可能起着关键的有益作用,使藏族人能够以更高的肺血流量和O_2输送来补偿周围的缺氧,而不产生肺动脉压升高的后果[7]。

7. 口服硝酸钠对急性低压缺氧前臂血流量、氧合及运动能力的影响

在高海拔地区,氧气运输的减少就会导致运动能力的降低。由于血流在一定程度上是由一氧化氮介导的,在模拟海拔4 300米(低压缺氧)进行前臂握力训练前提供的硝酸钠会增加前臂血流和氧合,并减少握力表现的下降。在一项双盲、随机交叉研究中,10名健康受试者(9名男性和1名女性)进行连续和重复节律长前臂运动,直到在常压

常氧供给下任务失败。在服用安慰剂和硝酸钠（15 mmol）后 2.5 h，然后在海平面压力下再次在低压缺氧后进行。测量包括前臂血流量和前臂前组织氧合、平均动脉压、动脉血氧饱和度、血浆 NO 反应产物（NO_x）和亚硝酸盐以及呼出的 NO。与常压常氧中的基线测试相比，在低压缺氧中进行连续和重复节律运动导致前臂血流量、动脉血氧饱和度和前臂前组织氧合显著降低，进行连续和重复节律运动中伴随着显著的性能下降（～10%）。尽管服用硝酸盐后，重复节律运动期间血浆 NO_x 水平增加了 10 倍，平均动脉压显著降低，但治疗（安慰剂与硝酸钠）对前臂血流量、SpO_2、前臂前组织氧合或握力没有显著的影响。在常压常氧、低压缺氧和使用安慰剂的情况下低压缺氧，呼出的 NO 保持不变，但在低压缺氧和补充硝酸盐后低压缺氧增加（～24%）。这些数据不支持在模拟海拔 4 300 米的健康成年人中，单剂量补充硝酸盐对前臂血流和等长运动的益处[8]。

8. 一氧化氮抑制物高度依赖性地升高高原适应牦牛的肺动脉压

一项研究探讨了一氧化氮抑制剂 N - 硝基精氨酸（NLA）对牦牛肺血管张力的影响。使用 5 头在海拔 3 800 米以上出生和饲养的雄性牦牛。通过颈静脉给每只动物注射 20 mg/kg 的 NLA，并在模拟海拔 0、2 260 和 4 500 m 处重复测量肺血流动力学和血气。平均 PaO_2 随海拔高度而降低，平均肺动脉压和平均心输出量无明显变化。NLA 显著增加了平均肺动脉压和平均肺血管阻力，降低了各海拔高度的心输出量。在海拔较高的海拔高度，NLA 显著增加了平均肺动脉压和平均肺血管阻力。得出的结论是，内源性 NO 生成的增加，特别是在高海拔地区，解释了在高海拔适应牦牛中观察到的低肺血管张力[9]。

通过对血浆中的氧化分解产物、亚硝酸盐和硝酸盐、第二信使环 3′,5′-鸟苷酸（cGMP）和蛋白质亚硝化产物的定量来评估 NO 的形成和有效性。血浆硝酸盐和亚硝酸盐水平在海拔 1 300 m 以上的所有海拔处都有所增加，表明 NO 生成量增加，最高水平出现在海拔 3 500 m 处，S - 亚硝基硫醇随后海拔增加生成加大。在血浆钠尿肽（ANP，BNP，CNP）水平波动很小的情况下，cGMP 升高（cGMP 可以增强的另一种途径），表明 NO 的可用性增加。环（GMP）在海平面以上的所有高度都升高，在 3 500 m 处也达到峰值。相比之下，蛋白质亚硝化产物（其中大约一半对应于 S - 亚硝基硫醇（RSNOs））在到达 1 300 m 时下降了 50% 以上，然后在到达 5 300 m 后一周逐渐上升到海平面值。令人惊讶的是，cGMP 水平与 NO 代谢物浓度无关，提示多种途径调控 NO 的有效性。例如，面对亚硝酸盐和硝酸盐的微小变化以及血浆亚硝基硫醇的显著减少，1 300 m 处 cGMP 升高表明，在从伦敦飞往加德满都的飞行过程中，在低压缺氧（被动）暴露期间，S - 亚硝基白蛋白被用作 NO 的来源。此外，在海平面有较高的亚硝酸盐和硝酸盐浓度与较高的静息耗氧量。然而，只有硝酸盐与血红蛋白浓度和血氧含量呈负相关，而亚硝基硫醇则相反，表明生物活性 NO 代谢物的复杂相互作用影响氧的传递和消耗。其中一些联系在上升到高海拔的过程中发生了动态变化。例如，虽然 cGMP 和静息氧饱和度之间的相关性在斜率中逐渐增加，但亚硝酸盐与耗氧量的正相关性在上升时反转。后者表明，随着缺氧的增加，亚硝酸盐从血液循环中的提取能力增强。

这是在人类首次使用一种综合的多生物标记物/全身生理学方法，证明了从低海拔地区人上升到高海拔时 NO 形成增加，这与低氧适应的作用一致。研究结果与早期观察到的西藏高原人血液中 NO 代谢物浓度升高的结果一致，并且表明，NO 生成的增强并非这一特定人群所独有（可能是几千年来进化选择压力的结果），而是人类对高原缺氧应激的整体生理反应。尽管缺氧同时增加了氧化应激，但在适应良好的低海拔地区人中，在所有海拔高度，NO 的产生和利用都得到了增强。此外，还发现 NO 水平的增加与微循环血流量的变化有关，而微循环血流量的变化可能影响局部组织的氧输送。

鉴于 NO 在许多重要身体功能（包括血管张力和线粒体活性）的调节中的重要性，对于在全球活性氧产生增加的条件下，增强 NO 的可用性似乎对持续的局部 NO 信号传导非常重要。在高海拔地区逗留时，NO 的变化以适应高原反应是由多种因素共同作用完成的，包括一氧化氮合酶的合成增加（导致循环中亚硝酸盐和硝酸盐含量增加），通过血浆储存形式的氧化还原激活释放 NO（S-亚硝基物种的初始下降证明）和亚硝酸盐的减少（通过血浆亚硝酸盐浓度与暴露于缺氧水平增加时的某些生理参数之间的相关性的逐渐方向性变化表明）。亚硝酸盐和硝酸盐的减少也可以解释观察到的亚硝酸盐和硝酸盐峰值水平在长时间停留在高海拔地区时没有持续。此外，在高海拔地区检测到循环 cGMP 浓度的增加表明，NO 生成的增加确实转化为 NO 生物利用度的提高（尽管伴随着活性氧生成的增加）；通过刺激颗粒鸟苷酸环化酶而导致这些变化，并且磷酸二酯酶活性受到抑制，这一特征与增强的 NO 活性一致。循环 cGMP 水平的升高相当强劲，但这并不一定转化为血流量的增加，这是通过血液增强对输送氧气的先决条件。这一结论得到了微血管血流量与循环亚硝酸盐和 cGMP 水平的对比关系的支持。药理学剂量的亚硝酸盐可以降低血压，但这是否会一直延伸到生理水平目前还不清楚。出乎意料的是在海平面和海拔高度，亚硝酸盐的生理浓度与微循环中的血流呈负相关。但与在低至中等浓度时亚硝酸盐缺乏直接的血管舒张活性和在动物和人类中观察到的低亚硝酸盐剂量下血压升高是一致的。因此，5 300 m 处微血管血流量与 cGMP 呈正相关，提示 NO 生成（NOS 或亚硝酸盐还原）增强，但这不足以使降低的微循环血流速度正常化。考虑到所有代谢物都是在静脉血浆中测定的结果，另一种解释是动脉血中的亚硝酸盐在上游毛细血管中代谢为 NO，cGMP 和血流变化反映了这一过程。因此，这些对治疗高原反应增强微血管血流量是有价值的[9]。

9. 补充抗氧化剂可降低高原反应肺动脉高压的易感性

通过利用低蛋白食物、正常蛋白食物(NPD)或单独添加辅酶 Q10(30 mg/kg)或与添加了辅酶 Q10(30 mg/kg)＋维生素 E(100 mg/kg)低蛋白质食物进行了比较,评价其对高海拔肉鸡生长性能和肺动脉高压综合征发生的影响。低蛋白质食物的粗蛋白含量比正常蛋白质食物低 30 g/kg。采用 208 只 1 日龄雄性肉仔鸡进行为期 42 天的试验。当鸡喂食了低蛋白质食物后血清尿酸(UA)和一氧化氮(NO)浓度显著下降($P<0.05$)。而添加抗氧化剂可显著提高血清 NO 浓度($P<0.05$)。低蛋白质组血清丙二醛(MDA)浓度显著高于正常蛋白食物组($P<0.05$),补充辅酶 Q10 和辅酶 Q10＋VE 可使低蛋白质组组血清 MDA 浓度降至正常蛋白质食物组的水平。喂食低蛋白的鸟类右心室/总心室重量比(RV：TV)显著增加($P<0.05$),这与肺动脉高压综合征死亡率增加相一致。然而,当服用辅酶 Q10 或辅酶 Q10＋VE 时,观察到肺动脉高压综合征的死亡率显著下降。总之,抗氧化剂的补充有效地改善了低蛋白饲料肉鸡的肺动脉高压反应[10]。

10. 补充抗坏血酸和 α-生育酚可增强孤束核神经元对低压缺氧的抵抗力

在高海拔地区遇到低压缺氧会导致严重后果。抗坏血酸(AA)和 α-生育酚(αTC)是两种很容易获得的非处方抗氧化剂,它们可以保护神经组织免受氧化应激。一项研究比较了产前补充抗坏血酸或 α-生育酚是否保护成年动物对低压缺氧影响。抗坏血酸和 α-生育酚可减少幼年和成年动物在常氧条件下 c-fos 免疫反应神经元的数量和 N-甲基-D-天冬氨酸受体 1 的表达强度。此外,该治疗还减弱了 c-fos 和 N-甲基-D-天冬氨酸受体 1 表达对孤束核神经元的激活,并减轻了低压低氧刺激下成年大鼠的焦虑行为。c-fos 免疫反应阳性神经元的减少集中在化学感受器、压力感受器和气管支气管树状神经营养物质亚核中,这些亚核接受相应的传入。正常成年动物在低压低氧攻击前一周补充抗坏血酸或 α-生育酚,未见保护作用。总之,产前和持续补充抗坏血酸或 α-生育酚可改变孤束核底物,改善动物对低压缺氧损伤的反应,提示这可能需要从幼年就开始,就能保护成年的缺氧损伤[11]。

作者用 L-精氨酸-抗氧化剂配方的成分(每 100 g 含：L-精氨酸 28 g、L-谷氨酰胺 14.58 g、牛磺酸 26 g、维生素 C 6.88 g、维生素 E 1.66 g、锌 0.35 g、硒 1.69 mg)与珠峰登山学校合作,多次给登珠峰运动员服用,运动员普遍反映效果体感好,不容易疲劳,耐缺氧能力增强。

参 考 文 献

[1] Beall CM, Laskowski D, Erzurum SC. Nitric oxide in adaptation to altitude. Free Radic Biol Med, 2012,52(7)：1123—1134.

［2］ Faoro V，Huez S，Vanderpool R，et al. pulmonary circulation and gas exchange at exercise in Sherpas at high altitude. J Appl Physiol (1985)，2014,116(7)：919—926.

［3］ Levett DZ，Fernandez BO，Riley HL，et al. The role of nitrogen oxides in human adaptation to hypoxia. Sci Rep，2011,1：109.

［4］ Beall CM，Laskowski D，Erzurum SC. Nitric oxide in adaptation to altitude. Free Radic Biol Med，2012,52(7)：1123—1134.

［5］ Altundag A，et al. The effect of high altitude on nasal nitric oxide levels. Eur Arch Otorhinolaryngol，2014.

［6］ Zhao Y，Wang X，Noviana M，et al. Nitric oxide in red blood cell adaptation to hypoxia. Acta Biochim Biophys Sin (Shanghai)，2018,50(7)：621—634.

［7］ Hoit BD，Dalton ND，Erzurum SC，et al. Nitric oxide and cardiopulmonary hemodynamics in Tibetan highlanders. J Appl Physiol (1985)，2005,99(5)：1796—1801.

［8］ Gasier HG，Reinhold AR，Loiselle AR，et al. Effects of oral sodium nitrate on forearm blood flow，oxygenation and exercise performance during acute exposure to hypobaric hypoxia (4 300 m). Nitric Oxide，2017,69：1—9.

［9］ Ishizaki T，Koizumi T，Ruan Z，et al. Nitric oxide inhibitor altitude-dependently elevates pulmonary arterial pressure in high-altitude adapted yaks. Respir Physiol Neurobiol，2005,146(2—3)：225—230.

［10］ Sharifi MR，Khajali F，Hassanpour H. Antioxidant supplementation of low-protein diets reduced susceptibility to pulmonary hypertension in broiler chickens raised at high altitude. J Anim Physiol Anim Nutr (Berl)，2016,100(1)：69—76.

［11］ Wu YC，Wang YJ，Tseng GF. Ascorbic acid and α-tocopherol supplement starting prenatally enhances the resistance of nucleus tractus solitarius neurons to hypobaric hypoxic challenge. Brain Struct Funct，2011,216(2)：105—222.

第二十二章

一氧化氮是气血通畅的驱动力

中医认为"通则不痛,不通则痛"。只有气血通畅,各器官才能发挥正常功能,身体才可以健康,否则就会出现动脉粥样硬化、血管堵塞、发生心梗、脑梗、炎症等及各种疾病疼痛的症状。祖国中医对气血畅通特别重视,认为大部分疾病包括肿瘤都是气血不畅,寒湿淤堵引起,腹部四肢冰凉,虚寒怕冷都是气血不畅表现。中医也确实提供大量内服中草药外部经络穴位调理手段实现气血通畅,那么什么是保障气血通畅的驱动力呢?一氧化氮自由基是内皮细胞松弛因子,可以扩张血管,促使血液流通,3个科学家因这一发现获得 1998 年诺贝尔生理学和医学奖。一氧化氮自由基是一个典型的气体,在血液循环系统中,血管内皮细胞在内皮型一氧化氮合酶(eNOS)催化,生成一氧化氮,一氧化氮扩散到血管平滑肌细胞中,通过激活 GMP 环化酶提高 cGMP 的水平,导致血管舒张,扩张血管,增加局部血流。因此可以说一氧化氮自由基是微循环气血通畅的驱动力。一氧化氮成为养护血管最好的自然健康法。

本章就一氧化氮自由基作为内皮细胞松弛因子论述了一氧化氮自由基是气血通畅的机理。抗氧化剂可以保护一氧化氮自由基发挥气血通畅驱动力作用及中医中药通过一氧化氮自由基活血化瘀中的机理进行探讨,为调节气血,疏通经络,养护血管提供科学解决方案。一氧化氮将诺奖科技与中国中医中药养生法完美组合起来,必将为人类健康作出巨大贡献。

一、一氧化氮自由基是气血通畅的驱动力

我们在第一章就介绍过，一氧化氮自由基是一个典型的气体，在血液循环系统中，血管内皮细胞通过内皮型一氧化氮合酶（eNOS）生成一氧化氮。一氧化氮扩散到血管平滑肌细胞中，通过与可溶性鸟苷酸环化酶（sGC）血红素基团上的 Fe^{2+} 结合，激活 sG 和 GMP 环化酶，提高 cGMP 的水平，继而激活依赖 cGMP 的蛋白激酶，对心肌肌钙蛋白的磷酸化作用加强，肌细胞膜上 K^+ 通道活性磷酸化作用加强，肌钙蛋白 c 对 Ca^{2+} 的亲合性下降，肌细胞膜上 K^+ 通道活性也下降，从而导致血管舒张，降低全身动脉血压，控制全身各种血液的静息张力，扩张血管，增加局部血流。因此可以说一氧化氮自由基是微循环气血通畅的驱动力。NO 是内皮细胞松弛因子，能够松弛血管平滑肌，防止血小板凝聚。NO 作为信号，通过多条通路在身体中发挥着多种功能。例如，NO 参与调节血压、免疫反应和学习记忆等多种活动。同时，NO 又与多种疾病有着密切联系，例如，心脏病、脑卒中、老年痴呆症和帕金森病、糖尿病、性功能低下和衰老等。

中医认为，正常的生命活动依赖气血的作用，气行则血行，气滞则血瘀。血在经脉中流动，完全靠"气"的推送，因此气行血才能畅。血液的运行有赖于心气、肺气的推动及肝气的疏泄调畅，《血证论·阴阳水火气血论》说："运血者，即是气。"因此，气的充盛，气机调畅，气行则血行，血液的正常运行得以保证。气是人体内活力很强运行不息的极精微物质，是构成人体和维持人体生命活动的基本物质之一。气运行不息，推动和调控着人体内的新陈代谢，维系着人体的生命进程。气的运动停止，则意味着生命的终止。气的充盛，气机调畅，气行则血行，血液的正常运行得以保证。经络是运行全身气血、联络脏腑肢节，沟通表里、上下的通道。中国传统医学有很多方法能实现调节经络平衡、疏通经络、激发元气、扶正祛邪，提高身体免疫力；舒经活血，改善皮肤微循环，略微提高体温，改善基础代谢，改善腹部，四肢发凉，虚寒怕冷，促进身体调节经络平衡、促进身体健康，如除湿寒的食药同源的中草药，艾灸，针灸、气功太极等。那么经络穴位及这些促进气血通畅的方法与一氧化氮有关系吗？这一章我们将讨论这方面的问题。

二、穴位/经络与一氧化氮的关系

中医认为，经络是运行气血、联系脏腑和体表及全身各部的通道，是人体功能的调控系统。经络学也是人体针灸和按摩的基础，是中医学的重要组成部分。经络学说是祖国医学基础理论的核心之一，源于远古，服务当今。在两千多年的医学长河中，一直

为保障中华民族发挥着重要的作用。经络是经脉和络脉的总称,是运行全身气血,联络脏腑形体官窍,沟通上下内外,感应传导信息的通路系统,是人体结构的重要组成部分。

穴位主要指人体经络线上特殊的点区部位,中医可以通过针灸或者推拿、点按、艾灸刺激相应的经络点治疗疾病。部分穴位并不在经络上,但对其的刺激亦可产生疗效。《黄帝内经》又称为"节""会穴""气穴""气府"等。人体穴位主要有三大作用,它既是经络之气输注于体表的部位,又是疾病反映于体表的部位,还是针灸、推拿、气功等疗法的施术部位。研究发现一氧化氮与经络穴位关系密切。作者在实践中通过除湿寒中草药、穴位、经络、艾灸、光波仪与L-精氨酸-抗氧化剂配方(L-精氨酸、L-谷氨酰胺、牛磺酸、维生素C(L-抗坏血酸)、维生素E(dL-α-生育酚醋酸酯、辛烯基琥珀酸淀粉钠、二氧化硅)、柠檬酸锌、硒化卡拉胶为主要原料)结合在眼部护理,骨关节护理,颈动脉血管护理上效果显著。值得推广,而且对人体无任何损伤和不良反应。

1. 穴位/经络中一氧化氮浓度和一氧化氮合酶表达的增强

一项研究检测了一氧化氮(NO)在皮肤穴位/经络区域的分布,并确定神经元型一氧化氮合酶(nNOS)蛋白水平是否与该区域的NO浓度相关。在麻醉成年大鼠身上,对电刺激进行皮肤表面低电阻点(LSRP)测试。在心包经络2至6、膀胱经络36～57、神阙穴3～22的经络区域分离皮肤和皮下组织。在靠近相关经络的区域获得不含低电阻点的对照皮肤组织。以盲法对皮肤组织、脑细胞核微穿孔和血管中的亚硝酸盐NO_2^-、硝酸盐NO_3^-及NO_3^-加NO_2^-的总浓度进行定量。在皮肤组织中使用多克隆抗nNOS和抗内皮型一氧化氮合酶(eNOS)抗体进行测试。结果发现:NO_3^-和NO_3^-浓度高于对照区(神阙穴为45±8％和43±－7％,膀胱经络为47％±7％和51％±9％,心包经络为47％±8％和45％±6％)($P<0.05,n=6$)。皮肤组织中的NO_x^-浓度是大脑区域和血管中NO_x^-浓度的2～3倍($P<0.05,n=6～8$)。与对照组相比,膀胱经络、心包经络及皮肤区域的nNOS蛋白水平持续升高($P<0.05,n=5～7$),但内皮NO合酶的表达没有改变。这是首次证明与低电阻相关的皮肤穴位/经络中NO含量和nNOS表达始终较高的证据。结果还表明,穴位/经络中NO的增强是由包括神经元神经系统在内的多种来源产生的,NO可能与穴位/经络的低电阻等功能有关[1]。

2. 年龄、性别和种族对穴位和经络一氧化氮释放的影响

一项研究考察了61名健康受试者的年龄、性别和种族对穴位、无穴经络、心包(PC)和膀胱(BL)经络及非经络区域一氧化氮(NO)释放的影响以及年龄对肺经经络的影响。将生物捕获管连接到皮肤表面,并使用化学发光法对总亚硝酸盐和硝酸盐进行生物捕获和定量。与年轻人相比,老年人前臂腹侧的NO水平在肺经的桡侧区域显著降低,而在心包的内侧区域没有改变。相反,仅在超重/肥胖的老年人中,膀胱经络区域的NO

含量升高。与女性相比,超重/肥胖男性的心包区 NO 水平略微升高,但种族之间没有变化。这些结果表明,随着年龄的增长,肺经上的 NO 释放有选择性地减少,这与老年人肺功能的逐渐下降和慢性呼吸系统疾病的增加相一致。老年肥胖受试者的膀胱经 NO 水平升高可能反映了躯体膀胱途径 NO 水平的改变,以对抗随着年龄增长而出现的膀胱功能障碍。这些结果支持经络系统中一氧化氮与衰老相关的潜在病理生理变化与相关的躯体器官连接[2]。

3. 一氧化氮对穴位和经络去甲肾上腺素功能和皮肤电阻的影响

大多数穴位对应于沿经络在体表的低皮肤电阻点。一项研究做了三个实验,证实皮肤一氧化氮(NO)浓度和神经元一氧化氮合成(nNOS)表达高于非穴位和非经络对照点。去甲肾上腺素(NE)的合成/释放受皮肤穴位/经络中外源性 NO 供体和选择性 nNOS 抑制剂的调节。低皮肤电阻点的皮肤电流由 L-精氨酸衍生的 NO 合成和去甲肾上腺素修饰,因此,NO-NE 浓度增加有助于穴位和经络的低电阻特性[3]。

在另一项研究目的在确定 L-精氨酸衍生一氧化氮(NO)合成和去甲肾上腺素能功能对穴位和经络皮肤电阻的影响。实验在戊巴比妥钠麻醉的雄性 Sprague-Dawley 大鼠上进行。低皮肤电阻点(LSRP;通过测量皮肤刺激诱发电流,在皮肤表面确定膀胱经络 56、包经络 6、神阙穴 17)、低皮肤电阻点位置(沿着经络)和非低皮肤阻力点、非经络控制位置(靠近但不沿着经络)。在低皮肤电阻点、非低皮肤电阻点和非经络控制点检查 L-精氨酸衍生的 NO 合成和去甲肾上腺素能功能对代表皮肤电阻的电流的影响。结果发现:膀胱经络 56[(36.4±1.4)微安]、包经络 6[(35.4±1.2)]微安和神阙穴 17[(33.1±1.4)]微安处的皮肤刺激诱发电流显著高于非低皮肤电阻点和对照位置($P<0.01, n=7$)。随着时间的推移,反复刺激皮肤后,电流持续增加。静脉注射 L-精氨酸(3 mg/kg、10 mg/kg 和 30 mg/kg)和 3-吗啉基悉尼酮亚胺(SIN-1;1 μg/kg、3 μg/kg 和 10 μg/kg)产生电流的剂量依赖性增加($P<0.05, n=5\sim6$),但注射 D-精氨酸(3 mg/kg、10 mg/kg 和 30 mg/kg)不会改变电流。通过静脉注射 N(G)-丙基-L-精氨酸(NPLA,3 mg/kg)、N-硝基-L-精氨酸甲酯(L-NAME,10 mg/kg)或去甲肾上腺素能阻断剂(3 mg/kg),可阻断刺激诱发的电流增加。这是首次证明 L-精氨酸衍生的 NO 合成和去甲肾上腺素能传递改变低皮肤电阻点的皮肤电导的证据。L-精氨酸衍生的 NO 合成似乎介导皮肤交感神经激活的去甲肾上腺素能功能,这有助于穴位和经络的低电阻特性[4]。

4. 肥胖受试者沿经络皮肤一氧化氮、环鸟苷和硝基酪氨酸浓度的变化

为了量化正常体重健康志愿者($n=64$)与超重/肥胖受试者($n=54$)皮肤表面总硝酸盐和亚硝酸盐 NO_x^-、环磷酸鸟苷(cGMP)以及硝基酪氨酸的浓度。一项研究将一根

半圆塑料管沿着穴位、无穴位经络线和非经络对照组贴在皮肤上，并填充 2-苯基-4,4，5,5-四甲基咪唑啉-3-氧化物-1-氧基溶液 20 min，分别采用化学发光法和酶联免疫吸附法对样品中的硝基酪氨酸进行盲法定量。在正常体重的健康志愿者中，心包经络（PC）4～7 区的 NO_x^- 和 cGMP 浓度与非心包经络区相比持续升高。NO_x^- 浓度在膀胱经络（BL）56～57 上方增强，但各区域之间的 cGMP 水平相似。在超重/肥胖受试者中，NO_x^- 含量在心包经络和膀胱经络区域增加或有升高趋势。前臂心包经络 C 穴位和非周边对照组的 cGMP 降低是矛盾的，但这种降低沿腿部膀胱经络区域减弱。在超重/肥胖受试者的所有区域，硝基酪氨酸浓度均显著高于心包经络和膀胱经络（5～6 倍）。这是首次表明，伴随着一氧化氮（NO）-cGMP 浓度的反常变化，在超重/肥胖受试者的心包经络皮肤区域，硝基酪氨酸水平在皮肤上显著升高。结果还表明，在肥胖患者的心包经络皮肤区域，NO 相关的氧化性炎症系统性增强，而 cGMP 生成受损，但在膀胱经络区域则没有[5]。

转录反式作用蛋白（TAT）TAT-SOD 是一种与 TAT 肽融合的超氧化物歧化酶重组蛋白。一项研究验证了融合蛋白 TAT-SOD 穴位清除细胞内超氧化物歧化酶对肥胖的影响。发现在穴位局部应用 TAT-SOD 可以产生类似针灸的作用，通过研究穴位局部应用 TAT-SOD 与针灸治疗单纯性肥胖症的效果，验证这一发现。90 名受试者分为 3 组，接受 12 周的治疗。针刺组给予常规医院针刺治疗，每周 3 次。TAT-SOD 组先定位穴位，在同一组穴位各 1 cm² 处涂抹 0.1 ml 5 000 u SOD/ml TAT-SOD 乳膏，然后在家中进行，每天 3 次。安慰剂组采用与 TAT-SOD 组相同的方式施用无 TAT-SOD 乳膏。TAT-SOD 和针灸治疗均能降低肥胖，总临床有效率分别为 60.0% 和 76.7%。安慰剂组没有改善。实验结果证实，酶法去除穴位细胞内的超氧物可产生针刺效应，并表明该新方法有可能作为针刺的简单替代物。这项研究很可能表明，抗氧化剂 SOD 祛除了超氧化物，促进了一氧化氮的产生和增加，从而导致气血通畅改降低了肥胖[6]。

三、针灸能促进一氧化氮的生成

中国传统针灸已有 2 500 多年的历史。针灸是针法和灸法的总称，针灸由"针"和"灸"构成，是东方医学的重要组成部分之一。针法是指在中医理论的指导下把毫针按照一定的角度刺入患者体内，运用捻转与提插等针刺手法来对人体特定部位进行刺激从而达到治疗疾病的目的。刺入点为人体穴位。针法可以调整营卫气血，是防治疾病的有效方法。灸法是用艾绒搓成艾条或艾炷，点燃以温灼穴位的皮肤表面，达到温通经脉、调和气血的目的。以通经脉，调气血，使阴阳归于相对平衡，脏腑功能趋于调和，从而达到预防疾病的目的。针灸疗法是祖国医学遗产的一部分，也是我国特有的一种民族医疗方法。针灸具有鲜明的中华民族文化特征,是基于中华民族文化和科学传统产生的宝贵遗产,千百年来,对保护健康,繁衍民族,有过卓越的贡献,直到如今仍然担当着这个任务,为广大群众所信赖。

实践证明针灸是有效的,在治疗许多疾病的情况下,不良反应少。针灸疗法不仅用于缓解疼痛,而且在中医中还用于治疗各种疾病。一些实验揭示了针灸与自主神经系统之间的关系。此外,针灸可以调节先天免疫系统和后天免疫系统之间的失衡。针灸是中医调理气血的重要手法,可以活血化瘀,促进血液循环,加速血液中细胞新陈代谢能力,使体内的毒素淤积物都排出体外。还可以疏通经络,可以调节气血运行正常,增强人体的脏腑功能,增强人体的免疫力,温热散寒,使体内湿气排出体外。研究发现,一氧化氮在针灸调理气血方面发挥着重要作用。

1. 针灸能促进一氧化氮的生成,增加局部循环

虽然针灸已经被广泛应用,但其治疗疼痛的机制和效果尚不完全清楚。最近,在经络和穴位中发现一氧化氮合酶活性增加。因为 NO 是局部循环的关键调节器,并且由于循环的变化会影响疼痛的发展和持续性,针灸可能会调节 NO 水平。对 20 名志愿者进行了随机、双盲、交叉研究,研究了针刺对局部 NO 水平和循环的影响,每个志愿者在单手和前臂进行了一次真实和非侵入性假针灸治疗,治疗间隔为 1 周。针灸后 5 min,针灸臂血浆中的 NO 浓度显著增加(2.8 ± 1.5)μmol/L,60 min 时,增加 $2.5+\pm1.4\ \mu$mol/L。针灸手臂手掌皮下组织的血流量也增加,这和 NO 的增加有关。在非侵入性假针灸手和前臂中未观察到这些变化。总之,针灸增加了治疗区域的 NO 水平,从而增加了局部循环。这些调节作用可能有助于针灸缓解疼痛[7]。

2. 一氧化氮是穴位的信号分子

最近的临床试验研究表明,针刺对疼痛的改善作用很小,穴位和非穴位之间没有差异。针灸针是否必须插入特定的穴位取决于是否存在穴位特异性,这一点目前亟待解决。先前的解剖学研究表明,穴位存在较多的神经纤维/干、血管、毛囊和汗腺以及缝隙连接密度。最近的证据表明,穴位/经络中的一氧化氮(NO)水平升高,并与一氧化氮合酶的表达增强有关。越来越多的国际组织证据表明,针灸诱导 NO 介导的血管扩张,它可以增加局部血流量,并缓解疼痛。以前的研究已经证明与人类的非经络控制区相比,皮肤穴位上的 NO_x(总亚硝酸盐和硝酸盐)和环磷酸鸟苷(cGMP)浓度持续增加。人体皮肤微透析显示,穴位皮下组织中 NO-cGMP 的释放高于非经络控制区,并通过电针(EA)增加。最近的研究表明,低频电刺激和低刺激力和低刺激率的手工针灸可使 NO 释放主要在穴位上升高。相反,高频电针刺激可适度降低皮肤区域的 NO 水平。解剖学和生化研究的结果一致表明,穴位存在较高水平的 NO 信号分子,刺激诱发的 NO 释

放在穴位也具有较高水平。结果表明，NO 信号分子具有穴位的特异性，因此选择训练有素的针灸师使用正确的穴位和适当的参数应改进针灸临床试验研究[8]。

3. 针灸对高血压患者血压和一氧化氮水平的影响

高血压是多种疾病的重要危险因素，影响着全世界数亿人。最近的研究表明 NO 在高血压的发病机制中起作用，而一些研究者发现针灸治疗和 NO 水平之间存在密切关系。因此，一项研究探讨了针刺对高血压患者血压和一氧化氮(NO)水平的影响。32 名年龄在 32～65 岁之间且正在服用抗高血压药物的原发性高血压患者被纳入研究。在 10 周内，共对人体印堂等穴位进行 10 次手法针刺。测量收缩压(SBP)、舒张压(DBP)水平和血液 NO 水平 3 次(即第一次治疗前后和第 10 次治疗后)。主要观察指标是比较 3 次测量之间收缩压和舒张压以及一氧化氮水平的变化。研究结果表明，在第 1 次和第 10 次针灸治疗后，收缩压和舒张压值均下降($P<0.05$)。NO 浓度在第 1 次(71.5%)和第 10 次(184.6%)治疗后均升高($P<0.05$)[9]。

4. 人体局部一氧化氮释放对手工针刺和电加热的反应

一项研究探讨了手针和对应于强化方法的电热对人体皮肤区域一氧化氮(NO)释放的影响。沿着心包经(PC)或肺经(LU)将带有收集溶液的装置粘在皮肤表面。手针组在加强刺激(低力/速率)的情况下，将针灸针轻轻插入心包经络 4，持续 20 min。通过电加热将手指上的肺经 11 加热(43～44℃)20 min。在每次治疗期间和治疗后，连续进行两次 20 min 的生物采集。采用化学发光法对采集样品中的总亚硝酸盐和硝酸盐(NO_x^-)进行盲法定量。在第一次生物采集期间，基线 NO 水平较高，且倾向于高于心包经络和肺经穴位。在这两个时间间隔内，心包经络区域的 NO 水平均持续增加。在第 1 次和第 2 次测量中，肺经穴上的 NO 浓度增加，并且有增加的趋势。结果表明，加强手针和电加热可诱导局部皮肤区域释放 NO，穴位处的 NO 水平较高，从而改善局部循环，有助于治疗的有益效果[10]。

5. 一氧化氮和环磷酸鸟苷信号传导介导针刺对慢性不可预知轻度应激大鼠模型的抗抑郁作用

抑郁症主要是一种情绪障碍。据报道，一些患者在接受针灸治疗后情况有所改善。一项研究探讨了针刺对慢性不可预知轻度应激大鼠模型中抑郁相关行为的影响。测定大鼠海马和血浆中一氧化氮(NO)和环磷酸鸟苷(cGMP)信号通路成分的表达。采用雄性 Sprague-Dawley 大鼠(N=40)分为对照组(N=10)、模型组(N=10)、针刺组(N=10)和非针刺组(N=10)。采用孤雌结合慢性不可预测轻度应激建立大鼠模型，持续 6 周。针刺组给予穴位或非穴位治疗 21 天。采用蔗糖偏好试验、旷场试验和高架十字迷宫试验检测与抑郁相关的大鼠行为。检测大鼠血浆和海马中诱导型一氧化氮合酶

(iNOS)、神经元型一氧化氮合酶(nNOS)和 N–甲基–D–天冬氨酸(NMDA)受体亚表达。结果针刺可逆转轻度应激大鼠模型的抑郁行为,降低大鼠海马和血浆中 NO 和 cGMP 通路成分的表达。因此得出结论在慢性不可预知轻度应激大鼠模型中,针刺治疗减少了与抑郁相关的行为,这些作用与 NO 和 cGMP 信号通路的改变有关[11]。

6. 针灸治疗对偏头痛患者一氧化氮的影响

一项研究的目的是帮助人们理解针灸治疗偏头痛的病理生理学,并为偏头痛发作的预防和治疗创造一个新的视角。对 22 名偏头痛患者进行针灸治疗。针灸治疗包括 5 个疗程,每周 2 个疗程。在进行针灸之前、第一次针灸之后和第五次针灸之后采集血样。对照组只采集一次血样。在研究中,健康人的平均血清 NO 水平为(3.58+0.53),偏头痛组的平均血清 NO 水平为(5.55±0.70)。偏头痛组的血清 NO 水平比对照组高 55%。第 5 次治疗后 NO 浓度也下降(30%)($P<0.05$)。第一次治疗后,偏头痛组的 NO 水平下降了 4.86%。第 5 次治疗后,偏头痛组 NO 水平下降 30.63%。偏头痛组第 5 次治疗后 NO 水平较第 1 次治疗后下降 27.08%。第一次针刺治疗后,偏头痛组 NO 水平为 4.86%,虽然有所降低,但无统计学意义。第 5 次针刺治疗后,偏头痛组血清 NO 水平降至 3.85±0.62(30.63%),且在具有统计学意义($P<0.05$)。偏头痛组第 5 次治疗后 NO 水平较第 1 次治疗后下降 27.08%。在这项研究中表明,针灸治疗似乎通过降低血清 NO 水平而有效,并且针灸具有累积效应。虽然早期有研究表明 NO 在偏头痛中的作用,这是该领域的第一项研究证实了针刺对偏头痛患者 NO 的影响[12]。

四、艾灸温度对一氧化氮的影响

艾灸历史源远流长,灸法是有着上千年历史的中医外治法,其疗效已经被历朝历代无数医家临床实践所证实。艾灸是用艾叶制成的艾条、艾柱,产生的艾热刺激人体穴位或特定部位,通过激发经气的活动来调整人体紊乱的生理生化功能,从而达到防病治病目的的一种治疗方法。艾灸作用机制与针灸有相近之处,并与针灸有相辅相成的治疗作用。艾灸能够温经散寒,促进人体气血的运行,行气通络,增强人体的抗病能力。研究发现,一氧化氮在艾灸调理气血方面发挥着重要作用。

1. 艾灸温度对高脂血症患者血脂、内皮素-1 和一氧化氮的影响

一项研究观察了艾灸温度对高脂血症患者血脂、内皮素–1(ET–1)、一氧化氮(NO)及 ET–1/NO 的影响。将 42 例原发性高脂血症患者随机分为两组,每组 21 例,在不同温度下进行艾灸治疗。治疗组用距皮肤 2.5～3.0 cm 的艾卷灸,对照组用 4 cm 艾条卷灸,每穴 10 min,隔日 1 次。艾灸时用温度计精确测量皮肤温度。治疗 12 周后,

记录 7 次血脂、ET－1 和 NO 的测量结果。结果发现：治疗组总胆固醇和甘油三酯均低于对照组（$P<0.05$）。治疗组血清 ET－1、ET－1/NO 明显降低（$P<0.001$）。艾灸对 NO 和 ET－1/NO 的调节作用治疗组明显优于对照组。因此得出结论：艾灸能调节血脂，疏通血管。45℃艾灸在调节血脂、保护血管内皮功能方面优于 38℃艾灸，说明适宜的温度影响艾灸的疗效[13]。

2. 艾灸对高脂血症大鼠血脂及血清 ox－LDL、NO 水平的影响

一项研究观察了不同温度（38℃和 45℃）艾灸对高脂血症大鼠血脂及血清氧化低密度脂蛋白（ox－LDL）、一氧化氮（NO）水平的影响，探讨 45℃艾灸调节血脂与抗氧化应激及保护血管内皮的关系。将 60 只 SD 大鼠按随机数字表随机分为正常组、模型组、38℃艾灸组和 45℃艾灸组，每组 15 只。正常组不给予治疗；其余 3 组大鼠给予高脂饲料喂养 8 周，制备高脂血症大鼠模型。造模成功后，模型组不给予治疗；38℃艾灸组和 45℃艾灸组大鼠分别在神阙穴（cv8）和足三里穴（st36）进行艾灸治疗，温度分别控制在（38±1）℃和（45±1）℃。每穴艾灸 10 min，每 2 天一次，共治疗 4 周。治疗后采用生化比色法测定总胆固醇（TC）、甘油三酯（TG）、高密度脂蛋白胆固醇（HDL－C）和低密度脂蛋白胆固醇（LDL－C）水平；采用酶联免疫吸附法（ELISA）测定血清 ox－LDL 和 NO 水平。结果发现：与正常组相比，模型组 TC、TG、LDL－C 水平显著升高（均 $P<0.01$）；与模型组和 38℃艾灸组相比，45℃艾灸组 TC、TG 和 LDL－C 水平显著降低（$P<0.01$，$P<0.05$）；与模型组相比，艾灸 38℃组 TC、TG、LDL－C 水平下降不明显（均 $P>0.05$）。与正常组相比，模型组 ox－LDL 水平升高，NO 水平降低（均 $P<0.01$）；与模型组和 38℃艾灸组相比，45℃艾灸组 ox－LDL 水平降低，NO 水平升高（$P<0.01$，$P<0.05$）；与模型组比较，艾灸 38℃组 ox－LDL 水平降低，NO 水平升高（均 $P<0.05$）。因此得出结论：45℃艾灸对高脂血症大鼠血脂有调节作用，可通过抗氧化应激、保护血管内皮等多种途径调节血脂[14]。

3. 电针和艾灸降低大鼠肾交感神经活性并延缓肾脏疾病进展

慢性肾脏病（CKD）是世界范围内日益严重的公共卫生问题。交感神经系统和一氧化氮在慢性肾脏病的发病机制中起重要作用。中医学积累了数千年的治疗经验。电针（EA）和艾灸（MO）是两种这样的治疗策略。一项研究的目的是在慢性肾脏病的实验模型中研究电针和艾灸对肾脏和血流动力学的影响。雄性 Wistar 大鼠接受肾切除术 8 周。实验分为四组：（1）正常对照组；（2）仅肾切除，使用假穴位的和电针和（3）艾灸治疗，以及（4）使用真实穴位的肾切除和电针和艾灸治疗。评估生化和血压研究、肾交感神经活动测量、一氧化氮水平和组织病理学指标。结果发现：电针和艾灸治疗组在所有测量的功能和组织病理学参数上都有显著改善。因此得出结论：这些发现表明电针和

艾灸对慢性肾脏病有有益的作用。这种作用可能是通过调节肾交感神经活动和一氧化氮水平来实现的,从而降低血压,这与较少的蛋白尿有关[15]。

4. 艾灸对衰老小鼠大脑皮质一氧化氮水平和一氧化氮合酶活性的影响

一项研究探讨了艾灸"足三里"和"玄中"对 D-半乳糖致衰老小鼠的抗衰老作用。33 只 3 月龄雌性昆明小鼠随机分为模型组($n=11$)、生理盐水对照组($n=10$)和艾灸组($n=11$)。另外 10 只雌性小鼠(16 个月大)被用作生理衰老对照(PSC)组。通过每天皮下注射 D-半乳糖[20 mg/(kg·d^{-1})]共 42 天建立衰老小鼠模型。从第一次注射后第 13 天开始,对双侧"足三里"和"玄中"进行艾灸,隔日 1 次,持续 1 个月。治疗结束时,在麻醉下分别收集大脑皮质和小脑皮质,处死小鼠。匀浆和离心后分别用硝酸还原酶法和化学比色法测定 NO 含量和 NOS 活性。结果发现:与生理盐水对照组相比,生理衰老组和模型组脑组织 NO 含量和 NOS 活性、模型组小脑 NO 含量、生理衰老组和模型组小脑 NOS 活性显著升高($P<0.05,<0.01$)。与模型组比较,艾灸组大鼠脑、小脑 NO 含量及 NOS 活性显著降低($P<0.05,0.01$)。由此得出结论:艾灸"足三里"和"玄中"能显著抑制衰老小鼠大脑和小脑皮质组织 NO 含量和 NOS 活性的增加,提示艾灸具有明显的抗衰老作用[16]。

五、中药与一氧化氮

以中国传统医药理论指导采集、炮制、制剂,说明作用机理,指导临床应用的药物,统称为中药。简而言之,中药就是指在中医理论指导下,用于预防、治疗、诊断疾病并具有康复与保健作用的物质。中药历史悠久、产地适宜、品种优良、产量宏丰、炮制考究、疗效突出、带有地域特点的药材。有很多中药如黄芪都具有益气作用。研究发现,很多具有益气补气的中药例如黄芪、淫羊藿、西洋参、大枣、山茱萸、丹参、罗布麻、丹皮、怀牛膝、菊花、玛咖、马鹿茸、红景天等有助于略微提高体温,改善基础代谢,改善腹部,四肢发凉,虚寒怕冷症状,改善人体气血通畅,并且发现益气补气的中药与一氧化氮有密切关系。有益于一氧化氮生存并起到调节气血作用。1998 年研究一氧化氮获得诺贝尔奖科学家穆拉德(Ferid Murad)博士用调节气血中草药与精氨酸抗氧化剂复合配方结合使用取得非常好的效果。

1. 中药黄芪和当归合用可增强梗阻大鼠肾脏中一氧化氮的生成

由于血管激动剂之间的不平衡而导致的持续性肾血流动力学失调易导致肾小管间质损伤和最终的间质纤维化。黄芪和当归这两种中药的组合煎剂在慢性肾脏疾病大鼠中显示出抗纤维化作用,并改善了急性缺血性肾损伤大鼠的肾血流量。在一项研究中探讨了黄芪和当归组合煎剂在肾间质纤维化过程中对血管激活剂的作用及其可能机制。雄性 Wistar 大鼠随机分为假手术组、单侧输尿管梗阻组和单侧输尿管梗阻组口服黄芪和当归组合煎剂(每日 14 g/kg)组。3、7 和 10 天后,通过染色技术评估形态学变化。采用放射免疫分析法测定肾匀浆中 AngⅡ、ET-1 水平及不同一氧化氮合酶(NOSs)活性。测量作为一氧化氮(NO)产生的亚硝酸盐浓度。分析和免疫组化染色检测肾脏中 eNOS、nNOS 和 iNOS 的表达。用分光光度法测定其清除活性氧的能力。结果发现:形态学分析显示单侧输尿管梗阻组肾脏间质单核细胞浸润严重,肾小管萎缩,肾纤维化和胶原表达,与单侧输尿管梗阻组相比,黄芪和当归组明显减少。阻塞肾中 AngⅡ和 ET-Ⅰ 水平升高,但黄芪和当归给药后无明显变化。梗阻肾脏的 NO 生成在第 3 天没有变化,但在第 7 天和第 10 天增加。在第 3、7 和 10 天,服用黄芪和当归组可使 NO 生成分别增加 2.2、1.2 和 1.2 倍。与假手术组、单侧输尿管梗阻组的 NOS 和 iNOS 活性具有可比性。相比之下,服用黄芪和当归组大鼠肾组织中的组成型 NOS 活性明显高于单侧输尿管梗阻大鼠,在第 3、7 和 10 天时分别增加了 78%、68% 和 78%,尽管服用黄芪和当归组大鼠肾组织中 eNOS、nNOS 和 iNOS 的蛋白表达没有变化。单侧输尿管梗阻组清除活性氧的活性在第 3 天和第 7 天与假手术组无显著差异,但在第 10 天增加[24.1±15.0 vs. 10.1±0.8 U/(min·mg)]蛋白质,$P < 0.05$)。服用黄芪和当归给药后,清除活性氧的活性在第 3 天和第 7 天显著增加[51.5±17.9 vs. 11.7±7.4 U/(min·mg)]蛋白质,$P < 0.05$;与单侧输尿管梗阻组相比,分别为 16.1±5.6 和 7.7±1.4 U/(min·mg)蛋白质,$P < 0.05$)。因此得出结论:服用黄芪和当归给药的抗纤维化作用可能与通过激活 eNOS 和清除 ROS 促进 NO 生成有关,从而改善缺血微血管,减轻间质纤维化[17]。

2. 中药配方（RCM-101）乙醇提取物对脂多糖刺激的大鼠主动脉和原始 264.7 巨噬细胞诱导型一氧化氮生成和 iNOS 蛋白表达的抑制作用

在一项随机、安慰剂对照的临床试验中,一种中药配方(甘草、柴胡、防风和白术)已证明能有效降低季节性变应性鼻炎的症状。一项研究探讨了这种中药配方对一氧化氮的作用和合成的影响。研究了 L-精氨酸对在脂多糖预处理的大鼠离体主动脉诱导的内皮非依赖性舒张作用,通过 NO 传感器检测了脂多糖和干扰素-γ 刺激的小鼠巨噬细胞中 NO 的产生和诱导型一氧化氮合酶(iNOS)蛋白的表达。结果发现:在大鼠主动脉中,这种中药配方显著抑制 L-精氨酸对内皮非依赖性舒张作用,但对硝普钠(SNP)的舒张作用无影响。在原始巨噬细胞中,这种中药配方及其某些单独成分(例如,甘草、柴胡、防风和白术)显著抑制 NO 的产生和 iNOS 蛋白的表达。因此得出结论:该研究结果表明这种中药配方可能通过抑制 iNOS 抑制诱导型 NO 的产生。此外,其对 iNOS 的抑制作用可能由几种关键草药成分介导[18]。

3. 含黄芪和当归的中药当归补血汤诱导内皮细胞产生一氧化氮

当归补血汤是一种古老的中药汤剂,含有黄芪和当归,重量比为5：1,用于缓解妇女的更年期综合征。当归补血汤的药理特性已在骨骼发育、血液增强和免疫刺激方面得到阐明。在此,一项研究扩展了当归补血汤在心血管功能方面可能的药理作用。在培养的人脐静脉内皮细胞中,当归补血汤的应用可以时间和剂量依赖性方式诱导一氧化氮的释放以及内皮一氧化氮合酶和蛋白激酶的磷酸化。一氧化氮信号的强烈激活需要同时煮沸黄芪和当归,即当归补血汤而不是草药提取物。当归补血汤诱导的人脐静脉内皮细胞内皮型一氧化氮合酶和蛋白激酶的磷酸化被内皮型一氧化氮合酶抑制剂(L-NAME)、蛋白激酶抑制剂和钙离子螯合剂完全阻断。同时,阻断内皮型一氧化氮合酶和蛋白激活后,完全消除了当归补血汤诱导的一氧化氮生成[19]。说明当归补血汤确实是通过内皮型一氧化氮合酶产生的一氧化氮发挥作用的。

4. 中药保元汤中抑制一氧化氮的黄酮类化合物

从中药配方保元汤中分离出来了3种新的黄酮苷类化合物,以及八种黄酮,七种异黄酮,四种查尔酮,一种黄酮醇和一种二氢查尔酮。通过详细分析确定了新化合物的结构,并确定了它们的绝对构型。在脂多糖激活的巨噬细胞中,评估分离物对一氧化氮产生的抑制作用。其中一种黄酮化合物、一种查尔酮和一种黄酮醇显示出显著的抑制活性,IC50值分别为1.4、13.8和9.3 μM,与阳性对照槲皮素(IC50,16.5 μM)相当甚至更好。经鉴定,结果表明它们来源于黄芪和甘草[20]。

5. 中药新脉甲对内皮型一氧化氮合酶的抑制作用

内皮细胞功能障碍是动脉粥样硬化的第一步,由内皮型一氧化氮合酶(eNOS)解偶联引起。一项研究旨在探讨中药新脉甲(XMJ)是否能激活内皮型一氧化氮合酶(eNOS)发挥抗动脉粥样硬化作用。结果发现新脉甲(25、50、100 μg/ml)预处理30分钟后,浓度依赖性地激活eNOS,提高细胞活力,增加NO生成,减少与H_2O_2孵育2小时的人脐静脉内皮细胞中的ROS生成,同时恢复四清生物嘌呤(BH_4)。重要的是,在H_2O_2处理的细胞中,这些由新脉甲产生的保护作用被eNOS抑制剂L-NAME或特异的eNOS siRNA所消除。在离体实验中,将大鼠离体主动脉环暴露于H_2O_2中6 h可显著损害乙酰胆碱诱导的血管舒张,降低NO水平并增加ROS生成,新脉甲以浓度依赖性方式消融这些损伤血管舒张的作用。体内分析表明,服用新脉甲[0.6,2.0,6.0 g/(kg·d)]12周后,能够使高脂饮食加球囊损伤喂养的大鼠的eNOS显著恢复,颈动脉粥样硬化斑块缩小。综上所述,新脉甲可使eNOS减少,从而阻止大鼠动脉粥样硬化的发展。临床上,新脉甲可能被认为是治疗动脉粥样硬化患者的药物[21]。

6. 瓜蒌薤白白酒汤通过 NO_3—NO_2—NO 途径提高治疗冠心病中药的一氧化氮生物活性

瓜蒌薤白白酒汤是由一种中国黄酒、传统中药瓜蒌和薤白混合而成,在中国用于治疗和预防冠心病已有近 2000 年的历史。然而,该化合物组分(GLXBBJ)相容性背后的机制尚未深入研究。在一项研究中,评估了瓜蒌薤白白酒汤化合物与一氧化氮(NO)生物活性在草药、细胞和离体主动脉环中的相容性。用硝酸盐(NO_3)和亚硝酸盐(NO_2)浓度进行量化,一氧化氮(NO)通过荧光探针的多功能酶标记物进行定量。采用免疫印迹法对 L-精氨酸内皮型一氧化氮合酶(eNOS)进行定性分析。采用多肌图系统测量主动脉环张力。黄酒在缺氧条件下将 NO_3 还原为 NO_2 和 NO_2 还原为 NO 的能力最强,且不受温度的影响。含黄酒血清显著降低缺氧细胞 NO_3 含量,增加 NO_2 含量。黄酒与瓜蒌、泻白或瓜蒌薤白白酒汤联合使用可产生更强的血管舒张作用。这些结果表明,黄酒有效地降低了 NO_3/NO_2,尽管只存在少量 NO_3。一旦与富含 NO_3/NO_2 的瓜蒌、泻白或瓜蒌泻白和黄酒结合,就会通过 NO_3—NO_2—NO 途径产生强大的 NO 生物活性。因此,本研究支持使用中药促进医学创新和未来药物开发的潜力[22]。

六、太极拳和气功锻炼对一氧化氮的影响

太极气功为功法名,因原功法早已失传,现代较为流行的练习太极气功健身的功法为太极气功十八式,是根据太极拳某些功法和气功调息相配合编导而成。其特点是动作简单,容易掌握,疗效较佳。要求姿势正确,动作均匀、缓慢,配合呼吸,用鼻呼吸,用口呼吸,适合于体弱病残者锻炼。太极拳,国家级非物质文化遗产,是以中国传统儒、道哲学中的太极、阴阳辩证理念为核心思想,集颐养性情、强身健体、技击对抗等多种功能为一体,结合易学的阴阳五行之变化,中医经络学,古代的导引术和吐纳术形成的一种内外兼修、柔和、缓慢、轻灵、刚柔相济的中国传统拳术。2020 年 12 月,联合国教科文组织保护非物质文化遗产政府间委员会第 15 届常会将"太极拳"项目列入联合国教科文组织人类非物质文化遗产代表作名录。太极拳吸收了传统医学的经络、俞穴、气血、导引、藏象等理论,符合医理。太极拳理根于传统医学,又符合现代科学,显示了明显的健身性。正如拳论所称的"若问用意终何在,益寿延年不老丹"。现代大量的科学实验研究发现太极拳和气功延年益寿的重要作用与一氧化氮有关。

1. 太极拳和气功锻炼对原发性高血压患者血压及一氧化氮的影响

太极和气功是两种相似的中国传统健身操。大量已发表的临床随机对照试验调查了太极拳和气功锻炼对原发性高血压患者的健康益处。一项研究首次对太极拳和气功

锻炼对高血压患者血压、一氧化氮(NO)和内皮素-1水平的疗效进行荟萃分析,并探讨太极拳和气功锻炼的潜在降压机制。研究在7个数据库中进行了中英文文献检索,检索时间为2020年1月14日。所有研究原发性高血压患者太极拳和气功锻炼临床疗效的随机对照试验均纳入考虑范围。太极拳和气功锻炼的主要治疗结果是原发性高血压患者血液中NO、内皮素-1和血压水平的变化。通过偏差风险工具检测纳入的随机对照试验的方法学质量。使用软件对报告的数据进行评估并进行荟萃分析。结果发现:纳入9项随机对照试验,涉及516例原发性高血压患者。干预时间为1.5~6个月。综合分析结果显示,与对照组干预措施相比,实验性太极气功干预措施在降低收缩压和舒张压方面更为有效,并且有助于提高血液中的NO水平和降低血液中的内皮素-1水平。因此得出结论:太极拳和气功锻炼是治疗原发性高血压的有效补充和替代疗法。实施太极拳和气功锻炼的原发性高血压患者血压较低可能与运动相关的血NO水平升高和血内皮素-1水平降低有关。当然还需要进一步的研究来明确太极拳和气功锻炼在原发性高血压治疗中的有效性以及太极拳和气功锻炼降低血压的机制[23]。

2. 太极运动对原发性高血压患者血压和血浆一氧化氮、一氧化碳和硫化氢水平的影响

一项研究探讨了太极拳运动对原发性高血压患者一氧化氮(NO)、一氧化碳(CO)和硫化氢(H_2S)水平及血压(BP)的影响。根据患者意愿,将原发性高血压患者分为太极锻炼组(HTC,$n=24$)和高血压组(HP,$n=16$)。招募年龄和性别匹配的健康志愿者作为对照组(NP,$n=16$)。太极锻炼组进行太极拳练习(60 min/d,6 d/周),持续12周。在第0周、第6周和第12周进行测量(血糖、胆固醇、NO、CO、H_2S和血压)。在太极锻炼组中,收缩压、平均血压和低密度脂蛋白胆固醇水平在第12周降低,而高密度脂蛋白胆固醇水平在第12周升高(与基线相比均$P<0.05$)。12周后,太极锻炼组组的血浆NO、CO和H_2S水平升高(与基线相比均$P<0.05$)。太极拳组的收缩压、舒张压和平均动脉压水平显著低于高血压组组(均$P<0.05$)。然而,高血压组组和对照组组未观察到任何变化。观察到收缩压变化与NO、CO和H_2S变化之间存在相关性(分别为$r=-0.45$、-0.51和-0.46,均$P<0.05$),平均血压变化与NO、CO和H_2S变化之间存在相关性(分别为$r=-0.36$、-0.45和-0.42,均$P<0.05$)。总之,太极运动似乎对原发性高血压患者的血压和气体信号分子有有益的影响。然而,需要进一步的调查来理解这些观察结果背后的确切机制,并在更大的队列中确认这些结果[24]。

3. 太极拳运动改善哮喘和非哮喘儿童的肺功能,降低呼出的一氧化氮水平,改善哮喘儿童的生活质量

太极拳是一种适合哮喘患者的低强度到中等强度的运动。一项研究探讨了太极拳运动后哮喘儿童肺功能、气道炎症和生活质量的改善。参与者包括 61 名小学生,根据国际儿童哮喘和过敏研究(ISAAC)问卷将他们分为哮喘组($n=29$)和非哮喘组($n=32$)。其中,20 名哮喘儿童和 18 名非哮喘儿童自愿参加每周 60 min 的太极拳运动锻炼,为期 12 周。基线和干预后评估包括 1 秒用力呼气量(FEV1)、用力肺活量(FVC)、呼气峰流速(PEFR)、呼气一氧化氮(FeNO)分数和标准化儿童哮喘生活质量问卷。结果显示,干预后呼气一氧化氮水平显著降低,太极拳运动后哮喘组和非哮喘组的呼气峰流速和 FEV1/FVC 也显著改善。哮喘儿童在太极拳运动后的生活质量也有所改善。结果表明,太极拳运动能改善轻度哮喘和非哮喘儿童的肺功能,减轻气道炎症。它还能改善轻度哮喘儿童的生活质量。然而,还需要进一步的研究来确定太极拳运动对中重度哮喘儿童的影响[25]。

4. 太极拳训练增强健康老年男性微循环功能

一项研究评价了老年太极拳练习者的皮肤微循环功能。10 名老年男性太极拳练习者[平均年龄(69.9±1.5)岁]和 10 名年龄和体型匹配的久坐男性(平均年龄 67.0 ±1.0 岁)。太极拳组练习(11.2±3.4)年(平均值＋/－标准误差),每周练习(5.1± 1.8)次。每次训练包括 20 min 的热身、24 min 的太极拳练习和 10 min 的冷却。主要观察指标:对每个受试者在自行车测力计上进行分级运动试验,并进行气体分析。在休息和运动试验期间测量皮肤血流量(SkBF)、皮肤血管电导和皮肤温度。运动前和运动后立即分析血浆一氧化氮代谢物。结果发现:太极拳组血氧峰值比对照组高 34％;在休息和运动期间,皮肤血流量皮肤血管传导和皮肤温度也高于对照组;在休息和运动后,血浆一氧化氮代谢物水平也高于久坐组。因此得出结论:老年太极拳患者在运动期间的皮肤微循环功能高于久坐的患者。此外,这种变化可能部分由一氧化氮释放增强介导[26]。

七、一氧化氮与血液循环

中医认为五谷入胃,其所化生的精微之气,注入于心,再由心将此精气滋养于血脉。血气流行在经脉之中,到达于肺,肺又将血气输送到全身百脉中去,最后经过毛细血管把精气输送到全身,这些正常的生理活动,都要取决于气血通畅和阴阳的平衡。现代科学也证明生命的本真特征是血液的循环,通过循环进行氧气的输送和带走二氧化碳废料。血液循环是新陈代谢的基本形式,是维持自身自愈力的前提,自身生命力就是血液循环力。来自动脉血的营养物质和氧气经过毛细血管,进入细胞和组织,然后携带细胞和组织代谢的废物进入静脉回流的心脏。这里是一个物质和能量交换的微循环区域,在保障身体健康方面发挥着关键作用。人体细胞死亡和疾病发生都是微循环功能障碍（气滞、血瘀、供氧不足）所致，几乎所有疾病都与微循环有关。一旦发生障碍，人体器官及器官之间的环境失衡，所有生命活动都难以正常维持。微循环障碍是埋藏在血液中的一颗定时炸弹，发生在哪里那里的器官就出现疾病，轻者加快细胞老化和衰竭，重则出现局部坏死或产生肿瘤等严重疾病。

血液循环是人体气血循环系统的基础单位，血液循环衰竭生命即停止。而血液循环的通道是血管，血管的舒张是血液循环的动力，这个血管的舒张靠的就是一氧化氮。一氧化氮自由基可以改善血液循环、延缓衰老及预防和治疗各种疾病。

最近南开大学研发了一种新型 NO 释放系统，体内近红外成像分析清楚地证明了向靶组织的精确递送，在大鼠后肢缺血和小鼠急性肾损伤模型中评估治疗潜力。NO 的靶向传递明显增强了其在组织修复和功能恢复方面的治疗效果，并消除了因系统性释放 NO 而产生的不良反应。证明一氧化氮这个重要气体信号分子的靶向传递方面具有广泛的适用性，并为相关研究提供了强有力的工具[27]。

他们又研发了一种硝酸盐功能化贴片，可以通过局部一氧化氮释放提供心脏保护并改善心肌梗死后的心脏修复。当植入心肌时，贴片通过逐步生物转化局部释放 NO，并且由于缺血微环境，梗死心肌中的 NO 生成显著增强，从而产生线粒体靶向性心脏保护以及增强的心脏修复。在临床相关的猪心肌梗死模型中进一步证实了治疗效果[28]。

参 考 文 献

［1］ Ma SX. Enhanced nitric oxide concentrations and expression of nitric oxide synthase in acupuncture points/meridians. J Altern Complement Med，2003，9(2)：207—215.

［2］ Ma SX, Lee PC, Jiang I, et al. Influence of age, gender, and race on nitric oxide release over acupuncture points-meridians. Sci Rep，2015，5：17547.

［3］ Liang Y, Ma SX, Chen JX. Effect of nitric oxide on noradrenergic function and skin electric resistance of acupoints and meridians. Zhen Ci Yan Jiu，2008，33（3）：213—216.

［4］ Chen JX, Ma SX. Effects of nitric oxide and noradrenergic function on skin electric resistance of acupoints and meridians. J Altern Complement Med，2005，11(3)：423—431.

［5］ Guo J, Chen Y, Yuan B, et al. Effects of Intracellular Superoxide Removal at Acupoints with TAT-SOD on Obesity. Free Radical Biology and Medicine，2011，51(12)：2185—2189.

［6］ Ma SX, Li XY, Smith BT, et al. Changes in nitric oxide, cGMP, and nitrotyrosine concentrations over skin along the meridians in obese subjects. Obesity (Silver Spring)，2011,19(8)：1560—1567.

[7] Tsuchiya M，Sato EF，Inoue M，et al. Acupuncture enhances generation of nitric oxide and increases local circulation. Anesth Analg，2007,104(2)：301—307.

[8] Ma SX. Nitric oxide signaling molecules in acupoints：Toward mechanisms of acupuncture. Chin J Integr Med，2017,23(11)：812—815.

[9] Severcan C，Cevik C，Acar HV，et al，Geçioğlu E，Paşaoğlu OT，Gündüztepe Y. The effects of acupuncture on the levels of blood pressure and nitric oxide in hypertensive patients. Acupunct Electrother Res，2012,37(4)：263—275.

[10] Ma SX，Lee PC，Anderson TL，et al. Response of Local Nitric Oxide Release to Manual Acupuncture and Electrical Heat in Humans：Effects of Reinforcement Methods. Evid Based Complement Alternat Med，2017,2017：4694238.

[11] Huang W，Meng X，Huang Y，et al. Nitric Oxide and Cyclic Guanosine Monophosphate Signaling Mediates the Antidepressant Effects of Acupuncture in the Rat Model of Chronic Unpredictable Mild Stress. Med Sci Monit，2019,25：9112—9122.

[12] Gündüztepe Y，Mit S，Geçioglu E，et al. The impact of acupuncture treatment on nitric oxide (NO) in migraine patients. Acupunct Electrother Res，2014,39(3—4)：275—283.

[13] Ye X，Zhang H. Influence ofmoxibustion temperatures on blood lipids，endothelin - 1，and nitric oxide in hyperlipidemia patients. J Tradit Chin Med，2013,33(5)：592—596.

[14] Su FF，Gao JY，Wang GY，et al. Effects of moxibustion at 45 on blood lipoids and serum level of ox - LDL and NO in rats with hyperlipidemia. Zhongguo Zhen Jiu，2019,39(2)：180—184.

[15] Paterno JC，Bergamaschi CT，Campos RR，et al. Electroacupuncture and moxibustion decrease renal sympathetic nerve activity and retard progression of renal disease in rats. Kidney Blood Press Res，2012,35(5)：355—364.

[16] Li-hua Zhao，Jian-jun Wen，Ke Yang，et al. Effects of moxibustion on cerebral cortical nitric oxide level and nitric oxide synthase activity in aging mice. Zhen Ci Yan Jiu，2008,33(4)：255—261.

[17] Meng L，Qu L，Tang J，et al. A combination of Chinese herbs，Astragalus membranaceus var. mongholicus and Angelica sinensis，enhanced nitric oxide production in obstructed rat kidney. Vascul Pharmacol，2007,47(2—3)：174—183.

[18] Gong AG，Lau KM，Zhang LM，et al. Danggui Buxue Tang，Chinese Herbal Decoction

Containing Astragali Radix and Angelicae Sinensis Radix, Induces Production of Nitric Oxide in Endothelial Cells: Signaling Mediated by Phosphorylation of Endothelial Nitric Oxide Synthase. Planta Med, 2016,82(5): 418—423.

[19] Gong AG, Lau KM, Zhang LM, et al. Danggui Buxue Tang, Chinese Herbal Decoction Containing Astragali Radix and Angelicae Sinensis Radix, Induces Production of Nitric Oxide in Endothelial Cells: Signaling Mediated by Phosphorylation of Endothelial Nitric Oxide Synthase. Planta Med, 2016,82(5): 418—423.

[20] Wang NL, Chang CK, Liou YL, et al. Shengmai San, a Chinese herbal medicine protects against rat heat stroke by reducing inflammatory cytokines and nitric oxide formation. J Pharmacol Sci, 2005,98(1): 1—7.

[21] Yin YL, Zhu ML, Wan J, et al. Traditional Chinese medicine xin-mai-jia recouples endothelial nitric oxide synthase to prevent atherosclerosis in vivo. Sci Rep, 2017,2 (7): 43508.

[22] Tang Y, Liu Y, Yin B, et al. BaiJiu Increases Nitric Oxide Bioactivity of Chinese Herbs Used to Treat Coronary Artery Disease Through the NO_3—NO_2—NO Pathway. J Cardiovasc Pharmacol, 2019,74(4): 348—354.

[23] Liu D, Yi L, Sheng M, et al. The Efficacy of Tai Chi and Qigong Exercises on Blood Pressure and Blood Levels of Nitric Oxide and Endothelin-1 in Patients with Essential Hypertension: A Systematic Review and Meta-Analysis of Randomized Controlled Trials. Evid Based Complement Alternat Med, 2020 Jul 30,2020: 3267971.

[24] Pan X, Zhang Y, Tao S. Effects of Tai Chi exercise on blood pressure and plasma levels of nitric oxide, carbon monoxide and hydrogen sulfide in real-world patients with essential hypertension. Clin Exp Hypertens, 2015,37(1): 8—14.

[25] Lin HC, Lin HP, Yu HH, et al. Tai-Chi-Chuan Exercise Improves Pulmonary Function and Decreases Exhaled Nitric Oxide Level in Both Asthmatic and Nonasthmatic Children and Improves Quality of Life in Children with Asthma. Evid Based Complement Alternat Med, 2017: 6287642.

[26] Wang JS, Lan C, Wong MK. Tai Chi Chuan training to enhance microcirculatory function in healthy elderly men. Arch Phys Med Rehabil, 2001,82(9): 1176—80.

[27] Hou J, Pan Y, Zhu D, et al. Targeted delivery of nitric oxide via a 'bump-andhole'-based enzyme—prodrug pair. Nature Chemical Biology, 2019,15,151—160.

[28] Zhu D, Hou J, Qian M, et al. Nitrate-functionalized patch confers cardioprotection and improves heart repair after myocardial infarction via local nitric oxide delivery. Nat Commun, 2021,12(1): 4501.

第二十三章

一氧化氮与睡眠，骨关节及其他功能

前面各章分别介绍一氧化氮的一系列功能，但还不能完全概括一氧化氮的全部功能，或者说只是概括了部分比较重要的功能。因为随着研究的深入，一氧化氮涉及的功能太多了。所以本章再简要介绍几个一氧化氮的其他功能，其中包括睡眠、骨质疏松、败血症和肌无力症。即使如此，也还有很多功能不能包括进去，相信随着研究的进展还会有更多一氧化氮的新功能被发现。

一、一氧化氮与睡眠

睡觉是人类不可缺少的一种生理现象。人的一生中，睡眠占了近 1/3 的时间，它的质量好坏与人体健康与否有密切关系，从某种意义上说，睡眠的质量决定着生活的质量。睡觉是一种生理反应，是大脑神经活动的一部分，是大脑皮质内神经细胞继续兴奋之后产生抑制的结果。当抑制作用在大脑皮质内占优势的时候，人就会睡觉。睡觉同时是记忆细胞新陈代谢的过程：老化的细胞将每个记忆信息所使用的排列方式输入新细胞内，以备储存。正常睡眠分为两个时相：快波睡眠和慢波睡眠，两者可以相互转化。由一个慢波睡眠和一个快波睡眠组成睡眠周期，每个睡眠周期历时约 90 min。人们每晚的睡眠通常经历4～6个睡眠周期。

慢波睡眠由浅至深又可分为四期(S1—S4期)。第一、二期称浅睡期,第三、四期称深睡期,深睡期对恢复身体的精神和体力具有重要价值。在整个慢波睡眠中,以副交感神经活动占优势,可引起心率减慢,血压降低,胃肠活动增加,全身肌肉松弛,但没有张力和活力。快波睡眠又叫快眼动睡眠、失同步睡眠或异相睡眠,是睡眠的最后一个阶段。这是通过仪器可以观察到睡眠者的眼球有快速跳动的现象,呼吸和心跳变得不规则。

如果一个人长期睡眠不足,导致记忆细胞无法健康生活,则容易产生某些健康问题,甚至疾病,比如失语症,痉挛,抽搐,或者强制性睡眠导致的休克和昏厥等。时间久了也容易产生癌变。

迄今为止,只有少数研究表明一氧化氮可能在睡眠-觉醒周期的调节中发挥作用。然而,报告的数据存在争议,一氧化氮在睡眠-觉醒周期调节中的作用仍不确定。一氧化氮只是一类在生物学中具有基本作用的新型气体信号分子中的一员。在高等脊椎动物中,它在维持血压、止血、平滑肌(尤其是血管平滑肌)、神经元和胃肠道中起着关键作用。它密切参与调节我们生活的方方面面,从觉醒、消化、性功能、疼痛和愉悦的感知、记忆、回忆和睡眠。一氧化氮(NO)是由一氧化氮合酶(NOS)的三种主要亚型合成的生物信使:神经元型(nNOS,组成性钙依赖型)、内皮型(eNOS,组成性,钙依赖型)和诱导型(iNOS,钙非依赖型)。一氧化氮合酶分布在大脑中,既有局限的神经元,也有稀疏的中间神经元。含有NOS的神经元与根据其对睡眠机制的贡献分组的神经元重叠。NO的主要靶点是可溶性鸟苷酸环化酶,该酶可触发环磷酸鸟苷的过量生产。脑桥被盖神经元中的NO促进睡眠(特别是快速眼动睡眠),NO通过涉及共同合成的神经递质的自动抑制过程干预神经元的放电。此外,iNOS诱导NO产生具有损害作用,如神经退行性变、衰老、神经病变等[1]。

1. 一氧化氮在睡眠-觉醒状态调节中的作用

一氧化氮(NO)的产生涉及四种不同的NO合成酶(NOS),它们要么是神经元(nNOS)、内皮细胞(eNOS)、线粒体(mNOS)或诱导型(iNOS)。3个主要过程调节NO/NOSs输出,即L-精氨酸/精氨酸酶底物竞争系统、L-瓜氨酸/精氨琥珀酸盐循环系统和不对称二甲基/单甲基-L-精氨酸抑制系统。在成年动物中,nNOS表现出与脑桥睡眠结构混杂的密集神经支配。众所周知,NO/nNOS的产生对日常稳态睡眠(慢波睡眠(SWS)和快速眼动睡眠(REM睡眠)发挥着关键作用。在下丘脑基底部,NO/nNOS的产生进一步促进了睡眠剥夺(SD)后发生的快速眼动睡眠睡眠反弹。这种产生也可能有助于睡眠反弹,而睡眠反弹与固定应力有关。在成年动物中,在整个睡眠剥夺时间过程中，神经元中会产生额外的 NO/iNOS。这样产生的 NO 调解了短暂的睡眠剥夺相关慢波睡眠反弹。短暂的 NO/iNOS 产生也是免疫系统的一部分。这种产生有助于伴随炎症事件的慢波睡眠增加，并由小胶质细胞和星形胶质细胞产生。最后，随着年龄的增长，iNOS 的表达变得持久，相应的 NO/iNOS 的产生对于确保快速眼动睡眠睡眠的充分维持以及在较小程度上的慢波睡眠非常重要。尽管如此，年老的动物仍然无法激发睡眠反弹来应对睡眠剥夺或固定应力的挑战。成年动物的睡眠调节过程因此会随着年龄的增长而受损。衰老过程中 iNOS 表达的减少可能有助于加速衰老，如衰老加速小鼠所观察到的那样[2]。

2. 一氧化氮对睡眠影响的双重性

一项研究探讨了两种不同的一氧化氮合酶抑制剂对睡眠量的影响：N-硝基-L-精氨酸甲酯（一种非选择性一氧化氮合酶抑制剂）和 7-硝基吲唑（一种神经元型一氧化氮合酶的特异性抑制剂）。上述化合物通过两种途径给药，即腹腔内给药或局部中缝背核给药，中缝背核是一种参与睡眠调节的结构。为了评估其在大鼠脑内抑制一氧化氮合成的效率，首先将其腹腔注射给一组动物，并通过伏安法测量皮层一氧化氮的释放。N-硝基-L-精氨酸甲酯（100 mg/kg, i. p.）不影响皮质一氧化氮的释放，但它增加了慢波睡眠和反常睡眠的持续时间。相反，7-硝基吲唑（40 mg/kg, i. p.）显著减少皮质一氧化氮的释放（-25%）和反常的睡眠时间。此外，在中缝背核的一氧化氮能细胞区微量注射 100 ng/0.20 μl 的 N-硝基-L-精氨酸甲酯或 7-硝基吲唑后，反常睡眠持续时间缩短（分别为-32.8% 和-25.3%）。所获得的结果支持一氧化氮在睡眠调节模式中存在二元性，即中缝背核一氧化氮 5-羟色胺能神经元的外周抑制作用和中枢促进作用[3]。

3. 大鼠大脑皮层 N-甲基-D-天冬氨酸受体一氧化氮信号与急性和慢性睡眠剥夺相关变化与衰老和大脑侧化

衰老和慢性睡眠剥夺（SD）是公认的阿尔茨海默病（AD）的危险因素，N-甲基-D-天冬氨酸受体（NMDA）和下游一氧化氮（NO）信号参与了这一过程。一项研究中探讨了年龄和急性或慢性睡眠剥夺依赖性变化对 Wistar 大鼠皮层 NMDA 受体亚单位（NR1、NR2A 和 NR2B）表达和 NO 合成酶（NOS）亚型活性的影响，并与大脑侧化的关系。在年轻成年对照组中，已观察到神经元和内皮 NOS 的季节性偏侧变化。在老年大鼠中，发现 N-甲基-D-天冬氨酸蛋白受体 NR1、NR2A 和 NR2B 表达总体降低，神经元和内皮 NOS 活性降低。NR1 和 NR2B 的年龄依赖性变化与两半球的神经元 NOS 显著相关。慢性睡眠剥夺诱发的变化（内皮 NOS 功能障碍和 NR2A 作用的增加）不同于急性睡眠剥夺诱发的变化（右侧诱导型 NOS 增加）。总的来说，这些结果显示了大鼠大脑中 NMDA 受体亚单位和下游 NOS 亚型水平的年龄依赖性调节,慢性睡眠剥夺可以部分模拟这种调节。NMDA 受体和 NOS 患病率随年龄增加和慢性睡眠剥夺改变可能导致老年人认知能力下降,以及 AD 的病理生物学和神经退行性退变的过程[4]。

4. 诱导型一氧化氮合酶在老年大鼠睡眠-觉醒状态发生中的潜在作用

大量证据表明,诱导型一氧化氮合酶与氧化应激之间的关联发生在衰老过程中。由于诱导型一氧化氮合酶在与衰老相关的睡眠障碍中所起的作用尚不清楚,一项研究使用多谱学、生物化学、伏安法和免疫组织化学技术对老年大鼠(20～24 个月)和成年大鼠(3～5 个月)的情况进行了比较。实验在基础条件下进行,或在全身注射选定的诱导型一氧化氮合酶抑制剂后进行。结果发现 2-氨基-5,6-二氢-6-甲基-4H-1,3-噻嗪(10 mg/kg,i. p.)或氨基胍(400 mg/kg,i. p.)能够抑制老年大鼠的快速眼动睡眠,但诱导慢波睡眠延迟增强但在成年动物身上没有发生。在额叶皮质、侧嗅被盖和中缝背核内,老年大鼠的基础诱导型一氧化氮合酶活性比成年大鼠高 85%～200%。相反,2 组的神经元一氧化氮合酶活性没有变化。2-氨基-5,6-二氢-6-甲基-4H-1,3-噻嗪给药可显著降低诱导型一氧化氮合酶活性(大脑区域 70%～80%),与年龄无关,但可显著降低老年大鼠的皮质一氧化氮释放。最后,在额叶皮质和中缝背侧,只有老年动物的诱导型一氧化氮合酶阳性细胞。这些数据支持由诱导型一氧化氮合酶产生的一氧化氮在衰老期间触发和维持快速眼动睡眠中发挥作用的观点[5]。

5. 一氧化氮与阻塞性睡眠呼吸暂停

成人阻塞性睡眠呼吸暂停综合征的危险因素和呼出一氧化氮含量有密切关系。阻塞性睡眠呼吸暂停是一种常见疾病,影响到 16% 的工作年龄人口。虽然睡眠呼吸暂停与白天嗜睡有着密切的联系,可能是通过反复的睡眠中断介导的,但其他一些后果还不太清楚。临床、流行病学和生理学研究表明睡眠呼吸暂停与日间高血压之间存在联系。清醒时,当患者不缺氧时,动脉压升高是明显的,并由持续的交感神经兴奋和外周血管反应性的改变介导。研究表明,交感神经兴奋和血管反应性改变至少部分是神经组织和内皮中一氧化氮合酶表达减少的结果。交感神经调节中枢和外周部位以及内皮细胞中一氧化氮生成的减少可能在一定程度上能够解释了睡眠呼吸暂停患者清醒时血压升高的原因[6]。

一氧化氮和阻塞性睡眠呼吸暂停是不可分割的。阻塞性睡眠呼吸暂停可被描述为在每次呼吸时,鼻腔 NO 向肺部输送的间歇性故障。NO 控制咽部扩张器和胸部肌肉组织引起的闭合负压之间不等之间的吸气传出通路。皮层反复觉醒是一个主要的短期并发症,每次觉醒后恢复睡眠需要使用 NO。长期并发症,即高血压、心肌梗死和脑卒中,可能是由于组织中反复暂时缺乏 NO,继发缺氧,而缺氧是 NO 的两种基本底物之一[7]。

一项研究旨在评估阻塞性睡眠呼吸暂停（OSA）与呼出一氧化氮（FENO）分数之间的关系，并评估气道炎症危险因素对阻塞性睡眠呼吸暂停的影响。分析了 2015 年 1 月至 2017 年 6 月北京朝阳医院呼吸睡眠中心患者的病历。所有患者均诊断为阻塞性睡眠呼吸暂停。收集病史、临床检查、呼出一氧化氮和上呼吸道计算机断层扫描结果的数据。采用回归分析评价阻塞性睡眠呼吸暂停综合征的危险因素。结果发现：研究期间，共有 181 名患者入住呼吸睡眠中心，170 名患者被诊断为阻塞性睡眠呼吸暂停，并被纳入研究。单因素分析显示，男性性别、年龄、体重指数、吸烟指数、饮酒量、呼出一氧化氮、软腭厚度、软腭长度、上呼吸道最窄横径、扁桃体大小和鼻窦炎是睡眠呼吸障碍和疾病严重程度的危险因素。因此得出结论：男性性别、年龄、体重指数、呼出一氧化氮、上呼吸道最窄横径和扁桃体大小与阻塞性睡眠呼吸暂停和疾病严重程度相关。阻塞性睡眠呼吸暂停的严重程度与呼出一氧化氮水平有关[8]。

二、一氧化氮与骨质疏松

骨质疏松一般指骨质疏松症。骨质疏松症是由于多种原因导致的骨密度和骨质量下降，骨微结构破坏，造成骨脆性增加，从而容易发生骨折的全身性骨病。骨质疏松症分为原发性和继发性二大类。年龄相关的一氧化氮（NO）生成减少不仅与心血管事件、性功能障碍有关，而且与骨质疏松症的增加也有关。一氧化氮（NO）是一种对骨细胞功能有重要影响的自由基。内皮型一氧化氮合酶（eNOS）在骨组织中广泛表达，而诱导型 iNOS 仅在炎症刺激下表达。目前尚不清楚神经元 NOS 是否由骨细胞表达。促炎细胞因子如 IL-1 和 TNF 可激活骨细胞中的 iNOS 途径，而来源于该途径的 NO 可增强细胞因子和炎症诱导的骨丢失。NO 的这些作用与炎症性疾病（如类风湿性关节炎）中骨质疏松症的发病机制有关，这些疾病的特点是 NO 生成增加和细胞因子激活。当干扰素 γ 与其他细胞因子结合时，它是一种特别有效的 NO 产生刺激剂，导致产生非常高浓度的 NO。这些高水平的 NO 抑制骨吸收和形成，并可能在严重炎症中抑制骨转换。eNOS 亚型似乎在调节成骨细胞活性和骨形成方面起着关键作用，因为 eNOS 基因敲除小鼠由于骨形成缺陷而患有骨质疏松症。其他研究表明，来源于 eNOS 途径的 NO 作为雌激素在骨中作用的介质。eNOS 还介导骨骼上的机械负荷效应，与前列腺素一起作用，促进骨形成并抑制骨吸收。药理 NO 供体已被证明能增加实验动物的骨量，初步证据表明这些药物也可能影响人类的骨转换。这些数据表明，L-精氨酸/一氧化氮途径是预防和治疗骨病的一个新的治疗干预靶点[9]。

相对 NO 缺乏是 NO 替代疗法的合理生物学基础。激素替代疗法（HRT）可提高绝经后妇女的局部 NO 生成并纠正 NO 缺乏。然而，在炎症性关节病中，过量的局部 NO

生成会加重骨破坏。除了用于缓解心绞痛和勃起功能障碍外,没有任何化合物可以作为包括骨质疏松症在内的慢性疾病的有价值的补充疗法。雌激素部分通过NO/cGMP途径介导其在骨骼中的有益作用;因此,在骨质疏松症的预防和治疗中,可以作为雌激素、雌激素激动剂拮抗剂和雄激素受体调节剂疗法的替代疗法。大量的动物研究和人类试点研究支持使用NO供体预防骨质流失的概念。外源性NO或延长内源性NO活性是补充NO的有效途径[10]。

1. 一氧化氮作为骨细胞雌激素效应的介质

雌激素、他汀类药物和必需脂肪酸及其代谢物可以预防骨质疏松症。然而,尚不确定这3种结构不同的药物如何具有相同的有益作用。这3种药物除了在预防骨质疏松症方面的其他作用方式外,还具有增强体内(或内皮细胞)一氧化氮生成的能力,这在骨质疏松症中是有益的。如果是这样的话,研究一氧化氮供体和(或)一氧化氮前体是否可以与雌激素、他汀类药物或必需脂肪酸一起服用以增强其对骨质疏松症的益处将是非常有意义的。

雌激素缺乏导致的绝经后骨质疏松症是一个主要的健康问题,现有的治疗方法主要依赖于抑制骨吸收,因为雌激素替代疗法与风险相关。雌激素在很大程度上通过提高骨细胞存活率来促进骨健康,但其相关的分子机制尚不完全清楚。研究发现雌二醇刺激骨细胞产生一氧化氮(NO),导致cGMP合成增加和cGMP依赖性蛋白激酶(PKG)激活。此外,现17β-雌二醇通过NO/cGMP信号通路保护骨细胞免于凋亡:Ⅱ型PKG介导雌二醇诱导促生存激酶Erk和Akt的激活,而Ⅰ型PKG通过直接磷酸化和失活细胞死亡蛋白BAD来促进促细胞生存信号。临床前数据支持NO在骨生物学中的重要作用,临床试验表明NO供体可以预防绝经后妇女的骨丢失。这些数据为通过NO/cGMP/PKG途径了解雌激素信号提供了新的见解,并为使用NO供体和其他cGMP提升剂治疗绝经后骨质疏松症提供了理论依据[11]。

2. 不同剂量一氧化氮供体对去卵巢大鼠骨质疏松的预防作用

一氧化氮对骨细胞功能有重要影响。为了验证一氧化氮可以防止雌激素缺乏引起的骨质流失,这取决于一氧化氮的不同浓度,一项研究对去势大鼠应用了不同剂量的一氧化氮。50只12周龄的Sprague-Dawley雌性大鼠进行卵巢切除,10只大鼠进行假手术。去卵巢大鼠随机分为5组:单纯去卵巢组;17β-雌二醇;低剂量硝酸甘油;中剂量硝酸甘油;和高剂量硝酸甘油。12周后,测定骨密度、干重、灰分、钙含量和一氧化氮浓度。与假手术组的测量值相比,对照组的骨密度、干重、灰分、钙含量和一氧化氮浓度降低。与对照组相比,使用低剂量硝酸甘油、中剂量硝酸甘油和17β-雌二醇治疗可维持骨密度,并逆转卵巢切除对干重、灰分和钙含量的影响。在只切除卵巢的大鼠和接受高剂量硝酸甘油治疗的大鼠之间，骨密度、干重、灰分重量或钙浓度没有差异。这项研究的结果表明，一氧化氮治疗可以抵消去卵巢大鼠的骨丢失。此外，补充类似或略高于生理浓度的一氧化氮对骨质疏松症有潜在的积极影响[12]。

3. 一氧化氮介导低镁抑制成骨样细胞增殖

充足的镁（Mg）摄入对骨细胞活动非常重要，有助于预防骨质疏松症。由于 Mg 在成骨细胞有丝分裂和骨质疏松症中检测到成骨细胞增殖减少，一项研究探讨了不同浓度的细胞外 Mg 对成骨细胞样人成骨瘤 SaOS-2 细胞的影响。研究发现低镁通过上调诱导型一氧化氮合酶（iNOS）增加一氧化氮的释放，从而抑制 SaOS-2 细胞的增殖。事实上，iNOS 抑制剂 1-N(6)-(亚氨基乙基)-赖氨酸 HCl 的药理学抑制和小干扰 RNA 对 iNOS 的基因沉默都恢复了细胞的正常增殖率。由于适度诱导一氧化氮足以增强骨吸收，而成骨细胞增殖的相对不足可导致其活性不足。因此得出结论，维持镁稳态与确保成骨细胞功能相关，从而预防骨质疏松症[13]。

三、一氧化氮与败血症

败血症是指各种致病菌侵入血液循环，并在血中生长繁殖，产生毒素而发生的急性全身性感染。败血症伴有多发性脓肿而病程较长者称为脓毒血症。一氧化氮在感染性休克中起着重要作用，可导致低血压、多器官衰竭和对加压治疗缺乏反应。在脓毒症和脓毒症休克期间，在人类和动物的循环和呼气中都发现一氧化氮浓度升高，因此一氧化氮在脓毒症和脓毒症休克中发挥着重要的作用。此外，研究表明一氧化氮的生理效应已用于各种治疗。脓毒症和脓毒性休克是危重病人发病率和死亡率的主要原因。脓毒症和脓毒症休克导致外周血管张力严重下降。NO 在脓毒症和脓毒性休克的血管变化中起着关键作用。NO 在脓毒症血管反应性的长期改变中也发挥着重要作用。一氧化氮在脓毒症中的作用以及精氨酸代谢对一氧化氮合成的影响也受到了广泛关注。

1. 一氧化氮作为脓毒症、关节炎和疼痛的关键调节剂的靶向

因为 iNOS 亚型在转录水平上受到正调控，并产生高水平的 NO，以响应炎症介质和/或模式识别受体信号，需要了解 NO 在脓毒症和关节炎导致后果中的作用，以及 NO 对炎性疼痛发展中的贡献。尽管中性粒细胞 iNOS 衍生的 NO 对于细菌杀灭是必需的，但高水平 NO 的系统性产生通过抑制中性粒细胞在微循环上的黏附及其运动而损害中性粒细胞向感染的迁移。此外，中性粒细胞产生的 NO 会导致脓毒症的多器官功能障碍。在关节炎中，NO 是葡萄球菌性关节炎细菌清除的主要因素。然而，它会导致关节损伤和骨质退化。炎症部位产生的 NO 也可以减轻疼痛。镇痛作用和抑制中性粒细胞

迁移的机制依赖于经典的 sGC/cGMP/PKG 通路的激活。尽管在确定 NO 为内皮源性舒张因子后进行了越来越多的研究,但 NO 在炎症性疾病中的潜在机制仍需要深入研究[14]。

2. 类固醇和一氧化氮在脓毒症中的作用

一氧化氮(NO)由几种细胞类型产生,对宿主既有害又有益。NO 在脓毒症和脓毒性休克在病理生理学中起中心作用。病原体、毒素和创伤等应激环境会引起各种各样的生理变化。类固醇激素,尤其是糖皮质激素是这种协调反应的主要参与者之一。虽然类固醇在几十年前就被用于治疗败血症,但在研究表明高剂量糖皮质激素对宿主有害后,类固醇在这种情况下的使用实际上被禁止了几年。最近,一个课题再次提出,因为一些研究表明,肾上腺功能不全可能发生在脓毒症中,低剂量/长期使用皮质醇可能有利于治疗脓毒症和脓毒症休克。然而,关于类固醇在脓毒症中的作用以及 NO 的作用,这方面的研究还很少。研究发现 NO、脓毒症和类固醇(主要是糖皮质激素)之间有着密切关系,这可能为治疗败血症和败血症性休克提供更好的治疗选择[15]。

3. 一氧化氮与脓毒症患者心血管功能障碍

脓毒症和脓毒性休克是危重患者发病率和死亡率的主要原因。脓毒症发作期间,会发生大量炎症反应,包括细胞因子和趋化因子等化学介质以及中性粒细胞和巨噬细胞等炎症细胞。除了全身炎症过程外,脓毒症和脓毒症休克还会导致外周血管舒缩张力的显著降低,从而导致外周阻力的显著降低。这是血流动力学和灌注参数紊乱的核心。一氧化氮由多种细胞类型产生,并参与广泛的生理和病理过程,具有有害和有益的影响。有大量数据表明 NO 在败血症和败血症性休克的所有心脏、血管、肾脏和肺部紊乱中起着关键作用。研究发现通过抑制 NO 合成酶生成 NO 来改善脓毒症的临床试验失败了,可能是因为抑制剂对 NOS 亚型缺乏选择性。寻找到了选择性抑制剂,为更好地理解 NO 分子效应机制可能为治疗发展提供新的机会。一氧化氮可能参与鸟苷酸环化酶、亚硝基硫醇、钾通道、活性氧和脓毒症的基因表达等机制。因此,进一步研究 NO 与脓毒症之间的关系显然是必要的,并可能为治疗脓毒症和脓毒症休克提供新的治疗靶点[16]。

4. 精氨酸和瓜氨酸与脓毒症的免疫反应

精氨酸是一种半必需氨基酸,是免疫反应的重要启动剂。精氨酸是不同器官中几种代谢途径的前体。在免疫反应中,精氨酸代谢和利用率由一氧化氮合成酶和精氨酸酶决定,它们分别将精氨酸转化为一氧化氮(NO)和鸟氨酸。炎症状态下限制精氨酸可用性可调节巨噬细胞和 T 细胞的激活。此外,在过去几年中,更多的证据表明精氨酸和瓜氨酸缺乏可能是感染性疾病(如败血症和内毒素血症)有害后果的基础。免疫反应不仅导致精氨酸缺乏，肾脏中受损中精氨酸合成也观察到的精氨酸缺乏起关键作用。最新数据进一步强调了免疫反应和精氨酸NO代谢之间的复杂相互作用。在生理条件下精氨酸和瓜氨酸代谢，精氨酸-瓜氨酸NO途径在免疫应答中作为起始剂和治疗靶点发挥着重要作用[17]。

脓毒症是对感染的一种全身反应，发病率和死亡率都很高。感染和脓毒症期间的代谢变化可能和氨基酸L-精氨酸代谢的变化有关。在败血症中，蛋白质分解增加，这是维持精氨酸输送的关键过程，因为瓜氨酸产生的内源性物质精氨酸和食物摄入都减少。另一方面，精氨酸分解代谢通过精氨酸酶和一氧化氮途径增加精氨酸的使用而显著增加。因此，通常会发现血浆精氨酸水平降低。因此，精氨酸可能被认为是脓毒症中的一种必需氨基酸，补充精氨酸可通过改善微循环和蛋白质合成代谢对脓毒症有益。在高动力猪脓毒症模型中补充L-精氨酸可抑制肺动脉血压升高，改善肌肉和肝脏蛋白质代谢，并恢复肠道运动模式。反对补充精氨酸主要是针对刺激一氧化氮（NO）的产生，并关注NO增加的毒性和难治性低血压引起的血流动力学不稳定。虽然脓毒症患者补充精氨酸对血液动力学只有短暂影响，但持续补充时似乎没有血液动力学不良反应。总之，精氨酸可能在感染和脓毒症中起重要作用。

精氨酸对营养、愈合和免疫系统的影响及其临床应用。脓毒症被认为是精氨酸缺乏状态和（或）一氧化氮水平升高的综合征。含有各种营养成分的所谓免疫营养制剂已被最常使用，其效果通常仅归因于精氨酸，但这些结论导致指南在危重患者中并没有建议使用精氨酸补充饮食。在缺乏脓毒症有益证据的情况下应谨慎行事，但应在充分营养支持的背景下开展明确的研究，检查精氨酸单一疗法，以确定精氨酸在危重病和脓毒症患者中的可能临床用途[18]。

5. 褪黑素通过抑制一氧化氮减少脓毒症损伤

褪黑素是松果体中氨基酸色氨酸的产物，松果体释放褪黑素的具体机制及其功能基本未知。褪黑素除了在哺乳动物的昼夜节律中起调节作用外，由于其广泛的亚细胞分布，它还有助于减少细胞脂质和水环境中的氧化损伤，也得到了实验观察的广泛支持。实验观察表明褪黑素保护膜中的脂质、细胞质中的蛋白质以及细胞核和线粒体中的DNA免受自由基损伤。因此，褪黑素可以降低与自由基有关的疾病的严重程度。褪黑素的直接自由基清除作用与受体无关。最近的研究表明，它具有清除自由基的能力，包括羟基自由基、过氧化氢、过氧自由基、单线态氧和一氧化氮（NO）以及过氧亚硝酸根阴离子。一种由诱导型NO合酶产生的过量的NO自由基，会引起细胞毒性变化。因此，NO合酶被认为是一种促氧化酶，任何降低其活性的因素都被认为是抗氧化剂。最近的研究表明，褪黑素除了抑制NO和清除过氧亚硝酸盐活性外，还抑制NO合成酶的活性。因此,抑制 NO 的产生可能是褪黑素在缺血再灌注、脓毒症等条件下减少氧化损伤的另一种手段,在这些条件下,NO 似乎对产生的损伤很重要[19]。

四、一氧化氮自由基和肌无力症

肌无力病是神经肌肉传递障碍所导致的一种慢性疾病。临床特征为受累的骨骼肌肉极易疲劳,经休息和使用抗胆碱酯酶药物治疗后部分恢复。该病的发生与遗传因素有一定的关系,任何年龄均可罹病,但以 10～35 岁最多见,亦有中年以上发病者。研究发现,一氧化氮与肌无力病有一定关系,如乙酰胆碱受体免疫的 NOS2 缺陷小鼠出现了加重型重症肌无力。

1. 乙酰胆碱受体反应性抗体诱导大鼠骨骼肌细胞系产生一氧化氮

单克隆 Lewis 大鼠骨骼肌细胞系 LE1 通过上调诱导型一氧化氮合酶(iNOS/NOS-II)的 mRNA 水平以及随后的 NO 水平对乙酰胆碱受体(AChR)反应性抗体 mAb35 作出反应。干扰素-γ(IFN-γ)和白细胞介素-1(IL-1)也都能够诱导 iNOS 信息,与 mAb35 协同作用。最后,在实验性自身免疫性重症肌无力中,心肌细胞产生的 NO 可能是免疫调节的来源,IFN-γ 激活的骨骼肌细胞培养液抑制乙酰胆碱受体反应性 T 细胞增殖的能力表明了这一点[20]。

2. 内皮型一氧化氮合酶对自身免疫反应的控制

对病原体的免疫防御通常需要 NO,由 2 型 NO 合酶(NOS2)即内皮细胞 NO 合酶的合成。为了确定该酶产生的 NO 是否能参与自身免疫反应,用自身抗原乙酰胆碱受体免疫内皮细胞 NO 合酶缺陷小鼠,诱导重症肌无力的肌无力特征。研究结果发现乙酰胆碱受体免疫的内皮细胞 NO 合酶缺陷小鼠出现了加重型重症肌无力,并证明内皮细胞 NO 合酶表达限制了自身反应性 T 细胞的扩散和自身抗体的多样化,这是一个由巨噬细胞驱动的过程。因此,NOS2/NO 对于抑制自身反应性 T 细胞非常重要,并可能限制先天性免疫反应患者的自身免疫反应[21]。

3. 一氧化氮可能影响实验性重症肌无力的疾病转归

为了试图确定解释两种大鼠品系对实验性自身免疫性重症肌无力(EAMG)诱导的易感性差异的机制,检测了乙酰胆碱受体(AChR)反应性抗体在疾病敏感的 Lewis 大鼠和抗病的 Wistar Furth(WF)大鼠骨骼肌中上调诱导型一氧化氮合酶(iNOS)水平的能力。起初,WF 肌肉细胞系 WE1 似乎比 Lewis 肌肉细胞系 LE1 对抗体刺激的 iNOS 诱导和 NO 产生更为敏感。其次,AChR 反应性抗体诱导 WF 大鼠骨骼肌广泛产生 iNOS,而 Lewis 大鼠肌肉中的 iNOS 产生则不太明显。最后,在自身免疫性重症肌无力抵抗的 WF 大鼠中，通过施用特定的 iNOS 抑制剂抑制 iNOS 活性导致对诱导受损肌肉功能的易感性增加。推测一氧化氮的产生在 WF 大鼠中起保护性免疫调节作用[22]。

参 考 文 献

［1］ Gautier-Sauvigné S，Colas D，Parmantier P，et al. Nitric oxide and sleep. Sleep Med Rev，2005,9(2)：101—113.

［2］ Cespuglio R，Amrouni D，Meiller A，et al. Nitric oxide in the regulation of the sleep-wake states. Sleep Med Rev，2012,16(3)：265—279.

［3］ Burlet S，Leger L，Cespuglio R. Nitric oxide and sleep in the rat：a puzzling relationship. Neuroscience，1999,92(2)：627—639.

［4］ Acute and ChronicSleep Deprivation-Related Changes in N-methyl-D-aspartate Receptor-Nitric Oxide Signalling in the Rat Cerebral Cortex with Kristofikova Z，Sirova J，Klaschka J，Ovsepian SV. Reference to Aging and Brain Lateralization. Int J Mol Sci，2019,20(13)：3273.

［5］ Clément P，Sarda N，Cespuglio R，et al. Potential role of inducible nitric oxide synthase in the sleep-wake states occurrence in old rats. Neuroscience，2005,135(2)：347—355.

［6］ Weiss JW，Liu Y，Li X，et al. Nitric oxide and obstructive sleep apnea. Respir Physiol Neurobiol，2012,184(2)：192—196.

［7］ Haight JS，Djupesland PG. Nitric oxide（NO）and obstructive sleep apnea（OSA）. Sleep Breath，2003,7(2)：53—62.

［8］ Feng X，Guo X，Lin J，et al. Risk factors and fraction of exhaled nitric oxide in obstructive sleep apnea in adults. J Int Med Res，2020,48(7)：300060520926010.

［9］ van't Hof RJ，Ralston SH. Nitric oxide and bone. Immunology，2001,103(3)：255—261.

［10］ Wimalawansa SJ. Nitric oxide and bone. Ann N Y Acad Sci，2010,1192：391—403.

［11］ Wimalawansa SJ. Nitric oxide：novel therapy for osteoporosis. Expert Opin Pharmacother，2008,9(17)：3025—3044.

［12］ Hao YJ，Tang Y，Chen FB，et al. Different doses of nitric oxide donor prevent osteoporosis in ovariectomized rats. Clin Orthop Relat Res，2005,(435)：226—231.

［13］ Leidi M，Dellera F，Mariotti M，et al. Nitric oxide mediates low magnesium inhibition of osteoblast-like cell proliferation. J Nutr Biochem，2012,23(10)：1224—1229.

［14］ Spiller F，Oliveira Formiga R，Fernandes da Silva Coimbra J，et al. Targeting nitric oxide as a key modulator of sepsis, arthritis and pain. Nitric Oxide, 2019, 89: 32—40.

[15] Fernandes D, Duma D, Assreuy J. Steroids and nitric oxide in sepsis. Front Biosci, 2008,13: 1698—1710.

[16] Assreuy J. Nitric oxide and cardiovascular dysfunction in sepsis. Endocr Metab Immune Disord Drug Targets, 2006,6(2): 165—173.

[17] Wijnands KA, Castermans TM, Hommen MP, et al. Arginine and citrulline and the immune response in sepsis. Nutrients, 2015,7(3): 1426—1463.

[18] Luiking YC, Poeze M, Ramsay G, et al. The role of arginine in infection and sepsis. JPEN J Parenter Enteral Nutr, 2005,29(1 Suppl): S70—S74.

[19] Aydogan S, Yerer MB, Goktas A. Melatonin and nitric oxide. J Endocrinol Invest, 2006,29(3): 281—287.

[20] Garcia YR, May JJ, Green AM, et al. Acetylcholine receptor-reactive antibody induces nitric oxide production by a rat skeletal muscle cell line: influence of cytokine environment. J Neuroimmunol, 2001,120(1—2): 103—111.

[21] Shi FD, Flodström M, Kim SH, et al. Control of the autoimmune response by type 2 nitric oxide synthase. J Immunol, 2001,167(5): 3000—3006.

[22] Garcia YR, Pothitakis JC, Krolick KA. Myocyte production of nitric oxide in response to AChR - reactive antibodies in two inbred rat strains may influence disease outcome in experimental myasthenia gravis. Clin Immunol, 2003,106(2): 116—126.

第二十四章

一氧化氮养生法——健康新动力

　　一氧化氮是内皮细胞松弛因子,能够松弛血管平滑肌,防止血小板凝聚,是神经传导的逆信使和信号因子,是免疫调节因子,不仅在学习和记忆和免疫过程发挥重要作用,而且几乎所有生物功能都离不开一氧化氮。身体不能缺少一氧化氮,如果缺少就会出现健康问题。穆拉德书中指出人体99.9%的疾病与一氧化氮缺乏有关[1]。因此,当身体缺少一氧化氮时,就需要补充一氧化氮。变化的时代,疲劳威胁人体健康,特别是心脑血管疾病成为人类第一大杀手,慢病井喷威胁人类健康,疫情出现人们意识到免疫力才是人体最好的医生,补充一氧化氮是非常好的选择,让诺贝尔奖一氧化氮养生法成为您健康新动力。但一氧化氮又是一个双刃剑,如果补充不当,选错养生方法,就可能出现相反的损伤作用。那么补充一氧化氮需要哪些注意事项呢? 下面我们就讨论这一问题。

一、牢记一氧化氮具有两面性

　　人们对任何食品的考虑,安全性是第一重要的,其次才考虑其营养价值和功能作用。我们在全书介绍了很多一氧化氮的功能和健康作用,除了 NO 在正常生理条件下的功能外，NO 还参与多种病理过程，如脑、心脏、肾脏缺血再灌注损伤，败血症性休克，神经退行性疾病等。NO 在生物体中发挥重要的功能，在正常生理条件下，NO 产生浓度比较低(低于 1 μmol/L)，NO 在正常信号转导中的作用浓度大约是 10 nmol/L，当 NO 的浓度达到或高于 1 μmol/L 时，就会损伤正常组织，引起细胞死亡，导致毒害作用。NO 的毒害作用主要通过氧化损伤、抑制线粒体的功能、损伤 DNA 等几个途径实现的。NO 既可以促进凋亡，在某些情况下又能够抑制细胞凋亡，具有两面性，是典型的"双刃剑"。一氧化氮可以与超氧阴离子自由基反应生成过氧亚硝基阴离子，再分解生成氧化性更强的类羟基自由基和 NO_2，进一步引起细胞损伤，这是必须引起高度重视的。在本书的各个章节都会看到一氧化氮这种性质，因此，在我们补充一氧化氮的时候，必须要牢记这一点[2]。补充一氧化氮必须有天然联合抗氧化剂营养素，见图 24-1。

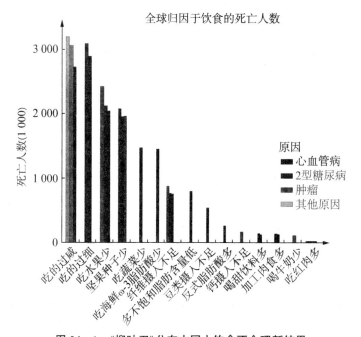

图 24-1 《柳叶刀》公布中国人饮食不合理新结果

二、维持体内一氧化氮自由基产生和清除的平衡

一氧化氮既是内皮细胞松弛因子和信号又是自由基，又可以维持体内自由基产生和清除的平衡，能够提高免疫力，保证机体的健康和长寿。维持体内氧化与抗氧化的平衡，可以提高免疫力，保证机体的健康和延缓衰老。但是，产生的一氧化氮浓度不合适就可能导致氧化与抗氧化的不平衡，就可能对身体造成伤害，导致亚健康状态，如果氧

化与抗氧化平衡遭到破坏,就会导致疾病和衰老的发生。当机体一氧化氮产生过多,或抗氧化体系发生了故障,这时机体本身无法维持氧化与抗氧化的平衡,身体就会产生氧化应激,造成细胞死亡、机体损伤和疾病甚至加速衰老。因此,当我们补充一氧化氮的时候,也必须要牢记这一点[3]。

三、每个人都要根据自己的身体情况补充一氧化氮

中医讲究辨证论治,一人一方, 只有对症才能治疗效果,才是最好药方。同样,每个人身体状况不同,是否缺乏一氧化氮,缺乏的什么程度。在补充一氧化氮之前应当基本清楚,否则就可能出现错误补充,导致不良反应。哪些人需要补充一氧化氮,需要补充的什么程度,用法用量是有效和安全关键,本书各章节都有针对不同人群、人体的不同状况进行了讨论,都有来自实验验证的用法、用量指导,大家可以参考。适合自己的用法用量最好。

四、补充一氧化氮时适当补充一些抗氧化剂,补充一氧化氮要符合营养健康原则

一氧化氮之所以具有两面性,是因为一氧化氮可以与超氧阴离子自由基反应生成过氧亚硝基阴离子。大量研究表明,抗氧化剂可以清除超氧阴离子自由基,抗氧化剂特别是天然抗氧化剂对 NO 自由基具有保护和调节作用,避免和减少 NO 的损伤作用,天然抗氧化剂与 NO 自由基协同对健康发挥更大的作用,具有重要的生物学和医学意义及广泛的应用前景[3,4]。在本书的不同章节都会看到天然抗氧化剂与 NO 自由基协同对健康发挥的巨大的作用。因此,记住在补充一氧化氮时适当补充一些抗氧化剂。

抗氧化剂保护和促进一氧化氮产生。大量研究表明,天然抗氧化剂对 NO 自由基的保护和调节作用,避免和减少 NO 的损伤作用。我们前面几章介绍过银杏黄酮和知母宁不仅不清除在体缺血再灌注心肌产生的 NO 自由基,而且可以对在体缺血再灌注损伤主要是通过清除缺血再灌注产生的氧自由基保护了 NO 自由基[5,6]。脑卒中缺血再灌注过程中山楂黄酮通过清除活性氧促进和保护了一氧化氮,进一步防止脑神经损伤[7]。

在书中不同章节我们介绍了 L-精氨酸-抗氧化剂配方对健康和一些疾病的影响的一些实验结果。L-精氨酸-抗氧化剂配方是以 L-精氨酸、L-谷氨酰胺、牛磺酸、维生素C(L-抗坏血酸)、维生素 E(dL-α-生育酚醋酸酯、辛烯基琥珀酸淀粉钠、二氧化硅)、柠檬酸锌、硒化卡拉胶为主要原料做成配方。这个 L-精氨酸和天然抗氧化剂搭配组合配

方可以在多个体系中发挥一氧化氮作为内皮松弛因子和信号作用,发挥一氧化氮积极健康作用,避免一氧化氮的损伤作用。

L-精氨酸-抗氧化剂配方成分都是细胞健康需要营养素,是构建健康细胞,组织,器官的营养素。氨基酸类免疫营养素也是以精氨酸,谷氨酰胺为主,由王陇德,钟南山,李兰娟三位院士主审,张文宏主编的《免疫力就是好医生》书中精氨酸推荐量每天量 $0.2\sim0.3$ g/kg。谷氨酰胺每天量 $0.2\sim0.4$ g/kg[8]。合理膳食,科学营养是健康的最重要条件之一,营养是健康的物质基础,健康饮食的关键在于日常饮食注重营养补充与均衡,大力解决营养不足与营养过剩并存的问题,大力解决膳食不合理导致的疾病加重问题,大力解决公众普遍缺乏营养科学知识和理念[9]。首都医科大学石汉平教授指出还营养为一线治疗,并指出营养治疗是慢性病最终解决方案。以营养为支点可以撬动整个人类的健康。本书实验配方不仅仅产生安全一氧化氮,而且符合营养造福人类健康方向。

也有研究证明,抗氧化剂 L-茶氨酸可以在各种浓度($0.01\sim10$ μmol/L)诱导内皮细胞提高 NO 自由基产生[8]。还有研究报道维生素 C 和维生素 E 可以增加 NO 的生物利用度,而且对人体的研究效果还比较一致。一项临床研究对 2 型糖尿病患者动脉注射超生理剂量维生素 C,可以改善前臂依赖内皮舒张压[10]。另外一项临床研究让冠状动脉患者一次性口服维生素 C,结果可以改善臂动脉舒张。对冠心病患者慢性补充维生素 C 效果也很好[11]。

补充抗氧化剂时,一定要记住,精确控制使用符合自身抗氧化剂种类,使用抗氧化剂的量。否则就可能起不到对身体的保护作用,甚至是相反的作用。选择正确一氧化氮或者精氨酸产品务必慎重,不能乱选。

五、补充一氧化氮时记住体内有一个产生一氧化氮的机制

我们在第一章讨论了一氧化氮来源于体内生成途径是专门的 NO 合酶催化 L-精氨酸合成机制。当你身体缺乏一氧化氮时,可能是体内这个产生一氧化氮的机制出了问题,即 NO 合酶活性不够了或者是根本就没有活性了,这时你通过补充再多的 L-精氨酸也不能产生足够的一氧化氮。此时就需要通过检查身体找出问题所在,进行针对性的治疗,提高体内 NO 合酶活性,再适当补充 L-精氨酸增加一氧化氮的产生,满足身体需要。

随着年龄的增长,老年人失去了制造 NO 的能力 85%。而营养健康是从怀孕开始到出生(含怀孕前)贯穿生命全周期需要坚持的,见图 24-2。

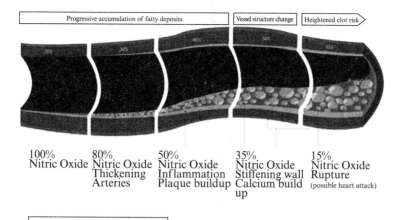

Progressive accumulation of fatty deposits | Vessel structure change | Heightened clot risk

100% | 80% | 50% | 35% | 15%
Nitric Oxide | Nitric Oxide | Nitric Oxide | Nitric Oxide | Nitric Oxide
  | Thickening | Inflammation | Stiffening wall | Rupture
  | Arteries | Plaque buildup | Calcium build | (possible heart attack)
  | | | up |

As we age,we lose 85%
of our ability to make
Nitric Oxide

In your 60's and beyond
the aging process partly reflecting
the arteries withstanding more
tham 100.000 heart beats a day.
contributes to the attack on the
lining of the arteries.Meantime.
left ineffectively checked.plaques
can rupture or erode,leading to blood
clots that can cause heart attacks,
while an overworked or scarred heart
increases the risk of heart fsilure.

Based on average males
Compilation of data fom multiple published reports in humans
Gorhaedt et al Hypertenaion 1996
Celermajer et al JACC 1994
Taddei et al Hyperteesion 2001
Egashira et al Circulation 1993

图 24-2 人体内一氧化氮生成量随着年龄增大而逐渐减少

六、具体补充一氧化氮时的一些建议

体外补充一氧化氮的途径有两种办法,一是增加 NO 合酶原料 L-精氨酸;二是通过补充硝酸盐和亚硝酸盐,在体内转化成一氧化氮。

1. 通过补充 L-精氨酸增加一氧化氮

体外补充一氧化氮的途径第一种办法,也是最直接的方法,即增加 NO 合酶原料 L-精氨酸或者 L-胍氨酸。但一般很少有直接补充含精氨酸和瓜氨酸的产品,因为这样很容易补充一氧化氮会产生损伤作用。一般都是补充含精氨酸联合抗氧化剂类一氧化氮保健品的方法,因为一般这类保健品都增加一些抗氧化剂,以防在体内出现不良反应。而且一定要选择国家市场监管总局蓝帽子批文保健食品,在服用这类保健品时一定要适合自身的身体情况[12]。

另外,我们可以通过食用富含 L-精氨酸或者 L-胍氨酸的食物促进一氧化氮生成,因为大部分蛋白质都含有这 2 种氨基酸,比如像瘦肉、猪脊髓、牛羊肉、鸡鸭、蛋类、鱼虾、豆制品等。但含量比较高的主要有肉类、鱼类、坚果类、巧克力、芝麻、核桃及一些种子,乳制品等。花生每 100 g 含大约 3.13 g、杏仁 2.47 g、核桃 2.28 g、榛子 2.21 g 精氨酸。西瓜果肉所含丰富的瓜氨酸,另外,苦瓜、洋葱、大蒜、坚果等也含有较多瓜氨酸。

当然，食用这些食物时也应当根据自己的身体情况，不能过量或者不考虑自己身体是否适合。补充含精氨酸和瓜氨酸的食物。

2. 通过补充硝酸盐和亚硝酸盐增加一氧化氮

体外补充一氧化氮的途径第二种办法，是补充硝酸盐（NO_3^-）和亚硝酸盐（NO_2^-），体内还原生成 NO。研究发现在增加 L-精氨酸/eNOS 途径功能失调情况下，亚硝酸盐（NO_2^-）还原酶在生理条件下发挥功能，催化硝酸盐（NO_3^-）和亚硝酸盐（NO_2^-）生成 NO 增加，即当传统的 NO 生成受到损害时，这种 NO 生成的替代途径可以作为一种补充、后备系统，特别是在酸中毒和缺氧情况下发挥重要作用[6]。补充硝酸盐（NO_3^-）和亚硝酸盐（NO_2^-）最容易的是食用水果和蔬菜，其中含有大量硝酸盐和亚硝酸盐，在体内就可以转化为一氧化氮。而且我们平常吃的新鲜蔬菜和水果都含有大量天然抗氧化剂。茶叶和巧克力中含多酚类，葡萄含白藜芦醇和原花青素，胡萝卜含胡萝卜素，番茄含番茄红素，核桃油和胡麻油中含 ω-3 等等[12]。

在补充硝酸盐（NO_3^-）和亚硝酸盐（NO_2^-）时大家最担心的是 NO_2^- 和 NO_3^- 的致癌作用。我们在第二章中已经介绍过，没有证据表明补充 NO_2^- 的肿瘤效应。相反，国际癌症研究机构（IARC）评估了 NO_2^- 和 NO_3^- 对人类致癌的影响，并报告说，人类和实验动物没有充分证据证明食物和饮用水中硝酸盐的致癌性。只有在导致内源性亚硝化的条件下摄入硝酸盐或亚硝酸盐可能转化为亚硝胺才对人类致癌[13]。因此，在食用水果和蔬菜时，一定要保证没有产生 N-亚硝胺。研究表明，有超过 38 种动物物种中的 N-亚硝基胺是直接致癌的。多吃部分甜菜、芹菜、绿叶新鲜蔬菜和水果有利于产生一氧化氮，同时其中含丰富抗氧化剂避免产生不良反应，与营养健康理念方案是一致的，见图 24-3。含有硝酸盐（NO_3^-）与亚硝酸盐（NO_2^-）的蔬菜虽然产生一氧化氮，但是当含量无法满足身体健康需要时，补充精氨酸与抗氧化剂复合配方能产生安全有效的一氧化氮，在人体发挥健康积极作用。

3. 通过适当运动增加一氧化氮

一氧化氮来源于体内生成是由专门的 NO 合酶催化 L-精氨酸合成途径以及通过补充硝酸盐和亚硝酸盐途径。这 2 个途径都需要一氧化氮合成酶的催化。如果体内一氧化氮合成酶的量不足或者活性不高，即使有原料也无法产生足够的一氧化氮。因此，增加一氧化氮合成酶的量和酶的活性，就显得非常重要。那么应该如何做才能达到这一目的呢？

保证身体健康非常重要的是提高免疫力，身体就可以有足够一氧化氮合成酶的量和酶的活性。保证身体健康就是我们大家平常说的身体好、营养合理、适当锻炼等。现在研究发现，其中有一种方式可以明显增加一氧化氮合成酶的量和酶的

对抗动脉硬化的主要因素之一
· 一氧化氮NO(Nitric oxide)
· 一氧化二氮(nitrite.亚硝酸盐)NO₂，无色有甜味气体，又称笑气、氧化剂，在一定条件下，氧化亚氮对有肺血管栓塞症可能有害
· 硝酸盐(NO₃)：天然存在于植物，从土壤中吸收，是植物氮的主要来源，对植物生长十分重要。蔬菜中含量比水果中高；特别是甜菜，芹菜，绿叶菜像芝麻菜，叶甜菜，含量特别高。

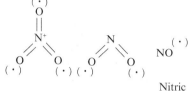

血管内皮产生的硝酸–是重要的生物信使，参与各种细胞活动。2条途径：

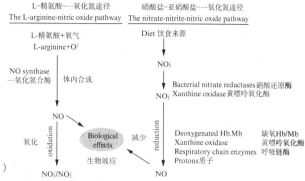

硝酸盐(Nitrates)与亚硝酸盐(nitrites).-名声不好(腌咸菜，腌肉与热肉)，在烹调过程中，产生亚硝胺(nitrosamines.)，增加癌症风险。也叫笑气，吸入与硬膜外阻滞用于分娩镇痛。

图24-3 体内产生一氧化氮的L-精氨酸途径及硝酸盐和亚硝酸盐途径示意图

活性。这就是"全身周期性加速运动"：即沿着脊柱轴方向的周期性加速度重复运动。典型的全身周期性加速运动是跳绳，这样反复全身上下周期性加速运动可上调内皮型一氧化氮合酶，增加一氧化氮生成，改善肱动脉内皮功能。还有一种运动是荡秋千，基本上是水平方向全身周期性加速运动。研究证明这种周期性加速运动可通过激活缺血骨骼肌 eNOS 信号和上调促血管生成生长因子来增加缺血下肢的血供。而且周期性加速运动是一种潜在且合适的无创性介入治疗血管生成。研究证明骑自行车运动也能使股动脉舒张与血流调节舒张。这几种运动适合年轻人，但都不太适合老年人，老年人如果做这些运动一定要根据自己身体情况，量力而行，不要造成身体损伤[14,15]。

4. 平和、积极的心态有利于一氧化氮产生

人在心情愉悦的时候全身肌肉放松，血液循环会加快，血流加快刺激血管内皮细胞产生一氧化氮，因此保持平和、积极的心态更有利于人体健康[25]。当人面对压力痛苦时候保持一颗宁静的心，而且自我感觉是安全、满足、自信、充满爱心时候，内啡肽和大脑在亮绿灯时释放的一氧化氮能够消灭细菌，缓解疼痛，减轻炎症[26]。祖国传统中医养生书籍《黄帝内经》中"息怒不节则伤肝"，"恬淡虚无，真气从之，精神内守，病安从来"指出人的病都与情绪调理不当有关。多读《黄帝内经》《阳明心学·传习录》《论语》《道德经》《坛经》等中华优秀传统文化著作，对保持平和心态，宁静的心有积极影响，对健康非常有益，见图24-4。

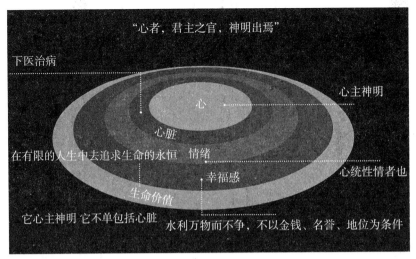

图 24－4　摘自阜外医院,心脑血管专家杨进刚教授《现代医学救不了迷失的心》

参考文献

［1］　(美)斐里德·穆拉德,陈振兴著.神奇的一氧化氮教你多活 30 年,南京:译林出版社,2011.

［2］　ZHAO Bao-lu. "Double Edge" Effects of Nitric Oxide Free Radical in Cardio-Brain-Vascular Diseases and Health Studied by ESR. Chinese J Magnetic Resonance,2015,32：195—207.

［3］　赵保路.自由基和天然抗氧化剂和健康.香港:中国科学文化出版社,2007.

［4］　赵保路.一氧化氮自由基生物学和医学.北京:科学出版社,2016.

［5］　Zhao BL, Jiang W, Zhao Y, et al. Scavenging effects of salvia miltiorrhza on free radicals and its protection from myocardial mitochendrial membranrene from ischemia-reperfusion injury. Biochem Mol Biol Intern, 1996(6)：1171—1182.

［6］　Shen JG, Wang J, Zhao B L, et al. Effects of EGb－761 on nitric oxide, oxygen free radicals, myocardial damage and arrhythmias in ischemia-reperfusion injury in vivo. Biochim Biophys Acta, 1998,1406：228—236.

［7］　Zhang DL, Zhao BL. Oral administration of *Crataegus* extraction protects against ischemia/reperfusion brain damage in the Mongolian gerbils. J Neur Chem, 2004,90：211—219.

［8］　王贵强,王立祥,张文宏主编.王陇德,钟南山,李兰娟 主审.免疫力就是好医生,北京:人民卫生出版社,2020.

［9］　国家卫生计生委卫生发展研究中心.健康管理与促进理论及实践.北京:人民卫生出

版社出版,2017.

[10] Siamwala JH，Dias PM，Majumder S，et al. L-theanine promotes nitric oxide production in endothelial cells through eNOS phosphorylation. J Nutr Biochem，2013，24(3)：595—605.

[11] Ting HH，Timimi FK，Boles KS，et al. Vitamin C improves endothelium-dependent vasodilation in patients with non-insulin-dependent diabetes mellitus. J Clin Invest，1996,97：22—28.

[12] Levine GN，Frei B，Koulouris SN，et al. Ascorbic acid reverses endothelial vasomotor dysfunction in patients with coronary artery disease. Circulation，1996，96：1107—1113.

[13] Furchgott RF，Zawadzk JV. The obligatory role of the endothelium in the relaxation of arterial smooth muscle by acetylcholine. Nature，1980,288：373—376.

H. Ishiwata et al.，Studies on in vivo formation of nitroso compounds (Ⅱ)，J. Food Hyg. Soc. Jpn. 1975,16：19—24.

[14] P. Boffetta et al.，Fruit and vegetable intake and overall cancer risk in the European Prospective Investigation into Cancer and Nutrition (EPIC)，J. Natl. Cancer Inst，2010,102：529—537.

[15] Taku Rokutanda，Yasuhiro Izumiya，Mitsutoshi Miura. Passive Exercise Using Whole-Body Periodic Acceleration Enhances Blood Supply to Ischemic Hindlimb. (Arterioscler Thromb Vasc Biol，2011,31：2872—2880.

[16] Li Y，et al，"Effects of pulsatile shear stress on signaling mechanisms controlling nitric oxide production，endothelial nitric oxide synthase phosphorylation，and expression in ovine fetoplacental artery endothelial cells"，Endothelium，2005 Jan-Apr,12(1—2)：21—39.

[17] Uryash A，Wu H，Bassuk J，et al，"Low-amplitude pulses to the circulation through periodic acceleration induces endothelial-dependent vasodilatation"，J Appl Physiol，2009,106(6)：1840—1847.

[18] Uryash A，Arias J，Wu H，et al，"Abstract 184：Whole Body Periodic Acceleration in Mice Increases Endothelial Nitric Oxide Synthase Gene Transcription"，Circulation. 2010；122：A184.

[19] Fukuda s，et al，Passive exercise using whole body periodic acceleration：Effects on coronary microcirculation，Am Heart J，2010 Apr,159(4)：620—626.

[20] Miyamoto s，et al，"Effect on treadmill exercise capacity，myocardial ischemla，aud left ventricular function as a result of repeated whole-body periodic acceleration with

heparin pretreatment in patients with angina pectoris and mild left ventricular dysfunction. Am J Cardiol, 2011 Jan 15,107(2): 168—174.

[21] Adams JA, et al. "Periodic acceleration: effects on vasoactive, fibrinolytic, and coagulation factors", J Appl Physiol, 2005 Mar,98(3): 1083—1090.

[22] Uryash A, et al. Abstract 152: Neurotrophin Expression Is Increased by Whole Body Periodic Acceleration(pGz)in Mice", Circulation, 2011,124: A152

[23] Sackner MA, Gummels EM, Adams JA. "Say No to fibromyalgia and chronic fatigue syndrome: an alternative and complementary therapy to aerobic exercise", Med Hypotheses, 2004: 63, 118—123.

[24] Matsumoto, Tetsuya, Fujita et al. Whole-Body Periodic Acceleration Enhances Brachial Endothelial Function. Circ J 2008,72: 139—143.

[25] Matsumoto, Tetsuya, Fujita, Masatoshi, Tarutani, Yasuhiro, Yamane, Tetsunobu, Takashima, Hiroyuki, Nakae, Ichiro, Horie, Minoru. whole body periodic acceleration, novel passive excercise devices, enhances blood supply to ischemic hindlimb in mice and human circulation, 2011,124: A9481.

[26] Bonpei Takase, Hidemi Hattori, Yoshihiro Tanaka, et al. Acute Effect of Whole-Body Periodic Acceleration on Brachial Flow-Mediated Vasodilatation Assessed by a Novel Semi-Automatic Vessel Chasing UNEXEF18G System. J Cardiovasc Ultrasound, 2013,21(3): 130—136.